# 海洋土木工程概论

龚晓南　主编



中国建筑工业出版社

**图书在版编目（CIP）数据**

海洋土木工程概论/龚晓南主编. —北京：中国建筑工业出版社，2017. 9
ISBN 978-7-112-20954-5

Ⅰ.①海… Ⅱ.①龚… Ⅲ.①海洋建筑物-土木工程-概论 Ⅳ.①P754

中国版本图书馆 CIP 数据核字（2017）第 161982 号

海洋土木工程由于处在海洋区域，有着其特有的工程性质和特点，为了普及海洋土木工程基本知识，促进海洋土木工程的发展和海洋战略的落实，组织有关专家学者编写此书。本书较系统介绍海洋土木工程的相关理论和实践知识，主要内容包括：概述、海洋工程勘察、海洋工程环境与荷载、海洋工程规划、海洋结构工程、海洋岩土工程、结构、波浪与海床共同作用分析、海洋土木工程材料与防腐、海上平台的设计、分析、建造与安装、海洋工程结构抗风、典型工程案例。

本书适合高等院校土木工程师生的教材，也可供海洋土木工程相关的工程设计、施工等技术人员参考使用。

责任编辑：王 梅 杨 允
责任设计：李志立
责任校对：焦 乐 张 颖

**海洋土木工程概论**
**龚晓南 主编**

*

中国建筑工业出版社出版、发行（北京海淀三里河路9号）
各地新华书店、建筑书店经销
霸州市顺浩图文科技发展有限公司制版
北京圣夫亚美印刷有限公司印刷

*

开本：787×1092 毫米 1/16 印张：28¼ 字数：705 千字
2018 年 1 月第一版 2018 年 1 月第一次印刷
定价：**69.00** 元
ISBN 978-7-112-20954-5
(30556)

# 本书编写人员名单

| 章次 | 章　名 | 编写人员 |
| --- | --- | --- |
| 1 | 概述 | 龚晓南　国　振 |
| 2 | 海洋工程勘察 | 汪明元 |
| 3 | 海洋工程环境与荷载 | 叶银灿 |
| 4 | 海洋工程规划 | 孙子宇　田俊峰 |
| 5 | 海洋结构工程 | 金伟良 |
| 6 | 海洋岩土工程 | 国　振　王立忠 |
| 7 | 结构、波浪与海床共同作用分析 | 张建民 |
| 8 | 海洋土木工程材料与防腐 | 杨全兵 |
| 9 | 海上平台的设计、分析、建造与安装 | 白　勇　曹　宇 |
| 10 | 海洋工程结构抗风 | 楼文娟 |
| 11 | 典型工程案例 | 孙子宇　田俊峰　汪明元<br>国　振　王立忠　白　勇 |

# 前　言

海洋的面积占地球总面积的70.8%，具有极其丰富的资源和重要的战略地位，这使得对海洋的认识和研究成为国内外科学研究的前沿与重点。然而，海洋工程环境极端恶劣，海洋工程地质条件复杂多变，环境荷载不确定性因素多。目前，我国在海洋环境下开展土木工程建设的理论基础薄弱、实践经验不足，海洋能源、资源的全面开发利用，特别是深远海的开发能力，亟待进一步提升。

为了响应国家海洋开发与建设的重大战略需求，更好地培养海洋土木工程领域的专业人才，凝练海洋土木工程学科方向，由浙江大学滨海和城市岩土工程研究中心发起，于2013年10月在浙江大学召开了海洋土木工程前沿研讨会。本次研讨会既有来自高校和科研院所的学者教授，也有来自设计院等生产单位的专家，都是海洋工程领域内的著名专家学者。为了更好普及海洋土木工程基本知识，介绍海洋土木工程最新进展，编者规划并联合浙江大学、清华大学、同济大学、国家海洋局第二海洋研究所、中国港湾建设总公司、中国交通建设股份有限公司、华东勘测设计研究院等单位的教授和专家学者，共同编写完成国内第一本关于海洋土木工程的书籍《海洋土木工程概论》。

本书的第1章概述主要介绍了海洋土木工程的重要性和特点，由浙江大学龚晓南、国振编写；第2章主要介绍工程勘察的技术与评价，由华东勘测设计研究院汪明元编写；第3章主要介绍了海洋工程环境与荷载，由国家海洋局第二海洋研究所叶银灿编写；第4章主要介绍了海洋工程规划与选址，由中国港湾建设总公司孙子宇、中国交通建设股份有限公司田俊峰等编写；第5章主要介绍海洋结构工程，由浙江大学金伟良编写；第6章主要介绍海洋岩土工程，由浙江大学国振、王立忠编写；第7章介绍了结构、波浪与海床共同作用分析方法，由清华大学张建民编写；第8章介绍了海洋土木工程材料防腐机理和防治措施，由同济大学杨全兵编写；第9章主要介绍海上平台的设计、分析、建造与安装，由浙江大学白勇、曹宇编写；第10章主要介绍了海洋风荷载的特点和海洋结构物抗风设计，由浙江大学楼文娟编写；第11章介绍了几个典型工程案例，由中国港湾建设总公司孙子宇、中国交通建设股份有限公司田俊峰、华东勘测设计研究院汪明元、浙江大学国振、王立忠和白勇等提供。浙江大学滨海和城市岩土工程研究中心的研究生芮圣洁、周文杰、曾凡玉、汪轶群等人参与了该书的资料收集和校核工作。

该书注重结合海洋土木工程的特点，介绍了海洋土木工程的发展现状和前沿技术，突出工程特点，注重案例分析，这对于读者认识和了解海洋土木工程具有重要的指导意义。该书可供从事海洋土木工程勘察、设计、施工、科研及管理工程技术人员参考，也可供土木工程类高等院校师生参考。

龚晓南<br>浙江大学滨海和城市岩土工程研究中心<br>2017.10.12

# 目　　录

# 1 概　　述

## 1.1 海洋开发的重要性

海洋占地球总面积的70.8%，有极其丰富的物质资源（鱼类、藻类资源等生物资源，油气资源、可燃冰、海水化学资源等矿产资源）、空间资源、旅游资源等，特别是其突出的矿产资源和战略定位，使得对海洋的认识和研究成为国际科学研究的重点。对于海洋资源的利用，具有国家建设的战略意义。

海洋中蕴藏着极其丰富的油气资源。据估计，世界石油极限储量1万亿吨，可采储量3000亿吨，其中海底石油1350亿吨；世界天然气储量255～280亿$m^3$，海洋储量占140亿$m^3$。

海洋中含有大量可燃冰。可燃冰是一种被称为天然气水合物的新型矿物，在低温、高压条件下，由碳氢化合物与水分子组成的冰态固体物质。其能量密度高，杂质少，燃烧后几乎无污染，矿层厚，规模大，分布广，资源丰富。据估计，全球可燃冰的储量是现有石油天然气储量的两倍。在世界油气资源逐渐枯竭的情况下，可燃冰的发现又为人类带来新的希望。

海滨沉积物中有许多贵重矿物，如：含有发射火箭用的固体燃料钛的金红石；含有火箭、飞机外壳用的铌和反应堆及微电路用的钽的独居石；含有核潜艇和核反应堆用的耐高温和耐腐蚀的锆铁矿、锆英石；某些海区还有黄金、白银等。中国近海海域也分布有金、锆英石、钛铁矿、独居石、铬尖晶石等经济价值极高的砂矿。另外，还有多金属结核和富钴锰结壳。多金属结核含有锰、铁、镍、钴、铜等几十种元素。世界海洋3500～6000m深的洋底储藏的多金属结核约有3万亿吨。

海上风电是近年来国际风电产业发展的新领域、新潮流，是能源研究的重要方向。由于海面粗糙度低，相比陆地湍流小，剪切力小，海上风速大且相对稳定。同容量装机，海上比陆地成本增加60%，但电量可增加50%以上，基本平衡。

潮汐能包括潮汐和潮流两种运动方式所包含的能量，潮水在涨落中蕴藏着巨大能量，这种能量是一种不消耗燃料、没有污染、不受洪水或枯水影响、用之不竭的再生能源。中国早在20世纪50年代就已开始利用潮汐能，在这一方面是世界上起步较早的国家。我国的海区潮汐资源相当丰富，潮汐类型多种多样，是世界海洋潮汐类型最为丰富的海区之一。

海洋资源的利用具有重要的战略意义。美国等西方国家早在20世纪60年代就纷纷制定了开发海洋的长远计划，并投巨资发展海洋地质调查技术来获得开发利用海洋的优先权。1986年，美国制定的“全球海洋科学发展规划”更加引起大家对海洋重要性的认识。

在世界性的人口膨胀、资源短缺、环境恶化的今天，各国高度重视发展海洋工程，加强海洋工程基础理论研究。

我国作为一个陆地文明国家，海洋国土开发的意识比较薄弱，现在中国的海洋开发能力主要集中在浅海，海洋资源的全面利用、深海的开发能力还很不足。海洋工程装备是开发利用海洋资源的物质和技术基础。海洋工程装备主要指海洋资源（特别是海洋油气资源和风能资源）勘探、开采、加工、储运、管理、后勤服务等方面的大型工程装备和辅助装备，具有高技术、高投入、高产出、高附加值、高风险的特点，是先进制造、信息、新材料等高新技术的综合体，各个国家都把它作为开发海洋的利器予以重点规划。我国海洋工程装备产业国产化率一直较低，进口比例在70%以上。全球海洋工程装备水平第一梯队为欧美企业，第二梯队为日、韩、新加坡等亚洲国家，我国总体处在第三梯队，以制造低端海工装备产品、赚取加工费用为主。但正因为明显的差距所带来的发展机遇，“十二五”期间我国海洋工程装备产业得到高速发展，海洋工程装备市场规模年增长率达到110亿美元。海洋土木工程必将成为我国今后基础设施建设的重点。

海洋工程环境极端恶劣，地质条件复杂多变，荷载不确定性因素多，水深、浪高、风大，建造、安装、运输困难，海水对结构材料的腐蚀影响耐久性。在海洋环境下开展工程建设理论基础薄弱，实践经验不足。在对海域土质的循环特性没有深入了解的情况下进行工程建设，可能造成海床与地基失稳，带来巨大的生命和财产损失。例如，在长江口深水航道治理二期工程建设中，由于威马逊台风的袭击，造成了试验段大圆筒防波堤结构的整体倾覆。再如我国渤海地区发生的平台滑移和倾斜、渤海湾的某石油管道的沉降位移超标、1994年胜利油田3号钻井平台的地基液化等都与对海域土质的循环剪切特性认识不足有关。

综上所述，海洋有极其丰富的物质资源、空间资源、旅游资源，开发利用海洋资源具有重要的战略意义。近年来，各国高度重视发展海洋工程，加强海洋工程基础理论研究，提高开发利用海洋资源的能力。目前我国的海洋开发主要集中在浅海，在深海资源的开发和海洋资源的全面利用等方面比第一世界国家相比还有较大差距。近年我国各级政府十分重视海洋战略的落实，海洋资源开发利用能力提高很快。

## 1.2 海洋土木工程

海洋资源的开发利用与海洋土木工程密切相关。

首先让我们分析海洋工程、土木工程和海洋土木工程三者之间的关系，然后再分析海洋土木工程的特点。

2013年在浙江大学主持召开的一次有关海洋土木工程前沿讨论会上，有的专家认为土木工程可涵盖海洋工程，但有的专家举例说，在我国的海洋工程重点实验室中没有见到土木工程，只有船舶工程。还有专家提出不少领导说的海洋工程还包括鱼类、藻类资源等的捕捞和加工。看来用土木工程涵盖海洋工程有困难。在讨论会上有专家认为，是否可以将土木工程分为陆上土木工程和海洋土木工程两大块，可认为海洋工程涵盖海洋土木工程。提出和重视海洋土木工程的概念主要有利于厘清现有海洋工程和土木工程之间的关系。重视海洋土木工程理论和实践的研究，有利于提高海洋资源开发利用能力，有利于发展海洋战略的落实，也有利于土木工程整体技术水平的提升。

在那次讨论会上，专家们分析了人类在海洋区域从事的工程活动，提出是否可以这样界定海洋土木工程的范围。凡是在海洋区域建造固定的构筑物工程都属于海洋土木工程，如：围海造陆工程、港航与码头工程、人工岛工程、礁岛工程、采油平台工程、海底隧道工程、海底管线工程、跨海桥梁工程、海洋浮式平台工程等。凡是在海洋区域可以移动的，不包括锚定的，如船舶等不属于海洋土木工程。

海洋土木工程由于处在海洋区域，与陆上土木工程比较具有许多不同的特点。海床地质条件复杂，勘察条件困难。人类对海洋区域地质条件和海床地基性状了解与研究较少。海洋环境下构筑物上的作用荷载不确定因素多，荷载性状也十分复杂。海洋中结构类型和结构分析也与陆上有较大差别，对结构、波浪与海床共同作用性状了解较少。海水对材料的腐蚀对海中土木工程结构的耐久性影响，海域地震和风浪作用下海中土木工程结构的性状认知较少。

为了开发利用海洋资源，海洋土木工程近年得到较快发展。在海洋土木工程发展过程中，理论落后于实践，技术落后于需求。讨论会与会专家建议组织编写海洋土木工程概论，普及海洋土木工程基本知识，促进海洋土木工程的发展。

## 1.3 本书的主要内容

为了普及海洋土木工程基本知识，为土木工程类院校师生提供一本较系统介绍海洋土木工程的参考书，讨论会后组织有关专家学者编写海洋土木工程概论，供广大教师、学生及土木工程技术人员学习参考。

在第 1 章概述中简要介绍了开发利用海洋资源的战略意义，海洋土木工程对开发利用海洋资源的重要性，还分析了海洋土木工程的范围和特点。

在第 2 章海洋工程勘察中主要介绍工程勘察的目的和任务，海洋工程测绘、物探、钻探和原位测试技术，近海典型地层结构，以及海洋灾害地质调查和工程地质评价。

在第 3 章海洋工程环境与荷载中首先介绍研究内容和方法，然后介绍海洋气象、海洋水文和海洋泥沙运动，最后介绍海洋地质灾害及工程危害性。

在第 4 章海洋工程规划中主要介绍海港港址选择和海港总平面布置。

在第 5 章海洋结构工程中主要介绍港口海岸结构工程、海洋平台结构工程以及浮式风力发电结构工程、海洋浮式平台工程和采油平台工程。

在第 6 章海洋岩土工程中介绍内容主要包括海洋土力学、近海基础工程、系泊基础、海底管道与立管、海洋岩土工程灾害五个方面。

在第 7 章结构、波浪与海床共同作用分析中首先介绍海洋土木工程结构与海洋环境相互作用特点和连续介质力学基础，然后分析了海水和海床的相互作用，最后介绍了几种结构、波浪与海床共同作用的分析方法。

在第 8 章海洋土木工程材料与防腐中主要介绍海洋工程钢筋混凝土的钢筋锈蚀、冻融破坏、化学侵蚀等机理，提出防治措施，还对海洋工程钢筋混凝土材料耐久性进行了讨论，最后介绍了海洋工程钢筋混凝土结构附加防腐措施。

在第 9 章海上平台的设计、分析、建造与安装中主要介绍海上石油平台类型，固定平台的结构分析和设计，以及平台制造、吊装、运输、安装及成本分析。

在第 10 章海洋工程结构抗风中主要介绍海洋结构工程设计和施工过程中起主要控制作用的风荷载，对结构设计和安全有重大影响的强热带风暴、台风、热带低气压和海陆季风等风气象，以及近洋面边界层风场的垂直分布特性，包括平均风特性、脉动风特性和非平稳特性。

在第 11 章典型工程案例中介绍的案例主要包括围海造陆工程、港航与码头工程、人工岛工程礁岛工程、海洋浮式平台工程、采油平台工程、海底隧道工程、海底管线工程、跨海桥梁工程等。希望读者通过典型工程案例更好地了解什么是海洋工程，掌握海洋土木工程的特点。

# 2　海洋工程勘察

## 2.1　海洋工程勘察目的及任务

### 2.1.1　海洋工程勘察的目的

海洋工程建设主要包括海上平台、海缆路由、海底管道、人工岛等，以及跨海道路桥梁、海底隧道、海上机场、围海造陆、海港码头等基础设施建设领域，还包括新兴的海上风电、潮汐能、潮流能等海洋能源和资源开发的工程建设等。与陆地城建、市政、交通、水利、水电等工程建设必须开展工程勘察相类似，海洋工程和海洋勘探开发的各建设阶段，均需开展海洋工程勘察，以满足不同建设阶段基本任务的需求。

海洋工程勘察的目的在于：通过海底钻探、取样、原位测试、室内试验、海底地形地貌测绘、海洋物探调查等手段，获取海底地形、地貌、障碍物、暗礁、深部断裂、海底地层结构及其物理状态、海洋岩土试验等成果，开展区域稳定性、海床稳定性、海洋水动力环境、海洋地质灾害、海洋水土腐蚀性、海洋地层空间分布、海洋岩土工程特性及其参数等方面的研究与评价，以满足海洋工程选址、设计、施工、运行、评价等方面的需求。

### 2.1.2　海洋工程勘察的方法

与陆地工程相比，海洋工程勘察涉及的专业面更为广阔，一般划分为海洋工程测量、海洋岩土勘察和海洋工程环境调查三个子专业。海洋工程测量包括海底地形地貌测绘、海底面状况侧扫、底床稳定性测绘、水深测绘。海洋岩土勘察包括海底近表层沉积地层结构探测、海底岩土的物理力学性质研究等。海洋工程环境调查包括海洋物理、水动力及腐蚀环境的调查。对海洋风能、潮汐能、潮流能等海洋可再生能源和海洋资源勘探开发、海洋勘察还包括资源和能源调查、测试。

海洋工程勘察必须结合工程建设阶段，海洋建筑物或构筑物的类型、特点、稳定性和变形控制要求，海域自然条件、动静力荷载特性和环境等进行。勘察工作应有目的性和针对性，按照各建设阶段的任务，认识海洋工程地质条件，正确分析地质灾害和不良地质问题，进行工程地质评价，提出工程地质建议，为海洋工程的规划、设计、施工、运行、评估提供可靠的地质依据。

海洋工程勘察的方法和手段通常包括：1）海底地形地貌测绘和水深测量，一般可采用单波束或多波束手段；2）海底障碍物探测，可采用侧扫声呐、海洋磁力仪；3）海底地层结构物探，一般可采用浅地层剖面仪和中地层剖面仪（高分辨率多道数字地震）调查；4）海底底质与底层水采样；5）海洋工程地质钻探与取样；6）海洋地层原位测试；7）室内岩土动静力特性试验；8）水土腐蚀性环境参数测定等。

海洋工程勘察的程序包括：1）前期资料收集；2）海洋勘察方案策划；3）勘察大纲编制，包括勘察目的、任务、手段、方法、内容、勘点与勘线布置、组织机构与分工、进度计划等；4）海洋勘察质量、安全与环境管理方案编制与培训，包括交通、通信、救生、逃生、急救、消防、信号、防撞、标识、应急预案等；5）海上勘察作业实施；6）岩、土、水样品分析测试；7）成果、资料解释、分析与整理，工程地质条件分析与评价；8）勘察报告编制和审核，成果验收，资料归档。

### 2.1.3 海洋工程勘察的任务

根据海洋工程和海洋勘探开发各建设阶段的基本任务，结合海洋建筑物或构筑物的特点，海洋工程勘察的任务主要包括：1）水深和海底地形地貌测绘；2）海底面状况以及自然的或人为的海底障碍物调查；3）海底地层结构特征、空间分布勘探；4）海洋岩土物理力学性质试验研究；5）海洋灾害地质和地震因素调查评价；6）海洋腐蚀性环境参数分析；7）海洋开发活动调查等。

海洋工程建设前期的规划选址阶段，主要任务一般是收集区域地质地层、地质构造和地震资料，初步评价场区区域地质构造的稳定性，并对场地稳定性和适宜性进行初步评价，提供地震设计基本参数；评估海洋工程地质条件、不良工程地质问题、灾害地质类型及其影响等；海洋资源和能源调查、评价，工程压覆矿评价；海洋水文环境、风力、潮汐、潮流等调查评价。前期的规划选址阶段，海洋工程勘察一般采用资料收集、部分海洋物探调查、少量底质取样为主的勘察方法，必要时开展少量地质钻探工作。

在（预）可行性研究阶段，侧重于明确区域地质构造和地震对工程建设的影响，初步查明拟建场区海底地形、地貌、场地的地层结构、分布与变化规律，形成时代和成因类型，地基土物理力学性质。初步查明不良地质作用，环境水质与腐蚀性评价。对场地及地基的地震效应，包括抗震设防烈度，50 年超越概率 10%的地震峰值加速度，建筑场地类别等作出初步评价。初步评价场址的工程地质条件，提出土层物理力学性质参数的建议值，对海洋工程拟建主要建筑物基础的类型提供初步建议。（预）可行性研究阶段的海洋工程勘察一般采用资料收集和调查，区域构造与地震等专题研究，大量海洋物探调查及部分地质钻探和试验为主，必要时开展一定的原位测试工作。

在招标及施工图设计阶段，一般侧重以详细查明工程场区工程地质条件，为各海洋建（构）筑物设计提供详细的地质依据。该阶段海洋工程勘察一般采用大量海洋物探调查、地质钻探、原位测试和试验为主的方法，并根据需要开展专门的海洋岩土工程静动力试验研究。

招标及施工图设计阶段，海洋工程勘察的主要内容包括：

1）搜集建筑总平面图，场区地面平整标高，建筑物的性质、规模、荷载、结构特点，基础形式、埋置深度、地基允许变形等资料。

2）查明场地范围内岩土层的埋藏条件、地层组成及结构、形成时代和成因类型、物理力学性质和分布规律，判断黏性土地层稠度、含水量、孔隙比、液性指数，判断无黏性土地层的密实性、相对密度、孔隙比，提供地层的物理力学性质指标，分析和评价地基的稳定性、均匀性和承载力。

3）对天然地基和桩基础条件进行评价，提出基础选型及持力层建议，提供基础计算参数。分析单桩竖向、水平向承载性能，估算极限承载力，必要时分析土体对桩的侧向抗力与桩侧向位移曲线，分析基础施工存在的地质问题并提出处理措施建议。

4）评价沉桩可能性，论证桩基施工条件及其对环境的影响。

5）收集区域地质构造及地震资料，评价海底断裂活动型及区域构造稳定性，分析场地地震效应及地震参数，提供抗震设计所需的地层剪切波速、地层类别、特征周期，划分抗震地段。

6）根据需要开展针对性的专题试验研究，例如场地电阻率、动模量、动阻尼、动强度、残余强度、空心扭剪、控制应力路径试验等。

7）查明环境水的类型和赋存状态及补给排泄条件，评价环境水对建筑物本身和基础设计和施工的影响，判定地表水、地下水和土对建筑材料的腐蚀性，评价地基土对钢结构的腐蚀性。

8）查明不良地质作用和海洋灾害地质，查明场地特殊岩土分布及其对基础的危害程度，并提出防治措施建议。

## 2.2 海洋工程测绘

海洋测绘是测绘学的一个分支学科，是海洋测量和海图绘制的总称，是一门对海洋表面及海底的形状和性质参数进行准确测定和描述的学科[1]。海洋是由各种要素组成的综合体，海洋测绘的对象可分成两大类：自然现象和人文现象。自然现象包括海岸和海底地形，海洋水文和海洋气象等自然界客观存在的对象，如曲曲折折的海岸，起伏不平的海底，动荡不定的海水，风云多变的海洋上空。自然现象可分解成各种要素，如海岸和海底的地貌起伏形态、物质组成、地质构造、重力异常和地磁要素、礁石等天然地物，海水温度、盐度、密度、透明度、水色、波浪、海流，海空的气温、气压、风、云、降水，以及海洋资源状况等。人文现象是人工建设、人为设置或改造形成的现象，如岸边的港口设施——码头、船坞、系船浮筒、防波堤等，海中的各种平台，航行标志——灯塔、灯船、浮标等，人为的各种沉物——沉船、水雷、飞机残骸，捕鱼的网、栅，专门设置的港界、军事训练区、禁航区、行政界线——国界、省市界、领海线等，以及海洋生物养殖区。这些现象，包含海洋地理学、海洋地质学、海洋水文学和海洋气象学等学科的内容。

海洋测绘不仅要获取和显示这些要素各自的位置、性质、形态，还包括各要素间的相互关系和发展变化，如航道和礁石、灯塔的关系，海港建设的进展，海流、水温的季节变化等。由于海洋区域与陆地区域自然现象的重要区别在于时刻运动的水体，海洋测绘方法与陆地有明显的差别，陆地水域江河湖泊的测绘，通常也可划入海洋测绘的范畴。

### 2.2.1 海洋工程测绘的内容与手段

海洋测绘的主要内容包括：控制测量（大地测量、海洋定位），水下地形地貌测量，水深测量，水位观测。

**(1) 定位**

现代微波测距、激光测距等先进仪器的使用，极大地提高了海洋定位精度。随着航海、海洋开发事业向深海发展，光学仪器和陆标定位已不能满足要求，多种无线电定位仪器大发展，近程的如无线电指向标、无线电测向仪、高精度近程无线电定位系统等；中远程的如罗兰C、台卡、奥米加、阿尔法等双曲线无线电定位系统。这些系统定位距离较远，但精度一般较低。

现代海洋事业已远超出航海运输的范畴，海洋资源调查勘测、海洋工程建设、海洋科学研究都需要更精确的定位。水声定位系统和卫星定位系统，尤其是全球定位系统（GPS）引入海洋测量，可使海洋定位的精度达到米级，并且还可进一步提高。

**（2）验潮**

验潮也称水位观测，又称潮汐观测，是海洋工程测量、航道测量等方面的重要组成部分，目的是了解潮汐特性，应用潮汐观测资料，计算潮汐调和常数、平均海平面、深度基准面、潮汐预报，并提供不同时刻的水位改正数等。

为掌握海区潮汐规律，首先需选择合适的位置布设验潮站，设立水尺或自动验潮站（井式自记验潮、超声波潮汐计、压力式验潮仪、声学式验潮仪、GPS验潮、潮汐遥感测量）。

验潮站分为长期验潮站、短期验潮站、临时验潮站和海上定点验潮站[2]。长期验潮站是测区水位控制的基础，主要用于计算平均海面和深度基准面，计算平均海面需要两年以上连续观测的水位资料。短期验潮站用于补充长期验潮站的不足，它与长期验潮站共同推算确定区域的深度基准面，一般要求连续30天的水位观测。临时验潮站在水深测量期间设置，要求最少与长期验潮站或短期验潮站同步观测3天，以便联测平均海面或深度基准面，测深期间用于观测瞬时水位，进行水位改正。海上定点验潮，最少在大潮期间与长期或短期站同步观测三次24h，用以推算平均海面、深度基准面和预报瞬时水位。

**（3）测深**

海洋测深的方法和手段主要有测深杆、测深锤（水铊）、回声测深仪、多波束测深系统、机载激光测深等[3]。

1）测深杆：主要用于水深浅于5m的水域。由木制或竹质材料支撑，直径为3～5cm，长约3～5m，底部设有直径5～8cm的铁制圆盘[3]。

2）测深锤（水铊）：适用于8～10m水深且流速不大的水域测深。由铅砣和砣绳组成，其重量视流速而定，砣绳一般为10～20m，以10cm为间隔[3]。

3）回声仪：简称测深仪，根据回声测深原理设计的水深测量仪器，分为单波束、多波束、单频或双频测深仪等[3]。其中多波束测深系统，也称“声呐列阵测深系统”、“条带测深系统”，可同时获得与测线垂直方向上连续多个水深数据。

4）机载激光测深系统：又称“机载主动遥感测深系统”，是由飞机发射激光脉冲测量水深的系统。机载部分由激光测深仪、定位与姿态设备组成，用于采集水深数据；地面部分由计算机、磁带机等数据处理设备组成，用于对采集数据进行综合处理和分析[3]。

### 2.2.2 海洋工程测绘的特点

**（1）基本特点**

海洋测绘是海洋测量和海图编制的总称，包括对海洋及其相邻陆地和江河湖泊进行测量和调查，获取海洋基础地理信息，制作各类海图和编制航行资料等。由于海洋水体的存在，海洋测绘在基本理论、方法、仪器、技术等方面具有明显不同于陆地的特点：

1）实时性。在起伏不平的海上，大多为动态测量，无法重复观测，精密测量施测难度较大。

2）不可视性。不能通过肉眼观测到海底. 一般采用超声波和传统的回声测深等仪器，只能沿测线测深，测线间则是空白区。近年全覆盖的多波束测深系统，可大大提高水下地貌的分辨率。

3）基准的变化性。深度基准面具有区域性，无法像陆地一样在全国范围内统一。

4）测量内容的综合性。需要同时完成多种观测项目，需要多种仪器设备配合施测。

**(2) 海洋测绘基准**

海洋测绘基准是指测量数据所依靠的基本框架，包括起始数据、起算面的时空位置及相关参量，包括大地（测量）基准、高程基准、深度基准和重力基准等[3,4]。

海洋测绘根据测绘目的不同，平面控制也可采用不同的基准。海洋测量的平面基准通常用2000国家大地坐标系（CGCS 2000），投影通常采用高斯—克吕格投影和墨卡托投影两种投影方式[3]。我国的垂直基准分为陆地高程基准和深度基准两部分。陆地高程基准采用“1985国家高程基准”，是青岛验潮站自1952年至1979年10个19年平均海面的平均值。对于远离大陆的岛礁，其高程基准可采用当地平均海面。深度基准采用理论最低潮面，深度基准面的高度从当地平均海面起算，一般应与国家高程基准进行联测[3]。

### 2.2.3 海洋控制测量与基准面确定

**(1) 控制测量**

海洋控制测量分为平面控制测量和高程控制测量，在国家大地网（点）和水准网（点）的基础上发展起来。国家各时期布测的三角（导线、GNSS）点，凡符合现行《国家三角测量和精密导线测量规范》精度要求的，均可作为海洋测量的高等控制点和发展海控点的起算点[3]。

**(2) 平面控制测量**

建立平面控制网的传统方法是三角测量和精密导线测量。随着技术进步，传统的三角测量技术逐步被GNSS控制测量技术替代。控制测量的实施方法、精度要求等参照现行相关标准规范执行。

**(3) 高程控制测量**

高程控制测量的方法主要有几何水准测量、测距高程导线测量、三角高程测量、GPS高程测量等。在有一定密度的水准高程点控制下，三角高程测量和GPS高程测量是测定控制点高程的基本方法[3,4]。

**(4) 深度基准面的确定与传递**

1）深度基准面确定

海洋测深的本质是确定海底表面至某一基准面的差距。目前世界上常用的基准面为深度基准面、平均海面和海洋大地水准面。前一种是指按潮汐性质确定的一种特定深度基准面，即狭义上的深度基准面，也是海洋测深实际用到的基准面（图2.2-1）。

2）深度基准面计算与传递

海洋测量中，验潮站的水位应归算到深度基准面（即理论最低潮面）上。长期验潮站

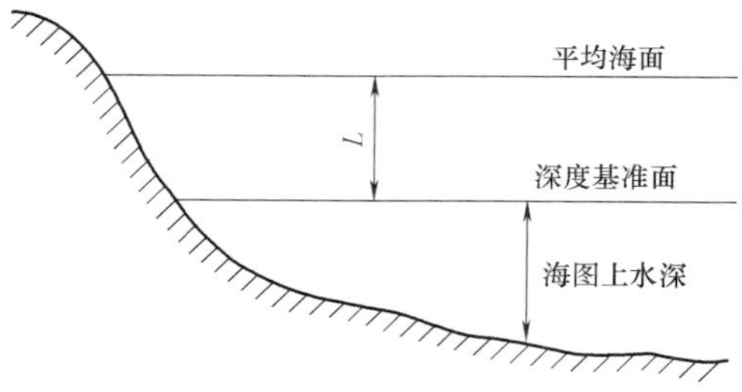


图 2.2-1 深度基准面示意图

深度基准面可沿用已有的深度基准，由陆地高程控制点进行水准联测，也可利用连续 1 年以上水位观测资料，通过调和分析采用弗拉基米尔法计算。

短期验潮站和临时验潮站深度基准面的确定，可采用几何水准测量法、潮差比法、最小二乘曲线拟合法、四个主分潮与 $L$ 比值法，由邻近长期验潮站或具有深度基准面数值的短期验潮站传算，当测区有两个或两个以上长期验潮站时取距离加权平均结果[3]。

### 2.2.4 海洋定位

海洋定位是海洋测绘和海洋工程的基础。海洋定位主要有天文定位、光学定位、无线电定位、卫星定位和水声定位等手段。

**(1) 天文和光学定位**

传统的海道测量主要是在沿岸海域进行。沿岸海域在天气较好、风浪较小的时候测量，通常使用光学仪器，利用陆地目标定位。这与陆地测量定位相似，但因测量船摇摆不定，定位精度要比陆地低很多。光学定位借助光学仪器，如经纬仪、六分仪、全站仪等，主要包含前方交会法、后方交会法、侧方交会法和极坐标法等。天文定位借助天文观测，确定船只的航向以及经纬度，从而实现导航和定位，该方法主要受观测条件限制，阴天或云层过厚时无法实施，很难实现实时连续定位。

**(2) 无线电定位**

无线电定位通过在岸上控制点安置无线电收发机（岸台），在船舶等载体上设置无线电收发、测距、控制、显示单元，测量无线电波在船台和岸台间的传播时间或相位差，求得船台至岸台的距离或船台至两岸台的距离差，进而计算船位。无线电定位多采用圆—圆定位或双曲线定位方式。

**(3) 卫星定位**

卫星定位属于空基无线电定位方式，为目前海上定位的主要手段。卫星定位系统（GNSS）主要包括美国的 GPS、俄罗斯的格洛纳斯（GLONASS）、中国的北斗定位系统以及欧洲的伽利略（Galileo）定位系统。现在利用广域卫星差分 GNSS 进行海洋测量定位的实时精度已可达到分米级，并且还在进一步研究提高。

**(4) 水声定位**

水下声学技术利用水下声标作为海底控制点，通过精确联测其坐标，可直接为船舶、潜艇及各种海洋工程提供导航定位服务，对水下工程具有重要的应用价值。

### 2.2.5 海洋水深与地形测绘

**(1) 单波束测量**

单波束测量也叫回声测深（Echo Sounding），是根据超声波在均匀介质中将匀速直线传播和在不同介质界面上将产生反射的原理，选择对水的穿透能力最佳、频率在 1500Hz

附近的超声波，垂直地向水底发射声信号，并记录从声波发射至信号由水底返回的时间间隔，通过模拟法或直接计算而确定水深的工作。单波束测量一般要做以下改正：声速、静态吃水、动态吃水、姿态改正。

**(2) 多波束测深**

多波束测深系统，又称为多波束测深仪、条带测深仪或多波束测深声呐等。多波束测深系统每发射一个声脉冲，不仅可以获得船下方的垂直深度，而且可以同时获得与船的航迹相垂直的面内的多个水深值，一次测量即可覆盖一个宽扇面（图 2.2-2）。

多波束测深系统组成：1）多波束声学子系统，包括多波束发射接收换能器阵和多波束信号控制处理单元；2）波束空间位置传感器子系统：电罗经等运动传感器、GNSS 卫星定位系统和 SVP 声速剖面仪。运动传感器将船只测量时的摇摆等姿态数据发送给多波束信号处理系统，进行误差补偿。卫星定位系统为多波束系统提供精确的位置信息。声速剖面仪为准确计算水深提供精确的现场水中声速剖面数据；3）数据采集、数据存储、处理子系统（包括多波束实时采集、后处理计算机及相关软件和数据显示、储存、输出设备）。

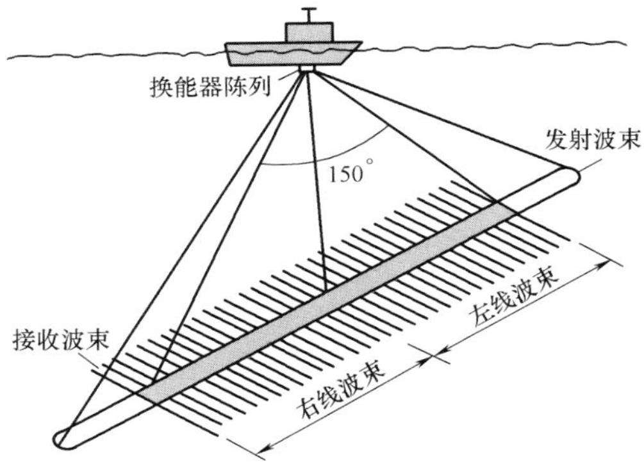


图 2.2-2 多波束测深原理示意图

多波束参数校正：多波束系统组成复杂，各传感器、换能器不是同轴、同面安装，因此需要进行参数校正。通常有时延（Latency）、横摇（Roll）、纵摇（Pitch）、艏摇（Yaw）的校正。按照多波束系统校正要求，在一定的水深且变化明显的水域作为校正场，进行四对测线的测量，分别用于时延、横摇、纵摇、艏摇的校正。

**(3) 测线布设**

测线是测量仪器及其载体的探测路线，一般布设为直线，又称测深线。测深线分为主测深线和检查线两大类。测线布设的主要因素是测线间隔和测线方向。测深线的间隔，根据对所测海区的需求、海区的水深、底质、地貌起伏的状况，以及测深仪器的覆盖范围而定。测深线方向选择的基本原则是：有利于显示海底地貌，有利于发现航行障碍物，有利于测深工作。

## 2.3 海洋工程物探

海洋物探，即海洋地球物理勘探，主要涉及导航定位技术、海洋重磁测量技术和海底声学探测技术、海底热流探测技术、海底大地电磁测量技术、海底放射性测量技术以及海底钻井地球物理观测技术等。

海洋物探是地球物理学原理与技术在海洋条件下的具体应用，是海域工程勘探的一个重要方面，具有快速、准确、无损害的特点，对于勘探区域地层的宏观揭露，可弥补地质钻探的不足，在海洋工程建设中发挥了越来越重要的作用。

海洋物探技术主要基于重力场理论、磁力场理论、地震波振动理论和海底热流理论等。因受使用条件和技术水平限制，电法勘探和放射性测量在海洋领域仍处于理论探讨和试验阶段。

海洋物探已成为海洋资源和能源勘探不可或缺的重要手段，海洋资源物探的深度达到数百甚至数千米，海底及浅部地层信息一般作为干扰滤除，以突显深部的目标信息。

而一般的海洋工程物探主要研究海底中浅部地层的工程特性以及不良地质现象，有效勘探深度一般不大于150m，不能直接引用深层海洋物探技术，常使用海底地形声呐测量技术、海底表面和障碍物声呐探测技术、海底地层剖面探测技术和钻孔测井技术等进行解决。

因此，根据海洋工程地质勘察的要求，研究海底中浅地层特性的海洋物探技术，选用合适的仪器设备和技术参数，发展物探解译技术，可为海洋工程提供一种有效、便捷、经济的勘探手段。

## 2.3.1 海洋物探的方法与设备

根据海洋物探的原理，可衍生出多种海洋物探方法，一般依据各类物探原理、适用条件或适用范围，甚至具体到参数设置来划分物探方法。

**(1) 导航及定位**

近岸海域内多使用无线电定位系统，海上接收陆地岸台发射的定位信号，用圆—圆法或双曲线法定位。近年海域内普遍使用卫星定位系统，通过卫星接收机记录导航卫星发射的信号，在两个卫星定位点之间，依靠多普勒声呐测定航行中船只的速度变化，由陀螺罗经测定船只的航向。

常用的海洋物探导航定位技术多使用美国GPS技术，例如美国Trimble公司产生的SPS351型DGPS海上导航定位系统测量系统等，通过免费的信标台DGPS RTCM差分信号达到亚米级的定位精度。目前国产自主卫星导航系统高强度加密设计，北斗GPS系统RTK(1+1)测量技术及GPS差分定位系统具有支持多星系统、时间可用性和空间可用性更强，信号更强等特点，其应用也日益广泛，常见的国产海上定位系统有中海达K-x系列海上定位定向仪和南方RTK海上导航定位系统，实时动态差分GPS定位误差小于1m。

海上导航定位测量仪器见图2.3-1。

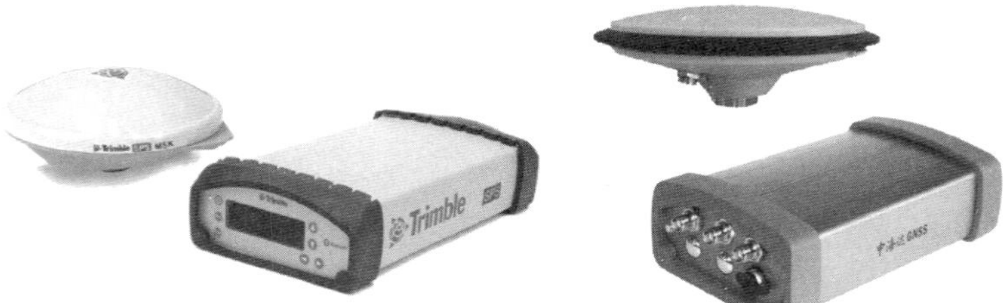


图2.3-1 国外和国内的GPS导航定位仪（华东院）

**(2) 侧扫声呐探测**

侧扫声呐源于二次世界大战期间为探测潜艇而设计的ASDIC系统，是一种主动式声呐，从安装在船体两侧（船载式）或安装在拖体内（拖曳式）的换能器中发出声波，利用声波反射原理获取回声信号图像，根据回声信号图像分析海底地形、地貌和海底障碍物，识别海底沉积物类型，确定海底裸露基岩分布范围，识别裸露的海底管道等。

侧扫声呐探测原理示意见图 2.3-2。

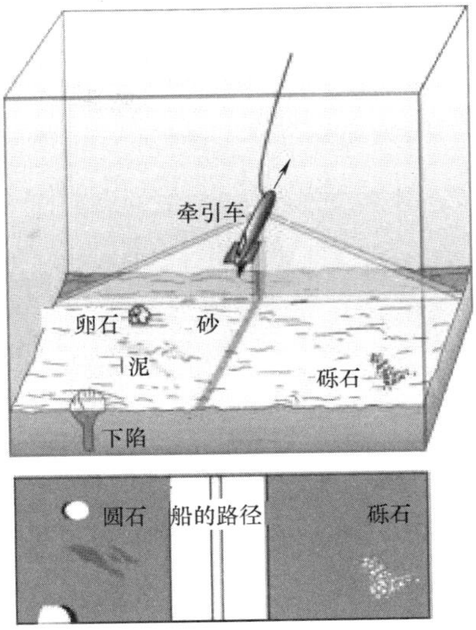


图 2.3-2 侧扫声呐探测原理示意图

侧扫声呐能直观提供海底形态的声成像，在海底测绘、海底地质勘测、海底工程施工、海底障碍物和沉积物的探测，以及海底矿产勘测等方面得到广泛应用。根据声学探头安装位置，侧扫声呐可分为船载和拖体两类。船载型声学换能器安装在船体的两侧，该类侧扫声呐工作频率一般较低（10kHz以下），扫幅较宽。探头安装在拖体内的侧扫声呐系统，根据拖体距海底的高度还可分为两种：离海面较近的高位拖曳型和离海底较近的深拖型。高位拖曳型侧扫系统的拖体在水下 100m 左右拖曳，能够提供侧扫图像和测深数据。侧扫声呐的海底扫描宽度一般为水深的 10～20 倍。

多数拖体式侧扫声呐系统为深拖型，拖体距离海底仅有数十米，位置较低，航速较低，但获取的侧扫声呐图像质量较高，侧扫图像甚至可分辨出十几厘米的管线和体积很小的油桶等，最近深拖型侧扫声呐系统也具备高航速的作业能力，10kn 航速下依然能获得高清晰度的海底侧扫图像。

目前，数字式侧扫声呐仪主要有美国 EdgeTech 公司、英国 C-MAX 公司、美国 Klein 公司、芬兰 Meridata 公司和韩国 DSME E&R 公司等的产品。其中美国 EdgeTech 公司 4200MP/FS 型侧扫声呐仪采用 Chirp 信号脉冲压缩技术，该仪器由拖鱼、电缆和便携式甲板采集单元组成，具有 100kHz/400kHz 同步双频功能，配置 SonarWiz. Map 5 后处理软件，采用船尾拖曳作业方式，拖鱼入水深度约 2m，距离船尾约 30m，高低频侧扫单侧扫描宽度分别为 80m 和 160m。

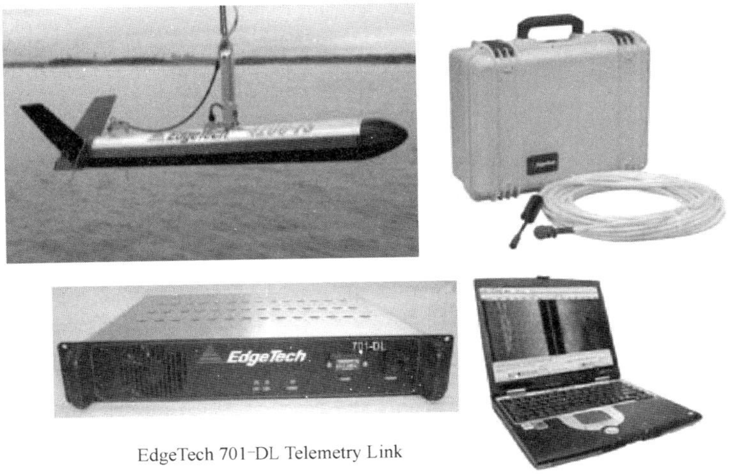


EdgeTech 701-DL Telemetry Link

图 2.3-3 美国 EdgeTech 侧扫声呐设备（华东院）

相关侧扫声呐仪器见图 2.3-3。

**(3) 浅地层剖面探测**

浅地层剖面探测是一种基于声学原理的连续走航式探测水下浅部地层结构和构造的方法，通过换能器将控制信号转换为不同频率（一般在 100Hz～10kHz 之间）的声波脉冲信号并向海底发射，声波在传播过程中遇到声阻抗界面时将产生回波信号，在走航过程中逐点记录声波回波信号，形成反映地层声学特征的记录剖面，根据声学剖面分析判断浅部地层的结构和构造。一般地层穿透深度达到 30～50m。根据声学探头安装位置的不同，浅地层剖面探测分为船体固定式和拖曳式两类。

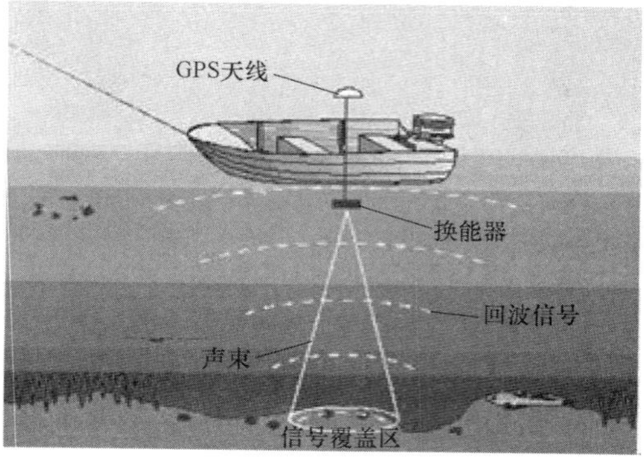


图 2.3-4　浅地层剖面法工作原理

浅地层剖面探测工作原理示意见图 2.3-4。

美国 SyQwest 公司 Bathy 2010PC 浅地层剖面仪，由换能器和甲板采集单元组成，标准单频工作频率 3.5kHz，最大发射功率为 4kW，配置 SonarWiz. Map 5 后处理软件；采用船侧固定作业方式，声换能器入水深度约 1.8m，记录长度为 50ms。

相关浅地层剖面仪器见图 2.3-5。

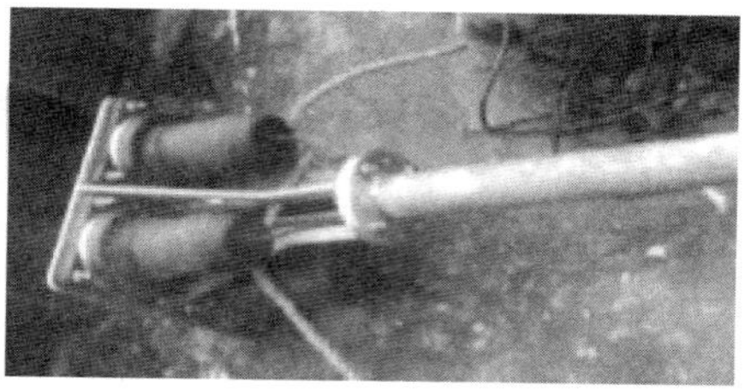

图 2.3-5　美国 SyQwest 公司 Bathy 2010PC 浅地层剖面仪主机和换能器（华东院）

**(4) 高分辨率单（多）道地震探测**

高分辨率单（多）道地震探测法原理类同于浅地层剖面法，与浅地层剖面相对应有时也称中地层剖面法，但人工激发的地震波比声波频率低、能量强，具有更大的穿透能力，一般地层穿透深度达到 200～300m，作业方式多采用船尾拖曳式，见图 2.3-6。

图 2.3-6　高分辨率单（多）道地震探测（华东院）

高分辨率单（多）道地震剖面仪一般使用电火花或空气枪震源，通过单道反射波信号组成的反射波图像，探测海底以下 150m 深度内的地层变化情况和不良地质现象，包括浅气层、古河床、滑坡、塌陷、断层、泥丘、基岩、浊流沉积、盐丘、海底软土夹层、侵蚀沟槽等地质构造与不良地质体。

目前，高分辨率单（多）道地震剖面

仪多为单道电火花震源系统，生产厂家主要有法国 SIG 公司、英国 CODA 公司和荷兰 Geo 公司等。相关高分辨率单（多）道地震剖面仪器见图 2.3-7。

图 2.3-7　荷兰 GeoSurveys 公司 SPARK 系列高分辨率地震探测设备（华东院）

**(5) 海洋磁力探测**

海洋磁力探测是通过测量海底磁性异常识别海底管道、电缆、井口、炸弹、沉船等铁磁性障碍物，结合侧扫声呐、浅地层剖面确定障碍物的性质、位置、形状、大小、走向及埋深等。

目前，海洋磁力仪生产厂家主要有美国 Geometrics 公司和加拿大 marine magnetics 公司。美国 Geometrics 公司 G-882 SX 型铯光泵磁力仪，由拖鱼、电缆和便携式甲板采集单元组成，配置 MagMap2000 后处理软件，分辨率达到 0.001nT，采用船尾拖曳作业方式。相关海洋磁力测量仪器见图 2.3-8。

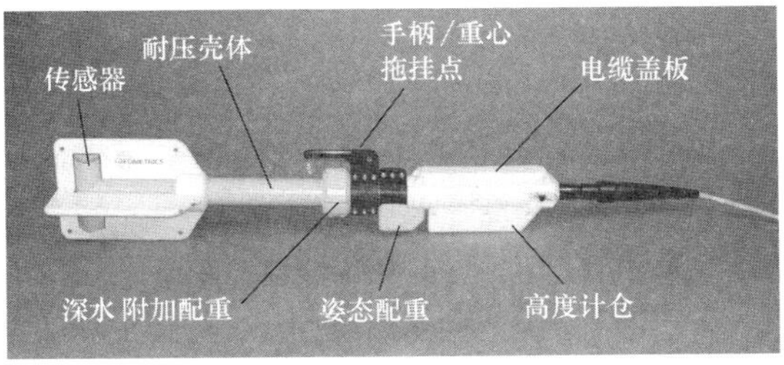


图 2.3-8　美国 Geometrics 的 G-882 SX 型铯光泵磁力仪拖鱼（华东院）

**(6) 水深测量**

水深测量一般使用单波束回声测深仪或多波束测深系统，传统的单波束回声测深仪是记录声脉冲从固定在船体上的或拖曳式传感器到海底的双程旅行时间，根据声波传播的双程旅行时间和声波在海水中的传播速度确定各测点的水深。多波束测深系统是从美国海军开发的 SASS 系统（Sonar Array Sounding System）发展起来的，通过声波发射与接收换能器阵进行声波广角度定向发射和接收，利用各种传感器（卫星定位系统、运动传感器、电罗经、声速剖面仪等）对各个波束测点的空间位置归算，从而获取与航向垂直的条带式高密度水深数据，进行海底地形地貌测绘，其工作原理见图 2.3-9。

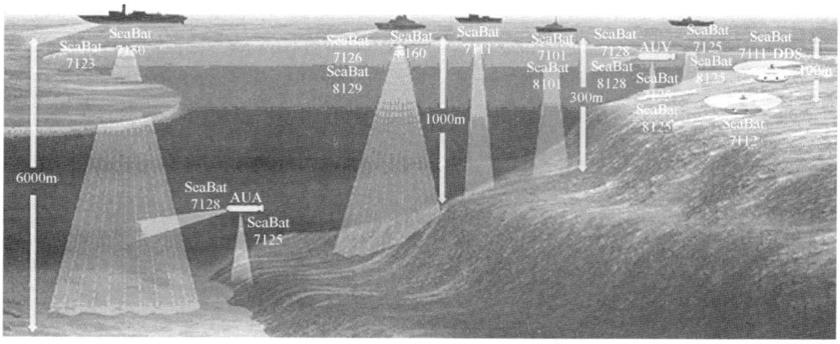


图 2.3-9　多波束声呐的工作原理

多波束技术多依赖进口，常见的有丹麦 Reson SeaBat 7125 多波束测深系统等。与传统的单波束测深系统每次测量只能获得测量船垂直下方一个海底测量深度值相比，多波束探测能获得一个条带覆盖区域内多个测量点的海底深度值，实现了从“点—线”测量到“线—面”测量的跨越。

相关多波束水深测量仪器见图 2.3-10。

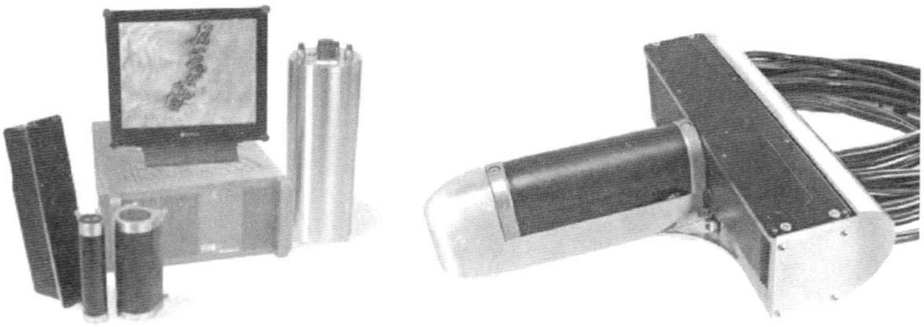

图 2.3-10　丹麦 Reson SeaBat 7125 多波束测深系统（华东院）

## 2.3.2　海洋地层剖面探测

浅地层剖面探测和高分辨率单（多）道地震探测（即中地层剖面探测）都以地震波反射理论为基础，根据声波或地震波反射波的到达时间形成时间剖面图，利用地层声速或地震波速度转换为深度剖面图。各方法的主要区别在于震源激发方式、发射能量、发射频率、波长，造成穿透能力和分辨率的差异。

浅地层剖面仪和中地层地震（声）剖面仪的换能器按一定时间间隔垂直向下发射声脉冲，声脉冲穿过海水触及海底后，部分声能反射返回换能器，另一部分声能继续向地层深层传播，同时回波陆续返回，声波传播的声能逐渐损失，直到声波能量损失耗尽。声能传播特性反映海底地层结构和各地层的特征，可根据声波穿透地层传播的时间，换算地层厚度。

**(1) 反射图像**

浅地层剖面测量所获取的声学记录剖面是地质剖面的反映。声地层层序是沉积层序在浅地层声学记录剖面上的反映。根据反射波的振幅、频率、相位、连续性和波组组合关系等，界定声阻抗界面，进而划分声学反射界面[5]。

典型的浅地层剖面和中地层地震剖面图像见图 2.3-11。

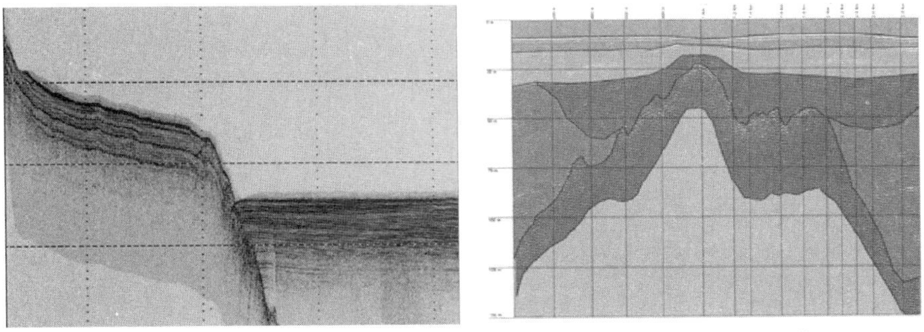

(a)　　(b)

图 2.3-11　典型的地层剖面图像

(a) 浅地层剖面；(b) 中地层地震剖面

干扰信号包括：1）后辐射干扰，由于剖面仪开角较大及副瓣作用，有部分声波直接向水面辐射，导致海底直达声波和海面反射多路径的声波重叠显示的干扰图像。在记录声图上海底界面会出现三条平行等间距（间距等于换能器入水深度）的界面线，易于被认为地层的界面线。2）直达声波干扰，由于换能器基阵 90°方向的灵敏度较大，发射换能器发射声波会有一部分向水平方向射出，该部分声波直接被接收换能器接收，形成直达波记录。当收、发换能器间距之半小于测区水深时，直达波被反映在海底线之上端，呈现细而均匀的线条与零位线平行，可呈现多条平行线。3）侧向发射干扰，由于发射换能器的较大波束角，当船驶近岸壁、巨轮、突起暗礁时会有反射面形成侧向反射干扰图像。这种干扰图像视干扰物距离远近而会出现在海底之上或与海底界面线和地层图像叠加。其图像特征是前后不连续的一段或几段线段图像。4）其他干扰，各种音响噪声、船支尾流及波浪引起的其他各种干扰等。

波在某个界面反射后可能在另一个界面或地面又进行一次或多次的反射，再返回声呐接收系统，形成多次反射。不整合面、基岩面、硬质土层等强反射界面容易产生多次波，多次反射波多为一种干扰信号，对资料解释有较大影响，处理不当也会得出不合理的推断。可利用相关钻井资料、区域地质资料或与其他海洋物探成果进行校正，也可采用速度谱分析、共反射点叠加等办法消除多次波[6]。

**(2) 剖面声图层理特征**

剖面声图的层理特征，是指剖面声图显示具有一定灰度的点状、块状和线状图形组成的图像，反映不同性质的海底地层图像的特征。

简单层理特征包括：1）平行简单层理特征，沉积层界面呈现平行特征，其层位图像也呈平行特征，表明沉积物平稳且较均匀一致地下沉积淀，显示了在低能量沉积环境中细粒沉积物。2）发散简单层理特征，点状和线状图像由密集扩散成稀疏图像，表示沉积物沉积速率的区域变化。

复杂层理特征包括：1）复杂斜层理特征，由点状、块状和点线状图形组成的不平行倾斜状图形特征，通常表示河流及河流三角洲，近岸平原沉积物的沉积层图像特征。2）S型复杂层理特征，由形成S型的线状或块状组成的图像特征，通常表示三角洲及浅海环境的沉积层图像特征，沉积物的粒度从细到相对粗的粒度。3）杂乱层理特征，不连续、不整合的点状、线状图形组合的图像特征，表示相对高能量沉积环境，包括各种不同沉积速率，沉积后基底瓦解、崩积后残积堆积。

**（3）反射图像同相轴追踪技术**[7]

同相轴是反射记录在时间剖面上各道振动相位相同的极值（波峰或波谷）的连线，有效波的同相轴具有以下特征：1）振幅显著增强；2）波形相似；3）同相轴圆滑且有一定延伸长度。

反射图像同相轴主要表现如下特征：1）反射波同相轴平行或圆滑起伏，正常情况，水深变化、沉积层或基岩埋深变化的一般表现为时间剖面上反射波同相轴平行或圆滑起伏，无明显错动或缺失。2）反射波同相轴发生明显的错动，断层或其他大型构造会造成正常地层发生突变，表现为时间剖面上反射波同相轴明显错动，或反射能量特征、频率特征、相位特征突然变化，且往往存在断面反射波伴生，一般来说断层两侧差异越大，反射波同相轴的错动就越明显。3）反射波同相轴局部缺失，破碎带、地层突变和风化状况的改变会对反射波的吸收和衰减产生影响，可能会造成连续追踪的反射波同相轴局部缺失或不易识别，或伸延范围较大时甚至可能产生新的连续或不连续的反射波同相轴。4）反射波波形发生畸变，地层内部不均或掏空时，反射波在时间剖面上的表现特征为波形畸变。5）反射波频率发生变化，沉积层矿物成分、砂石含量及盐碱性质对于地震波（声波）的衰减和吸收影响差异较大，对反射波波形改变的同时也会使反射波频率发生变化。以上各种现象在反射波时间剖面上往往是多种形式同时存在，在不同的地质情况下表现出不同特征，需要物探解释人员充分了解区域地质条件，并需要具备丰富的解释经验。

**（4）浅、中地层地震剖面技术**

浅、中地层地震剖面技术是大规模划分海底沉积地层的重要手段，还可同时进行海水深度的探测，是水深、定位及其他海洋勘察手段的重要校验方法。

浅地层剖面的探测效果可见图2.3-12。其中图2.3-12（*a*）为海底浅层反射同相轴图像，可见海水与底界面介质差异明显，海底沉积层从上到下依次为粉砂层、粉土层夹层，淤泥质粉质黏土夹粉砂层、粉砂层和粉质黏土夹粉砂层。结合钻探资料，可较精确地识别该区域的海底沉积层层序特征，图2.3-12（*b*）为解译成果。

图2.3-13（*a*）为某海底剖面的反射同相轴图像，可见海水与底界面以及海底沉积层的反射界面较明显，结合钻探资料，可确定海底沉积层层序分布，图2.3-13（*b*）为解译成果。

基岩与海水和沉积物之间的物性差异较大，地震波发生折射和反射现象更为明显，反射波回波能量也较强，同相轴也更容易识别，在地震波激发能量较大的情况下，海底基岩延伸和埋深的探测效果较为理想，见图2.3-14。

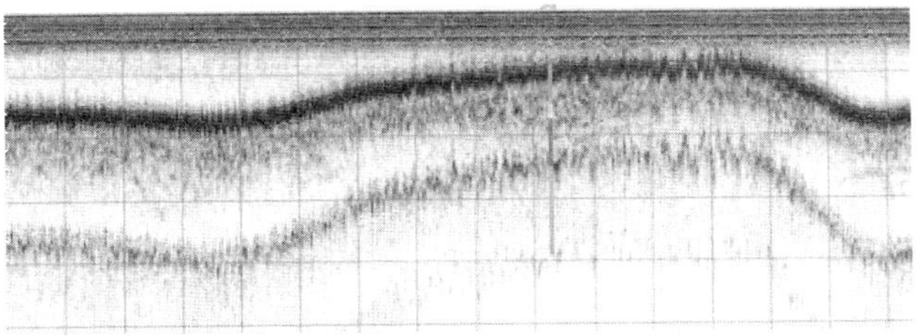

(*a*)

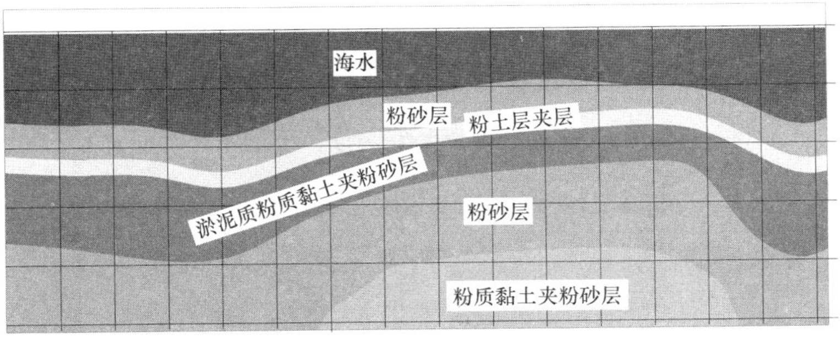


(*b*)

图 2.3-12 浅地层地震剖面海底沉积探测图

(*a*) 反射图像；(*b*) 解释图

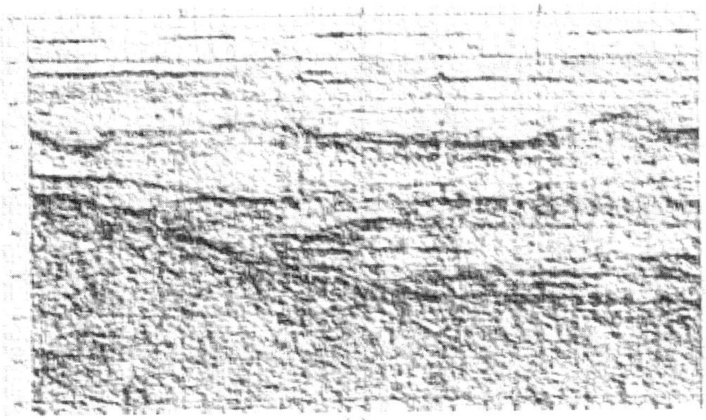

(*a*)

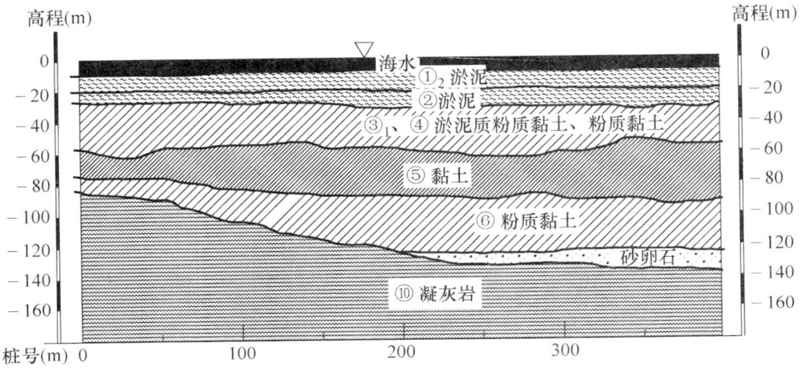


(*b*)

图 2.3-13 浅地层地震剖面海底沉积探测图

(*a*) 反射图像；(*b*) 解释图

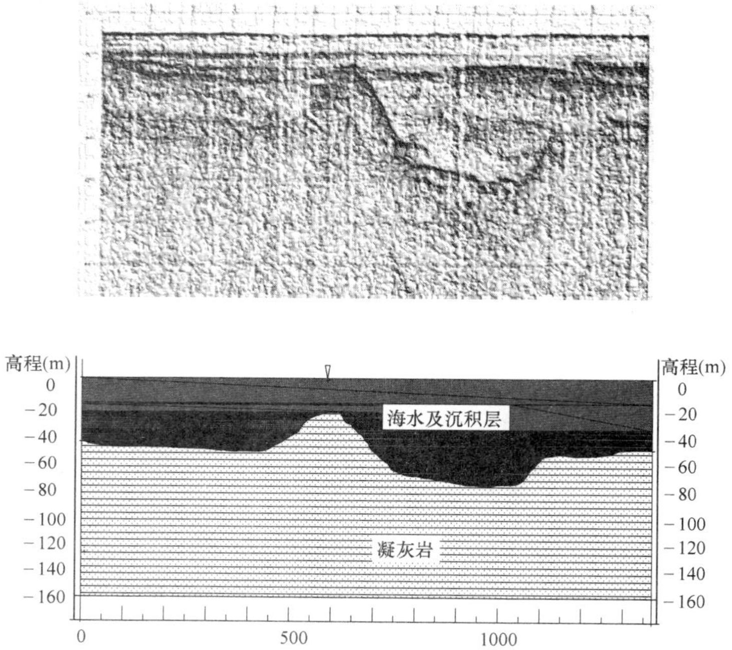


图 2.3-14　海底基岩探测图

**(5) 浅层气探测**

浅层气是储存在沉积物中的天然气。海底浅层气主要有两种：一种是生物甲烷浅层气，另一种为热成甲烷浅层气。近海海底主要为生物甲烷浅层气，是生物碎屑和有机质经甲烷菌分解而形成的浅层气藏，主要分布于河口与陆架海区。浅层气在地层中运移和聚集，以层状、团块状或高压气囊赋存在海底地层中，海洋勘探或海洋工程施工时，可冲破上覆地层而喷逸，造成地质灾害。

利用含气地层与非含气地层的波阻抗（密度和波速的乘积）差异，以及吸收衰减性质不同，可根据声反射信号或地震波反射信号的幅度、频率、相位以及同相轴形态，分析与识别海底浅层气及其赋存形态。

图 2.3-15 中，浅地层剖面图像呈“烟囱”状，单道地震剖面同相轴杂乱，地层局部含浅层气，并有向上喷逸迹象。

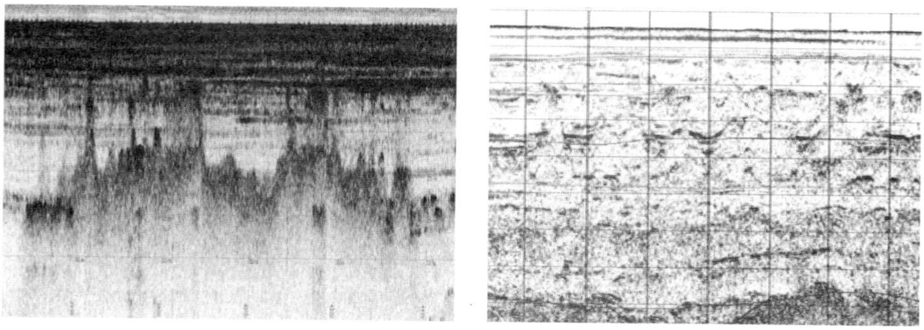

(*a*)　　(*b*)

图 2.3-15　“烟囱”状剖面

图 2.3-16 中，浅地层剖面呈团块状，其底部现白噪区；单道地震剖面图像同样呈团块状，团块内部同相轴错乱，地层局部含高压气囊。

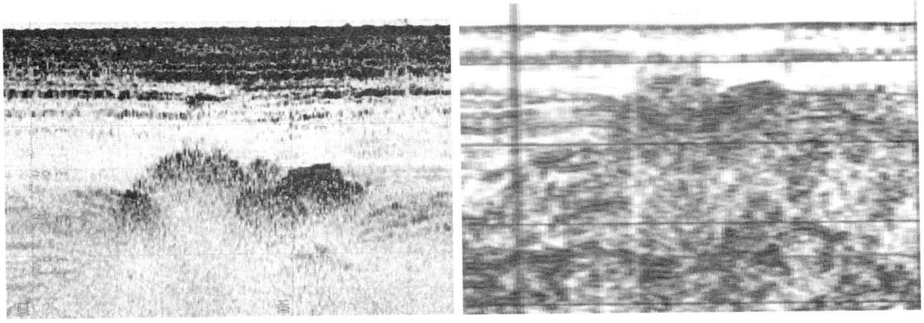

(*a*) (*b*)

图 2.3-16 团块状剖面

图 2.3-17 中，浅地层剖面局部有强反射，其下部现白噪区；单道地震剖面同相轴杂乱，反射波信号衰减明显，地层含浅层气且局部富集。

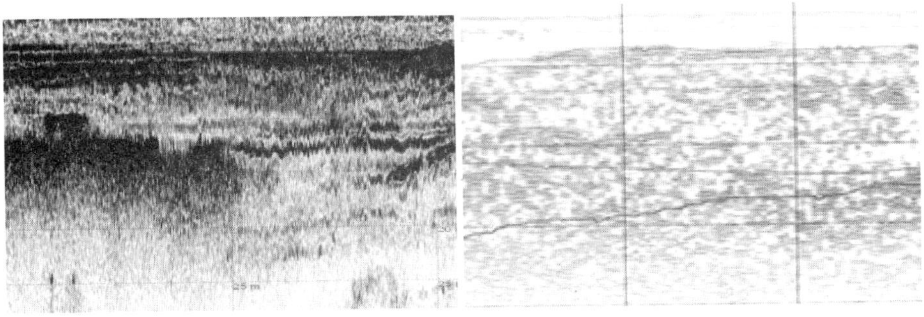

(*a*) (*b*)

图 2.3-17 局部有强反射剖面

图 2.3-18 中，浅地层剖面图像显示有多个高压气囊，有气底辟现象；单道地震剖面同相轴错断，局部见空白带，地层有高压浅层气富集，并存在喷逸迹象。

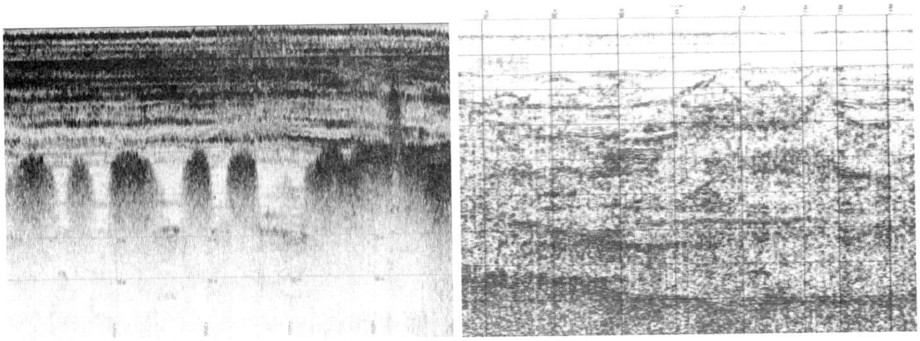

(*a*) (*b*)

图 2.3-18 局部存多个高压气囊剖面

### 2.3.3 海底障碍物探测

根据障碍物特性分别采用磁力仪、重力仪、侧扫声呐等。侧扫声呐也适用于高出海底平面的凸物或水体中的物体，如沉船，礁石，水雷甚至鱼群等。海底凸起的目标，其朝向换能器的一面，波束入射角小，回波能量强，显示在声呐图像上较暗；相反，背向换能器的一面，波束入射角大或目标遮挡了声束的传播，被遮挡部分的目标没有回波信号或回波很弱，显示在图像上很浅，声呐图像呈现浅色调或白色。对侧扫声呐图像进行人工识别时，人类视觉对图像中线性要素更敏感，判读锚沟、沉船、管线、电缆等线状目标更容易。

**（1）渔网定位**

根据侧扫声呐图像纹理形态和相关鱼汛资料，可判断渔网的位置和分布，见图2.3-19。

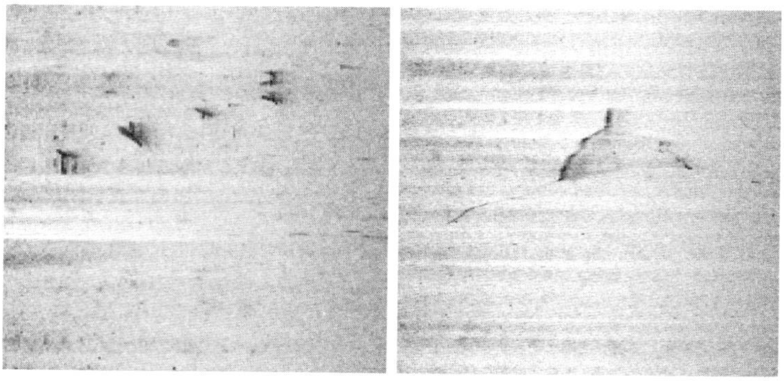

(a) (b)

图 2.3-19 渔网的侧扫声呐图像

当大面积定置渔网分散在海底，对船舶和海上作业影响极大，见图 2.3-20。根据对海底泥砂的扰动和自身的收缩，侧扫影像形态可清晰地识别，结合相关鱼汛资料和经验，可准确判断位置和分布，见图 2.3-21。

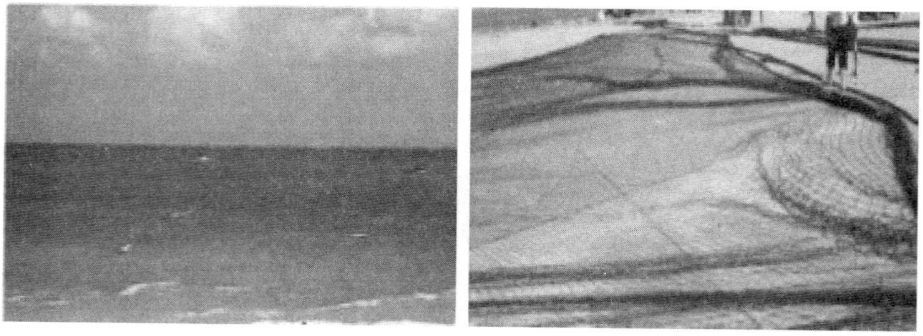

(a) (b)

图 2.3-20 大范围定置渔网

**（2）海底落沉物**

海底落沉物种类很多，根据侧扫声呐图像纹理特征与实体外部影像的相似性和规模的

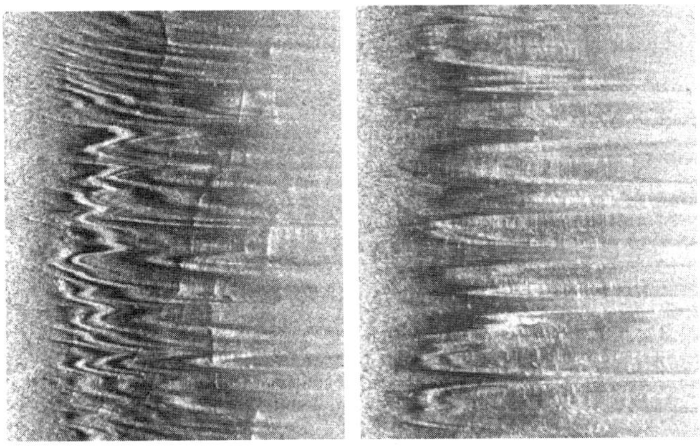

(a)　　(b)

图 2.3-21　大范围定置渔网的侧扫声呐图像

一致性可进行判断。图 2.3-22 有一明显图像异常区域，其尺寸和外形呈船状，根据其形态、规模可推测为小型沉船。

**(3) 海底管道识别**

对露于海底面的管道，因较强的散射，侧扫声呐会形成黑色条状目标物，凸出海底面管道对声线的屏蔽。采用管道自埋和人工埋设方式施工的海底管道，在一定阶段其下方有沟槽存在，侧扫声呐可对这种自然回淤状态进行检测。图 2.3-23（*a*）影像为垂直航线方向的管道影像，图 2.3-23（*b*）影像为平行航线方向的管道影像。

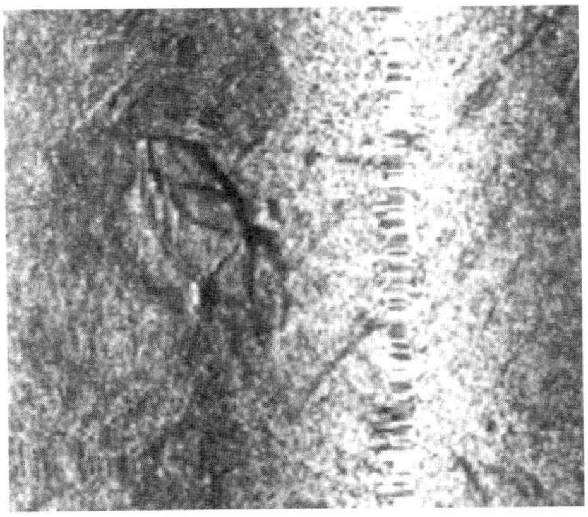

图 2.3-22　船形物体的侧扫声呐图像

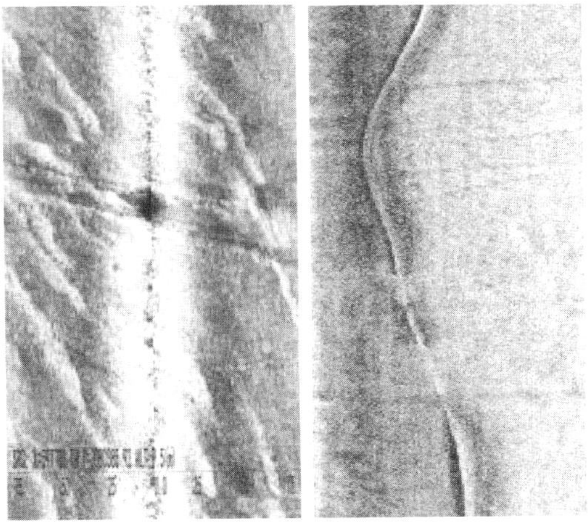

(a)　　(b)

图 2.3-23　海底管道侧扫声呐图像

**(4) 人类活动痕迹**

人类活动痕迹例如海洋工程施工、潮间带人类活动、抛锚或历史痕迹等。图 2.3-24 中的圆形侧扫声呐图案，与周边地貌明显不同，结合海域工程活动，推断为地质钻孔的痕迹。图 2.3-25 的印痕为锚痕。

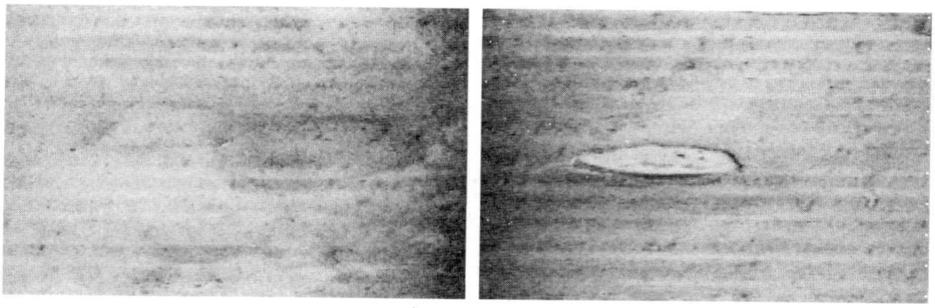

(*a*) (*b*)

图 2.3-24 海洋工程活动的痕迹

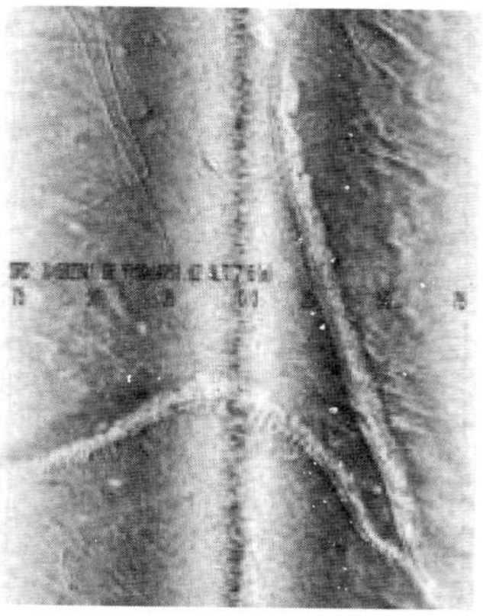

图 2.3-25 海洋拖锚痕迹

## 2.4 海洋工程钻探

海底资源和能源勘探开发、海洋工程建设以及海洋潮汐能、潮流能、海上风能等海洋可再生能源开发利用中，海洋钻探是地质环境调查、资源调查和工程地质勘察的必要手段之一。

海洋钻探可分为近海浅钻钻探、海上石油钻探和大洋钻探。近海浅钻钻探一般以工程建设需要为目的，通过地质钻探取芯查明地层结构，再通过室内土工试验获得地层的物理力学参数，也称岩芯钻探。而为开采海洋能源和资源所进行的钻探，一般称钻井工程。为研究海底地壳结构和构造及大洋底部的矿产，用动力定位船对深洋底进行的钻探称为大洋钻探。

### 2.4.1 海洋钻探的特点

（1）钻探设备和技术要求高。海洋钻探工期长、投入大、离岸远、钻进工艺复杂，钻探平台一般为自升式平台或大吨位移动式勘探船。

（2）水上作业环境影响大。钻机与海底孔口间存在深度不等的海水，增大了海上钻探的复杂性。海上钻探作业需将设备安装在水面以上，需依据水深、勘探规模以及工程性质，选择或搭建具备钻探设备及附属设备的水上平台。移动式水上钻探平台一般采用钻探船，对钻探船的锚泊定位、移位、固定等要求十分严格。水上钻探施工时，受潮汐、潮流、风暴、波浪等因素影响，勘探船会产生水平和竖向运动，对水上钻探、取样和测试造成影响。

(3) 需要护孔导管及升沉补偿装置。孔口位于水下海床，需要在水底孔口和水上钻探机具间安装特殊隔水装置，确保孔内泥浆循环，并用于引导钻具和套管。对勘探船作业，还需要安装升沉补偿装置以克服海浪和潮水位变化的影响。

(4) 测试与试验困难。受海洋动力环境影响，海洋钻探获得的试样，取样和运输都可能造成不同程度的扰动。由于远离陆地实验室，不易及时开样试验，海上试验和原位测试受海洋环境的影响也较大。

(5) 消防管理严格。海上钻探平台远离陆地，缺乏淡水，作业和生活场地受到较大的限制。勘探作业、人员生活、淡水等均在勘探平台上，而平台上还有机械燃油、润滑油、液化气、氧气瓶等易燃物，钻探时还可能遭遇有害易燃气体喷发，因此需严格的消防措施和管理制度。

(6) 安全管理要求高。勘探现场远离海岸，在交通、通信、急救、救生、逃生、照明、标识、信号、防撞、消防、平台检测、作业许可等方面，海洋钻探都有特别的要求。为满足生产和生活要求，需要专门的海上交通船只。因陆上通信信号不足，需要专门的卫星电话或甚高频电话，并需与各级搜救中心、陆地管理部建立通信联络制度。在远离海岸的茫茫海域，必须配备足够的海洋专用救生衣、救生圈、救生绳、逃生筏等救生和逃生设施，并需有专门培训和管理。海上外来急救十分不便，首要开展自救，必须配备急救药箱以应对消毒、止血、包扎等需要，并需考虑常见疾病和突发疾病配备足够的药品。

(7) 培训和应急预案。海洋钻探必须经过专门的各项培训，并需制订完善的应急预案。

## 2.4.2 海洋钻探设备

受水深、风浪、潮流、地形等限制，应结合海域地形地貌、水文条件和气候特点，本着安全、经济的原则，根据滩涂、近海、远海作业环境的特点，选择合适的勘探平台，并采取相应的钻进技术。

我国沿海具有广阔的潮间带海域，具有涨潮淹没，落潮露滩的特点。除杭州湾海域外，潮间带底质一般稍密的粉砂、粉土居多，其承载力尚可，可选择底部平坦、具有一定抗风浪能力的移动式平台。涨潮时就位钻孔，退潮搁浅后作业。

近海海域勘探不同于潮间带，适用的勘探平台主要有自航双体勘探船、自航单体勘探船和自升式平台。自航双体勘探船为两艘吨位和尺寸相同的钢质船拼装而成，单艘吨位不应小于 55t，两船用工字钢和钢筋绳固定，特别适用于海域地形地貌变化大，沙脊分布较多的海域，具有适用性好、作业效率高、抛锚和起锚时间短、定位快速等特点。

自航式单体勘探船吨位一般不小于 200t，船长、船宽需满足作业要求，作业区与生活区分开，勘探平台搭建于船体一侧或中间，平台四周设置防护栏杆和安全防护网。可根据不同钻探环境需求，考虑吨位足够大、自稳能力好的船只。当水深在 30m 以上 100m 以内时，应选择 500t 以上的自航式工程船。

自升式平台由平台、桩腿和升降机构组成，平台能沿桩腿升降，一般无自航能力。桩腿插入土中承受平台和设备自重，平台可根据海面自由升降。该平台稳定性好，除可满足钻探作业外，还可进行多种原位测试，但受水深影响较大，一般适应水深小于90m。自升式平台见图2.4-1。

图2.4-1　自升式平台（华东院1号）

远海钻探主要包括：以科学考察为目的的大洋钻探；以石油、天然气、可燃冰等为目的的油气井钻探；以海底矿产资源勘探开发为目的的钻探。大洋钻探一般采用不抛锚的动力定位船在深洋底进行钻探，采用声学信标投放到海底的预定地点固定船位，目前我国尚未建成大洋钻探船。海洋石油钻探平台一般按海域水深分为钢管桩承台式固定平台和浮动式钻井船，国际上钻井作业水深已突破3048m。目前国内设计的最先进海上石油天然气勘探开采的第六代钻井作业平台为“海洋石油981”深水半浅式平台，按照南海恶劣海况设计，能抵御200年一遇的台风，1500m水深内锚泊定位，最大作业水深3000m，最大钻井深度可达10000m。

### 2.4.3　海洋钻探工艺

**（1）勘探船抛锚定位及位移**

在潮间带区域，可利用陆地控制点进行定位。当海洋钻探远离海岸，岸上控制点无法满足，可直接利用卫星定位，满足海洋钻探的需要。

为减小勘探船抛锚定位受到水深、潮流、波浪、风暴等因素影响，应选择在平潮定位，船头应朝向潮流和风浪的方向。

近海钻探用的双船平台需6只锚，前后各布置2只锚，锚链成八字形，锚重及型号须一致，在船头部位应布置1只。单船平台需4只锚，抛锚后钢丝绳与水面夹角控制在10°左右，主锚钢丝绳与船轴线夹角控制在35°～45°。

抛锚前须在每个锚上系上尼龙绳，并且在绳的另一端接上一个泡沫浮标，以确定锚的具体位置和便于起锚。起锚时，需先起船尾两只锚，再起船头两只锚。

平台位移应选择风浪较小时，当风力大于5级，勘探船不得移动和定位。

**（2）钻孔放样**

钻探点定位，远离海岸，宜选用全站仪或星站差分GPS卫星定位，再通过勘探船的GPS系统校核。

水位变化大时，在钻探点附近设置水深探测仪，多次读取平均值，并用水中套管的长度作校核，定时进行水位观测，校正水面高程，计算钻进深度。

探点孔位变动时，应进行孔口高程和孔位的复测。

**（3）简易升沉补偿护孔**

海上钻探受波浪和潮汐因素影响，波浪变化周期短，船体存在高差。每天经受涨潮、平潮、退潮、平潮循环，一个周期约12h，潮差在3.0～10.0m不等。另外还受风力、风向、流速等影响。这些条件会造成船体的不稳定，导致孔口套管变化复杂，孔底回转压力变化大，给回转钻进造成困难。

为减轻波浪和潮汐对钻探的影响，可采用双套管组合的简易升沉补偿护孔技术。将外套管深入海底地层一定深度，内套管套入外套管内，并在最高潮水位时，内外套管重叠长度不小于3.0m，内套管上端与平台固定。为解决两套管的间隙返浆问题，在外套管上端加装导向装置，通过导向装置调节套管间的间隙。内外护孔套管装置见图2.4-2。

常见钻井船水下护孔，从海底井口到水上平台构成隔绝海水的通道，以供起下各种钻探工具、返回与导出钻井液。由防喷器组、压井—防喷管线对海底井口与井内压力实行控制。由球接头、滑动短节、张紧系统的偏斜和伸缩，以适应钻井船的升沉与摇动。井口装置与防喷器组、防喷器组与隔水管系统之间，采用液压连接器，紧急状态下钻井船与隔水管系统快速脱开。

图2.4-2　自由伸缩护孔管装置（华东院）

**（4）国内石油钻探补偿器**

波浪作用下海洋浮式平台前后左右发生摇摆，并产生上下升沉运动。采用升沉补偿系统，以减少钻杆柱和隔水管系统与海底的相对运动，并保持恒定的张力载荷。

伸缩钻杆升沉补偿是在钻杆柱上增加一段可伸缩的钻杆。伸缩钻杆由内外管组成，伸缩长度一般为2m。是一种同心套在一起的接头，装在钻杆内以缓冲船体升沉。

游车大钩升沉补偿是在游车与大钩间装设，主要由液缸、活塞、储能器、控制阀、液压站、PLC控制系统、检测装置、锁紧装置等部分组成。通过调节储能器中气体压力来改变液缸中的液体压力，达到调节钻头钻压的目的。见图2.4-3。

天车升沉补偿是将升沉补偿装置安装在井架顶部，形成浮动天车，主要由气缸总成、储气罐、液压站、控制系统、操作面板、电器设备/传感器、天车模板/摇摆臂和压力控制阀等组成。用中央导轨来导正张力滑轮。当钻井船升沉运动时，天车模板在液缸的推动下沿轨道做相反方向运动，实现升沉补偿功能。见图2.4-4。

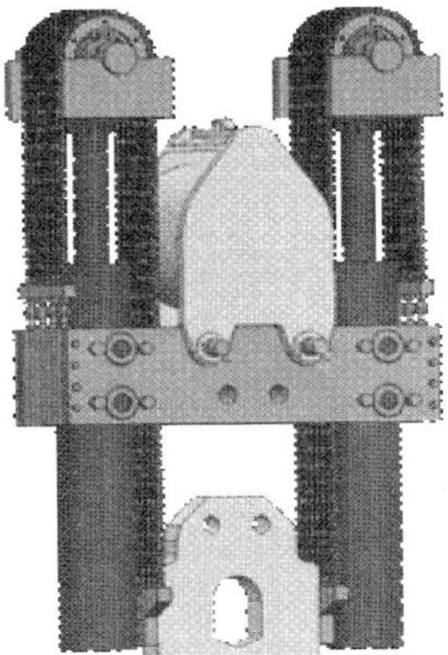

图2.4-3　游车大钩升沉补偿装置

图2.4-4　天车升沉补偿装置

隔水管张紧器升沉补偿装置，张紧器用于控制导向绳张力和隔水管张力，主要由隔水管伸缩装置和隔水管张紧器组成。伸缩装置克服波浪上下周期性的升沉补偿功能，以保持隔水管系统工作时的稳定性，张紧器对隔水管系统提供恒张力控制。伸缩装置和张紧器相互配合，达到对隔水管系统升沉补偿的目的。如图 2.4-5 所示（图 2.4-3～图 2.4-5，宝鸡石油机械公司）。

图 2.4-5 隔水管张紧器升沉补偿装置

**(5) 海上钻探冲洗液护孔**

可采用护孔管和冲洗液护壁的裸眼钻进法。配制冲洗液泥浆一般用海水，而普通膨润土为酸性，会出现膨润土与水分离的现象，无法满足护孔的要求。需要根据海上地层，有针对性地配制浆液。

无固相冲洗液，植物胶：水＝2：100（重量比），另加入植物胶干粉重量的 8%～10%的氢氧化钠，用转速超过 600r/min 的高速搅拌机制浆。该冲洗液适用于粉土、粉砂、粉质黏土等地层，海深在 20m 以内，单孔护壁深度在 80m 以内。如地层以淤泥质土为主，护孔深度可达 100m。

低固相冲洗液，植物胶：水：钠土＝1：100：5（重量比），并加入氢氧化钠使冲洗液的 pH 值在 9 以上，采用转速超过 600r/min 高速搅拌机制浆。该浆液适用近海粉土、粉砂、粉质黏土、淤泥质土等地层，护孔深度可达 100m 以上。冲洗液比重相对较大，可抑制孔内坍塌。

海洋石油钻井由于采取全断面不取芯钻进，而且钻孔深度达上千米，一般采取混合型多种类外加剂泥浆护壁。

## 2.4.4 海洋取土技术

海底资源和能源的勘探开发，海港码头、海底管线、海上机场、人工岛、跨海大桥、海底隧道等海洋工程建设，海上风电、潮汐能、潮流能等海洋可再生能源开发利用，均需对海洋地层进行试验，海底取样设备和技术在海洋勘察中具有重要意义。根据海洋沉积物调查、近海海底岩土工程勘察、海洋矿物调查、地球化学调查、物探底质验证调查、滨岸工程、地质填图、水坝淤积调查、路由调查等方面的不同需求，采取不同的海底取样器。

**(1) 取土器结构分类**

按取土器侧壁层数分为单壁式和复壁式，其中单壁式为一般的活塞取土器，适用于砂层；复壁式为最常见的取土器。

根据取土管结构不同分为圆筒式、半合焊接式、可分半合式三种。

圆筒式取土器：带有两对退土槽，退土时，将退土棍插入退土槽中，用退土器顶退土棍将取土衬筒顶出，这种退土方法可能会引起二次扰动，在软土地层中一般不宜采用。

半合焊接式：取土管分成两半，一半的下端与管靴焊在一起，另一半可抽出，取土管上部用螺钉固定，这种形式可避免退土时的人为扰动。

可分半合式：软土地层中普遍使用，取土管上部用丝扣与余土管连接，下部用丝扣与管靴对接，卸土时只需将余土管和管靴拧下。

**(2) 海上常用取土器**

蚌式采泥器是专为表层沉积物调查而设计的底质取样设备，用于海底 0.3～0.4m 深的浅表层采样，如图 2.4-6 所示。

振动活塞取样器是一种柱状取样器，适用于水深 5～200m 以内水底致密沉积物取样。采用 7.4kW 交流垂直振动器，如图 2.4-7 所示。利用高频锤击振动将取样管贯入沉积物中获取柱状样品，取样管内使用标准 PVC 衬管，采用活塞、单向球阀门和分离式刀口技术以提高采样率，减少扰动和漏失。

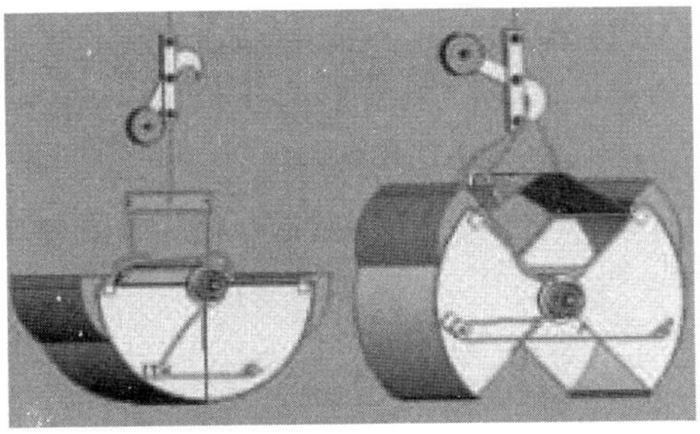

图 2.4-6 蚌式采泥器

图 2.4-7 振动活塞取样器

重力活塞柱状取样器在软土地层中广泛应用，取样长度可达 8m，试样直径 104mm，适用于水深大于 3m 各类水域软—中硬底质取样。由管头体、提管、连接法兰、取样管、活塞或单向球阀门、样管连接器、刀口（活动花瓣式密封）、杠杆、释放器及重锤和作业小车等部件组成，如图 2.4-8 所示（图 2.4-6～图 2.4-8 摘自青岛宝球科技有限公司产品介绍）。

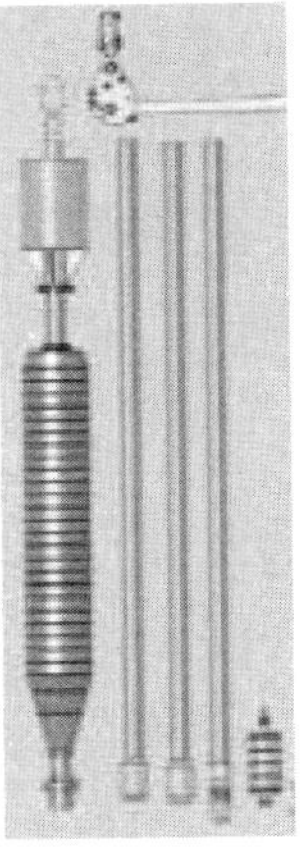

图 2.4-8 重力活塞柱状取土器

海上钻探需要护孔管，浅表层土一般呈松散或流塑状，取样时应减少扰动。通过对多种取土器的研究，能满足原状取土要求的有敞口式薄壁取土器、自由活塞式薄壁取土器、固定活塞薄壁取土器，取样管直接安装在取样器底部，采样后与取样管相连部位拆除后分离。各取土器如图 2.4-9～图 2.4-11 所示。

**(3) 海洋取土器的近期发展**

表层取样器：针对海底表层 0～2.0m 范围内高含水量流塑状淤泥的取样问题，华东院研制了双管水压式原状取样器，取样率达到 100%。取土器如图 2.4-12 所示。取土器通过与钻杆连接至孔口以上，用钻杆自重或人工施加压力，

图 2.4-9 敞口式薄壁取土器

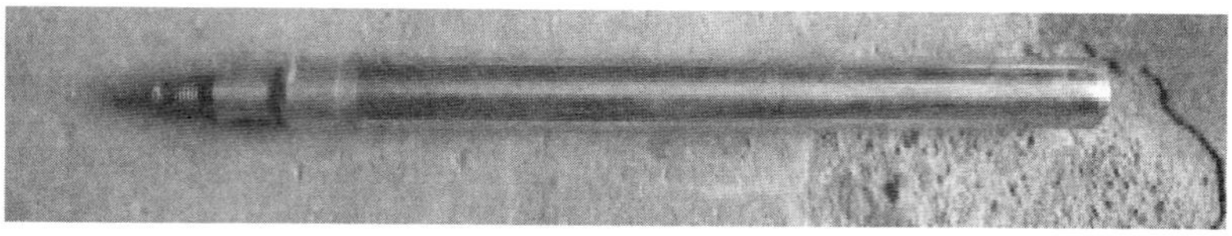

图 2.4-10　自由活塞式薄壁取土器

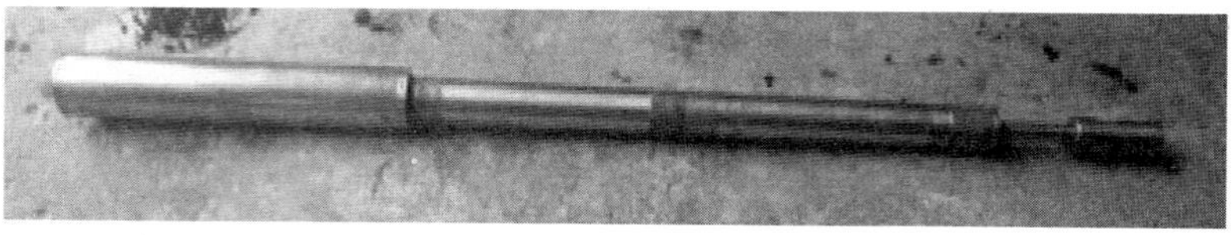

图 2.4-11　固定活塞式薄壁取土器

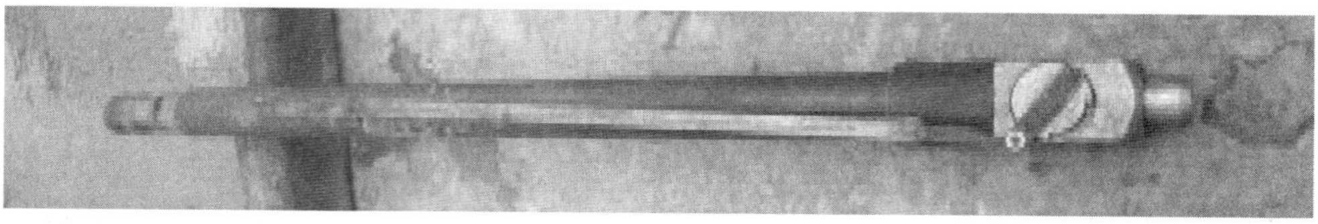

(*a*)

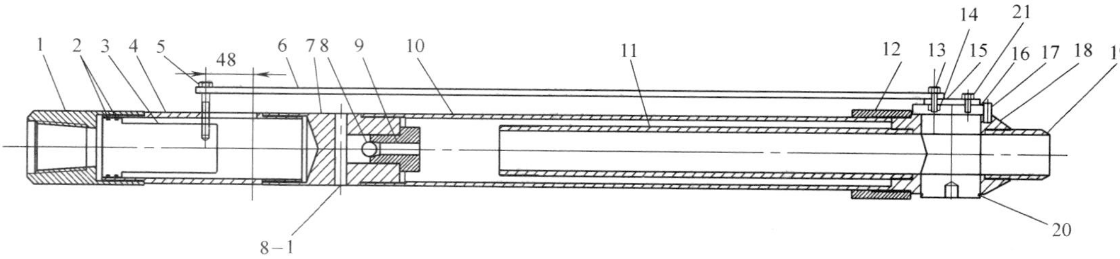


(*b*)

图 2.4-12　双管水压式取样器（华东院）

(*a*) 外形；(*b*) 结构

1—活塞盖；2—O 形圈；3—活塞；4—活塞套；5—螺栓；6—长连杆；7—活塞座；8—钢球；9—螺母；10—外管；11—内管；12—锁紧螺母；13—螺栓；14—螺母；15—短连杆；16—阀；17—定位销；18—阀座；19—管靴；20—挡圈；21—螺栓

达到取样位置时上部钻杆与钻进供水管路连接，通过水泵向取样器内供水，使取样器上部活塞从上死点运行至下死点，关闭管靴上部阀门，启动钻机卷扬系统将取样器竖直提至平台上，所取土样在有机玻璃管中清晰可见。

敞口式原状取样器，其外形和结构如图 2.4-13 所示。该取土器上接头上端连接钻杆，上接头下端螺纹连接导向杆，导向杆的上、下部位均开有径向通孔，该导向杆下端为实心圆锥台，上接头与导向杆内部形成一个轴向的中空通道并与径向通孔连通，导向杆上套装可沿导向杆上下移动的取土机构，取样管直接贴在残土管底面，并通过锁紧螺母与残土管连接在一起，使取样管的下端悬空在残土管底端。取样通过钻机卡紧立轴钻杆加压完成，取样管自动与取土器分离。

中空圆柱样取土器：为模拟海洋荷载的应力路径，需开展空心扭剪及循环剪切试验，

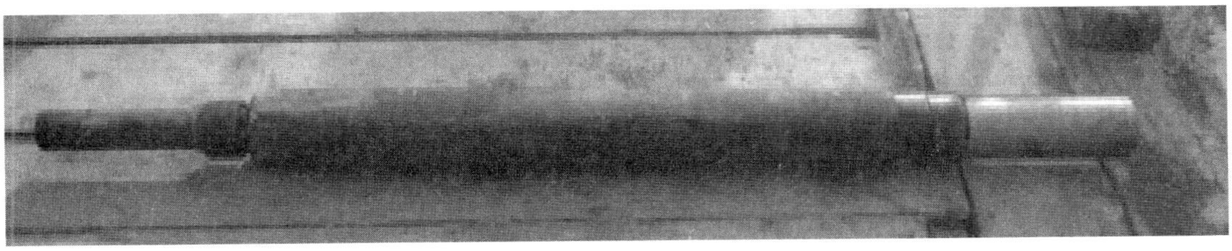

(*a*)

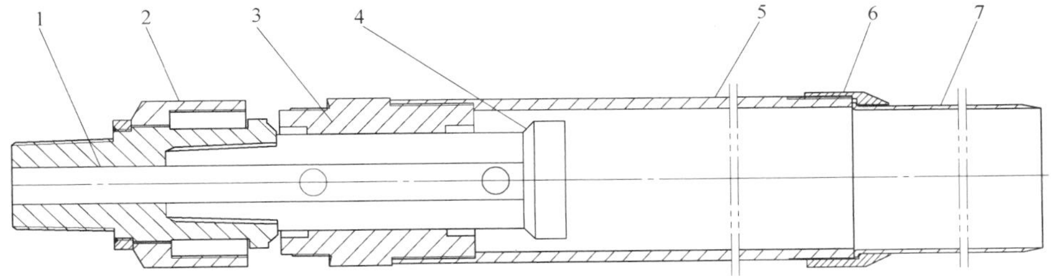


(*b*)

图 2.4-13 敞口式原状取土器（华东院）

（*a*）外形；（*b*）结构

1—二用接头；2—二用螺母；3—外管接头；4—导向杆；5—残土管；6—锁紧螺母；7—取样管

采用空心圆柱土样。此前采用实心样或重塑样制备空心样，对原状样扰动过大。为此，研制了中空圆柱样取土器，直接采取原状空心样，很大程度上降低了对原状样的扰动。取样器见图 2.4-14。

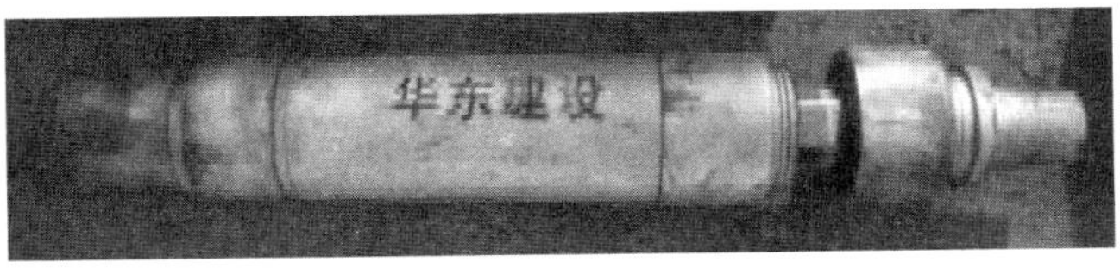


(*a*)

(*b*)

(*c*)

图 2.4-14 中空圆柱取样器（华东院）

（*a*）外观；（*b*）拆卸土样；（*c*）中空圆柱土样

## 2.5 海洋原位测试

海洋黏性土地层具有高含水率、高孔隙率、高灵敏度等特点，无黏性土地层原状取样困难且易于液化，取样和运输过程一般会造成扰动，海上土工试验和室内试验均存在不同程度的困难。由于取样扰动及土工试验的上述问题，原位测试在海洋勘查中具有重要作用。通过原位测试指标可辅助划分地层界线并判断地层结构，判断黏性土地层的稠度特征、不排水强度、压缩性，判断无黏性土地层的密实性、相对密度、压缩性、强度参数，判断桩基础持力层、侧阻和端阻的极限值、桩土界面摩擦角等。海洋勘查中的各种困难和需求也促进了原位测试技术的发展，海洋地层原位测试的手段与陆地类似，主要有：静力触探、十字板剪切、深层旁压、深层扁铲、标准贯入和动力触探等。

海洋勘察原位测试可分为两类。海床式，将原位测试工具直接压入海床。井下式，将原位测试工具从钻孔底部压入地层[8]。升降平台式及船载式一般借助钻孔进行原位测试，钻探与测试相结合。深水环境下一般采用海床式，通过吊架、遥控系统及海床系统开展原位测试，设备组件包括反力基架、液压压入设备、压杆、探头及数据采集系统，配合船上吊车或吊架。目前最先进的海床式设备测试深度可达水下 3000m。海洋原位测试方式见图 2.5-1。

(a)　(b)　(c)

图 2.5-1　海洋原位测试方式

(a) 升降平台式；(b) 船载式；(c) 海床式

海床式测试的特点：1）较为便利与快捷，适用于深水条件下；2）避免钻孔扰动问题，试验结果质量较高；3）硬塑状黏性土地层或密实的无黏性土地层中，贯入深度阻力较大，贯入深度受限。井下式测试的特点：1）测试深度较大，工程实践中贯入深度超过 150m 已较为普遍；2）通过钻孔贯穿硬层，不会对测试形成障碍；3）有条件在同一钻孔中进行不同类型原位测试和取样；4）水深较大时不适用。

## 2.5.1 静力触探原位测试

**（1）测试技术及发展**

静力触探试验（Static Cone Penetration Test，CPT）是用静力方法将装有传感器的标准规格探头以匀速压入地层，传感器将贯入阻力转换成电信号，在贯入阻力与地层物理力学指标间建立经验关系[9]。静力触探（CPT）技术是一种快速、经济和有效的原位测试技术，适用于软土、黏性土、粉土、（饱和）砂土和含少量碎石的土。

国际上 CPT 成果可用于地层划分、工程性质指标计算、预估单桩承载力和液化可能性分析，且成果的一致性良好，数据可靠性高。适用于较深水域的海洋沉底式静力触探设备，目前我国还未见具备自主产权的设备，进口设备价格昂贵。在水深较浅的海域，可采用海上自升式平台和大型勘探船进行孔底或井下静力触探，一定环境下也可将静力触探探头直接压入地层进行测试。

20 世纪 80 年代，在 CPT 基础上成功研制了孔隙水压力静力触探（CPTU），在获得锥尖阻力和侧壁摩阻力的同时，贯入过程中能记录到连续的动态孔隙压力，当试验停止后可记录超静水压力的消散过程。可用于地层划分、黏性土不排水抗剪强度和地基承载力分析等方面。

按国际标准（ISSMGE，1999），海洋静力触探试验采用 36mm 直径、60°锥角的锥头，按 20mm/s 的速度压入土内，并同时测量孔隙水压力的大小。据统计，不少于 95%的海洋土原位测试中应用到了 CPT/CPTU（Lunne，2001）。CPT/CPTU 的测试成果广泛应用于确定土体参数、基础设计和海底地质灾害评价。

**（2）静力触探指标估算地层参数**

砂土的原位压缩模量与双桥静力触探锥尖阻力的经验公式有多种，一般可采用下式估算[9]：

$$E_s = 1.5q_c \tag{2.5-1}$$

式中，$q_c$为双桥探头的锥尖阻力。

根据《铁路工程地质原位测试规程》TB 10018—2003 单桥探头的比贯入阻力 $p_s$来查表确定地基的压缩模量和变形模量。对于 $p_s$不大于 1MPa 的饱和黏性土，其不排水模量可按下式计算：

$$E_u = 11.4p_s \tag{2.5-2}$$

式中，$E_u$为剪应力水平达 50%时的割线模量。

将静力触探成果与十字板剪切试验对比，中交一航局设计院提出 $p_s$在 0.1～1.5MPa 范围的软土，可采用下式计算土的不排水强度：

$$c_u = 30.8p_s + 4 \tag{2.5-3}$$

针对镇海软黏土，同济大学提出：

$$c_u = 71p_s \tag{2.5-4}$$

对于超固结比不大于 2 的软黏性土，当贯入阻力 $p_s$（或 $q_c$）随深度线性增长时，其固结不排水剪内摩擦角可用下式估算：

$$\lg\varphi_{cu} = 1.4\Delta c_u / \Delta\sigma'_{v0} \tag{2.5-5}$$

式中，$c_u$为不排水抗剪强度，$\sigma'_{v0}$为有效自重应力。

海洋勘察中常采用对锥尖阻力的孔隙水压力校正，得到真实的锥尖阻力 $q_t$，并扣除上覆压力 $\sigma_{v0}$ 的方法估算土体的不排水强度 $s_u$：

$$s_u = \frac{q_t - \sigma_{v0}}{N_{kt}} \tag{2.5-6}$$

式中，$N_{kt}$ 为校正因子，Lunne（2001）[10]取 8～20，Quiros（2003）[11]取 11～17。

按单桥探头比贯入阻力估算单桩竖向承载力设计值 $R_d$：

$$R_d = \frac{u_p \sum f_{si} \cdot l_i}{r_s} + \frac{\alpha_b p_{sb} A_p}{r_p} \tag{2.5-7}$$

式中，$u_p$ 为桩身周长；$l_i$ 为第 $i$ 段土分段桩长；$\alpha_b$ 桩端阻力值修正系数；$p_{sb}$ 为桩端附近的静力触探比贯入阻力平均值；$r_s$、$r_p$ 分别为总侧摩阻力和桩端阻力的分项系数；$f_{si}$ 为桩侧第 $i$ 层土的极限侧阻力标准值；$A_p$ 为桩身横截面积。

按双桥探头 $q_c$、$f_{si}$ 估算单桩竖向极限承载力 $P_u$：

$$P_u = \alpha \overline{q_c} A + U_p \sum \beta_i f_{si} l_i \tag{2.5-8}$$

式中，$\alpha$ 为桩尖阻力修正系数；$\overline{q_c}$ 为桩端上下探头端阻力按厚度的加权平均值；$f_{si}$ 为第 $i$ 层土的探头侧阻力；$\beta_i$ 为第 $i$ 层土桩身侧壁摩阻力修正系数。

按照《建筑桩基技术规范》，混凝土预制桩单桩竖向极限承载力标准值可根据单桥探头静力触探资料按下式确定：

$$Q_{uk} = u \sum q_{sik} l_i + \alpha p_{sk} A_p \tag{2.5-9}$$

式中，$u$ 为桩身周长；$q_{sik}$ 为用静力触探比贯入阻力值估算的桩周第 $i$ 层土的极限侧阻力标准值；$l_i$ 为桩穿越第 $i$ 层土的厚度；$\alpha$ 为桩端阻力修正系数；$p_{sk}$ 为桩端附近的静力触探比贯入阻力标准值；$A_p$ 为桩端面积。

当根据双桥探头静力触探资料确定混凝土预制桩单桩竖向极限承载力标准值时，对于黏性土、粉土和砂土，可按下式计算：

$$Q_{uk} = u \sum l_i \beta_i f_{si} + \alpha q_c A_p \tag{2.5-10}$$

式中，$f_{si}$ 为第 $i$ 层土的探头平均侧阻力；$q_c$ 为桩端上下探头阻力按厚度的加权平均值；$\alpha$ 为桩尖阻力修正系数；$\beta_i$ 为第 $i$ 层土桩侧阻力综合修正系数。

**（3）地层结构及其状态划分**

CPT 的另一个重要应用在于地层结构及其状态划分，尤其是对濒海和近海场地，以及互层、加薄层、夹杂贝壳、漂石孤石地层、沉积不均匀、土性变异大等非常复杂的地层，CPT 及其与钻探相结合的判定方法十分有效。

CPT 测试曲线对不同地层具有不同特征，比如锥尖阻力 $q_c$ 在砂土中高，在黏土中低，摩阻比 $R_f = f_s / q_c$ 在砂土中低，在黏土中高。可将探头阻力随深度变化的曲线，根据阻力大小和曲线形状进行分段，统计锥尖阻力、侧摩阻比、超孔隙水压力、比贯入阻力等静探测试指标随深度的变化关系。根据测试经验，结合钻探结果，准确划分地层上下界线，判断黏性土地层的稠度、液性指数、含水量、孔隙比，判断无黏性土地层的孔隙比、密实性、压缩性、相对密度等物理状态参数。

我国经过多年的总结和摸索，对基于 CPT 的土类划分形成了一套经验式定性分析体系，建立了 CPT 测试曲线与地层土性及其物理状态的关系表，其中地层包括淤泥质软土、黏土、粉土、砂土、杂填土及基岩等类别，可根据静探指标随深度的变化曲线划分地层结构并判断其物理状态，也可以钻探验证划分结果。

Robertson 定义了土类指数 $I_c$[12]：

$$I_c=[(3.47-\log Q_c)^2+(\log F_r+1.22)^2]^{0.5} \quad (2.5\text{-}11)$$

$$Q_c=\left(\frac{q_c-\sigma_{v0}}{P_{a2}}\right)\left(\frac{P_a}{\sigma_{v0}'}\right)^n \quad (2.5\text{-}12)$$

$$F_r=[f_s/(q_c-\sigma_{v0})]\times 100\% \quad (2.5\text{-}13)$$

其中 $q_c$为锥尖阻力，$f_s$为锥侧阻力，$\sigma_{v0}'$为有效上覆压力，$\sigma_{v0}$为上覆总压力，$n$ 为应力指数，$P_a$和 $P_{a2}$为无量纲化的参考压力。根据不同土性指数 $I_c$和土体特性，Robertson（1990）提出当 $I_c>2.6$ 时，可以简化为线性应力关系建立土性分类表（$n=1$）。当 $I_c\leqslant 2.6$ 时，根据测试散点的统计规律，按 $n=0.5$ 计算 $Q_c$，再进行 $I_c$的重新计算，如新计算的 $I_c$仍小于 2.6，则使用应力指数 $n$ 为 0.5 进行分类，如大于 2.6，则选择应力指数 $n$ 为 0.75 进行分类。

根据土类指数 $I_c$的分布范围，也可确定地层的细粒含量 $FC$（%，Fine Content），其值对应于黏粒含量，对于分析海床浅层无黏性土层地震液化特性有较为重要的意义。

$$I_c<1.26\ ,\ FC(\%)=0 \quad (2.5\text{-}14)$$

$$1.26<I_c\leqslant 3.5\ ,\ FC(\%)=1.75I_c^{3.25}-3.7 \quad (2.5\text{-}15)$$

$$I_c>3.5\ ,\ FC(\%)=100 \quad (2.5\text{-}16)$$

**(4) 海洋 CPT 存在的问题**

1）海上测试存在困难，较难获得稳定的反力。水深较浅且潮流不急时，可在勘探船上进行测试，依靠船体重量提供反力，但波浪起伏引起船体晃动，这种反力不易稳定。海床式静力触探设备，利用自身重量提供反力，自动化程度较高，需大型船只吊运至海底，设备费用昂贵，且依赖自身重量作为反力，并受浮力影响，在密实的无黏性土地层或硬塑状黏性土地层中的贯入深度有限。海上自升式平台的反力大且稳定，但在 20m 以上的深水中难以应用，且费用较高。

2）水深较大区域（大于 10m），可能引起压杆失稳。一般静力触探探杆直径为 $\phi$36 或者 $\phi$42，水深大于 10m 时，探杆在压入过程中易出现失稳。

3）船体晃动对测试结果的影响较大。压入过程中如船体晃动，引起压入速率变化，使得探头的锥尖阻力和侧阻力测试不准确，影响测试成果与地层状态的可对比性。

4）探头的防水要求很高。国产探头防水大多测试深度为 60m 左右，满足陆地勘察要求。而海域静力触探深度和水深总计可达 100m 以上，且在海洋中测试对探头的防水性能提出了更高要求。

## 2.5.2 海上深层旁压测试

**(1) 基本原理及其应用**

旁压试验（Pressuremeter Test，简称 PMT）在钻孔中进行原位水平载荷试验，将圆柱形旁压器竖直放入土中，通过旁压器对孔壁加压，使土体产生变形直至破坏，测试钻孔横向扩张体积-压力或应力-应变关系曲线。旁压试验适用于黏性土、粉土、砂土、碎石土、残积土、极软岩和软岩等。

1957 年梅纳研制出第一代旁压仪之后，欧洲、北美、日本都相继研制出与梅纳旁压仪相似的用于钻孔内测求土力学性质的原位测试设备。早期的旁压仪均为预钻孔式，对孔壁土造成不同程度的扰动。法国的 Jézéquel、Baguélin 和英国的 Wroth、Hughes 于 1966 年先后研制了不同形式的自钻式旁压仪，以法国的道桥式（PAF）和英国的剑桥式（Camkometer）为代表。

旁压仪有预钻式和自钻式两种。预钻式旁压仪需预先钻孔，将旁压器放入钻孔内进行旁压试验。自钻式旁压仪将旁压仪和钻机一体化，将旁压器安装在钻杆上，在旁压器的端部安装钻头，钻头钻进至预定标高后进行试验。自钻式旁压试验主要为保证地层的原状性。旁压仪探头见图 2.5-2。

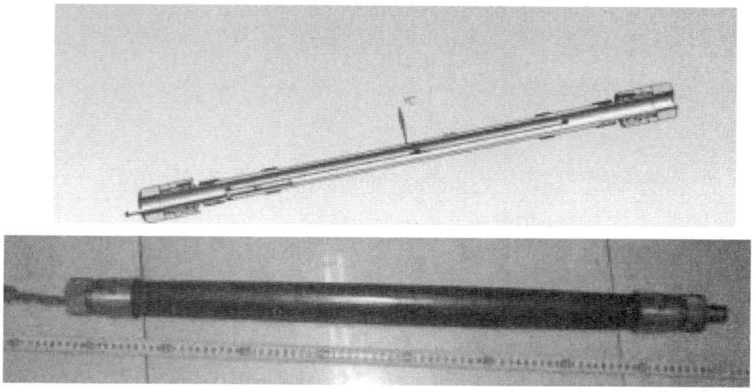

图 2.5-2 海床旁压仪探头

海上原位测试手段中，旁压试验具有简便、快速、经济等优点。20 世纪 70 年代，Gambin（1971），Dayal（1978）[13]先后在水深 90m 和海床下 45m 进行旁压测试。Fay（1982），Ladanyi（1995）[14]将自钻式旁压仪应用于海洋勘查；Korneshchuk（1991）将旁压仪应用于 300m 水深的海洋地层测试。孟庆山和汪稔（2005）[15]介绍了预钻式旁压仪在水下沉积软土及砂土桥基原位测试中的应用成果，认为旁压试验结果推求的地基承载力与标准贯入击数具有良好的线性关系，能够较准确估计地基承载力并判断持力层。

**（2）地层状态与参数分析**

旁压试验中，在逐级加压的情况下，孔壁土体（软岩）经历了 3 个变形阶段，对应的压力—变形曲线划为 3 个区：可恢复区、似弹性区、塑性区。根据旁压曲线特征和旁压机理，确定孔壁土体或软岩的静止侧压力、临塑压力和极限压力。用于估算地基承载力，测定地基的强度和变形参数、基床系数，估算基础的沉降和承载力。

根据旁压试验的特征值估算地基承载力[9]：

$$\text{临塑荷载法：} f_{ak}=p_f-p_0 \tag{2.5-17}$$

$$\text{极限荷载法：} f_{ak}=\frac{p_L-p_0}{F_s} \tag{2.5-18}$$

式中，$f_{ak}$为地基承载力特征值；$F_s$为安全系数；$p_0$、$p_f$、$p_L$为初始压力、临塑压力、极限压力。其中对一般地层宜采用临塑荷载法，当旁压试验曲线越过临塑压力后急剧变陡时宜采用极限荷载法。

旁压模量 $E_M$可按下式计算：

$$E_M=2(1+\nu)(V_c+V_m)\frac{\Delta p}{\Delta V} \tag{2.5-19}$$

式中，$\nu$ 为泊松比；$p$ 为旁压试验曲线上直线段的压力增量；$V$ 为相应于 $p$ 的体积增量；$V_c$旁压器中腔固有体积；$V_m$为平均体积。

通过实测数据的分析，机械工业勘察设计研究院提出可用以下公式分析地层的变形模量 $E_0$与旁压模量 $E_M$的比值 $K$：

对于黏性土、粉土和砂土：

$$K=1+61.1m^{-1.5}+0.0065(V_0-167.6) \tag{2.5-20a}$$

对于黄土类土：

$$K=1+43.77m^{-1}+0.005(V_0-211.9) \tag{2.5-20b}$$

不区分土类时：

$$K=1+25.25m^{-1}+0.0069(V_0-158.9) \tag{2.5-20c}$$

式中，$m$ 为旁压模量与旁压试验静极限压力的比值，$m=E_m/(p_L-p_0)$。

铁道部科学研究院西北所等单位提出用旁压变形参数（亦称旁压剪切模量）$G_M$按下式计算：

$$G_m=V_m\frac{\Delta p}{\Delta V} \tag{2.5-21}$$

按旁压试验推求黏性土地层的不排水强度，工程中常采用 Lukas 公式[16]：

$$c_u=p_L^*/5.1 \tag{2.5-22}$$

式中，$p_L^*$ 为净极限压力，$p_L^*=p_L-p_0$

彭柏兴（1998）[17]、汪稔等（2003）[18]采用旁压试验估算黏性土的不排水强度：

$$c_u=p_f-p_0 \tag{2.5-23}$$

$$\text{或 } c_u=p_L^*/[1+\ln(G/G_m)] \tag{2.5-24}$$

式中，$G$ 为剪切模量。

**（3）存在的问题**

在浅海区域，水深在 25m 以内时，在水流较稳定和孔深适当的条件下，对陆地的旁压仪测试方法进行改进，可在海域使用。深海区域则存在相当的困难，当水深超过 25m 到 100m 时，需要考虑水深、潮流、波浪等方面的影响。

海域地层旁压试验的主要困难包括：

1）试验结果的表示方法：旁压试验最好用净孔穴压力表示，净孔穴压力 $p^*=p-p_0$（其中 $p$ 为作用于孔穴壁的压力，$p_0$为初始水平压力），一般测试结果为作用于穴壁的压力 $p$，不是净孔穴压力 $p^*$。

2）长管路的内部压力测试：深水和深孔时，控制单元到探头的路程长，特别是在船或驳船，不直接定位于钻孔上方而是相隔一段水平距离时。长管道时，气管和水管中的水头损失不同，且勘探船体上下浮动，正确计算所施加的压力差可能存在误差，难以确定探头内部的压力。

3）探头放置：当钻杆从孔中拔出后，往钻孔中放入探头需要寻找孔位，在深水下存在相当的困难。如不预先钻孔，海域环境下其试验深度有限。

### 2.5.3　扁铲侧胀测试

**（1）基本原理及技术发展**

扁铲侧胀试验（The Flate Dilatometer Test，简称 DMT）是用静力或锤击动力把扁铲形探头贯入地层预定深度，利用气压使扁铲侧面的圆形钢膜向外扩张，量测不同侧胀位移时的侧向应力，可视为一种特殊的旁压试验，见图 2.5-3。

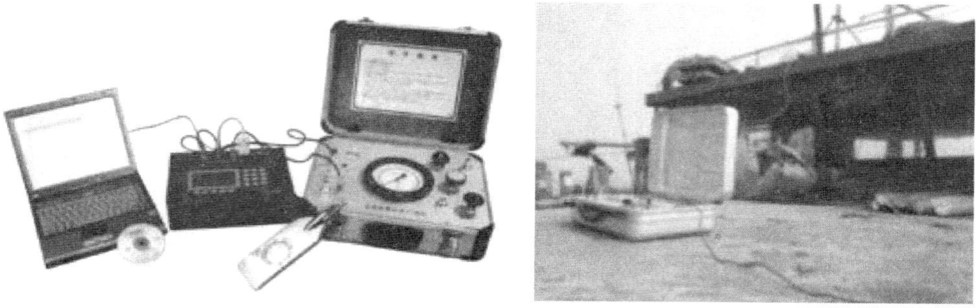

图 2.5-3　扁铲侧胀仪以及海床扁铲测试

扁铲侧胀试验通过孔壁侧向扩张，测试压力与变形关系，分析地层的强度与变形参数。扁铲侧胀试验操作简单、经济、重复性好、扰动小，能获得多个地层参数，可得到近似连续地层剖面。Lunne（1987）[19]将陆地上应用的扁铲仪加以改进并应用于海洋勘查，能够满足井下式和海床式测试要求，并应用于 67～282m 范围水深的海洋地质勘查。孟庆山等（2006）[20]利用扁铲侧胀仪对海底浅层钙质土进行原位测试，认为对海底浅层钙质砂运用扁铲侧胀仪测试是可行的，可获得多个地层参数，试验结果可与标准贯入测试互相验证。目前海洋地层扁铲测试成果较少，亟待开展相关研究以应用于海洋工程勘察。

原位应力铲也是 DMT 的一种，1975 年由瑞典 Massarsch 研制使用。国内，铁四院曾于 1984 年从日本 OYO 公司引进两种规格的应力铲，发展了测试技术。应力铲可测试地层水平总应力、静止侧压力系数、饱和细粒土的水平固结系数等。目前，该方法已成为美国 ASTM 和欧洲 Eurocode 的标准试验方法，我国于 2002 年也纳入到了岩土工程勘察规范中，作为国家标准试验方法之一。

**（2）测试技术与应用**

试验前应对仪器进行标定，测出侧胀器在空气中自由膨胀时的膜片中心外移 0.05mm 和 1.10mm 时所需的压力。标定前应在空气中反复加荷、卸荷，以消除膜片本身及装配时遗留的残余应力。

扁铲侧胀试验时先将扁铲贯入到地层预定深度，然后立即（不超过 15s）加气压开始试验，膜片中心向外侧胀位移 0.05mm，测读此时气压 $A$；当膜片中心外移 1.10mm 时，测读此时气压 $B$；降低气压，当膜片内缩到开始扩张的位置，测读此时气压 $C$。

测试成果可用于划分土类，计算静止土压力系数，确定应力历史，计算不排水强度，计算变形参数，估算水平固结系数及液化判别，为岩土工程问题提供评价依据。扁铲侧胀试验适用于一般黏性土、粉土、中密以下砂土、黄土等，不适用于含碎石的土和风化岩等。

扁铲侧胀试验中，土体水平位移 0.05mm 时的侧压力 $P_0$，土体水平位移 1.10mm 时的侧压力 $P_1$，土体回复初始位置时的侧压力 $P_2$，静水压力 $U_0$，有效上附压力 $\sigma_{v0}$，可计算侧胀模量 $E_D$、扁胀指数 $I_D$、水平应力指数 $K_D$ 等[16]：

$$E_D = 34.7(P_1 - P_0) \tag{2.5-25}$$

$$K_D = (P_0 - U_0)/\sigma_{v0} \tag{2.5-26}$$

$$I_D = (P_1 - P_0)/(P_0 - U_0) \tag{2.5-27}$$

对 $I_D < 1.2$ 的土体，Marchetti（1980）提出不排水强度计算：

$$c_u = 0.22(K_D/2)^{1.25}\sigma_{v0} \tag{2.5-28}$$

Lacasse 和 Lunne（1988）利用试验结果对上式进行了修正：

$$c_u = \alpha(K_D/2)^{1.25}\sigma_{v0} \tag{2.5-29}$$

其中对现场十字板、室内单剪、室内三轴试验的强度，$\alpha$ 分别取 0.17～0.21、0.14、0.2。

土的压缩模量可根据扁铲侧胀试验按下式计算：

$$E_s = R_m E_D \tag{2.5-30}$$

式中，$R_m$ 为与水平应力指数 $K_D$ 有关的参数。

土的水平向基床反力系数 $K_H$ 如下：

$$K_H = \Delta p/\Delta s \tag{2.5-31}$$

式中，$\Delta p$ 和 $\Delta s$ 分别为压力增量和相应的位移增量，当考虑 $s$ 为平面变形量时，其值为 2/3 中心位移量。

地基承载力估算如下：

$$f_0 = n\Delta p \tag{2.5-32}$$

式中 $n$ 为经验修正系数，黏土取 1.14（相对变形为 0.02），粉质黏土取 0.86（相对变形为 0.015）。

**(3) 存在的问题**

扁铲侧胀仪适用于海洋软土的测试，可通过扁铲侧胀试验与静力触探试验、微型十字板试验进行对比。扁铲侧胀试验可快速地获取侧向基床系数，为基础设计提供依据。扁铲侧胀试验在海洋中测试，目前存在如下主要问题：

1）侧胀最大行程仅 1.1mm，对海洋深厚地层无法测得极限压力和极限变形。因侧胀量偏小，可使基床系数的测试值偏大。

2）探头需压入 20～30cm，对周边软土有一定扰动，而侧胀变形的最大行程为 1.1mm，这种侧胀量可能位于扰动影响范围内。

3）扁铲侧胀试验可得到侧胀模量、水平压力系数、基床反力系数、不排水强度、先期固结压力等指标。在海洋工程勘察中还需与其他原位测试方法对照，积累经验。

# 2.6 近海典型地层结构及其基本特性

## 2.6.1 我国近海沉积特征

中国近海沉积宏观特征可总结为：东海和南海北部（北部湾除外）开阔性陆架海区沉

积物大体呈带状分布，并且内细外粗。渤海、黄海及北部湾半封闭性海区，沉积物呈斑状分布。开阔的海域海岸轮廓、海底地形，以及沿岸流与暖流水系格局均呈带状分布，决定了物质补给、海流体系乃至底质沉积物的分带性。半封闭的海湾，海岸曲折，海底地形及水动力格局多变，入海河流携带的物质粗细差异悬殊，使沉积物分布不均。

近海沉积类型及物源：中国近海及毗邻海域海底表层沉积主要为泥质沉积和砂质沉积，多以陆源物质为主，主要受河流搬运及岛屿、海底剥蚀等综合作用的产物，以河流输入为主，受大气洋流、环流及沿岸流的影响，呈带状、不规则块状分布。

泥质沉积：约占陆架总面积的 1/3，主要以黏土、粉质黏土、黏土质砂为主，分布不连续，常被砂质沉积或混合沉积隔断。泥质沉积主要发生在大河口外侧、沿岸流区和小环流区。渤海、黄海泥质沉积的物质主要来自黄河，粉砂比例较高，该海域近海沉积主要以黏土质砂为主，在海域洼槽地带沉积粉质黏土、黏土为主。在海域环流、沿岸流区域，以及苏北旧黄河口、辽河口外三角洲前缘也有泥质沉积，部分来自黄河以外的海底再悬浮物质和一些火山物质、外海物质。长江是东海长江口及浙闽岸外泥质沉积的主要物质来源，大量细粒物质堆积在河口、水下三角洲及杭州湾大部分。珠江是南海北部陆架泥质沉积的主要物源。

砂质沉积：约占陆架面积的 1/3 强，主要以砂、砾砂—细砂、粉细砂、粉砂为主。主要分布在外陆架，呈宽阔的带状分布，其次分布在海岸带和内陆架，内陆架砂体呈块状被泥质包围或半包围。外陆架砂体是我国近海最大的砂质沉积带，东北起自朝鲜半岛，向西南经台湾海峡，一直延伸到海南岛。东海砂质沉积以细砂为主，分选良好，靠泥质沉积带内为粉砂沉积，在澎湖列岛周围沉积砾砂。广东陆架中西部沉积细砂，粉粒含量较东海高。另在滨岸带见砂体沉积，如渤海滦河口至秦皇岛，南海雷州半岛东西两岸等。内陆架砂体中和潮流沙脊地貌有关的有辽东浅滩、西朝鲜湾浅滩、苏北浅滩、琼州海峡东西沙脊等，另外在水流较强海区及局部地段泥质供应不足区域间砂质沉积。在泥质与砂质沉积之间，大部分存在着混合沉积，砂质黏土、黏土质砂、砂—粉砂—黏土，呈带状、块状分布。大部分沉积经后期水动力改造而成现今海底地形，如辽东浅滩、台湾浅滩、东海外陆架潮流沙脊等地形地貌。

### 2.6.2 我国近海典型地层结构

**（1）渤海海域**

近海为第四系沉积物，浅表部 40m 深度内主要为第四系全新世（$Q_4$）冲海相粉土、粉砂及二者混合层，海底见薄层淤泥质粉质黏土，为层状沉积，沉积层理清晰，多夹透镜体地层特性。全新世下部为上更新世（$Q_3$）陆相、滨海相沉积物，沉积物为粉砂、粉质黏土互层。

各地层物理力学特性随埋深不同有明显差异，全新世（$Q_4$）沉积表层为流塑状淤泥质土，粉质黏土为软塑—可塑为主，较深处硬塑为主，粉砂粉土中部为主，下部密实。全新世下部上更新世（$Q_3$）沉积粉质黏土以可塑为主，局部软塑、硬塑，粉砂密实为主，局部夹少量粉土团块，见少量贝壳碎块。

典型地层结构见图 2.6-1。

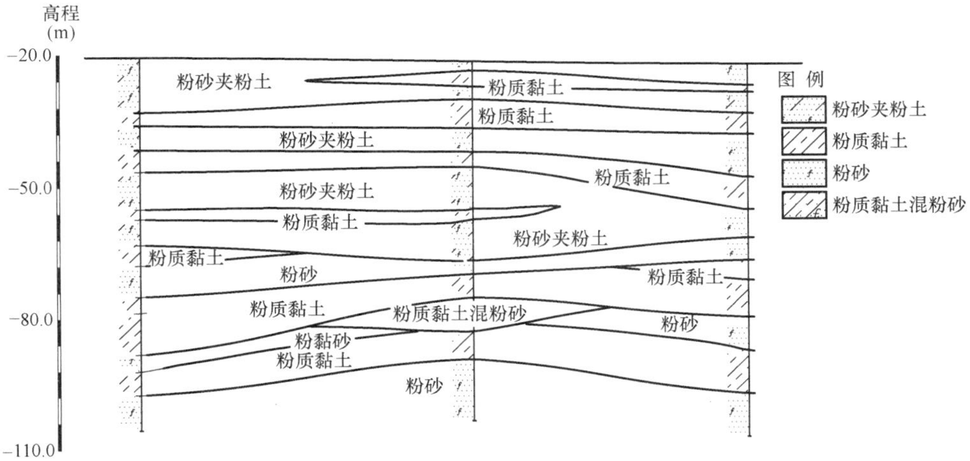


图 2.6-1　渤海典型地层结构

**(2) 黄海海域**

近海为第四系沉积物，浅表部20～40m深度内主要第四系全新世（$Q_4$）冲海相粉土、粉砂及二者混合层，局部夹粉质黏土，为层状沉积，沉积层理清晰，多见透镜体地层。全新世下部为上更新世（$Q_3$）陆相、滨海相沉积物，沉积物为粉砂、粉质黏土互层，局部夹粉土层。

全新世（$Q_4$）沉积表层为粉土、粉砂、流塑状淤泥质土层，浅层粉土粉砂层松散—稍密，下部粉土粉砂层以中密为主，局部夹粉质黏土为软塑—可塑状。全新世下部上更新世（$Q_3$）表层及夹层沉积粉质黏土，以软塑—可塑为主，局部硬塑，粉砂层中密—密实为主，局部夹稍密—中密状粉土层，见少量贝壳碎块。

典型地层呈粉土、粉砂、软黏土和硬黏土交错的结构，见图2.6-2。

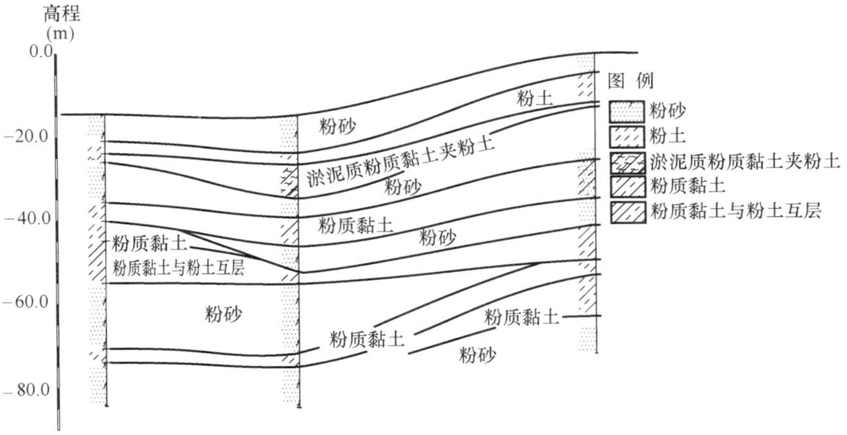


图 2.6-2　黄海典型地层结构

**(3) 东海海域**

东海北部浙江近海沉积主要为第四系沉积物。上部为全新世（$Q_4$）浅海相沉积的淤泥、淤泥质黏土、黏质粉土、粉质黏土等，下部为晚更新世（$Q_3$）河口—滨海相沉积的黏质粉土、粉砂、粉质黏土、粉细砂等，层状沉积，沉积层理清晰，多见透镜体夹层。

全新世（$Q_4$）沉积浅层 40～80m 深度范围内为淤泥、淤泥质土、粉质黏土、黏质粉土为主，局部夹粉土层沉积。软土多流塑状，高压缩性，见有机质及贝壳碎屑，粉土稍密—中密状，层理清晰。淤泥、淤泥质土层含水量一般大于 40%，饱和状态，孔隙比介于 1.0～1.6，粉土层含水量约为 21%～34%，饱和状态，孔隙比介于 0.65～0.93。全新世下部上更新世（$Q_3$）沉积黏质粉土与粉质黏土、粉细砂互层，黏质粉土中密—密实为主，层状结构局部夹薄层黏土。粉质黏土可塑状，中等压缩性，局部夹砂。粉砂、细砂密实为主，局部夹黏土，含贝壳碎屑。含水量约为 20%～30%，为饱和状态，孔隙比介于 0.61～0.84。

浙江海域典型地层结构为海床下 40～80m 厚的软土，其下分布粉土、粉砂和硬黏土，见图 2.6-3。

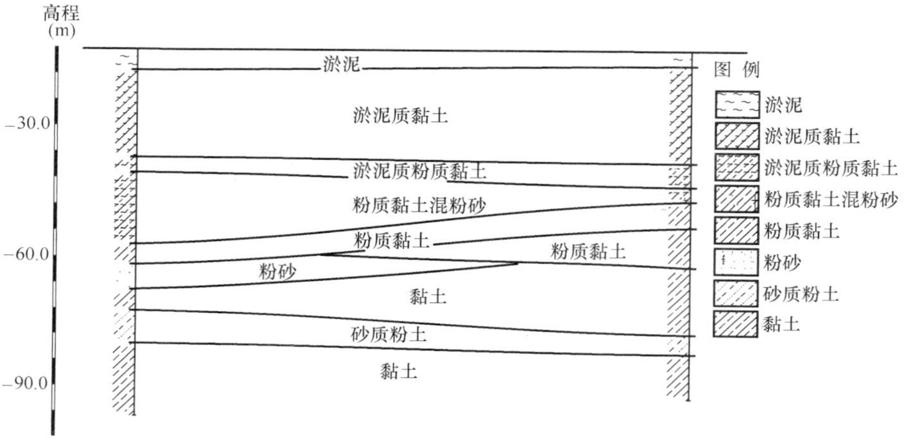


图 2.6-3 东海浙江海域典型地层结构

东海南部福建近海沉积浅部为第四系全新世四系全新世（$Q_4$）冲海积层淤泥混粗砂、淤泥质粉质黏土，中部为晚更新世（$Q_3$）陆相、滨海相粉质黏土、粉砂等，下部黏土夹砂，下伏燕山期花岗岩，第四系覆盖层厚度变化较大。全新世浅表层为流塑状淤泥、淤泥混粗砂，含贝壳及腐殖质，下部为中密—密实状粉土。晚更新世沉积流塑状淤泥质土、密实粉砂及硬塑黏土、砂质黏土层。第四系地层饱和，力学性质较东海北部地层好，地层起伏大，下伏燕山期风化—微新花岗岩地层。

福建海域典型地层结构为表层沉积物，下为花岗岩残积土和不同风化程度的花岗岩，见图 2.6-4。

**（4）南海海域**

地质勘探揭露地层均为第四系沉积物。主要为全新世（$Q_4$）浅海相沉积的淤泥质土、粉质黏土、砂性土和晚更新世（$Q_3$）晚期沉积的粉质黏土、砂性土，互层沉积。全新世浅表层为新近沉积流塑状淤泥质土，夹薄层状粉砂，见少量贝壳碎屑；其下为软塑状粉质黏土层夹薄砂层，下部位中密砂层，中砂为主，含少量黏土、贝壳碎屑。晚更新世沉积粉质黏土、黏土与砂层互层，黏土为软塑、可塑状，局部夹砂，砂层以密实为主，局部含黏土团块及粒径较粗砾石等。

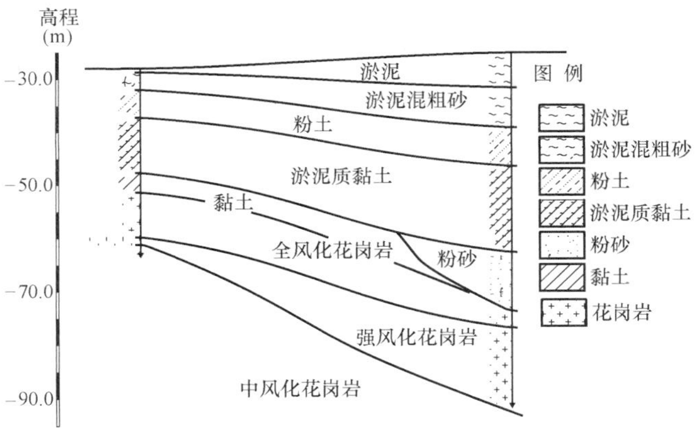


图 2.6-4 东海福建海域典型地层结构

## 2.6.3 海洋典型地层的基本特性

根据沉积年代，海洋海洋地层可分为：1）老堆积土：第四纪晚更新世（$Q_3$）及其以前堆积的土；2）一般堆积土：第四纪全新世（$Q_4$）文化期以前堆积的土；3）新近堆积土：第四纪全新世（$Q_4$）文化期以来新近堆积的土；4）海洋残积土。

江苏海域广泛分布粉土、粉砂、软黏土互层，深部出露硬塑状老黏土层；浙江海域一般在海床下分布 40～80m 的流塑、软塑状深厚软黏土层；福建海域普遍存在花岗岩残积土和风化岩。

土体是多孔介质、多相介质和摩擦介质的综合体，其强度、强度指标、变形模量等均与有效应力状态相关。主要表现在：1）荷载作用下土体的变形特征与排水条件有关，排水条件下多孔介质的变形参数呈非线性特征，与有效应力状态相关；2）黏土的不排水强度，与前期有效固结压力有关；3）黏土的强度指标，与当级荷载作用下的固结状态和排水条件有关；4）土体的强度和地基承载力，与荷载作用下地基固结状态、排水条件和有效应力有关。

海洋典型地层包括软土、粉土、砂土、老黏土和花岗岩残积土等，各有其典型的基本物理力学特性。

**（1）海洋软土**

海洋软土指天然孔隙比大于 1.0，天然含水率大于液限的细粒土，包括淤泥、淤泥质土、泥炭质土以及部分深海、半深海生物软泥等，分类标准见表 2.6-1。

**软土的分类** **表 2.6-1**

| 名称 | 划分标准 | 备 注 |
|---|---|---|
| 淤泥 | $e \geqslant 1.5, I_L > 1$ | $e$—天然孔隙比；<br>$I_L$—液性指数；<br>$W_u$—有机质含量 |
| 淤泥质土 | $1.5 > e \geqslant 1.0, I_L > 1$ | |
| 泥炭 | $W_u > 60\%$ | |
| 泥炭质土 | $10\% < W_u \leqslant 60\%$ | |

海洋软土成因及其工程地质特征：

1）滨海相沉积：在海浪、潮流和潮汐等水动力作用下，粗、中、细砂颗粒相掺杂，粒径不均匀，透水性能有所改善。

2）泻湖相沉积：颗粒极细、孔隙比大、强度低、分布范围较宽阔，常形成滨海平原，边缘表层常夹杂泥炭以及贝壳等生物残骸。

3）溺谷相沉积：孔隙比大、结构疏松、含水量高，分布范围较窄，边缘表层也常有泥炭沉积。

4）三角洲相沉积：河流和海潮复杂交替作用，淤泥与薄层砂交替沉积，颗粒分选程度差，交错成不规则的尖灭层或透镜体夹层，结构疏松，颗粒细小。

海洋软土具有高含水量、高孔隙比、触变性、流变性、压缩性高、抗剪强度低、渗透性弱和不均匀性等基本特点。

1）触变性：受到振动或扰动后，土体结构破坏，强度大幅度降低。软土的灵敏度一般在 3～4 之间，最大可达 8～9，故软土属于高灵敏度土或极灵敏土。

2）蠕变性：长期荷载下，除排水固结引起外，发生的长期剪切变形，软土地基发生长期沉降。

3）压缩性高：属高压缩性土，压缩系数大，变形稳定时间长。

4）抗剪强度低：软土不排水强度低，且与加荷速率、排水条件相关。

5）渗透性低：渗透性差，荷载作用下排水固结时间长。

6）结构性：成因、赋存环境以及矿物成分不同，结构性显著。软土一般呈絮凝结构，结构损伤后不排水强度急剧降低。

7）不均匀性：沉积环境变化，引起土质均匀性差。

**（2）海洋粉土**

粉土为粒径大于 0.075mm 的颗粒含量等于或不超过总质量的 50%，且塑性指数小于或等于 10 的土。可按表 2.6-2 分为黏质粉土和砂质粉土。

**粉土的分类** **表 2.6-2**

| 土的名称 | 粒径(mm) | 含量(10%) | 塑性指数 $I_p$ |
|---|---|---|---|
| 砂质粉土 | >0.075 | <50 | $3<I_p\leqslant 7$ |
| | <0.005 | <10 | |
| 黏质粉土 | >0.075 | <50 | $7<I_p\leqslant 10$ |
| | <0.005 | >10 | |

粉土的成因及工程地质特征：

1）冲积成因：多分布于河流中下游河床、三角洲及河漫滩，具有层理构造和透镜体，具有渗透性、膨胀性、压缩性、强度的各向异性。

2）海积成因：广泛分布于河口、岸滩，常呈“千层饼”状夹层构造，含水量高、压缩性高等。

3）海陆混合型成因：河流下游三角洲地带陆域有丘陵分布时，两种以上成因交替，常见淤泥质土混砂，以淤泥质土为主。

海洋粉土通常具有含毛细水、饱水性、触变性、抗剪强度高、易液化、渗透性较低、结构性差、低塑性等特点。

1）饱水性：冲海积粉土的天然含水量在25%～33%，呈湿—很湿状态，一般均达到饱和态。

2）触变性：饱和砂质粉土具有触变性，颗粒聚集所形成的结构在剪应力作用下解聚，在静止状态时重新形成结构。

3）抗剪强度高：扰动后的砂质粉土强度恢复比粉质黏土快，且抗剪强度也高。

4）易液化：动荷载作用下易液化，静置后可恢复。打桩过程中，易产生“抗桩”现象。

5）渗透性较低：多具有剪缩趋势，应力作用下超孔隙水压力累积，有效应力和剪切强度降低。

6）结构性较差：取样和运输过程中极易扰动、失水。基坑开挖时，易产生流土，水理稳定性差。

7）低塑性：主要由粉粒、细砂粒、极细砂粒构成，比表面积不大，毛细现象活跃，塑限试验时呈现“假塑性”，粉土中黏粒含量增多时其塑限反而减小。

**（3）海洋砂土**

砂土为粒径大于2mm的颗粒含量不超过总质量50%，且粒径大于0.075mm的颗粒含量超过总质量50%，干燥时呈松散状态，无塑性或微塑性。根据粒组含量按表2.6-3分类。

**砂土的分类** **表2.6-3**

| 土的名称 | 粒组含量 |
|---|---|
| 砾砂 | 粒径大于2mm的颗粒占总质量25%～50% |
| 粗砂 | 粒径大于0.5mm的颗粒占总质量50% |
| 中砂 | 粒径大于0.25mm的颗粒占总质量50% |
| 细砂 | 粒径大于0.075mm的颗粒占总质量85% |
| 粉砂 | 粒径大于0.075mm的颗粒占总质量50% |

注：定名时根据粒径分组由大到小以最先符合者确定；当粒径小于0.005mm颗粒含量超过总质量的10%时，按混合土定名。

砂土的成因类型：

1）冲积成因：分于河流中下游的河床、三角洲及河漫滩，砂粒呈浑圆状，具有分选性，含有少量黏土颗粒和粉土颗粒，常有黏土夹层及透镜体。

2）海积成因：分布于岩岸滨海地带。砂颗粒多呈圆形或次圆形，砂粒纯洁，常含有碎贝壳。

3）海陆混合型成因：河流下游三角洲地带陆域有丘陵分布时，两种以上成因相混形成，常见砂混淤泥质土。

海洋砂土具有孔隙大、低压缩性、毛细管作用弱、易液化、透水性好、结合水少等特点，其基本特性在于：

1）矿物成分主要是大量石英，其次是长石、云母等矿物。

2）透水性较好，除受到高频动力荷载作用外，一般不会产生超孔压，剪切过程中孔压消散；压缩性较小，压密过程快。

3）与水的结合能力小，砂粒和粉粒占绝对优势，黏粒含量少，一般可不考虑弱结合水水膜。

4）地震等高频振动下易液化，疏松粉砂、细砂土呈现液态，孔隙水压力上升，有效应力减小，液化的相关因素有平均粒径、黏粒含量、相对密度、透水性、初始应力状态和动荷载条件等。

**(4) 海洋老黏土**

老黏土一般泛指 $Q_2$ 或 $Q_3$ 沉积的黏性土。老黏土成分主要由高岭土、伊利石、蒙脱石等组成，并在沉积过程中常会夹强风化卵（碎）石和铁锰质氧化斑点，或风化岩石矿物（残坡积土）。

老黏土沉积年代较久，结构强度较高，压缩性较低，一般为硬塑或干硬状态，厚度较大，工程力学性能好。一般工程地质特性：

1）膨胀性：一般具有弱—中等膨胀趋势，膨胀性与黏土中矿物成分有关。

2）含水量小：主要为结合水，以细粒土为主，隔水性好，流动性差，孔隙比小，低渗透性，渗透系数一般小于 $10^{-7}$cm/s。

3）多裂隙性：裂隙两壁的组成物为母体土被淋滤而成的灰白色黏土，以亲水矿物伊利石和蒙脱石为主，含量高于母体土。裂隙及裂隙充填物破坏了土的整体性，透水性增强。

4）不排水强度高，承载力大，标准贯入击数高，但具有强应变软化特性，有效剪应力越过峰值后迅速降低到残余强度，土体易发生渐进性破坏。

**(5) 海洋花岗岩残积土**

花岗岩残积土是花岗岩经物理风化和化学风化后残留在原地的碎屑物，属区域性特殊土，在我国东南沿海区域广泛发育。根据大于 2mm 的颗粒含量，花岗岩残积土可分为砾质黏性土、砂质黏性土和黏性土，见表 2.6-4。

**花岗岩残积土分类** **表 2.6-4**

| 名称 | ＞2mm 颗粒含量(%) |
|---|---|
| 砾质黏性土 | ＞20 |
| 砂质黏性土 | 5～20 |
| 黏性土 | ＜5 |

花岗岩的主要成分是石英（20%～30%）、长石（60%～70%）、云母及角闪石（5%～10%）。花岗岩残积层自上而下可分为三层：①均质红土层，为黏性土，不含大于 2mm 的颗粒，呈砖红色或棕红色，黏粒、粉粒含量高，排列较紧密，微孔隙较发育，多为凝块状结构，呈坚硬—硬塑状态；②网纹红土层，为砂质黏性土，大于 2mm 的颗粒含量不超过 20%，以紫色为主，间夹呈网纹状的黄褐、灰白等色，小孔隙及微孔隙较发育，多为絮凝状结构，呈可硬—硬塑状态；③杂色黏性土层，为砂砾质土，大于 2mm 的颗粒含量超过 20%，以黄褐色为主，夹杂红、灰、白等色，原岩结构外貌仍保存，黏粒、粉粒含量较少，碎屑较多，土质松散，大、中孔隙发育，为粗碎屑结构或团粒状结构。

海域花岗岩残积土的基本特性包括：

1）具有较强的结构联系和较高的结构强度，属中低压缩性土，常呈超固结性状。抗剪强度较高、孔隙比较大、液性指数较小。

2）不均匀性及各向异性强，石英岩脉抗风化能力较强，而二长岩脉和煌斑岩脉抗风化能力弱，风化程度不均，易产生球状风化。

3）具有特定的结构，并保留着原岩一定的残余强度，钻探取样和试样制作时极易扰动；室内试验的压缩模量偏低，易被误判为承载力较低、压缩性较高的地基。

4）吸湿软化特性显著：随着含水量增加，起胶结作用的游离氧化物溶解量增加，使土体强度降低、压缩性增大。

5）应变软化特性显著，与老黏土类似。

6）易崩解：泡水后，呈散粒状、片状及块状掉剥崩落。

## 2.7 海底管线路由勘察

### 2.7.1 海底管线路由勘察方法

海底管线包括海底电缆和海底管道，见图 2.7-1。海底电缆是指铺设于海底用于通信、电力输送的电缆，包括海底光缆、海底输电电缆等。海底管道是指铺设于海底用于输水、输气、输油或输送其他物质的管状设施。

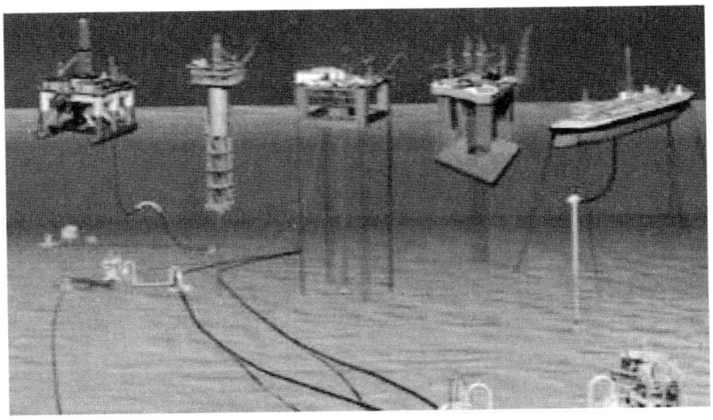

图 2.7-1 海底管线铺设示意

海底管线路由勘察包括路由预选勘察和铺设后调查。勘察工作程序包括：前期资料收集、勘察方案策划与编制、海上勘察、实验室测试分析、资料解译、图件与报告编制、成果验收、资料归档[21]。

海底管线路由勘察方法主要包括：①水深测量、水下地形地貌测绘；②侧扫声呐探测；③地层剖面探测；④磁法探测；⑤底质与底层水采样；⑥工程地质钻探；⑦原位测试；⑧土工试验与腐蚀性环境参数测定；⑨海洋水文与气象要素观测[21]。

### 2.7.2 海底管线路由预选勘察

路由预选的任务是根据电缆管道的总布局选择登陆点及海域路由位置。路由预选应遵循选择相对安全可靠、经济合理、便于施工和维护的海底电缆管道路由的原则，提出两个以上路由方案，并进行比选。

路由预选应收集路由区的地形地貌、地质、地震、水文、气象等自然环境资料，尤其要收集灾害地质因素等，如裸露基岩、陡崖、沟槽、古河谷、浅层气、浊流、活动性沙丘、活动断层等；应尽可能收集路由区已有的腐蚀性环境参数，并评估它们对电缆管道的腐蚀性；应尽可能收集路由区的海洋规划和开发活动资料。

**(1) 登陆段勘察**

登陆段的勘察范围包括登陆点岸线附近的陆域、潮间带及水深小于5m的近岸海域，以预选路由为中心线的勘察走廊带一般为500m，自岸向海方向至水深5m处，自岸向陆方向延伸100m。

登陆段勘察内容[21]：

1）平面位置测量精度达到GPS-E等级要求，高程精度达到四等水准要求；

2）登陆段陆域地形、地物测绘，重要地物拍照、标识；

3）垂直岸线布设3～5条剖面，对潮滩进行地形测量、地貌调查、底质采样，详细描述底质类型及其分布，分析岸滩冲淤动态；

4）登陆段水下区域（水深小于5m）地形测量、底质采样、浅地层探测。

**(2) 海域路由勘察范围**

包括近岸段、浅海段和深海段。近岸段指岸线至水深20m的路由海区，浅海段指水深20～1000m的路由海区，深海段指水深大于1000m的路由海区。

勘察沿路由中心线两侧一定宽度的走廊带进行。勘察走廊带的宽度在近岸段一般为500m，在浅海段一般为500～1000m；在深海段一般为水深的2～3倍，海底分支器处的勘察在以其为中心的一定范围内进行，在浅海段勘察范围一般为1000m×1000m。在深海段勘察范围一般为3倍水深宽的方形区域，路由与已建海底电缆管道交越点的勘察在以交越点为中心的500m范围内进行。

**(3) 海域路由导航定位**

海域导航定位分为走航式地球物理导航定位和定点式导航定位。导航定位应满足作业的误差要求：当测图比例尺大于1：5000时，定位中误差应不大于图上1.5mm；当测图比例尺不大于1：5000时，定位中误差应不大于图上1.0mm。定位作用距离覆盖作业区域，并需连续、稳定、可靠。定位数据更新率不小于1次/秒。

**(4) 海域路由物探调查**

工程地球物理调查包括水深测量、侧扫声呐探测、地层剖面探测、磁法探测，其中磁法探测可根据需要进行。对不埋设施工的深海区，可仅进行全覆盖多波束水深测量。

1）勘察布置

工程地球物理勘察测图比例尺应根据实际需要和海底浅部地质地貌的复杂程度确定，一般近岸段的比例尺不小于1：5000，浅海段的比例尺在1：5000～1：25000，深海段的比例尺为1：50000～1：100000。

近岸段和浅海段主测线应平行预选路由布设，总数一般不少于3条，其中一条测线应沿预选路由布设，其他测线布设在预选路由两侧，测线间距一般为图上1～2cm。检查线应垂直于主测线，其间距不大于主测线间距的10倍。多波束水深测量时，应全覆盖路由走廊带。主测线布设应使相邻测线间保证20%的重复覆盖率；检测线根据需要布设，间距一般不大于10km[21]。

2）勘察方法

① 水深测量

水下地形测量分为单波束测深和多波束测深。深度测量中误差应满足水深 20m 以浅不大于 0.2m，20m 以深不大于水深的 1%；近岸段应采用实测水位观测资料用于水位改正，验潮站水位观测中误差应不大于 5cm，当沿岸验潮站或其他方式不能控制测区水位变化时，可采用预报水位；当动态吃水变化大于 5cm 时，应进行动态吃水改正[21]。

② 侧扫声呐探测

侧扫声呐探测要求根据测线间距选择合理的声呐扫描量程，在路由勘察走廊带内应 100%覆盖，相邻测线扫描应保证 100%的重复覆盖率，当水深小于 10m 时可适当降低重复覆盖率；拖鱼距海底的高度控制在扫描量程的 10%～20%，当测区水深较浅或海底起伏较大，拖鱼距海底的高度可适当增大；并且图像清晰。对现场声呐图像记录初步判读发现可疑目标时，应根据需要在其周围布设不同方向的补充测线作进一步探测[22]。

③ 地层剖面探测

海底电缆路由勘察进行浅地层剖面探测，获得海底面以下 10m 深度内的声学地层剖面记录；海底管道路由勘察时，根据需要同时进行浅地层剖面探测和中地层剖面探测，以获得海底面以下不小于 30m 深度内的声学地层剖面记录；浅地层剖面探测地层分辨率优于 0.2m，中地层剖面探测地层分辨率优于 1m；对现场记录剖面图像初步分析发现可疑目标时，应布设补充测线以确定其性质[22]。

④ 磁法探测

磁法探测用于确定路由区海底已建电缆、管道和其他磁性物体的位置和分布。磁力仪灵敏度应优于 0.05nT，测量动态范围应不小于 20000～100000nT。探测海底已建电缆、管道等线性磁性物体时，测线应与根据历史资料确定的探测目标的延伸方向垂直，每个目标的测线数不少于 3 条，间距不大于 200m，测线长度不小于 500m，相邻测线的走航探测方向应相反。探测海底非线状磁性物体时，测线在探测目标周围呈网格布置，测线数不少于 4 条，间距和测线长度根据探测目标的大小确定。

磁力仪探测开始前，在作业海区附近调试设备，确定最佳工作参数。探头入水后，调查船应保持稳定的低航速和航向，避免停车或倒车。探头离海底的高度应在 10m 以内，海底起伏较大的海域，探头距海底的高度可适当增大。采用超短基线水下声学定位系统进行探头位置定位；在近岸浅水区域也可采用人工计算进行探头位置改正[22]。

**(5) 海域路由地质钻探**

钻探沿路由中心线布设钻孔。近岸段钻孔间距一般为 100～500m，浅海段一般为 2～10km。站位布设需考虑工程要求和物探成果。钻孔孔深根据管道的埋深而不同，一般为 8～10m 或管道埋深的 5 倍。如钻遇基岩，则钻至基岩内 3～5m。采样间距根据工程要求和土质条件确定，一般为 1～1.5m。岩芯采取率，对砂性土层不应低于 50%，黏性土层不应低于 75%[21]。

地质编录包括工程名称、作业海区、钻孔编号、钻孔坐标、开孔水深、回次孔深、取样长度、岩性描述及划分地层等。

**(6) 海域路由勘察测试与试验**

原位试验包括静力触探试验、标准贯入试验等，根据工程类别、岩土条件和现场作业条件等选择，原位试验孔尽可能布置在路由中心线上。

土工试验包括含水率、密度、泥温、无侧限压缩、小型十字板剪切和小型贯入仪试验等，根据工程要求、勘探船试验条件和土样性质确定试验内容。

海底管道路由勘察应进行腐蚀性环境参数测定。底层水采样站位一般控制在底质采样站总数的五分之一，且每项工程不少于 3 个。海底土采样站位一般为底质采样站总数的五分之一，采样层位为电缆管道埋深位置。

海底管线路由勘察还包括场地地震安全性评价，进行地震危险性概率分析、地震动区划和场地地震地质灾害评价。

海底管线路由勘察应收集工程场区内已有的水文气象资料，包括波浪、潮汐、海流、水温、海冰、风、气温、雾等。

### 2.7.3 海底管线铺设后调查

海底管线铺设后或重大地质灾害发生后需进行调查，采用多波速测深仪、侧扫声呐探测和地层剖面探测等物探方法，查明海底沟槽开挖与管线附近的海底面状况、管线的平面位置、埋设深度、悬跨高度、悬跨长度及管道保护层外观状况等。

对于重要或复杂的海底管道工程，应同时采用水下机器人（ROV）调查。ROV 配备运动传感器、水下声学定位系统、水下罗经、水下摄像机，可搭载水深测量设备、高分辨率导航声呐、侧扫声呐、浅地层剖面仪、管线跟踪仪等设备，具有数据传输通道。调查作业前，应进行 ROV 工作母船、导航定位系统与 ROV 等调查设备的联调，直至检测目标、ROV 工作母船、ROV 的相对位置在 ROV 控制室和调查船驾驶室有正确的显示。根据水下能见度和设备采样率，调整前进速度达到最佳探测效果。进行海底电缆调查时，距离海底高度应不大于 0.2km。进行海底管道调查时，距离海底高度应不大于 1.0m。作业中 ROV 的所有仪器参数和视频信息都应传输到 ROV 控制室和工作母船驾驶室，并及时保存数据。相邻区段调查的重叠范围应不小于 50m[21]。

### 2.7.4 海底管线路由地质评价

路由条件评价在路由勘察、试验分析和收集已有资料的基础上，结合工程特点和要求进行。

评价内容主要包括海底工程地质条件、海洋水文气象环境、地震安全性、腐蚀环境、海洋规划和开发活动等[21]。

**(1) 工程地质条件**

路由区的地形、地貌、地质、海底面状况、底质及其土工性质等工程地质条件，灾害地质因素（如冲刷沟、浅层气、海底塌陷、滑坡、浊流、基岩、古河谷、活动沙波、泥底辟、盐底辟、软土夹层等）对海底电缆管道工程的影响，相应的工程措施或对策建议。

**(2) 海洋水文气象环境**

路由区的波浪、潮汐、海流、水温、海冰、气象等因素，对海底电缆管道施工、运行及维护可能的影响，适宜电缆管道铺设的最佳施工期。

**(3) 地震安全性评价**

路由区域及近场区地震构造及地震活动环境，地震危险性分析计算，50 年超越概率

10%的基岩地震动水平向峰值加速度值。

根据地震危险性概率分析结果，编制海底电缆管道路由场地地震动峰值加速度区划图、地震烈度区划图。对海底电缆管道路由场地在地震作用下可能产生的砂土液化、软土震陷和断层地表错动作用进行评价。

**(4) 腐蚀性环境**

海底土和底层水的腐蚀性环境参数，海底电缆管道防腐设计依据。

**(5) 海洋规划与开发活动**

路由与海洋功能区划、海洋开发规划的复合型，路由区的渔捞、交通、油气开发、已建海底电缆管道、海洋保护区等海洋开发活动与路由的交叉和影响，电缆管道设计、施工及维护对策或建议。

## 2.8 海洋灾害地质调查

地质灾害是指自然的、人为的或综合的地质作用使地质环境恶化，造成人类生命财产毁损以及人类赖以生存的资源、环境严重破坏的事件。

地质灾害包括“致灾的动力条件”和“灾害事件的后果”两方面，是自然动力作用与人类活动相互作用的结果。其中，对人类生命财产和生存环境产生影响或破坏的地质事件为地质灾害。使地质环境恶化，并未破坏人类生命财产或影响生产、生活环境的，称为灾变。

海洋地质灾害的研究内容主要包括：海洋灾害地质的类别；海洋地质灾害的形成条件、发育规律、成灾过程及成因机制；海洋地质灾害的评估、监测、预测、预报、防治或避让措施。海洋灾害地质勘察研究，源于近海陆架海洋油气资源勘探、开采和海洋工程建设，逐步由近岸发展到浅海和深海。

### 2.8.1 海洋灾害地质类型

主要包括成因分类方法或成因一危害性综合分类方案，根据成灾地质因素的属性和诱发灾害的特征及其危害性进行分类。不同区域可能存在不同类型的灾害地质组合。

**(1) 成因分类**

按海洋灾害地质的成因分为自然成因和人为成因两大类。自然成因的海洋灾害地质又分为五类：构造活动、重力（斜坡）作用、侵蚀一堆积作用、海岸（洋）动力作用和特殊地质体（岩土体）。人为成因的海洋灾害地质可分为海岸人类活动与离岸人类活动两类。

我国海域灾害地质类型见表 2.8-1。

自然成因为主的海洋灾害地质主要有地震、火山、活动断层、砂土液化、滑坡、浊流、沙脊、含气沉积、海啸、风暴潮等。

人为成因的海洋灾害地质主要有港口航道淤积、地面沉降等。某些海洋灾害地质，例如崩塌、滑坡、海水入侵、地面沉降等是自然和人为复合成因的。

**(2) 成因-危害性综合分类**

综合考虑成因和危害程度，按危害程度分为活动性灾害地质和潜在灾害地质两类。

海洋灾害地质成因分类[23]（叶银灿等，2012） 表 2.8-1

| 成因 | | 主要灾害地质类型 |
|---|---|---|
| 自然成因 | 构造活动 | 地震、火山、活动断层、地裂缝 |
| | 重力(斜坡)作用 | 崩塌、滑坡、泥石流、地面塌陷、海底浊流 |
| | 侵蚀-堆积作用 | 海岸与海床侵蚀、沙波、沙脊、河口与海湾淤积 |
| | 海洋动力作用 | 海岸侵蚀、海面升降、海水入侵、风暴潮、海啸、砂土液化 |
| | 特殊地质体 | 泥底辟、泥火山、易液化砂层、软土夹层、含气沉积、生物岩礁、海滩岩、沙丘岩、气体液体矿床、麻坑、古河道、古三角洲、古侵蚀面、浅埋起伏基岩 |
| 人为成因 | 海岸人类活动 | 地面沉降、海水入侵、海岸侵蚀、港口航道淤积、崩塌、滑坡、沙漠化、土地盐渍化、地下水污染、地面塌陷 |
| | 离岸人类活动 | 海床侵蚀、砂土液化 |

活动性灾害地质指具有活动能力和高度潜在危害性的灾害地质类型，如地震、火山活动、活动断层、滑坡、活动性沙波、海岸侵蚀等。

潜在灾害地质则是指不具有活动能力的灾害地质类型，如泥底辟、易液化砂层、软土夹层、生物岩礁、古河道、古侵蚀面、浅埋起伏基岩、陡坎、冲刷槽等，不具有直接破坏能力，但在海洋工程勘察、设计和施工中应予重视，以免诱发工程事故。

我国海域主要灾害地质类型见表 2.8-2。

我国海域主要灾害地质类型[23]（叶银灿等，2012） 表 2.8-2

| 类型 | | 自然成因 | | | | | 人为成因 |
|---|---|---|---|---|---|---|---|
| | | 构造活动 | 重力(斜坡)作用 | 侵蚀-堆积作用 | 海岸(海洋)动力作用 | 特殊地质体(岩土体) | |
| 危害性分类 | 活动性灾害地质 | 地震<br>活动断层<br>火山活动<br>地裂缝 | 滑坡<br>崩塌<br>泥石流<br>浊流 | 海岸侵蚀<br>海床冲刷<br>潮流沙脊<br>活动性沙波<br>河口、海湾淤积 | 海岸侵蚀<br>海面上升<br>海水入侵<br>风暴潮<br>海啸 | 含气沉积<br>泥火山 | 海岸侵蚀<br>海水入侵<br>地面沉降<br>港口、航道淤积 |
| | 潜在灾害地质 | 断层崖<br>断层陡坎<br>休眠火山 | 陡坎<br>倒石堆 | 海蚀崖<br>海蚀阶地<br>滩脊<br>离岸坝<br>冲刷槽<br>海底峡谷 | 易损湿地<br>古海滩 | 泥底辟<br>易液化砂层<br>软土夹层<br>生物岩礁<br>海滩岩<br>沙丘岩<br>气体液体矿床<br>麻坑<br>古河道<br>古三角洲<br>古侵蚀面<br>浅埋起伏基岩 | 沙漠化<br>土地盐渍化 |

## 2.8.2 海洋灾害地质的危害

### (1) 构造活动成因类

主要包括地震、活动断层和火山等，可能对沿岸建筑物和海洋构筑物造成直接破坏，地震可能引发海啸，还可能诱发崩塌、泥石流、浊流、海底浊流、砂土液化等次生地质灾害。

**(2) 重力（斜坡）作用成因类**

主要包括崩塌、泥石流、浊流等，在地震或暴风浪作用下触发成灾，可对海岸建筑物和海洋工程造成直接破坏。

**(3) 侵蚀-堆积作用成因类**

为海岸和海底侵蚀、堆积作用及其形成的地质体，包括海岸与海床侵蚀、河口与海湾淤积及沙波沙脊等活动砂体，可对海岸建筑物和浅基础的海底构筑物造成破坏。

**(4) 海岸（海洋）动力作用成因类**

主要包括海岸侵蚀、海面上升、海水入侵、风暴潮、海啸等，是以海岸动力为主或海一陆相互作用成因的灾害地质类型。

海岸侵蚀使土地损失，引发海岸环境恶化，给沿岸地区人民的生活、生产及经济发展带来严重影响；海面上升使沿海低地受到海水浸淹的威胁，洪水和风暴潮加重，海岸侵蚀加剧；海水入侵使沿海地区淡水水质恶化，土地盐渍化，生态环境恶化；风暴潮、海啸可以引起海岸强烈的侵蚀或堆积，摧毁海堤、房屋，可引发崩塌、滑坡等次生地质灾害。

**(5) 特殊地质体成因类**

指泥底辟、易液化砂层、软土夹层、生物岩礁、气体液体矿床、古河道、古侵蚀面、浅埋起伏基岩等特殊的地质体或岩土体，不具有直接破坏能力，属潜在灾害地质类型。泥底辟、易液化砂层、含气沉积等在外力触发下可导致工程地基失稳。古河道、浅埋起伏基岩等，使场地条件复杂，工程选址时应尽量避让或处理。

**(6) 人为成因类**

海岸侵蚀、海水入侵、地面沉降、港口、航道淤积沙漠化、土地盐渍化等，多发生在人类活动频繁的沿岸地区。大量抽取地下水或开采石油、天然气，可能引起地面沉降、海水入侵灾害。人工海滩采砂，可能加剧海岸侵蚀灾害。

### 2.8.3 典型海洋灾害地质调查

**(1) 海底浅层气**

海底浅层气是在海底面以下 1000m 之内的沉积物中所聚集的气体（Davis，1992），主要成分包括甲烷、二氧化碳、硫化氢、乙烷等，一般以甲烷含量最高。

海底浅层气可分为有机成因和无机成因两类，有机成因泛指沉积物中分散状或集中状的有机质通过细菌作用、化学作用和物理作用形成的气体。无机成因泛指任何环境下无机物质形成的天然气，来自热液、火山喷发、岩石变质等作用。

我国海底浅层气分布广泛，主要以生物气为主，多由大量陆源碎屑物质带来的丰富生物碎屑和有机质，沉积在海底时经甲烷菌的分解逐步转化成气体而埋藏存储。尤其在我国东南沿海平原、河口、海湾和近海区域第四纪沉积物中，富含有机质，浅层气分布广泛，埋深一般不大于 100m。

海底含气沉积物压缩性高、强度低，可引起海底地层膨胀，使土层的原始骨架受到破坏，自重作用下的固结过程减缓。浅层气区域地基承载力降低，易引起地基基础剪切失稳和不均匀沉降，并可能触发海岸滑坡、土体液化、基础沉陷、油气井喷、平台倾覆、井壁垮塌、管线断裂等灾害事故，或酿成海难，对海洋工程建设和近海岸基础设施造成严重破坏。

密西西比河流三角洲土层中过大的孔隙压力和大量气体集聚，引发水下滑坡，造成海上平台破坏（Coleman，1974）。Chillarige 提到加拿大弗雷泽河流三角洲的含气沉积土在退潮荷载作用下，触发水底大滑坡，对客运码头、港口、管线和水底电缆构成极大威胁。国际海岸考察理事会（ICES）报道，海底沉积物中的高压气体导致井喷事故。Adams 统计了 1957 年至 1990 年间，海洋钻探遭遇浅层气井喷导致井壁垮塌，造成钻井平台倾覆的事故。1998 年，威金人勘探者号在印度尼西亚望加锡海峡 Bekapir 油田钻探时，遭遇高压浅层气井喷，并伴随爆炸，造成 1 千多人丧生和钻探船沉没。我国东南沿海和长江中下游的工程建设中，已发生过数次由浅层气引发的工程灾害性事故。安徽沿江浅层气地质诱发的水工结构基础不均匀沉降事故。上海外高桥竹园污水隧道排放口发生因浅层气释放引起隧道扭曲、变形、断裂的重大事故。杭州湾某工程建设中遭遇浅层气喷发，引起钻探船井口烧毁。海底浅层气灾害可见图 2.8-1[23]。

(*a*)

(*b*)

图 2.8-1 海底浅层气灾害

(*a*) 勘探遭遇海底浅层气；(*b*) 浅层气井喷导致钻探平台烧毁

浅层气具有分子小、密度小、浮力大、黏度低、扩散性强及易溶解挥发等特点，在海底沉积过程中时刻处于运移与聚集状态，并易向上运移。浅层气可稳定埋藏于储气层中，也可向上逸散。按其埋藏存储状态可分为 4 种形态：层状、团块状、高压气囊和气底辟（叶银灿等，2003)[24]。

近年来，我国近海工程建设、海底资源和能源勘探开发、海洋可再生能开发利用逐渐增多，更需注重对海洋浅层气的调查、评价和应对，加强场区工程地质勘察。针对浅层气的特性，目前采用地球物理探测方法中的地震波、声波进行探测。通过侧扫声呐、浅地层剖面、测深手段探测海底面，可识别海底麻坑、凸起、底辟等浅层气逸出形态，另外可通过地球化学分析，判断浅层气的逸出位置。海底浅层气在地震波和声波探测剖面上通常表现为声混沌、增强反射、声空白反射带、亮点、相位反转、气烟囱等特征（Judd，et al，1992)[25]。

**(2) 海床液化失稳**

可造成海床失稳的因素包括海底砂土液化、海底滑坡、海底浊流、海床冲刷、活动性沙波沙脊以及地震活动等。地震、波浪等动力荷载作用，海底砂土液化，地基强度减小或消失，造成海底土体失稳，导致海洋工程构筑物破坏。根据超孔隙水压力产生方式可分成两类：一类是类似地震作用下的液化，即由于循环剪应力所产生超孔隙水压力所导致的液化；另一类是由于海床中孔隙水压力的空间差异所产生的超孔隙水压力变动导致的液化。

20 世纪 60～70 年代多次大震，如日本新潟地震，美国阿拉斯加地震，中国邢台地震、海城地震、唐山地震，均引起地基液化，导致建筑物大规模破坏。海洋地层遭受波浪、潮流等动力循环荷载作用，饱和的无黏性土海床中产生超孔隙水压力积累而发生瞬时液化。贝伦首次指出波浪可引起饱和砂土液化。Lee 首先对北海某油罐地基砂土液化的可能性进行研究。Seed 等还考虑了孔隙水压力部分消散和地基中剪应力的分布。Yamamoto 提出了线性波浪作用下弹性多孔介质海床动力响应的解析解法。Maeno 等指出波陡可影响液化深度，波高、波周期是影响液化的重要因素。Tsotos 等发现砂土的渗透性影响孔压的产生和砂土的液化，高渗透性阻止了超孔隙水压力的产生。Tsai 发现某些波浪条件下，低渗透性的未饱和砂性土也存在较高的液化可能性。Zen 等详细研究了海洋土液化的机理，认为波压力在向海床传播的过程中，阻尼和相位滞后所引起的孔隙水压力分布是波浪作用下海床液化的原因[26-29]。

目前关于海床砂土液化的勘察判别，我国主要采用规范液化判别法，包括标准贯入试验判别、静力触探判别以及剪切波速试验判别。国外主要采用 Seed 简化法液化判别方法，包括循环剪应力比计算法、砂土液化应力比计算法。液化的勘察判别方法手段均以标贯、静力触探和剪切波法为基础。

**(3) 海流冲刷**

冲刷是在波浪和潮流等作用下海床发生的侵蚀现象，其根源在于泥沙输运的不平衡。海洋构筑物改变了原有水动力条件，造成冲刷加剧而导致构筑物失效。据美国 Arnold 和 Richardson 等人的统计，密西西比三角洲海底冲刷悬空引起的海底管道失效占总失效的 36.2%，而过去 30 年间美国有 60%桥梁损坏是由桥梁基础的冲刷引起的。我国东海平湖油气田海底管道工程、北部湾某海区输气管道，曾因局部冲刷管道多处多次裸露悬空，甚至断裂，造成严重的海域污染和巨大的经济损失。

波浪和海流的作用下导致构筑物基础冲刷的研究始于 1873 年。20 世纪 80 年代，Herbich 发表了《海底管道设计原理》和《海洋构筑物基础冲刷设计准则》两本专著，阐述了基于经验的海底管道等构筑物的冲刷稳定性计算方法。然而目前对局部冲刷及泥沙运移机制的认识仍十分有限，冲刷预测一般基于室内试验以及经验总结，还未建立成熟可靠的理论基础[30]。冲刷原位检测技术还有待提高。随海洋工程大量建设，海洋构筑物基础局部冲刷及工程防护技术的研究显得愈加紧迫。

海洋构筑物基础冲刷的勘察主要采用海底声学探测技术，对构筑物周围的冲刷状态进行调查，获取真实的冲刷状态信息。勘察手段主要包括单波速探测技术、浅地层剖面探测技术、多波速探测技术以及侧扫声呐检测技术。对海底构筑物地表及浅表层地层进行探测，分析不同时期的海底冲刷状态，建立冲刷数学模型进行数值模拟。

**(4) 海底滑坡**

海底滑坡指组成海底斜坡的物质发生顺坡运动，可导致海洋工程构筑物损坏[31]。Edgers L. 等（1982）对海底滑坡失稳特征进行了统计，主要结论：海底斜坡在坡度很小时就可失稳；滑坡体积和运动距离通常较大；必须有相应的诱发因素。Locat J. 等(2002)，Hance B. S.（2003）等人总结出：海底地震活动、风暴潮、潮位变化、渗流作用、沉积物快速堆积、孔隙气体释放、天然气水合物溶解、海啸和海平面变化等均可形成海底滑坡。

依据滑坡的形态对海底滑坡进行分类：一类是滑动体停止滑动后仍保持完整形态，没有破碎崩解；另一类是滑坡体顺坡运动，崩解而形成沉积物流。考虑波浪等海洋动力环境因素，进行海底斜坡稳定性分析评价，一般可采用极限平衡法、解析法、数值分析法和概率统计法。

海底滑坡的勘察，受研究手段和方法的限制而发展缓慢。到 80 年代中期，多波束测深系统、旁侧声纳系统、海底地层剖面仪等数字式高分辨率的海底探测设备广泛应用，使获得详细、准确、直观的海底地形地貌、地层剖面结构、沉积物性质等信息成为可能。90 年代后，深拖、无人潜水器等技术得到应用，使海底的探测范围逐步扩大到大陆坡以及深海盆地，开展深海油气等资源开发区的工程场址调查，以及海底滑坡等地质灾害研究。

## 2.9 海洋工程地质评价

### 2.9.1 海洋工程地质评价相关因素

#### (1) 海洋工程勘察与设计的匹配性

由于土体的复杂性，土力学与岩土工程的经验性或半经验性，与陆上岩土工程类似，海洋工程勘察与设计密切相关，工程地质评价与物理力学参数建议必须考虑工程设计的需求，工程勘察和设计遵循匹配性原则，即荷载组合与取值方法、设计理论、设计方法、计算理论、计算方法、计算工况、安全系数、地层指标、地层参数取值等方面匹配。

设计理论：目前不同行业采用了不同的设计理论，例如建筑地基基础工程经历了传统的安全系数 $K$ 法，到可靠度设计理论，再全面恢复到安全系数 $K$ 法的历程。而港口工程桩基础设计，目前还采用可靠度设计理论。海洋石油平台工程设计，目前采用单一的安全系数 $K$ 法。不同设计理论，不同荷载组合与取值方法，相同工况下安全系数的计算方法均不尽相同，在工程地质评价和地层参数建议时应予充分研究。

设计方法：目前不同行业、不同国家采用了不同的设计方法，例如我国一般采用极限状态设计法，以地基基础和工程结构破坏、失稳，或者变形达到一定范围为极限状态，在此基础上考虑一定的安全裕度进行设计。而美国海洋石油平台的设计，目前采用工作应力设计法。

计算理论：地基基础变形与稳定性分析中，附加应力可分别基于明德林解、布辛涅斯克理论或弹塑性理论计算。地基变形分析分别基于弹性半空间体理论、弹性地基梁理论、侧限压缩变形理论、弹塑性理论。地基变形过程分析分别以太沙基单向固结理论、太沙基拟三维固结理论或比奥真三维渗流固结理论为基础。地基基础稳定性，又存在理想刚塑性介质的极限平衡理论、连续介质变形固体力学的弹塑性理论、块体滑动理论等区别。

计算方法：地基基础变形分析，一般可分为实体有限元法、解析法、压缩曲线法。桩基础和支护结构的水平变形分析，又可划分为弹性地基梁法、实体有限元法、弹塑性 $p$-$y$ 曲线法等。弹性地基梁法，又可根据地基反力沿深度的假定和剪切弹簧的设定不同，分为多种方法。

设计工况与地层指标：不同设计工况下地基基础和土体的变形与破坏机理不同，设计计算需求的地层指标不同，工程地质评价的内容不同。地层的强度指标和变形指标有多种，工程勘测的建议指标与设计计算需求的指标需对应。

安全系数取值：岩土工程中，安全系数取值由经验确定。在应用经验充足的情况下，对同一排水状态下的地基稳定性问题，可采用不同的地层指标，配备不同的安全系数。例如，对不排水条件下软土地区基坑的稳定性计算，部分地区规范采用固结不排水强度指标，配备 2.5 的安全系数；而行业规范采用不排水强度（三轴不固结不排水强度试验），配备 1.5 的安全系数。岩土工程和海洋工程的勘察设计，需要重视地层指标应用经验和安全系数取值经验。

地层参数取值：地层指标的数值即地层参数，应用经验不同，试验方法不同，地层参数的取值方法也不同。例如，对变形指标，国标地基基础规范建议取平均值，而对强度指标则取标准值。某些行业规范取小值平均值，或剔除均方差一定范围内的试验值取均值。某些地区经验对十字板试验均值，乘以 0.7 的系数取值。海洋地层参数取值，应综合考虑勘测设计的上述各方面，充分结合地区或行业规范。

**（2）地层参数试验方法与取值方法**

涉及地层参数的试验和测试方法选择、试验参数的统计分析方法、地层参数的取值方法三个相关课题。

土体具有多孔介质、多相介质和摩擦介质的属性。地层物理力学参数可通过多种原位测试手段和多种室内方法进行试验。

同一地层指标的试验方法不同，其统计方法和取值方法也不同，需要建立在行业或地区经验积累的基础上。例如，对黏性地层的不排水强度，可分别采用十字板原位测试、静探锥尖阻力推算、室内三轴不固结不排水试验、无侧限压缩试验推算或者直剪的快剪试验，不同试验方法获得不同的试验值，各有其统计特征和应用经验，试验参数的统计方法和参数取值方法也应与试验方法和工程经验对应。此外，固结快剪和固结不排水剪，慢剪和固结排水剪等，均应考虑试验统计规律、地区应用经验、试验方法的优缺点和方便性。

**（3）海洋基础的具体计算方法和测试方法**

目前我国各行业的计算和测试方法均未统一，岩土工程地质评价与基础的具体计算方法直接相关。

例如对钢管桩竖向承载力的计算，建工行业规范将土塞的承载力归于端阻，考虑土塞效应系数进行折减，对不同桩基、不同状态和土性的地层，建议了详细的极限侧阻力标准值和极限端阻力标准值，其侧阻力并不包括土塞对管桩的内侧阻。而港口行业规范的桩基础测试规程和设计规范中，侧阻力则包括内侧阻和外侧阻的总和，管桩基础的端阻力仅为管桩圆环截面部分的端阻力，并不包括土塞部分的端阻力。而我国海工规范，目前沿用了美国石油协会（API）的桩基础计算方法，与我国建筑和港口行业规范存在显著的差异，该规范对土塞效应、抗拔系数、内外侧阻力和端阻力的发挥给予了提示和建议，对内外侧阻力的计算方法给予了建议，具有指导性。

因此，海洋工程地质评价，需要考虑地基基础的具体计算方法和测试取值方法等方面的差异。

**（4）地层岩土分类**

目前，对地层和岩土分类、地层物理状态与压缩性判断，由于历史的原因，我国国标、行业标准和地区标准均未统一。例如，对粉土，某些规范分为高液限粉土和低液限粉土，某些规范划分为黏质粉土和砂质粉土，有规范划分为砂壤土和壤土。对黏性土，有规范细分出粉质黏土，而有规范细分为亚黏土。对粉土地层的密实性，有规范采用孔隙比为依据划分，某些规范则综合采用静力触探的锥尖阻力、标贯击数和孔隙比进行划分。对液性指数或液限的联合试验方法，建筑规范采用落锥深度为10mm，而水利规范采用落锥深度为17mm。

海洋岩土工程地质评价需要首先考虑岩土定名、无黏性土密实性、黏性土稠度状态、岩土压缩性判断等方面的差异。

**（5）工程地质评价指标体系**

海洋工程遭受地震、机器振动、波浪、潮流、台风等动力荷载（多为循环往复荷载），不同荷载组合使海洋地层经历不同的应力状态和应力路径。需考虑荷载组合特性、地层排水或不排水条件，结合地基基础计算方法，研究试验与测试方法、试验参数的控制以及地质评价指标体系。

**（6）区域性岩土特性**

工程地质评价需要注意区域性岩土特性，否则容易引起误判。福建海域和海岸广泛分布花岗岩残积土，其峰值强度很高，然而剪应力越过峰值后迅速降低，呈强应变软化特性，易引起地基渐进性破坏。新疆、甘肃等西北茫茫戈壁滩，其工程地质特性一般较好，然而由于海相沉积成因，往往存在大量的盐渍土或易溶盐含量甚高的地层，属区域性特殊土，其工程地质特性复杂且受水的影响显著。老黏土一般呈硬塑状，其不排水强度和不排水条件下地基承载力特征值一般较高，然而部分区域性老黏土含蒙脱石、伊利石等膨胀性黏土矿物，属膨胀土且具有强应变软化特性。

**（7）工程建设阶段的主要任务**

海洋工程建设涉及多个方面，各阶段的任务、目标、项目推进程度等不同，海洋工程勘察手段和地质评价，与工程建设阶段的主要任务应匹配。一般前期阶段以资料收集、物探为主，必要时布置少量钻探；招标设计和施工图设计阶段，以钻探、测试、试验为主。

**（8）区域稳定性与海洋灾害地质**

海床被不同深度的海水覆盖，区域稳定性与海底活动性断层有关，目前地震区划图尚未覆盖海域，必要时需进行专门的地震安全性评价。此外，场地适宜性和海床稳定性评价，也应考虑海洋动水力的作用。

海洋工程建设还需专门研究海洋灾害地质特征，进行地质灾害评估和压覆矿评估。

### 2.9.2 海洋工程地质评价的内容

海洋工程与陆地工程存在明显的环境差异，海洋工程地基基础设计前，需查明海洋地层成因、结构、物理状态，海床地形地貌，水下障碍物，区域地质，水土腐蚀性等，明确地层指标及其参数取值，对地基类型、基础形式、地基处理、水文条件、不良地质作用和地质灾害防治提出建议。对抗震设防烈度等于或大于6度场地，应提供抗震设防烈度、设计基本地震动加速度和设计地震分组，划分场地类别。

海洋工程地质评价的主要内容包括：

（1）海洋地层的年代、成因、结构及基本物理力学特性；

（2）海底地形地貌、暗礁、障碍物；

（3）区域稳定性、场地稳定性和适宜性；

（4）场地地震效应、地震参数、场地类别；

（5）水、土对建筑材料的腐蚀性；

（6）水文地质条件；

（7）地基处理方法；

（8）地层指标与物理力学参数；

（9）基础选型及参数；

（10）基础持力层；

（11）基础施工方法及注意事项；

（12）特殊土体的岩土工程问题；

（13）不良地质现象；

（14）灾害地质；

（15）压覆矿。

# 参考文献


［1］ 赵建虎. 现代海洋测绘［M］. 武汉：武汉大学出版社，2008.

［2］ 中华人民共和国国家标准. GB 12327—1998 海道测量规范［S］. 北京：中国标准出版社，1999.

［3］ 国家测绘地理信息局职业技能鉴定指导中心. 测绘综合能力［M］. 北京：测绘出版社，2012.

［4］ 刘雁春，肖付明，暴景阳，等. 海道测量学概论［M］. 北京：测绘出版社，2006.

［5］ 李平，杜军. 浅地层剖面探测综述［J］. 海洋通报，2011，30（3）：344-340.

［6］ 郭梦秋，赵彦良，左胜杰. 海上地震资料处理中的组合压制多次波技术［J］. 石油地球物理勘探，2012，47（4）：537-544.

［7］ 胡宁杰. 反射波同相轴与反射界面的确定［J］. 中国水运，2007，5（11）：101-111.

［8］ Randolph，M. F. 2011. Recent advances in offshore geotechnics for deep water oil and gas developments. Ocean Engineering，38（7），818-834.

［9］ 中华人民共和国国家标准. GB 50021—2001 岩土工程勘察规范（2009年版）. 北京：中国建筑工业出版社，2009.

［10］ Lunne，T. In situ testing in offshore geotechnical investigations. Proc. Int. Conf. on In Situ Measurement of Soil Properties and Case Histories，Bali，2001，61-81.

［11］ Quirós，G. W. and Little，R. L. Deepwater soil properties and their impact on the geotechnical program，Proc. Annual Offshore Technology Conf.，Houston，Paper OTC 15262. 2003.

［12］ P. K. Robertson and K. L. Cabal（Robertson），Guide to Cone Penetration Testing［M］. Gregg Drilling & Testing，Inc. Corporate Headquaters，California，2010.

［13］ Dayal，U. Recent trends in underwater-situ soil testing. IEEE Journal of Oceanic Engineering，

1978. 3 (4), 176-186.

[14] Korneshchuk, D. G.; Teryaev, N. G.; Okko, O. Automated pressuremeter for offshore soil testing at water depths to 300m. Proc. 3rd International Symposium on Field Measurements in Geomechanics, Oslo, 315-322.

[15] 孟庆山，汪稔，胡建华等. 水下旁压试验在桥基原位测试中的应用. 煤田地质与勘探，2005，33 (1)，35-38.

[16] 《工程地质手册》编委会. 工程地质手册（第四版）. 北京：中国建筑工业出版社，2007.

[17] 彭柏兴. 旁压试验确定单桩承载力的方法与应用. 西部探矿工程，1998，10 (2)，24-27.

[18] 汪稔，胡建华. 旁压试验在苏通大桥地质勘察工程中的应用. 岩土力学，2003，24 (6)，887-891.

[19] Lunne, T.; Jonsrud, R.; Eidsmoen, T. et al. Offshore dilatometer. Proc. 6th International Symposium on Offshore Engineering, Pentech, 1987, 24-28.

[20] 孟庆山，黄超强，李晓辉等. 扁铲侧胀试验在浅海钙质土力学特性评价中的应用. 岩土力学，2006，27 (5)，769-772.

[21] GB/T 17502—2009《海底电缆管道路由勘察规范》.

[22] GB/T 12763. 8—2007《海洋调查规范-第 8 部分：海洋地质地球物理调查》.

[23] 叶银灿. 中国海洋灾害地质学 [M]. 北京：海洋出版社，2012.

[24] 叶银灿，陈俊仁，潘国富，等. 海底浅层气的成因。赋存特征及其工程危害 [J]. 东海海洋，2003，21 (1)；27-36.

[25] Judd A G and Hovland M. The evidence of shallow gas in marine sediments [J]. Continental Shelf Research, 1992, 12 (10): 1081-1095.

[26] Seed H B, Idriss I M. Simplified procedures for Evaluating Soil Liquefaction Potential [J]. Journal of the Soil Mechanics and Foundations Division, ASCE, 1971, 97 (9): 1249-173. 26

[27] Seed H B, Idriss I M. Arango I. Evaluation of Liquefaction Potential using field performance data [J]. Journal of Geotechnical Engineering, ASCE, 1983, 109 (3): 458-482.

[28] Yamamoto T, Koning H L, Sellmeiher E V. On the response of a poro-elastic bed to water waves [J]. Journal of Fluid Mechanics, 1987, 87 (1): 193-206.

[29] Herbich J B. Offshore Pipeline Design Elements [M]. New York: Marine Technology Society, Marcel Dekker Inc, 1981.

[30] Herbich J B, Schiller R E, Watanabe R K et al. Seafloor Scour: Design Guidelines for Ocean-Founded Structures [M]. Marcel Dekker Inc, 1984.

[31] Edgers L, Karlsrud K. Soil flows generated by submarine slides-case studies and consequences [A]. In: Proceedings of 3rd Best of Open Source Security (BOSS) Conference. Cambridge, Mass, 1982, 425-437.

# 3 海洋工程环境与荷载

海洋工程环境是指与海洋工程有关的自然环境因素，其内容十分广泛，包括海洋工程的物理环境、化学环境与生物环境等。海洋资源的开发利用有赖于海洋工程的发展，都必须通过特定形式的工程构筑物来实施。海洋工程构筑物种类繁多，形式各异，海洋工程环境因素及其对海上构筑物的作用的确定是构筑物设计的主要技术依据之一。

海洋工程环境因素往往具有动态、随机或周期性的特点，与陆上建筑物相比，海洋工程所处的环境更加恶劣，特别是建设重要的或大型的海洋工程，具有高技术、高投入、高产出、高风险的特点，同时也要求高安全性和高可靠性。因此，科学地获取海洋环境资料和信息，准确地计算和预测海洋环境因素的强度、出现概率及其对海上构筑物的作用十分关键，它对于海洋工程的合理设计、顺利安装和安全运行至关重要。

本章重点讨论了海洋工程物理环境因素及其对海上构筑物的作用——环境荷载等问题。

## 3.1 海洋工程环境的研究内容和方法

### 3.1.1 海洋工程环境研究内容及意义

海洋工程物理环境是海洋工程环境中最为重要的研究内容，包括气温、气压、风等气象因素；波浪、潮汐、海流、风暴潮、海冰、海啸、内波等水文因素；海岸和海底地形、地貌、海岸变迁、泥沙运移、海床和地基稳定性等工程地质因素。海洋工程的化学环境主要是研究海洋构筑物的腐蚀现象。海洋工程的生物环境主要是研究海洋构筑物的生物污损现象。

海洋工程气象、水文环境中的风、浪、潮、流等是影响海洋工程构筑物的最为主要的动力因素。恶劣的海洋气象、海况对海洋工程的安全构成极大威胁，可以导致海上构筑物的损毁破坏，造成惨重的生命、财产损失。如 1979 年我国的“渤海”2 号钻井船在拖航作业过程中遭遇台风袭击翻沉，造成 72 人死亡；1983 年正在我国南海作业的美国“爪哇海”号钻井船遭遇台风袭击，沉入海底，造成 81 人死亡；2002 年 10 月初，飓风 Lili 经过墨西哥湾时最强达到 4 级风暴，导致 6 座平台完全被破坏，31 座平台严重破坏，两座自升式平台倾覆（Malcolm S，2010）。

海洋工程地质环境中的沿岸泥沙输移与海床冲淤活动性也是工程设计需要考虑的重要环境因素，例如，泥沙的淤积可以导致港口水深变浅、航道堵塞而丧失功能；海底冲刷可以导致工程基础掏蚀失稳，降低建筑物的使用寿命，可以使海底管道悬空、断裂；在地震活跃的海域，地震荷载有可能是海洋构筑物的主要环境荷载，而强震引起的海啸可能带来灾难性后果，等等。

此外，海水与海底底质的腐蚀性和海洋污损生物等因素对于海上构筑物的影响短时间内可能不甚明显，但它们是长期起作用的影响因素，造成的损失十分惊人。海水的盐浓度高、富氧，并存在大量海洋微生物，加之海浪冲击和阳光照射，海洋腐蚀环境较之陆域环境更为严酷，海洋的腐蚀损失十分严重。腐蚀已经成为影响海洋工程安全、使用寿命、可靠性的重要因素。

据研究，海洋中约有2000～3000种污损海生物，常见的海洋污损生物约有50～100种，包括固着生物（如藤壶、牡蛎、苔藓虫、水螅类、花筒螅、鞘等）、粘附微生物（如细菌、硅藻、真菌和原生动物等）、附着植物（如藻类、浒苔、水云、丝藻）等。这些海洋生物的附着会使海洋结构物污损和腐蚀，每年给全球造成的经济损失高达数百亿美元（韩恩厚，等，2014）。

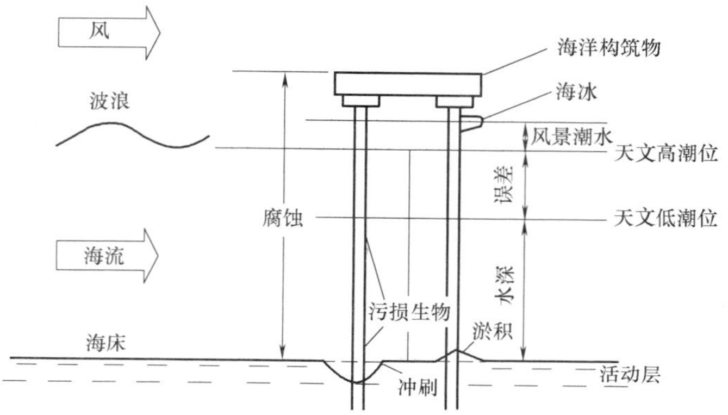


图 3.1-1 海洋构筑物所处环境示意图

海洋环境因素与荷载的合理确定对海洋构筑物的建造投资和经济效益十分关键。设计海洋工程结构时，安全性和经济性是彼此矛盾的两个方面，取决于海洋环境因素的确定。因此，如何准确确定波浪、海流、风等动力环境因素及其分布规律十分重要，不仅要揭示它们与海洋构筑物的短期相互作用，还要分析它们的长期分布规律；不仅要探讨各种荷载对构筑物的独立作用，还要研究某一灾害（如风暴潮，海啸）过程中多种动力因素对构筑物的联合作用。这样才能为海洋结构的优化设计提出客观合理的环境条件设计参数。另外，不同的设计计算方法得到的结果不一，甚至会有较大差别。传统的单因素统计法偏于保守，而采用联合概率设计方法可以大大降低工程的投资费用。因此，基于工程可靠度设计理论，实现安全性和经济性二者的和谐统一是优化设计的重要原则。

### 3.1.2 海洋工程环境研究方法

海岸工程环境的分析研究应采取理论分析、现场观测、实验室试验、数值模拟等相结合的方法。

定性或定量的理论分析是正确认识海洋工程和所处环境及其相互作用的基础。但由于工程环境因素的多样性和复杂性，一般需在对海洋环境因素的现场观测、实验分析和大量工程实践积累的基础上，经科学推理、归纳，建立起各要素间的数学力学关系，然后又反馈经实践检验、修正。在分析问题过程中，要善于抓住主要因素，忽略次要因素，在数学表达上要作不同程度的近似处理。定性或定量的理论分析往往与实际现象会有一定的差异，但对于深刻认识事物的本质和指导工程实践仍具有重要意义。

现场观测法是研究海洋环境的基本方法，是认识和揭示环境现象及各种环境因素之间相互关系的主要途径。海洋环境具有显著的时空变化特点，海洋工程必须以其所在海区的环境条件作为设计依据，实验、模拟也需要有现场观测资料作为依据和验证的标准，也是确定理论分析建立的数学公式中经验系数的重要方法。但现场观测往往需要耗费巨大的人力、物力和财力，现场观测的资料数据反映观测时段综合背景下的环境参量，有时不易分离出单个环境因素。此外，现场观测一般观测的时空跨度有限，目前有些环境因素在恶劣海况下尚无法现场采集。

实验室试验研究（通常指物理模型试验）可与现场观测分析互补。物理模型试验是用比原型小的模型，根据浪、流、潮和泥沙运动的力学规律，复制与原型相似的边界条件，进行水动力过程及其对工程构筑物的作用、泥沙运动、冲淤演变的模拟试验。物理模型的优势在于它在时间和空间上有很大的任选性，方便进行各种设计方案的比选。但由于工程环境因素多而复杂，难以模拟所有的环境因素，还由于模型比尺效应等原因，无法完全真实地反映现场环境条件。因此，物理模型试验结果与实际情况会存在差别。

数值模拟方法在海洋工程物理环境研究中近年来得到广泛应用，特别在波浪场、流场、泥沙场、岸滩冲淤变化等研究方面取得了很好的效果。数值模拟避免了物理模型中的比尺效应问题，能够模拟比物理模型大得多的空间范围，可为小范围的物理模型提供边界条件，方便进行各种工程方案的比选。但由于数值模拟建立在严格的力学机理和物理关系之上，而对海洋环境过程的力学机理的认识尚待深入。因此，建立的数值模型与实际条件不可能完全吻合，会有不同程度的差异。此外，数值模型还存在数值解法的问题，通常是需作若干假设，以便简化数值解法，因而数值模拟结果与实际情况亦存在差别。

上述研究方法各有所长与弊端，在工程应用时不宜仅采用某一种方法，尤其是对于重要的或大型的海洋工程建设，应综合运用上述手段，做到现场观察、理论分析、物理模型试验、数值模拟研究相结合，互为比较、检验、佐证，然后做出综合评估和决策。当然，在海洋工程选址、规划、设计的不同阶段，根据实际情况可采用不同的分析研究方法。

## 3.2 海洋气象及其工程设计要素计算分析

### 3.2.1 中国近海气候概况

气候是地球上某一地区多年间大气的一般状态，既反映平均情况，也反映极端情况，是多年间各种天气过程的综合表现。中国近海位于亚欧大陆东南部，季风气候明显，夏季偏南风盛行，气候湿热，冬季偏北风盛行，空气干冷。这样的风主要是因为大气下界面海陆的温度差异驱动了大气由低温高压的区域流向高温低压的区域形成的，冬季海水容纳了较多的热量形成热源，冬季为热汇，夏季反之，于是形成了四季交替的我国近海海面的季风气候。

气象要素的各种统计量如平均值、极值、变差、频率等均是表现气候的基本依据，本节主要讨论与我国近海海洋工程息息相关的几种要素特征，如风、气温、降水、能见度（雾）等。

**(1) 风**

冬季　亚洲大陆处于蒙古高压控制之下，气流呈顺时针方向自北向南输送，形成冬季风，其特点是风向稳定，风力较强。各海区所处冷高压的部位不同，风向有所差异。渤、黄海受冷高压和阿留申低压影响，多偏西北和偏北大风，平均风速约 6～7m/s，南黄海海面开阔，风力有所增强，寒潮或冷空气入侵时，常常带来 10 级（24.5m/s）以上的大风。东海北部多偏北风为主，南部以偏北和偏东北风为主，平均风速可达 9～10m/s，冬季寒潮南下时，常出现 6～8 级偏北风，尤其是台湾海峡，风向稳定且风速也大。南海大部海域处于热带，冷空气影响晚于其他各海区，10～11 月才逐步控制整个海域，以偏东北风为主，其次为偏北风，平均风速可以达到 5～6 级。

夏季　亚洲大陆被热低压控制，同时太平洋副热带高压势力增大，中国近海处于两者之间形成偏南的夏季风。渤、黄海海面盛行东南风和偏南风，平均风速约 4～6m/s，但偶有发生气旋或台风北上情形，风力在短时内也可达到 10 级以上。东海以偏南风为主，台湾海峡多偏西南风，平均风速约 5～7m/s。南海海面平均风速约 4～7m/s。其间东海和南海每年会有多个台风途径，或登陆、或北上、或消散，根据气旋强度的不同，可在海面形成 8 级以上大风，瞬时风速甚至可以达到 60～70m/s，破坏力极强，给沿海省市造成巨大的灾害。

春、秋季节是冬夏季季风交替转换的季节，持续时间较短，风向变化多端，风速普遍较弱，平均风速约 3～7m/s。总体而言，东海海面风速较大，其次为黄、渤海，南海部分海区风速较小。各海区在春、秋季节也会受到温带气旋和台风的影响，风力在短时间内也可达到 10 级以上。

渤、黄海的大风带位于辽东湾、渤海海峡至山东半岛成山角一带以及黄海的开阔海面。渤海中西部阵风大于 8 级年均约 80 天左右，渤海海峡及黄海大部约 100 天以上（阎俊岳，等，1988），据《中国海岸带气候（1991）》资料统计，黄、渤海沿岸最大风速约 30～40m/s。东海大风带主要集中在台湾海峡和浙江沿岸，年均大风日多达 100 天以上，而其他如琉球群岛附近海域仅 10～40 天左右。南海年均大风日数相比渤、黄、东海海区明显偏少，仅约 40～50 天左右，其中仅靠近台湾海峡南部沿海海区大风较多。

热带气旋和寒潮是影响我国沿海出现大风的主要天气过程，目前世界气象组织将热带气旋分为四级：①热带低压：中心风力小于 8 级（17.2m/s）；②热带气旋：中心最大风力达 8～9 级（17.2～24.4m/s）；③强热带风暴：中心最大风力达 10～11 级（24.5～32.6m/s）；④台风：中心最大风力达 12 级（32.7m/s）以上，近年来随着对台风研究的深入，还将较大的台风称为强台风、超强台风等。寒潮是强冷空气的活动，气象部门规定：某一地区冷空气过境后，气温 24h 内下降 8℃以上，且最低气温下降到 4℃以下；或 48h 内气温下降 10℃以上，且最低气温下降到 4℃以下。寒潮伴随的天气特点往往出现 6～8 级偏北大风，阵风 10 级甚至更高，并伴有雨、雾和冰冻等。

1）登陆我国的热带气旋

1949～2008 年的 60 年中，共有 542 个热带气旋登陆我国，年均约 9 个（魏娜，等，2013），其中半数以上均达到台风等级。其中在我国近海除了 1～3 月份外，各月都有台风发生，主要集中在 7～9 月份。历史记载，南自海南，北至辽宁，我国沿海各省市几乎均有热带气旋登陆的记录，其中广东登陆最多，达 190 个，占总数的 1/3 左右，其次如海南、台湾、福建、浙江等均是台风登陆频率较高的省份，上海及长江口以北各省市台风登陆次数极少。

2）影响我国内地沿海的寒潮

我国沿海的寒潮主要发生在 10 月至翌年 4 月。据统计，1951～1980 年 30 年间共出现寒潮 136 次，其中 47％是势力强而且影响范围大的全国性寒潮，可直接影响到南海沿岸。寒潮是一种影响范围较大的灾害性天气，引起的风暴潮对港口、航道及海堤均构成一定威胁，还常常给渤海和黄海北部沿岸带来不同程度海冰现象。

总之，风对海洋工程既有直接作用也有间接影响，在海洋工程规划、设计等过程中必须考虑最大风速、设计风速等风要素。

**(2) 气温**

气温是表示空气冷、热程度的物理量，也是衡量一个海区热量资源和自然生产力的重要指标。

在中国近海各海区，渤、黄、东海以及南海北部海面气温四季分明，而南海大部海面终年高温，几乎没有四季之分。总体而言，北冷南暖，等温线分布呈纬向走向，南海略倾向东北一西南走向。

冬季　渤海海面气温通常每年 1 月份最低，平均－4～0℃。黄海由北至南约－2～8℃，南北温差可达 10℃左右，东海气温约 6～8℃，南海气温约 15～27℃。气温的南、北海区差异达约 30℃，由于冬季太阳总辐射随纬度变化的梯度最大，所以中国近海海面气温等值线也以冬季最为密集，气温总体由北往南逐渐增高（阎俊岳，等，1993）。

夏季　渤海和黄海气温平均约 22～25℃，东海气温约 25～28℃，南海气温约 28～29℃，可见夏季南北气温差异小，规律性差。

南海海域气温终年很高，7 月高达 28℃，即使在隆冬腊月，南海南部气温仍可达 26℃，北部通常不低于 15℃。

**(3) 降水**

降水是指从云中降落到地面的液态或固态水，常见的有雨、雪、冰雹等，是一种重要的天气现象，也是水量平衡的重要组成部分。降水量是表征降水丰富程度的一个重要指标，但在广阔的海洋上几乎没有降水量的观测，所以多采用降水频率来表示。所谓降水频率，是指观测到的降水的次数占总观测次数的百分比，只能一定程度上反映降水的多少，并不确切的代表降水量。

冬季（1 月），中国近海降水频率分布地区差异较大。渤海约 5％左右，黄海在 5％～20％之间，东海在 5％～25％之间，南海在 5％～15％之间。春季（4 月）和秋季（10 月）降水频率比冬季略低，其中东海海区最多月 10％～15％左右，渤海和南海南部约 5％左右。夏季（7 月）降水频率分布较为均匀，大部分海区均在 10％左右（阎俊岳，等，1993）

引用近海周边的降水量观测资料，定性地了解了我国近海的基本降水量分布情况。其中渤海年均降水量约在 550～700mm 之间，黄海由北至南逐渐增多，约 600～1000mm。东海年均降水量在近岸海域约 1000mm 左右，东侧外海海域达 2200mm 以上。季节变化上，冬季在台湾东北部与济州岛附近多雨，而西半部少雨；春、夏季台湾东北部的多雨区消失；5 月琉球群岛多雨，6 月江浙沿海多雨，相继进入“梅雨”期，7 月以后至年底为东海少雨期，但热带气旋的侵袭往往在局部海域短时期内带来大量降水。南海年降水量约在 1000～2000mm 之间，有明显的区域差异，其中沿岸有三个多雨中心：粤东海丰（年均降水量 2380mm）、粤西阳江（2250mm）和广西防城、东兴（2800mm 以上），其中防城海域是全国海岸带降水量最多的地区。此外，海南东部沿海的琼海、万宁一带降水量也较高（2100mm）。

降水日数是反映当地降水频繁程度的一个特征，具体指降水量≥0.1mm 的天数。我国沿岸年均降水日数多在 50～160 天左右，其地理分布与降水量分布基本一致，降水量多的岸段降水日数也较多。在长江口以北的渤、黄海沿岸夏季降水日数较多，冬季最少；东海沿岸因梅雨季节多雨，春、夏季降水日数较多，秋、冬季较少；南海沿岸夏、秋季节降水日数较多。

**（4）海雾**

平流雾是海上最常见的雾，主要指暖湿空气平流到冷海面时，由于气温高于水温，海面与大气之间热量由大气向海洋净输送，使水汽冷却达过饱和而凝结成雾；当冷空气平流到暖海面时，当海气温差较大时也可形成雾，通常称为蒸发雾。在海洋观测中并不严格按雾的成因分类，而是记录能见度、发生日数和时长等。

渤海海雾多发生在 4～7 月期间，黄海在冬、春、夏三季均有发生，其中每年 7 月份前后是海雾最多发的时节。多雾区分布于渤海东部、大连至大鹿岛、成山角至青岛、鸭绿江以及江华湾至济州岛沿岸。渤海平均每年有 20～24 个雾日，黄海更多，其中成山角附近海域最多，年均可达 80 天以上（孙湘平，等，1981）。

东海海雾在春、夏两季，以 4～5 月发生居多，其中海区西部及济州岛附近海域较多，如浙江北部沿海年均雾日达 50 天以上，浙江南部至福建北部沿海甚至可达 80 天以上。受黑潮高温水的流经影响，东海东部和东南部全年很少有雾。此外，台湾海峡由于常年风力较大，不利于雾的形成。

南海海雾总体较少，主要出现在北部湾、琼州海峡和广东沿岸海域，年均约 15～40 天左右，其他海区如西沙群岛等地几乎终年无雾。一般在 1～3 月份前后出现较多，且从东北向西南方向上雾期渐次提前。

### 3.2.2 基本气象要素分析

在海洋工程设计中需要了解风、能见度（雾）等气象要素的特征、极值等，为工程设施建设和营运期间的作业安全、生产指导等方面提供重要的依据。

**（1）风**

大气压强简称气压，指观测高度到大气上界单位面积上铅直空气柱的重量。

工程环境的风力不仅作用于平台上所有的设备，还作用于海洋工程周边海域的海面，直接地影响了海洋要素的变化。如对于一个在浅水中的钢结构导管架的固定平台，风力产生的荷载相对于波浪产生的总荷载是小的，但波浪则往往都是因风而起的。因此，工程应用中需要考虑正常和极端条件下风的设计标准，持续风速是用于计算整个平台的风荷载，而阵风风速则用于单个结构的构件设计。

风速和风向随时间、空间而变化，风速随高度增大而增大，不同时段内的平均风速也是不一样的，因此只有限定风的高程和持续时间间隔定义的风速才有意义。

风况通常以长期风速风向观测资料，按月、季、年度统计各向风速的出现频率（图 3.2-1），其中频率最高的几个主导方向即为常风向。根据工程需要，通常还在频率玫瑰图中加入各向最大风速、平均风速分布，风速在各向的强弱分布可以看出强风向的所在。工程应用中有时需要对不同风速在各向发生的频率进行统计，因此按比例或颜色代表各级风速在各向所发生频率的百分比（图 3.2-2），从而可以看出大小不同的风速分别多发生于哪些方向。在描绘这些图形时，有许多种表现形式，由于其雏形酷似玫瑰，通常被称作玫瑰图。

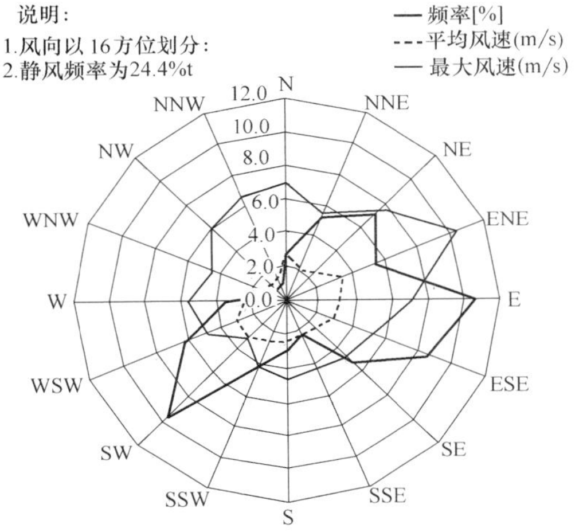


图 3.2-1 各向风速频率玫瑰图示例

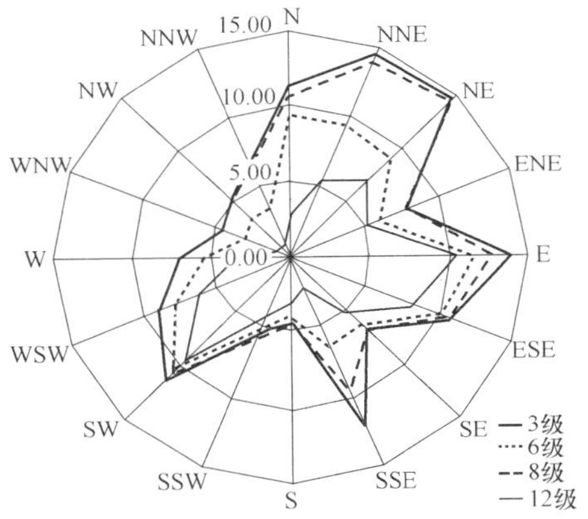


图 3.2-2 各向分级风速玫瑰图示例

海洋工程中所指的大风是指风力大于 8 级（17.1m/s）的风。最大风速定义是在观测的 2min 时段内平均风速在所统计时段（如某年、某月或多年等）内的最大值；极大风速是指在统计时期内出现的瞬时风速最大值。

**(2) 能见度（海雾）**

能见度是指在当时天气条件下，人的正常视力所能看到的最大水平距离。气象部门规定：能见度 $d \leqslant 1000$m 时定为恶劣能见度，$d \leqslant 3000$m 定为低能见度。

雾是凡在大气中水汽凝结物使能见度 $d \leqslant 1000$m 时的最主要的天气现象之一，尤其在海洋上空，海雾尤为明显，因此通常在海洋工程应用中能见度往往即指海雾的大小。海雾在海上生成后，会随风向下游扩散。在沿岸地区的海雾可以登陆、深入陆地，有时可达数十千米，登陆海雾仍保持海雾特征。在近海处，若海面不断有海雾输入，甚至可以持续几天，有雾出现的一天称为雾日。

海雾与沿海经济建设和生产活动有着密切关系，并严重影响港口作业、海上运输、渔业生产等的安全。一般海洋工程规划、设计、施工和营运时，要求对雾日进行统计分析。统计每年（季、月）的雾日数和雾的持续时间。当雾的持续时间超过 3～4h 才能从港口作业天数中扣除。

**(3) 降水**

单位时间降落到单位面积内的总降水量称为降水强度。依国家气象局规定（表 3.2-1），日降水量≥50mm 的为暴雨，≥100mm 的为大暴雨，≥150mm 的为特大暴雨，年降水日数是指日降水量超过 0.1mm 的日数统计的全年或多年平均的降水日数。雪的等级是根据一天中的降雪量来划分的，其中小雪 0.1～2.4mm，中雪 2.5～4.9mm，大雪5.0～9.9mm，暴雪大于等于 10mm。

降水，尤其在雨季，对海上作业和港口作业的影响很大。在进行港口等海洋工程规划时，应根据降水日数、强度和历时等统计数据来推断每年因降水影响的不可作业天数，并考虑暴雨过程必要的排水措施，以保障雨天作业。装卸作业时，视货种和其包装形式不同，降水影响也不同，如对煤炭、矿石、原油等货种影响很小，但对杂货、粮食、水泥、化肥、农药、棉花等货物，只要有雨就不能装卸。一般当日降水量≥10～25mm，就应停止装卸作业。在我国江南有“梅雨”的部分地区降水量大于 10～25mm 的日数超过 100 天，对港口营运影响极大。

**降水强度等级划分标准** **表 3.2-1**

| 项　目 | 24h 降水总量（mm） | 12h 降水总量（mm） |
|---|---|---|
| 小雨、阵雨 | 0.1～9.9 | ≤4.9 |
| 小雨—中雨 | 5.0～16.9 | 3.0～9.9 |
| 中雨 | 10.0～24.9 | 5.0～14.9 |
| 中雨—大雨 | 17.0～37.9 | 10.0～22.9 |
| 大雨 | 25.0～49.9 | 15.0～29.9 |
| 大雨—暴雨 | 33.0～74.9 | 23.0～49.9 |
| 暴雨 | 50.0～99.9 | 30.0～69.9 |
| 暴雨—大暴雨 | 75.0～174.9 | 50.0～104.9 |
| 大暴雨 | 100.0～249.9 | 70.0～139.9 |
| 大暴雨—特大暴雨 | 175.0～299.9 | 105.0～169.9 |
| 特大暴雨 | ≥250.0 | ≥140.0 |

**(4) 海冰**

海冰是高纬度海域在强冷空气或寒潮侵袭下，气温急剧下降导致海岸带及近海不同程度的结冰现象。在渤海、北黄海沿岸较为常见，有固定冰、浮冰、重叠冰、堆积冰等形式。

中国海洋石油天然气行业标准 SY/T 10009—2002《海上固定平台规划、设计和建造的推荐作法》，如果平台要安装在可能结冰或有浮冰漂移的海域，在设计中应考虑冰况和相应的冰荷载。冰况一般统计盛冰期内，固定冰的宽度（km）和厚度（cm）、固定冰堆积厚度（cm）以及漂浮冰冰界、浮冰厚度和浮冰的流速、流向、浮冰冰量或浮冰密度等。此外，还应统计极端冰情荷载发生的概率。

# 3.3 海洋水文及其工程设计要素计算分析

## 3.3.1 潮汐和潮流

潮汐是指海水在天体引力作用下所产生的周期性波动，它包括海面周期的垂直水位涨落和海水周期性的水平流动，前者称为潮汐，后者称为潮流。

中国沿岸的潮振动是由太平洋传入的潮波向我国沿岸传播引起的潮振动和天体引力在我国沿岸直接引起的独立潮两部分组成。

我国近海位于太平洋西侧，渤、黄、东海大陆架宽阔，总体水量较小，独立潮相对较弱，因此我国近海的潮波系统主要是由太平洋传入的潮波引起的，太平洋潮波经日本九州至中国台湾之间的水道进入东海后，其中一部分进入台湾海峡，绝大部分向西北方向传播，从而形成了渤、黄、东海的潮振动；南海的潮振动主要由巴士海峡传入的潮波引起的。我国海区潮汐类型与潮差分布参见图3.3-1（孙湘平，2006）。

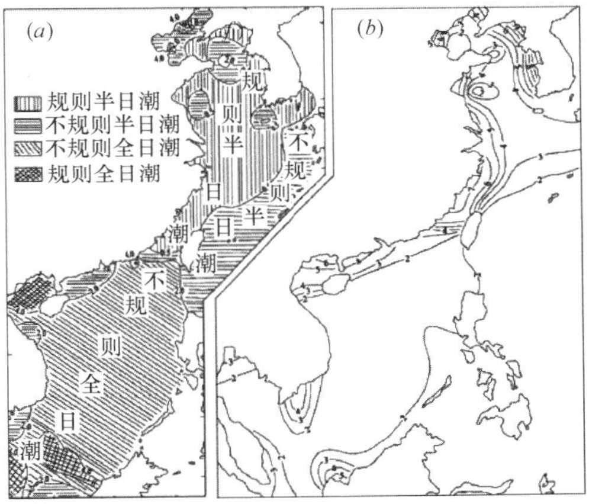


图 3.3-1 我国海区潮汐类型与潮差分布

潮波在运动过程中，因受到科氏力和复杂地形的影响，我国近岸海区潮汐变化复杂，潮差差异较大。尤其是在河口海域，在河床变形、摩擦效应及径流影响下，形成了复杂的河口潮汐现象。

由于气象（风、气压、降水等）、径流、近岸环流等诸多因素，水位、水流包括一些非周期性的特征，即增水和余流。因此，实际水位和近海海流分别是周期性的潮汐、潮流与非周期性增水、余流之和。

### (1) 中国近海潮汐和潮流

1）潮汐

渤海潮汐的半日潮波有两个无潮点，分别位于秦皇岛和黄河口附近海区，全日潮波的无潮点位于渤海海峡。故在渤海只有秦皇岛和黄河口附近海域为正规半日潮，其外围环状区域为不规则全日潮，此外的大部分海区均为不正规半日潮。最大可能潮差约2～3m。受地形等因素影响，一般平均潮差从湾口往湾内增大，辽东湾顶端平均潮差最大，如营口为2.58m，塘沽附近海域为2.48m，而湾口的龙口仅1m左右（薛鸿超，等，1995）。

黄海海域内也有两个半日潮无潮点和一个全日潮无潮点，前者分别位于山东半岛以南和成山角附近海域，后者位于南黄海中部。除成山角以东、海州湾和济州岛附近为不规则半日潮外，大部分海区均为正规半日潮。最大可能潮差一般是海区中部小而近岸大，沿岸潮差一般为2～4m，其中成山角附近最小，吕四、小洋口附近海域较大。

东海没有半日潮和全日潮的无潮点，其中半日潮波在台湾海峡北端出现等振幅线的低值中心。因此东海潮汐主要呈正规半日潮特征，其中九州至琉球群岛及舟山群岛附近海域主要为不正规半日潮，群岛之间局部海域或因地形的影响有着不同的潮汐类型。东海的潮差是西侧大东侧小，最大可能潮差东部除个别海区外，多在2m左右，而西侧大陆沿岸多在4～5m，其中杭州湾由于特殊喇叭口地形，其内海区甚至可达到9m的最大可能潮差，每年农历八月十八前后可形成壮观的涌潮。东海北部（杭州湾除外）沿岸平均潮差在2.4～3.5m之间，浙南、福建沿岸多在4m以上。

南海潮汐的半日潮无潮点不在南海海域，而在其西面的泰国湾，在我国北部湾海域也有相当于无潮点的同潮时线密集区。全日分潮在北部湾以南和泰国湾各有一个无潮点。南海绝大部分海域为不正规全日潮，正规全日潮分布于北部湾、吕宋岛西岸中、北部。南海的潮差一般较小，最小潮差位于南海中部、吕宋岛及越南中部沿岸，最大潮差出现于北部湾顶，如北海港最大潮差可达7m。南海沿岸的平均潮差较小，除湛江和北部湾的平均潮差大于2m外，其余沿岸均在1m左右，中部各岛屿甚至更小。

2）潮流

渤海潮流以半日潮流为主，流速一般为0.5～1m/s，最强的潮流出现在老铁山水道附近，可达1.5～2m/s，辽东湾次之，莱州湾则仅0.5m/s左右。

黄海的潮流大多为正规半日潮，仅在渤海海峡及烟台近海为不正规全日潮流。潮流一般中部小，近岸较大，其中苏北辐射沙洲海域是一个强潮流区。

东海西部大多为正规半日潮流，东部则主要为不正规半日潮流，台湾海峡和对马海峡分别为正规和不正规半日潮流。潮流流速近岸大，闽、浙沿岸可达1.5m/s，长江口、杭州湾、舟山群岛之间水道等海域是我国沿岸潮流最强区，可高达3～3.5m/s以上。

南海潮流较弱，大部分海域潮流流速不到0.5m/s，北部湾强流区也不过1m/s左右，但琼州海峡的潮流较大，可达2.5m/s左右。因此在南海潮流较弱的大部分海域，环流的流速已经与潮流相当。南海以全日潮流为主，则全日潮流显著大于半日潮流，仅在广东沿岸以不正规半日潮流占优势。

**（2）平均海平面**

海平面既有周期性的时间变化，又有区域性的空间变化。我国海域广阔，海岸线绵长，各地若没有一个统一的海面起算标准，在研究和工程应用中极不方便，因此必须有一个基准面，平均海平面就是其中一个基准面。早期全国没有一个统一的基准面，因而有大沽零点、青岛零点、吴淞零点等多种仅适用当地海域的基准面。1956年规定以黄海（青岛）的多年平均海平面作为统一基面，叫“1956年黄海高程系统”，为我国第一个国家高程系统。后期利用更长资料序列重新计算了黄海平均海面，称为“1985国家高程基准”，为当前我国在潮位研究和应用上被广泛采用的全国统一高程基准面。

此外，常用的还有海图深度基准面，这是一个人为规定的深度，通常用于海图及港口航道图中，目的是既要保证舰船航行安全，又要考虑航道利用率。我国目前采用“理论最低潮面”作为海图深度基准面，它主要用13个分潮进行组合，计算其理论上可能达到的最低潮面。

平均海平面是多年潮位观测资料中，取每小时潮位记录的平均值，也称平均潮位。按取资料系列的长短，有平均海平面、月平均海平面和年平均海平面等。平均海平面的高度每天、每月、每年都在变化。为此，利用多年海平面的平均值作为较为固定的基面，即多年平均海平面。天文潮具有 19 年左右的一个周期，因此天文潮占优的海区多年平均海平面通常是由 19 年以上的海平面资料进行平均的。空间上，平均海平面在各海域之间也有明显的变化，总趋势是北低南高（薛鸿超，等，1995）。

**(3) 风暴潮**

风暴潮是指由热带或温带风暴、寒潮过境等强风天气引起气压骤变等导致的海面异常升降现象。风暴潮的风暴增水现象，一般称为风暴潮或气象海啸，风暴减水现象称为负风暴潮。由于风暴增水的危害远大于风暴减水，因此在工程中特别重视前者，而后者的影响也不可忽视。风暴潮的周期约为 1～100h，介于低频天文潮和地震海啸的周期之间。

按诱发风暴潮的大气扰动特征可以分为强热带气旋（台风）风暴潮和温带风暴潮。台风风暴潮常发生在夏、秋季节，其引起的潮位变化剧烈，涉及范围广。温带风暴潮主要由温带气旋或寒潮大风引起，多发生于冬、春季节，一般分布于长江口以北的黄、渤海沿岸，所引起的风暴潮位变化持续时间长但不剧烈。气旋引起的风暴潮通常都有个低压中心，风场随时空变化明显。寒潮引起的风暴潮通常发生在冷锋区域，气压梯度大，风力持久而变化不明显。

热带气旋引起的风暴潮过程大致可分为三个阶段。首先是初振阶段，它是由于风暴系统移动速度小于风暴所引起的自由长波的传播速度，这些自由长波作为先兆波造成沿岸海面的缓慢上升或下降，一般增水仅为 20～50cm，但持续时间长，可达 10h；接着是主振阶段，当风暴逼近或过境时，发生水位急剧升高，可高达数米而形成灾害，持续时间约数小时至十几小时，有时还可持续 2 天以上；最后是余振阶段，水位慢慢下降直至恢复正常，此阶段包括了由于地形及其他效应引起的水位振荡，有时余振阶段可持续 2～3 天。

由于风暴移动路径相对于岸线方向不同，最大风暴潮的沿岸分布呈现不同特点：①登陆型。路径由海向陆，我国近海最大风暴潮出现在登陆地点偏右的地方，登陆时间往往达到最大值。②沿岸移动型。风暴所产生的最大风暴剖面随风暴的移动速度沿岸线移动，如风暴特征参数和沿风暴路径的水深不变，则最大风暴潮高度的包络线为一条直线。③转向型。由于陆架海域的水深和岸线形状变化，将对风暴潮的发展和最大风暴潮高度及其分布产生很大影响，它所引起的风暴潮的高度包络线兼有以上两种类型风暴潮的特征。

我国近海常受寒潮大风和台风的侵袭，加之我国大陆架广阔，极易产生风暴潮，因此我国沿岸是风暴潮多发的地区。夏、秋季节多台风风暴潮，冬、春季多寒潮大风风暴潮。据统计，1949～1990 年的 42 年中，发生最大增水超过 1m 的台风风暴潮 259 次，其中超过 2m 的有 46 次，超过 3m 的有 8 次（包澄澜，1991）。

中国沿海风暴潮引起的灾害多有发生，其中南海沿岸风暴潮最多，增水值也最大，雷州半岛的南渡最大增水曾达 5.94m；其次为东海沿岸，浙江澉浦最大增水曾达 5.02m；第三是黄海沿岸，最大增水约 2.5m 左右，出现于江苏吕四；渤海台风增水最小，葫芦岛最大增水值约 2m 左右。渤海沿岸的严重风暴潮灾害多由冬、春季的温带风暴所致，其最大风暴潮增水值曾达 3.55m（严恺，等，1991）。

风暴潮推算和预报通常有三种方法：经验统计法、诺谟图方法和数值模拟方法。其中数值模拟方法是在风暴潮研究和计算机技术发展到一定程度后，机制更为完善的一种方法，且模型本身逐年不断改进，在现代风暴潮研究和工程应用中越来越成为主要的计算方法。

本节仅对经验法作一简介。经验统计法是一种仅以历史风暴气压等简单要素资料即可推算风暴潮的经典方法，其依据历史资料，利用回归和统计相关分析，建立气象因子与特定地区风暴增水之间的相关关系，用以推算及预报该水域的增水极值与过程。

随着对风暴潮研究的深入和研究方法的进展，现今各种数值模型被越来越广泛应用于风暴潮的计算，模型的原理主要考虑了台风风暴潮在风场切应力、海底摩擦应力、水深影响以及科氏力参数随纬度变化等因素。

**（4）设计水位**

真实的水位变化是天文潮、风暴潮、波浪增水及海啸等各种现象的组合，其中我国近海最主要的两个成分是天文潮和风暴潮，这些现象在各海区不尽相同，在某些海湾还可能出现假潮或潮波产生的胁振潮等现象，因此，水位同样具有区域特性。

设计水位一般是在水利工程设计时所设计的水位，我国近海工程设计中，通常需要设计高（低）水位、极端高（低）水位、重现期高（低）水位、乘高（低）潮作业水位等。

我国《防洪标准》GB 50201—2014 对于城市、工矿企业、海港的防洪水位标准有着明确的规定，如重要城市所需的防洪标准需要 100～200 年一遇。此外，对各类工程，如海堤工程、码头工程、核电工程等也有着相应的规定，其中核电站要考虑非常高的安全性，对滨海核电厂的设计水位做出的更高标准的要求，《核电厂工程水文技术规范》GB/T 50663—2011 规定，对于滨海厂址的设计基准洪水位可按以下两种方式组合：①10％超越概率天文高潮位＋可能最大风暴潮增水＋海平面异常；②10％超越概率天文高潮位＋可能最大风暴潮增水＋海平面异常＋0.6H1％，其中 H1％为设计基准洪水位情况下，可能最大台风浪产生的百分之一大波，单位 m。

1）设计高（低）水位

设计高（低）水位是近海工程设计的重要依据水位，其标准是由工程结构、使用要求、潮位情况等几方面综合确定的。

如码头和近海平台工程的高程是根据设计高水位确定的，在码头的设计高、低水位的范围内，保证设计要求的最大船舶在各种装载情况下，都能够安全靠泊及装卸作业，而且还能在各种设计荷载的作用下，满足码头结构及地基强度和稳定性的要求。又如海港工程中航道的水深，则是以设计低水位为标准，在该水位下按设计规定的最大船舶满载吃水及几种预留深度确定的。

《海港水文规范》JTS 145—2—2013 规定，对于海岸港和潮汐作用明显的河口港，设计高水位应采用高潮累积频率 10％的潮位或历时累积频率 1％的潮位；设计低水位应采用低潮累积频率 90％的潮位或历时累积频率 98％的潮位；对于汛期潮汐作用不明显的河口港，设计高水位和设计低水位应分别采用多年的历时累积频率 1％和 98％的潮位。

确定设计高水位和设计低水位，进行高潮、低潮和历时累积频率以及乘潮潮位累积频率统计，采用完整的一年或多年的实测潮位资料。

其中高潮或低潮累积频率统计步骤为：

① 潮位资料中摘取各次的高潮或低潮位值，统计其在不同潮位级内的出现次数，潮

位级的划分采用小于或等于 10cm 为一级；

② 由高至低逐级进行累积出现次数的统计；

③ 各潮位级的累积频率为年或多年的高潮或低潮总潮次除各潮位级相应的累积出现次数；

④ 以纵坐标表示潮位，横坐标表示累积频率，将各累积频率值点于相应潮位级下限处，连绘成高潮或低潮累积频率曲线，然后在曲线上摘取高潮 10%或低潮 90%的潮位值。

历时累积频率的统计步骤为：

① 从逐时潮位资料中，统计其在不同潮位级内的出现次数，潮位级的划分采用小于或等于 10cm 为一级；

② 由高至低逐级进行累积出现次数的统计；

③ 各潮位级的累积频率为年或多年的总时次除各潮位级相应的累积出现次数；

④ 以纵坐标表示潮位，以横坐标表示累积频率，将各累积频率值点于相应潮位级下限处，连绘成历时累积频率曲线，然后在曲线上摘取 1%或 98%的潮位值。

新建港口如因缺少验潮资料，不能进行上述统计时，一般可与邻近有长期验潮资料港口的设计高（低）水位找同步差比关系进行计算，或由本港已有一个月或几个月的平均潮差或几个主要分潮的调和常数之和，通过已知的与设计高（低）水位的关系求得。

2）极端高（低）水位和重现期水位

近海发生极端水位，一般是天文潮、风暴潮和波增水等联合发生的事件，工程设计中需要对这种可能存在的极端水位做出估计，目前常用的估计方法有随机法、确定论法、联合概率法等。其中在具有不少于 20 年的年最高潮位和最低潮位值历史潮位资料时，多采用随机法，并要考虑调查的历史上曾出现的特殊高（低）水位值。

随机法主要以历史资料为根据，并没有考虑极值水位的成因，而仅从概率分布角度进行计算分析。而确定论法则考虑一种假想极大风暴潮引起的潮位极值，该方法认为潮汐本身是规律的，而风暴潮的发生是概率事件，因此首先确定一定概率下的风暴过程，采用物理、数值等方法计算得到的潮位极值来确定重现期潮位极值。此外，联合概率法是将天文潮和风暴潮增水的年极值作为两个相互独立事件的随机变量序列，各自符合某种分布规律，在此基础上建立联合分布函数，从而得出在风暴影响下各种不同风暴增水与天文潮互相组合的设计水位及重现期。

**(5) 近岸海流特征值**

1）海流观测及资料分析

除了河口等特殊地形和有径流等相当量级的流影响外，我国近岸海流以潮流为主，其他还可以考虑风海流、波生流等，但量级相对较小。在潮流比较显著的近岸海区，可直接利用观测资料进行分析。海流的观测要素为流速和流向。通常采用单站长期观测、多点短期（准）同步连续观测、走航断面观测、大面流路观测等观测方式。单站长期观测往往以外海浮标等可长期作业的海上仪器进行观测，其资料用以分析该海区长期变化规律；多点短期（准）同步连续观测则通过至少一个包括大、中、小潮的全潮周期内进行（准）同步的观测，其资料用以分析在观测海区内海流的空间分布情况及其在一个潮周期内的变化情况；走航断面观测则是因受条件和时间所限，简化了多站同步观测的方式，而采用单船在邻近的时间范围内相继实现某一断面测点的观测，这种方法相比多站观测，可以在断面内实现更密集的测点分布，有时可以更为精确地描述断面的海流情况；大面流路观测是观测海面浮体随表层海流的流迹，通常在浮体上携带GPS等经纬度记录的仪器测得。

除了长期观测方式，短期的海流观测时间一般选择大、中、小潮进行观测，在正规半日潮海域，一次连续观测不少于25h，在不正规半日潮海区不少于26h。

若有短期海流观测资料，可以按准调和分析方法进行分析，若有长期海流观测资料，可按调和分析方法进行分析。

不规则半日潮流海区和不规则全日潮流海区，应采用上述两组公式的大值。

2）最大可能潮流

在工程应用中需要计算最大可能潮流流速，可根据《海港水文规范》JTS 145-2—2013规定，对规则半日潮、全日潮海区计算。

3）平均最大运移距离

① 采用大、中、小潮实测资料计算时，可按观测先后次序绘制潮流水质点运移距离合成矢量图，并从合成矢量图中近似地求得观测地点在大、中、小潮期间的潮流水质点平均最大运移距离；

② 采用潮汐-潮流比较法的计算方法，可按潮时先后次序绘制潮流水质点运移距离的合成矢量图，从图中求得观测地点在观测日期内的潮流水质点平均最大运移距离矢量；

③ 采用（准）调和分析方法分析的结果，确定潮流椭圆要素；

④ 潮流水质点的可能最大运移距离的计算。

4）近岸海区风海流的估算

在潮流比较显著的近岸海区，风海流是余流的主要组成部分。在有长期海流连续观测资料的基础上，可用统计方法求得余流的特征值。

### 3.3.2 海浪

海浪通常指海洋中由风产生的波浪，包括风浪、涌浪和海洋近岸波。在不同风速、风向和地形条件下，海浪的尺寸变化很大，通常周期为0.5～25s，波长为几十厘米至几百米，波高为几厘米至二十余米，在罕见的情形下，波高可达30m以上。

风浪是指在风的直接作用下产生的波浪，当风浪离开原作用于它的风的作用区域（风区）后继续传播的波浪称为涌浪。通常而言，风浪外形较为陡峭，波长较短，海面的波峰显得参差不齐；而涌浪外形则相对较为平缓，波形两侧较为对称，波长较长，海面显得较为规则。近岸浪是由外海波浪传播到近岸浅水海域，受地形的影响而改变波动的性质的海浪，这类海浪随着深度变浅，能量开始耗散，波高逐渐减小，同时波速和波长也随之减小，波峰线逐渐趋于等深线平行，即发生折射现象。

描述波浪现象通常有三大要素：波高、周期和波向。其中波高描述了波浪相邻的波峰与波谷之间的高度差，周期描述了波传播时波峰降为波谷再次回到波峰所需要的时间，波向表示波浪传播的来向，如北向浪表示波浪由北向南传播。

**（1）中国近海海浪概况**

中国近海海域辽阔，地处不同气候带，同时地形、岛屿对局地海浪产生不同的影响，因此，海浪在中国海域具有明显的地理分布特征和季节变化特点。

冬季盛行偏北向波浪，夏季盛行偏南向波浪，春、秋季节为过渡季节。其中渤海海面9月份即可出现偏北向风浪，继而黄海、东海、南海海面，10月份前后偏北风驱动的北向波浪可遍及东海，南海南部则迟至11月份前后。偏北浪通常在1月份达到最盛，渤、黄海以西北向和北向波浪为主，黄海南部和东海北部以北向波浪为主，东海南部以东北向波浪为主，尤其是台湾海峡，南海则以东北向和北向波浪为主。夏季盛行偏南风，因而以偏南向波浪为主，相应地，一般在5月份开始自南海往北逐渐发展至渤海，其中南部海面多为偏南向和西南向波浪，北部海面多为偏南和偏东南向波浪，7月份前后偏南向波浪可遍布整个中国近海。

1）波高的时空分布

冬季因各海区平均风力最大，平均波高也最大，其中如台湾海峡至南海中部海区，平均波高可达2m以上，尤其在寒潮大风过程中，局部海区常会引起大浪。夏季整个海区平均波高一般都显著较低，渤、黄海浪高不足1m，其他海区也基本在1.2m以下，但夏、秋季节常有热带气旋影响，局部海域可在短时内引起巨大的波浪，甚至可高达8～10m以上。

2）周期的时空分布

由于风浪和涌浪有着明显的周期差异，在分析周期时往往将两者分开描述，在真实海洋中，往往是这两种波浪的组合，只是所占成分孰多孰少而已。

风浪因为主导因素是风，因此风浪的周期分布和变化特征与中国近海海面的风的分布和变化特征具有很大的相关性。平均周期冬季最大，大部分海区在4～5s之间，夏季最小，约3s左右，春、秋季节为过渡季节，变化多端。但夏季在发生热带气旋时，大浪中心的周期将会达到数十秒之多。

涌浪最明显的特征就是长周期，它虽然不受风的直接影响，但其能量仍是先前风的作用下积累的，受季风影响，在冬季主要呈现北向浪，夏季盛行南向浪。大的涌浪冬季最多，范围也最大，10～12月份分布在鱼山列岛至大东列岛一线以南海域，1～2月份分布在台湾海峡至琉球群岛以西海域，全年在台湾海峡海域有60%以上的波浪具有大涌浪的性质。夏、秋季节在台风中心附近海域引起巨大风浪，而这些风浪快速地向外传播，离开风区，成为涌浪，因此，台风季节也是涌浪多发的时期。各海区比较来看，北部最小，台湾海峡中南部最大，南海略小。

3）我国沿海大浪分布

我国沿海大浪受台风和寒潮大风的影响十分明显。冬季在寒潮大风作用下，北方沿海的最大波高较大，夏季东南沿海受台风影响，最大波高较大。波高超过10m与周期10s以上的大浪多出现在开敞的东海和南海。

**（2）海浪要素的计算方法**

1）特征波要素

在海洋中，海浪无时无刻存在着，时而微波粼粼，时而惊涛骇浪，变化无常，但事实上海浪又遵循着许多规律运动着，找到这些规律，就能找出如何计算它的方法。海浪是海洋工程选址、总体规划、水工建筑物设计、施工、日常营运作业中具有重大影响的环境要素，是近海泥沙运动的主要动力因素，在实际工程应用中，往往需要计算波浪的几个特征要素。

首先从统计意义上对主要的几个特征波进行描述，对一组满足各态历经性和平稳态过程的波面位移记录：$H_{max}$和$T_{max}$为记录中最大波高及其对应周期；$H_{1/p}$和$T_{1/p}$表示最大$p$分之一部分大波的平均波高和平均周期，其中$p$值在工程中通常取3、10、100等，如$H_{1/10}$表示在一组波序列中按波高由大到小排列，取前1/10的波高值的平均，而$T_{1/10}$即为这1/10个波浪对应周期的平均值，同样还有$H_{1/3}$和$H_{1/3}$（又称为有效波高和有效周期，又记为和）；$\overline{H}$和$\overline{T}$分别表示所有波浪的波高和周期的平均值，称为平均波高和平均周期；累积率$F$对应波高记为，其意义表示将一波高序列由大到小排列，取其中累积概率$F$对应的波高，如$F=1\%$即表示在波高序列中取第1%大的波高值即为，通常用到的$F$有1%、2%、4%、5%、13%等。

2）特征波的计算

从波浪成长的机制出发，可以认为波浪是从风直接获得能量，也因此波高和风有着直接的关系，海洋科学家利用各种实测资料经过研究，总结了几种常用的特征风浪成长的经验公式。

① Bretschneider 公式（SMB 法）

Bretschneider（Bretschneider. C. L.，1951，1952，1958）根据现场观测的风和浪资料，在 Sverdrup-Munk 风浪计算方法（Sverdrup，H. U. and W. H. Munk，1947）基础上，补充考虑了水深影响，修改建立了无因次波高和无因次周期、无因次风区成长的浅水波浪成长经验公式。该经验公式被美国《海滨防护手册》（1975）所采用。

② 我国的经验公式

该方法是我国海洋学家利用我国近海的波浪观测资料，得到的一个经验公式（Wen sheng chang，et al.，1989），由于它符合我国实际海况，同时计算简便，为《海港水文规范》所采用，目前被广泛应用。

3）特征波之间的转换关系

在研究风浪成长关系时，往往采用有效波高和有效周期作为波要素的特征值，而在我国海洋工程中，往往需要用到其他几种特征波要素，由于波浪的随机性，这些波要素之间并没有确切的相关关系，只有一些近似关系适用于不同的海区，根据研究，有部分关系式被我国规范所采纳。

**(3) 设计波浪**

海洋工程建筑物的使用寿命一般为几十年或者上百年，它要抵御使用期内最大波浪的作用，这就要求研究波浪的长期波况统计和极值分布，此时经常用到波浪的重现期概念。重现期定义为出现超过已知水平的大浪事件中波高和周期的平均时间间隔（单位为年），如平均100年内发生一次的波高值称为100年一遇的重现期，若指定重现期为年，则可估计一个大浪波高值，即超过的大浪可能平均在年内出现一次，称为年一遇的设计波高，同理，可以得到相应周期等其他波浪要素。这些设计波要素是通过连续多年的年极值样本统计来推算的，需要用到极值分布函数来拟合，如 Gumbel 分布、Pearson Ⅲ型分布、Weibull 分布、FT-Ⅱ分布、对数正态分布等，均是解决此类重现期问题的一种函数。利用上述其中一种函数，我们又可以采用多种拟合方法，利用实测或其他极值样本，推知上述函数的各未知参数，如图解法、最小二乘法、矩法等。

海港工程设计波浪包括波浪的重现期波高和设计波浪的波列累积率及对应周期（波

长)。两者具有不同的含义，重现期标准反映建筑物使用年数和重要性，而累积率标准主要反映波浪对不同类型建筑物的不同作用性质。如直墙式和墩柱式建筑物对波浪的反映较灵敏，波列中个别波高则可影响建筑物的安全，所以应采用较小累积率的波高。而对斜坡式建筑物，经验表明其破坏力是逐步造成的，个别波高并不起决定性作用，且局部的损坏修复也比较容易，故采用较大累积率的波高。

核电站的安全性要求非常高，设计波浪重现期采用 1000 年一遇，波高采用 1/100 部分大波平均波高，其对应的累积率波高在深水近似取 0.4%，而浅水取 0.5%～0.1%。

由于海浪的波高、周期变化无常，且可能从不同方向传到工程建筑并产生作用力，因此很难确定波浪力的大小和分布。《中国海洋石油天然气行业标准》SY/T 10009—1996 规定，在海上平台的强度设计时，一般采用风、浪和流极端条件下的组合荷载，并采用重现期为 100 年一遇的设计准则。极端风、浪、流组合定义有三种可能性：

1）100 年一遇波高及对应的风和海流。

2）风速、波高和海流进行“合理”的组合。如波高最大情况下出现的风速、流速年极值推算的百年一遇，即为 100 年一遇的波高、风速、流速的组合环境参数；或风速最大情况下、流速最大情况下另两个要素相应的组合。

3）100 年一遇风速、100 年一遇的波高、100 年一遇的流速进行组合。

设计波要素还可以应用在海上平台疲劳度设计，任何疲劳度分析所需的设计波高都是从波候资料确定，它是海上平台所在海域按长期内可能发生的所有波况集合，并按月、季、年统计出现频率，通常以波高、周期、波向等参数表征。

1）以有效波高 $H_s$ 和平均跨零周期表示的每一个波况组合的联合概率表征的两参数波候。

2）用有效波高 $H_s$、平均跨零周期及波向的波向表征三参数波况统计的波候。

3）用有效波高、平均周期、波向及波向离散分布等表征的四参数波况统计的波候。

4）八参数的双峰谱表征波况。

5）以波能谱或方向谱表征每一波况。

**(4) 泊稳条件分析**

海港工程是常见的一种海洋工程，在总平面设计时往往特别需要考虑码头的泊稳条件和可作业天数，以保证所停靠的船只有足够的时间进行停靠、装卸，因为如果所建码头前沿浪大流急，导致全年许多天数无法正常作业，会极大地影响码头营运的效益，因此在设计时应考虑这一条件，尽最大可能使码头能够在全年获得最多的可作业天数。

《海港总体设计规范》JTS 165—2013 中规定，在确定码头泊稳和作业条件时，应考虑下列主要因素：

1）港口的自然条件，包括风况、波浪、水流的大小及其分布特征。

2）码头装卸工艺、货种和船舶安全装卸作业的要求。

3）码头的掩护程度及其轴线方向与风况、波浪、水流的相互关系。

4）码头结构形式、防冲及系缆设施的条件。

对不同载重吨的船舶、不同货种的码头，船舶装卸作业的允许波高不宜超过表 3.3-1 中的数值。

统计作业天数时，船舶作业的风、雨、雾和冰等的作业标准应符合下列规定：

**船舶装卸作业的允许波高　　　　表 3.3-1**

| 船舶吨级 | | 允许波高(m) | | | | | | | | | | | |
|---|---|---|---|---|---|---|---|---|---|---|---|---|---|
| | | 顺浪 $H_{4\%}$ | | | | | | 横浪 $H_{4\%}$ | | | | | |
| DWT (t) | GT (t) | 油船 | 散货船 | | 杂货船 | 集装箱船 | 滚装船 | 油船 | 散货船 | | 杂货船 | 集装箱船 | 滚装船 |
| | | | 装 | 卸 | | | | | 装 | 卸 | | | |
| 1000 | — | 0.6 | — | — | 0.6 | — | 0.6 | 0.6 | — | — | 0.6 | — | 0.4 |
| 2000 | 3000 | 0.6 | — | — | 0.6 | — | 0.6 | 0.6 | — | — | 0.6 | — | 0.4 |
| 3000 | 5000 | 1.0 | — | — | 0.8 | — | 0.8 | 0.8 | — | — | 0.6 | — | 0.6 |
| 5000 | 10000 | 1.0 | — | — | 0.8 | — | 0.8 | 0.8 | — | — | 0.6 | — | 0.6 |
| 10000 | 20000 | 1.0 | 1.0 | 0.8 | 1.0 | 0.8 | 0.8 | 0.8 | 0.8 | 0.6 | 0.8 | 0.6 | 0.6 |
| 15000 | 30000 | — | 1.0 | 0.8 | 1.0 | | 0.8 | — | 0.8 | 0.6 | 0.8 | | 0.6 |
| 20000 | 50000 | 1.2 | 1.2 | 1.0 | 1.0 | 1.0 | 0.8 | 1.0 | 1.0 | 0.7 | 0.8 | 0.7 | 0.6 |
| 30000 | 70000 | 1.2 | 1.2 | 1.0 | — | 1.0 | 1.0 | 1.0 | 1.0 | 0.7 | | 0.8 | 0.8 |
| 35000 | — | — | — | — | — | — | — | — | — | — | — | — | — |
| 40000 | — | — | 1.2 | 1.0 | — | — | — | — | 1.2 | 0.8 | — | — | — |
| 50000 | — | 1.5 | 1.5 | 1.2 | — | 1.2 | — | 1.2 | 1.2 | 0.8 | — | 1.0 | — |
| 70000 | — | — | 1.5 | 1.2 | — | 1.2 | — | | 1.2 | 1.0 | — | 1.0 | — |
| 80000 | — | 1.5 | | | — | | — | 1.2 | | | — | | — |
| 100000 | — | 1.5 | 1.5 | 1.2 | — | 1.2 | — | 1.2 | 1.2 | 1.0 | — | 1.0 | — |
| 120000 | — | 1.5 | 1.5 | 1.2 | — | 1.2 | — | 1.2 | 1.2 | 1.0 | — | 1.0 | — |
| ≥150000 | — | 2.0 | 2.0 | 1.5 | — | 1.2 | — | 1.5 | 1.5 | | — | 1.0 | — |

注：1. 划分船舶吨级时，货物滚装船采用 DWT，汽车滚装船和客货滚装船采用 GT；
2. 船舶纵轴线与波向线夹角小于 45°为顺浪，大于等于 45°为横浪；
3. $H_{4\%}$ 为波列累积频率 4％的波高；
4. 表中所列波高的允许平均周期：DWT≤20000t、GT≤50000t 时，≤6s；DWT＞20000t、GT＞50000t 时，≤8s；
5. 根据码头防冲和系缆设施条件，经论证表中数值可适当增减，必要时应通过模型试验验证；
6. 波浪平均周期大于 9s 时，应对已有的典型连续测波记录进行谱分析，确定其对船舶作业的影响。

1）船舶装卸作业的允许风力不宜超过 6 级。

2）散粮和袋装水泥码头日降水量大于或等于 10mm，集装箱码头、煤码头和矿石码头日降水量大于或等于 25mm，油品码头日降水量大于或等于 50mm 时应停止装卸作业。

3）雾的能见度小于 1km 时，船舶宜停止进出港和靠离泊作业；集装箱码头正常装卸作业的能见度应不小于 500m。

4）海面冰量大于或等于 8 级，浮冰的密集度大于或等于 8 级，且出现灰白冰和白冰时，船舶宜停止进出港。

## 3.4 海岸泥沙运动与工程应用

近海波浪、潮流、海流引起的泥沙运动与海岸演变直接影响海岸自然环境和海岸工程的安全，在规划和建设海岸工程时需要掌握所在海域的泥沙运动和岸滩演变的规律，预估工程建成后可能引起的泥沙淤积和冲刷等问题，并考虑应采取的防治措施。海岸工程的泥沙运动受到近海动力因素、泥沙特性、工程环境三大因素的制约，它们导致工程泥沙运动成为复杂的自然现象。本节将对海岸动力、泥沙特性、岸滩演变以及工程应用等问题进行简要分析讨论。

## 3.4.1　海岸带及有关术语

海岸带是陆地与海洋的交接地带，是海岸线向陆、海两侧扩展一定宽度的带状区域，由彼此相互强烈影响的近岸海域和滨海陆地组成。我国在 20 世纪 80 年代初的《全国海岸带和海涂资源综合调查简明规程》规定：海岸带的内界在海岸线的陆侧 10km 左右，外界向海延伸至 10～15m 等深线附近。因此，海岸带是指海水运动对于海岸作用的最上限界及其邻近陆地、潮间带以及海水运动对于潮下带岸坡冲淤变化影响的范围。海岸带是海洋与陆地交互作用最激烈的地带，它由后滨或后滩、前滨或滩面、外滨或滨面组成（图 3.4-1）。

海岸线与海滨线两个术语的概念不同。海岸线是水、陆间的分界线。我国国家标准《地形图图式》GB 5791—86 规定：海岸线是平均大潮高潮的痕迹线所形成的水陆分界线。

海滨是陆地与海直接接触的狭长地带，介于海岸与低潮海滨线之间。未固结的沉积物所组成的海滨称为海滩，根据其环境特征又分为后滨和前滨。后滨是前滨与海岸线之间的海滩地区，常位于高潮之上，属潮上带，由一个或数个滩肩组成。前滨位于向海侧滩肩外缘，或高潮时波浪冲击上限与低潮海滨线之间地区，亦称潮间带，是受拍岸浪作用强烈的地区。

外滨又称滨面，属潮下带，从低潮海滨线向海延伸至破波区外缘，亦即低潮海滨线以外的破波作用区。外滨是破波强烈作用下的泥沙运动区，水下常出现与破波相对应的 1～3 列平行岸线的沿岸沙坝。

近岸区是指低潮海滨线向海延伸至破波区，并包含沿岸流活动范围的海区。

近海区（offshore）是指破波区外缘至大陆架边缘，海底比较平坦的海区。在浅海波浪运动可以触及海底，潮流较大、泥沙运动活跃的近海区对岸滩演变有影响。

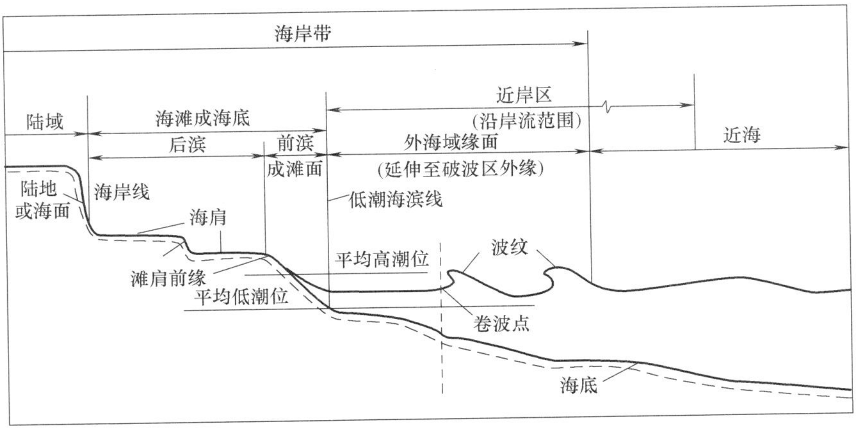


图 3.4-1　海岸与水下岸坡剖面图

## 3.4.2　海岸动力

波浪、潮汐、沿岸流、风等海洋动力作用是塑造海岸带的主要动力。在河口地区，河流的动力作用亦十分重要。从对海岸带的作用过程来看，波浪和潮汐是最重要的动力因素。

**（1）波浪作用**

海洋中的波浪主要是由风力作用形成的。当风吹过海面时，通过近水面大气层的垂直压力和切应力，将能量传递给海水，摩擦作用使水质点离开平衡位置做近似封闭的圆周运动，海面相应地产生周期性的起伏，形成波浪。在风成波自深水区向岸传播的过程中，波浪特性发生显著变化，这种变化是海岸带物质运动的基本原因。波浪是海岸侵蚀、堆积和泥沙搬运的主要动力因素。

波浪能量是作轨迹运动的水质点所具有的动能和势能的总和。波浪规模愈大，波能就愈大，对海岸的作用也愈强烈。在水深足够大的海区，波浪运动不受海底影响，水质点作等速圆周运动。当波浪进入水深小于1/2波长的浅水区时，水质点与海底相互作用，波浪性质发生重大变化，形成浅水波。这时水质点在海底作平行于底面的直线形振荡运动，同时随着水深变浅，波形也变得不对称。当波浪向更浅的岸边传播时，波浪变形越来越强烈，最后导致波浪破碎。波浪完全破碎后，水体就不再服从波浪运动规律，而成为激浪流。在非常平缓的海底，波浪在通过很长的距离过程中，逐渐减小其波高，一般并不产生激浪流，如粉砂淤泥质海岸；在较陡的水下岸坡上，水深变化急剧，波浪很快到达岸边，破碎形成强大的激浪流。

当波浪传播进入浅水区时，若波向线与等深线不垂直，则波向线将逐渐偏转，趋向与等深线和岸线垂直，发生波浪折射。波浪折射的结果使波向线辐聚或辐散，导致某一位置波浪能量的增强或减弱，引起海岸的侵蚀和堆积。波浪在传播过程中，若在岸外遇到沙嘴或防波堤等障碍物的阻挡，波能将沿波峰线作侧向传递而进入波影区，能量迅速减小，在波影区形成堆积。

**（2）潮汐作用**

潮汐是海岸带又一重要的动力因素。潮汐对海岸的作用表现在两个方面：一是潮汐引起的海面周期性升降对波浪作用产生影响，改变了波浪作用的范围和性质。在无潮海区，波浪长期作用于某一狭长地带；而在有潮海区，特别是在海滩平缓而潮差较大的地区，潮汐引起的海面涨落，使波浪作用的范围扩大，波浪对同一位置的作用时间缩短。同时，由于潮水的进退，使潮间带具有特殊而复杂的动力条件。二是潮流对泥沙的搬运作用。在开阔海岸，潮流主要搬运波浪掀起的海底泥沙，而在海峡或河口，潮流流速较大，则可侵蚀和掀起海底松散沉积物，形成潮滩、潮流沙脊，塑造潮水沟或潮流通道。细粒物质在潮流中可长期呈悬浮状态，被搬运到河口、港湾淤积。

## 3.4.3 近海泥沙来源及其特性分析

**（1）近海泥沙来源**

通常近海泥沙的来源有河流入海泥沙、海岸海滩和岛屿侵蚀泥沙、海洋生物残骸形成的泥沙以及风沙等。

1）河流入海泥沙

主要来自陆地土壤的侵蚀。全球土壤侵蚀面积约为$2500\times10^4km^2$，每年约有$600\times10^8t$表土被冲刷，入海泥沙约$170\times10^8t$。我国水力侵蚀显著的面积约$150\times10^4km^2$（也有统计为$179\times10^4km^2$），主要集中在长江、黄海、淮河、松花江和辽河流域，入海泥沙年平均约$19.4\times10^8t$（泥沙手册，1992）。河口输沙是近海的主要泥沙来源，在径流、潮流和风海流综合作用下可直接抵达河口附近海域和岸段，或经过沉积和再输运过程抵达较远的海域和岸段，直接影响海岸、岸滩和海底地貌的演变。

2）海滩及岛屿的侵蚀泥沙

海岸、海滩和岛屿是在地质历史时期形成的，处于淤积、侵蚀或冲淤相对平衡的稳定状态。例如，苏北的废黄河口岸滩，在1855年黄河改道由山东入海后由淤涨转变为侵蚀，而侵蚀的泥沙则成了邻近岸段的泥沙来源。

3）海洋生物残骸形成的泥沙

生物残骸形成的泥沙是海岸泥沙的来源之一，例如，在苏北小丁港岸段潮间带的泥沙中贝壳砂占有相当比例；海南岛三亚湾的海滩是由珊瑚砂组成的。

4）风沙

我国西北和华北的沙漠和黄土高原，风沙天气经常发生，当风速较大时，细颗粒砂可以飞越很远的距离。在沙丘密布和沙漠沿海，砂颗粒可以被吹移至海岸近海水域而成为其泥沙来源。

**(2) 近海泥沙特性**

泥沙特性包括矿物组成、几何形状、级配特性、水力学特性等方面的内容。

1）矿物组成

泥沙来源于岩石的风化，而岩石由不同的矿物成分构成，泥沙的矿物组成较为复杂。泥沙中常见的矿物成分有长石、石英、辉石、角闪石、云母、橄榄石、方解石等，其中石英和长石是泥沙最主要的矿物成分。

2）粒度

泥沙的粒度和级配曲线是泥沙的基本特征。粒度表征泥沙颗粒的粗细。单颗粒泥沙的形状是很不规则的，描述这种颗粒大小用泥沙粒径这一概念。通常采用筛分法和沉降法来测定和定义泥沙粒径：筛分法是将泥沙试样正好通过正方形筛孔的边长，即用筛目大小表示泥沙颗粒的粒径，可以近似视筛径为等容粒径，砾石和砂通常用此方法确定；沉降法则采用在量测条件相同的情况下，与泥沙颗粒沉速相同的球体直径表示泥沙粒径，粉砂、黏土通常用此方法测定其粒径。

泥沙粒径的表示法应用十分普遍，即以粒径的对数值来分级。

3）级配曲线与相关参数

泥沙级配曲线（累积率曲线）：以累积质量百分数 $P(D)=\sum \Delta P_i$ 为纵坐标，以粒径 $D$ 为横坐标，绘制的 $P(D)$-$D$ 曲线，表征泥沙试样由大小颗粒组成的情况。根据级配曲线又可以得到泥沙的平均粒径（$D_{\mathrm{m}}$）、几何平均粒径（$D_{\mathrm{g}}$）、中值粒径（$D_{50}$）、标准偏差（$\sigma$）、分选度（$S_0$）等参数。

4）水力学特性

自然界的水或多或少带有一些电解质。泥沙在含有电解质的水体中，其表面带有负电荷。由于静电吸引作用，使靠近颗粒表面的水分子，被牢牢地吸引和挤压在颗粒周围，称为胶结水。胶结水的力学性质与固体物质相同，即具有极大的黏滞性、弹性和抗剪强度。在胶结水外层，静电引力减小，称为胶滞水。胶结水和胶滞水统称束缚水（亦称薄膜水），它是泥沙颗粒与水相互作用的产物，在力学性质上是固相和液相的过渡形态。束缚水膜的厚度与颗粒的矿物成分及水的化学成分有关，一般厚度可达0.0005～0.0025mm。对于粒径小于0.1mm的细颗粒泥沙，特别是粒径小于0.03mm的泥沙由于相对体积较大的束缚水膜与泥沙颗粒不可分离，所以当带有束缚水膜的细颗粒泥沙彼此靠近时，就会形成公共的束缚水膜而使其相互连接起来，形成絮凝团。絮凝团沉降后在自重或其他外力作用下达到密实状态，具有较大的黏结力。黏性细颗粒泥沙具有在静水或动水中絮凝沉降的特性，落淤后能形成重度稳定的淤泥层。此外，细颗粒泥沙还有流变、平衡坡降等许多特殊性质。

粗粒泥沙在水中的运动性质，主要受颗粒大小、形状和比重的影响，其表面的物化作用不明显，颗粒之间主要是机械作用，可作为松散体，又称为无黏性泥沙。

### 3.4.4 近海泥沙运动形式

近海泥沙运动状态大致可分为悬移质、推移质和跃移质三种。推移质泥沙是由波浪近底水质点运动的剪切作用使泥沙不离开床面的往复运动；悬移质泥沙是由于水体率动作用而长时间悬浮水体内，随水体运动的泥沙；跃移质是介于二者之间，时而悬移，时而推移。泥沙的运动状态视泥沙粒径大小和水流的挟沙能力而改变。Engelund（1965）用波浪质点的摩阻流速 $u^*$ 与泥沙沉速 $\omega_s$ 的比值作为泥沙运动形态分类的判据：

$u^*/\omega_s<1.0$，推移质运动形式；

$1.0<u^*/\omega_s<1.7$，跃移质运动形式；

$u^*/\omega_s>1.7$，悬移质运动形式。

### 3.4.5 海岸泥沙运动

海岸泥沙受到波浪、潮流和泥沙自重的共同作用，在入海河口附近的海岸泥沙还会受到河流径流及盐、淡水混合的影响。砂质和砾质海岸，泥沙颗粒以推移为主，淤泥质海岸则主要是泥沙的悬移运动。

**（1）沿岸输沙**

海岸泥沙做顺岸运动称为沿岸输沙，是沿岸最重要的泥沙搬运形式。在砂质海岸上，沿岸输沙主要产生在破波带内，其动力是波浪破碎及其产生的沿岸流。在淤泥质和粉砂质海岸上，潮流也是泥沙运动的重要动力因素。

砂质海岸沿岸输沙主要是波浪斜向入射破碎后引起的。波浪破碎强烈紊动可以掀起大量泥沙，而斜向入射波产生的沿岸流对泥沙起到了搬运作用，泥沙随沿岸水流沿岸输送，形成沿岸输沙。沿岸输沙的机理是波浪掀沙，沿岸流输沙。

**（2）横向输沙**

沿岸泥沙的横向运动是泥沙的重力、波浪的非线性性质和泥沙的运动形式共同影响的结果。海滩为倾斜海底时，波浪在向岸传播进入浅水区后将发生变形，随着水深的减小，变形程度越来越大。水下岸坡上的泥沙颗粒受到变形波浪底流和重力的共同作用。波浪的变形，导致在一个波浪周期内底部水质点运动在向岸和向海方向上不对称。在水下岸坡上，重力的切向分量沿坡向下，泥沙向岸运动时，必须克服重力作用，其起动流速较大；当泥沙颗粒向海移动时，顺坡向下，与重力切向分量一致，其起动流速较小。即泥沙向岸运动所需的起动流速比向海运动时大，坡度越大，重力的沿坡分量就越大，这种差别就越显著。波浪进入近岸时，在波浪大小及方向不变的条件下，一定大小的泥沙颗粒，在水下岸坡有一个一定深度的位置，大于这个深度，净向海方向运移；小于这个深度，净向岸方向运移。而在一点上，泥沙颗粒仅作等距离的往返运动，净位移为零，称为中立点。这个深度点构成的线，即中立点的连线，称为中立线（曾科维奇，1962）。

### 3.4.6 海岸平衡剖面

判别岸滩冲淤演变有多种理论和方法。其中，根据中立线的概念，水下岸坡在中立线的两侧各有一个侵蚀带，形成两段冲刷凹地。靠岸一侧的沙粒向岸移动，堆积在岸坡上部，形成堆积海滩，结果使上部岸坡变陡，沙粒向岸和向海起动速度的差值随之增大，沙粒向岸移动的趋势逐渐减弱；靠海一侧的沙粒向海移动，堆积在岸坡的下部，使坡度变缓，起动速度的差值随之减小，沙粒向海移动的趋势也逐渐减弱。最终在整个水下岸坡剖面上的沙粒都只有来回摆动，而不发生净位移，这个剖面就叫作平衡剖面。这时岸滩剖面上每一点的倾角与波浪作用力都是相适应的，相当于中立带状态扩展到整个水下岸坡。

如果岸坡的组成物质、坡度与波浪作用力相一致，剖面塑造过程中，就不会有岸线的移动现象，而这在自然界是比较少见的。实际上，由松散泥沙组成的平衡剖面是随着许多自然因素的变化而变化的。例如水下岸坡的原始坡度较大，那么波浪将对岸坡侵蚀，以便达到与波浪作用力相适应剖面，导致岸线发生侵蚀和向陆方向推进。在这种岸坡中，中立线并不存在，因为从剖面塑造过程一开始，只发生颗粒沿坡下移，这样就形成冲刷类型的海岸。相反，在极其平缓的岸坡上，中立线位于坡脚的某一地点，剖面上的泥沙在波浪作用下仅发生沿坡向岸方向搬运，并被堆积在海滨线附近，从而引起岸线向海方向移动，形成了堆积型海岸。介于这两种岸坡之间的过渡型海岸，剖面塑造过程接近于上述的理论模式，即形成两个冲刷带和两个堆积带。因此，平衡剖面只有暂时的、相对的意义。任何条件（岸坡坡度、泥沙粒径、波浪强度等）的变化都会使原来接近平衡的剖面重新改造，在新的条件下达到新的平衡。

当海岸由坚硬基岩组成时，将发育成以海蚀作用为主的平衡剖面。波浪作用使基岩破坏，产生的碎屑物质被波流带走，沉积到离岸较远的海底，这一过程长期进行下去，就形成海蚀平衡剖面。在海蚀平衡剖面上，不发生岩石的破坏，只有细颗粒呈悬浮状态时才能移动。

### 3.4.7 海岸工程泥沙问题

海岸工程泥沙与沿岸区的泥沙运动直接相关。沿岸区是指海滨线向海方延伸到破波线外缘，其宽度视潮位高程与破波带外缘的位置而定，一般是前滨（或滩面）和外滨（或滨面）之和，这里是泥沙运动最剧烈的地区，也是海岸工程选址、设计最关注的地区，有可能出现泥沙问题。

海岸工程泥沙问题是指在海岸修建工程后引起的泥沙运动新变化，涉及防淤、减淤和防冲、促淤问题。如港口、航道的回淤，滨海电站取、排水口泥沙淤积等即是防淤、减淤问题；如海岸防护工程的防岸滩侵蚀，海涂围垦、海上孤立建筑物基底防冲等就是防冲、促淤问题。无论是防淤、减淤还是防冲、促淤，均是研究工程修建后或修建过程中海岸冲淤规律的新变化。论证工程方案的可行性，或者修改原工程设计方案，目的是使冲淤演变控制在可允许的合理范围之内。海岸工程的泥沙运动受近海动力因素、泥沙特性和工程环境三大因素的制约，导致工程泥沙运动成为复杂的自然现象。

我国淤泥质海岸分布较广，主要分布在大河入海平原沿岸和河口。这类海岸特点是：岸滩坡度平坦，潮间带滩涂宽广。如渤海湾地区，潮差2.5m左右，滩地平均坡度为1/1000～1/2000，滩涂宽为3～5km；江苏沿岸，潮差为2～4m，滩地坡度为1000～1/5000，潮间带宽可达10余千米。淤泥质海岸泥沙以黏性细颗粒泥沙为主，泥沙中值粒径小于0.031mm。如连云港泥沙中值粒径为0.0035mm，天津港为0.005mm。波浪掀沙、潮流输沙是这种海岸泥沙运动机理，泥沙运移形态以悬移质为主，在沙源充沛的地区，也会发现“浮泥”现象。细颗粒泥沙在波浪、潮流等海洋动力的作用下运动，且在海水中有絮凝作用，常引起岸滩的冲淤变化、港口和航道的淤积（董胜，等，2005）。

促使淤泥质海岸演变的基本动力过程是波浪掀沙、潮流输沙，其泥沙运移形态以悬移质为主，因此，造成航道、港池淤积的主要因素是悬沙。

我国长江以北沿海存在不少粉砂质海岸，如大连庄河港，河北京唐港、黄骅港，山东滨州港、潍坊港、东营港，江苏如东港等。粉砂质海岸岸滩平缓，坡度为1/3000～1/4000。泥沙既有悬移质，又有推移质，还有底部高浓度含沙水体。泥沙在海洋动力作用下易起易沉，在海水中基本不存在絮凝现象。泥沙中值粒径为0.031～0.125mm。粉砂质海岸在海洋动力作用下泥沙运动复杂，以往在此类海岸建港实例很少，曾一度视粉砂质海岸为建港禁区，对其泥沙运动研究成果甚少（董胜，等，2005）。

淤泥质海岸的泥沙运移形态以悬移质为主，泥沙沉速接近常值，淤积条件明确，因此分析计算方法比较成熟，有不少实用公式。但对粉砂质海岸，由于控制淤积的因素变化大，影响淤积的机理更为复杂，因此至今尚无合适的淤积计算方法。

## 3.5 海洋地质灾害及其工程危害性

海洋工程地质条件是指与海洋工程建设有关的地质因素的综合，而海洋灾害地质因素往往是需要解决的最重要的工程地质问题，它直接关系到海洋工程地基的稳定性、承载力与变形等关键因素，直接影响到海洋构筑物的安全、经济和正常使用。为此，本节主要参考《中国海洋灾害地质学》一书的有关内容，简要介绍海洋地质灾害的分类方法和中国海域主要地质灾害的类型及其工程危害性。

### 3.5.1 海洋地质灾害分类方法

根据我国海域海洋地质灾害的发育特点，并参考国内外以往各种地质灾害的分类方法，叶银灿等提出了以成因为主导因素、结合考虑灾害发生与持续时间的分类方案。该分类方案按成灾因素把海洋地质灾害分为自然成因和人为成因两大类。自然成因的海洋地质灾害又按成灾因素分为构造活动、重力（斜坡）作用、侵蚀-堆积作用、海岸（海洋）动力作用等四类；按海洋地质灾害发生与持续时间分为突发型和渐变型两类。详见表3.5-1。

除了上述分类方法以外，还有按海洋地理单元、空间分布、灾害发生的时间先后等其他分类方法。

海洋地质灾害分类体 （叶银灿，等，2012）表 3.5-1

| 灾害发生与持续时间 | 成灾因素 | | | | |
|---|---|---|---|---|---|
| | 自然成因 | | | | 人为成因 |
| | 构造活动 | 重力（斜坡）作用 | 海岸（海洋）动力作用 | 侵蚀-堆积作用 | |
| 突发型 | 地震<br>地震海啸<br>滑坡、砂土液化（地震诱发）<br>断裂活动<br>地裂缝<br>火山活动<br>山林火灾（火山熔岩流引发） | 崩塌<br>滑坡<br>泥石流<br>海底浊流<br>地面塌陷 | 海啸<br>风暴潮 | 河口、海湾骤淤 | 港口、航道骤淤<br>岩爆<br>突水<br>人工诱发地震 |
| 渐变型 | 地面变形<br>块体位移<br>地壳升降运动 | 地面变形 | 海岸侵蚀<br>海水入侵<br>海面上升 | 海岸侵蚀<br>河口、海湾淤积<br>闸下淤积<br>潮流沙脊<br>活动性沙波 | 海水入侵<br>地面沉降<br>海岸侵蚀<br>港口、航道淤积<br>沙漠化<br>土地盐渍化<br>沼泽化 |

## 3.5.2 主要海洋地质灾害类型及其工程危害性

我国是世界上海洋地质灾害十分严重的少数几个国家之一，表现为灾种类型多、发生频率高、分布地域广、灾害损失大。我国海域主要地质灾害类型的分布特点及其工程危害性简述如下。

**(1) 构造活动成因的海洋地质灾害**

主要包括地震、活动断层和火山等。它们不仅可能对沿岸建筑物和海洋构筑物造成直接破坏，而且可能引发海啸，诱发崩塌、滑坡、泥石流、海底浊流等次生地质灾害。

1） 地震

我国是个多地震的国家，地震灾害极为严重，在我国所有自然灾害中，地震灾害是自然灾害的群灾之首，在发生过的 21 次 8 级和 8 级以上特大地震中，有 3 次发生在海域，即 1604 年福建泉州海外的 8 级地震，1920 年花莲东南海中的 8 级地震和 1972 年台湾台东东北海域的 8 级地震。

我国不同海域的地震具有不同的活动特点。渤海海域是强震多发区，与渤海相比，黄海海域地震活动强度要低一些，该区破坏性地震多以中强震为主，最大地震 7 级，主要发生在南黄海地区。

沿南海东缘马尼拉海沟地带，地震活动频变高、强度大。据不完全统计，$M_s \geqslant 7$ 级地震有 3 次，6～6.9 级地震 10 次，是强震频发地带。南海地震主要分布在北部海域，北纬 15°以南海域，地震明显减少。

在我国所有海区中，以东海陆架海域的地震活动性最弱，仅在滨海地区有少量中、强地震活动，震级一般不到 6 级。台湾北部海域地震活动性明显增强，最大震级可达 7.75 级；东海东部，特别是靠近琉球群岛的冲绳海槽地区，则是强震多发区。琉球—台湾岛弧地震带是西太平洋地震带的组成部分，最大地震可达 8 级。

2） 活动断层

渤海海底断裂构造比较发育，断裂的优势走向为 NNE 和 NWW，最重要的活动断层是郯城—庐江断层（简称郯庐断层）。此外，从北京经唐山跨渤海至山东烟台、威海，存在一条显著的 NWW 向地震条带，在该地震条带上曾多次发生 6 级以上强震。这些地震震中明显呈线性分布，构成著名的“燕山—渤海强震带”。

黄海海域主要的新生代盆地有北黄海盆地和苏北南黄海盆地，在北黄海除燕山—渤海 NWW 向活动断层可能延伸到烟台、威海外，尚未发现其他重要的活动断层，破坏性地震也很少。但在南黄海地震活动频繁，强度较高，活动断层相对发育。

东海海域可以划分为二个新构造活动区：东海陆架区和冲绳海槽区，前者新构造运动主要表现为持续沉降，发育了新生代东海陆架盆地。冲绳海槽区内的冲绳海槽盆地则属弧后盆地，位于主动大陆边缘，近太平洋处为火山岛弧，其成因系大洋板块俯冲，导致弧后扩张而成，呈地堑状，有大量与盆地一致的正断层发育。东海海域主要的活动断层有温州—镇海断层、西湖—基隆断层、男岛—赤尾屿断层、龙王主断层、草垣—与那国断层、舟山—国头断层、鱼山—久米断层、台湾东海北西向断层等。

南海在太平洋板块、印澳板块、欧亚板块相互作用下，新构造运动十分强烈，活动断裂非常发育。活动断裂大部分属继承性、原有断裂的复活，但在南海强烈扩张时期产生了许多新的活动断裂。以北桂—越东滨海断裂带为界，东部海域属滨太平洋构造域，活动断裂以 NE 向左旋断裂为主。西部海域属特提斯—喜马拉雅构造域，活动断裂以 NW 向左旋断裂为主。

滨太平洋构造域，按活动断裂的走向可分为 NEE—EW 向、NW 向、NE—NNE 向、SN 向四组。

活动断裂是我国海域主要的地质灾害之一，它具有活动的突发性与断裂时间的不确定性，是导致地质灾害事件发生的重要因素。活动断层面两侧伴有地层的错动、变形，有时还可见到海底断崖地形，它所引起的地面错动及其附近伴生的地面沉降往往会直接损害跨断层修建或建于其邻近的海洋构筑物。此外，沿断层往往有埋藏古河道伴生，断层的不断活动会加大两侧的不均一性，从而造成极其不利的工程地质条件。

**（2）重力（斜坡）作用成因的海洋地质灾害**

主要包括崩塌、滑坡、泥石流、海底浊流等，往往是在地震或暴风浪作用下触发成灾，可能对海岸和离岸工程构筑物造成直接破坏。

1）海底滑坡

海底滑坡系指组成海底斜坡的岩土体，在自然或人类活动等突发性因素作用下，沿着连续的破坏面向下滑动的过程与现象。海底滑坡通常发生在大陆架边缘的斜坡地带，易受地壳构造运动、地震影响或快速沉积的海岸、河口三角洲、潮汐通道、港湾等地区。

我国三大河口水下三角洲稳定性研究表明，该区域的滑坡主要分布在三角洲底坡的中、上部，为波浪、风暴影响下诱发的浅表小型滑坡。这种滑坡具有突发性的特点，是一种快速的地质、地貌过程，在周期性动力因素影响下还有重复发生的可能。

我国沿海岛屿地区普遍存在着水下滑坡现象，岛屿地区峡道型深水港湾具有特殊的地质地貌和水动力条件，其水道中心部位流速大，遭受强烈冲刷，底质多为砂、砾等粗粒沉积物，而水道岸坡，尤其是两侧的小型海湾流速相对较小，处于缓慢淤积环境，底质多为新沉积的淤泥质软土。水道中心部位和岸边间这种强烈的冲、淤反差，极易形成窄而陡的岸坡，在外力诱发下发生滑坡。这类滑坡多为浅层中、小型滑坡，滑动面深度一般在 10m 以内，滑动距离在数十米。

东海和南海的陆架边缘和上部陆坡海底滑坡十分发育，尤以南海更为典型。南海东部火山熔岩、火山碎屑堆积在岛架淤泥质土体之上，致使该区滑坡频频发生；南海南部陆坡海台台坎陡峻，是发生海底大滑坡的主要区位；南海西部滑坡少、滑坡小，但多为浊流；南海北部滑坡分布很有规律，主要发生在陆架坡折区。

海底滑坡会给海洋开发、海底工程建设造成重大灾难。例如，1964 年阿拉斯加威廉王子海峡地震引发海底滑坡，滑坡体达 $1\times10^8m^3$，导致码头、仓库沉入海中，死亡 30 多人；1969 年飓风掠过墨西哥湾北部引发海底滑坡，造成一座平台倾斜，一座平台滑移 30m，一座平台失踪，损失四千万美元。南海也不例外，海底滑坡对海洋钻井平台、输油管道、通信电缆多次造成破坏。

2）海底浊流

海底浊流是由覆盖在大陆架或大陆坡上部的砂、泥等沉积发生滑动而形成的一种高密度混浊流，它主要由地震、火山活动、风暴、海啸等突发性地质事件诱发产生。中国海域海底浊流发育较为普遍，主要分布在东海冲绳海槽、南海陆坡和深海盆地等海区。

研究表明，晚更新世以来冲绳海槽持续发生浊流活动，海槽中段和南段的浊流比北段更发育，沿海槽延伸方向呈条带状分布。

南海海底浊流频频发生，主要分布于南海深海盆地周边的陆坡以及岛、礁、滩外缘的陡坡上。南海东部紧邻中国台湾—菲律宾地震带，构造运动、火山喷发、地震活动都比较强烈，海底浊流尤为发育。

海底浊流对海底工程的危害最早见于 Heezen B C 等（1952）的报道：1929 年纽芬兰南部格兰特海岸发生 7.2 级大地震后，触发的海底浊流在 14 个小时内把拉伦姆峡谷南面水深 275～3300m 间横跨大西洋的 6 根海底电缆切断。海底浊流对海洋平台损害的国内外的报道屡见不鲜。例如，1980 年挪威“格兰德号（Gered）”自升式钻井平台桩基被浊流侵蚀掏空，造成平台倾覆，平台上 123 名工作人员全部丧生。

**(3) 侵蚀-堆积作用成因的海洋地质灾害**

包括海岸与海床侵蚀、河口与海湾淤积及活动性沙波沙脊等，它们都可能对海岸建筑物和浅基础的海洋构筑物造成破坏或失效。

1）海岸侵蚀

我国大陆海岸线主要可分为砂砾质海岸、淤泥质海岸、基岩海岸和生物（红树林和珊瑚）海岸等类型，其中砂砾质和淤泥质海岸是中国碎屑沉积物构成的两种基本海岸类型，海岸侵蚀灾害主要发生在这两种海岸上。

我国淤泥质海岸主要分布于构造沉降区和断陷盆地，通常是快速淤长区域。淤泥质海岸的淤进和蚀退往往取决于入海河流输沙量的变化。黄河是一典型实例，公元 1128～1855 年，黄河在苏北入海，形成了向海突出的三角洲，使整个江苏海岸迅速向海淤进。1855 年黄河北归注入渤海，苏北废弃三角洲海岸开始迅速侵蚀后退，1855～1970 年平均蚀退速率为 156m/a，其中 1957～1970 年平均为 85m/a。三角洲南北侧海岸蚀退率为 50m/a 和 30m/a。20 世纪 80 年代蚀退率降低至 30～40m/a。

我国砂砾质海岸分布于辽东半岛、辽冀砂岸段、山东半岛、福建、两广和海南，砂砾质海岸与基岩海岸相间，组成岬湾海岸。全新世海侵以来的数千年里属于缓慢淤长海岸，近半个世纪特别是近30年以来，大都转为侵蚀海岸，20世纪80年代侵蚀速率达到严重阶段。

我国海岸侵蚀灾害较为严重，并有继续发展的趋势。这与河流输沙急剧变化和人为对海滩破坏的持续性有关，应引起高度重视。

2）活动性沙波

我国海域陆架宽广，海底地形平坦，潮流强劲，加之砂质沉积来源丰富，非常有利于沙波地貌的发育，特别是东海和南海陆架的沙波分布十分普遍。

根据资料分析，估计东海陆架区沙波地貌分布面积达 $3\times10^4 km^2$ 以上，主要分布在长江口外扬子浅滩以及冲绳海槽西北部陆架边缘、台湾浅滩三个区域，其中尤以长江口外扬子浅滩的沙波地貌最为发育。

南海北部陆架、南部巽他陆架、西部越南大陆架以及东部菲律宾群岛岛架均有沙波分布，其中尤以南海北部陆架最为发育。

活动性沙波因其不稳定性而威胁海底工程设施的安全，沙波的活动或迁移常常引起海底工程地基掏空，导致工程设施受损，酿成重大事故。如海南东方岸外、山东东营埕岛岸外等一些海底工程均曾受其害。

**(4) 海岸（海洋）动力作用成因的海洋地质灾害**

主要包括海岸侵蚀、海面上升、海水入侵、风暴潮、海啸等，是以海岸动力为主或海-陆相互作用成因的地质灾害。海岸侵蚀使土地损失，引起海岸环境恶化，给沿岸地区人民的生活、生产及经济发展带来严重影响；海面上升使沿海低地受到海水浸淹的威胁，洪水和风暴潮加重，海岸侵蚀加剧；海水入侵使沿海地区淡水水质恶化，土地盐渍化，生态环境恶化；风暴潮、海啸可以引起海岸强烈的侵蚀和堆积，摧毁海堤、房屋，可引发崩塌、滑坡等次生地质灾害。

1）海啸

海啸是由海底地震、海底或海岛火山爆发、海底滑坡和地裂引起，并使沿岸地区造成异常增水或破坏性海浪的海洋灾害。地震海啸是一种极其严重的地震次生灾害。根据地震海啸的成因和中国历史记载分析认为：渤海、黄海一般不会发生地震海啸，越洋海啸对其沿岸地区亦无大的影响。东海、南海，特别是台湾岛附近海域，是可能发生地震海啸的海区，东海、南海沿岸可能是越洋海啸影响的地区。

2）风暴潮

我国海域是世界上风暴潮的多发区之一。全球38%的台风（每年近30个）生成于西北太平洋上，其中约20个台风影响我国，平均每年登陆我国的台风有7～8个。风暴潮灾害位居我国海洋灾害之首，其发生频数及危害程度都居世界前列。在夏、秋季节，以东南沿海台风风暴潮为主，秋末、春初以北方温带风暴潮为主，风暴潮灾害区域遍及整个中国沿海。

我国沿海平原及三角洲地区的地面高程大多都在最高潮水位或洪水位以下，主要靠堤防、海塘和挡潮闸来保护，但目前这些工程设施的防潮、防洪标准都比较低，加之一些其他环境灾害（如地面沉降等）的叠加，因此，经常受到洪水和风暴潮的双重威胁。

**(5) 人为成因的海洋地质灾害**

如海岸侵蚀、海水入侵、地面沉降、港口、航道淤积沙漠化、土地盐渍化等，是人为因素为主成因的海洋地质灾害，多数发生在人类活动频繁的沿岸地区。如大量抽取地下水或开采石油、天然气，可能引起的地面沉降、海水入侵灾害；又如人工海滩采砂，可能引起或加剧的海岸侵蚀灾害，等等。

1）海面上升与地面沉降

海平面上升是全球变暖和沿海地区人类活动加剧的必然结果，影响到沿海地区 21 世纪社会与经济的可持续发展。世界某一地点的实际海平面变化是全球海平面上升值，加上当地陆地上升或下降值之和，这便是相对海平面。地面沉降指在自然因素和人为因素影响下形成的地表垂直下降现象。

我国沿海地区尤其是大河三角洲地区城市相对集中，人口密集，地势低洼，地面沉降严重，进而加剧了相对海平面上升，其结果导致沿海地区环境恶化，例如加剧风暴潮灾害、增加城市排涝困难、引起海水入侵、水资源和水环境遭到破坏、防汛工程功能降低等。

我国沿海地区出现的地面沉降，主要分布在环渤海地区、长江三角洲地区、东南沿海平原等。其中上海地区和天津地区的地面沉降具有代表性，其危害性亦非常瞩目。上海市从 1949 年至 1963 年地下水年开采量急剧上升，导致地面沉降速率从 35mm/a 增加到 110mm/a，最大累计沉降量达 2.63m。天津是我国地面沉降最严重的地区，由于过量抽取地下水，形成了天津市区、塘沽、汉沽三个沉降中心。市区沉降漏斗范围达十几平方千米，沉降幅度超过 2m。1983～1988 年三个沉降中心的平均沉降速率达 50mm/a。

2）海水入侵

海水入侵是由于滨海地区地下水动力条件发生变化，引起海水向陆地淡水含水层运移而发生的水体侵入过程和现象。沿海城市是人口高度集中和经济快速发展的地区，对淡水资源的过度需求导致超量开采，地下水水位持续大幅度下降，造成咸、淡水界面发生变化，海水向淡水含水层侵入，地下水矿化度增高，水质恶化。

自 20 世纪 80 年代以来，我国渤海、黄海沿岸不少地区由于地下水的过量开采，亦不同程度地出现了海水入侵加剧的现象，如辽宁、河北、山东、江苏、天津、上海、广西等省市，其中以山东省莱州湾沿岸最为突出。截止到 1995 年底，莱州湾地区海水入侵面积超过 970km$^2$，陆地一侧地下水位低于现代海平面的海水入侵潜在危险面积已超过 2400km$^2$，并造成 40 余万人饮水困难、8000 余眼农田机井变咸报废、4 万多公顷耕地丧失灌溉能力、粮食大大减产的严重结果。海水入侵淡水层直接导致地下水环境的恶化，使有限的地下淡水资源变得更少，从而引起区域环境的破坏和生态系统的失衡。

# 参 考 文 献

［1］ 包澄澜. 海洋灾害及预报［M］. 北京：海洋出版社，1991.

［2］ 董胜，孔令双. 海洋工程环境概论［M］. 青岛：中国海洋大学出版社，2005.

［3］ 韩恩厚，陈建敏，宿彦京，等. 海洋工程结构与船舶的腐蚀防护—现状与趋势［J］. 中国材料进

展，2014，33（2）：65-76.
[4] 蒋德才，刘百桥，韩树宗. 工程环境海洋学［M］. 北京：海洋出版社，2005.
[5] 全国海岸带和海涂资源综合调查简明规程编写组. 全国海岸带和海涂资源综合调查简明规程［M］. 北京：海洋出版社，1986.
[6] 孙湘平. 中国近海区域海洋［M］. 北京：海洋出版社，2006.
[7] 孙湘平，姚静娴，黄易畅，等. 中国沿岸海洋水文气象概况［M］. 北京：科学出版社，1981.
[8] 魏娜，李英，胡姝. 1949～2008年热带气旋在中国大陆活动的统计特征及环流背景［J］. 热带气象学报，2013，29（1）：17-27.
[9] 薛鸿超，谢金赞. 中国海岸带水文［M］. 北京：海洋出版社，1995.
[10] 叶银灿，等. 中国海洋灾害地质学［M］. 北京：海洋出版社，2012.
[11] 严恺，陈吉余，宋达泉，等. 中国海岸带和海涂资源综合调查报告［M］. 北京：海洋出版社，1991.
[12] 阎俊岳，陈乾金，韩秀芝，等. 中国近海气候［M］. 北京：科学出版社，1993.
[13] 阎俊岳，等. 中国近海气候［M］. 北京：科学出版社，1988.
[14] 中国水利学会泥沙专业委员会. 泥沙手册［M］. 北京：中国环境科学出版社，1992.
[15] Bretschneider. C. L. Revised wave forecasting relationships［M］//Council on Wave Research, University of California. Proc. 2nd Conf. on Coastal Engineering. Berkeley: Council on Wave Research, University of California, 1951: Chap. 1, 1-5.
[16] Bretschneider. C. L. The generation and decay of wind waves in deep water［J］. Trans. Am. Geophys. Un., 1952, 33 (3): 381-389.
[17] Bretschneider. C. L. Revisions in wave forecasting: deep and shallow water［M］//Council on Wave Research, University of California. Proc. 2nd Conf. on Coastal Engineering. Berkeley: Council on Wave Research, University of California, 1958: Chap. 3, 30-67.
[18] England, F. Turbulent energy and suspended load, Coastal Engineering Laboratory, Technology University of Denmark, Report, No. 10, 1965.
[19] Heezen B C, Ewing M. 1952. Turbidity currents and submarine slumps, and the 1929 Grand Banks earthquake［J］. American Journal of Science. 250: 849-873.
[20] MaLcolm S. Post mortem failurc assessment of MODUs during humcane Lili. http://www.bocmre.gov/tarprojccts/469/AA.pdf 2010, 10.
[21] Sverdrup, H. U. and W. H. Munk. Period increase of ocean swell［J］. Trans. Am. Geophys. Un., 1947, 28 (3): 407-417.
[22] Wen sheng chang, et al. A hybrid model for numerical wave forecasting and its implementation-1. The wind wave model［J］. Acta oceanologica sinica, 1989, 8 (1): 1-14.
[23] В. В. БелоУсов. Основные воoросы геотектоники, Государственное Научно Техническое издателство летературы геологии и охране недр, Москва, 1962.

# 4 海洋工程规划

我国港口发展经历了不同阶段。在新中国成立初期一些主要港口纷纷恢复生产，1956年新建了湛江港，2个万吨级泊位投产。1973年2月周总理发出“三年改变港口面貌”的指示，从此掀开了港口建设的序幕。1978年我国实行改革开放，开启了以经济建设为中心的新时代，外贸与内贸货运量大幅增长，推动港口建设进入大发展时期。新世纪以来，海港现代化进入了新阶段。

港口与城市往往是相伴而生的，港城关系是港口工程建设规划的重要内容。建港初期港区与城区毗邻，但是在其发展过程中，港与城在岸线使用、港区用地、港外交通集疏运输、生产中的噪声与粉尘污染等方面矛盾逐渐扩大，这些成为港口良性发展的制约因素。进入中期后，新港区逐步外移，在新区开拓更大的发展空间。

大连港各个港区的发展序列为：大港、黑咀子、寺儿沟港区一香炉礁、和尚岛（即大连湾港区）一大窑湾、新港港区，这是代表性的例子（图4-1）。

图4-1 大连港港区发展示意图

## 4.1 海港港址选择

我国海港港址选择及建设，大致经过了以下几个发展阶段：

（1）从新中国成立到20世纪60年代末，我国港口建设以扩建、改造为主，处于恢复发展时期，港口建设基本没有离开原来的港址。沿海港址多处于基岩海岸和沙质海岸，处于淤泥质海岸的天津港受到泥沙淤积的严重影响，开始了大规模泥沙减淤措施研究工作。

（2）20世纪70年代，随着我国对外贸易逐年扩大，我国港口建设经历了第一个建设高潮。在大连、秦皇岛、青岛、南京等港建设了一批深水原油码头，在天津、青岛、连云港、上海、广州等港扩建、新建了一批万吨级及以上的散、杂货和客运码头。这一时期，港口建设仍基本基于原港址，处于淤泥质海岸的天津港随着泊位建设及减淤措施的实施，淤积情况得以缓解，连云港港也组织开展了大规模的泥沙减淤研究工作。

（3）80 年代国家加大了对沿海港口建设的投入。这一时期选址建设了日照、湄洲、深圳、珠海、北海等新港口，开辟了大连大窑湾、营口鲅鱼圈、宁波北仑、青岛前湾、连云港墟沟、广州新沙、厦门东渡、上海外高桥等新港区，在秦皇岛、青岛、日照、连云港等已有港址中建设了大型煤炭装船码头，在天津港建设了专业化集装箱码头，在宁波建设了大型铁矿石中转码头，在长江下游南通、镇江、张家港、南京等 4 个港口建设了海轮港区。与此同时，也相应建设了一批为地方经济发展服务的中小港口，初步形成了我国沿海大中小港口相结合的港口布局。这一时期，既在原港址建设大型深水码头，又开辟新港址、新港区，满足港口建设需要。港址选择也趋于多样化，除在基岩海岸、沙质海岸选址外，在河口地区也进行了大型深水港的选址。同时，随着大连港、日照港等离岸开敞式大型码头的建设，为大型深水码头选址提供了经验。以天津港、连云港港为代表的淤泥质海岸港口泥沙研究更加系统深入，此类海岸泥沙淤积已不再是港口发展的制约因素。

（4）从 90 年代初开始，尤其进入 21 世纪以来，我国港口建设进入快速、有序发展阶段。根据港口布局规划，注重了专业化码头的选址布局和建设，重点建设了煤炭、矿石、集装箱、原油、散粮等大型专业化泊位，并改造了一批不适应发展需要的老旧泊位。

随着我国经济发展，也对港口建设提出更高要求。同时暴露出一些问题。主要表现在老港区货运能力趋于饱和；港区发展与城市空间之间的矛盾；老港区基础设施已不适应船舶大型化；地方经济发展和临港工业的兴起需要出海口。为满足上述需求相应新港址的选择成为必然。由于条件好的岸线大部分已有港口，新港址往往自然条件复杂，需要解决浪大、流急、泥沙运动活跃、地质条件复杂等难题，这对建港技术提出了更高要求。近 20 年来，我国在不同性质的海岸又开辟了新港区，包括了基岩海岸、沙质海岸、淤泥质海岸及河口区域等，如唐山港曹妃甸港区、营口港仙人岛港区、烟台港西港区、天津港大港港区、厦门港海沧港区、广州港南沙港区等。依托外海岛礁建成了洋山深水港大型集装箱码头港区。

这一时期，淤泥质海岸港口摆脱了泥沙淤积的困扰，港口建设快速发展。对于自然条件复杂、泥沙运动活跃的粉砂质海岸，经过十余年的联合攻关、科学探索，已初步掌握了粉砂质海岸泥沙的运动机理及淤积规律，取得一批科研成果，并应用于工程实践。通过采取有效的防淤减淤措施，在昔日的“建港禁区”进行选址建港，带动了地区经济的发展，取得较好的经济与社会效益。如唐山港京唐港区、黄骅港、滨州港、潍坊港、东营港、盐城港滨海港区、南通港洋口港区等港口建设。

### 4.1.1 淤泥质海岸港址选择

淤泥质海岸在我国主要分布在辽东湾、渤海湾、苏北、浙闽港湾和珠江口外等岸段。

淤泥质海岸主要由江河携带入海的大量细颗粒泥沙，在波浪和潮流作用下输运沉积所形成。故大多分布在大河入海平原沿岸和河口地区。另外一部分是由沿岸流搬运的细颗粒泥沙，在隐蔽的海湾堆积而成。其特征是岸滩物质组成较细，泥沙颗粒中值粒径 $d_{50}<$

0.03mm，黏土含量≥25%。淤泥颗粒间有粘结力，在海水中呈絮凝状态，会引起岸滩的冲淤变化和港口航道的淤积。淤泥质海岸海底坡度平缓，通常小于1/1000，潮间带滩地较宽广，泥沙运移形态以悬移质为主。

长期以来，以淤泥质海岸的天津港、连云港港为研究重点，进行了大量卓有成效的研究工作并取得成果。得出了海岸泥沙来源、底质分布、泥沙运移特征、含沙量分布规律、港池航道淤积计算方法、港区总体布置原则及减淤措施、航道边坡优化、复式航道技术、适航水深应用技术等成果。对于此类海岸可利用其滩缓水浅的特点，采用近岸填筑式布置模式，即充分利用港池航道疏浚土，通过吹填形成大面积填筑式港区，使之成为优良港址。目前所拥有的大规模疏浚与吹填技术、超软土地基加固技术、岸坡稳定加固技术等，也为淤泥质海岸港口选址与建设提供了技术支撑。

通过研究与实践，目前已掌握淤泥质海岸选址建设港口的关键技术，泥沙淤积已不是制约淤泥质海岸港口发展的障碍，无论在平直型、港湾型或河口区域的淤泥质海岸，港口建设均有成功实例。天津港已由严重淤积港口变为轻淤港，而其基建与维护疏浚土方已成为形成陆域的宝贵资源。

但是在港域深水化条件的泥沙淤积规律、提高深水长航道通过能力、港域规模与环境的关系等方面需进一步研究和实践。

### 4.1.2 粉砂质海岸港址选择

粉砂质海岸主要分布在我国的辽东、冀北、鲁北、鲁南、苏北、浙东等海岸线上。粉砂质海岸是一种岸滩物质介于淤泥质海岸和砂质海岸之间的一种特殊海岸，泥沙活动性大，在风浪作用下，极易起动，也很容易沉降，因此在粉砂质海岸上选址建港，港池航道的淤积问题是海港建设发展需首先解决的问题。

粉砂质海岸泥沙具有不同于沙质泥沙的运动特性，其中值粒径 0.03mm $\leqslant d_{50}\leqslant$ 0.1mm，且黏土含量<25%。对于冲淤平衡和淤涨型的粉砂质海岸，往往与淤泥质海岸一样拥有平缓的岸滩，除平常天气泥沙淤积外，在大风浪作用下，航道会产生骤淤现象。对于侵蚀型的粉砂质海岸，浪、流一般较大，选址时应考虑对浪、流的防护以及港口建筑物的防冲刷措施。不论是淤涨型、侵蚀型还是冲淤平衡型粉砂质海岸，其泥沙运动均具有粉砂运动的基本特性，在港口选址中应考虑采取相应减淤措施。

通过近10余年不断地研究探索和实践，逐步掌握了粉砂特性及其淤积规律，并取得大量成果。由于地貌形态、水动力条件的差异，粉砂质海岸港口泥沙淤积机理并不完全相同，港址选择需解决的问题重点有共性也有各自特性。比较有代表性的是处于淤泥粉砂质海岸的黄骅港、细沙粉砂质海岸的唐山港京唐港区、侵蚀性废黄河三角洲的盐城港滨海港区、辐射沙洲潮汐汊道的南通港洋口港区。

（1）黄骅港，位于河北省渤海湾西南岸，大口河河口外北侧海区。重点解决的是在大风浪作用下岸滩泥沙对航道的骤淤问题。通过研究，取得了此类型海岸不同粒径粉砂对应的沉降速度与黏土含量关系曲线以及起动摩阻流速与黏土含量的关系；泥沙运移状态；航道3层模式淤积计算；考虑波浪周期和波浪破碎因素的波浪挟沙能力公式；航道骤淤与风向和风时之间的关系；防骤淤重现期标准；不同骤淤重现期航道淤积预测方法；防沙堤平面布置及合理尺度；考虑骤淤因素的航道通航标准；港口工程减淤效果评价系统；港口航道水域减淤措施原则和方法等成果。

(2) 唐山港京唐港区，位于渤海湾北岸，大清河口与滦河口之间。重点解决的是风暴潮期间沿岸流、沿堤流挟沙对航道的骤淤问题。通过研究，建立了在风暴潮作用下广义沿岸输沙概念及其估算方法；取得了风暴潮条件航道骤淤机理；风暴潮骤淤复演物理模型模拟技术；减淤措施及挡沙堤合理平面布置尺度等成果。

(3) 盐城港滨海港区，位于江苏沿海中北部的海岸最突出部、废黄河口三角洲区域。重点解决的是岸滩侵蚀及强水动力条件问题。通过研究，取得了海岸"动力－泥沙－地形"系统演化预测模型；海床侵蚀下限和侵蚀平衡剖面；挖入式与侧向口门结合的平面布置模式；大横流航道操船模拟及尺度计算；强水动力条件下冲刷耦合影响模拟技术；冲刷尺度确定及防护措施等成果 。

(4) 南通港洋口港区人工岛及码头工程，位于苏北辐射沙洲烂沙洋水道尾部的西太阳沙沙洲。需重点解决的是港址沙洲、水道的稳定性及人工岛、码头等水工建筑物基础的冲刷问题。通过研究，取得了自然环境复杂的辐射沙洲海域"水道－沙洲"系统演变及泥沙运移特征；"水道-沙洲"系统的演化预测模型及稳定性分析；航道-码头-栈桥-人工岛-陆岛通道-陆域临港工业区平面布局模式；平、立结合的新型防冲刷体系；冲淤监测与后防护理念及措施；大潮差、高流速离岸浅水人工岛填筑技术等成果。

上述成果在类似海岸港口如黄骅港综合港区、山东滨州港、潍坊港、东营港等港口建设中得到应用。目前黄骅港散货港区和综合港区防波挡沙堤、10 万吨级航道及 8 个通用泊位已建成运营，效益良好，20 万吨级航道一期工程及防沙堤延伸工程正在实施。京唐港区 20 万吨级航道已经投入使用，北防波挡沙堤已延伸至－11.5m 水深，使用效果良好。盐城港滨海港区是第一个在废黄河三角洲侵蚀性地貌条件下建设的大型港口工程，南通港洋口港区人工岛及码头工程也是在苏北辐射沙洲中心区域建设的第一个港口工程。上述港址地貌特征各具有代表性，其选址建设经验对后续工程建设及类似海岸的港口建设均提供了借鉴。

在粉砂质海岸建设港口是我国港址选择技术的突破。由于粉砂质海岸的复杂性，对港口选址提出了更高要求。未来将在进一步减少淤积总量措施、软基条件下经济适用的防沙堤新型结构的研发等方面进一步研究，对不同特点岸线在基础理论、试验模拟技术、设计、施工技术等方面进一步系统化。

### 4.1.3 岛群建港港址选择

我国港口选址经历了从内河到沿海、从沿海到外海的发展过程。我国大陆海岸线总长约 3.2 万 km，其中岛屿海岸线长 1.4 万多千米，深水岸线资源十分丰富，开发潜力巨大，依托外海岛礁或岛礁群建港是外海深水港开发建设的重要组成部分。近年来已经成功建成了马迹山、洋山、大榭岛等港区，形成了依托外海岛群建设港口的技术体系。

外海岛礁长期与海洋潮汐动力相互作用，水下地形复杂，地形起伏较大，一般在某等深线以上地势较平坦，以下则形成陡坡；岛礁周边潮沟发育，深水贴岸；峡岛效应明显，潮流强劲，泥沙不易落淤；掩护条件因岸线位置不同存在差异；集疏运、外配套条件较差；地质条件较为复杂，部分区域软土深厚，局部基岩裸露。依托岛礁群建港，因其有良好的水域、水深条件，进港航道开发建设较易，通过围海造地形成陆域，特别适合于建设大型水一水中转港口，在集疏运较易解决的近岸岛礁，建造水陆转运的港口优势更明显。

依托岛群建设港口的关键技术问题主要包括如何提高港区的作业天数、如何布置码头前沿实现归顺流态利于船舶安全操纵的目标、如何减小港区水域的淤积、如何布置港区进港航道等。近年来，以开发岛礁周边深水岸线建设港口为目标，开展了大量的应用技术研究和实践工作，形成了依托外海岛群建设港口的技术体系，主要包括近海工程勘察新技术、港区水文泥沙模拟分析技术、顺岸港池回淤估算技术、港区总体布置技术、深水筑堤技术、深水疏浚和大面积陆域形成技术、深厚软土地基加固技术、浅覆盖层或裸露基岩上建设高桩码头技术、监测检测技术等内容，这些技术已经在港口建设领域内广泛应用。

依托岛群建港技术体系，国内先后选择并建设成功了多座大型外海港港址，岛群港址选择技术，已经成为我国开发岛礁周边深水岸线的成熟技术。

如依托嵊泗马迹山岛的马迹山 30 万吨矿石水一水中转码头工程，为当今世界第一大矿石水水中转港，其充分利用外海水深条件，实现远洋大型矿石船与进江矿石船舶之间的水水中转。上海国际航运中心洋山深水港港址是当今世界上首座依托外海岛礁群地形通过人造深水岸线在强潮流、高含沙海域建设的超大型集装箱港区，工程位于浙江舟山嵊泗崎岖列岛海域，距上海南汇咀约 30km，港址所在海域具有多岛礁、多汊道、强潮流、高含沙、远离大陆、地形和基岩起伏大等特点，港区制定了“封堵汊道，归顺水流，减少淤积，安全靠泊”的总体布置原则，通过六年的建设，北侧形成了 16 个大型集装箱泊位，最大能力可达 1500 万 TEU/a。

### 4.1.4 典型工程案例

**(1) 天津港大港港区**

天津港大港港区位于天津市海岸线最南端，处于淤泥质海岸。大港港区的规划定位于近期以工业港为主，主要满足工业区内重工大项目的配套使用需要；远期具备运输大宗散货功能。大港港区规划港区面积 30km$^2$，形成岸线长度约 32km。大港港区北侧为独流减河口，规划选址中综合考虑了港区开发建设和河流安全行洪两方面因素，将岸线集中在独流减河口南侧区域，并在独流减河口北侧布置防波堤。设置两个南北走向港池。在航道两侧－4m 水深处布置两个隔堤，形成港区口门，防波堤东端点设置在－6m 等深线处。陆域形成全部利用疏浚土方吹填造陆。见图 4.1-1。

**(2) 黄骅港散货港区和综合港区**

黄骅港港址位于河北、山东两省交界处，大口河以北海域，处于粉砂质海岸。黄骅港散货港区和综合港区位于煤炭港区北侧，规划陆域面积 114km$^2$，码头岸线 45.5km。防波挡沙堤标高根据防浪、挡沙不同功能，采取不同标高。目前防波挡沙堤及起步工程 8 个泊位已经建成，航道等级为 10 万吨级、20 万吨级航道一期工程、北防波挡沙堤延伸工程正在实施。见图 4.1-2。

**(3) 南通港洋口港区人工岛及码头工程**

本工程人工岛位于苏北辐射沙洲烂沙洋水道尾部的西太阳沙沙洲，属洋口港区长沙作业区。人工岛面积 2.89km$^2$，南北两侧规划建设 33 个泊位，连接人工岛与大陆的陆岛通

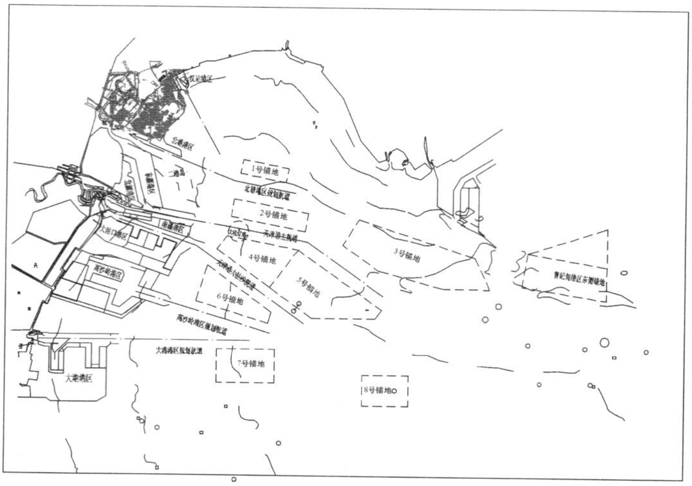

图 4.1-1 天津港规划形势图

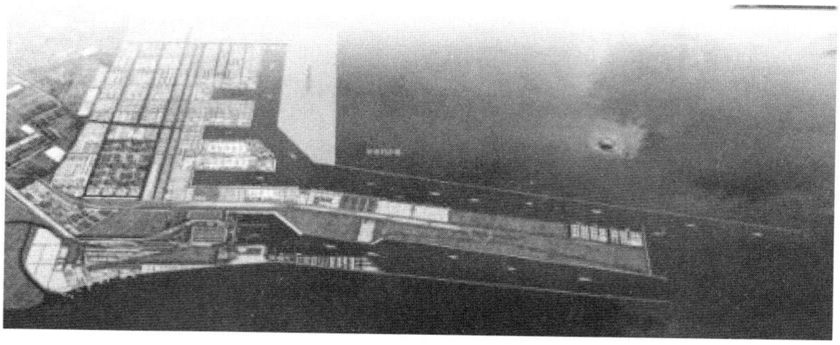

图 4.1-2 黄骅港规划形势图

道长度 12.6km。目前陆岛通道、人工岛及 LNG 码头已经建成，可停靠 26.7 万方 LNG 船舶。见图 4.1-3。

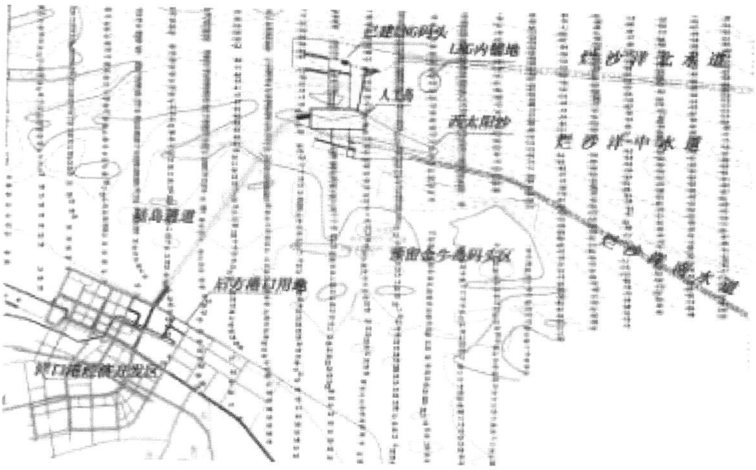

图 4.1-3 南通港洋口港区人工岛规划形势图

**(4) 洋山深水港区**

洋山深水港区位于浙江舟山嵊泗崎岖列岛海域，距上海南汇咀约 30km。崎岖列岛分别以大洋山和小洋山为主，构成南、北岛链。港区分为南港区和北港区，其中北港区为重点开发港区，南港区为远期发展预留。北港区规划岸线长度约 14km，其中集装箱码头岸线长度 9.35km，布置约 30 个集装箱深水泊位。小洋山东港区为能源港区，规划岸线长 3550m，目前已建有上海 LNG 接收站和洋山石油储运项目一期工程。港址见图 4.1-4。

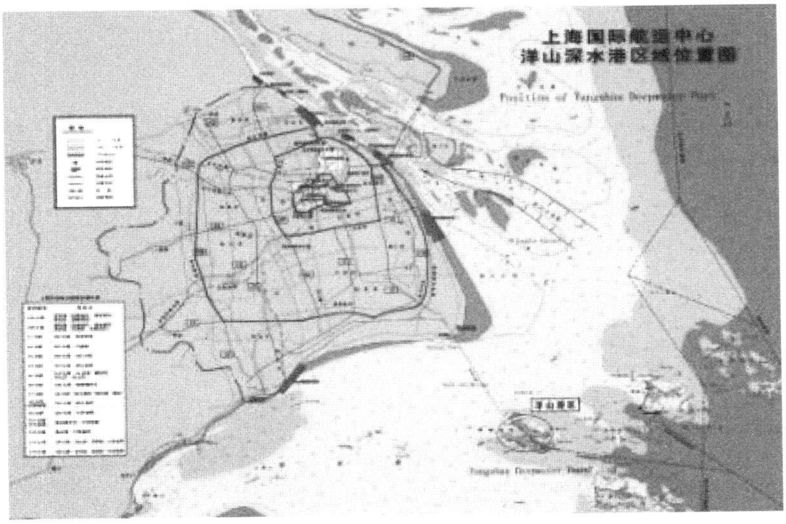


图 4.1-4　洋山深水港区形势图

## 4.2　海港总平面布置

随着港口规模的不断扩大以及船舶不断大型化，我国港口布置形态大致经历的发展阶段为：天然优良港湾建港—人工掩护式建港—大型开敞式建港。

**(1) 天然优良港湾建港**

我国北方的辽东半岛、山东半岛，东南和华南沿海地区，天然港湾比较多，如大连港的大窑湾、大连湾，烟台港所在的芝罘湾，湄洲湾，大鹏湾、湛江港所在的湛江湾等都是非常优良的深水港址。

不少港口建在海湾内，形成天然掩护，且周围没有泥沙来源，年回淤量甚少。利用天然港湾建港，初期多采用突堤式或小顺岸的布置形式。随着港口规模的不断扩大，特别是近年来集装箱业务的高速发展，港口出现了较多大顺岸的布置形式，例如大连港的大窑湾港区、青岛港的前湾港区等，集装箱作业区顺岸的岸线长度普遍在 2km 以上。

**(2) 人工掩护式建港**

随着我国优良港湾的陆续开发，港口的布置形态开始转向人工掩护式，即通过建设防波堤为港口提供对具备波浪、泥沙、水流及冰的防护条件的港口布置形式。人工掩护式港口可以提高码头作业天数或改善港池淤积状况，经济、社会和环境效益大。

人工掩护式建港也已在我国港口建设中广泛采用，防浪类型的典型人工掩护式港口有日照港、青岛港董家口港区、营口港鲅鱼圈港区等。防沙类型的人工掩护式港口有天津港、潍坊港、黄骅港、丹东港等。

**(3) 大型开敞式建港**

大型开敞式建港是将码头布置于天然水深适宜的无掩护水域，通过引堤、引桥与后方陆域相连，形成开敞式布置的码头。随着近年来大型矿石船和大型原油船（30 万吨级及以上船舶）的出现，固有的建港模式（天然港湾和人工掩护）已难以适应。另外，经过多年的发展，我国对于开敞式码头建设关键技术的研究以及建港能力均有了很大程度的提升。在这种背景下，大型开敞式建港也变成了现实。

我国建成的大型开敞式码头已有多座，分布在我国沿海主要港口，例如大连港 30 万吨级矿石码头、30 万吨级原油码头、青岛港董家口港区 30 万吨级矿石码头、30 万吨级原油码头、日照港岚山港区 30 万吨级原油码头、洋山深水港、舟山马迹山 25 万吨级矿石码头、洋浦实华 30 万吨级原油码头等。

经过多年的发展，我国港口已初步形成了布局合理、门类齐全、配套设施完善、现代化程度较高的港口运输体系。

### 4.2.1 人工掩护式港口总平面布置

人工掩护式港口布置是指通过建设外堤为港口提供具有对波浪、泥沙、水流及冰的防护条件的港口布置形式。在平直的海岸上为获得较好的掩护需建设防波堤以阻挡波浪传入；在沿岸输沙较强或滩宽水浅的海岸建设港口，一般也需建设挡沙堤以减少港池回淤。这两类都可归类于人工掩护式港口。由于人工掩护式港口比开敞式码头具有提高码头作业天数或改善港池淤积状况等优点，被广泛应用于海港。

外堤是防波堤、防沙堤及导流堤的总称。它的布置必须在满足港口水域尺度要求的前提下，为港口提供对波浪、泥沙、水流及冰的防护条件。一般的布置形式见图 4.2-1。

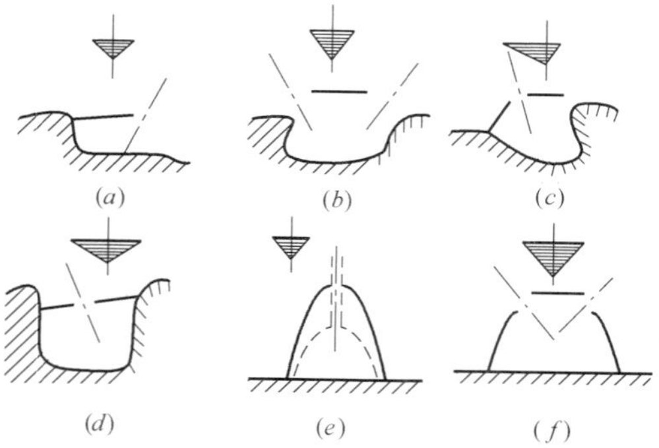

图 4.2-1 海岸建港的外堤布置

外堤环抱的面积，应能满足船舶操纵所需的各部分水域以及为建设港区而填海造陆所需的面积，并应注意留有适当的发展余地。在此前提下，从工程本身考虑，应力求缩短外堤的总长度，减少投资。

外堤的平面布置，特别是口门的位置、方向、大小，对海港水域的水面平稳和泥沙淤积起决定性作用。口门一般布置在港区的最大水深处，并与航道的进港方向相协调，航道进入口门的方向与强浪向的夹角不易过大，口门的方向、位置及口门附近外堤的布置，除有利于航行外，尚须结合港口的防浪、防沙以及改善口门附近的水流条件等进行综合考虑。

口门是船舶的出入口，必须方便船只航行，并尽量减少进港的波能及泥沙，同时充分注意口门处的流速。

外堤的平面布置通常要采用物理模型试验或数学模型计算来进行验证和方案比较，选取最优方案。

防浪类型的典型的人工掩护式港口有日照港、青岛港董家口港区、营口港鲅鱼圈港区等。防沙类型的人工掩护式港口有天津港、黄骅港、潍坊港、东营港、丹东港等。

人工掩护式港口总平面布置方式的推广应用可提高岸线的利用效率，有效缓解我国优良港址日渐稀少的现状。人工掩护式港口利用外堤对港区形成良好掩护，提高码头作业天数或改善港池淤积状况。

随着我国港口海运业的快速发展，全国各大港口都在规划建设新港区，但随着港口的不断兴建，具有优良天然掩护条件的港址日渐稀少，人工掩护式港口将逐渐增多。

### 4.2.2 开敞式码头总平面布置

深水岸线资源十分有限，为了适应船舶大型化发展趋势，将码头布置于天然水深适宜的无掩护水域，通过引堤、引桥与后方陆域相连，形成开敞式布置的码头。开敞式码头布置方式主要适用于大型散货码头，由于大型开敞式码头充分利用了水深条件，节省了港池、航道的疏浚费用，码头选址更为灵活。但是由于大型开敞式码头直接面向外海，水文和地质条件比较复杂，给港口设计和施工带来一系列新的课题。

近年通过深入研究，提出了大型开敞式码头轴线布置、码头长度计算和系泊系统布置、码头面高程确定等关键技术研究成果，为大型开敞式码头建设提供了重要的技术保障。

**(1) 大型开敞式码头轴线确定方法**

码头轴线确定包含轴线位置和轴线方向的确定。

轴线位置的确定原则上以引堤、引桥的长度及港池、航道疏浚量相对合适为主要考虑因素。合理的位置是引堤、引桥及港池、航道的疏浚等工程综合费用最省。在淤积严重的地区，为了减少港池航道淤积所带来的营运期维护疏浚费用，可考虑将码头布置在天然水深处。

码头的轴线方向宜与风、浪、水流的主导方向一致，当无法同时满足时，应服从其主要影响因素。在近岸开敞海域，水流方向通常与等深线一致，而波浪方向通常与等深线垂直，码头轴线无法同时满足与水流和波浪方向一致的要求。对于满载大船，水流是主要影响因素，此时应主要根据水流方向确定码头轴线。研究给出了根据大、中、小潮涨落特征得到码头轴线大致方向的计算方法，并编制了全潮逐时潮流分量最小原则精细计算码头轴线方向的分析软件。

**(2) 大型开敞式码头长度计算和系泊系统布置方法**

开敞式码头最佳的系缆布置方式，应在不同水位和不同船舶载态下，保证系泊船舶的运动量满足装卸作业标准，各缆绳缆力比较均匀。经大量数模、物模试验研究表明由于船舶所受横风、横浪和横流的作用力通常远大于顺风、顺浪、顺流时所受到的作用力，故应适当减少泊位长度，适当增大艏艉缆与船舶纵轴的水平系缆角，以减少横缆受力。经泊位长度优化试验验证，提出了大型开敞式码头长度计算和系泊系统布置的新型方法。其中：

①“蝶形”布置的码头长度

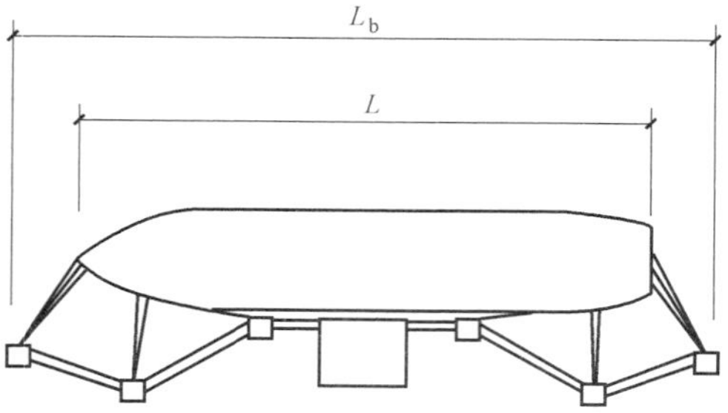


图 4.2-2　“蝶形布置”的泊位长度示意图

开敞式大型原油泊位与 LNG 泊位大多采用蝶形布置（图 4.2-2 所示），此时单个码头长度 $L_b$ 由下式计算：

$$L_b=(1.1\sim1.3)L \tag{4.2-1}$$

式中，$L$ 为设计船长。

②“一”字形布置的码头长度

由于装/卸船工艺设备布置要求，煤炭、矿石、集装箱码头等采用“一”字形布置，如图 4.2-3 所示。“一”字形布置时单个码头长度 $L_b$ 由下式计算：

$$L_b=L+2d \tag{4.2-2}$$

式中，$d$ 为富余长度。

对于开敞式和半开敞式码头，富裕长度 $d$ 可在有掩护码头取值的基础上适当加大，取设计船宽 $B$。

③“一”字形布置码头后置横缆系船柱技术

由于“一”字形布置的码头受到码头平台上装卸设备的限制，系船柱一般都是沿码头前沿布置，因此横缆难以发挥作用。针对这一难题，开发了后置横缆系船柱的技术（图 4.2-3）。在“一”字形码头面下设置二层系缆平台，将横缆系船柱置于码头作业平台下的下层系缆平台上，并后移 20～30m，创新地解决了横缆短的问题，优化了各缆绳在系泊系统中的作用，有效抑制了船舶的横向运动及缆绳张力的不均匀性。

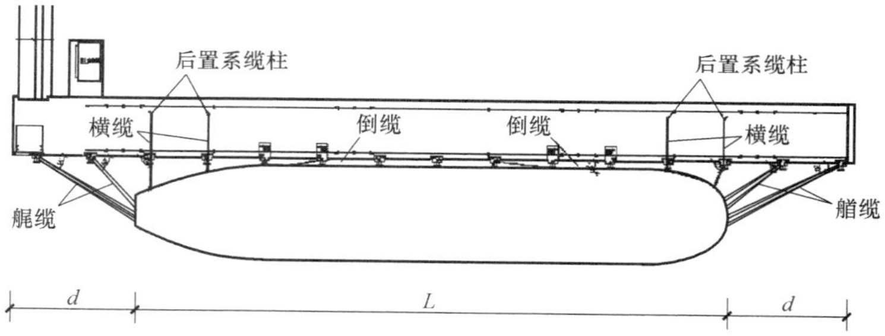


图 4.2-3　“一”字形布置码头后置系船柱示意图

**(3) 大型开敞式码头面高程确定方法**

研究提出了新的码头面高程的确定标准，码头面高程计算有两个标准：一是上水标准，即码头上水是控制因素，码头上部结构所受波浪力不是控制因素；另一个是波浪受力标准，即码头上部结构所受波浪力是控制因素。码头面高程可统一由设计水位、码头前最大波峰面高度、码头上部结构不允许承受波浪力部分的高度和一定的富裕高度组成。并研究提出了正向横浪入射时的码头前沿波峰面高度的计算公式。

我国已经建成一批大型开敞式码头，布局合理、工艺先进、配套齐全的大型开敞式码头保障了我国原油、矿石等大宗货物运输，有力地支撑了我国社会经济的快速发展。未来，大型开敞式码头的建设势必成为港口建设的重中之重。

## 4.2.3 港池式或突堤式港口总平面布置

港池式或突堤式布置是指码头前沿线与自然岸线成较大的角度的布置形式，其交角一般不小于45°和不大于135°，斜交布置时锐角一带岸线较难利用，岸线利用率降低。由于突堤式码头比顺岸式码头所占用自然岸线少，布置紧凑，故在自然岸线较少的条件下，需要自身掩护时，宜优先考虑突堤式。港池式或突堤式码头广泛应用于海港。

**(1) 布置形式**

按港池的形成方式可分为挖入式港池和填筑式港池。挖入式港池主要是在陆上或者滩地上开挖形成，在平面布置上，一般港池深入陆界之内。填筑式港池主要是将港池延伸至自然岸线以外的浅水甚至深水区域，通过填筑形成突堤，突堤间形成港池（图4.2-4）。

**(2) 布置时应考虑的因素**

① 港池的朝向

港池朝向应根据当地的自然条件、船舶进出的方便安全、码头岸线的利用、掩护条件和挖泥量等因素综合分析比较确定。波浪影响泊稳条件时，港池的布置应尽量减小港池内泊位直接承受横向波浪的影响。港池与航道轴线夹角较小时便于船舶安全进出港池，因此在可能的情况下，港池宜尽量接近航道的来船方向。

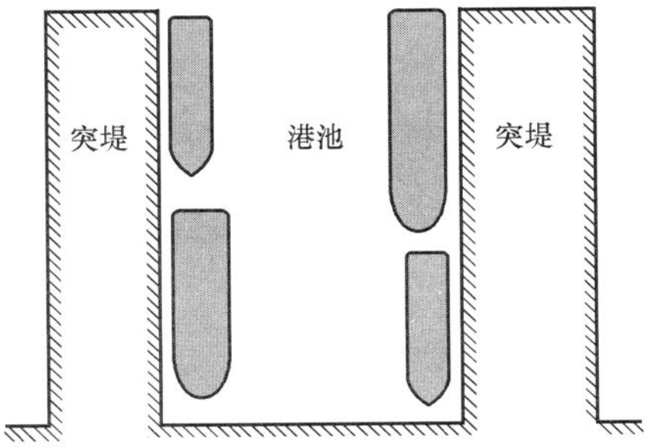


图4.2-4　突堤、港池布置示意图

② 港池与航道间的连接水域

港池与航道间的连接水域，应满足船舶航行的操作要求。在有掩护港内船舶转弯半径自航时不小于3.0$L$（$L$为港池内最大吨级船舶的船长，下同），拖轮协助作业时不小于2.0$L$。连接水域水深宜与航道设计水深一致。连接水域形状和尺度见图4.2-5。

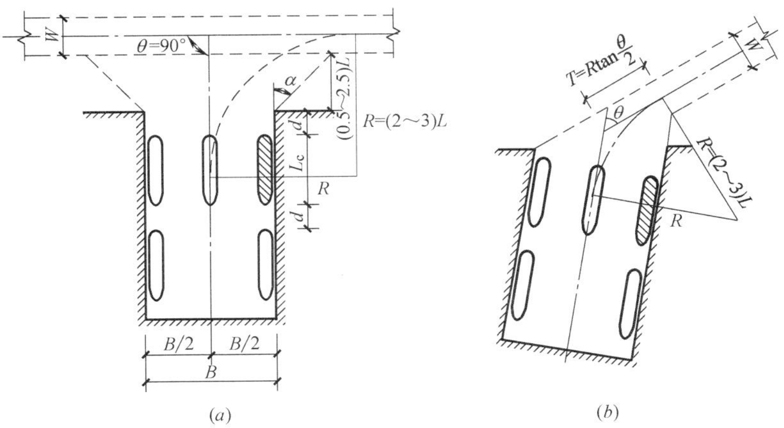


图4.2-5　连接水域形状和尺度

(*a*) $\theta=90°$；(*b*) $\theta<90°$

**(3) 主要尺度**

为方便船舶进出，港池长度一般以2～3个泊位为宜，最长不宜超过5个泊位。

突堤间港池宽度应满足船舶安全进出港池及靠离泊的需要，根据港池两侧泊位布置、船舶是否在港池内转头以及拖轮的使用情况等因素确定。船舶在港池内调头时，港池宽度应不小于 2.0$L$；船舶不在港池内调头时，港池宽度取为（0.8～1.0）$L$。突堤间港池宽度见图 4.2-6。

突堤宽度根据货种及货物疏运需要和装卸作业方式确定。货运量较大的件杂货和集装箱码头，一般宜用宽突堤；用管道输送的油码头或采用皮带机运输的散货码头等，则可用窄突堤。在河口区，突堤的突出易破坏原有的水流流态，引起淤积，且过多地占用河道宽度，影响通航，应慎重选用。

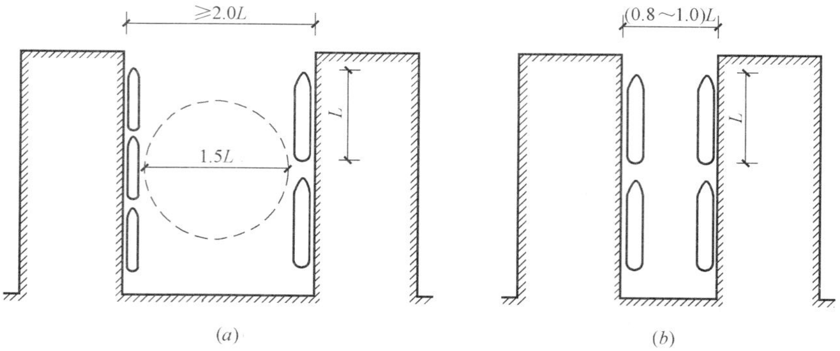


图 4.2-6　突堤间港池宽度
（$a$）有转头作业；（$b$）无转头作业

典型的挖入式建港有唐山港京唐港区、唐山港曹妃甸港区、丹东港大东港区、斯里兰卡汗斑托塔港等。

港池式或突堤式港口总平面布置方式可提高码头岸线的利用效率，有效缓解自然岸线资源日渐匮乏的现状。特别是在海岸以内有大面积洼地可以利用的情况下，采取挖入式港池建港，挖港池填高陆域，码头结构甚至可以陆上施工，港口规模的扩大可以采取向内陆增挖港池，工程较易实现。

挖入式港池建港具有占用水域少、对岸滩变化影响小、可干地施工等特点，适用于陆域充足、基岩埋深较深、淤积不严重的地区。填筑式突堤建港具有不占用陆地、对海域环境影响大、建设成本高等特点，适用于深水离岸较远、水动力不强、填料丰富的情况。

随着我国建港条件良好的天然海湾和深水岸线日渐匮乏，采用港池式或突堤式建港将逐渐增多。

### 4.2.4　深水航道选线及设计主要参数确定

我国沿海港口吞吐量的不断攀升和船舶大型化趋势导致对港口进港航道的通航条件、通航尺度的要求更高。为了满足沿海港口深水航道的建设需求，提高深水航道建设水平，保证大型船舶的航行安全，近年来对沿海港口深水航道选线及设计主要参数进行深入系统的研究。

**（1）航道选线**

航道选线是港口总体布置中的一项重要工作，航道选线要贯彻操船安全、挖方量少、施工期短、疏浚维护方便和投资省等技术经济合理原则。航道轴线应尽可能顺直，需要转向时应采取平滑的曲线连接，避免突然转向，通过船舶操纵模拟试验和实船观测研究，提出了考虑航速影响的船舶转弯半径计算公式：

$$R=0.5\cdot V_s\cdot L/[1-\sin(\varphi/2)] \tag{4.2-3}$$

式中，$R$ 为转弯半径（m）；$V_s$ 为船速（knots）；$L$ 为设计船长（m）；$\varphi$ 为转向角（°）；公式中系数 0.5 的单位为 kont·$s^{-1}$。

航道两个连续转弯之间的直线长度应大于或等于 5 倍设计船长，在不能满足时，应采用船舶操纵模拟器等手段进行研究论证。

**(2) 航道骤淤备淤深度**

对于年回淤量中骤淤所占比例较大的港口，对骤淤形态做出适当的预测，以适当的备淤深度分布抵御骤淤的"进攻"，保证航道在骤淤发生后仍能维持必要的通航水深，是保证港口正常生产的有效措施。

采用骤淤备淤深度有两个前提条件：一是航道的回淤是以骤淤为主；二是不同水平的骤淤淤积量和淤积形态是可以预报的。确定骤淤备淤深度，首先要制订合理的设计标准，即抵御什么水平的骤淤。骤淤重现期取得过大，难免造成浪费。因此，设计骤淤重现期的选取应通过技术经济论证，根据黄骅港在粉砂质海岸上航道建设的经验，骤淤频率可取10％～20％。运用骤淤备淤深度，还应通过实践对淤积预报方法进行必要的校正，提高预报精度。

**(3) 航道宽度**

我国规范中计算航道宽度时采用的公式中，以船长、船宽和风流压偏角作为控制因素，在结构上是合理的。通过船舶模拟器试验和实船观测，以及对不同船型、不同工况下计算结果进行对比，在多数情况下取值基本相当，尤其是在航速适中（8～12 节）的情况下。但对于硬质、陡峭边坡航道和交汇密度较大的双向航道情况下，应适当增加航道宽度。

**(4) 航道通过能力**

沿海港口航道通过能力不仅与航道自身的通航条件有关，更与所在港区的定位密切相关。以港口服务水平为评价指标分析确定沿海港口航道通过能力是合理的。沿海港口航道通过能力不仅与航道长度、航道尺度、通航条件等航道自身条件有关，还与港口的生产规模、生产效率、经营货种、运输船型等条件有关。因此，沿海港口航道通过能力很难用简单的公式计算。对影响因素复杂的航道，应采用计算机仿真模拟研究，分析确定航道通过能力。

### 4.2.5 典型工程案例

**(1) 人工掩护式港口布置**

日照港石臼港区自万平口至奎山咀南岸的岸段总体走势为 NE—SW 向，港区主要浪向为 N—S 向，约占 80％，常强浪向为 E。规划中重点考虑对 NE—SE 向波浪进行掩护，故分别由万平口南侧的石臼咀和奎山咀向海测建设防波堤或护岸，以形成大型人工掩护式港口，见图 4.2-7。

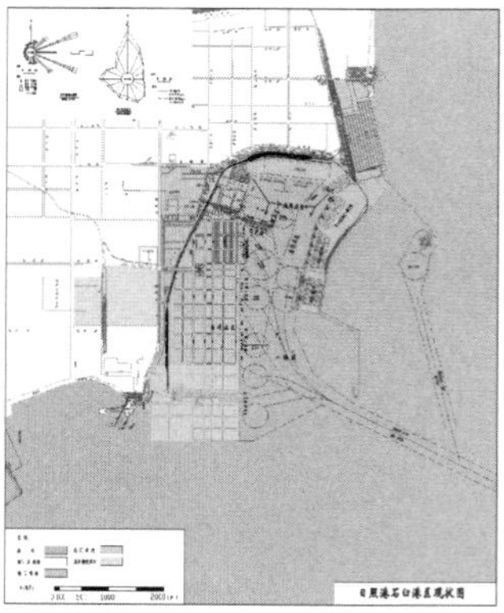

图 4.2-7 日照港石臼港区现状图

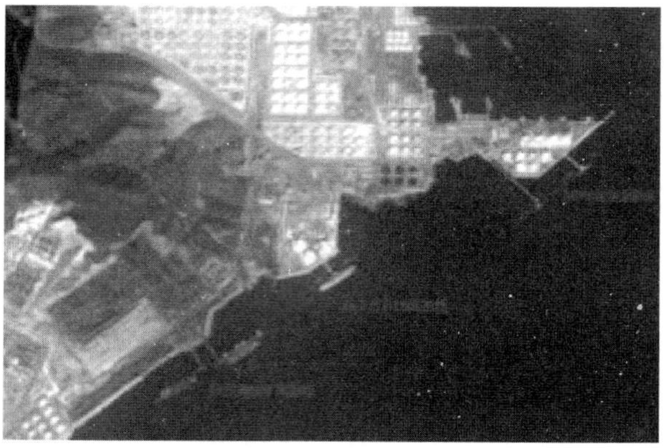

图 4.2-8 大连港鲇鱼湾港区开敞式泊位群

**(2) 开敞式港口布置**

1) 大连港鲇鱼湾港区开敞式泊位群

本海区常浪向为 SE 向、强浪向为 SSW 向。潮流运动以往复流为主，总趋势为涨潮流主流向为 W—SW，落潮流主流向为 E—EN。已建 25 万吨级矿石泊位、26.7 万方 LNG 泊位和 2 个 30 万吨级油码头。如图 4.2-8 所示。

2) 青岛港董家口港区 30 万吨级矿石泊位

30 万吨级泊位为开敞式布置，泊位位于规划防波堤外侧，码头轴线与防波堤轴线平行，码头前沿水流主流向基本与码头轴线一致。如图 4.2-9 所示。

图 4.2-9 青岛港董家口港区 30 万吨级矿石泊位 3D 效果图

**(3) 挖入式港口布置**

1) 唐山港曹妃甸港区

曹妃甸港区天然岸线仅 6.8km，该岸滩具有两个特殊的地形地貌特性：一是邻近深槽，岛前西南及南侧距岸 600m 处即为渤海湾潮流通道的深槽，岛前约 500m 水深就达 −20～−30m；二是北侧有大片浅滩，滩上 0m 等深线以上面积多达 150km²。规划布置三个挖入式港池和甸头地区大型开敞式泊位区，3 个内港池通过纳潮河相互连通，规划区总面积 310km²，其中陆域面积 228km²，水域面积 82km²，可以形成约 61km 的可用岸线。如图 4.2-10 所示。

2) 丹东港大东港区

丹东港大东港区位于鸭绿江入海口西侧，江海分界线附近。大东港区的风、浪较小，含沙量较低，地质条件良好，利用较高的滩地易于形成港区陆域。规划布置4个挖入式港池。如图4.2-11所示。

**(4) 顺岸式港口布置**

太仓港划分为四大港口作业区，规划建设大小泊位172个，其中万吨级以上泊位82个，规划建设泊位的总长度32.8km，设计吞吐能力为2.82亿吨，集装箱吞吐能力2210万标箱。如图4.2-12所示。

**(5) 顺岸栈桥式港口布置**

罗泾港区二期工程建设泊位33个，其中大型海轮泊位9个、水水中转泊位24个，岸线总长2720m，陆域面积144.9万$m^2$，设计年吞吐量4380万t。工程包括钢杂作业区、矿石作业区、煤炭作业区。如图4.2-13所示。

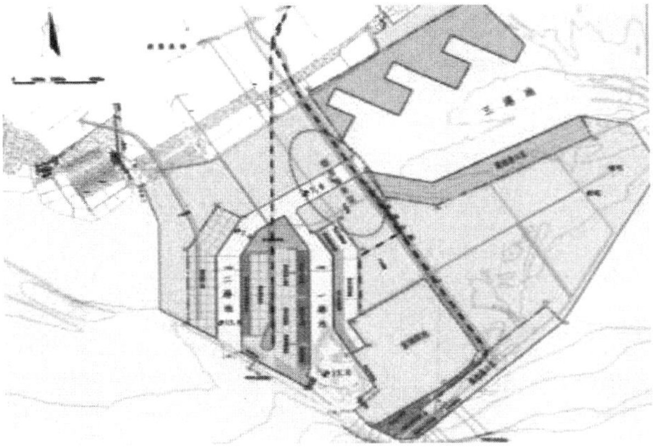

图4.2-10 唐山港曹妃甸港区规划图

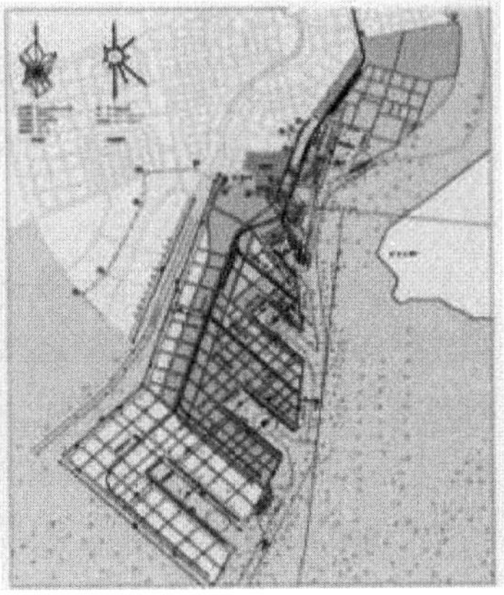

图4.2-11 丹东港大东港区规划图

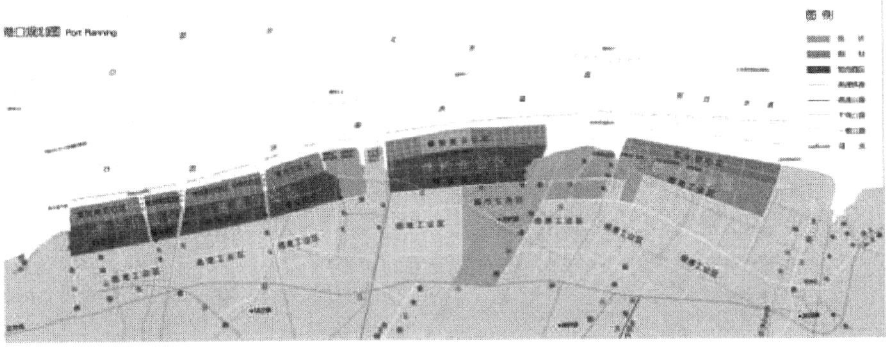

图4.2-12 太仓港区规划图

**(6) 顺岸、挖入结合型港口布置**

广州港南沙港区南沙作业区采取“顺挖结合”的岸线利用布局形态，作业区形成规划岸线长度71.8km，其中公共深水泊位岸线31km，公共驳船岸线23.8km。形成陆域面积53.4$km^2$，除海洋与船舶工业基地4.54$km^2$，均为港口物流与交通服务配套设施用地。如图4.2-14所示。

图 4.2-13 上海港罗泾港区二期工程

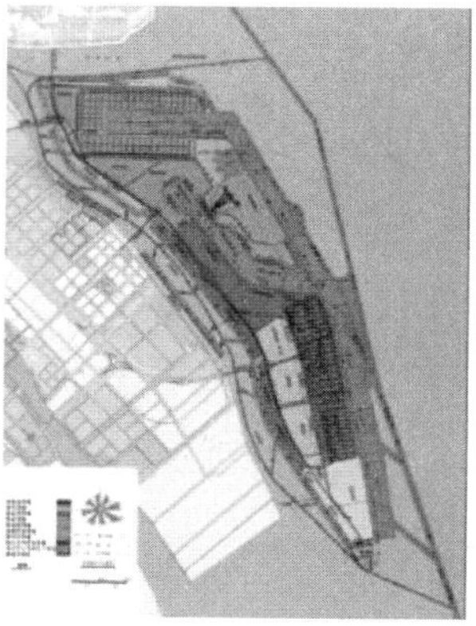

图 4.2-14 广州港南沙港区南沙作业区

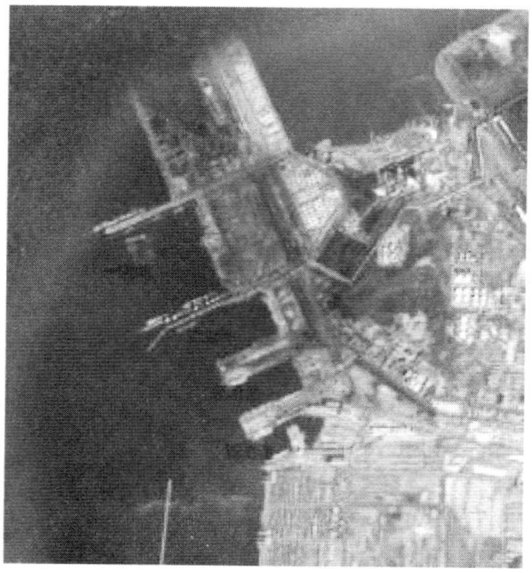

图 4.2-15 营口港鲅鱼圈港区现状图

**(7) 突堤式港口布置**

营口港鲅鱼圈港区的第一～四港池由两个窄突堤和两个宽突堤形成，利用约 2.5km 的天然岸线形成约 8km 港口岸线。如图 4.2-15 所示。

**(8) 天然海湾型港口布置**

1）大连港大窑湾港区

大窑湾港区借助大窑湾天然地形，加之湾口处的双口门防波堤形成掩护良好的大型港区。港区采用双口门布置，由南防波堤、岛堤、北防波堤外共同防护外海波浪，对全湾形成较好掩护。如图 4.2-16 所示。

2）深圳港大铲湾港区、大小铲岛港区

深圳港大铲湾港区、大小铲岛港区的布置利用天然海湾，同时借助离岸岛屿，主要形成顺岸式码头布置。如图 4.2-17 所示。

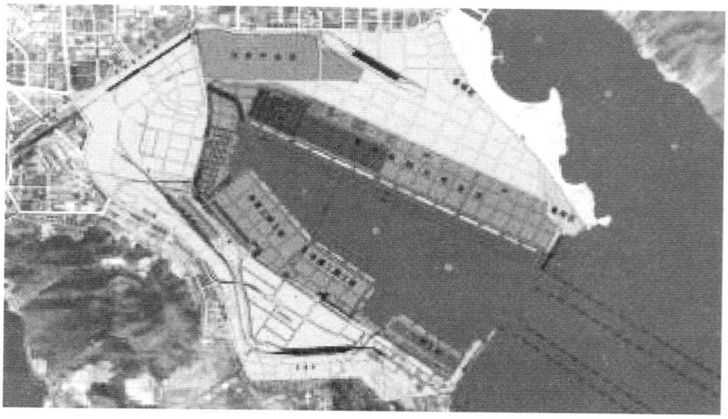

图 4.2-16 大连港大窑湾港区规划图

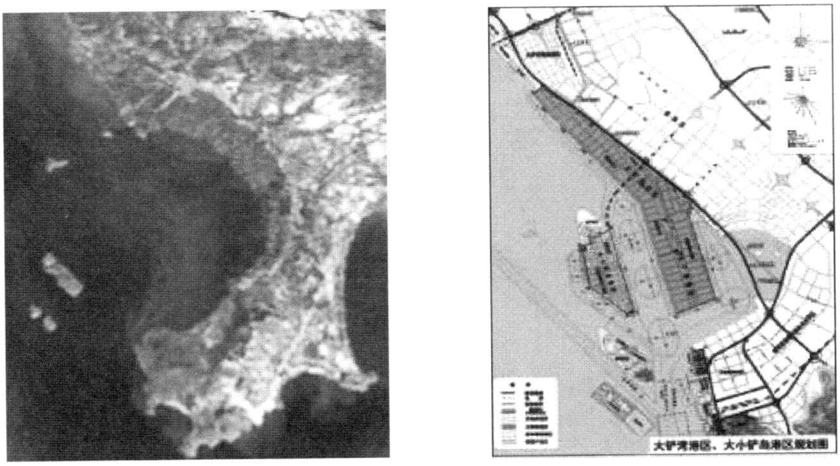


(*a*)　　　　(*b*)

图 4.2-17　深圳港大铲湾港区

(*a*) 深圳大铲湾原始岸线图；(*b*) 深圳港大铲湾港区规划图

**(9) 岛屿型港口布置**

洋山深水港区所在的大、小洋山共有岛礁 66 个，形成南北两个岛链。以“封堵汊道、归顺水流、减少淤积、安全靠泊”为原则进行总体布局。如图 4.2-18 所示。

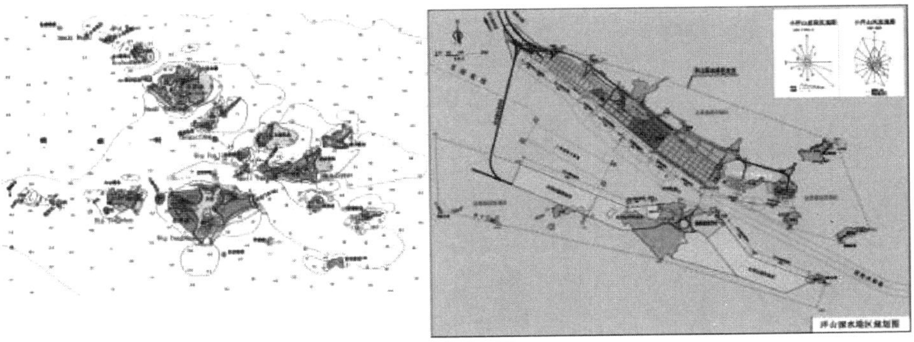

(*a*)　　　　(*b*)

图 4.2-18　洋山深水港区

(*a*) 洋山港区岛链分布图；(*b*) 洋山深水港区规划图

# 5 海洋结构工程

海洋工程是20世纪60年代开始提出来的术语。它是指以开发、利用、保护、恢复海洋资源为目的，并且工程主体位于海岸线向海一侧的新建、改建、扩建工程。具体包括：围填海、海上堤坝工程，人工岛、海上和海底物资储藏设施、跨海桥梁、海底隧道工程，海底管道、海底电（光）缆工程，海洋矿产资源勘探开发及其附属工程，海上潮汐电站、波浪电站、温差电站等海洋能源开发利用工程，大型海水养殖场、人工鱼礁工程，盐田、海水淡化等海水综合利用工程，海上娱乐及运动、景观开发工程，以及国家海洋主管部门会同国务院环境保护主管部门规定的其他海洋工程。

进入21世纪以来，随着全球油气资源需求量的快速增加、大陆架油气资源逐渐枯竭以及水资源缺乏、生态环境恶化、人口急剧膨胀等问题的日益严峻，世界各国纷纷把目光投向了约占地球面积71%蕴藏着丰富资源的海洋，从而加快了海洋的开发利用。海洋的开发利用主要包括：海洋资源开发、海洋空间利用、海洋能利用、海岸防护、海洋建设及勘测等。海洋资源开发是指生物资源开发、矿产资源开发、海水资源开发等，海洋空间利用是指沿海滩涂利用、海洋运输、海上机场、海上工厂、海底隧道、海底军事基地等，海洋能利用是指潮汐发电、波浪发电、温差发电等。近二、三十年以来随着海洋石油、天然气等矿产的开采，海洋工程的结构形式逐步发展充实起来的。海洋结构工程作为海洋资源开发和空间利用的各种工程设施，显得日益重要。

海洋结构工程的形式很多，主要分为三类：港口海岸结构工程、海洋平台结构工程和其他海上结构工程。港口海岸结构工程主要适用于海岸带及近岸浅海水域，如海提、护岸、码头、防波堤、人工岛等，以土、石、混凝土等材料筑成斜坡式、直墙式或混合式的结构。海洋平台结构工程主要适用于浅海海上平台、水深较大的大陆架海域，如导管架平台、自升式平台、钻井船、浮船式平台、半潜式平台、张力腿平台等，可以用作石油和天然气勘探开采平台、浮式贮油库和炼油厂、浮式电站、浮式飞机场、浮式海水淡化装置等。其他海上结构工程适用于软土地基的浅海，也可用于水深较大的水域，如高桩码头、岛式码头、海上风力发电浮式结构等。除此之外，近年来还在发展无人深潜水器和遥控海底采矿设施等深海结构工程。

本章主要介绍港口海岸结构工程、海洋平台结构工程和其他海上结构工程。

## 5.1 港口海岸结构工程

港口海岸结构工程主要包括海港结构工程和海岸结构工程。

## 5.1.1　海港结构工程

海港结构工程是指海港所修造的各种工程设施，主要包括防波堤、码头和修船造船建筑物等。它原是土木工程的一个分支，随着海港工程科学技术的发展，已逐渐成为相对独立的学科。但仍和土木工程的许多分支，如水利工程、道路工程、铁路工程、桥梁工程、房屋工程、给水和排水工程等分支保持密切的联系。

海港由水域和陆域两大部分组成，其周界线称为港界。港界范围以内的区域称为港区。港口水域供来港船舶航行、停泊、装卸货物使用，包括进港航道、港池和锚地，如图5.1-1所示。港口陆域布置各种装卸机械、堆存仓库、运输铁路公路以及相应的辅助设施等。

海港建筑结构的设计，除应满足一般的强度、刚度、抗震、稳定性和沉陷方面的要求外，还应特别注意波浪、水流、泥沙、冰凌等动力因素对港口建筑结构的作用及环境水（主要是海水）对建筑物的腐蚀作用，并采取相应的防冲、防淤、防渗、抗磨、防腐等措施。

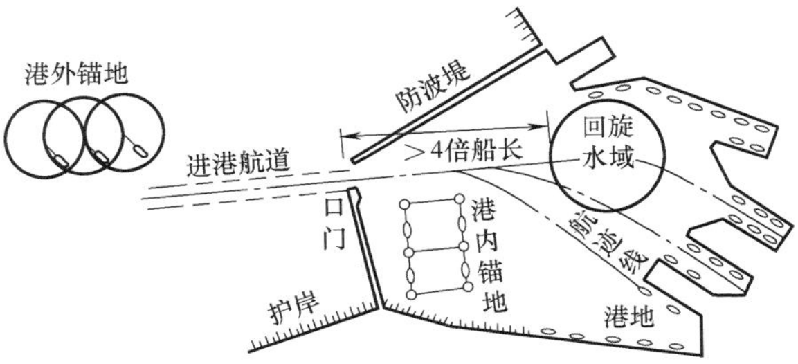

图5.1-1　港口水域示意图

**(1) 防波堤**

防波堤一般修筑在开阔水域港口的外侧，以阻挡波浪直接向港内入侵的堤，又称外堤。其主要作用是保证船舶在港内安全停泊和进行正常的港口装卸作业，保证船舶安全方便地进出港口，有时还有改善港区水流条件和阻挡泥沙进入港内以减轻港口及航道淤积的作用。

防波堤的形式一般有斜坡式（图5.1-2）、直立式（图5.1-3）和混合式三种结构构造。

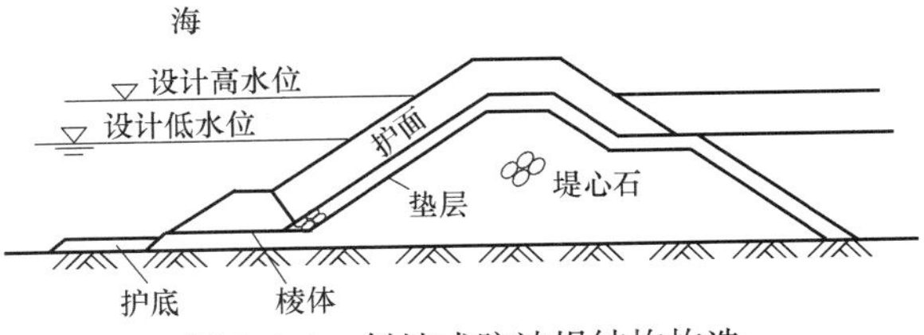

图5.1-2　斜坡式防波堤结构构造

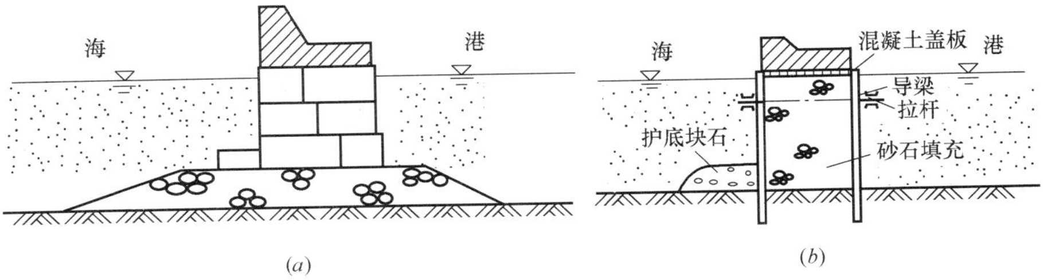

图5.1-3　直立式防波堤结构构造

(a) 重力式防波堤；(b) 桩式防波堤

（2）码头

码头供船舶停靠、装卸货物和上下旅客的水工建筑物。广泛采用的是直立式码头，便于船舶停靠和机械直接开到码头前沿，以提高装卸效率。其结构形式有重力式、高桩式和板桩式。

1）重力式码头

靠建筑物自重和结构范围的填料重量保持稳定，结构整体性好，坚固耐用，损坏后易于修复，有整体砌筑式和预制装配式，适用于较好的地基。

2）高桩码头

由基桩和上部结构组成，桩的下部打入土中，上部高出水面，上部结构有梁板式、无梁大板式、框架式和承台式等。高桩码头属透空式结构，波浪和水流可在码头平面以下通过，对波浪不发生反射，不影响泄洪，并可减少淤积，适用于软土地基。近年来广泛采用长桩、大跨结构，并逐步用大型预应力混凝土管桩或钢管桩代替断面较小的桩，而成为管桩码头。

3）板桩码头

由板桩墙和锚碇设施组成，并借助板桩和锚碇设施承受地面使用荷载和墙后填土产生的侧压力。板桩码头结构简单，施工速度快，除特别坚硬或过于软弱的地基外，均可采用，但结构整体性和耐久性较差。

码头结构形式主要根据使用要求、自然条件和施工条件综合考虑确定。图 5.1-4～图 5.1-7 给出了我国一些典型码头。

图 5.1-4 广东珠海桂山岛油码头

图 5.1-5 上海港外高桥港区码头

图 5.1-6 青岛港前湾矿石专用码头

图 5.1-7 辽宁丹东件杂及多用途码头

**(3) 修造船建筑物**

修造船建筑物供船舶上下水和船体露出水面进行修造用的建筑物，也称船厂水工建筑物。包括滑道船台、干船坞、浮船坞等形式。船台是修造船用的场地，设有供船舶上下水的滑道；干船坞是坞底低于水面的水池式建筑物，坞壁三面封闭，临水一面为坞首，设有可开启的坞门；浮船坞又称浮坞，是由侧墙及坞底板构成的特殊槽形船体，在其中检修船舶。

### 5.1.2 海岸结构工程

海岸结构工程是为海岸防护、海岸带资源开发和空间利用所采取的各种工程设施。主要包括围海工程、海港工程、河口治理工程、海上疏浚工程和海岸防护工程。它是海洋工程的重要组成部分。

海岸工程建筑物及有关设施大多设置在沿岸浅海水域。在复杂的水下地形和入海径流的影响下，波浪、潮汐、海流将发生显著变形，形成破波、涌潮、沿岸流与沿岸漂沙，在发生风暴潮时还会出现更加险恶的海况，在寒冷地带还要受冰冻和流冰的影响。这些因素都会对海岸工程设施发生作用，而工程设施也将对周围的海洋环境及生态环境带来影响。沿岸浅海水域的岸滩同海岸动力因素相互作用，形成复杂并不断变化的地貌形态。沉积物质与年代的不同，使岸滩具有不同的覆盖层。覆盖层和埋藏基岩的深度与性质对海岸工程设施有重要影响，而工程设施对局部的地貌形态也会产生一定影响。

海岸工程建筑物的结构形式通常分为斜坡式、直墙式、透空式、浮式等 4 种。前两种为传统的重型结构，由块石、混凝土或钢筋混凝土等材料构成；后两种为轻型结构，由木材、钢材或钢筋混凝土等材料构成。重型结构一般能取得较好的工程效益，但也给周围环境带来显著的影响。例如采用传统的防波堤能获得较平稳的海港水域，但也能造成海港泥沙淤积及周围岸滩新的冲淤演变。轻型结构可减少对周围环境的影响，在较深的水域也可减少工程造价，但工程效果和耐久性往往较差。由于海岸带水文、地质条件的复杂性，海岸工程的布置及其建筑物结构，常需要通过室内模型试验、数学模型和现场测验等手段进行研究论证。

## 5.2 海洋平台结构工程

海洋平台作为海洋资源开发的基础设施，是海上生产和生活的基地。海洋平台的发展经历了由简单到复杂的过程。平台的建造材料从木材到钢材，到钢筋混凝土，结构形式从固定发展到移动等多种结构形式，作业水深从几十米的浅水发展到 3000 多米的深水。

按运动方式，海洋平台结构可分为固定式与移动式两大类，如图 5.2-1 所示。海洋固定式平台是一种借助于桩腿扩展基础或用其他方法支撑于海底，而上部露出水面，为了预定目的能在较长时间内保持不动的平台。海洋移动式平台是可根据需要从一个作业地点转移到另一个作业地点的海上平台。它是海洋油气勘探、开发的主要设施。除了钻井平台以外，生活动力平台、作业平台、生产储油平台等也可以采用移动平台的形式。

按材质，海洋平台可划分为：木质平台、钢质平台、混凝土平台、组合平台。

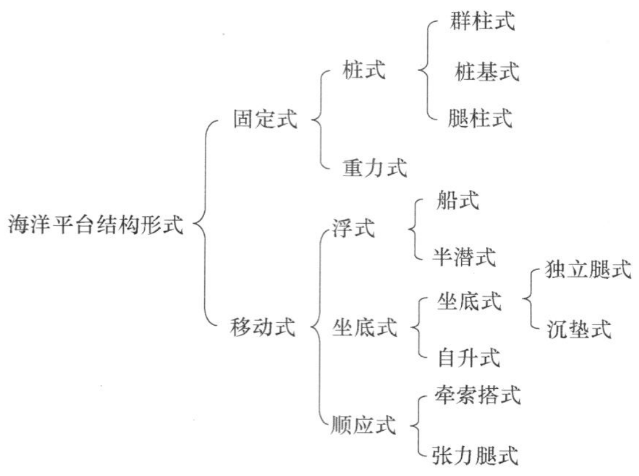


图 5.2-1 海洋平台结构结构形式

按用途，海洋平台可划分为：钻井采油平台、储油平台、油气处理平台、生活平台。

按水深，海洋平台可划分为：浅水平台和深水平台。

图 5.2-2 给出了海洋油气平台多种结构，从左至右分别为：固定式平台（FP）、顺应式塔（CT）一般用在浅水或较浅海域；张力腿平台（TLP）、迷你张力腿平台（Mini-TLP）、立柱式平台（Spar）、半潜式平台（Semi-Submersibles）浮式生产系统（FPS）、海底系统（SS）和浮式生产储存与卸载系统（FPSO）用在深水海域。

图 5.2-2 海洋平台结构

## 5.2.1 海洋平台结构设计

海上平台结构设计是海上平台设计的一个非常重要的组成部分。特别是对于海上平台的安全性和可靠性至关重要。

**（1）海洋平台设计条件**

设计基础决定平台的选型和结构设计。海洋平台设计基础主要包括：

1）总体布置：平台方位、甲板尺度、设备位置、井口数量、井口布置、甲板标高、附属设施、安全通道、钻修井布置；

2）设备设施：设备清单、重量重心、设备尺度；

3）水文环境：水深、潮位、风速、海流、波浪、地震、海冰、盐度、湿度、海生物、水温、气温；

4）工程地质：工程钻孔、土壤分层、土层性质、$P$-$Y$ 曲线、$T$-$Z$ 曲线、$Q$-$Z$ 曲线、桩基承载力、地层灾害因素、土层液化、地基冲刷；

5）作业要求：钻井要求、修井要求、靠船要求、维护要求、潜力要求、登平台要求。

**(2) 海洋平台结构设计标准**

目前，国内外海洋平台结构设计标准主要包括：美国石油协会标准-API；美国钢结构协会标准-AISC；美国焊接协会标准-AWS；美国船级社标准-ABS；挪威船级社标准-DNV；中国船级社标准-CCS等。

中国石油天然气行业标准采用API RP 2A作为海上固定平台设计、建造和安装的推荐标准（标准号为：SY/T 10030—2000）设计标准采用100年重现期进行设计。

**(3) 海洋平台设计软件**

海洋平台结构设计与分析软件主要包括：1）美国EDI公司的SACS-平台结构计算分析软件；2）美国ULTRAMARINE公司的MOSES-浮体稳性、运动响应分析软件；3）挪威船级社的SESAM-大型海洋工程计算分析软件包；4）通用有限元分析软件的ANSYS等。

图5.2-3为用ANSYS建立的半潜式平台和张力腿平台的有限元模型。

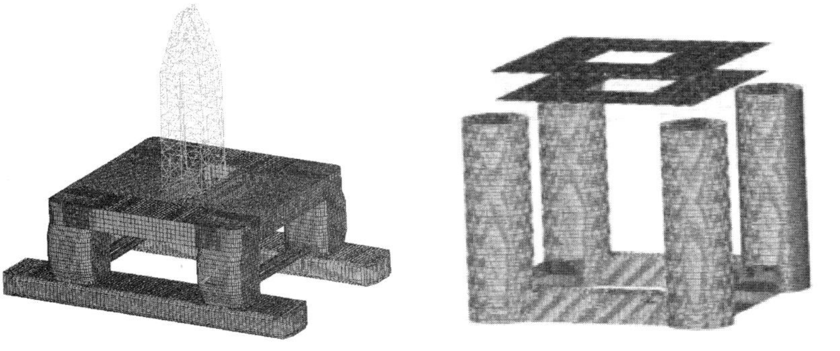

图5.2-3 用ANSYS建立的平台有限元模型

**(4) 海洋平台结构设计内容**

1）海洋平台结构设计规划

平台结构设计规划包括：主结构形式及主尺度，结构构件布置及尺寸，构件规格及材料选择，桩基础形式及布置，附属结构考虑。

2）环境力和固定荷载分析

① 环境力分析，主要包括风力、波流力、浮力、冰作用力、地震惯性力的分析。

② 固定荷载分析，主要包括结构自重、设备重量、海生物重量、储液重量、活荷载。

③ 平台结构整体计算（在位分析），主要包括正常操作环境条件分析、极端风暴环境条件分析、海冰环境条件分析、疲劳环境条件分析、地震条件分析。

④ 平台结构整体计算（施工分析），主要包括装船分析、运输分析、吊装分析、滑移下水分析、漂浮扶正分析、座底稳性分析。

⑤ 附属结构设计，主要包括防沉板、吊点、火炬臂、靠船构件、登船平台、立管、泵护管、电缆护管、井口导向、灌浆管线。

⑥ 局部强度计算分析，主要包括复杂节点有限元分析、船舶碰撞分析、波浪拍击分析、涡激振动分析、吊点分析、桩自由站立分析、桩可打入性分析、灌浆联结强度分析。

### 5.2.2 海洋平台结构安全性评估

深水海域是灾害性海洋环境的多发海域，频发的灾害性海洋环境势必对深水海洋平台等油气设施造成巨大影响。以美国的墨西哥湾为例，在该海域的深水油气开发中，对灾害性海洋环境进行了多年的研究，平台设计过程中也对这些因素进行了考虑，但在2004年9月到2005年9月一年里，墨西哥湾飓风还是对该海域80%的海洋平台造成了直接影响。约190座海洋平台在此期间被飓风破坏或造成严重损伤，多数平台的直接损失以数十亿计。研究表明，我国南海海域海洋环境与墨西哥湾相似，甚至更为复杂和恶劣。早在1983年，爪哇海号钻井船在莺歌海遭16号台风袭击沉没，81人遇难。1998年1月29日正在作业的FPSO受到强劲的内波流作用，流速达3节，供应船拖缆短时间内被拉断，FPSO被迫采取的措施又造成卸油软管破断、束缚端快速接头落入海底、水下ROV提升脐带受损，这一事故造成超过300万美元的直接经济损失。2006年的台风“珍珠”袭击了我国第一座深水平台一南海东部流花油田浮式生产储油装置，造成7根锚链和3根立管断裂。受此影响，平台停产多日，造成巨大损失。另外南海东砂附近的海域，还多次发生被疑为内波的不明原因海况造成钻井船移位、锚链断裂等险情。

自海洋平台兴起的几十年来，国内外曾多次发生海洋平台事故，造成了极大的经济损失，甚至导致生态环境的恶化。表5.2-1给出了世界海洋石油勘探开发史上较为严重的10起平台事故，其中3起与疲劳破坏有关。图5.2-4给出了部分失事的海洋平台。

频发的工程事故提醒我们，在海洋油气资源的开发过程中，必须对灾害性海洋环境给予充分的认识与重视，必须分析其对海洋结构可能产生的影响与危害，并对灾害海洋环境下平台的安全评估技术进行研究，降低灾害性事故的发生风险与损失。

**世界海洋石油勘探开发史上10起较为严重的平台事故** **表5.2-1**

| 事发时间 | 事发海域 | 事发平台 | 事故原因及后果 |
|---|---|---|---|
| 1965年12月27日 | 欧洲北海 | “海上钻石”号钻井平台 | 平台支柱贴角焊缝疲劳开裂，平台倾覆沉没，造成13人死亡 |
| 1979年11月25日 | 中国渤海湾 | “渤海二号”自升式平台 | 拖航时没有打捞落在沉垫舱上的潜水泵，造成72人死亡 |
| 1980年3月27日 | 欧洲北海 | “亚历山大·基尔兰德”号钻井平台 | 撑杆疲劳断裂，导致平台破坏而倾覆沉没，造成123人罹难 |
| 1982年2月14日 | 加拿大纽芬兰岛大浅滩 | “海洋探索者”号半潜式平台 | 巨浪冲毁压载控制室的钻机，导致平台沉没，造成84人死亡 |
| 1983年10月25日 | 中国南海莺歌海海域 | “爪哇海”号钻井船 | 遭暴风袭击，平台倾覆沉没，造成81人死亡 |
| 1988年7月6日 | 欧洲北海 | “帕玻尔·阿尔法”号钻井平台 | 天然气泄漏发生爆炸，平台倾覆沉没，造成167人死亡，损失达20亿美元 |
| 2001年3月15日 | 巴西坎普斯湾 | “P-36”号半潜式钻井平台 | 平台主甲板下支柱内发生爆炸，平台完全沉没，约150万公升原油入海，造成11人死亡 |
| 2005年7月27日 | 印度西岸外海 | “孟买BHN”号钻井平台 | 一艘钻油船在狂风中撞上钻井平台引起，平台全毁，造成22人死亡 |
| 2010年4月20日 | 美国墨西哥湾 | “深水地平线”号钻井平台 | 平台发生爆炸引发大火，沉入墨西哥湾，超过400万桶原油流入墨西哥湾，造成11人死亡 |
| 2011年12月18日 | 俄罗斯鄂霍次克海域 | “科拉”号钻井平台 | 暴风雪侵袭，舰体可能存在疲劳裂缝，引起平台沉没，4人丧生、49人失踪 |

(a)

(b)

(c)

(d)

(e)

(f)

图 5.2-4 部分失事的海洋平台

(a) 沉没前的“海洋探索者”号半潜式平台；(b) 沉没前的“深水地平线”号半潜式平台
(c) Ensco 64 平台被飓风 Ivan 完全破坏；(d) 巴西 P-36 平台爆炸后沉没
(e) 墨西哥湾半潜式平台倾斜；(f) Thunder Horse 钻井平台倾斜

海上平台离岸较远，平台空间不大，设备布置无足够的安全距离，操作者的活动空间有限，平台常年处于风、浪、潮之中，一旦发生事故，救援困难，后果严重；因此，海洋石油钻井设备必须满足防爆、防火、防烟雾的要求，并要有完善的监控系统，以防止事故发生。

海洋平台结构评估主要包括：(1) 海洋平台结构安全性评估；(2) 海洋平台结构可靠性分析；(3) 海洋平台结构可靠性分析；(4) 海洋平台结构安全预警系统。

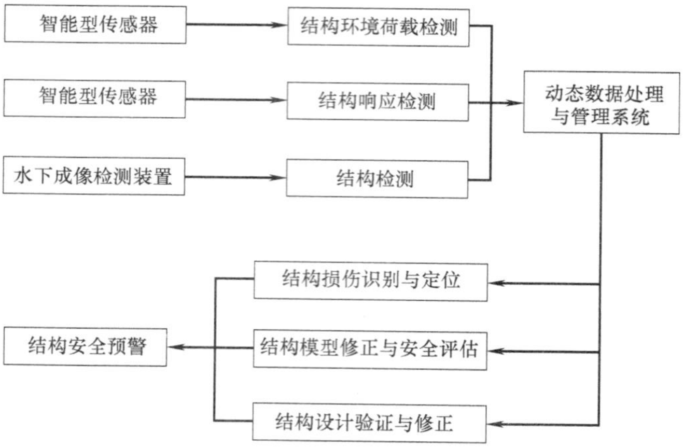


图 5.2-5 海洋平台结构安全预警系统示意图

## 5.3 其他海上构筑物

### 5.3.1 浮式风力发电结构

1991 年世界上第一个海上风电场位于丹麦南部的洛兰岛以北海域修建，目前正在发展的海上风力发电工程结构主要有以下几种形式，如图 5.3-1 所示。

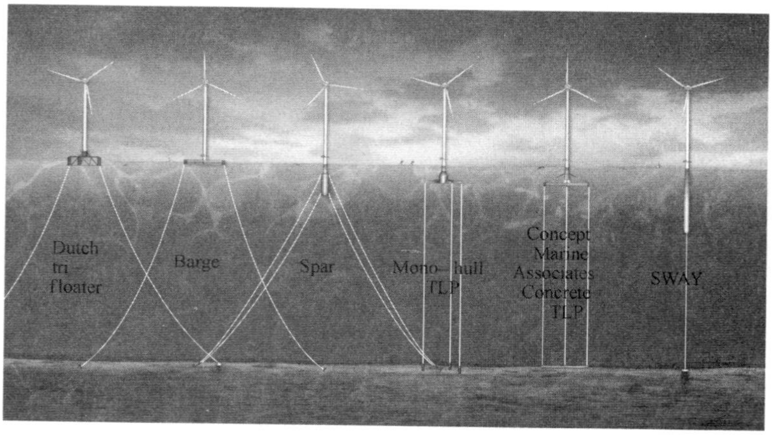


图 5.3-1 海上风力发电工程结构主要形式

**(1) 半潜式浮式风力发电结构**

半潜式浮式风力发电结构形式主要由立柱、横梁、斜撑、压水板、系泊线和锚固基础组成，如图 5.3-2 所示。依靠自身重力和浮力的平衡以及悬链线系泊来保证整个风机的稳定。半潜式基础吃水小，在运输和安装时具有良好的稳定性，相应的费用比 Spar 和 TLP 形式的基础节省。

图 5.3-2 半潜式浮式风力发电结构

图 5.3-3 TLP 形式浮式风力发电结构

**（2）TLP 形式浮式风力发电结构**

TLP 形式浮式风力发电结构主要由圆柱形的中央柱、矩形截面的浮筒、锚固基础组成，如图 5.3-3 所示。通过张力筋腱固定和保持整个风机结构的稳定。海底采用桩基或者吸力式基础，在比较平坦的海底，还可以采用混凝土重力式沉箱基础。

TLP 形式浮式风力发电结构具有良好的垂荡和摇摆运动特性。缺点是张力系泊系统复杂、安装费用高，张力筋腱张力受海流影响大，上部结构和系泊系统的频率耦合易发生共振运动。

**（3）SPAR 型浮式风力发电结构**

SPAR 型浮式风力发电结构由浮力舱、压载舱、系泊线及锚固基础 4 个部分组成，如图 5.3-4 所示。通过压载舱使得整个系统的重心压低至浮心之下，保证整个风机在水中的稳定，再通过辐射式布置的悬链线来保持整个风机的位置。下部采用大抓力锚、桩基基础或者吸力式基础。吸力式基础主体为钢制圆筒，在下部舱室内填充块石压载，在中上部舱室灌水压载。

SPAR 形式的基础比半潜式基础有着更好的垂荡性能，因为 SPAR 形式基础吃水大，并且垂向波浪激励力小，垂荡运动小，但是由于 SPA 形式的基础水线面对稳性的贡献小，其横摇和纵摇值较大。

**（4）海面浮动式风力发电结构**

海面浮动式风力发电结构属于半潜式结构的衍生基础结构。主要由压水板、桁架结构、三个立柱、6 根系泊线组成，如图 5.3-5 所示。压水板连接在立柱底部，提供附加质量和增加阻尼，改善平台的水动力特性。立柱顶部作为甲板使用，提供适当的作业空间，桁架上表面作为连接通道。安装闭式主动压载系统，调节压载水在立柱之间流动，保持平台的直立和稳定性，使塔柱保持直立状态。

图 5.3-6 给出了国内外目前正在应用的海上风力发电工程。

此外，目前还正在发展的波浪发电装置结构，如图 5.3-7 所示。

图 5.3-4 SPAR 型浮式风力发电结构

图 5.3-5 海面浮动式风力发电结构

(*a*) (*b*) (*c*) (*d*)

图 5.3-6 海上风力发电工程

(*a*) 乌礁湾风力发电站；(*b*) 海边风力发电；(*c*) 英国海上风力发电站；(*d*) 海上风力发电

图 5.3-7 波浪发电装置

## 5.3.2 海洋浮式平台工程

**(1) 半潜式平台**

平台上装备有钻探和采油设备，整体结构由钢缆和链条锚固，或者使用旋转推进器动态固定。通过可以承受平台运动的采油立管将石油从海底油井输送到水面甲板。半潜式平台的特点是：抗风浪能力强；甲板面积和可变荷载大；适用水深范围广；钻机能力强；具有多种作业功能（钻井、生产、起重、铺管等）。

半潜式平台是大部分浮体沉没于水中的一种小水线面的移动式钻井平台，它从坐底式钻井平台演变而来，由平台本体、立柱和下体或浮箱组成。此外，在下体与下体、立柱与立柱、立柱与平台本体之间还有一些支撑与斜撑连接，在下体间的连接支撑一般都设在下体的上方，这样，当平台移位时，可使它位于水线之上，以减小阻力；平台上设有钻井机械设备、器材和生活舱室等，供钻井工作用。平台本体高出水面一定高度，以免波浪的冲击。下体或浮箱提供主要浮力，沉没于水下以减小波浪的扰动力。平台本体与下体之间连接的立柱，具有小水线面的剖面，主柱与主柱之间相隔适当距离，以保证平台的稳性。

中国海洋石油 981 是一个典型的深水半潜式钻井平台如图 5.3-8 和图 5.3-9 所示。

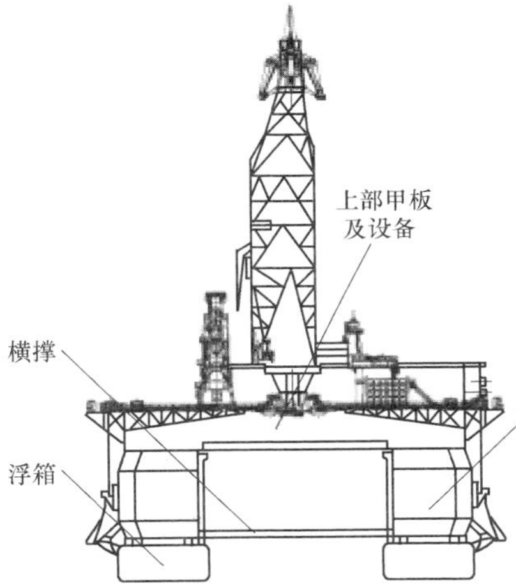


图 5.3-8 海洋石油 981 平台结构示意图

图 5.3-9 海洋石油 981 深水半潜式钻井平台

海洋石油 981 平台长 114m，宽 89m，面积比一个标准足球场还要大，平台正中是约 5、6 层楼高的井架。该平台自重 30670t，承重量 12.5 万 t，可起降“Sikorsky S-92 型”直升机。作为一架兼具勘探、钻井、完井和修井等作业功能的钻井平台，“海洋石油 981”代表了海洋石油钻井平台的一流水平，最大作业水深 3000m，最大钻井深度可达 10000m。平台总造价近 60 亿元，由中国海洋石油总公司全额投资建造，整合了全球一流的设计理念和一流的装备，是世界上首次按照南海恶劣海况设计的，能抵御 200 年一遇的台风。2012 年 5 月 9 日，“海洋石油 981”在南海海域正式开钻，是中国石油公司首次独立进行深水油气的勘探，标志中国海洋石油工业的深水战略迈出了实质性的步伐。

**(2) SPAR 平台**

独立柱式平台（SPAR 平台）的主体结构是一个顶部有甲板的大直径、单个垂直的圆筒。平台由一个典型的导管架平台顶部（表面甲板上装备有钻探和采油设备）、三种类型的连接管（采油、钻探和输出）和由 6～20 根连接到海底的锚链拉紧的固定外壳组成。SPAR 平台的优点是造价低，便于安装，可以重复使用，因而对边际油田比较适用。另外，它的柱体内部可以储油，它的大吃水形成对立管的良好保护，同时其运动响应对水深变化不敏感，更适宜于在深水海域应用。

图 5.3-10　独立柱式平台（SPAR 平台）

## 5.3.3 采油平台工程

### （1）重力式采油平台

它一般都是钢筋混凝土结构，作为采油、贮存和处理用的大型多用途平台，它由底部的大贮油罐、单根或多根立柱、平台甲板和组装模块等部分组成，规模较大的，可开采几十口井，贮油十几万吨，平台的总重量可高达数十万吨。各类平台，根据作业要求，配备相应的采油、处理及生活等设施。结构由于与海底连接程度较好，承受波浪与海流等外载荷的能力大大提高，工作水深 70～150m 左右。在构造上把采油、储油合成一体，采用钢筋混凝土节约钢材，提高防腐能力，而且不需要打桩。建造方式可以利用海岸低洼地方围堤排水作为工地或把底座在陆上建造到一定程度下水。

### （2）牵索塔式平台

牵索塔式平台是一瘦长的桁架结构，其下端依靠重力基座坐落于海底或是依靠支柱加以支撑，其上端支承作业甲板。桁架的四周用钢索、重块、锚链和锚所组成的锚泊系统加以牵紧，使它能保持直立状态。由于这种平台是由锚泊系统牵紧的，它在小风浪时仅发生微幅摆动；风浪大时，由于桁架结构摆动幅度大，会把重块拉得离开海底，从而要吸收掉风浪的一部分能量，因此平台仍可维持在许可范围内摆动。这种平台结构简单，构件尺寸小，故所受到的风、浪、流的作用力也小。这种平台能适用于 300～600m 水深的海域。但若水深超过 600m，则由于要提高桁架的抗弯能力，建造时所耗用的材料会大大增加，经济上不一定合算。

图 5.3-11　重力式采油平台

图 5.3-12　牵索塔式平台

**(3) 导管架式平台**

导管架平台又称桩式平台，是由打入海底的桩柱来支承整个平台，能经受风、浪、流等外力作用，可分为群桩式、桩基式（导管架式）和腿柱式。

桩基式平台用钢桩固定于海底，钢桩穿过导管打入海底，并由若干根导管组合成导管架。导管架先在陆地预制好后，拖运到海上安装就位，然后顺着导管打桩，桩是打一节接一节的，最后在桩与导管之间的环形空隙里灌入水泥浆，使桩与导管连成一体固定于海底。平台设于导管架的顶部，高于作业区的波高，具体高度须视当地的海况而定，一般大约高出 4～5m，这样可避免波浪的冲击。桩基式平台的整体结构刚性大，适用于各种土质，是目前最主要的固定式平台。但其尺度、重量随水深增加而急骤增加，所以在深水中的经济性较差。

(*a*)

(*b*)

图 5.3-13　导管架式平台

**(4) 张力腿平台**

张力腿式钻井平台（TLP）是利用绷紧状态下的锚索产生的拉力与平台的剩余浮力相

平衡的钻井平台或生产平台。张力腿平台由上部的大型浮力结构，细长的张力腿和基础结构组成。它通过充分利用浮力让张力腿受到预张力，使平台主要处于受拉状态，从而有效地控制了平台的垂直位移，并能使水平位移大大小于浮式生产系统，从而保证平台在海洋中的安全。

张力腿平台（TLP）由于具有运动性能好、抗环境荷载作用能力强、可移动和经济性好等优点，已成为深海油气资源勘探、开发、生产和加工处理的一种主要平台。如图所示。通过张力腿（钢管或钢索）将浮式半潜结构系连于海底，张力由半潜结构的浮力提供，适用于 300～2000m 海域。其特点是垂向运动得到限制，由于其纵荡、横荡和首摇周期很大（约为 100s），远大于海况的特征周期，而其垂荡、横摇和纵摇周期又较小（2～4s），远低于海况的特征周期。从而可避免在波浪中的共振现象，对上部结构重量和二阶波浪力敏感。

张力腿平台设计最主要的思想是使平台半顺应半刚性。它通过自身的结构形式，产生远大于结构自重的浮力，浮力除了抵消自重之外，剩余部分就称为剩余浮力，这部分剩余浮力与预张力平衡。预张力作用在张力腿平台的垂直张力腿系统上，使张力腿时刻处于受张拉的绷紧状态。较大的张力腿预张力使平台平面外的运动（横摇、纵摇和垂荡）较小，近似于刚性。张力腿将平台和海底固接在一起，为生产提供一个相对平稳安全的工作环境。另一方面，张力腿平台本体主要是直立浮筒结构，一般浮筒所受波浪力的水平方向分力较垂直方向分力大，因而通过张力腿在平面内的柔性，实现平台平面内的运动（纵荡、横荡和首摇），即为顺应式。这样，较大的环境载荷能够通过惯性力来平衡，而不需要通过结构内力来平衡。张力腿平台这样的结构形式使得结构具有良好的运动性能。

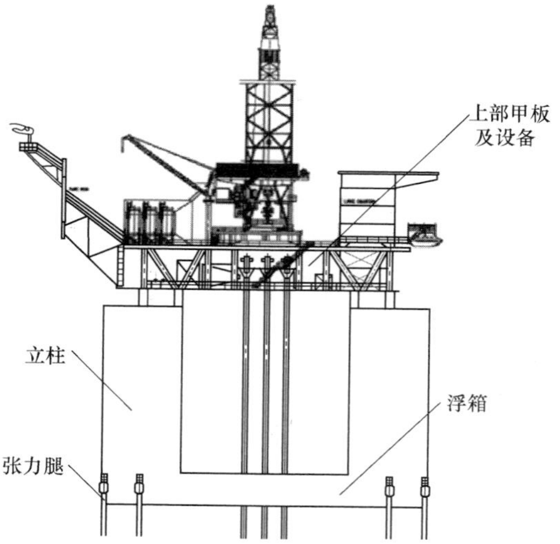

图 5.3-14　张力腿平台结构示意图

图 5.3-15　张力腿平台

张力腿平台的张力腿系统在初始位置是直立的，平台的纵荡运动将不引起纵摇，但一般会和平台的垂向运动相耦合，即纵荡引起垂荡。在运动过程中没有一个张力腿松弛，它们始终保持等长度平行状态。如果有任意一个张力腿未校准，则会破坏这种理想的平衡性质。因此在张力腿平台的设计中，张力腿锚固位置容许的偏差量很重要。同时，设想使用非平行的张力腿，这样的张力腿虽然亦可将平台固定于某一空间位置，但不平行的张力腿必然会在空间相交于一点，这一点将是平台横荡引起首摇的旋转中心。

张力腿平台在张力腿系泊系统张力变化和平台本体浮力变化控制下，平台平面内的运动固有频率低于波浪频率，而平面外的运动固有频率高于波浪频率。一座典型的张力腿平台，其垂荡运动的固有周期为2～4s，而纵横荡运动的固有周期为100～200s；横摇、纵摇运动固有周期均低于4s，而首摇的运动固有周期则高于40s。整个结构的频率跨越在海浪的一阶频率谱两端，从而避免了结构和海浪能量集中的频率发生共振，使平台结构受力合理，动力性能良好。迄今为止，张力腿平台有着良好的安全记录，这与结构设计上的成功是密不可分的。

# 参考文献

［1］ Office of Ocean Exploration and Research "Types of Offshore Oil and Gas Structures". NOAA Ocean Explorer：Expedition to the Deep Slope. National Oceanic and Atmospheric Administration. 15 December 2008.
［2］ 龚顺风．海洋平台结构碰撞损伤及可靠性与疲劳寿命评估研究［D］．杭州：浙江大学，2003.
［3］ 何勇．随机荷载作用下海洋柔性结构非线性振动响应分析方法［D］．杭州：浙江大学，2007.
［4］ 崔磊．深水半潜式平台疲劳分析及关键节点的疲劳试验研究［D］．杭州：浙江大学，2013.
［5］ 徐龙坤．深海浮式平台局部结构可靠度分析与优化设计［D］．杭州：浙江大学，2010.
［6］ 徐伽南．基于子模型技术的海洋张力腿平台结构疲劳分析［D］．杭州：浙江大学，2012.
［7］ 杨永祥．船舶与海洋平台结构［M］．北京：国防工业出版社，2008.
［8］ 李治彬．海洋工程结构［M］．哈尔滨：哈尔滨工程大学出版社，1999.

# 6 海洋岩土工程

海洋沉积物是由来自陆地或仍然存在海洋生物的碎屑物质所组成，导致沉积物的主要分类为陆源沉积物和远洋沉积物。陆源沉积物质主要由河流、海岸侵蚀、风蚀或缓慢活动形成；而远洋沉积物则通常是有机的沉积物或海洋生物粪便，通过贝壳、骨骼、牙齿的测试能够判断海洋生物的年份及地质形成的条件。另外，生物和海洋沉积物也可以形成化学反应发生在水体或沉积物，该沉积物可能是硅质和钙质。远洋沉积物源可分为海洋植物（光合作用植物）和浮游动物（浮游生物可生成不溶性壳方解石或二氧化硅）。目前，由于海洋资源开发及海洋工程的需求，海洋领域研究在岩土领域（海洋岩土工程特性和海洋基础工程）成为研究热点方向。

## 6.1 海洋土区域特征

### 6.1.1 世界代表性海域典型土体类型及特性

**(1) 墨西哥湾**

墨西哥湾是世界上被广泛研究的水域。从 20 世纪 50 年代到 90 年代，众多科学家从海湾沉积学出发，针对墨西哥湾做了大量的研究，其中主要包括海湾沉积物在海下的迁移和扩散、海湾矿物成分、海湾岩土的颗粒形状、海湾岩土的声学与地质特征，以及海湾海床化学成分分布情况等研究。

1）土体及矿物成分分布

墨西哥湾是一个典型的海洋盆地，由几个生态与地质区组成，其中主要为海岸地带、大陆架、大陆坡和深海平原。从很多现有的研究表明，许多研究人员达成普遍的结论是密西西比河的河水流入墨西哥湾对海湾有很大程度的影响。由密西西比河河水所携带的沉积物不仅仅决定了德克萨斯大陆架、路易斯安那大陆架、密西西比大陆架的海床部分，同时也对地势低洼的密西西比河深海扇及相邻的希格斯比深海平原的海床部分起到了很关键的影响。

墨西哥湾海岸地带有潮沼、沙滩、红树林地区，以及许多海湾、三角湾和泻湖。大陆架在墨西哥湾边缘的周围形成一系列几乎连续不断的阶地；佛罗里达西海岸和犹加敦半岛外面的大陆架为主要由碳酸盐类物质构成的一个广阔区域。大陆架的其余部分则为砂砾、泥砂和黏土的沉积物。在大陆架和向下延伸直到深海平原的大陆坡上，在不同的深度埋藏着许多盐丘；而在经济上十分重要的石油和天然气蕴藏与这些盐丘有关。构成海湾底部的深海平原的中部为一大三角形地区，其面对佛罗里达和犹加敦半岛的边缘是陡峭的断层，而北部和西部则是较为平缓的斜坡。

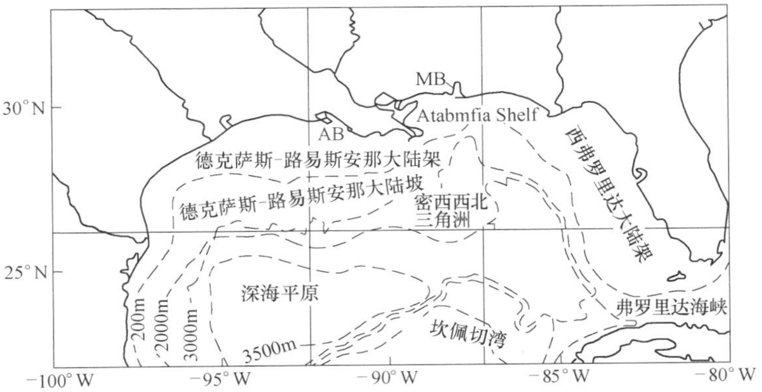


图 6.1-1 墨西哥湾大陆架分布

沉积物的分布如图 6.1-2 所示，图中描绘了墨西哥湾北部主要由密西西比河流入的陆源沉积区域和两个碳酸盐区域（Yucatan-Campeche）大陆架和西部佛罗里达大陆架，以及墨西哥湾盆地中混合陆源沉积物（主要是密西西比河的陆源黏土）和远洋碳酸盐沉积物的四个区域。

图 6.1-3 反映从墨西哥湾各海域取芯的沉积物样品，分析指出墨西哥湾沉积物矿物分布主要路径如上所示。沉积物组件和沉积物组合包括：①泥灰岩、钙质黏土；②海绿石；③高岭石；④有机质；⑤磷灰石；⑥赤铁矿和；⑦针铁矿。其中有两个组件由海绿石、磷灰石所形成。在如图所示的海洋沉积物输运和传播路径上主要由高岭石、赤铁矿和有机物质组成。

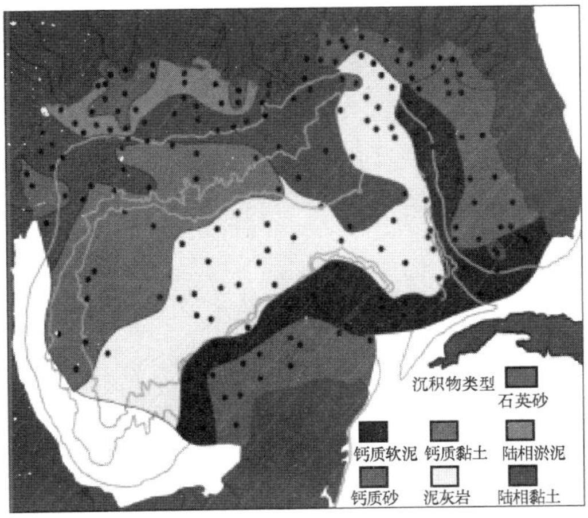


图 6.1-2 墨西哥湾沉积物分布图

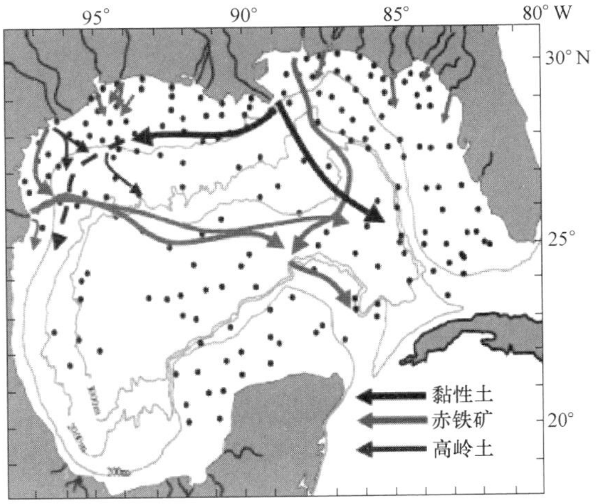


图 6.1-3 墨西哥湾沉积疏散图

2）力学特性

墨西哥湾主要由海相饱和软黏土组成，是在静水或缓慢水流中以细颗粒为主的近代沉积物，主要由高岭石、伊利石和蒙脱石等黏土矿物组成。这些黏土矿物颗粒呈微小的片状，在水中沉积时，多形成以边—边、边—面、角—面接触为主的集聚体。

由于沉积环境、组成成分及天然固结状态等条件的不同，这种软土的物理力学性质与陆地上土体存在着差异，其主要力学特性是强度低，渗透性差，具有明显的高压缩性、流

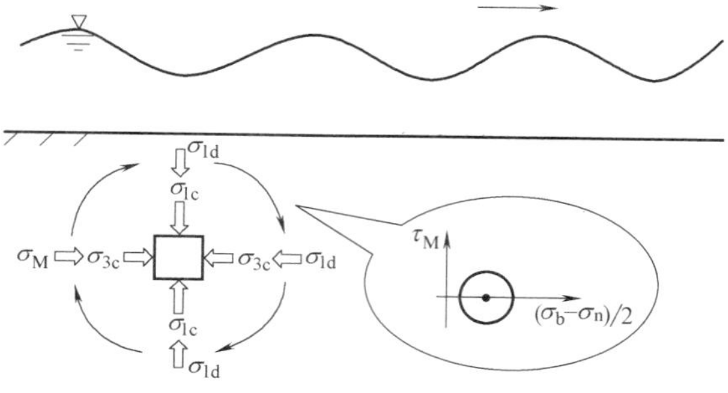


图 6.1-4 波浪荷载及海床中土体应力状态

变性、触变性。同时在墨西哥湾强烈的波浪等荷载往复作用下呈现明显的软化特性。海底软土不仅要经受巨大自重与小振幅波浪的长期作用，还可能遇到暴风巨浪等非常环境荷载的瞬时或反复作用，使得软土地基或海床处于复杂的应力状态（图 6.1-4）。

**（2）西非近海海域**

西非深水海域油气资源丰富、开发潜力巨大，是世界上公认的海上油气田最具开发前景的地区。近年来我国对其投资增长，但研究甚少。西非海域的海床土体主要为高塑性软黏土。图 6.1-5 为南非西海岸的组成成分随深度变化的剖面图。

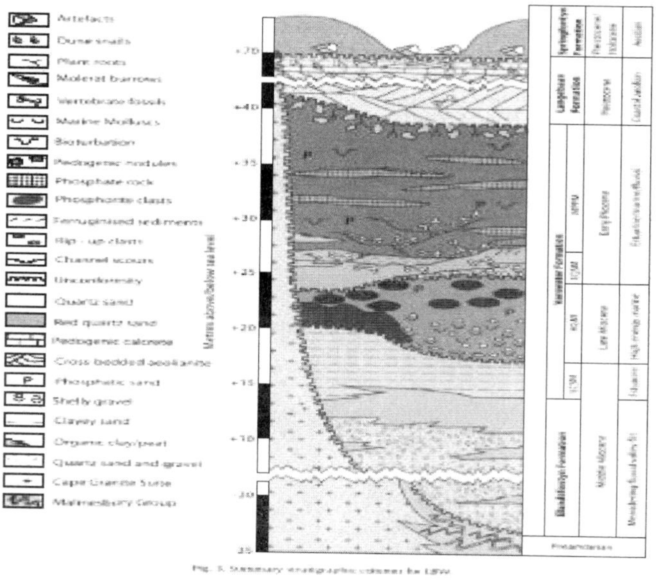


图 6.1-5 地质剖面图

高塑性软黏土塑性指数较高，具有较大的压缩性，在受剪切过程中能延迟破坏的发生。塑性指数愈大，表明土的颗粒愈细，比表面积愈大，土的黏粒或亲水矿物（如蒙脱石）含量愈高，土处在可塑状态的含水量变化范围就愈大。高塑性软黏土与普通软黏土的最大区别在于其特殊的水稳性，蒙脱石含量越高，亲水性越强，也易失水。海洋中的高塑性软黏土层含水量高，近似淤泥，不易分散，不易压缩固结，易变形。

高塑性软黏土在海洋循环荷载作用下会发生软化，循环荷载作用时，其超静孔压上升，有效应力减小，从而引起不排水强度逐渐降低，产生振动弱化现象，可能的原因有：1）由于渗透系数很低，循环荷载作用下饱和软黏土中产生的孔压来不及消散，孔压的累积使得软黏土有效应力降低，导致土体软化；2）循环荷载作用下主应力方向连续旋转，大主应力方向的不断改变引起土体结构重塑，导致土体软化；3）当循环应力水平较高时，循环应力会对土体原有结构产生影响，导致土体软化。Ohara 等人（1988）研究指出在循环荷载作用下，软黏土中会产生超静孔压，由于黏土的渗透性较差，孔隙水压力不易消散而发生累积，土体的体积变形很小，循环荷载引起的黏土不可恢复变形则主要表现为剪切变形。

海洋软土与陆上软土一样，具有不等向的固结历史以及较强的流变性，更为重要的是其长时间承受波浪、海流以及锚链振动等低频循环荷载的剪切作用。海洋软土的流变性以及其在低频循环荷载作用下的力学特性，往往决定着深海采油平台系统的稳定性，也是对海洋软土基础进行动、静荷载承载力分析的先决条件，对其展开系统的研究和探索，将对深海采油系统的设计、施工以及运营的安全性都有较为重要的工程价值。

**(3) 澳大利亚西部海域**

1) 主要土体类型

钙质土（Calcareous Soil）或碳酸盐类土（Carbronate Soil），通常是指由海洋生物（珊瑚、海藻、贝壳等）成因的、富含碳酸钙或其他难溶碳酸盐类物质的特殊岩土介质。由于其沉积环境特殊，而且在沉积过程中大多未经长途搬运，保留了原生生物骨架中的细小孔隙，因此形成了砂颗粒多孔隙、形状不规则、易破碎、粒间易产生胶结等特点，使其工程力学性质与一般陆相、海相沉积物相比有明显差异。

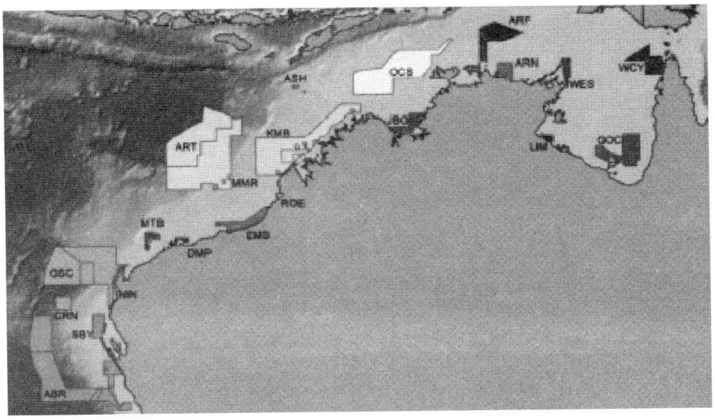


图 6.1-6　西澳海域的矿物成分分布图

钙质土多发现于北纬 30°和南纬 30°之间，在我国南海诸岛、红海、阿拉伯湾南部、印度西部海域、澳大利亚西部大陆架和巴斯海峡、爪哇海、北美的佛罗里达海域、中美海域及巴巴多斯等地都有分布。该类特殊土现在许多海域仍在形成，其沉积源主要来自：①钙质生物骨架，如珊瑚礁、贝壳等的破碎搬运和沉积；②碎屑物，如古老灰岩的破碎、搬运和沉积；③水中的碳酸盐类物质因温度、压力的环境因素发生变化而在溶液中沉积。

钙质土主要有骨架式、泥质、碎屑、包粒等四种类型的颗粒形态。骨架式颗粒是海洋生物的残留物，是钙质土的主要来源；泥质颗粒主要是一些实心的卵状或球形颗粒，有的为海洋生物粪便；碎屑主要由岩石中风化、剥离下来的岩石碎屑组成；包粒是有核或无核的钙质碳酸盐层包裹而形成的颗粒，主要有鲕粒、豆粒和结壳珊瑚粒。

钙质砂主要有以下特点：①多为生物成因，颗粒性质受原生生物骨架的影响，钙质土中的珊瑚、贝壳、珊瑚藻、有孔虫等生物碎屑将生物骨架中的微孔隙保留了下来而具有内孔隙，而石英砂通常不会有内孔隙；②孔隙比高，一般为 0.7～2.5，而普通石英砂的孔隙比为 0.4～0.9；③碳酸钙含量高，通常大于 80%。众所周知，方解石的莫氏硬度为 3，而石英为 7，因此钙质砂颗粒在受力时容易破碎。有关资料显示，引起工程问题的钙质砂的碳酸钙含量一般都超过 50%。

正是由于钙质砂以上特殊的物理化学性质，导致其具有易破碎性、高压缩性等特殊工程力学性质，与普通的陆源沉积物有显著区别。

2）土体力学特性

Aiery（1991）对澳大利亚西北大陆架的胶结、未胶结的原状钙质土进行了不同循环应力水平的循环剪切试验，试验表明，未胶结的钙质土表现出了许多和其他无黏性土类似的动力性质；胶结试样的胶结程度越高则能承受的动荷水平越大，在不同的循环应力水平下表现出无孔隙水压力累积的弹性状态、少量孔隙水累积的稳定状态以及孔隙水压力逐渐累积直至破坏的状态。

对于波浪荷载作用下饱和钙质砂的动力特性，根据试验研究，主要表现出以下规律和结论：①均压固结条件下，随着初始平均有效固结压力的增大钙质砂的动强度逐渐增大，用初始平均有效固结压力归一化的动强度曲线基本重合与初始平均有效固结压力无关；非均压固结条件下，初始主应力方向角、初始中主应力系数和初始偏应力比对钙质砂的动强度都有重要影响，钙质砂的动强度随着初始主应力方向角的增大而明显减小，随着初始偏应力比的增大则不断增大，初始中主应力系数对钙质砂动强度影响的规律不明显。②波浪荷载作用下饱和钙质砂处于均压固结状态时发生液化，其产生机理为流滑，在非均压固结条件下，饱和钙质砂处于不同的应力状态时（初始主应力方向角，初始中主应力系数及初始偏应力比取不同值）试样不液化。③波浪荷载作用下，主应力方向的连续旋转对钙质砂中的孔隙水压力具有重要影响，即使动偏应力始终保持不变，主应力方向的连续旋转也导致了钙质砂中孔隙水压力的增长。初始主应力方向对钙质砂中孔隙水压力的增长模式有重要影响，随着初始主应力方向角的增大，孔压的循环效应显著增强。循环应力比相近时，在同一振次下循环孔压随着初始主应力方向角的增大而逐渐增大，循环孔压是控制试样破坏的决定因素。

**（4）东南亚沿海**

东南亚海域贯穿许多国家，范围广阔，本章中主要以中国近海区域作为参考，这部分海洋区域有着独特的自然环境和丰富资源，一直争议很大。

东南亚海床土体主要类型有黏质土（黏土、粉砂质黏土、砂质黏土），砂质土（细砂、粉砂质细砂、黏土质砂）以及介于砂、黏质土之间的过渡类型粉质土三种类型。

黏质土壤总体上呈褐灰色，含较多粉砂质或砂质粉砂微细层或粉砂包，个别站位含有少量有机质斑点或贝壳碎片。组分稳定，主要由粉砂和黏土组成，二者含量以黏土略占优势，具有高塑性特点。该类型土按液限、塑性指数以及颗粒组分含量可细分为黏土、粉砂质黏土、砂质黏土三种类型。黏土液限大多在 40%～55%，塑限为 20～25，含水量为 40%～55%，接近液限。手动十字板剪切强度在 5.0～15.0kPa 之间。砂质黏土的液限、塑限、含水量较前两种土小，强度较前两者大，手动十字板抗剪强度 6.0～23.0kPa，平均值为 12.7kPa。该类土为浅海相沉积，浅地层资料揭示近岸处黏质土厚度较大，达 13m

左右，向海中逐渐减薄。黏土物理力学性质在垂向的变化上亦有一定规律，钻孔中显示，自上而下，含水量减小，湿密度及土强度增大。这就是该类土的物理力学特点。尽管粉质黏土及砂质黏土出现较少，仍可以看出近海段海底浅层沉积物沿南海油田管道大致以黏土—粉质黏土—砂质黏土的规律变化向海底延伸变化。

粉质黏土分布的区域为混合沉积区，在南海海域中呈带状分布于现代浅海黏土沉积和陆架残留海砂沉积之间，其成因是低海面的残留滨海砂受到后期的改造，掺进了大量的现代细颗粒沉积物。粉质土壤沉积物呈绿灰色，含粉砂包以及贝壳碎片和云母，松散至中密实，各粒级混杂、分选差，黏土含量 12%～15%，砂含量 20%～55%。研究区浅层沉积物主要由黏土—粉砂—砂、黏土质粉砂、砂质粉砂、粉砂四种沉积物类型交替存在，在水平方向及垂向上无明显分布规律。其物理力学性质由于掺杂了粗颗粒物质，透水性增大，强度略有增加，压缩系数减小。

砂质土大多呈绿灰色，亦有棕灰色，调研结果表明这类土一般呈中等密实到密实状态，含有分散的贝壳碎片和云母，有些位置还含粉质黏土、黏土微细层和黏土包。在靠近粉质土分布区的细砂层上还覆盖着黏性土或粉质土，黏土含量不足 19%，细砂含量大于65%。该类土含水量在 20%～30%之间，重度大多在 19～25kN/$m^3$ 之间。较之前两种类型土来说，这种类型土抗剪强度最大。

### 6.1.2 我国各海域海洋地质环境

**（1）渤海的沉积物分布**

近岸粒度较细，海区中央粒度较粗，这是渤海海底沉积物分布的总趋势。这一现象可能与渤海的潮流较强有关。渤海湾、辽东湾和莱州湾分布着粒度较细的粉砂质黏土软泥和黏土质软泥，渤海中央则出现细粉砂、粗粉砂和细砂等粒度较粗的沉积物。渤海西北部从辽东湾到渤海湾岸边，分布着一条砂质沉积带。辽东半岛南端的外围为砂质沉积物。渤海海峡地区北粗南细：北面除有细砂、粗砂外，还有砾石和破碎的贝壳等；南面的沉积物以粉砂为主。长兴岛附近也有砾石出现。粉砂和淤泥是渤海海底表层沉积物的主要成分。渤海边缘沉积物的颜色一般为黄褐色，随着深度的增加，颜色也逐渐由黄褐色变为青灰色甚至灰黑色。由于渤海四周几乎被大陆所包围，有黄河、海河、辽河、滦河等大河注入，因此，渤海的表层沉积物全为陆源碎屑物质。如渤海湾的碎屑物质，主要来自黄河、海河与滦河。而黄河入海的泥砂除部分堆积在河口处以外，其他呈悬浮状态向莱州湾、渤海深水区和渤海湾扩散。

**（2）黄海的沉积物分布**

黄海北部沉积物分布的空间状态与渤海有些相似，呈明显但不规则的斑状分布，沉积物粒度相互交替出现。东部近岸地区以细砂和粗粉砂为主，向西则粒度变细，逐渐被黏土软泥所代替。黄海南部表层沉积物呈规律的带状分布，西岸近海及河口处，为砂质沉积物，然后随离岸距离的增加而沉积物的粒度变细，从细砂、粗粉砂、细粉砂过渡为黏土质软泥，并略呈南北向的带状分布。其中黏土质软泥分布最为广泛。东岸朝鲜半岛沿岸为细砂和粗砂，并有砾石和基岩出现，因朝鲜半岛地势较高，山地河流携带着较粗的物质入海，加之潮流较强，所以东岸的粒度大于西岸。黄海海底表层沉积物的颜色大致是，渤海海峡口及黄海北部多青灰色和灰黑色，粗粒沉积物则多黄褐色，偶见灰黑色。因黄海接受了中国大陆和朝鲜半岛各大河流带来的泥砂，各河流的泥砂和悬浮物质就逐渐成为黄海海底表层沉积物的主要来源，所以黄海的现代沉积物大都为陆源物质。

**(3) 东海的沉积物分布**

由于东海的轮廓、地形及水文特征与黄、渤海不同，所以东海的沉积物分布与黄、渤海有着本质上的差异。东海的软泥沉积物很少，砂质沉积物分布很广，表层沉积物分布的特点，大致以 50m 等深线为界把陆架区的沉积物分为东、西两个区。西部的沉积物较细，为粉砂、黏土质软泥和粉砂质黏土质软泥；东部除琉球群岛附近外，几乎全是砂质沉积物。琉球群岛附近为砂、砾石、珊瑚和石枝藻等。在长江口和杭州湾一带，沉积物类型比较复杂，变化也大，分选度差，这里主要是粉砂和粉砂质黏土软泥。舟山以南沿岸的沉积物分布呈与海岸相平行的窄长带状。在近岸岛屿间为粉砂质黏土软泥，向外水深 20～50m 之间，则为黏土质软泥，再往外为粒度较粗的粉砂和细砂。台湾海峡的底质分布，西岸除岬角和岛屿附近有比较粗的粗砂、砾石外，主要是粒度较细的粉砂质黏土软泥；东岸则以细砂占优势，并偶有粗砂；海峡中部为细砂。澎湖列岛附近主要是砂质，并有砾石和基岩出现。与此同时，浙江、福建沿岸，分布着细粒的沉积物，并通过台湾海峡一直延续到广东东部沿岸至海南岛附近。东海稍外含有贝壳的砂质沉积物，也是通过台湾与南海北部的砂质带相连。因此，除浙江沿岸覆盖有细砂外，东海表层沉积物类型的空间分布，实际上是南黄海和南海的延续。东海沉积物类型与其颜色间有一定的关系：细砂沉积的颜色较深，多灰褐色和灰黑色；软泥类型的沉积物多灰黄和浅灰色。两类颜色的界线即是砂和软泥的分界线。东海黑潮区域的沉积物为砂质，可能与流速较强的黑潮有关。强流速易把细沉积物带走，留下的是较粗的砂质和贝壳等。

**(4) 南海的沉积物分布**

南海北部陆架区的表层沉积物分布与东海有些相似，内侧为呈带状的细粒沉积，外侧为较粗粒度的砂质。广东沿岸一带沉积物的空间分布呈带状，为东北—西南向，底质为细砂和粉砂质黏土软泥。汕头附近的粉砂质黏土软泥分布较窄；向外为砂质沉积，是南海北部砂质分布最广的地带。珠江口外有较大范围的粉砂质黏土软泥。琼州海峡地区多为细砂和中砂，呈平行于海岸的带状分布，深水槽内有砾石出现。北部湾的表层沉积物分布与渤海有些类似：岸边粒度细，中央粒度较粗。湾内底质以粉砂质黏土软泥为主。北部和西南部为粉砂底质；中为砂质；东部较复杂，细砂、粉砂皆有，偶有砾石出现。南海北部陆架区细粒沉积物的颜色一般为黄褐色，随着粒度变粗，颜色渐渐加深，多为灰黑色和青灰色；砂质沉积的颜色常为绿色和灰白色。南海西部越南沿岸的底质以软泥及黏土质软泥占优势，在湄公河及红河口附近有一条淤泥带。南海南部巽他陆架的表层沉积物以砂和泥质砂为主，并有砾石、贝壳、珊瑚和石枝藻等。南海东部岛屿附近的地质较复杂，有砂、砂质软泥、岩石、贝壳、珊瑚、石枝藻及根足类——抱球虫等。南海大陆坡上的沉积物，主要为软泥及黏土质软泥。南海中央深海盆地的底质，多为含抱球虫、放射虫与火山灰的黏土质软泥，近期还发现有锰结核或锰壳。

### 6.1.3 珊瑚砂工程特性

珊瑚砂为钙质砂，是发育于热带海洋环境（如西砂群岛海域）中的一种特殊类型的岩土介质，是珊瑚礁在动力作用和风化作用后形成的较小颗粒碎屑物质，主要由珊瑚碎屑和其他海洋生物碎屑组成，碳酸钙含量高达96%。珊瑚砂具有颗粒密度较大、孔隙率较高、干密度较小、压缩性较高等物理特性。其形成过程相对短暂，搬运距离有限，珊瑚砂磨圆度较低，颗粒形态差异明显，颗粒之间有效接触面积较小，粘着力较低且孔隙较多。这些特性决定了珊瑚砂在动力作用下易于起动搬运的运动特征。下面就西沙群岛典型珊瑚砂物理力学特性进行介绍。

**(1) 基本物理特性**

1）砂粒相对密度：珊瑚砂所含矿物成分与普通天然砂不同，样品试验测定珊瑚砂样品颗粒的相对密度 $d_s$ 在2.80～2.84，平均值为2.82，比一般石英砂平均值2.65要大。与同在南海的南砂群岛珊瑚砂平均值2.70～2.85相比，相对密度值范围略集中一些。

2）密度与重度：各样品珊瑚砂测试得到的平均干密度 $\rho_d$ 为1.24g/cm$^3$，饱和密度 $\rho_s$ 为1.81g/cm$^3$，浮密度 $\rho$ 为0.81g/cm$^3$。

3）孔隙比与孔隙率：各样品珊瑚砂测得孔隙比和孔隙率分别为1.15～1.43和53.6%～58.9%。

**(2) 其他物理特性**

1）休止角：颗粒相对较粗的珊瑚砂（粗砂、中粗砂为主），其干砂休止角等于其内摩擦角。经试验测定，样品休止角在烘干状态下为30.5°～34.8°，与松散的干天然石英砂的休止角值基本一致。珊瑚砂在静水状态的休止角为28.4°～32.2°，静水时由于砂粒间含水量升高，休止角变小，含水量与休止角二者呈负相关关系。另外，砂粒的休止角受粒径大小的影响，其他条件相同时，砂粒的休止角与其粒径呈正相关关系。

2）渗透系数：珊瑚砂均为较粗砂粒，因此试验采用常水头法，并为了准确测定珊瑚砂的渗透系数，尽量保持砂样的原始状态，故在正式试验前均对试样进行了浸水静置，以保持在天然状态时的含水饱和程度。试验结果表明，实测渗透系数在0.19～0.90cm/s，表明渗透性高。同时，试验结果反映出渗透系数随粒径和级配程度而变化，其中细颗粒砂样，且粒级含量较为均一、级配较好的其渗透性相对最低，而较粗颗粒砂样且级配相对较差的渗透性相对最高。

**(3) 力学特性**

在普通三轴试验中，一定围压作用下珊瑚砂表现出较高的体应变量特性。摩尔-库仑强度包线得到内摩擦角值较高，一般大于40℃；但在围压不太大时强度包线已呈下弯状态。以一维固结试验和三轴剪切试验的回弹曲线来看，变形以塑性变形为主，弹性变形极小。试验前后的颗粒分析表明，钙质砂在加载过程中易产生破碎，土颗粒破碎会减弱砂土剪胀性，导致砂土抗剪强度下降。

西砂群岛珊瑚砂常年承受波浪、海流等循环荷载作用，其循环动力特性是工程设计人员关注的重点。相关学者（Fahey；Al-Dourl）的研究表明，循环加载时，珊瑚砂的破坏是循环剪应力的函数，并提出了循环动强度的概念；随着循环次数的增加，珊瑚砂强度弱化速率减慢。

**(4) 抗液化性能**

波浪荷载是海洋环境中最常见的荷载形式。已有室内试验和离心模型试验结果表明，波浪荷载在海床中产生的特殊应力路径是砂土液化的主要原因，液化深度与波浪荷载特性（波高、周期、水深）和海床特性（颗粒级配、饱和度等）密切相关。西沙群岛珊瑚砂孔隙比大，密度较小，更容易受波浪作用而发生液化。目前仍没有对珊瑚砂海床液化进行专门研究，其抗液化能力与普通海床抗液化能力差异未知，有待进一步研究。

## 6.2　海洋浅基础

以前海洋浅基础主要指大型的混凝土重力基础，但在近些年来，浅基础发展出了更多的形式，现在包括混凝土和钢质桶形基础代替桩基础作为浮式平台的锚定系统或是导管架平台的永久性支撑结构，或者是一些海底小型结构物的基础。一些不同的海洋浅基础的应用如图 6.2-1 所示。吸力锚作为临时浅基础的一种，用来固定移动钻进平台。

重力式基础平台是落在海床表面的，当遇到表面是软土时，裙将被用来贯入到土中，将基础的力传递到更深更强的土中。裙一般在基础的四周，垂直贯入到海床中。如果建筑物相对来说比较重且土相对来说比较软的话，重力式基础和桶形基础可以依靠自身的重量安装。但是对于比较轻的导管架以及密实的材料或是很深的裙，贯入则需要吸力的帮助。裙的存在，在大多数的案例中，提高了基础的承载能力来抵抗竖向荷载、水平荷载以及倾覆，同时可以减小竖向和水平位移还有转角。裙同时可以增强浅基础的抗拔能力。裙可以增加基础抵抗因环境荷载引起的上浮，而这些在传统的浅基础中是不能抵抗的。

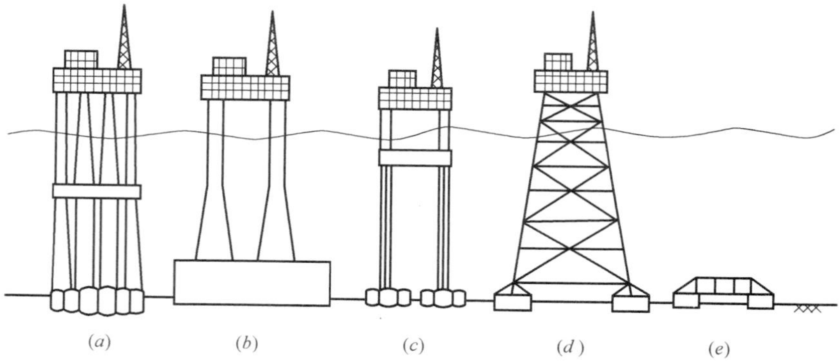

图 6.2-1　海洋浅基础的应用

(*a*) 深水混凝土重力式基础结构物；(*b*) 重力式基础结构物；

(*c*) 张力腿平台 (TLP)；(*d*) 导管架平台；(*e*) 海底结构

海洋浅基础相比于陆地上的来说要大，因为海洋结构物的尺寸以及复杂恶劣的海洋环境，甚至一个小型的重力式基础结构物就通常有 70m 高（相当于 18 或是 20 层的高楼），底部的尺寸达到了 50m×50m。大一些的结构物高度就要超过 400m 了，支撑其基础的底面积则达到了 15000m$^2$。甚至一个单一的桶形基础的直径都达到了 15m。除了海洋结构物的尺寸外，它们的基础还需要抵抗一些环境荷载如因风、波浪或是海流引起的水平荷载和弯矩，而这些，陆地上的浅基础是不会遇到的。对于重力式基础的荷载情况如图 6.2-2 所示。

对于海洋重力式基础结构物和陆上较低小高层的设计的荷载对比如图 6.2-3 所示。对

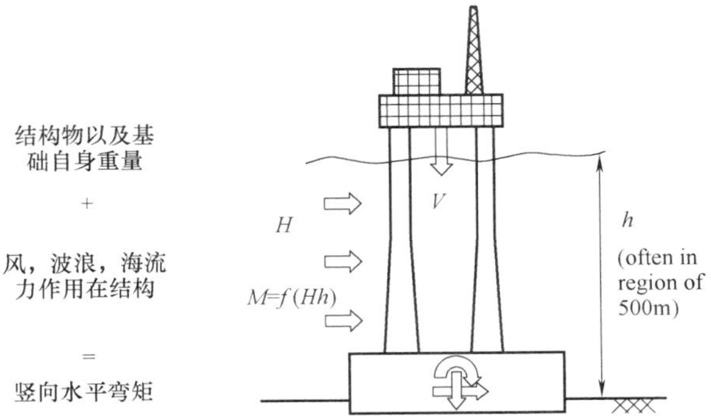


图 6.2-2 重力式平台的组合荷载

于海洋浅基础，其设计竖向荷载比陆上浅基础的设计竖向荷载小 30%，但是它的高度却比陆上高出了 10%。海洋浅基础的环境荷载则比陆上大出了 500%，这将使得海洋浅基础的面积增大。相比于环境荷载的值，更为重要的是弯矩和水平荷载以及力臂的比值。当随着水深增大时，倾覆破坏将是海洋结构物的主要破坏模式。在浅水区域，当 $M/HD$ 在 0.35～0.7 时，意味着更多的是发生滑动破坏。

因为海洋中，环境荷载占主要地位，相比于陆上结构物来说，考虑循环荷载对土体的影响是非常重要的。环境荷载引发了显著的水平循环、竖向循环以及弯矩对海洋浅基础产生影响，同时导致基础下方产生超孔隙水压力，减小了海床的有效应力。基础的稳定性包括累积残余应变和循环剪切应变。如果排水发生在风暴间隙期，一些孔隙水压力会消散掉。

## 6.2.1 浅基础类型

### (1) 重力式基础

重力式基础结构物更多的是靠自身的重量以及底部的尺寸来抵抗环境荷载带来的侧向力和弯矩，尽管裙边对于提高侧向抵抗和提供一些短期的张力承载能力有着很大的帮助。重力式基础一般都装配有长度大概为 0.5m 的裙。

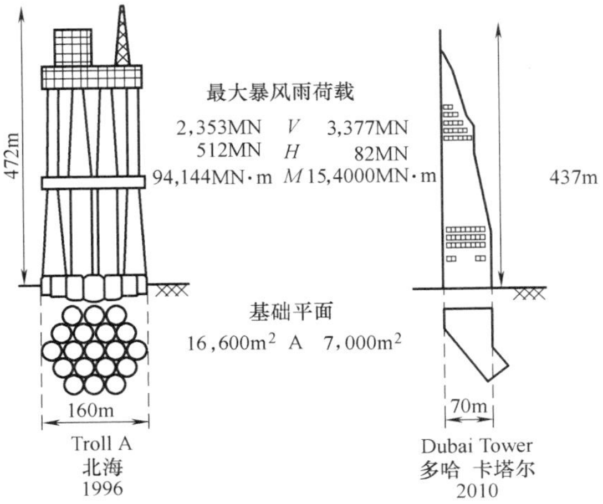


图 6.2-3 海洋浅基础和陆地浅基础设计比较

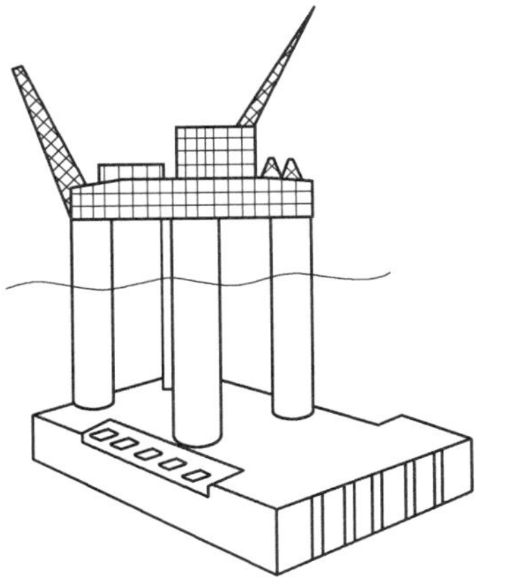

图 6.2-4 Wandoo 重力式基础结构物示意图

第一个重力式平台，Ekofisk I，于 1973 年在北部海中部靠近挪威的区域被安装好。Ekofisk I 是一个桶式结构，其面积为 7390m²。它被安置在 70m 水深中，密实的砂土上。一些设计的细节在表 6.2-1 中提供。在 Ekofisk I 这个工程的年代，考虑因波浪引起的力到岩土设计中还是前所未有的。基础设计主要是基于室内模式试验。从 Ekofisk I 得到了很多经验，于是新的设计方法得到了发展，深水混凝土结构（Condeep）被用于接下来的几个工程中。深水混凝土结构主要是由一些柱状结构按照六角形的排列组成，如表 6.2-1 中的图所示。第一个深水混凝土结构物 Beryl A 于 1975 年在北部海 Ekofisk I 旁边建成，它们的地质条件相似。Ekofisk I 和 Beryl A 基础的几何形状和设计荷载的对比如表格 6.2-1 中的图所示。尽管 Condeep 在很深的水中，但是它有着较小的基础面积。

**浅基础实例详情**　　　**表 6.2-1**

| Project Year | Type | Location | Water depth m | Soil conditions | Foundation dimensions m, m² | | Skirts m (d/D) | V MN | H MN | M MN | M/HD |
|---|---|---|---|---|---|---|---|---|---|---|---|
| Ekofisk 1 Tank 1975[1,2] | GBS | N.Sea Norway | 70 | Dense sand |  | A=7,390 $D_{acv}$=97 | 0.4 (0.004) | 1,900 | 786 | 28,000 | 0.37 |
| Brent A 1975[3] | Condeep | N.Sea Norway | 120 | Aa at Ekofisk |  | A=6,360 $D_{acv}$=90 | 4 (0.04) | 1,500 | 450 | 15,000 | 0.37 |
| Brent B 1975[2] | Condeep | N.Sea Norway | 140 | Stiff to hard clays with thin layers of dense sand |  | A=6,360 $D_{acv}$=90 | 4 (0.04) | 2,000 | 500 | 20,000 | 0.44 |
| Gullfaks C 1989[4,5] | Deep skirted Condeep | N.Sea Norway | 220 | Soft nc sity clays and silty clayey sands |  | A=16,000 $D_{acv}$=143 | 22 (0.13) | 5,000 | 712 | 65,440 | 0.64 |
| Snorre A 1991[6,7] | TLP with concrete buckets | N.Sea Norway | 310 | Soft nc clays | 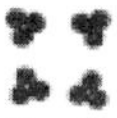 | $A_{acv}$=2,724 $D_{acv}$=17 | 12 (0.7. CFT 0.4) | 142 per CFT | 21 per CFT | 126 per CFT | 0.20 |
| Draupner E (Europipe) 1994[8] | Jacket with steel buckets | N.Sea Norway | 70 | Dense to very dense fine sand over stiff clay |  | $A_{acv}$=452 D=12 | 6 (0.5) | 57 per bucket | 10 | 30 | 0.25 |
| Sleipner SLT 1995[8] | Jacket with steel buckets | N.Sea Norway | 70 | Aa at Draupner E |  | $A_{acv}$=616 D=14 | 5 (0.35) | 134 per bucket | 22 | – | – |
| Troll A 1995[9,10] | Deep skirted Condeep | N.Sea Norway | 305 | Soft nc clays |  | A=16,596 $D_{acv}$=145 | 36 (0.25) | 2,353 | 512 | 94,144 | 1.27 |
| Wandoo 1997[11] | CGBS | NW Shelf Australia | 54 | Dense calc. sand over calcarenite |  | A=7,866 114×69×17 | 0.3 (0.003) | 755 | 165 | 7,420 | 0.45 |
| Bayu-Undan 2003[12] | Jacket with steel plates | Timor Sea Australia | 80 | Soft calc. sandy silt over cemented calcarenite and limestone |  | $A_{acv}$=480 $A_{acv}$=120 | 0.5 (0.04) | 125 per plate | 10 | – | – |
| Yolla 2004[13] | Skirted hybrid | Bass Strait Australia | 80 | Finm calc. sandy silt with soft clay and sand layers |  | A=2500 50×50 | 5.5 (0.1) | – | – | – | – |

1.Clausen(1976), 2.O Reilly & Brown(1991), 3.Clausen(1976), 4.Tjelta et al.(1990), 5.Tjelta(1998), 6.Christophersen(1993), 7.Steve et al(1992), 8.Bye et at.(1995), 9.Andenaes et al.(1996), 10.Hansen et at.(1992), 11.Humpheson(1998), 12.Neubecker & Erbrich(2004), 13.Watson & Humpheson(2005)

随着对北部海油气资源开发移向更深的水域，海床更多的是正常固结软黏土，这时 Condeep 需要更深的裙来帮助它把荷载传递给更深、更强的土体。为了得到更深的贯入深度，需要吸力来使裙贯入到海床中。Gullfaks C 于 1989 年安装在挪威北部海的软黏土中，是第一个应用了吸力来帮助裙贯入海床的深裙重力式基础。Gullfaks C 安装在 220m 深的水中，基础的底面积有 16000m²，裙贯入深度达 22m。在同一时代的建筑物中，Gullfaks C 是最大也是最重的海洋结构物。关于这个工程的详情见表 6.2-1。

Troll A 深裙深水混凝土平台在北部海的挪威区域，是世界上最大的混凝土平台，它有 472m 高，基础的面积有 16600m²。裙贯入海床的深度达到了 36m。对 Gullfaks C 和 Troll A 的长期监测验证了设计，同时提高了对深裙深水混凝土结构物响应的认识。从这些工程中得到的经验直接促进后来桶形基础安装技术的应用。

**(2) 桶形基础**

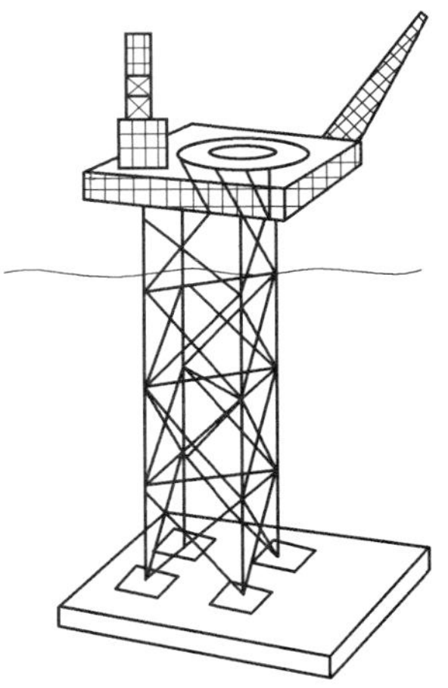

图 6.2-5 Yolla A 混合重力式基础结构物示意图

张力腿平台是目前应用最广泛的深海石油平台形式之一。张力腿平台一般由平台主体、张力腿系统和基础三部分组成，其中基础部分是设计的关键。目前，张力腿平台基础形式主要有重力式桶形基础和桩基础。但随着水深度的增加，桩基础的施工难度和造价都大大增加。1992 年挪威土工研究所（NGI）在北海成功建造了以吸力式桶形基础为锚固基础的 snorre 张力腿平台；随后，作为一种新型海洋基础形式，桶形基础得到了发展。桶形基础由带有裙板的重力式基础发展而来，具有片筏基础和桩基础的共同特点。其外形像一只倒扣的钢桶，顶端封闭，下端敞开。在其下沉入水过程中，依靠其本身及上部结构的重量，使桶体进入泥中一定深度，其入土深度与地基土的特性和桶体的重量有关。如桶体不能完全进入土中，可以通过桶盖上的开孔向外抽吸桶内的水和空气，使桶体内部形成负压，与桶体及上部结构的重量共同把桶体驱入土中，再把开孔封闭。桶形基础类似于刚性短桩，但更有优点，它在安装过程中，可最大限度地减小对地基土的扰动，使桶体与地基土体成为一体，因此可以增加其地基承载力和稳定性。此外，桶形基础还具有省钢材、海上施工方便和可重复使用等优点。

与传统的重力式基础、钢管桩基础相比，其具有适用于深水和更广土质范围、运输与安装方便、工期短、造价低、可重复使用等优点。吸力式桶形基础在正常工作中，不仅受到上部海洋平台结构巨大自重及其设备所引起的竖向荷载的长期作用，而且一般往往遭受波浪与地震等所引起的水平荷载、力矩荷载的共同作用。

### 6.2.2 浅基础承载力

ISO、DNV 和 API 等单位发布了海洋浅基础的承载能力计算的计算公式。这些公式都是基于条形基础受竖向荷载的破坏模式，结合不同的修正系数来考虑荷载的方向、基础的形状、埋深以及土体强度。

**(1) 经典承载理论**

1) 不排水承载力

经典的方法来预测浅基础的不排水承载力的公式如下：

$$V_{ult}=A'\left[S_{u0}(N_c+KB'/4)\frac{FK_c}{\gamma_m}+P'_0\right] \tag{6.2-1}$$

式中 $V_{ult}$——极限竖向荷载；

$A'$——基础有效承载面积；

$S_{u0}$——土体排水抗剪强度；

$N_c$——条形基础在均质沉积物上的竖向荷载承载力系数；

$K$——不排水抗剪强度梯度；

$B'$——基础的有效宽度；

$F$——考虑强度异性程度的修正系数；

$\gamma_m$——材料抗剪强度系数；

$K_c$——考虑力的各向异性、基础形状和埋深的修正系数，其公式如下：

$K_c$——$1-i_c+s_c+d_c$

其中

$$i_c=0.5(1-\sqrt{1-H/A'_u0}) \quad (6.2\text{-}2)$$

$$s_c=s_{cr}(1-2i_c)B'/L \quad (6.2\text{-}3)$$

$$d_c=0.3e^{-0.5kB'/s_{a0}}\arctan(d/B') \quad (6.2\text{-}4)$$

2）排水承载力

在压力作用下，排水的承载能力要比不排水承载能力强随着土体应力的增加，因为基础荷载导致摩擦剪切强度的增强。无论在什么样的土体类型中，如果承受的是张力荷载，吸力式可依赖的情况下，不排水情况将会有很大的优势。

经典的推荐方法来预测浅基础的排水承载能力公式如下：

$$V_{ult}=A'[0.5\gamma'B'N_\gamma K_\gamma+(p'_0+a)N_qK_q-a] \quad (6.2\text{-}5)$$

式中 $V_{ult}$——极限竖向荷载；

$A'$——基础有效承载面积；

$\gamma'$——土体的浮重度；

$B'$——基础的有效宽度；

$N_\gamma$，$N_q$——自重承载力系数和附加承载系数；

$K_\gamma$，$K_q$——考虑基础形状、埋深以及荷载倾斜角因素的修正系数；

$p'_0$——有效覆盖层；

$a$——土体吸力参数。

$N_\gamma$和 $N_q$需要被修正根据强度材料参数，修正公式如下：

$$N_q=\tan^2\left[\frac{\pi}{4}+0.5\tan^{-1}\left(\frac{\tan\varphi}{\gamma_m}\right)\right]e^{\pi\tan\varphi/\gamma_m} \quad (6.2\text{-}6)$$

$$N_\gamma=1.5(N_q-1)\tan\left(\frac{\tan\varphi}{\gamma_m}\right) \quad (6.2\text{-}7)$$

式中 $\varphi$——土体的有效内摩擦角；

$\gamma_m$——材料抗剪强度系数。

在竖向荷载下，$N_q$的表达式有由式（6.2-6）准确地给出，这个是被 Prandtl 用下限法验证过的。我们注意到因为 $\varphi$ 是以指数的形式存在于 $N_q$的表达式中的，因此 $N_q$和 $V_{ult}$的值会对 $\varphi$ 非常敏感。对于 $N_\gamma$，并没有一个准确的表达式，解法的建立是基于下限法。Davis 和 Booker 对 $N_\gamma$根据不同的参数用了严密的解法，拟合解法中的参数，可以得到下面两个表达式：

$$N_\gamma=0.1054e^{9.6\varphi} \quad (6.2\text{-}8)$$

$$N_\gamma=0.0663e^{9.3\varphi} \quad (6.2\text{-}9)$$

$N_\gamma$和 $N_q$之间的关系被广泛地应用。

修正系数 $K_\gamma$和 $K_q$的表述形式应该如下：

$$K_q=s_qd_qi_q \quad (6.2\text{-}10)$$

$$K_\gamma=s_\gamma d_\gamma i_\gamma \quad (6.2\text{-}11)$$

其中，
$$s_q=1+iq\frac{B'}{L}\sin\left[\tan^{-1}\left(\frac{\tan\varphi}{\gamma_m}\right)\right] \tag{6.2-12}$$

$$d_q=1+2\frac{d}{B'}\left(\frac{\tan\varphi}{\gamma_m}\right)\left\{1-\sin\left[\tan^{-1}\left(\frac{\tan\varphi}{\gamma_m}\right)\right]\right\}^2 \tag{6.2-13}$$

$$i_q=\left\{1-0.5\left(\frac{H}{V+A'a}\right)\right\}^5 \tag{6.2-14}$$

$$s_\gamma=1-0.4i_\gamma\frac{B'}{L} \tag{6.2-15}$$

$$d_\gamma=1 \tag{6.2-16}$$

$$i_\gamma=\left\{1-0.7\left(\frac{H}{V+A'a}\right)\right\}^5 \tag{6.2-17}$$

其中 $A$ 为基础有效承载面积，$A=B'L$。

经典的承载理论方法利用修正系数来扩展了在竖向荷载下的基础解法，水平荷载和力矩之间的相互影响是分开考虑的。对于海洋浅基础在受到因环境因素导致的很大的水平荷载和弯矩时，经典的承载理论将显得不再适用。对于海洋浅基础的设计采用经典承载理论仍然有很多问题，如经典的方法没有考虑张力承载能力。最后，经典的承载力方法的结果是调整竖向极限荷载，而不是将竖向、水平和力矩区别开来，这样将会导致结果不符合工程实际。

**(2) 包络面方法**

浅基础复合加载会导致下卧土层复杂的应力状态，尤其是在海洋结构受到水平荷载、力矩以及竖向荷载时，这些外部荷载对基础承载力有着明显的耦合影响。在多种荷载力联合作用下代表极限状态最为有效的方法便是通过交互图或者破坏包络面。破坏包络面可以通过竖向、水平以及弯矩三个面表示，也可以用过这三个面（$V$，$H$，$M$）决定的三维曲面表示。其所采用的符号见图 6.2-6，破坏包络面示意图见图 6.2-7。在包络面中的任意组合荷载都被认为对基础而言是安全的，反之则有可能达到破坏准则。

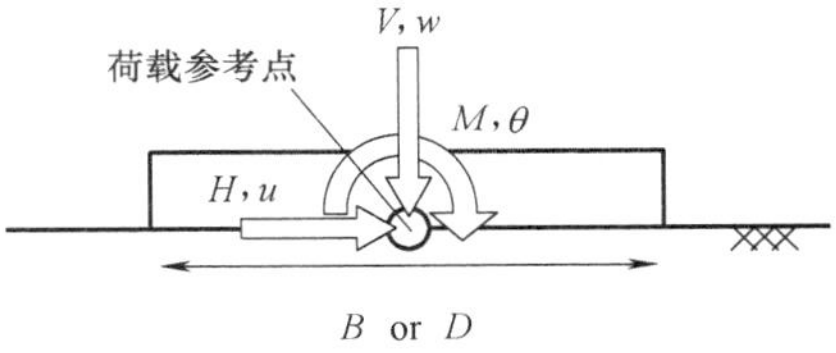


图 6.2-6 荷载及变形符号

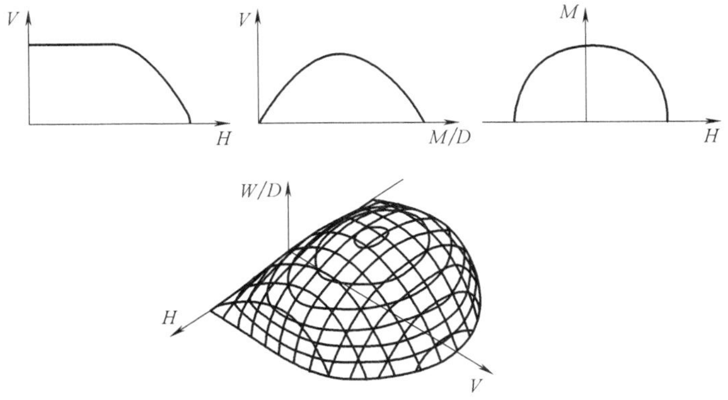


图 6.2-7 二维及三维条件下破坏包络面示意图

图 6.2-7 给出了对于不排水条件下基础极限状态的破坏包络面，包络面的形状和很多

因素有关，包括破坏时的排水条件、各向异性剪切强度、基础-土体相互作用、拉伸抗力、基础形状和埋深。经典承载力理论中的一个假设认为基础形状、埋深以及各向异性因素只是简单的决定包络面的大小，与极限状态相关参数 $V_{ult}$ 一样对破坏包络面形状并无关系。越来越多的研究认为，竖向、水平以及力矩荷载耦合作用比传统承载力理论更加的复杂。在很多情况下，特别是对于埋深，仅仅研究包络面的顶点并不准确。

图 6.2-8　一般加载下浅基础试验装置（Martin，1994）

确定破坏包络面有三种主要方法：试验法、理论分析法以及数值分析方法。

1）试验法：图 6.2-8 是牛津大学研制的研究一般加载时浅基础的反应的设备。竖向、力矩以及水平荷载可以通过放置在基础上部的加载装置实现。变形测量通过布置在各个方向的传感器。通过整合多次试验结果可以构建一个连续的三维破坏包络面。

2）塑性理论：通过运用假定滑动场或者土体本身应力场，得到地基承载力的上下限塑性解。上限解可以更加直接假定机动场，相比应力场，其可以更加直观地假设破坏机理。图 6.2-9 为条形基础在多种荷载下的破坏机动场，这些机制可以扩展到三维情况，特别是对于圆形基础（Randolph and Puzrin，2003）。

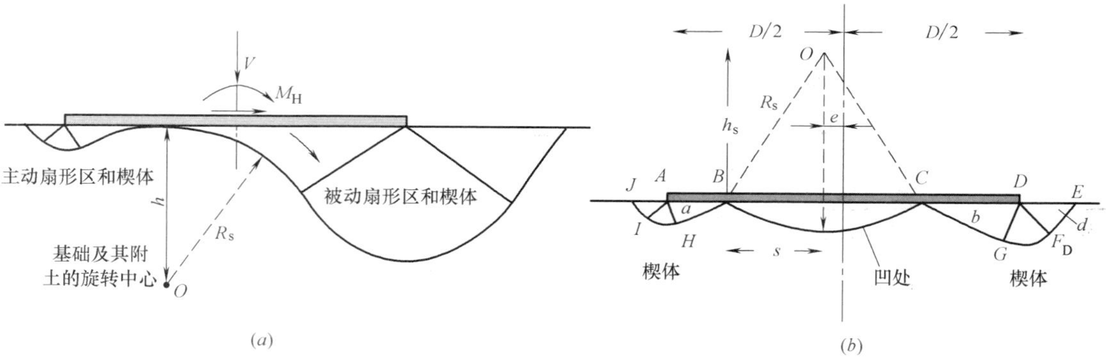


图 6.2-9　多种荷载作用下条形基础的平面应变机动场

（*a*）Brinch Hansen 机理；（*b*）Bransby-Randolph 机理

3）数值分析法：破坏面可以通过各种数值方法得到，比如有限元、有限差分法。数值方法基于将一个部分分成若干个小的单元或节点，同时赋予其材料属性及边界条件。这样使分析工作能较为真实地反映基础的特性、土体性质和加载情况。进而可以计算得到模拟条件下的破坏荷载。

在设计中采用破坏包络面的步骤如下：

① 定义非轴向极限状态 $V_{ult}$（$V_0$），$H_{ult}$ 和 $M_{ult}$，从而定义包络面各个顶点；

② 定义破坏包络面的形状。通过对荷载归一化后的一系列参数（$V/V_{\mathrm{ult}}$，$H/H_{\mathrm{ult}}$，$M/M_{\mathrm{ult}}$）；

③ 如果设计荷载在包络面内则认为安全；如果不是，则需要提高基础的承载力（基础面积和埋深加大）或者降低设计荷载。

### 6.2.3 浅基础地基沉降与变形

浅基础适用性评估需要对海洋结构在寿命期内在静荷载和循环荷载作用下的竖向沉降、水平位移和旋转运动进行预测。弹性理论解能够对结构变形沉降进行大致的预测，如果需要更为准确地估计便需要数值分析或者离心模式试验。

近海浅基础沉降，也就是竖向位移，主要由固结引起的沉降、不排水瞬时沉降分量和循环加载引起的长期沉降分量组成。表 6.2-2 为这些分量的一个详细的划分。瞬时沉降是由荷载施加时引起的，是地基土体的初始变形。这种变形沉降并非弹性，虽然计算的时候经常用弹性理论来求解。土体固结引起的沉降是由于土体排水，土骨架压缩引起的。初始固结沉降和次级固结沉降的区别在土体沉降的时间不同。在初始固结沉降中，沉降速率由土体中孔隙水的排除速率控制。在次级固结沉降（土体蠕变）中，沉降速率是由土骨架变形控制的。

**沉降组成（Eide & Andersen 1984；O'Relly & Brown，1990）** 表 6.2-2

| 荷载 | 沉降组成 | |
|---|---|---|
| 静荷载 | (1a)初始沉降：静荷载施加产生的不排水剪应变；<br>(1b)不排水蠕变：不排水条件下由于平台自重引起的剪应变(1a的延续) | 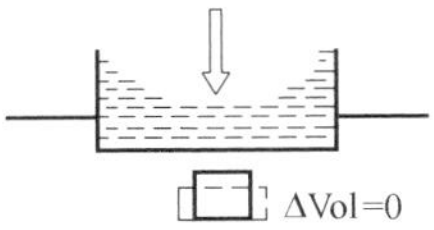 |
| | (2)固结沉降：在平台自重下土体中孔隙水排出产生的体应变引起 | 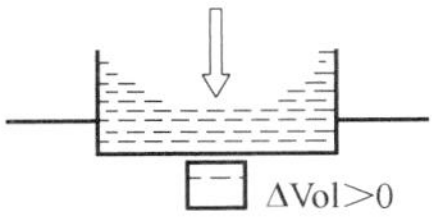 |
| | (3)次级沉降：排水条件下产生的体应变和剪应变 | 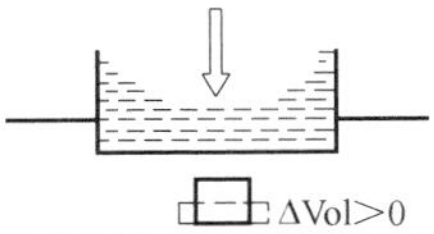 |
| 循环荷载 | (4a)循环荷载下塑性屈服和应力重分布(不排水)； | 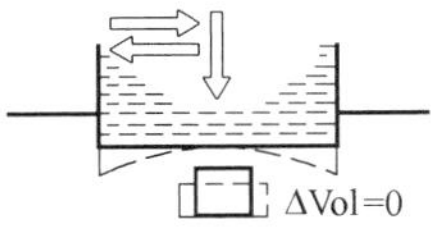 |
| | (4b)超静孔压和有效应力及土体刚度下降引起的剪应变(不排水) | 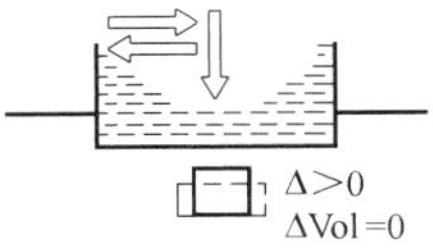 |
| | (5)超静孔压消散引起的体应变 | 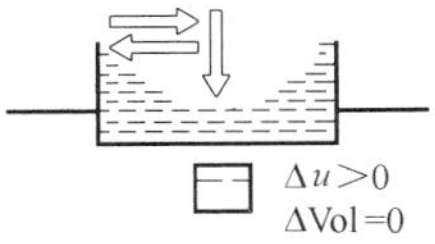 |

# 6.3 海洋桩基础

海洋桩基主要应用于水深500m以下的工程结构，深水区海洋岩土工程多采用张力腿平台、SPAR平台等浮式平台，近海风电普遍采用桩基础。目前国外风机基础大多采用超大直径单桩基础，而我国采用导管架群桩或者高桩基础。导管架桩基在海洋工程中较为常见，一般直径小于2m，而欧洲普遍采用的超大直径单桩海上风电基础的桩径为4～6m，最大甚至可达8m，埋深30m左右，安装至海床下10～20m，深度取决于海床基类型。

## 6.3.1 海洋桩基安装与施工

**(1) 桩基安装理论研究**

由于预制桩的施工工艺和机械设备的不断进步和更新，沉桩方法包括锤击法、振动法、静压法以及辅助沉桩法等，其中最为常见且应用最为广泛的是采用锤击法；该方法的设备主要有落锤、蒸汽锤、柴油锤和液压锤等类型的锤。

在动力沉桩施工过程中，桩的贯入过程造成了桩周土颗粒的复杂运动，使桩周土体发生变化，桩尖刺入土体时原状土的初始应力受到破坏造成桩尖、下土体的变形，土体作用于桩尖，相应阻力随着桩贯入压力的增大而增大，当桩尖处的土体所受应力超过其抗剪强度时土体发生急剧变形而达到极限破坏，土体产生塑性流动。桩尖下土体被向下侧向压缩挤开且一部分涌入桩管内形成土塞，桩继续刺入下层土体中随之桩周土体继续被压缩挤开；在地表中黏性土体会向上隆起、砂性土则会被拖带下沉，在地深处由于上覆土层的压力，土体向桩周水平向挤压，使接近桩周土体结构完全破坏，较大的辐射向压力的作用也使邻近桩周土体受到较大扰动影响，此时，桩身必然受到土体的强大法向抗力所引起的桩周摩阻力和桩尖阻力的抵抗；当桩顶施加的锤击力和桩自重之和大于沉桩时的这些抵抗力，桩尖继续刺入下沉直至设计标高。反之则停止下沉。

在实际工程中工程师们最关心动力打入桩的静承载力有多大。在打桩工程的早期发展阶段曾假定牛顿质点撞击定律可应用于打桩分析。而所谓的打桩公式就是建立在桩锤提供的能量会立刻在撞击时传递到桩底的假定之上，1851年Sanders用撞击一瞬间的锤心总动能与压桩向下所做功相等的方法提出了第一动力打桩公式：

$$P=\frac{W_{\gamma}^{2}\xi h+W_{\gamma}W_{\mathrm{p}}\xi\eta}{(W_{\gamma}+W_{\mathrm{p}})(e+c/2)} \tag{6.3-1}$$

然而，如何在这众多的动力打桩公式中选择合适的公式用于计算分析是一件棘手的事；而且由于公式中许多参数均由经验确定，没有一个动力公式能得到满意结果，其根本原因在于动力沉桩不是用牛顿刚体动力学定律就能直接求解的简单撞击问题，而是一种纵波传播问题。下面重点介绍几种常用的打桩分析方法。

1) 应力波动理论分析法

1931年D. V. Isaacs首先将应力波应用于描述打桩，指出能量从桩锤传递到桩底不是简单的刚体撞击动力问题，而是撞击应力波在桩身内的传播问题。他将反映桩周土体阻力参数$R$引入经典的一维波动方程得到：

$$\frac{\partial^2 u}{\partial x^2}=\frac{1}{c^2}\frac{\partial^2 u}{\partial t^2}+R \tag{6.3-2}$$

波动方程数值差分法是将整个打桩系统抽象化为由许多分离单元所组成，桩锤、桩帽、垫层锤垫和桩垫、以及桩身部分的弹性均由无质量的弹簧模拟，而各部分的质量则由不可压缩性的刚性块体来模拟，即所谓的质-弹模型；桩周土的弹性极限静阻力与塑性动阻力用由弹簧、摩擦键及缓冲壶所组成的土体流变模型来模拟。

2）桩土相互作用理论

桩土相互作用模型用于确定在打桩或动测过程中桩侧摩阻力和桩端阻力，包括静阻力和动阻力。打桩荷载是瞬态的冲击型动荷载，而在瞬态荷载作用下桩土作用非常复杂，它是一个轴对称三维动态问题。要描述该问题是极困难的，不仅要了解桩与土动本构模型，而且还要弄清桩土接触面的滑移机理。在一些简化条件下，国内外一些学者提出了许多模型来近似模拟桩土相互作用。

Smith 法中的桩土相互作用由弹簧、摩擦键及缓冲壶来模拟。桩土相互作用力 $R$ 可看作由土的静阻力 $R_s$ 和土的动阻力 $R_d$ 组成，其中 $R_s$ 用理想弹塑性模型来模拟，而 $R_d$ 与桩单元质点速度 $v$ 土的阻尼系数 $J$ 及静阻力 $R_s$ 有关，即：

$$R=R_s+R_d=R_s(1+Jv) \tag{6.3-3}$$

Likouhi & Poskitt 通过小型桩贯入试验却发现土的极限阻力与速度呈非线性关系：

$$R=R_s(1+Jv^N) \tag{6.3-4}$$

其中，$N=0.2$，同时也发现桩底土的阻尼系数小于桩侧土阻尼系数。

上述模型和理论计算一般都是基于土的静力模型为线弹性或黏弹性的假设，而且假定桩与土在动力沉桩过程中是完全粘结的，然而实际上桩周土高应变部分往往存在非线性区，同时由于往复冲击荷载的影响使桩与土之间常常出现局部的松动和脱离现象，因此，考虑桩周土的非线性能更好地模拟桩土相互作用。

**（2）海洋桩基安装常见问题及处理方法**

1）桩的自由站立稳定问题

考虑海洋工程的基桩在施工过程中的桩自由站立稳定性问题，即要研究桩在开始打入或打入途中下端可作为固定端，桩的长柱压曲以及打入时的局部压曲。

长柱压曲：桩一旦贯入土中后，即使土质软弱，但由于周围受到横向约束，可以不考虑长柱压曲，一般只考虑地上部分的长柱压曲。其计算一般假定桩下端为固定端，将桩作为悬臂梁或两端固定梁来进行分析。桩下端假想固定点以往是根据土质条件，将该点定在深度为（0.1～0.25）倍地上部分长度。

局部压曲：对于钢管桩来说，局部压曲即所谓的提灯式压曲使壁面成为波浪状的压曲现象。造成这种压曲的原因多半是由于施工差错和冲击应力过大。打入时的冲击应力，取决于桩的形状、所采用锤的种类以及支承地基等因素。要准确计算打击应力是相当困难的，根据压曲理论，打击应力低于屈服强度应不发生局部屈曲；但实际上确有发生，特别是桩径 700mm 以上的大直径钢管桩常有发生。这是由于大直径桩曲率小、管壁薄，使得桩壁接近于平板压曲的关系。目前尚没有动态局部屈曲应力的计算公式，而只有静态压曲应力公式。

提灯式压曲的 KarmanTsien 理论公式：

$$\sigma_{cr}=0.194E\frac{t}{r} \tag{6.3-5}$$

2）土塞效应分析

开口钢管桩在被打入土层的过程中，大量的土体涌入管内，称管内的土柱为土塞，也称之为土芯。桩管内形成土塞是开口钢管桩的结构特点。开口钢管桩和闭口桩相比较，排土量减少，对桩周土的挤土效应减弱，而且存在土塞与桩管内壁复杂的相互作用。因此，土塞作用使得开口管桩的沉桩性状比闭口桩沉桩性状更复杂，对打桩性状和桩的承载力影响非常大。打桩过程中桩的可打入性与土塞效应及土塞在沉桩过程中的性状密切相关。API 规范仅简单地指出为了减小打桩阻力，可用喷射、气举或钻孔的方法来排除桩内土塞，可通过静力计算来判断是否形成完全闭塞土塞。

国内外大量的试验和现场实测资料表明，管桩内土塞高度随土性、桩的直径、壁厚、桩入土深度及进入持力层的深度等诸多因素而变化，其中与土层的性质、桩管的直径最密切相关。在层状土地基中沉入钢管桩时，土塞形成与否及土塞的长度随土层的软硬及其层序而变。当沉桩穿越软塑—流塑状态的淤泥质黏土层时，土塞率变化不大。软黏土中的土塞高度远大于硬黏土中的土塞高度。桩的直径越大，桩管内土塞高度也越大。而对于大直径桩，特别是桩径大于 1200mm 的桩，在软土地区及近海工程中打桩的一般情况表明土塞的高度几乎与贯入深度等高，甚至高于泥面，这说明超大直径管桩几乎不向桩周排土，挤土效应非常弱，在沉桩过程中土塞完全闭塞的可能性非常小。对于小直径桩在砂土中打桩，土塞非常容易发生完全闭塞状况，因此，有必要对不同桩径的桩中土塞性状进行单独考虑。

根据土塞闭塞的不同程度来定义土塞的闭塞效应，即一般分为两种：不完全闭塞和完全闭塞。其评判标准是管壁与土塞的总内摩阻力、土塞的有效自重以及沉桩中土塞的惯性力所形成的垂直向总阻力与桩端下部地基极限强度两者相比较。若前者小于后者，则属于不完全闭塞，管端就刺入土中，桩端土进入管内。若前者大于后者，则土塞已完全闭塞，土塞阻止土体继续涌入管内，开口桩就像闭口桩一样贯入土中，土塞高度不再增加。

3）桩基后打入分析

海上打桩时，由于环境条件复杂多变常常造成桩体不能连续贯入到设计深度，因此就出现了施工过程中的停锤现象。将停锤后继续进行打桩施工称为后继打桩。在后继打桩过程中，普遍出现锤击数较连续贯入时明显增长甚至发生拒锤现象。后继打桩困难或出现拒锤现象的原因是由于在打桩过程中，桩周地基土体中孔隙水压力升高，停锤后升高的超静孔隙水压力不断消散，土体强度得到恢复甚至提高所致。拒锤时传统的解决办法费时费力，而且不经济。因此，研究后继打桩土体强度的恢复和增长规律，探索导致后继打桩出现拒锤现象的原因，提出出现拒锤时的工程对策具有十分重要的理论意义和实用价值。

动力荷载作用下孔隙水压力的发展变化是影响土体变形和强度的重要因素，也是用有效应力法分析土体动力稳定性的关键。因此，动孔隙水压力的发生、发展及消散的研究已成为人们十分关注的问题之一。土体在打桩的循环载荷作用下，随着土体的疲劳和孔隙水压力的增加，强度降低，有利于将钢管桩打入到设计深度。然而海上施工的不确定性，难免出现停锤，由于海上打桩都为大锤击能量的循环加载，导致桩周土体结构性的破坏，出现裂隙，所以一停锤孔隙水压力随即消散，土体强度逐渐恢复与提高，很可能会出现拒锤现象。迄今为止，已发展了多种考虑不同因素的孔隙水压力计算模式，如应力模式、应变模式、能量模式、内时模式和瞬态模式等。动力打桩过程中，导致桩周围土体中的孔隙水压力增加有两个原因：第一是桩的挤土作用，第二是锤击能量。对桩的挤土作用导致的孔隙水压力主要是采用柱孔扩张理论来进行计算。由锤击能量引起的孔隙水压力，属于孔压的能量模型。因为砂土具有较强的渗透性，停锤后孔隙水压力消散很快，土体强度在很短的时间就能恢复；而且砂土强度较高，打桩时阻力较大，所以为了避免拒锤现象的发生，工程技术人员通常会把桩端停留在黏土层中。通常采用喷射、气举、钻孔等工程措施，减小打桩阻力，直至将桩打入到设计深度为止。

## 6.3.2 海洋桩基设计分析方法

桩基础是固定式海洋平台应用最多的一种基础形式，分为导管架式、塔式和简易结构三种形式，主要功能是用来支撑甲板及上部结构和抵抗环境荷载对结构的作用。海上建（构）筑物桩基础设计考虑的荷载很多，大体可以分为永久荷载、可变荷载、偶然荷载，主要包括基础自重、结构荷载、波浪力、水流力、冰荷载、风荷载、船舶（或漂浮物）撞击力、地震力等。单桩和群桩一般都受竖直荷载、水平荷载和力矩的共同作用见图 6.3-1。长期以来人们偏重于研究桩基在承受竖向荷载时的工作性能，而对横向荷载下桩基的工作性能研究很少。

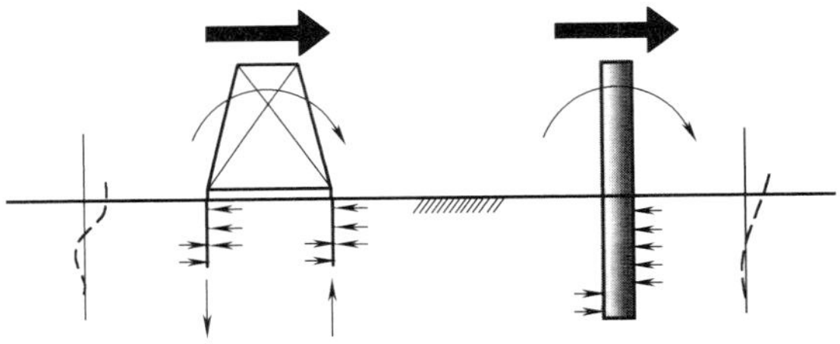

图 6.3-1 多桩和单桩的受力示意图

海洋桩基础设计计算中首先需确定各设计工况下环境荷载的最不利组合。基础设计工况主要应考虑基础施工完成而上部结构未安装时临时工况、上部结构安装完成后正常运行工况、极端风浪状态的工况以及正常运行时的地震工况。风力、波浪力、水流力作为基本可变荷载参加组合，荷载组合中应考虑可能出现的最不利水位和波浪、水流的作用方向。极端工况计算时水位采用 50a 或 100a 一遇的极端高水位和极端低水位之间的最不利水位；其他工况采用设计高水位和设计低水位之间的最不利水位。正常工况下，需要计算基础泥面处的位移、沉降和基础刚度等；极限工况下，需要验算桩基的承载力、桩身结构强度与稳定性。

**(1) 海洋单桩基础的分析理论和计算方法**

桩基水平向承载极限状态的控制条件为桩身结构破坏或者桩基水平向变形达到极限值。由于单桩基础桩径较大且采用钢管桩，桩身强度非常大，竖向承载力一般不起控制作用，主要是水平承载力控制，所以一般采用水平向变形来控制桩基础的承载力。对于基础的变形，由于荷载组合中水平力占主导地位，且多为长期循环荷载，水平向变形远大于一般建筑桩基。因此水平受荷桩的计算在海洋单桩基础设计计算中占有十分重要的地位。单桩基础变形和基础刚度验算都需要计算基础在水平荷载组合作用下的变形。桩基础中的桩，一般被作为埋入地基中的弹性地基梁，根据其在土中的受力状况由结构力学理论可导出梁（桩）挠曲基本微分方程式：

$$\frac{d^2}{dx^2}\left(EI\frac{d^2y}{dx^2}\right)+p=0 \tag{6.3-6}$$

式中：$E$ 为桩身材料的弹性模量（kN/m²）；$I$ 为桩的截面惯性矩（m⁴）；$x$ 为桩在泥面下任一点的深度（m）；$y$ 为桩身某一点的水平位移（m）；$p$ 为作用在单位桩长上的土抗力（kN/m）。

当桩身横向抗弯刚度 $EI$ 是常量时，上式可改写成以下形式：

$$EI\frac{d^4y}{dx^4}+p=0 \tag{6.3-7}$$

土抗力 $p$ 与桩的特性、土的特性、计算点的深度和桩身位移 $y$ 有关，称为土抗力函数，一般表示为：

$$p(x,y)=k\,(x_0+x)^mBy^n \tag{6.3-8}$$

其中 $k$、$m$ 和 $n$ 是考虑各种影响因素的参数，$B$ 是桩宽或桩径。

式（6.3-8）常表示成以下形式：

$$p(x,y)=E_sy \tag{6.3-9}$$

式中：$E_s$为土的弹性模量，也就是 $p$-$y$ 曲线的割线模量。

根据对土抗力 $p$ 的不同假设（对 $k$、$m$ 和 $n$ 的不同取值）有各种计算方法，从土体的变形特性角度大致可分为弹性分析方法和弹塑性分析方法两类，从具体算法上可分为弹性地基反力法、复合地基反力法（$p$-$y$ 曲线法）、有限单元法。

**（2）*p-y* 曲线**

$p$-$y$ 曲线法的基本思想是沿桩身深度方向将桩周土的应力应变关系用一组曲线来表示，即 $p$-$y$ 曲线。对于水平受荷桩，$p$-$y$ 曲线反映的是沿桩深度方向 $x$ 处，桩的横向位移 $y$ 与单位桩长上所受到的土反力合力 $p$ 之间存在的一定的对应关系。$p$-$y$ 曲线法是一种比较理想的方法，配合数值解法，可以计算桩内力及位移，当桩身变形较大时，这种方法与地基反力系数法相比有更大的优越性。

运用 $p$-$y$ 曲线法的关键在于确定土的应力应变关系，即确定一组 $p$-$y$ 曲线参数。Matlock、Reese、Kooper 等根据原位试验和室内试验，提出了 $p$-$y$ 曲线表达式的一些计算方法，DNV 和 API 中均采用了这些结果。

1）黏土中的 $p$-$y$ 曲线

根据 DNV 规范（DNV—OS—J101），对于不排水抗剪强度标准值$S_u$小于等于 96kPa 的软黏土中的单桩在静荷载作用下的 $p$-$y$ 曲线可按下列规定确定。

$$y/y_c\leqslant 8\text{ 时},\frac{P}{P_u}=0.5\left[\frac{y}{y_c}\right]^{1/3} \tag{6.3-10}$$

$$y/y_c>8\text{ 时},\frac{P}{P_u}=1.0 \tag{6.3-11}$$

而对于不排水抗剪强度标准值$S_u\leqslant$96kPa 的软黏土中的单桩，在循环荷载作用下的 $p$-$y$曲线可按下列规定确定。

$$当\ X>X_R时，\frac{P}{P_u}=\begin{cases}0.5\left[\frac{y}{y_c}\right]^{1/3} & y/y_c\leqslant 3\\ 0.72 & y/y_c>3\end{cases} \quad (6.3\text{-}12)$$

$$当\ X\leqslant X_R时，\frac{P}{P_u}=\begin{cases}0.5\left[\frac{y}{y_c}\right]^{1/3} & y/y_c\leqslant 3\\ 0.72\left(1-\left(1-\frac{X}{X_R}\right)\frac{y-3y_c}{12y_c}\right) & 3<y/y_c\leqslant 15\\ 0.72\frac{X}{X_R} & y/y_c>15\end{cases} \quad (6.3\text{-}13)$$

式中，$P$ 为泥面以下深度 $X$ 处作用于桩上的水平土抗力标准值（kN/m）；$y$ 为泥面以下 $X$ 深度处桩的侧向水平变形量（mm）；$y_c$为桩周土达到极限水平抗力一半时，相应桩的侧向变形量（mm），其中$y_c=\rho\varepsilon_c D$；$\rho$ 为相关系数，取 2.5；$\varepsilon_c$为三轴仪试验中竖向应力达到最大主应力差一半时的应变值，对饱和度较大的软黏土也可取无侧限抗压强度$q_u$一半时的应变值，当无试验资料时也可按《港口工程桩基规范》JTJ 254—98 所推荐的表 6.3-1确定。

**$\varepsilon_c$取值** **表 6.3-1**

| $S_u$(kPa) | $\varepsilon_c$ | $S_u$(kPa) | $\varepsilon_c$ | $S_u$(kPa) | $\varepsilon_c$ |
|---|---|---|---|---|---|
| 12～24 | 0.020 | 24～48 | 0.010 | 48～96 | 0.007 |

其中$P_u$为桩侧单位面积的极限水平抗力标准值，可按下列公式

当 $0<X\leqslant X_R$时，

$$P_u=(3S_u+\gamma' X)D+JS_uX \quad (6.3\text{-}14)$$

当 $X>X_R$时，

$$P_u=9S_uD \quad (6.3\text{-}15)$$

其中，临界深度：$X_R=\dfrac{6S_uD}{\gamma' D+JS_u}$

式中，$P_u$为泥面以下深度 $X$ 处桩侧单位面积极限水平土抗力标准值（kN/m）；$S_u$为原状软黏土不排水抗剪强度的标准值（kPa）；$\gamma'$为地下水位以下土的浮重度（kN/m$^3$）；$X$ 为泥面以下桩的深度（m）；$J$ 为系数，取 0.25～0.5，对于正常固结软黏土取 0.5；$D$ 为桩径（m）；$X_R$为极限水平土抗力转折点的深度（m）。

对于不排水抗剪强度标准值$S_u>96$kPa 的硬黏土中的单桩，在静荷载与循环荷载作用下的 $p$-$y$ 曲线可根据试桩资料确定。

2）砂土中的 $p$-$y$ 曲线

根据 DNV 规范（DNV-OS-J101），对于砂土中的桩在静荷载或循环荷载作用下的 $p$-$y$ 曲线可按下列规定确定。

$$P=AP_u\tanh\left[\frac{KX}{AP_u}y\right] \quad (6.3\text{-}16)$$

$$静荷载：A=\left(3-0.8\frac{X}{D}\right)\geqslant 0.9$$

循环荷载：$A=0.9$

式中：$P$ 为泥面以下深度 $X$ 处作用于桩上的水平土抗力标准值（kN/m）；$K$ 为土抗力的初始模量，可按图 6.3-2 确定。

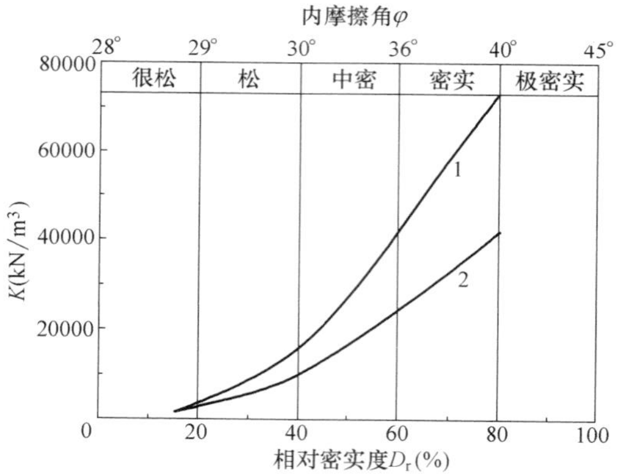


图 6.3-2　$K$ 值曲线

1—水上；2—水下

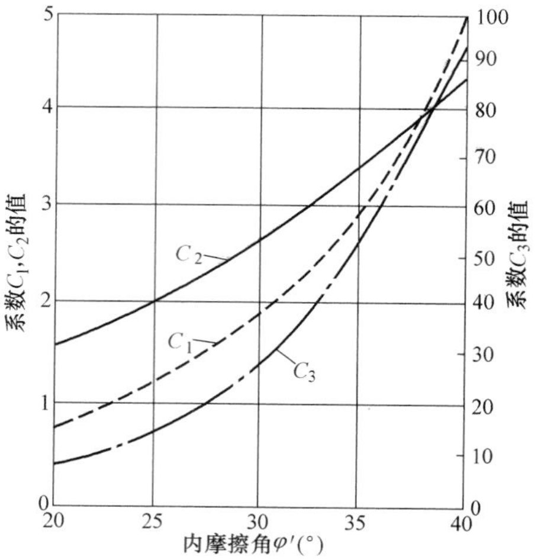


图 6.3-3　系数 $C_1$、$C_2$、$C_3$ 取值

$P_u$ 为桩侧单位面积的极限水平抗力标准值，可按下列公式确定：

$$0<X\leqslant X_R\text{时},P_u=(C_1X+C_2D)\gamma' X \tag{6.3-17}$$

$$X>X_R\text{时},P_u=C_3D\gamma' X \tag{6.3-18}$$

式中，$P_u$ 为泥面以下深度 $X$ 处桩侧单位面积极限水平土抗力标准值（kN/m）；$C_1$、$C_2$、$C_3$ 为系数，按图 6.3-3 确定；$X_R$ 为极限水平土抗力转折点的深度（m），可通过联立上面两式求得。

**(3) 特殊土层中的桩基设计**

1）液化土中桩基 $p$-$y$ 曲线的研究方法

大型的地震通常伴随着土的液化，目前，对处于可液化砂土中的基础，有以下 3 种以 $p$-$y$ 曲线为基础的设计方法。

① 无强度法

无强度法就是假定在基础运动或产生挠度时，可液化土不存在任何抗力。该方法是最保守的，但也是最不经济的。图 6.3-4 所示为应用这种方法对处于液化与非液化土中桩受荷的两种截然不同的情况。

② 不排水残余强度法

不排水残余强度法是把饱和砂土的固结不排水静强度视为土层液化后的残余强度。1997 年 Abdoun 进行了 8 种不同的动力离心试验，根据动力离心试验结果，提出了一种类似不排水残余强度的方法——极限平衡方法，即假定在单桩的“有效宽度内”液化土的压力为均布荷载 9.25kN/m² （打入桩的有效宽度由于桩周土加密，一般大于桩的直径），应用这种方法算得的弯矩值一般比实际测得的最大弯矩值低，但是控制在 20%以内。

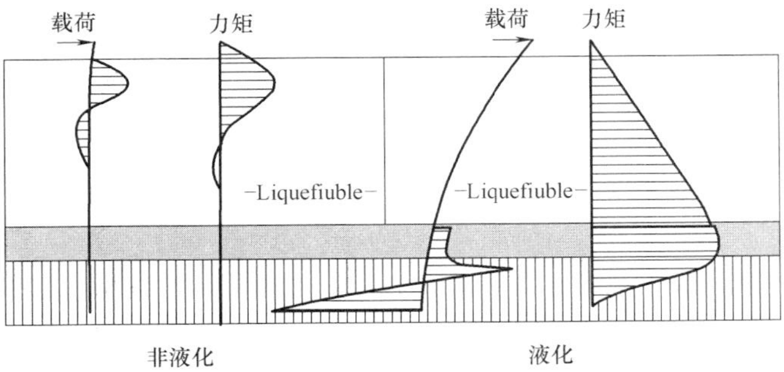


图 6.3-4 桩基的挠度及弯矩图

Dobry 和 Abdoun（1998）对 Abdoun 的极限平衡方法进行了修正，认为采用三角形分布的压力、自由桩底的峰值抗力与最初的均布压力相比能够更好地预测弯矩最大值。这个结论在后来研究上部结构刚度（Ramos，1999）和质量（Wang，2001）对承受水平荷载桩的影响时也得到了肯定。然而，Dobry 和 Abdoun 虽然假定了土的抗力呈线性分布，但却没有指出此极值可能会随 $h$ 而变，以及其与 $h$ 的变化规律。Wang 和 Reese（1998）建议 $p$ 和 $y$ 的关系采用 Matlock（1970）和 Reese（1984）当年获取软黏土 $p$-$y$ 曲线的方法构造液化后砂土层的衰化 $p$-$y$ 曲线。液化土不排水残余强度（$S_r$），理论上可以通过室内的固结不排水、三轴压缩试验得到。然而，相同密度的重塑土的强度比现场土的强度要高（Seed，1987），由于很难获得未扰动的可液化土样，Wang 和 Reese 提出液化土不排水残余强度 $S_r$ 可以通过与不同相对密实度 $D_r$ 的标准贯入试验（SPT）的锤击数 $(N_1)_{60}$ 的关系得到（Seed 和 Harder）。但是，由于数据点比较发散，对应唯一的 $(N_1)_{60}$ 很难选择一个准确的 $S_r$ 值。因此，此方法不能被准确应用。

2）钙质土中的桩基设计

钙质土是指富含碳酸钙颗粒或天然胶结物的碳酸盐沉积物。近 20 多年来，钙质土相继在伊朗、澳大利亚和印度等国海域内导管架桩基平台场址的土工调查中被发现，由于它受力后某些物理力学性能会发生显著的变化，导致承载能力的降低，往往给海洋平台的桩基带来极大的危害。与 API 规范中的方法相比，钙质土中打入钢管桩的设计理论和设计方法没有新的发展，只是对侧压力系数 $k$、$\delta$ 和极限单位侧壁摩阻力 $f_{max}$ 及 $q_{max}$ 加以适当的修正。对钙质黏性土，一般可不考虑打入桩竖向承载力的降低，除非土处于严重的胶结状态。对于钙质砂，Aggarwal 根据现场试验结果和工程经验，依胶结程度和碳酸钙含量，提出了 $k$、$\delta$ 和极限单位阻力的建议值。另外，Cox 也曾建议根据土的压缩指数来确定单位极限阻力值。Fugro-Mccelland 公司目前采用的方法是：对中等程度的钙质砂，一般只考虑对桩的端部阻力的影响，而不计桩身侧壁摩阻力的降低；对高碳酸钙含量的钙质砂，需同时考虑端部和侧阻的降低，此时的极限值 $f_{max}$、$q_{max}$ 和标贯锤击数 $N_q$ 应根据土强度的大小，在 API 规范建议值的基础上视具体情况降低。

迄今为止，关于水平荷载作用下钙质土中 $p$-$y$ 曲线构筑方法的研究和报道还很少。钙质土的胶结作用、颗粒破碎及相应的剪缩特性将对土强度的降低和位移的发展带来不利的影响，尤其是这种土存在于地表附近时，可能会造成更大的危害。应该注意的是：当遇有较厚的、承载能力极弱的钙质土，且无该海区的工程经验时，要尽量避免使用普通形式的打入钢管桩，而采用扩底灌注桩或以此作为特殊情况下的补救措施。

## 6.4 系泊基础

锚泊系统用于海洋浮式结构物的定位以及固定式、柔性结构的安全储备。在深水环境中，一般的固定式结构物无法安装，因此浮式结构是一种较为实用的选择。在水深较浅的情况下，如果附近没有输送管线，也可以使用浮式结构物进行储存。本节将介绍浮式平台、锚泊系统和各类锚泊基础以及锚和锚链设计方法。

### 6.4.1 浮式结构物

浮式结构物包括各种各样的几何外形和尺寸，具有不同的使用功能。浮式与固定式结构物不同的是，固定式结构物由混凝土或钢制的下部结构来支撑，浮式结构物由海水浮力支持。常见的浮式结构物的类型如图 6.4-1 所示。

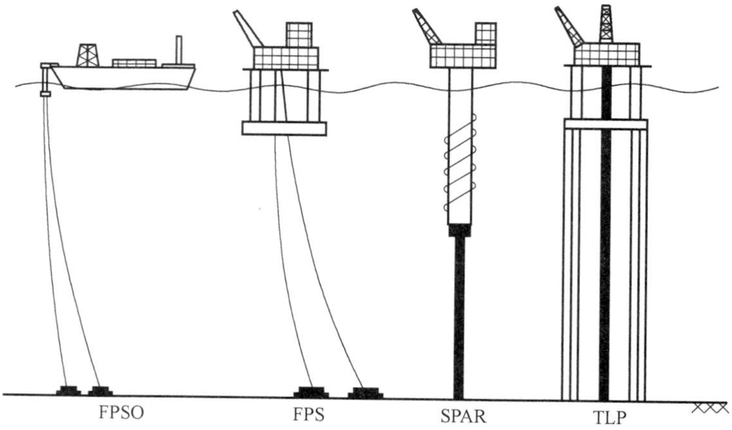


图 6.4-1 浮式结构物的类型

海上浮式生产储油船（Floating Production Storage and Offloading，FPSO）是最常用的浮式结构物。FPSO 的外形与船类似，常用于储存油罐，用一个转塔系泊在位。运输油轮定期接受 FPSO 上的原油并运输到岸上。第一艘 FPSO 在 1977 年安装在地中海的 Castellon 油田。FPSO 常用于边际油田，离岸较远或者没有输油管线的地区。浮式生产系统（FPSs）起源于钻井平台，一般由四根圆形立柱连接至环形浮筒上组成，也有外形类似于船体的。浮式生产系统通过悬链线或者张紧式锚泊连接海床。浮式生产系统可以为多个油田处理原油和天然气。

SPAR 平台是由一个圆柱形结构垂直悬浮于水中，并采用压载物来保证平台的稳定性。SPAR 平台采用悬链线或者张紧式锚泊进行定位。墨西哥湾的 Genesis SPAR 平台塔的直径为 40m，长 235m，重 26700t，压载后的重量可达自重的八倍。

张力腿平台具有浮式生产系统类似的浮筒-立柱形式，不同的是张力腿平台通过张紧的钢缆进行锚固。1997 年安装在墨西哥湾的 Ursa 张力腿平台直径 28m，高 60m，浮筒

12.5m 宽 10m 长，组装重量将近 28600t。船体在意大利制造并穿过大西洋拖航到墨西哥湾，是世界上最长的拖航距离。

## 6.4.2 锚泊系统

锚泊系统为浮式结构物提供了到海床的连接，能保持浮式结构的定位。锚泊系统的类型包括悬链线式、张紧或半张紧式以及竖直形式，如图 6.4-2 所示。锚泊系统使用钢丝绳或合成纤维绳与锚链进行连接，而在 TLP 平台的锚泊中，使用钢筋束构成锚泊系统。

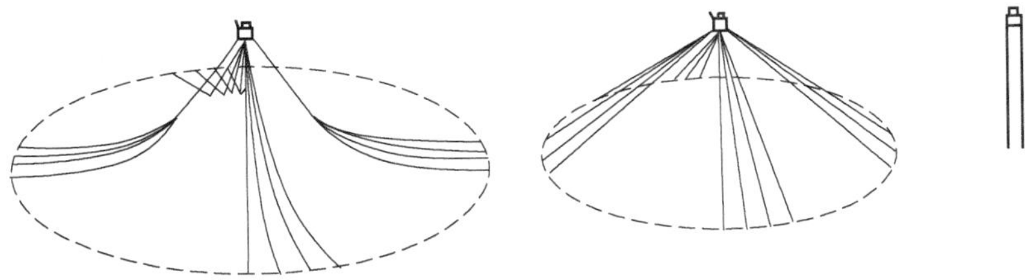

(a)　　(b)　　(c)

图 6.4-2　锚泊系统类型

(a) 悬链线；(b) 绷紧线；(c) 垂直线

**(1) 悬链线锚泊**

悬链线式是浮式结构最传统的锚泊形式。悬链线在数学上定义为由完全柔性、均质并不可拉伸的绳子悬跨到底端。因而悬链线锚泊即锚链以悬链线的形式连接浮式结构物以及海床。悬链线锚泊与海床接触，并沿着海床延伸到锚点，因此锚点处锚链与海床泥面形成的提升角接近 0°，锚点处只承受水平作用力。悬链线锚泊系统的回复力由锚链的自重提供。随着顶部浮式结构物的运动，海床上的部分锚链不断地被抬起并重新放下，由于悬跨的锚链自重可以变化，因此悬链线锚泊具有一定的柔度。对于一个典型的锚泊方式，可以使用直径 100mm 的钢绞线、聚酯纤维绳，也可以选用重达 200kg 每环的钢制锚链，来进行海床与锚泊系统的连接。一般的锚泊布置至少有八根单独的锚链连接至浮式结构物，一些甚至有十六根。墨西哥湾的 Na Kika FPS 浮式处理平台位于 2200m 水深，采用了 16 根锚链构成锚泊系统，每根锚链由 3200m 的钢绞线和 580m 的钢链组成，如图 6.4-3 所示。每根锚链连接的锚点距离浮式平台的距离为 2500m。

**(2) 张紧及半张紧锚泊**

在深水和超深水海域中，采用悬链线锚泊时锚链的自重成了设计浮式平台的限制因素。为了解决这个问题，以聚酯纤维绳作为锚泊线的张紧或半张紧锚泊形式，以其相比传统锚链较轻的自重成为更好的选择。悬链线锚泊与张紧式锚泊最大的不同在于，悬链线锚泊的锚链水平地延伸至海床，而张紧式锚泊的锚泊线会与海床形成一个角度。这意味着张紧式锚泊的锚点需要具有同时承受水平和竖向荷载的能力，而悬链线锚泊的锚点只承受水平作用力。张紧式锚泊的回复力由锚泊线的弹性提供，而悬链线锚泊的回复力由锚链自重提供。张紧式锚泊的锚泊线一般会以于水平方向成 30°～45°的角度将浮式结构物与锚点连接起来，由于锚泊线的自身重量较轻，整段锚泊线的倾角沿着其长度方向变化不大。半张紧锚泊的锚泊布置半径更大一些，但是在极限工况设计时锚泊线的最大倾角与张紧式锚泊

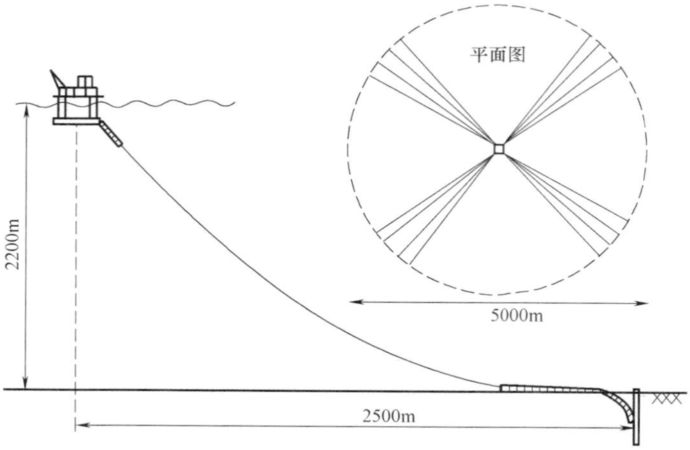


图 6.4-3 Na Kika FPS 的锚泊系统布置

相近。与悬链线式的锚泊布置相比，具有一定触底角度的张紧式锚泊布置具有许多优点。在稳定的工作状态下，张紧式锚泊的浮式结构物水平漂移距离更容易控制，并且平台的移动引起的锚泊线张力对于锚泊线平均张力的贡献不大。由于张紧式锚泊当中多根锚泊线能较好地分担荷载，从而提高整个系统的工作效率。另外，更短的锚泊线需要的海域范围更小，如果将锚泊半径根据海域水深无量纲化，悬链线锚泊需要的锚泊范围是 4，半张紧锚泊需要的锚泊范围是 3，张紧式锚泊需要的锚泊范围是 2，如图 6.4-4 所示。

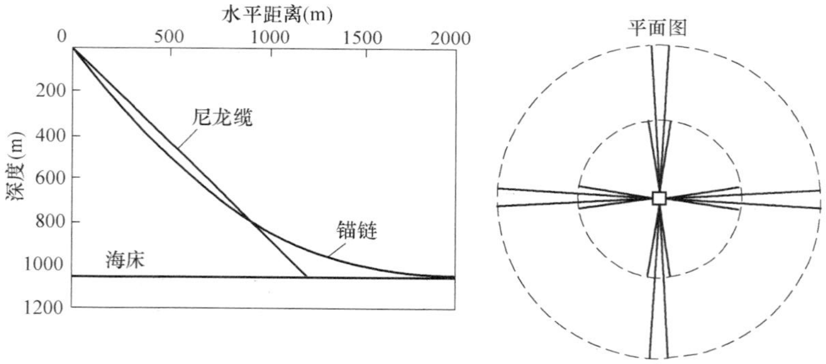


图 6.4-4 张紧式锚泊与悬链线锚泊的比较

**（3）垂直锚泊**

垂直锚泊一般被用于张力腿平台的锚泊，由张紧的钢缆或者管线完成海床到浮式结构物的连接。Ursa 张力腿平台由 16 根钢丝束进行锚泊定位，每个角四根，每根的直径为 80mm，壁厚 38mm。每根钢丝束的长度为 1266m，16 根的总重量将近 16000 吨。钢丝束下端连接于直径 2.4m、长 147m、重 360t 的桩基础上。

## 6.4.3 锚的类型

各种各样的锚被用于将锚链固定在海床上，可以分为表面重力锚和贯入锚两大类。

**(1) 重力锚**

重力锚的承载力部分由锚本身的自重提供，部分由锚与海床之间的摩擦力提供。重力锚可以作为浮式结构物的主锚，也可以为固定式结构提供附加稳性。但是由于其本身的尺寸和承载力限制，重力锚一般只用于较浅的水深条件下。

**(2) 箱式重力锚**

重力锚最简单的形式即将固定的负载放置在海床上。为了最大程度减小安装重力式锚的吊装荷载，一般将其设计为一个结构原件（如箱型），然后用颗粒材料进行内部填充，例如岩块和铁矿石。锚箱一般带有肋条，可以刺入海床内，从而提高由海床提供的剪切力。安装时首先将空的重力式锚箱运输到指定海床位置完成安装，然后就近选择矿石、岩石进行现场填充。一种填充方法是远程遥控由 ROV 将管道引导至安装位置，然后由管道放置填充物。箱式重力锚的示意如图 6.4-5 所示。在澳大利亚西北大陆架的 North Rankin 平台的牵引塔，采用了箱式重力锚进行了加固。4 个长 18m、宽 19m、高 6m 箱式重力锚安装于 125m 的水深，压载后的重量为 4000t。

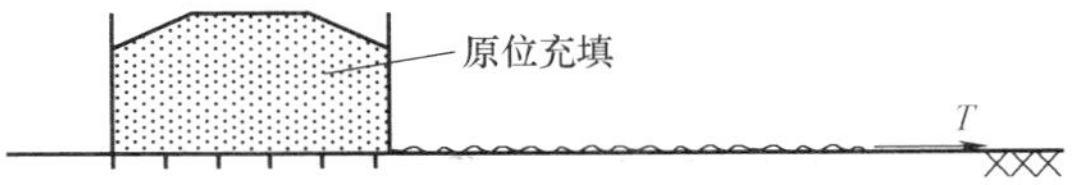


图 6.4-5 箱式重力锚示意图

**(3) 梁格式重力锚**

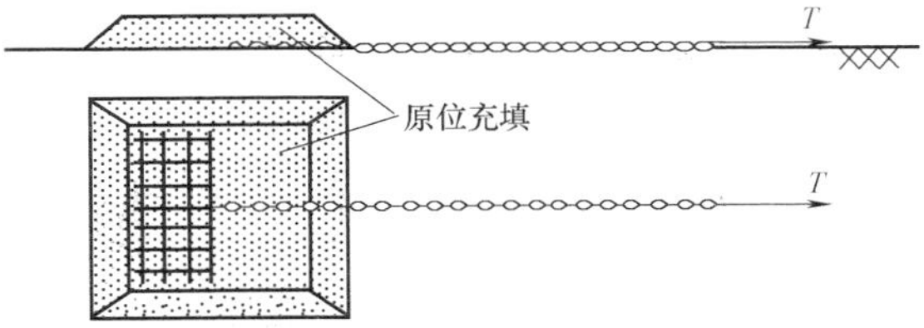


图 6.4-6 梁格式重力锚示意图

梁格式锚是近几年新型的一种重力式锚，内部安装有钢结构梁格，可以填充岩块或者铁矿石，示意图见图 6.4-6。格栅安装于梁的背面，如果格栅破坏，整根梁会发生移动。就用钢量而言，梁格式锚的承载力相比于箱式锚具有非常高的效率，但会消耗更多的填充物。由于需要考虑许多种失效模式，包括梁的抽出、格栅的抽出或者两者的组合，这类锚的设计也更为复杂。在澳大利亚西北大陆架的 Apache Stag 油田的悬式锚腿系泊浮体（CALM），在 50m 水深的情况下使用了平面积 $27m^2$，高 3.35m 的梁格式锚，其中格栅的尺寸为 20m×10m。

**(4) 贯入锚**

贯入锚适用于需要的承载力大于重力式锚能够提供的承载力的情况。

历史上出现的贯入锚可以主要分为三个类型：

① 打入桩和钻孔桩；

② 吸力式锚；

③ 拖曳锚（包括传统的抓力锚和平板锚）。

过去十年间出现的另外两种新型贯入锚有：吸力式贯入锚（SEPLA）和动力贯入锚。后者包括 Petrobras 公司用于巴西海域的鱼雷锚，北海正在开发的深水贯入锚（DPA）以及最早 2007 年用于墨西哥湾的 OMNI-Max 锚。各种类型的锚体示意图如图 6.4-7 所示。

**(5) 桩锚基础**

桩锚由薄壁钢管构成，与陆上的桩基础类似，既可以采用打桩法打入，也可以采用先

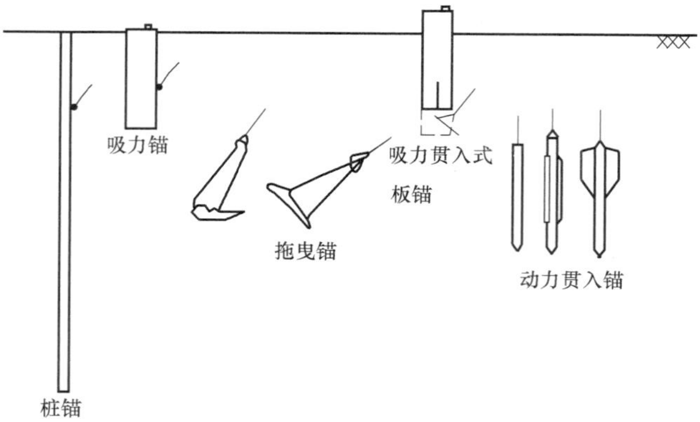


图 6.4-7 各类锚体示意图

钻孔后注浆的方法。锚链的连接也有不同的方式，可以连接于桩身的下部（打入桩），也可以采用注浆的方法连接在桩身上端（钻孔注浆桩）。桩锚的承载力是贯入锚当中最高的，并且既能承受水平力又能承受竖向力。桩的承载力主要来源于沿着桩身的土体摩擦力（或者注浆）以及水平土体抗力。一般来说，桩需要达到较大的贯入深度才能提供所需要的承载力。墨西哥湾的 Ursa 张力腿平台位于 1300m 的水深，采用了 16 根桩作为锚泊基础，每根桩的直径为 2.4m，贯入深度 130m。大部分的打桩锤的使用水深不超过 1500m，一些特制的打桩锤减小了额定功率以后，最大的工作水深可以达到 3000m 左右。较小的打桩锤工作功率以及水下打桩的复杂性意味着在超深水的情况下桩锚的使用仍然受到限制。

**（6）吸力式锚**

吸力锚由大直径的圆筒组成，桶径一般在 3～8m，底端开口上端闭口。其长径比$L/D$一般在 3～6 的范围内，小于海洋桩基的长径比（最大可以到 60）。墨西哥湾的 Na Kika 半潜式浮式生产平台锚泊于 2200m 的水深，采用了 16 只直径 4.7m 长 26m 的吸力锚。图 6.4-8 所示的较粗的吸力锚被用于印度洋的 Laminaria FPSO，锚的直径 5.5m，长度 12.7m，每只锚重 50t。

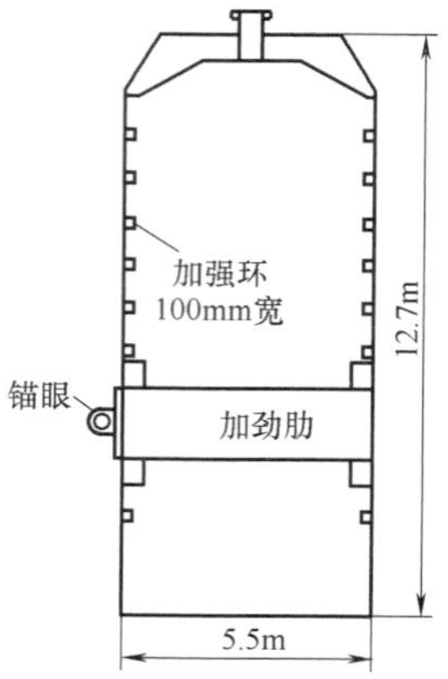


(*a*)

(*b*)

图 6.4-8 Laminaria 油田使用的吸力锚

吸力锚的安装方式：首先在自重作用下贯入海床一定深度，然后使用潜水泵通过顶端预留的抽水口进行抽水，使得吸力锚在负压的作用下完成接下来的贯入。从桶内部向外抽水时会产生负压，从而在桶上盖产生向下的压力。假设桶盖完全密封，吸力锚的承载力主要来自土体在桶投影面积上的抗力，加上桶外壁上的土体摩擦力。反向的端部承载力依靠的是土塞带来的被动孔隙水压力，所以需要考虑到产生负孔压的时间。

绝大部分的吸力锚是由直径-壁厚比 $D/t \sim 100 \sim 250$ 的钢板制成的，而混凝土制成的比较少。为了防止安装过程中以及服役期间锚泊荷载和土体抗力的作用造成结构的屈曲，需要在桶的内壁设置加劲肋。如果贯入深度较浅，而桶体的刚度较大，吸力锚容易产生类似于桩锚的刚体运动破坏，破坏过程中会产生塑性铰，见图 6.4-9。锚泊荷载由锚泊线作用于桶侧最优深度的锚眼上，一般来说这个深度位于吸力锚的贯入深度的 60%～70%，锚泊线施加的荷载的作用点大约是在深水情况下正常或轻微超固结土中水平土体抗力的作用中性点附近。锚眼的位置可以根据弯矩平衡来计算，即吸力锚不产生旋转而只是发生水平运动，以此获得最大的水平承载力。

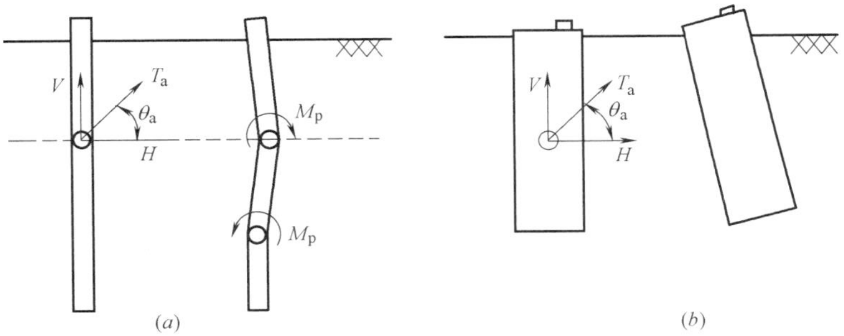


图 6.4-9 桩锚和吸力锚的破坏模式

(*a*) 桩锚；(*b*) 吸力锚

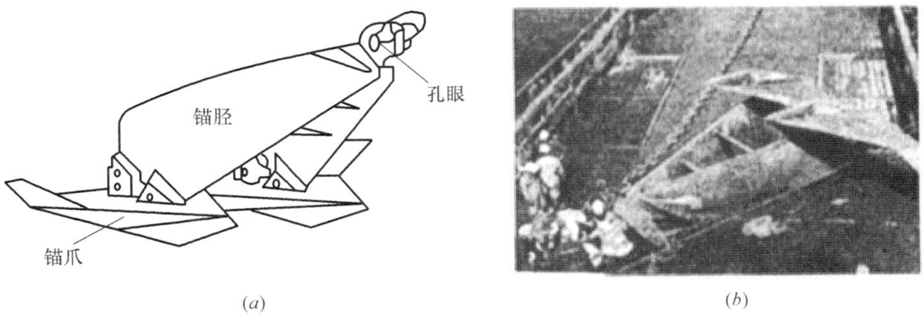


图 6.4-10 固定锚胫拖曳锚

(*a*) 示意图；(*b*) 32t Vryhof Stevpris Mk5 锚

**(7) 拖曳锚**

高承载力的新型拖曳锚是由传统的船用锚发展而来的。传统的拖曳锚由一个宽阔的锚爪连接在锚胫上组成，如图 6.4-10 所示。锚胫和锚爪之间的角度是实现定好的，也会根据锚的安装情况进行改变。对于软黏土情况，锚胫-锚爪角大约为 50°，对于砂土和硬黏土的情况，角度大约为 30°。安装过程中，拖曳锚首先以一定的倾角防止在海床上（通过 ROV 的辅助），然后通过一根预张的锚链贯入海床。传统的固定式抓力锚通过其自重确定标准，最大可以达到 65t，锚爪的长度大约可以达到 6.3m。根据土体情况的不同，大约在拖曳距离为 10～20 倍的锚爪长度时，锚的贯入深度可以达到 1～5 倍的锚爪长度，其承载力达到 20～50 倍的锚自重。传统抓力锚的承载力是依靠锚前方的土体得到的，最大可以超过 10MN。抓力锚不能承受较大的竖向荷载，可能会导致锚体的拔出。所以这类锚只适用于悬链线锚泊的情况，而不能用于深水情况下的张紧或半张紧锚泊。

法向承力锚（VLAs），也被叫作拖曳式板锚，是为了突破传统拖曳锚的缺陷开发出来的。与传统拖曳锚不同的时，法向承力锚使用了一个较薄的锚胫或者使用钢绞线系索来代替锚胫，见图 6.4-11。法向承力锚的安装方式与传统的拖曳锚类似，首先在泥面出施加一个水平荷载使其贯入土体。其更修长的几何外形可以减小贯入阻力，贯入深度比一般的拖曳锚要更深，可以达到 7～10 倍的锚爪长度。当贯入完成以后，对锚进行旋转，使得施加的荷载垂直于锚爪（或锚板），以得到最大的土体抗力，并使得锚既能承受水平荷载，又能承受竖向荷载。一般平板锚要比抓力锚更小一下，锚板面积最大达到 20m²，长度达到 6m。

(*a*) (*b*)

图 6.4-11 法向承力锚

(*a*) Vryhof Stevmanta；(*b*) Bruce DENNLA

拖曳锚最早主要用于半永久性锚泊，比如移动式钻井单元（MODUs），也用于浮式结构物的永久锚泊。比如巴西坎普斯湾的 Roncador FPSO，水深 1600m，采用了 9 只 14m² VryhofStevmanta 平板锚进行了张紧式锚泊。

**(8) 吸力贯入式板锚**

吸力贯入式板锚是一种固定在吸力锚端部的板锚（图 6.4-12），具有吸力锚安装的经济性，同时定位精度比贯入式板锚更高。安装时板锚随着吸力锚一起贯入海床，然后将吸力锚抽出将板锚留在海床中。然后在预张锚链上施加荷载使板锚发生旋转，直至锚泊线的荷载与锚板垂直，如图 6.4-13 所示。锚板尺寸最大达到 4.5m×10m，可以用于永久安装，小型的锚板用于临时安装。在墨西哥湾，已经进行了 1300m 水深情况下，贯入深度达到 25m 的原型试验（Wilde et al.，2001）。吸力贯入式板锚已经在墨西哥湾和西非海域用于 MODUs 等的短期锚泊。

**(9) 动力贯入锚**

由于深水中锚的安装费用太高，发明了一些能依靠自由落体完成安装的锚体，例如动

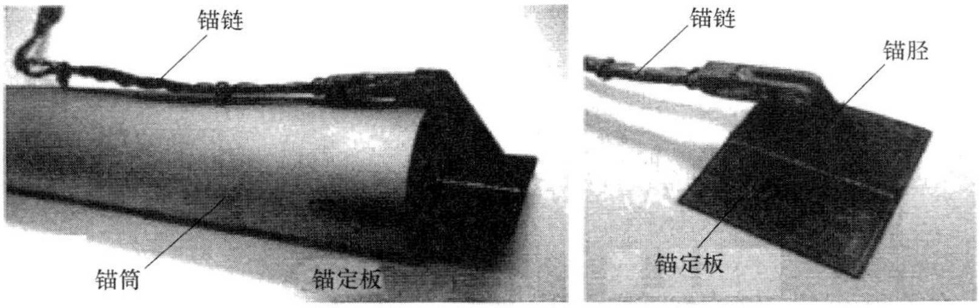


(*a*)　　　　(*b*)

图 6.4-12　吸力贯入式板锚的组成（Gaudin et al. 2006）

力贯入锚（DPA）（Lieng et al. 1999，2000）。动力贯入锚的外形与火箭类似，直径 1～1.2m，高 10～15m，重量 500～1000kN，安装时从海床以上 20～50m 释放，如图 6.4-14 所示。动力贯入锚已经进行了一些现场试验，但还没有投入实际使用。一种比较简单的鱼雷锚已经在巴西坎普斯湾得到使用（Medeiros 2001，2002）。这种锚的直径为 0.76～1.1m，长 12～15m，重量为 250～1000kN。一些类型具有四个尾翼，尾翼宽 0.45～0.9m，长 9～10m，见图 6.4-14。上述的两种都被称为动力贯入锚，在贯入海床时的初速度为 25～35m/s，贯入深度为锚长度的 2～3 倍，完成固结以后，锚的承载力可以达到自重的 3～6 倍。动力贯入锚的承载力比别的锚低一些，它的优势主要在于安装的成本较低。

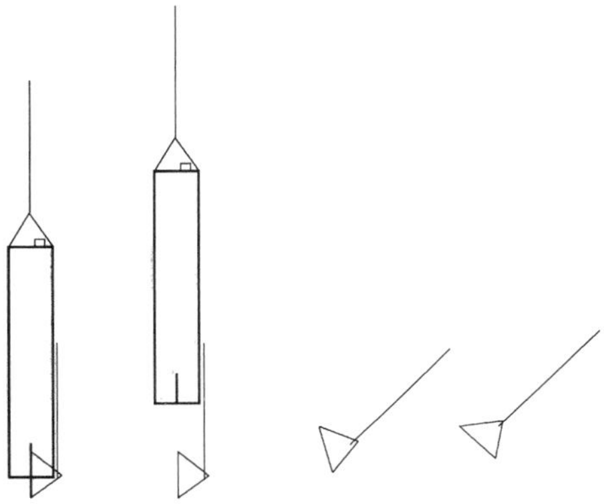

图 6.4-13　吸力贯入式板锚的安装
（O'Loughlin et al. 2006）

## 6.4.4　拖曳锚

南海海域的平均水深超过 1000m，蕴含石油资源丰富，属于世界四大海洋油气聚集中心之一。随着我国油气资源的开采逐渐步入南海深水区，对海上采油平台的深水系泊定位技术提出了更高的要求。基于降低费用和提高系泊效率的考虑，深水系泊逐渐抛弃了传统的悬链线式锚泊，而是更多地采用了由多成分锚泊线（钢链、金属索和合成纤维绳等）组成的张紧或半张紧式锚泊系统。此时，作用在锚体上的荷载角度一般超过海床平面 30°以上，锚体需要承受较大的竖向拉拔荷载。然而，传统的重力锚、桩锚等系泊性能不佳，造

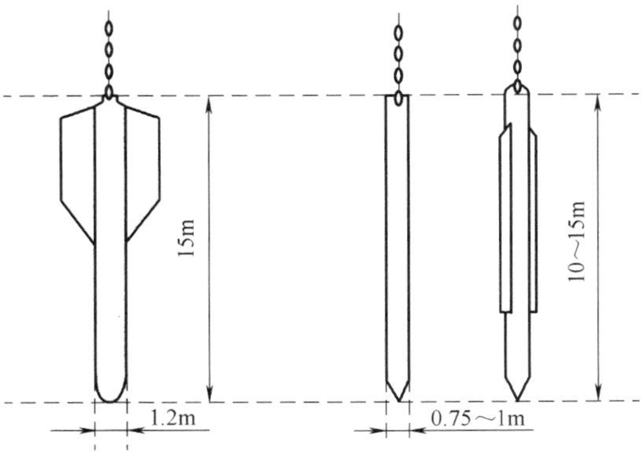


(*a*)　　　　(*b*)

图 6.4-14　动力贯入锚（DPA）
(*a*) DPA；(*b*) Torpedo anchor

价偏高且存在深水操作上的技术困难，因此，对适用于深水锚泊的新研究所关注的重点与热点问题加以阐述，以探索深水系泊基础的发展新趋势。

国外从 20 世纪 70 年代起，实施传统拖曳锚的大比尺实验和现场原型测试。从 20 世纪 90 年代中期起，开始进行 VLA 的模型实验和现场测试研究。1998 年，VLA 首次成功应用于实际工程。在工程应用中，法向承力锚主要用于深水工程，水深可以超过 1000m，已有的工程应用多数位于巴西近海。目前有两种典型的法向承力锚，分别是荷兰 Vryhof 公司 Stevmanta 式以及英国 Bruce 公司 Denla 式。经广泛调研，可以归纳出法向承力锚研发过程中必须重点解决好的关键技术：

1）拖曳嵌入技术。拖曳锚是靠拖船的拖曳作用嵌入海床一定深度及一定位置的，因此，如何有效而可靠地将锚拖曳嵌入海床，是首先需要解决的技术问题。

2）锚的嵌入运动轨迹预测方法。锚板在海床土中的行进轨迹应该是明确的，在海床土中的拖曳距离和埋入深度必须是可以准确预测的。因此，必须建立和发展拖曳锚嵌入运动轨迹的预测方法。

3）锚板形态的优化设计。锚板应该具有优良的嵌入性能与工作性能；在拖曳作用下，其嵌入轨迹稳定可预测，而在工作状态下能够保证足够的强度和刚度，并且可以方便地进行回收和反复使用。

4）拖曳-系泊转换机构设计。法向承力锚与传统拖曳锚的主要区别，是在系泊工作状态下，系缆施力方向垂直于锚板平面。因此，如何实现从拖曳状态向系泊状态的转换，以达到可靠、稳定、高性能的要求，是另一项需要解决的关键技术。

在上述关键技术中，核心的关键是拖曳嵌入及定位技术。实际上这是一种施工安装技术。可以说，是施工技术和施工性能，直接决定着法向承力锚的工作性能。围绕这些关键技术，需要在模型实验、理论以及数值模拟三个大的方面开展研究，通过综合比较和系统研究，对新型拖曳锚的嵌入机理、运动特性以及安装技术等取得深刻而科学的认识。

拖曳锚、传统固定式锚爪或者 VLA 的承载力取决于穿透并达到目标安置深度的能力。拖曳锚最具挑战性的服役表现在于安装以及锚到达位置的不确定性。在某深度的拖曳锚承载力预测相对于锚运动轨道的预测更加明确。对于某位置的锚其最终承载力的预测和安装预测是十分复杂的。拖曳锚的贯入路径和最终贯入深度是以下几点的综合作用：

① 土质情况（土质分层情况和 $S_u$ 的变化）；

② 锚的类型和尺寸；

③ 锚一锚爪之间的角度；

④ 锚的导缆线（电线或悬链线）；

⑤ 海床面上线抬起角度。

锚的跟踪装置是由一个用于测量移动距离的微小的电抗推进器和一些传感器组成。这种跟踪装置可以减小锚最终贯入深度的不确定性。不同的系统依靠不同的装置。对于锚的测试，一个可以从锚的追踪装置中下载数据的系统就已经足够，而对于永久领域的应用，则要求其无线调制解调器必须能将其实时数据传输至地面。锚的跟踪装置相对来讲还是一个比较先进的科学进展，在安装过程中十分容易被破坏。在预测锚运动轨迹的工作上依然需要依靠传统的数据分析方法。

# 6.5　管土相互作用和管道屈曲控制

## 6.5.1　概述

海底油气管道是海洋油气开采系统的重要组成部分（图 6.5-1），承担着运输油气、水以及化学物品的重要职责。海底管道连接着海洋油气系统的各个部分，是海洋油气系统的动脉。海底油气管道的设计温度普遍达到或超过100℃，工作压力可达到10MPa。在服役过程中，管道输送的高温高压油气会使其产生巨大的轴向应力，从而诱发整体屈曲，导致管道开裂、失稳和破坏。海底管道作为高温高压油气输送的主要方式，管道一旦发生泄漏，将带来油田停产、水下维修、环境污染等一系列棘手问题，如果频繁出现，将会导致海洋生态恶化，产生负面的社会影响。

图 6.5-1　海底管道系统

海底管道铺设可分为埋入式和嵌入式两种，一般近海采用埋入式，开沟埋入并覆土，埋深约 $3D$～$5D$；而深海管道施工受到经济性和施工可行性的限制，往往直接将管道铺设在海床上，受触底效应和自重作用管道截面嵌入海床 $0.1D$～$2D$。对于埋入式管道，如果设计的竖向土体抗力不足，管道会因巨大的温度应力而发生竖向整体屈曲而弹出泥面（图 6.5-2)；而嵌入在海床上的深海管道主要表现为侧向整体屈曲（图 6.5-3)。

图 6.5-2　浅滩管道竖向屈曲

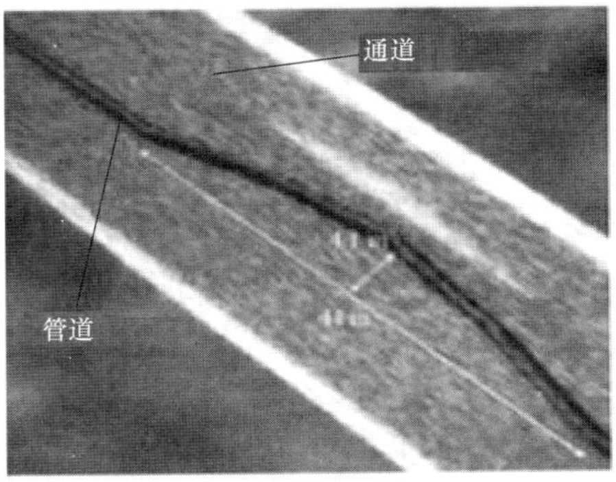


图 6.5-3　海底管道侧向屈曲声呐图

海底管道的热屈曲灾变现象较为普遍。埋入式管道屈曲破坏的典型案例为北海 Danish 区域一条长 17km 的油气管道，该管道 1985 年铺设，海深 40m，管道埋深为 1.15m。1986 年的年检中发现，管道发生了竖向屈曲，隆起幅值高达 2.6m，管道接头密封作用已经失效。嵌入式海管整体屈曲破坏典型案例是瓜纳巴拉湾（巴西）海底输油管道的整体热屈曲（屈曲长度为 44m，最大侧向位移达 4.1m，如图 6.5-3 所示），导致管道整体破坏，发生重大原油泄漏事故，造成一百多万升原油外泄。

英国 Erksine 油田管道 1997 年投入使用，2000 年因压力降低而中断生产，在随后的调查中发现，该管道有一处严重破坏，另外有九处外管损伤；该管道破坏的主要原因是，原设计中所采用的海床土体参数并不合理，导致低估了后屈曲过程的管道应变。Bruton（2005）指出管土相互作用参数是管道设计中最难确定的参数，管土相互作用机制仍需要深入研究。

海底管道的破坏不仅会带来巨大的经济损失，还会造成海洋生态环境的大灾难，同时产生极其严重的社会影响。因此，研究海底管道热屈曲的发生机制，控制热屈曲的方法以及热屈曲过程中管土相互作用的机理都具有重要理论意义和工程价值。

## 6.5.2 海底管道热屈曲解析理论研究

高温高压管道在内部温度、压力荷载以及海床轴向约束的作用下会产生巨大的轴力，当轴力达到一定值时管道就会发生类似于欧拉梁失稳的现象，管道工程中把这样的失稳现象称为管道整体热屈曲（Global pipeline buckling)。Tran（1994）指出相对于传统结构力学中欧拉梁的失稳问题，管道整体屈曲具有以下不同点：1）屈曲模态更多样化；2）屈曲发生的长度是未知的；3）内力由温度变化引起；4）崎岖海床及管道铺设会造成几何非线性问题；5）管土相互作用是非线性的。

随着海上石油工业的发展，管道的工作压力和设计温度不断提高，在这样的设计条件下，几乎任何海底管道都面临着发生屈曲变形的考验。根据国外的工程经验（Hobbs，1984；Yun，1986），设计温度达到 85℃ 时，管道就可能发生屈曲变形甚至破坏。在水深较浅的情况下，浅埋管道在轴向压力作用下主要表现为向上隆起的屈曲变形，而深海中的管道直接与海床表面接触，则主要表现为侧向屈曲。

Hobbs（1984）采用刚性摩擦面上无限长欧拉梁的力学模型来研究管道热屈曲问题，就管道竖向屈曲及侧向屈曲推导出了屈曲波长、屈曲轴向力及位移幅值的解析解。

**（1）管道竖向屈曲**

管道竖向屈曲的几何形态和荷载如图 6.5-4（$a$）所示。受屈曲影响的管道分为三段：长度为 $2l$ 的悬跨段和两个长度为 $l_a$ 的轴向缩进段。悬跨段管道轴力为 $p$，管道远端（不受屈曲影响的区域）轴力为 $p_0$。如图 6.5-4（$b$）所示。在以下几个假设的前提下：①不考

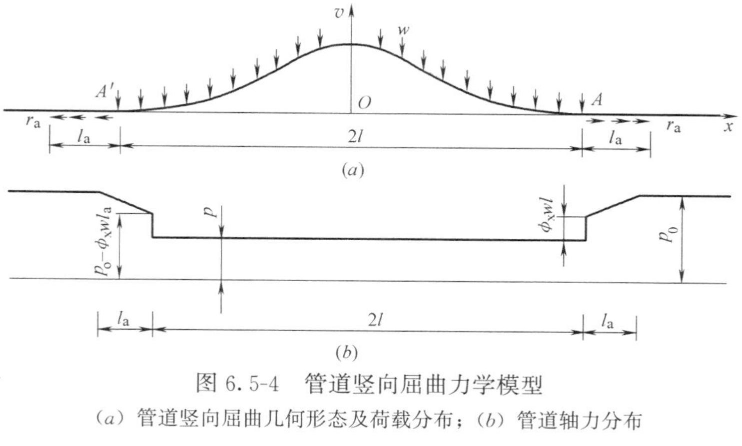


图 6.5-4 管道竖向屈曲力学模型

（$a$）管道竖向屈曲几何形态及荷载分布；（$b$）管道轴力分布

虑管道材料非线性的影响；②假设管道发生弹性失稳破坏，管道形变只在竖向平面内即不发生弯扭现象；③海床是刚性的，悬跨段管道在竖向平面内的控制方程如下：

$$EI\frac{\mathrm{d}^4 v}{\mathrm{d}x^4}+p\frac{\mathrm{d}^2 v}{\mathrm{d}x^2}=-w(0<x\leqslant l) \tag{6.5-1}$$

其中 $EI$ 是管道截面抗弯刚度；$p$ 是管道屈曲段轴力；$w$ 是管道自重及上覆土重。

方程（6.5-1）的通解为：

$$v(x)=A_1\cos(\mu x)+A_2\sin(\mu x)+A_3x+A_4-r_0x^2/(2\mu^2) \tag{6.5-2}$$

其中 $r_0=w/(EI)$，$\mu=\sqrt{p/(EI)}$。

根据对称条件，管道悬跨段中点斜率和剪力为零，即 $v'(0)=0$，$v'''(0)=0$；根据 $A$ 点边界条件可得 $v(l)=0$，$v'(l)=0$。把这四个条件代入方程（6.5-2）解出 $A_1\sim A_4$ 可得：

$$v(x)=\frac{r_0l^4}{2(\mu l)^2}\left\{1-\frac{x^2}{l^2}-\frac{2[\cos(\mu x)-\cos(\mu l)]}{\mu l\sin(\mu l)}\right\} \tag{6.5-3}$$

因为 $A$ 点弯矩为零即 $v''(0)=0$，代入方程（6.5-3）可得：

$$\tan(\mu l)=\mu l \tag{6.5-4}$$

方程（6.5-4）的第一阶有效解为 $\mu l=4.493$，也可表示为：

$$p=c^2\frac{EI}{l^2} \tag{6.5-5}$$

其中，$c=4.493$。

管道受屈曲影响区域的位移协调条件如图 6.5-4 所示。$A$、$B$、$C$、$D$ 和 $E$ 表示了管道屈曲前的状态，发生屈曲后 $B$，$C$ 和 $D$ 点分别移动到 $B'$，$C'$ 和 $D'$ 点。$A$ 点和 $E$ 点在屈曲后不发生位移，而所有 $A$ 与 $B'$ 以及 $D'$ 与 $E$ 之间的点都会发生轴向位移，$\Delta l$ 表示管道轴向缩进位移 $BB'$ 和 $D'D$。

根据管道轴力分布图 6.5-4（$b$），设 $q=\phi_x w$，$Q=\phi_x wl$，其中 $\phi_x$ 是管道与海床的轴向摩擦系数，可以得到：

$$p=p_o-ql_a-Q \tag{6.5-6}$$

所以管道轴向缩进

$$\Delta l=\frac{q}{2EA}l_a^2=\frac{q}{2EA}\left(\frac{p_o-ql_a-Q}{q}\right)^2=\frac{(p_o-ql_a-Q)^2}{2EAq} \tag{6.5-7}$$

其中 $E$ 为管道材料弹性模量；$A$ 为管道截面积。

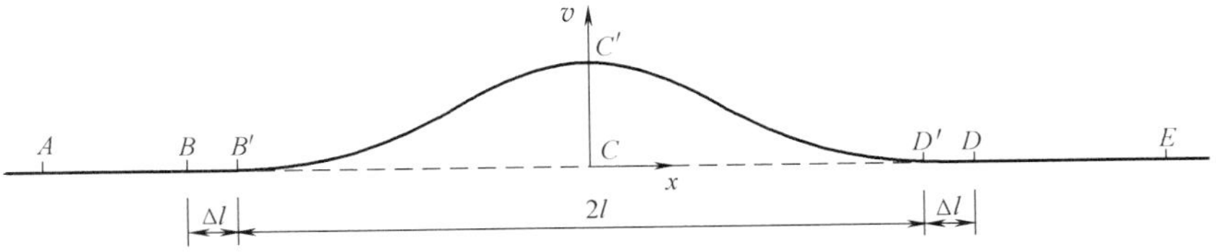


图 6.5-5 屈曲管道的位移协调条件

根据图 6.5-5，屈曲段的长度必然比未屈曲前直管段 $BCD$ 大，所以屈曲段会有轴力的释放。根据弹性材料形变本构关系可得：

$$\overline{B'C'D'}=2(l+\Delta l)[1+(p_o-p)/(EA)] \tag{6.5-8}$$

同时根据几何关系可得：

$$\overline{B'C'D'} = 2l + 0.5\int_{-l}^{l}(v')^2\mathrm{d}x \tag{6.5-9}$$

根据式（6.5-7）～（6.5-9）可以得到：

$$2l + 0.5\int_{-l}^{l}(v')^2\mathrm{d}x = \left[2l + \frac{(p_o - ql_a - Q)^2}{2EAq}\right][1 + (p_o - p)/(EA)] \tag{6.5-10}$$

不考虑二次小项$[(p_o - p - Q)^2/2EAq][(p_o - p)/EA]$，式（6.5-10）可以简化为：

$$(p_o - p - Q)^2 + 2(p_o - p)ql - 0.5EAq\int_{-l}^{l}(v')^2\mathrm{d}x = 0 \tag{6.5-11}$$

把方程（6.5-3）和（6.5-5）代入方程（6.5-11）可以得到：

$$p_o = p + \{2wl[1.597\times10^{-5}EA\phi_x w(2l)^5 - 0.25(\phi_x EI)^2]^{0.5}\}/(EI) \tag{6.5-12}$$

通过方程（2.3）和（2.5）可以得到管道屈曲幅值为：

$$v_m = v(0) = 2.408\times10^{-3}w(2l)^4/EI \tag{6.5-13}$$

最大弯矩为：

$$M_m = EIv''(0) = 0.06938w(2l)^2 \tag{6.5-14}$$

最大斜率为：

$$v'_m = 8.657\times10^{-3}w(2l)^3/EI \tag{6.5-15}$$

管道最大斜率可以用来判断本解析解是否适用。我们采用的是小变形的欧拉梁来描述管道的力学行为，所以通常情况下当$v'_m > 0.1$时本解析解将失去其准确性（Hobbs，1984）。

**（2）管道侧向屈曲**

Hobbs（1984）提出如图 6.5-6 所示的五种管道侧向屈曲的模态。模态 1 与管道竖向屈曲一致，所以这一模态需要两个在屈曲弯段末端的集中力来保持平衡，这显然不符合实际情况，海床土体无法提供这样的侧向集中力。同样模态 2、3、4 都会存在集中力。理论上模态 5 是理想直管侧向热屈曲的唯一模态，其他模态的产生是因为管道存在不同的初始几何缺陷。

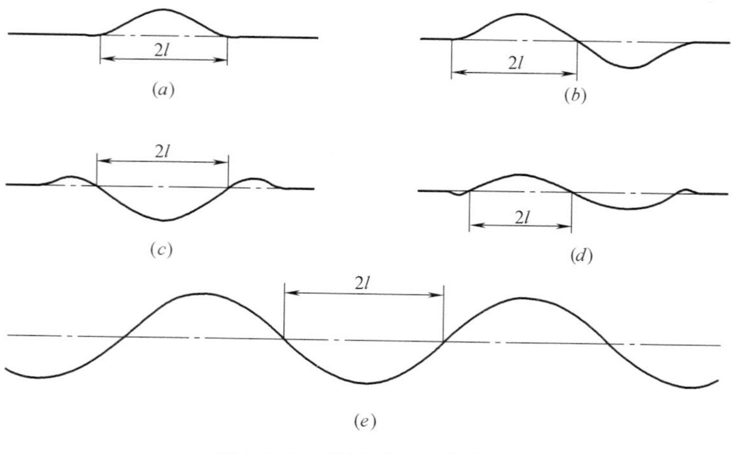


图 6.5-6 管道侧向屈曲模态

（a）模态 1；（b）模态 2；（c）模态 3；（d）模态 4；（e）模态 5

$$p = k_1\frac{EI}{(2l)^2} \tag{6.5-16}$$

$$p_o = p + k_3\phi_x w(2l)\left[\left(1 + k_2\frac{EA\phi_y w(2l)^5}{\phi_x(EI)^2}\right)^{0.5} - 1\right] \tag{6.5-17}$$

其中，$\phi_x$为海床与管道轴向摩擦系数，$\phi_y$为海床与管道侧向摩擦系数。

屈曲幅值为：

$$v_m = k_4\frac{\phi_y w(2l)^4}{EI} \tag{6.5-18}$$

最大弯矩为：

$$M_m = k_5\phi_y w(2l)^2 \tag{6.5-19}$$

$k_1 \sim k_5$ 的取值如表 6.5-1 所示。

管道侧向屈曲解析解参数　　表 6.5-1

| 屈曲模态 | $k_1$ | $k_2$ | $k_3$ | $k_4$ | $k_5$ |
|---|---|---|---|---|---|
| 1 | 80.76 | $6.391\times10^{-5}$ | 0.5 | $2.407\times10^{-5}$ | 0.06938 |
| 2 | $4\pi^2$ | $1.743\times10^{-4}$ | 1.0 | $5.532\times10^{-5}$ | 0.1088 |
| 3 | 34.06 | $1.688\times10^{-4}$ | 1.294 | $1.032\times10^{-5}$ | 0.1434 |
| 4 | 28.20 | $2.144\times10^{-4}$ | 1.608 | $1.047\times10^{-5}$ | 0.1483 |
| 5 | $4\pi^2$ | $4.7050\times10^{-5}$ | | $4.4495\times10^{-5}$ | 0.05066 |

管道远端（不受屈曲影响的区域）轴力 $p_o$与温度 $T$ 的关系为：

$$p_o = \alpha EAT \tag{6.5-20}$$

其中 $\alpha$ 是管道材料的膨胀系数。根据式（6.5-12）、式（6.5-17）和式（6.5-20）可以得到管道屈曲长度 $l$ 与温度 $T$ 的关系。

## 6.5.3 控制管道热屈曲的措施

控制管道热屈曲有两种思路，一种是避免管道整体热屈曲，另一种是分散管道整体热屈曲，诱发管道在多个位置发生可控的整体热屈曲。在浅海条件下，一般采用埋设管道的方法来避免管道竖向热屈曲；而在深海情况下，则采用分散管道热屈曲的方法来控制整体热屈曲的发生和发展。

**（1）避免管道整体屈曲**

浅海埋设的管道，可能会发生竖向热屈曲而弹出海床。研究发现，管道埋深和堆石重量与管道竖向热稳定性正相关。因此，管道竖向屈曲设计的关键是确定管道的埋深或堆石的重量。埋设管道运行前，通常会先通热水然后冷却，通过土体约束来施加预应力，进一步避免热屈曲的发生（Craig 等，1990）。

确定覆土或堆石对管道竖向弹出的抗力值是管道竖向屈曲设计中的关键和难点。在避免管道热屈曲的设计中，我们可以采用保守的竖向抗力值以保证管道竖向屈曲不会发生。

**（2）分散管道整体热屈曲**

深海管道是裸置在海床上的，海床对管道的侧向约束力相对较低，高温高压管道发生侧向屈曲通常难以避免。为了防止管道在某一位置发生幅值过大的整体屈曲（rogue buckle)，工程上通常会采用诱发管道在特定位置发生可控的小幅值屈曲从而达到释放轴力的作用。有效的屈曲控制技术需要解决以下问题：①确定可以接受的屈曲范围；②控制屈曲发生的位置，确保管道受热后屈曲不会发生贯通或者模态上的跃迁；③准确分析后屈曲行为，评价控制技术的实施效果。诱发管道侧向屈曲的方法通常有以下四种（Sinclair，Bruton 等，2009）。

1）蛇形铺管法（Snake-lay）

蛇形铺管法是目前最常用的控制管道整体屈曲的方法。通过铺管船把管道铺设成如图 6.5-7 所示的蛇形，从而激发管道在转弯处发生侧向屈曲。蛇形铺管的控制因素是铺设间距，设计偏移和转弯半径。通常铺设间距为 2～5km，设计偏移在 100m 左右，转弯半径在 1500m 左右。

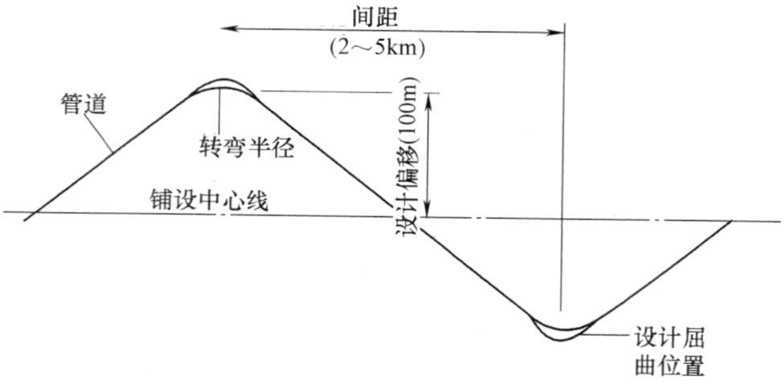


图 6.5-7 蛇形铺管法

目前国际上蛇形铺管尚没有统一的规程规范，各工程项目仍根据经验设计施工。2000 年英国 Erksine 油田管道虽然采取了蛇形铺管但因为海土参数选取不合理，低估了后屈曲应变而发生破坏。

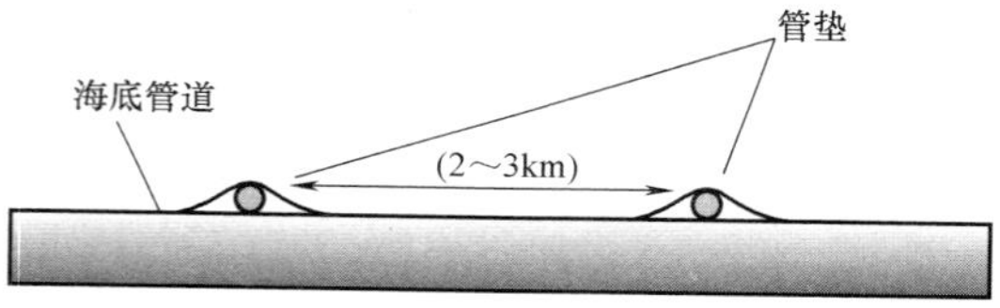


图 6.5-8 管垫法触发管道热屈曲

2）竖向扰动法（Vetical upset）

竖向扰动法是通过人工引入悬跨管道，从而降低管道的侧向稳定性，使管道在较低轴力的情况下发生侧向屈曲。最常用的方法是管垫法，通过在管道铺设路线中设置大直径管道（通常直径在 0.9m 左右），然后把管道铺设在管垫上从而形成悬跨，如图 6.5-8 所示。在管垫法的设计中必须评价悬跨管道在涡基振动作用下的疲劳寿命，且作为管垫高度设计的控制因素之一。

管垫法已在多个工程项目中得到应用，图 6.5-9 是 King flowine 项目中利用管垫法成功触发管道侧向屈曲的照片，可以看出采用管垫法触发的侧向屈曲可能是对称模态也可能是反对称模态。但目前关于竖向扰动法触发管道热屈曲的机制还没有完善的理论体系。

浮力块和管垫可以综合使用。Casola 等（2011）设计了一种管垫装置如图 6.5-10 所示。采用浮力块提起管垫一端使管垫产生坡度，从而让管道在管垫上顺利滑动以产生初始侧向几何缺陷。

3）局部减载法（Local weight reduction）

局部减载法（图 6.5-11）是用分布浮力块（Flotation moudle）绑定在管道上以减小管道的浮重度，从而降低海床对管道的侧向抗力，所以也称为分布浮力法。位于墨西哥湾的 Chevron Tahiti 项目采用了分布浮力法（Thompson 等，2009），在 20km 长的管道中

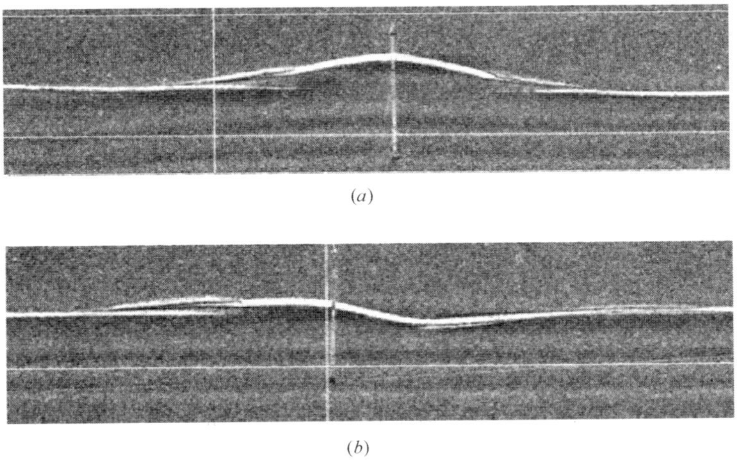


图 6.5-9 Klowline 项目采用管垫法成功触发管道侧向屈曲
(a) 对称屈曲；(b) 反对称屈曲

设置了三段浮力块（每段浮力块 143m），成功地触发了管道侧向屈曲。

4）垂直路径法（Zero-Radius bend method）

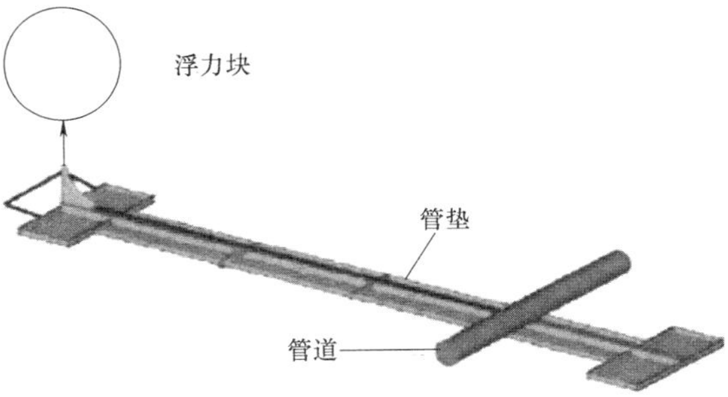


图 6.5-10 触发管道侧向屈曲装置

垂直路径法利用一种铺管方式和特制的触发装置（图 6.5-12）使管道在特定的位置产生初始几何缺陷，从而触发管道侧向热屈曲。铺管船把管道铺设在触发装置上后（图中 6.5-12*a* 所示位置），不再放出更多管道，然后侧向移动（与铺管路径垂直）把管道拖至如图 6.5-12（*b*）位置。在这个过程中铺管船走了垂直路径，所以称为垂直路径法。当管道通油产生热应力以后，管道会发生侧向屈曲运动到图 6.5-12（*c*）所示位置。

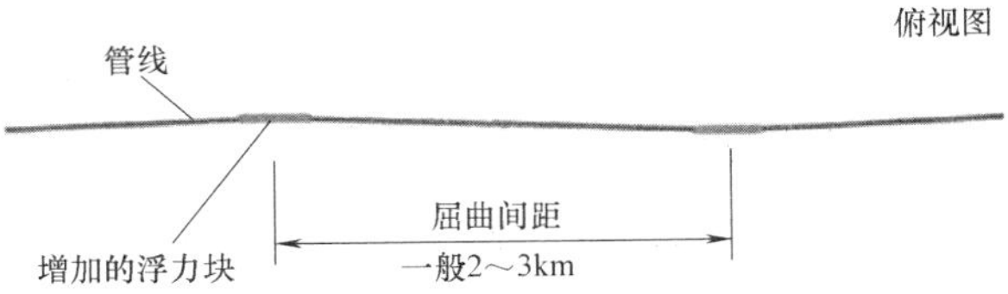


图 6.5-11 分布浮力法触发管道热屈曲

## 6.5.4 竖向管土相互作用

在位管线的岩土工程设计输入参数主要与管道与海床之间的竖向、轴向还有横向作用力有关。这些输入参数很难准确确定，主要原因有：第一，管道铺设过程中的动态影响导致其埋深很难预测。第二，传统的现场勘测程序对于关键的海床表层 0.5m 左右土的强度提供的分辨率不足，且几乎没有包括适用于管土相互作用分析的低应力水平的室内试验。第三，一种设计方法要想变得可接受，就应该考虑到管线穿过海床的大幅运动。整体变形所产生的管土作用力取决于变化的海床地形和土的状况。最后，对管线的整体响应相互作用力做出一个保守的估计通常是

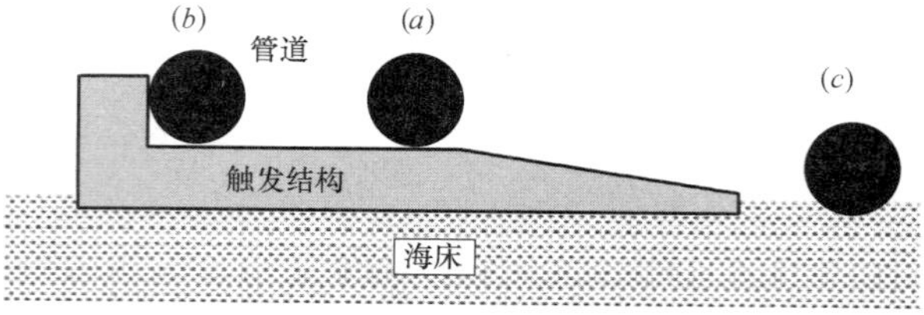


图 6.5-12 触发管道热屈曲装置

不可能的，因为在计算中同时需要上限解和下限解以满足所有的极限状态。管线的过度运动和运动不足均可导致破坏。

**(1) 低应力状态下土的行为**

土的原位抗剪强度包线对于估算管线初始贯入深度和土的侧向抗力十分重要，二者应该包括土的重塑和再固结的循环作用。浅层贯入仪试验，直接在海床框架上或通过 ROV（远程操作潜水艇）（Newson 等，2004）实现的原位试验，或是采用钻芯法的微型贯入仪试验，均提供了最好的方法来获取海床表层 1m 左右土的原状或重塑抗剪强度。绕流式贯入仪（如 T-bar 和 ball-bar）比锥形贯入仪要更优越，因为它们可以进行循环贯入拔出试验。

轴向管土摩擦抗力也是一个重要的设计参数。因此，在从海床获取的重塑（扰动）材料的室内试验中，估算低有效应力状态下的界面摩擦角和重塑强度在管线设计中是十分重要的。有专门的仪器用于测定土—土和管—土在低应力状态下的界面摩擦角。一种倾斜台装置（Najjar 等，2003）包括一个上覆一块称过重的黏土试样的铰链板，它可以逐渐倾斜直到黏土由于重力作用滑下来。另外，一种改动过的直剪盒（Kuo 和 Bloton，2009）在小心消除外来摩擦影响后可用来精确测定非常低的剪切抗力。

**(2) 竖向贯入**

管道在海底的埋深程度对管道的侧向稳定性和轴向抗力有很大影响，因此，尽可能精确地估算埋深很重要，然而有很多因素导致了埋深估算的复杂性。观察显示在位管线的埋深结合考虑贯入抗力的承载力解时比单纯考虑管道自重所得的结果要大得多。铺设过程中的附加埋深产生于两种机理：触地点处的应力集中和铺设过程中管道循环运动所导致的土的重塑或变位。铺管船的运动和管线悬垂段上的水动力作用导致了管道在与海床接触时的动态运动（Westgate 等，2009）。在管道运营过程中，埋深程度也可能随着海床的可动性（冲刷和再沉积）、流和波浪运动作用下的部分液化和固结而改变。

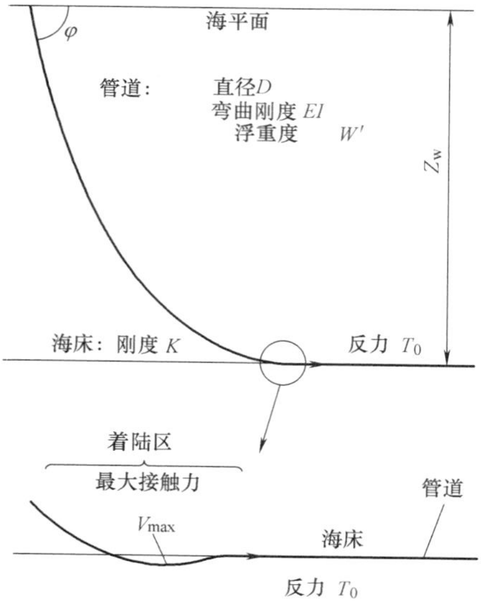


图 6.5-13 管道铺设形状

**(3) 铺设过程中力的集中**

铺管过程中，无论是 J 型铺管还是 S 型铺管，触地点处管土之间的接触应力（或单位管重上的竖直力）会超过管道及内容物的浮重度。管道的形状见图 6.5-13，其中 $T_0$，拉力的水平分量是一个重要参数，沿管道悬浮段为一恒定值。根据简单的悬链线解法，水平拉力可以用水深 $z_w$，悬挂倾角 $\varphi$，和管道单位浮重度 $W'$ 来表示：

$$\frac{T_0}{z_w W'}=\frac{\cos\varphi}{1-\cos\varphi} \tag{6.5-21}$$

特征长度 $\lambda$，与管道的弯曲刚度修正悬链线解的长度有关，由式 $\lambda=(EI/T_0)^{0.5}$ 给出。与海床的最大接触力（单位长度），$V_{max}$，和局部力集中系数，$f_{lay}=V_{max}/W'$，除了 $EI$ 和 $T_0$，还是海床刚度 $k$（定义为单位力 $V$ 与埋深 $w$ 的割线比值）的函数。图 6.5-14所示为 $V/W'$ 的包线实例。可见力集中系数随着水深增加和海床刚度的降低而减小。

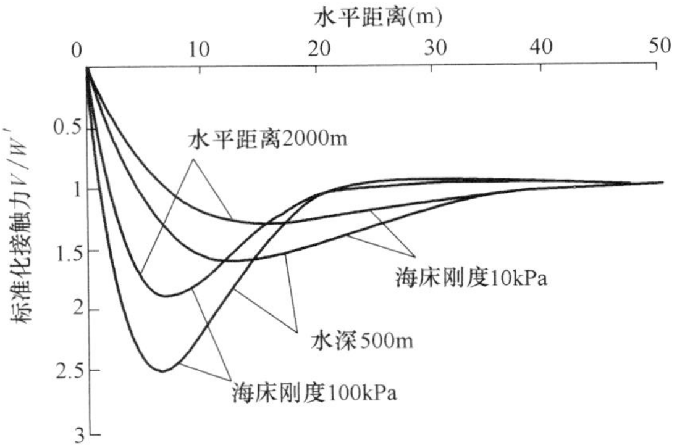


图 6.5-14　沿管线接触力包线

海床刚度可以用下式无量纲表示（Pesce 等，1998）：

$$K=\frac{\lambda^2}{T_0}k=\frac{EI}{T_0^2}k \tag{6.5-22}$$

静态铺设情况的参数解由 Randolph 和 White（2008b）提出，该解显示对于水平拉力 $T_0>3\lambda W'$ 时（适用于大多数管道），解析解（Lenci 和 Callegari，2005）和 OrcaFlex 的数值解（Orcina，2008）的结果都归于一条唯一的设计曲线。$f_{lay}$ 的值可近似表示为：

$$\frac{V_{max}}{W'}\approx 0.6+0.4K^{0.25}=0.6+0.4(\lambda^2 k/T_0)^{0.25}=0.6+0.4(EIk/T_0^2)^{0.25} \tag{6.5-23}$$

此式与 OrcaFlex 结果的比较见图 6.5-15。

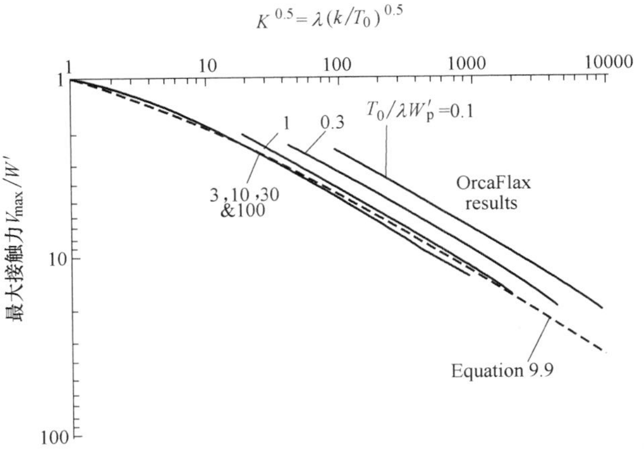


图 6.5-15　铺设过程管道最大接触力

在允许海床塑性变形的情况下，考虑初始贯入时的等价海床刚度是估算 $f_{lay}$ 和管道静态贯入中很重要的一步。$k$ 的估算是一个迭代过程，兼顾 $V_{max}$，$V_{max}/k$ 和给定强度包线时特定埋深处的竖向抗力。

铺设系数 $f_{lay}=V_{max}/W'$值很低时，在深水中意味着最大静力加载可能在全部管道铺下之后的水力试验中发生。然而，由于静态悬链线接触力和管道循环运动的动态影响二者结合，管道的贯入仍有可能由铺设过程所控制。

**（4）铺设过程中动态运动所产生的埋深**

船体运动和水动力荷载作用于管道悬浮段，使触地区管道发生动态运动，从而管道产生了附加埋深。这些荷载使管道在海床上产生竖向和水平向的运动（Lund，2000，Cathie等，2005）。除了海平面波浪起伏所导致的船体运动，如果管道的卸载过程没有跟铺管船很好地同步，管道内部的张力就会发生循环变化（取决于张力系统的精确度）。张力的变化导致触地点的变化和触地区管道的竖向循环运动。铺设过程中管道的循环运动导致海床的局部软化。特别地，任何侧向运动可将土推到管线两边，然后形成一个窄槽将管道埋入其中。结果导致管线的贯入程度远大于由静力加载甚至还考虑了铺设过程中过应力作用所计算的结果。

对铺设过程中的动态影响的作用可以用静态埋深乘以一个修正系数 $f_{dyn}$来考虑（基于 $f_{lay}=V_{max}/W'$）。基于在位观察和静态埋深计算结果的比较可以了解到，$f_{dyn}$值的范围一般在 2～10。这里静态埋深的计算采用的是原状土的强度，且考虑的是管道铺设在浅水（<500m）的情况。

另外一种估算 $f_{dyn}$的方法是用完全重塑土的抗剪强度来进行埋深的静力计算，不必进行动态影响的修正。跟安装后的观测数据比较可知，这种方法对一般的铺设条件下埋深的估算是比较合理的。但是在管道小幅运动情况下（比如非常平静的天气或铺下最后一段管道的情况）高估了埋深程度，在极端天气状况下或停工期时低估了管道埋深。

**（5）安装后的固结**

管道铺在细粒土海床上固结时间会很长，因为相对于有效应力水平来讲其固结系数 $c_v$非常小。当管道铺设到软弱海床上时会产生很高的初始孔压以抵抗施加的总应力。当孔压逐渐消散产生固结时，管土界面处的有效应力增加，土的强度增加，可利用的管土抗力也就增加。这个过程跟桩打入黏土中进行安装是类似的。

对于埋深达到半个管径，$T$ 定义为 $T=C_v t/D^2$（用管径而不是弦长）（Krost 等，2010），弹性解指出无量纲的固结时间，$T_{50}$和 $T_{90}$分别约为 0.1 和 1。这使得在粉土和砂中固结时间较短，在 $C_v$在 1～10m$^2$/年的细粒土中对于中等尺寸的管道的固结之间可能要几天（$t_{50}$）或一年（$t_{90}$）。

固结的时间尺度对于估计不同情况下的管土响应很重要。比如说，沿线路曲线铺设管道时需要了解管道刚铺下去时管土轴向和侧向抗力的发挥值。这样的话，只有与未固结状态相关的管土抗力才是可利用的，然而当同样的管道在运营期间加载时，可利用的管土抗力就会由于固结作用而增加。再比如说，尽管水力试验可以对管底土施加最大的竖向应力，但如果土的固结度很高的话这种影响仍然可能很小。

在侧向加载中更短的排水路径（Gourvenec 和 White，2010）将会使固结过程快 5 倍。然而，即使在粉砂中，$C_v$约为 $10^5$m$^2$/年，$t_{90}$一般超过波浪荷载的周期。这导致了超孔压累积，可能使海床产生液化，降低管道的稳定性。

**（6）轴向抗力**

与竖向承载桩侧向摩阻力相似，管道由于热荷载的轴向膨胀产生轴向抗力。管道的自由端轴力为零，可以吸收几米的膨胀。远离自由端的地方，管道的压力等于从端部开始累积的轴向抗力。长 20km、管径为 0.5m 的管道，若沿半周长产生 3kPa 的轴力，在管道的点处将会产生约 50MN 的压力，在管道的屈曲控制需要控制这种量级的轴力。

在位管线轴力较难估算，也没有比较保守的方法：无论轴力高低均可能对设计有利或有害（Bruton 等，2007）。对于软土，可以将轴向抗力跟土的局部抗剪强度联系起来，类似于桩设计中的总应力法。然而，通常情况下单位长度轴力 $T$ 直接通过摩擦系数 $\mu$（$=\tan\delta$，$\delta$ 是管土界面摩擦角）和放大系数 $\zeta$（表示管道曲面的焊接）与竖向单位力 $V$（多数情况下是管道的浮重度 $W'$）联系起来，表示如下：

$$T=\mu N=\mu\zeta V \tag{6.5-24}$$

$N$ 是管土界面上的法向接触力。

在黏土或更粗粒的土中管道发生轴向滑移时，由于运动速率低，管道附近剪切区域的排水距离短，可以认为是排水条件。然而，在黏土中的轴向响应可以是不排水或部分排水的，这时就需要考虑超孔压。这时，式（6.5-24）式可以写成有效应力形式：

$$T=\mu N'=\mu\zeta V'=\mu\zeta(1-r_u)V \tag{6.5-25}$$

$r_u$是超孔压比，定义为管土表面周围的平均超孔压除以平均名义总应力（忽略了周围的静水压力）。

假设管道与土间的正应力分布随 $\cos\theta$ 而变化，这里 $\theta$ 为与竖直方向的夹角，焊接系数 $\zeta$ 可表示为（White 和 Randolph，2007）：

$$\zeta=\frac{2\sin\beta}{\beta+\sin\beta\cos\beta} \tag{6.5-26}$$

这里 $\beta$ 为接触弦对角的一半。这使得埋深为 0.1$D$ 时系数为 1.1，埋深为 0.5$D$（或更大）时增为 1.27。基于弹性土模拟固结过程的数值分析显示了相似的趋势，$\zeta$ 的值也较高（Gourvenec 和 White，2010）。轴向运动多次循环以后，焊接的影响会降低。由于跟管道接触的土循环剪切后“外皮”收缩使得管土接触力在管底集中。

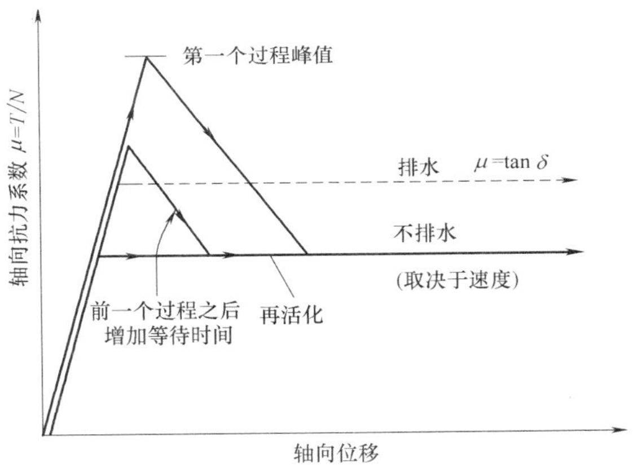


图 6.5-16 轴向管土响应的理想形式

摩擦系数 $\mu$ 一般是有由土和相应管道表面材料的低应力剪切试验得到的。然而，试验数据表明摩擦系数对运动的幅值和大小很敏感。图 6.5-16 对这种典型反应作了说明。设计时经常基于排水摩擦系数计算，它常适用于低位移速率，可用式（6.5-24）计算。然而，这种方法在速率较大可以产生超孔压或由于其他原因产生超孔压（如管道刚铺下或发生侧向运动）的情况下会高估了轴向抗力。在细粒土中，要保持排水条件可能需要低至几微米每秒的速率。对于不排水条件，稳定的轴向摩擦系数——在任何初始峰值之后——可能低至 0.15，反映出一个高孔压比 $r_u$。尽管在试验中出现过抗力峰值，但在设计中由于管道的大位移和响应的易碎性，这种现象不是很明显。轴向管土抗力的发挥距离可用类似于桩侧摩阻力的解法算出。

## 6.5.5 侧向管土相互作用

### (1) 侧向抗力

为了表示海床阻止管道侧向移动所提供的侧向抗力，一般采用摩擦系数乘以当面的竖向力（上覆土重）来表示。尽管表达式采用了摩擦系数，但是侧向抗力中只有一部分随着被动土压力的增加而增加。DNV 规范中对侧向抗力的计算方法是根据库仑摩擦项与被动抗力项的叠加。最近，有一种新的根据由竖向力 $V$ 和横向力 $H$ 表示的屈服面方法被提了出来。这些屈服面提供了始终如一的计算方法，并且没有人为地划分摩擦和被动抗力。屈服面理论还指出管道埋置深度取决于 $V$ 和 $H$ 的相对大小，同样的当面屈服面的大小取决于管道埋置深度。

Zhang 等（2002a）提出了在排水状态下一种抛物线形的表达式：

$$F=H-\mu\left(\frac{V}{V_{\max}}+\beta\right)(V_{\max}-V)=0 \tag{6.5-27}$$

其中，$\mu$ 是用来表示 $V$ 比较小的时屈服面梯度的摩擦系数；$V_{\max}$是当前埋置土层的单轴贯入阻力，是通过竖向力与贯入深度的方程$\frac{w}{D}=\frac{V_{\mathrm{ult}}/D}{k_{\mathrm{vp}}}$来计算的，$w$ 是埋置深度，$D$ 是管道直径，$k_{\mathrm{vp}}$是割线模量。$\beta$ 项的存在是为了表示即使竖向力为 0，侧向抗力不为 0。屈服面与在钙质砂的离心模型试验所得数据进行了对比。试验指出相关联流动法则不适用，需要采用新的塑性势函数。管道竖向移动发生于的竖向力大于 $0.1V_{\max}$时，尽管最大的横向抗力在 $V/V_{\max}=0.5$ 时发生，塑性势函数 $G$ 可以表示为：

$$G=H-\mu_{\mathrm{t}}\left(\frac{V}{V_{\max}}+\beta\right)^{m}(V_{\max}-V)-C=0 \tag{6.5-28}$$

Randolph 和 White（2008b）与 Merifield 等人（2008a，b）在不排水情况下通过上限解法提出了屈服面的理论解，并通过有限元法进行了计算。他们给出的表达式为：

$$F=\frac{H}{V_{\max}}-\beta\left(\frac{V}{V_{\max}}+t\right)^{\beta_1}\left(1-\frac{V}{V_{\max}}\right)^{\beta_2}=0 \tag{6.5-29}$$

其中，$t$ 在管土接触面为非黏合（土不提供拉力）时取 0，对于非黏合并且土体强度不随深度变化的情况下，$\beta$ 的表达式为：

$$\beta=\frac{(\beta_1+\beta_2)^{(\beta_1+\beta_2)}}{\beta_1{}^{\beta_1}\beta_2{}^{\beta_2}} \tag{6.5-30}$$

$$\beta_1=(0.8-0.15\alpha)\left(1.2-\frac{w}{D}\right) \tag{6.5-31}$$

$$\beta_2=0.35\left(2.5-\frac{w}{D}\right) \tag{6.5-32}$$

其中，$\alpha$ 为管土相互作用面的界面摩擦系数。对于不排水条件，可以采用相关联流动法则，也就是说屈服面与塑性势函数相同。

不排水情况下的屈服面见图 6.5-17。如果土体对管道不产生黏合吸力，$V$-$H$ 包络面的形状与抛物线类似。在 $V/V_{\max}=0.4$ 时，侧向抗力达到最大值 $H_{\max}$。对于土体与管道有粘合吸力时，$V$-$H$ 包络面会变成半个抛物线的形状，此时侧向最大抗力 $H_{\max}$ 为无黏合

吸力时的 $H_{max}$ 的两倍。对于无黏性的情况，管道后方的土不流动，所以导致土体侧向抗力减半。对于有黏性吸力的情况，试验数据指出管道后方的土也并不完全随着管道侧向移动而流动，因为后方土体很有可能会受到黏性吸力而拉裂，或者由于管道后部软弱的重塑土皮层的存在，而导致局部破坏。

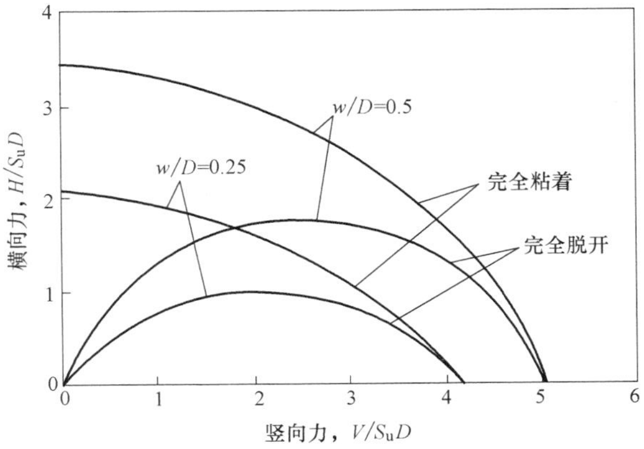


图 6.5-17 不排水条件下的屈服包络面

**(2) 循环特性**

1) 小幅度侧向循环

铺管时的循环和随后的水动力循环荷载会导致管道的自埋。在铺管过程中，触底区的管道在 20～40 分钟的管道焊接时间（直到下一段管道铺设）内将会遭受成百上千次的循环荷载。

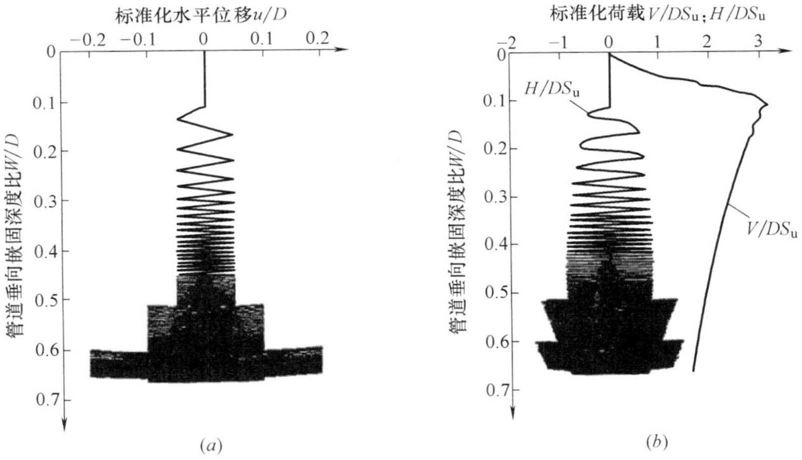


图 6.5-18 管道埋深与循环侧向运动的关系

(a) 横向循环位移；(b) 循环荷载

图 6.5-18 给出了不排水情况下，小振幅的横向循环的离心模型实验给出的数据（Cheuk 和 White，2010）。试验采用了灵敏度为 2～2.5 的高岭土，比较大的自埋现象发生于侧向振幅为 5%的直径时。虽然竖向荷载一直保持恒定，但是无量纲参数 $V/DS_u$ 却随着循环的进行不断下降，循环导致的自埋深度大概为无循环时的 6 倍。

高岭土和西非的高塑性黏土的试验对比如图 6.5-19 所示，有趣的是虽然两种黏土有着几乎相同的灵敏度（通过 T-bar 测定），但是对于西非的高塑性黏土来说，却有着更大的自埋深度。

Cheuk 和 White（2010）提出的能够估算小幅度侧向循环导致的自埋深度的一种理论方法，该方法与 T-bar 实验的计算方法类似，并且塑性势函数与屈服面相同。在横向循环

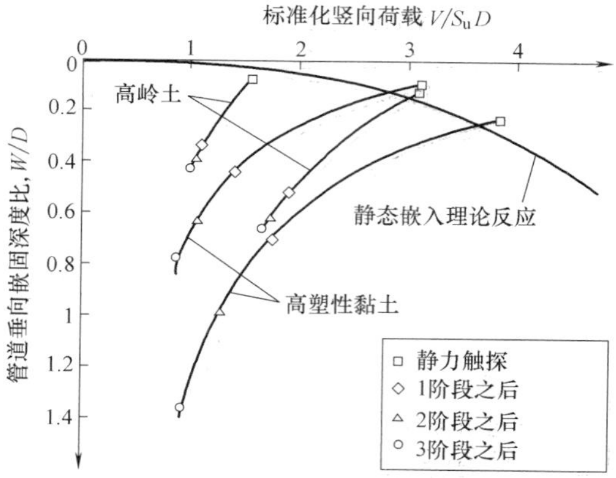


图 6.5-19 管道埋深在循环荷载下的变化路径（Cheuk 和 White，2010）

下当 $dH/dV=0$ 时，达到包络面的临界点，根据相关联流动法则，达到临界状态时 $dw/du=0$。对于非粘结的情况下（图 6.5-17），不同的埋置深度只会导致临界状态点上下平移，也就是说 $V/V_{max}=0.4$。这说明了如果不考虑土体的软化，管道将贯入到竖向抗力 $H=0$ 的深度处，一般为 $2.5V$。如果考虑土体的软化，管道同样将贯入到竖向抗力 $H=0$ 的深度处，而此深度为 $2.5S_tV$（未考虑浮力）。以上方法与试验结果匹配良好。

2）大幅度侧向循环

对于管道的大幅度侧向循环对管土相互作用的影响，在设计中也是非常重要的。管道设计的侧向屈曲幅值大概为几倍的直径。在大幅度侧向循环当中，土体被推起形成土台；这一现象不再与浅基础的情况类似，主要因素变为管推起的土台所产生的被动土压力。

想要确定推动土台的力，需要得到土台大小，而土台大小又取决于推动的距离、埋深和土体的重塑程度。在形成土台的过程中，抗力会缓慢增加，尽管土体的软化会减弱这一效应。当管道转变运动方向时，土台不再受到挤压，直到下一个循环。这些现象在 White 和 Cheuk（2008）的大幅度循环试验中得到了验证。在这个试验中（图 6.5-20），试验管道在高岭土上横向来回移动，竖向荷载 $V$ 保持不变，试验测定了位移与横向抗力的关系。该试验中，初始破土时（$A$ 点），土台逐渐形成，侧向抗力逐渐上升。反向移动时（$C$ 点），与上阶段类似，只是在另一个方向形成土台而已。当管道再次循环到 $C$ 点位置时，最大侧向抗力比先前有所增加，达到 $D$ 点。随着循环次数的不断增加，土体的最大侧向抗力也逐渐增加。在管道第一次移动时，土体的侧向抗力比之后的循环过程中要大（$B$ 点）。土台具体的形成如图 6.5-21 所示。

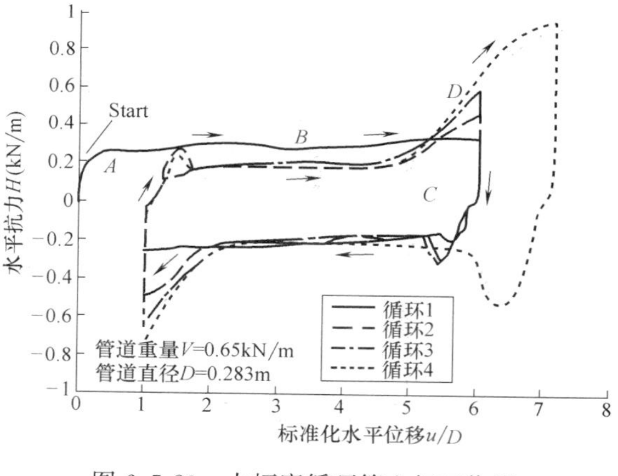


图 6.5-20 大幅度循环管土相互作用实验数据（White 和 Cheuk 2008）

在侧向屈曲的设计中，决定由土台引起的土体抗力非常重要，这对管道的疲劳预测同样起着至关重要的作用。如果认为土抗力为定值，并且不考虑土台，管道在循环中的屈曲长度会增大，这减小了在屈曲顶端的最大弯矩（Cardoso 等 2006，Bruton 等，2007）。土台的出现抑制了管道屈曲长度的增加，虽然土台的约束减弱了管道的移动幅值，但是更大的循环应力对疲劳的影响整体上来说还是有害的（Bruton 等，2007）。

大幅度侧向循环的性状分析见图 6.5-22，当前的土台的尺寸可以作为确定被动土抗力的硬化参数。对于不排水情况，根据体积守恒，侧向移动导致的土台的增加等于管道自埋所推动的土（White 和 Cheuk，2008）。另一方面，被推动的土形成土台会导致土体重塑，而土体的再次固结也会增加土台抗力。

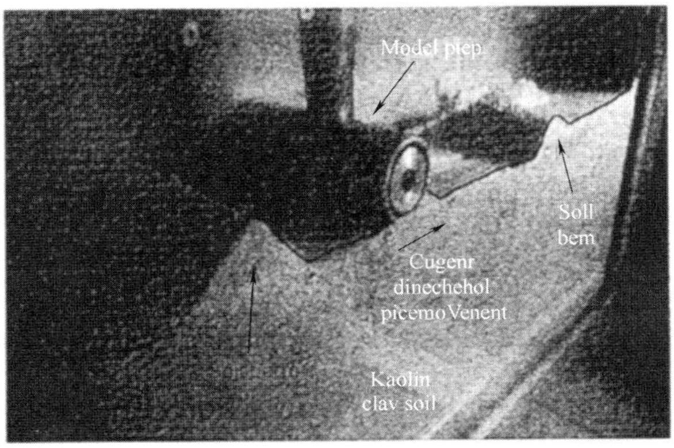


(*a*)

(*b*)

图 6.5-21　大幅度侧向循环形成的土台
(*a*) 离心机小比尺实验（Dingle 等，2008）；
(*b*) 大比尺模型实验（White 和 Cheuk，2008）

在服役期间内设计管道时，管道开槽的深度对管道侧向屈曲起着非常重要的意义。如果开槽深度变大，土可能会在底部积累，会增加残余抗力，土体甚至会盖过管道顶部，这些都将增大残余抗力。开槽会导致竖向管土相互作用力的降低，使得相邻管道区块竖向荷载增大。

3）管土相互作用模型试验

侧向屈曲或者受到循环水动力荷载时产生的管土相互作用，需要考虑海床本身的复杂变化和海床土体受到的剧烈扰动。一般情况下，我们认为土体为不排水或者部分排水。海洋中这种复杂的情况与其他岩土工程分析相比，是非常容易受到不确定因素影响的。

用模型实验、大比尺试验或者离心模型试验来对管土相互作用研究已经得到了广泛的采用。小比尺模型试验和离心模型试验大大降低了土的固结时间，并且可以加大循环次数。复杂的控制系统可以设定任意的时间，并且对全实验的加载历史进行监测，例如

Gaudin 和 White（2009）用人造的风暴来模拟动力铺管情况。

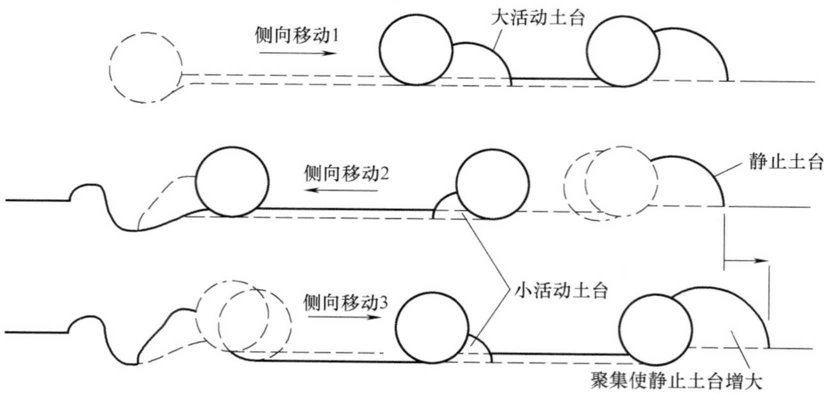


图 6.5-22 大幅度侧向循环管道示意图（White 和 Cheuk，2008）

# 7 结构、波浪与海床共同作用分析

为了不同的使用功能、适应多变的海洋环境，海洋工程结构种类各式各样、形状千变万化。海洋工程结构物长期工作于一定的海域，对海上恶劣的风暴、波浪等环境，不能像船舶那样预先躲避，而必须面对可能的极端海况、经受强非线性水动力作用。同时海洋结构物的存在也改变海洋环境的流动特性。因此，海洋结构与海洋环境的共同作用是海洋土木工程领域的核心问题[1,2]。

海洋环境主要有海床、波浪、海风、海流等因素，在某些海域还需考虑内波、海冰和地震等因素。海洋结构物坐落在海床上或半潜于海水中，下部结构将经受到无数次波浪的冲击作用；上部结构对海风敏感，将经受大范围变化海风的作用。同时海风、波浪、海流间相互作用，加剧彼此作用强度。由此可见海洋结构物、海床、波浪、海风、海流间存在着显著的耦合现象[3,4]。

海洋土木结构与海洋环境流固耦合是强非线性、能量开放动力系统。流固耦合问题涉及计算力学的两大领域：计算结构动力学与计算流体动力学，这两个方面都平行的各自研究，并取得了显著的进步[5,8]。在计算结构动力学与计算流体动力学基础上，建立极端海洋环境、强非线性水动力环境与海洋土木结构的流固耦合行为已成为目前研究的热点[4,9,10]。一种实用的流固耦合分析方法是结构与流体用各自的求解器在时域内前后交替求解，相互之间传递作用力和边界位移，但前后时间积分不能保持二者间能量守恒。另一种将流体和结构统一用连续介质描述控制方程，采用时间同步积分，解决时间步滞后和能量不守恒问题，可出现了新的存储于计算上的困难，自由表面非线性现象也十分难处理。尽管 ALE 法提供了将两方面相联系的一种有效途径，但真正地将二者有效地结合解决流固耦合问题，还需要深入地研究 CFD 方法，如动网格控制技术，无网格技术，以及有限元高效方法[11]。无论极端荷载作用下复杂海洋结构物几何非线性、材料非线性动力性能，还是极端海洋环境强非线性水波、风、非均匀流动，以及采用 N-S 方程考虑流体的黏性、涡旋、分离等复杂流动现象，流固耦合计算理论的研究都亟需深入开展，特别是时域数值积分需要高性能时步计算方法[1,3,4]。

本章介绍海洋结构流固耦合相互作用分析方法，重点在于分析海洋结构、波浪与海床共同作用，其中在 7.1 节介绍海洋土木结构与海洋环境相互作用的特点，给出了两类典型的流固耦合问题；7.2 节分别采用波动力学的解析方法研究了海床饱和土体介质模型、结构基础与海床动力相互作用、饱和海床与海浪-海流非线性相互作用，提出了高效的广义传递矩阵方法求解饱和层状海床表面动力刚度矩阵；在 7.3 节介绍海浪-海流势流理论与海洋结构有限元分析的频域耦合模型与求解方法，适用于大型结构波浪、海流绕射、辐射等相互作用问题；7.4 节介绍计算流体动力学的特征分解有限元法、动网格法，重点为流固耦合分析的时域求解方法，应用 N-S 方程求解了黏性流体与结构耦合产生涡旋、分离问题。

## 7.1 海洋土木结构与海洋环境相互作用特点

海洋土木结构建造、服役于海洋中，受海洋环境的激励和影响。海洋环境中的波浪、海流、海风、海风以及海床土体等都直接影响海洋结构的行为响应[12]。海洋土木结构与海洋环境的共同作用是典型的流体力学与固体力学流固耦合问题，研究涉及多学科交叉领域[13]。

流固耦合力学是研究变形结构在流场作用下的各种行为，以及固体结构运动对流场的影响。流固耦合作用的重要特征是两种介质之间的交互作用，变形固体结构在流场荷载作用下会产生运动和变形，而固体结构变形与运动反馈影响流场的性质，从而改变流体荷载的分布和大小[14]。换言之，流固耦合的流体域与固体结构均不能单独求解，也无法显式地消去描述流体运动或固体结构的独立变量。正是这种交互作用在不同的条件下产生了海洋土木结构与海洋环境的种种耦合现象。

海洋土木结构与海洋环境耦合问题按其耦合机理可分为两类。一类是流体域与固体结构部分或全部重叠在一起，另一类是流体域与固体结构在交界面耦合。两类耦合问题如图 7.1-1 所示。

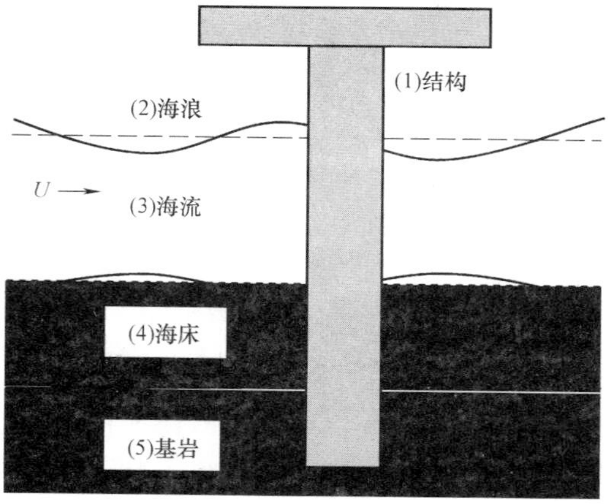


图 7.1-1 海洋土木结构与海洋环境耦合作用示意图

第一类典型的例子是饱和海床中海水与孔隙骨架，二者空间域难以明显分开。因此研究这类耦合问题需要描述物理耦合现象的模型，特别是本构方程需要体现耦合行为。如 Biot 饱和孔隙介质理论模型，固体结构本构方程出现了压力项，而渗流本构中出现固体骨架体变项，产生了耦合效应。

第二类耦合问题的特征是交互作用仅仅发生在流体域和固体结构的交界面上，在平衡方程上耦合是由耦合界面力平衡与运动协调关系引入的。海洋土木结构与海洋环境界面相互作用按相对运动的大小与交互作用性质又分为 A、B 两类。A 类问题是流体与固体结构之间具有大的相对运动，其典型的例子是海流与固体结构、海风与固体结构、海风与海浪等之间的相互作用。B 类问题是具有流体有限位移的长时间问题，如海洋土木结构对波浪的响应，一般不需要考虑流体的压缩性。这类问题主要关心耦合体系的动力响应，不同于流体中爆破、冲击等引起的流体流动变化的有限位移的短时间问题，后者需要考虑流体的压缩性。

图 7.1-2 给出了第二类耦合问题中各种作用力之间的关系[14]。其中，两个虚线描述的大圆分别划出了相互作用的流体与固体。在两圆相切的位置，用一个小圆表示了耦合界

面。通过耦合界面，流体动力影响固体运动，而固体运动又影响流体流场。在耦合界面处，流体力与固体运动事先都不知道，只有在求解耦合系统后才可以给出交互作用量。如没有这一特征，其问题将失去耦合的性质。例如，若给定流固交界面上的流体作用力或交界面上固体结构的运动形式，本质耦合系统将解耦为单一计算流体动力学或计算结构动力学的初边值问题。

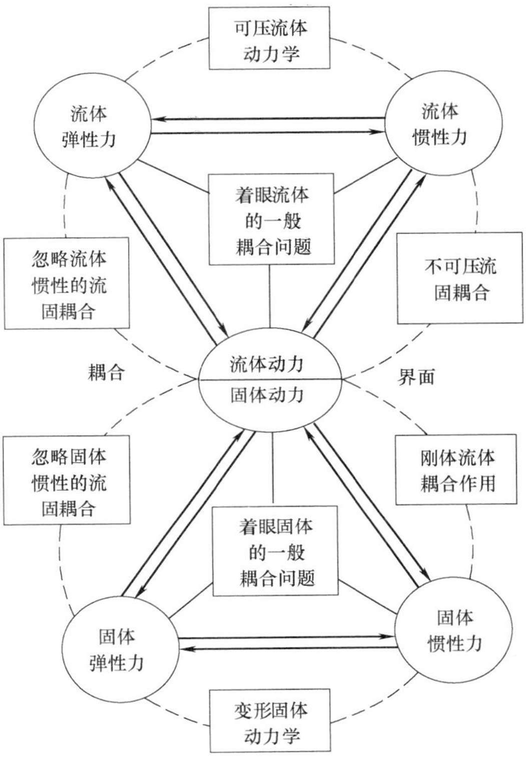


图 7.1-2 第二类流固耦合问题的交互作用关系

本章以下几节分别研究海洋工程结构与海洋环境共同作用分析中的耦合模型及求解方法。

## 7.2 海水-海床相互作用分析

将海床假设为半无限的均匀弹性介质空间来进行近似求解，具有很大的局限性。首先海床在半无限空间内很少是均匀的介质，更多情况下是接近层状分布的；其次在海床地基处于有水饱和状态下，将其当作弹性介质来处理并不妥当，应该将其视为孔隙介质来进行求解。因此研究层状介质和孔隙介质海床的动力特性具有非常重大的意义。

对于层状地基动力刚度的求解，采用最普遍的方法是由 Thomson 和 Haskell 提出的传递矩阵法[17,18]，通过给定地基表面边界条件及各层间的连续条件来求解，在地基刚度的求解中应用十分广泛。但是 Thomson-Haskell 方法中的传递矩阵当处于高频或者某一地层很厚的情况下容易出现指数溢出的问题。Liu 提出了广义传递矩阵法[19]，继承了矩阵传递法计算简单的特点，并消除了负指数函数项，从而使得计算结果不但准确而且十分稳定。在此基础上 Liu 等又将广义传递矩阵法用于各向异性层状地基，以及饱和孔隙介质地基[20,21]。

### 7.2.1 多层弹性介质地基动力特性

应用弹性介质波动方程，采用 Fourier 变换将运动方程转换到频率-波数域内，并用广义传递矩阵法推导出地基表面的应力位移关系，再采用自适应积分方法进行 Fourier 逆变换求得了频率一空间域内的应力位移关系，然后通过此应力位移关系得到了在条形均布简谐荷载作用下的地基响应，最后通过有限元离散得到了半无限空间地基、单层地基上置刚性条带基础的动力刚度矩阵。广义传递法通过对矩阵的一系列变换操作消除了 Thomson-Haskell 方法指数溢出的问题，同时又继承了其计算速度快的优点，最后将得到的计算结果与 Luco 等、林皋等[22]的结果进行了对比，三者总体上说来非常吻合，只在少数频率点上有些差异。

**（1）基本方程及理论推导**

从弹性介质地基运动的位势函数出发，通过 Fourier 变换得到频率一波速域内的位移应力关系式，以位势函数 $\phi$，$\psi$ 表示的波动方程如下：

$$\begin{cases}\nabla^2\phi+k_{\mathrm{p}}^2\phi=0\\ \nabla^2\psi+k_{\mathrm{s}}^2\psi=0\end{cases} \tag{7.2-1}$$

式中，$k_{\mathrm{p}}^2$，$k_{\mathrm{s}}^2$ 为 P 波和 S 波的复波数；$k_{\mathrm{p}}^2=\omega^2/c_{\mathrm{p}}^2$，$k_{\mathrm{s}}^2=\omega^2/c_{\mathrm{s}}^2$，$\omega$ 为激振频率，$c_{\mathrm{p}}$，$c_{\mathrm{s}}$ 分别为 P 波和 S 波的复波速，以带复阻尼的拉梅常数 $\lambda^*$，$G^*$ 表示如下：

$$c_{\mathrm{p}}=\sqrt{(\lambda^*+2G^*)/\rho},c_{\mathrm{s}}=\sqrt{G^*/\rho},\lambda^*=(1+2\xi\mathrm{i})\lambda,G^*=(1+2\xi\mathrm{i})G$$

其中，$\lambda$、$G$ 为拉梅常数；$\xi$ 为介质阻尼比；i 为单位虚数。

定义如下形式的 Fourier 变换关系：

$$\begin{cases}F(\xi,z,\omega)=\int_{-\infty}^{+\infty}f(x,z,\omega)\,e^{-i\xi x}\,\mathrm{d}x\\ f(x,z,\omega)=\dfrac{1}{2\pi}\int_{-\infty}^{+\infty}F(\xi,z,\omega)\,e^{i\xi x}\,\mathrm{d}\xi\end{cases} \tag{7.2-2}$$

利用式（7.2-2）的 Fourier 变换，对式（7.2-1）进行正变换得到：

$$\begin{cases}\Phi''-k_1^2\Phi=0\\ \Psi''-k_2^2\Psi=0\end{cases} \tag{7.2-3}$$

通过 Fourier 变换将原来的偏微分方程转换成了更易求解的常微分方程。式中：$k_1^2=\xi^2-k_{\mathrm{p}}^2$，$k_2^2=\xi^2-k_{\mathrm{s}}^2$

容易得到式（7.2.3）的通解为：

$$\begin{cases}\Phi(\xi,z,\omega)=A_1e^{k_1z}+A_2e^{-k_1z}\\ \Psi(\xi,z,\omega)=B_1e^{k_2z}+B_2e^{-k_2z}\end{cases} \tag{7.2-4}$$

由位势函数表示的地基位移和应力分别为：

$$\begin{bmatrix}u_x\\u_z\end{bmatrix}=\begin{bmatrix}\partial/\partial x & \partial/\partial z\\ \partial/\partial z & -\partial/\partial x\end{bmatrix}\begin{bmatrix}\phi\\ \psi\end{bmatrix} \tag{7.2-5}$$

$$\begin{bmatrix}\sigma_{zx}\\ \sigma_{zz}\end{bmatrix}=\begin{bmatrix}2G^*\dfrac{\partial^2}{\partial x\partial z} & G^*\left(\dfrac{\partial^2}{\partial z\partial z}-\dfrac{\partial^2}{\partial x\partial x}\right)\\ \lambda^*\nabla^2+2G^*\dfrac{\partial^2}{\partial z\partial z} & -2G^*\dfrac{\partial^2}{\partial x\partial z}\end{bmatrix}\begin{bmatrix}\phi\\ \psi\end{bmatrix} \tag{7.2-6}$$

根据所定义的 Fourier 变换的形式，有如下关系：

$$\begin{cases}\phi(x,z,\omega)=\dfrac{1}{2\pi}\displaystyle\int_{-\infty}^{+\infty}\Phi(\xi,z,\omega)e^{ix\xi}\mathrm{d}\xi\\ \psi(x,z,\omega)=\dfrac{1}{2\pi}\displaystyle\int_{-\infty}^{+\infty}\Psi(\xi,z,\omega)\,e^{ix\xi}\mathrm{d}\xi\end{cases} \tag{7.2-7}$$

将式（7.2-5）、式（7.2-6）两式合并在一起，有：

$$\begin{bmatrix}u_x\\u_z\\ \sigma_{zx}\\ \sigma_{zx}\end{bmatrix}=\begin{bmatrix}\partial/\partial x & \partial/\partial z\\ \partial/\partial z & -\partial/\partial x\\ 2G^*\dfrac{\partial^2}{\partial x\partial z} & G^*\left(\dfrac{\partial^2}{\partial z\partial z}-\dfrac{\partial^2}{\partial x\partial x}\right)\\ \lambda^*\nabla^2+2G^*\dfrac{\partial^2}{\partial z\partial z} & -2G^*\dfrac{\partial^2}{\partial x\partial z}\end{bmatrix}\begin{bmatrix}\phi\\ \psi\end{bmatrix}=$$

$$\frac{1}{2\pi}\int_{-\infty}^{\infty}\begin{bmatrix}i\xi & k_2 & i\xi & -k_2\\ -k_1 & i\xi & k_1 & i\xi\\ -2G^*i\xi k_1 & G^*(k_s^2-2\xi^2) & 2G^*i\xi k_1 & G^*(k_s^2-2\xi^2)\\ G^*(2\xi^2-k_s^2) & 2G^*i\xi k_2 & G^*(2\xi^2-k_s^2) & -2G^*i\xi k_2\end{bmatrix}$$

$$\times\begin{bmatrix}\exp(k_1z) & & & \\ & \exp(k_2z) & & \\ & & \exp(-k_1z) & \\ & & & \exp(-k_2z)\end{bmatrix}\begin{bmatrix}A_1\\B_1\\A_2\\B_2\end{bmatrix}e^{ix\xi}\mathrm{d}\xi \tag{7.2-8}$$

易看出位移应力关系可由矩阵相乘后再进行 Fourier 逆变换得到。逆变换的积分过程后面会讨论到。此处先不考虑逆变换积分，只记下频率-波数域内位移应力的矩阵表示形式：

$$\begin{bmatrix}\boldsymbol{u}_{j(Z)}\\ \boldsymbol{\sigma}_{j(Z)}\end{bmatrix}=\begin{bmatrix}\boldsymbol{T}_j^1 & \boldsymbol{T}_j^2\\ \boldsymbol{T}^3{}_j & \boldsymbol{T}^4{}_j\end{bmatrix}\begin{bmatrix}\boldsymbol{\Lambda}_{j(z)}^+ & \boldsymbol{0}\\ \boldsymbol{0} & \boldsymbol{\Lambda}_{j(z)}^-\end{bmatrix}\begin{bmatrix}\boldsymbol{A}_j^+\\ \boldsymbol{A}_j^-\end{bmatrix}=\boldsymbol{T}_j\boldsymbol{\Lambda}_{j(z)}\boldsymbol{A}_j \tag{7.2-9}$$

上式中对每一层的介质均成立，只需要带入各层的特性参数即可。

**（2）多层弹性介质地基的矩阵传递法**

上一节中通过基本理论推导得到频率-波数域内任一层介质的应力应变关系式（7.2-9），由于式中矩阵$\boldsymbol{T}_j$中的表达式过于复杂，考虑将其中的参数无量纲化。

如图 7.2-1 所示考虑第 $j$ 层地基，令位移$\boldsymbol{u}_j=(i\xi)^{-1}\left[u_x^j \quad u_z^j\right]$，令应力$\boldsymbol{\sigma}_j=(\xi c)^{-2}\left[\sigma_{xz}^j \quad \sigma_{zz}^j\right]$。其中 $\xi$ 为波数，$c$ 为相速度。它们满足关系 $\xi=\omega/c$，$\omega$ 即前面提到的激振频率。通过对位移、应力的变换，式（7.2-9）依旧写成下式所示的形式，只是式中的各项需要值得到了简化：

$$\begin{bmatrix}\boldsymbol{u}_{j(Z)}\\ \boldsymbol{\sigma}_{j(Z)}\end{bmatrix}=\begin{bmatrix}\boldsymbol{T}_j^1 & \boldsymbol{T}_j^2\\ \boldsymbol{T}_j^3 & \boldsymbol{T}_j^4\end{bmatrix}\begin{bmatrix}\boldsymbol{\Lambda}_{j(z)}^{+} & \boldsymbol{0}\\ \boldsymbol{0} & \boldsymbol{\Lambda}^{-}{}_{j(z)}\end{bmatrix}\begin{bmatrix}\boldsymbol{A}_j^{+}\\ \boldsymbol{A}_j^{-}\end{bmatrix}=\boldsymbol{T}_j\boldsymbol{\Lambda}_{j(z)}\boldsymbol{A}_j \tag{7.2-10}$$

其中各项的值如下：

$$T_j=\begin{bmatrix}1 & -\gamma^{\beta_j} & 1 & \gamma^{\beta_j}\\ \gamma^{\alpha_j} & 1 & -\gamma^{\alpha_j} & 1\\ -\rho_j\gamma_j\gamma^{\alpha_j} & \rho_j(1-\gamma_j) & \rho_j\gamma_j\gamma^{\alpha_j} & \rho_j(1-\gamma_j)\\ \rho_j(\gamma_j-1) & -\rho_j\gamma_j\gamma^{\beta_j} & \rho_j(\gamma_j-1) & \rho_j\gamma_j\gamma^{\beta_j}\end{bmatrix}$$

$\boldsymbol{\Lambda}_j^{\pm}(z)=\mathrm{diag}(\exp(\pm i\alpha_j z)\exp(\pm i\beta_j z))$

$\alpha_j=((\omega/c_j^{\mathrm{p}})^2-\xi^2)^{1/2},\beta_j=((\omega/c_j^{\mathrm{s}})^2-\xi^2)^{1/2}$

$c_j^{\mathrm{p}}=((\lambda_j+2\mu_j)/\rho_j)^{1/2},c_j^{\mathrm{s}}=(\mu_j/\rho_j)^{1/2}$

$\gamma_j=2(c_j^{\mathrm{s}}/c)^2,\gamma_j^{\alpha}=\alpha_j/\xi,\gamma_j^{\beta}=\beta_j/\xi$

此外，广义传递矩阵法还需要$\boldsymbol{T}_j$的逆：

$$\boldsymbol{T}_j^{-1}=\begin{bmatrix}\gamma_j & -(\gamma_j-1)/\gamma_j^{\alpha} & -1/(\rho_j\gamma_j^{\alpha}) & -1/\rho_j\\ -(\gamma_j-1)/\gamma_j^{\beta} & \gamma_j & 1/\rho_j & -1/(\rho_j\gamma_j^{\beta})\\ \gamma_j & (\gamma_j-1)/\gamma_j^{\alpha} & 1/\rho_j\gamma_j^{\alpha} & -1/\rho_j\\ -(\gamma_j-1)/\gamma_j^{\beta} & \gamma_j & 1/\rho_j & 1/(\rho_j\gamma_j^{\beta})\end{bmatrix}$$

通过式（7.2-10）可以建立第 $j$ 层介质上下表面位移应力矢量的关系如下

$$\begin{bmatrix}\boldsymbol{u}_j^{\mathrm{a}}\\ \boldsymbol{\sigma}_j^{\mathrm{a}}\end{bmatrix}=\begin{bmatrix}\boldsymbol{T}_j^1 & \boldsymbol{T}_j^2\\ \boldsymbol{T}_j^3 & \boldsymbol{T}_j^4\end{bmatrix}\begin{bmatrix}\boldsymbol{E}_j^{-} & \boldsymbol{0}\\ \boldsymbol{0} & \boldsymbol{E}_j^{+}\end{bmatrix}\begin{bmatrix}\boldsymbol{T}_j^1 & \boldsymbol{T}_j^2\\ \boldsymbol{T}_j^3 & \boldsymbol{T}_j^4\end{bmatrix}^{-1}\begin{bmatrix}\boldsymbol{u}_j^{\mathrm{a}}\\ \boldsymbol{\sigma}^{\mathrm{a}}{}_j\end{bmatrix} \tag{7.2-11}$$

其中$\boldsymbol{E}_j^{\pm}=\boldsymbol{\Lambda}_j^{\pm}(h_j)$，$h_j$为第 $j$ 层的厚度，上标 a 表示该层介质的上表面，b 表示该层介质的下表面。假设第 $j$ 层上表面节点的刚度阵为$\boldsymbol{S}_j$，则上式可写成：

$$\begin{bmatrix}\boldsymbol{I}\\ \boldsymbol{S}_j\end{bmatrix}\boldsymbol{u}_j^{\mathrm{a}}=\begin{bmatrix}\boldsymbol{T}_j^1 & \boldsymbol{T}_j^2\\ \boldsymbol{T}_j^3 & \boldsymbol{T}_j^4\end{bmatrix}\begin{bmatrix}\boldsymbol{E}_j^{-} & \boldsymbol{0}\\ \boldsymbol{0} & \boldsymbol{E}_j^{+}\end{bmatrix}\begin{bmatrix}\boldsymbol{T}_j^1 & \boldsymbol{T}^2{}_j\\ \boldsymbol{T}_j^3 & \boldsymbol{T}_j^4\end{bmatrix}^{-1}\begin{bmatrix}\boldsymbol{I}\\ \boldsymbol{S}_{j+1}\end{bmatrix}\boldsymbol{u}_{j+1}^{\mathrm{a}} \tag{7.2-12}$$

令

$$\begin{bmatrix} \boldsymbol{I} \\ \bar{\boldsymbol{S}}_j \end{bmatrix} \bar{\boldsymbol{u}}_j^{\mathrm{a}} = \begin{bmatrix} \boldsymbol{E}_j^- & \boldsymbol{0} \\ \boldsymbol{0} & \boldsymbol{E}_j^+ \end{bmatrix} \begin{bmatrix} \boldsymbol{T}_j^1 & \boldsymbol{T}_j^2 \\ \boldsymbol{T}_j^3 & \boldsymbol{T}_j^4 \end{bmatrix}^{-1} \begin{bmatrix} \boldsymbol{I} \\ \boldsymbol{S}_{j+1} \end{bmatrix} \boldsymbol{u}_{j+1}^{\mathrm{a}} \tag{7.2-13}$$

其中$\bar{\boldsymbol{u}}_j^{\mathrm{a}}$和$\bar{\boldsymbol{S}}_j$为辅助矩阵。则式（7.2-12）可以表达为如下形式：

$$\begin{bmatrix} \boldsymbol{I} \\ \boldsymbol{S}_j \end{bmatrix} \boldsymbol{u}_j^{\mathrm{a}} = \begin{bmatrix} \boldsymbol{T}_j^1 & \boldsymbol{T}_j^2 \\ \boldsymbol{T}_j^3 & \boldsymbol{T}_j^4 \end{bmatrix} \begin{bmatrix} \boldsymbol{I} \\ \bar{\boldsymbol{S}}_j \end{bmatrix} \bar{\boldsymbol{u}}_j^{\mathrm{a}} \tag{7.2-14}$$

进一步引入

$$\begin{bmatrix} \boldsymbol{P}_j^1 \\ \boldsymbol{P}_j^2 \end{bmatrix} = \begin{bmatrix} \boldsymbol{T}_j^1 & \boldsymbol{T}_j^2 \\ \boldsymbol{T}_j^3 & \boldsymbol{T}_j^4 \end{bmatrix}^{-1} \begin{bmatrix} \boldsymbol{I} \\ \boldsymbol{S}_{j+1} \end{bmatrix} \tag{7.2-15}$$

将式（7.2-15）带入式（7.2-13）得

$$\begin{bmatrix} \boldsymbol{I} \\ \bar{\boldsymbol{S}}_j \end{bmatrix} \bar{\boldsymbol{u}}_j^{\mathrm{a}} = \begin{bmatrix} \boldsymbol{E}_j^- \boldsymbol{P}_j^1 \\ \boldsymbol{E}_j^+ \boldsymbol{P}_j^2 \end{bmatrix} \boldsymbol{u}_{j+1}^{\mathrm{a}} \tag{7.2-16}$$

由上式消去$\boldsymbol{u}_{j+1}^{\mathrm{a}}$可得：

$$\bar{\boldsymbol{S}}_j = \boldsymbol{E}_j^+ \boldsymbol{P}_j^2 (\boldsymbol{P}_j^1)^{-1} \boldsymbol{E}_j^+ \tag{7.2-17}$$

从上式不难发现负指数项$\boldsymbol{E}_j^-$在辅助刚度矩阵$\bar{\boldsymbol{S}}_j$中已经被消去了，从而解决了传统矩阵传递法指数溢出的数值问题。并且随着某一地层的厚度，或者输入频率的增加，$\bar{\boldsymbol{S}}_j$将趋于零，此时将出现弥散波[32]。

将式（7.2-17）代回式（7.2-14），并消去$\bar{\boldsymbol{u}}_j^{\mathrm{a}}$有：

$$\boldsymbol{S}_j = (\boldsymbol{T}_j^3 + \boldsymbol{T}_j^4 \bar{\boldsymbol{S}}_j)(\boldsymbol{T}_j^1 + \boldsymbol{T}_j^2 \bar{\boldsymbol{S}}_j)^{-1} \tag{7.2-18}$$

由于无穷远处没有上行波，可以由式（7.2-9）得到第 $n$ 层的位移应力关系：

$$\begin{bmatrix} \boldsymbol{u}_n^{\mathrm{a}} \\ \boldsymbol{\sigma}_n^{\mathrm{a}} \end{bmatrix} = \begin{bmatrix} \boldsymbol{T}_n^1 \\ \boldsymbol{T}_n^3 \end{bmatrix} \boldsymbol{A}_j^+$$

由此可得：$\boldsymbol{S}_n = \boldsymbol{T}_n^3 (\boldsymbol{T}_n^1)^{-1}$

综上所述，循环使用式（7.2-15）～式（7.2-18）可得到频率一波数域中地基上表面的位移应力关系$\boldsymbol{S}_1$。具体说来，在已知第 $j+1$ 层刚度矩阵$\boldsymbol{S}_{j+1}$的情况下，将$\boldsymbol{S}_{j+1}$带入式（7.2-15）中可得到$\boldsymbol{P}_j^1$和$\boldsymbol{P}_j^2$，再将上述结果带入式（7.2-17）中，得到$\bar{\boldsymbol{S}}_j$，最后将$\bar{\boldsymbol{S}}_j$带入式（7.2-18）中即可得到第 $j$ 层的刚度矩阵$\boldsymbol{S}_j$。

最后，对$\boldsymbol{S}_1$求逆有：$\boldsymbol{F} = \boldsymbol{S}_1^{-1}$，得到地基表面在频率-波数域内的柔度矩阵：

$$\boldsymbol{u} = \boldsymbol{F}\boldsymbol{\sigma} \tag{7.2-19}$$

**(3) 条形均布荷载作用下的地基响应**

前一节中式（7.2-19）得到了地基表面频率一波数域内的柔度矩阵，为了更好地说明后续的计算过程，将式（7.2-19）写成展开形式：

$$\begin{bmatrix} u_{\mathrm{x}}(\xi,0,\omega) \\ u_{\mathrm{z}}(\xi,0,\omega) \end{bmatrix} = \begin{bmatrix} F_{11} & F_{12} \\ F_{21} & F_{22} \end{bmatrix} \begin{bmatrix} -\sigma_{\mathrm{xz}}(\xi,0,\omega) \\ -\sigma_{\mathrm{zz}}(\xi,0,\omega) \end{bmatrix} \tag{7.2-20}$$

对上式作 Fourier 反变换后得到频率-空间域内的位移：

$$\begin{bmatrix}\bar{u}_{\mathrm{x}}(x,0,\omega)\\ \bar{u}_{\mathrm{z}}(x,0,\omega)\end{bmatrix}=\frac{1}{2\pi}\int_{-\infty}^{+\infty}\begin{bmatrix}F_{11} & F_{12}\\ F_{21} & F_{22}\end{bmatrix}\begin{bmatrix}-\sigma_{\mathrm{xz}}(\xi,0,\omega)\\ -\sigma_{\mathrm{zz}}(\xi,0,\omega)\end{bmatrix}e^{ix\xi}\mathrm{d}\xi \tag{7.2-21}$$

假定在区间 $x\in(-b, b)$ 内有应力强度为$f_{\mathrm{xz}}$的 $x$ 向的均布简谐作用力，通过 Fourier 变换将其转换到频率—波数域内有：

$$\begin{aligned}-\sigma_{\mathrm{xz}}(\xi,0,\omega)&=\int_{-\infty}^{+\infty}\bar{\sigma}_{\mathrm{xz}}(x,0,\omega)e^{-i\xi x}\mathrm{d}x\\&=\int_{-b}^{b}f_{\mathrm{xz}}\,e^{-i\xi x}\mathrm{d}x=\frac{2f_{\mathrm{xz}}}{\xi}\sin(\xi b)\end{aligned} \tag{7.2-22}$$

令$\bar{u}_{ij}^{\mathrm{x}}$($i$，$j=x$ 或 $z$）表示 $j$ 向单位幅值力在 $x$ 位置处 $i$ 向产生的位移。则由式（7.2-21)、式（7.2-22）易得：

$$\begin{aligned}\bar{u}_{\mathrm{xx}}^{\mathrm{x}}(x,0,\omega)&=\frac{1}{2\pi f_{\mathrm{xz}}2b}\int_{-\infty}^{+\infty}F_{11}\frac{2f_{\mathrm{xz}}}{\xi}\sin(\xi b)e^{ix\xi}\mathrm{d}\xi\\&=\frac{1}{\pi}\int_{0}^{+\infty}F_{11}\frac{1}{\xi b}\sin(\xi b)\cos(x\xi)\mathrm{d}\xi\end{aligned} \tag{7.2-23}$$

$$\begin{aligned}\bar{u}_{\mathrm{zx}}^{\mathrm{x}}(x,0,\omega)&=\frac{1}{2\pi f_{\mathrm{xz}}2b}\int_{-\infty}^{+\infty}F_{21}\frac{2f_{\mathrm{xz}}}{\xi}\sin(\xi b)e^{ix\xi}\mathrm{d}\xi\\&=\frac{i}{\pi}\int_{0}^{+\infty}F_{21}\frac{1}{\xi b}\sin(\xi b)\sin(x\xi)\mathrm{d}\xi\end{aligned} \tag{7.2-24}$$

同理，假定在区间 $x\in(-b, b)$ 内有应力强度为$f_{\mathrm{zz}}$的 $z$ 向的均布作用力时有：

$$\begin{aligned}-\sigma_{\mathrm{zz}}(\xi,0,\omega)&=\int_{-\infty}^{+\infty}\bar{\sigma}_{\mathrm{zz}}(x,0,\omega)e^{-i\xi x}\mathrm{d}x\\&=\int_{-b}^{b}f_{\mathrm{zz}}\,e^{-i\xi x}\mathrm{d}x=\frac{2f_{\mathrm{zz}}}{\xi}\sin(\xi b)\end{aligned} \tag{7.2-25}$$

则由式（7.2-21)、式（7.2-25）易得单位 $z$ 向幅值力在 $x$ 位置处 $i$ 向产生的位移：

$$\begin{aligned}\bar{u}_{\mathrm{xz}}^{\mathrm{x}}(x,0,\omega)&=\frac{1}{2\pi f_{\mathrm{zz}}2b}\int_{-\infty}^{+\infty}F_{12}\frac{2f_{\mathrm{zz}}}{\xi}\sin(\xi b)e^{ix\xi}\mathrm{d}\xi\\&=\frac{i}{\pi}\int_{0}^{+\infty}F_{12}\frac{1}{\xi b}\sin(\xi b)\sin(x\xi)\mathrm{d}\xi\end{aligned} \tag{7.2-26}$$

$$\begin{aligned}\bar{u}_{\mathrm{zz}}^{\mathrm{x}}(x,0,\omega)&=\frac{1}{2\pi f_{\mathrm{zz}}2b}\int_{-\infty}^{+\infty}F_{22}\frac{2f_{\mathrm{zz}}}{\xi}\sin(\xi b)e^{x\xi}\mathrm{d}\xi\\&=\frac{1}{\pi}\int_{0}^{+\infty}F_{22}\frac{1}{\xi b}\sin(\xi b)\cos(x\xi)\mathrm{d}\xi\end{aligned} \tag{7.2-27}$$

前面的式（7.2-23)、式（7.2-24)、式（7.2-26)、式（7.2-27）需要进行负无穷到正无穷上的积分，上述四式可写成一个统一的积分形式如下式所示，只是不同的积分式中对应的 $F(\xi)$ 不同而已，本节采用一种自适应的积分方法对其进行积分。

$$u=\int_{-\infty}^{+\infty}F(\xi)\,e^{ix\xi}\,\mathrm{d}\xi \tag{7.2-28}$$

对于一般的函数 $F(\xi)$，其中 $\xi\in(a,b)$，可以采用切比雪夫多项式来近似展开，其精度随展开级数的增加而增加。令 $A=(b-a)/2$，$B=(b+a)/2$，则其展开形式如下：

$$F(\xi)=A\sum_{m=0}^{N}{}''C_m T_m(z),-1<z<1 \tag{7.2-29}$$

其中$T_m(z)$ 为 $m$ 阶的切比雪夫多项式，符号 $\sum\limits_{m=0}^{N}{}''$ 表示求和对象的第一项和最后一项都取 1/2。系数项的形式为：

$$C_m=\frac{2}{N}\sum_{k=0}^{N}{}''f_k\cos(mk\pi/N) \tag{7.2-30}$$

系数$f_k=F(z_k)$，$z_k=A\cos(k\pi/N)+B$。
容易发现直角坐标系下的坐标点$z_k$实际上是以 $B$ 为圆心，$A$ 为半径的半圆圆上的角平分点在横轴上的投影点。

根据上面的展开形式，很容易得到 $F(\xi)e^{ix\xi}$在区间（$a$，$b$）上的积分表示如下：

$$\begin{aligned}\int_a^b F(\xi)\,e^{ix\xi}\,\mathrm{d}\xi&=A\sum_{m=0}^{N}{}''C_m\int_{-1}^{1}T_m(z)\,e^{ix(Az+B)}\,\mathrm{d}z\\&=A\,e^{ixB}\sum_{m=0}^{N}{}''C_m\int_{-1}^{1}T_m(z)e^{ixAz}\,\mathrm{d}z\end{aligned} \tag{7.2-31}$$

记：

$$I^m(\alpha)=\int_{-1}^{1}T_m(z)\,e^{i\alpha z}\,\mathrm{d}z \tag{7.2-32}$$

式中 $\alpha=xA$，于是得到简化的积分表达式如下：

$$\int_a^b F(\xi)\,e^{ix\xi}\,\mathrm{d}\xi=A\,e^{ixB}\sum_{m=0}^{N}{}''C_m\,I^m(\alpha) \tag{7.2-33}$$

当 $m=0$，1，2 时将切比雪夫多项式带入式（7.2-32）容易得到$I^0(\alpha)$，$I^1(\alpha)$，$I^2(\alpha)$ 的值，当 $m\geqslant 3$ 时，由切比雪夫多项式的递推关系可以得到$I^m(\alpha)$ 的递推关系：

$$\begin{aligned}I^{m+1}(\alpha)=&\frac{2(m+1)i}{\alpha}I^m(\alpha)+\frac{m+1}{m-1}I^{m-1}(\alpha)+\frac{2i}{\alpha(m-1)}\\&(e^{i\alpha}+(-1)^m e^{-i\alpha})\end{aligned} \tag{7.2-34}$$

注意到上式中分母中出现 $\alpha$，当 $\alpha=xA$ 很小的时，循环使用式（7.2-34）将会造成数值问题。此时直接对式（7.2-31）中的 $\mathrm{e}^{ixAz}$ 在零点进行泰勒展开。假设展开阶数为 $L$，则有：

$$e^{i\alpha z}=\sum_{k=0}^{L}P_k\,z^k \tag{7.2-35}$$

将上式带入式（7.2-31）中可得：

$$\int_a^b F(\xi)\,e^{ix\xi}\,\mathrm{d}\xi=A\,e^{ixB}\sum_{m=0}^{N}{}''C_m\sum_{k=0}^{L}P_k\int_{-1}^{1}T_m(z)\,z^k\,\mathrm{d}z \tag{7.2-36}$$

记 $J_{m,k}=\int_{-1}^{1} T_m(z)\, z^k \mathrm{d}z$，则的到积分的简化形式如下：

$$\int_a^b F(\xi)\, e^{ix\xi} \mathrm{d}\xi = A e^{ixB} \sum_{m=0}^{N}{}'' C_m \sum_{k=0}^{L} P_k J_{m,k} \tag{7.2-37}$$

由切比雪夫多项式的递推关系，很容易得到$J_{m,k}$的递推关系如下：

$$J_{m,k}=2J_{m-1,k+1}-J_{m-2,k}, m\geqslant 2 \tag{7.2-38}$$

综上所述当 $\alpha=xA$ 较大时采用式（7.2-33）的积分方法，$\alpha=xA$ 较小时采用式（7.2-37）的积分方法。本节对于式（7.2-23）、式（7.2-24）、式（7.2-26）、式（7.2-27）的积分，选取积分上限为 250 已经足够，选取一定的积分步长，采取不同的 5 点和 9 点切比雪夫多项式积分分别进行积分，当两者的积分结果相差在容差范围之内时积分继续向后进行，否则将积分步长缩短一半，再重新进行 5 点和 9 点切比雪夫多项式积分，再对其结果的差与容差进行比较，如此重复此过程。容易看出，此积分方法能够根据被积函数的情况自动调整步长，自动适应函数剧烈振荡的情况，从而得到一个比较精确的结果。

对上面四式进行积分，取泊松比 $\nu=1/3$，阻尼比 $\zeta=0.05$，条带半宽为 $b=1$，上标 $x=0.05$，并引入无量纲频率$a_0=\omega b/c_s$，并将动力影响系数写成如下形式：

$$\bar{u}_{ij}^{x}(x,0,a_0)=\frac{1}{G}[\mathrm{Re}(a_0+i\mathrm{Im}(a_0))]$$

得到动力影响系数的实部和虚部随$a_0$的变化规律如图 7.2-1～图 7.2-3 所示。

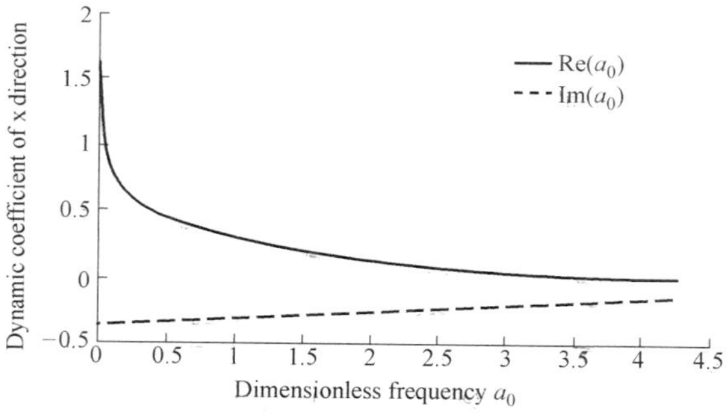


图 7.2-1　动力影响系数$\bar{u}_{xx}^{x}$（$x$，0，$a_0$）

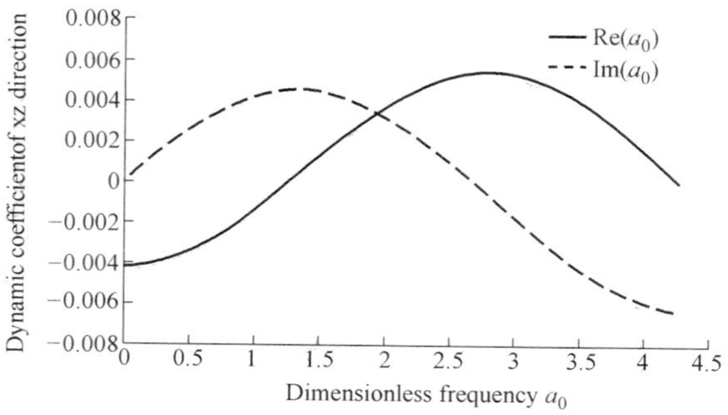


图 7.2-2　动力影响系数$\bar{u}_{xz}^{x}$（$x$，0，$a_0$）

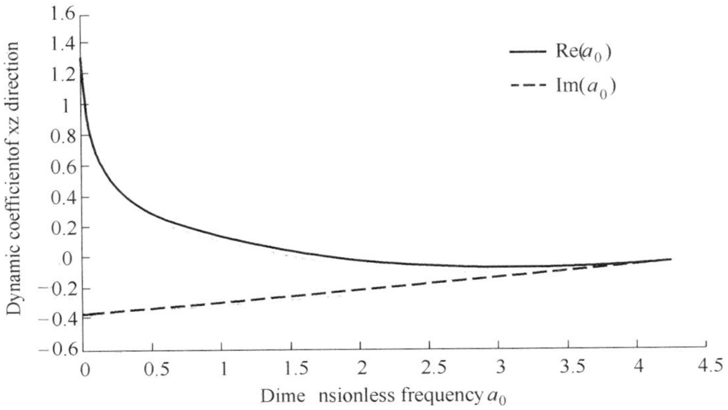


图 7.2-3 动力影响系数$\bar{u}_{zz}^{x}$（$x$，0，$a_0$）

### (4) 多层弹性介质地基的动力刚度阵

前一节通过 Fourier 逆变换求得了地基表面动力影响系数，本节将利用动力影响系数来求解基础底部的动力刚度矩阵。

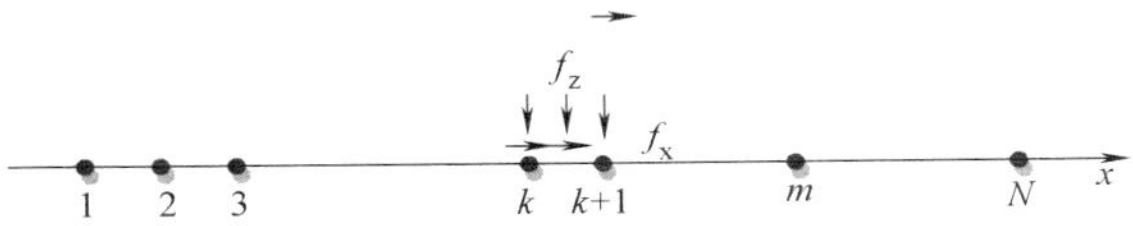


图 7.2-4 弹性介质基础节点模型示意图

如图 7.2-4 所示，基础底部被划分成 $N-1$ 个单元，假定在节点 $k$ 和 $k+1$之间有水平和竖向均布应力$f_x$和$f_z$，记为$\boldsymbol{f}^k=(f_x f_z)^{\mathrm{T}}$，则合力幅值为$\boldsymbol{f}^k b$，其中 $b$ 为均布力的宽度。该均布力对其右侧的第 $i$ 个（节点 $k+1$ 为第一个）产生的位移记为$\boldsymbol{u}_i^k=(u_{ix}^k u_{iz}^k)^{\mathrm{T}}$，若该节点在均布力左侧，则 $i$ 为负，例如对于节点 $k$，$i$ 的取值为 $-1$。则由动力影响系数的定义可以得到：

$$\boldsymbol{u}_i^k=\begin{bmatrix}\bar{u}_{xx}^{ix} & \bar{u}_{xz}^{ix}\\ \bar{u}_{zx}^{ix} & \bar{u}_{zz}^{ix}\end{bmatrix}\boldsymbol{f}^k b=\boldsymbol{F}^i\boldsymbol{f}^k b \tag{7.2-39}$$

上式中 $ix$ 表示节点 $i$ 的 $x$ 坐标值减去均布力中点的 $x$ 坐标值。将 $ix$ 的值代入到式（7.2-23）、式（7.2-24）、式（7.2-25）、式（7.2-27）很容易得到矩阵$\boldsymbol{F}^i$的值，其中 $i=-(N-1)$，…，$(N-1)$，并且容易证明$\boldsymbol{F}^{-i}=(\boldsymbol{F}^i)^{\mathrm{T}}$，则图中节点位移与节间应力的关系如下：

$$\begin{bmatrix}\boldsymbol{u}_1\\ \boldsymbol{u}_2\\ \vdots\\ \boldsymbol{u}_N\end{bmatrix}=\boldsymbol{b}\begin{bmatrix}\boldsymbol{F}^{-1} & \boldsymbol{F}^{-2} & \cdots & \boldsymbol{F}^{-(N-1)}\\ \boldsymbol{F}^{1} & \boldsymbol{F}^{-1} & \cdots & \boldsymbol{F}^{-(N-2)}\\ \vdots & \vdots & & \vdots\\ \boldsymbol{F}^{N-1} & \boldsymbol{F}^{N-2} & \cdots & \boldsymbol{F}^{1}\end{bmatrix}\begin{bmatrix}\boldsymbol{f}^1\\ \boldsymbol{f}^2\\ \vdots\\ \boldsymbol{f}^{N-1}\end{bmatrix}$$

$$=b\begin{bmatrix}(\boldsymbol{F}^{1})^T & (\boldsymbol{F}^{2})^T & \cdots & (\boldsymbol{F}^{N-1})^T\\ \boldsymbol{F}^{1} & (\boldsymbol{F}^{1})^T & \cdots & (\boldsymbol{F}^{N-2})^T\\ \vdots & \vdots & & \vdots\\ \boldsymbol{F}^{N-1} & \boldsymbol{F}^{N-2} & \cdots & \boldsymbol{F}^{1}\end{bmatrix}\begin{bmatrix}\boldsymbol{f}^1\\ \boldsymbol{f}^2\\ \vdots\\ \boldsymbol{f}^{N-1}\end{bmatrix} \tag{7.2-40}$$

简记为

$$\boldsymbol{u}=b\boldsymbol{F}\boldsymbol{f} \tag{7.2-41}$$

假定节间位移为相邻两个节点的位移平均值，则

$$\bar{\boldsymbol{u}}=\boldsymbol{D}\boldsymbol{u} \tag{7.2-42}$$

其中 $\boldsymbol{D}$ 为 $2(N-1)\times 2N$ 的矩阵，容易得到 $\boldsymbol{D}$ 为：

$$D=\begin{bmatrix} 0.5 & 0 & 0.5 & & & & & \\ & 0.5 & 0 & 0.5 & & & & \\ & & \ddots & \ddots & & & & \\ & & & \ddots & \ddots & & & \\ & & & & 0.5 & 0 & 0.5 & \\ & & & & & 0.5 & 0 & 0.5 \end{bmatrix} \tag{7.2-43}$$

假设节点力向量为 $\boldsymbol{t}$，则由虚功原理：

$$\boldsymbol{u}^{\mathrm{T}}\boldsymbol{t}=b\,\bar{\boldsymbol{u}}^{\mathrm{T}}\boldsymbol{f} \tag{7.2-44}$$

则由式（7.2-41）、式（7.2-42）、式（7.2-44）可得基础底部节点位移-应力关系：

$$\boldsymbol{t}=\boldsymbol{D}^{\mathrm{T}}(\boldsymbol{DF})^{-1}\boldsymbol{D}\boldsymbol{u}=\boldsymbol{S}(\omega)\boldsymbol{u} \tag{7.2-45}$$

中 $\boldsymbol{S}(\omega)$ 为基础底部的动力刚度矩阵，有：

$$\boldsymbol{S}(\omega)=\boldsymbol{D}^{\mathrm{T}}(\boldsymbol{DF})^{-1}\boldsymbol{D} \tag{7.2-46}$$

**（5）刚性条带基础的动力刚度阵**

前一节中求得了基础底部的动力刚度矩阵 $\boldsymbol{S}(\omega)$，本节将利用 $\boldsymbol{S}(\omega)$ 来求解刚性条带基础的动力刚度矩阵。如图 7.2-5 所示，假定刚性条带基础与层状地基是粘结的，即它们之间没有相对位移。

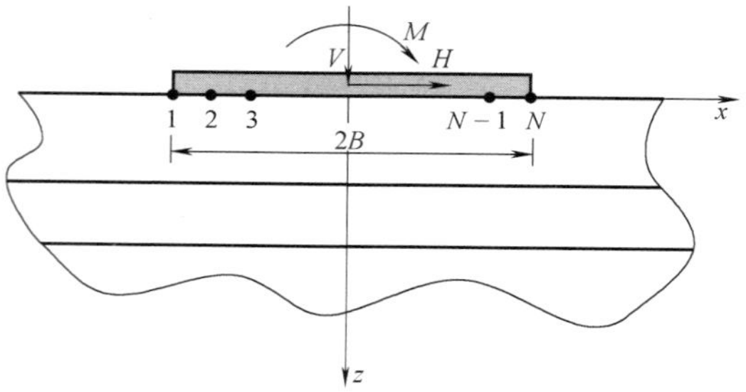


图 7.2-5　刚性条带基础受力示意图

地基表面上各点的位移可以表示为：

$$u_{ix}=\Delta_1,u_{iz}=\Delta_2+\varphi x_i,i=1,2,\cdots,N \tag{7.2-47}$$

其中，$\Delta_1$ 为刚性条带基础中点的水平位移，$\Delta_2$ 为刚性条带基础中点的竖向位移，$\varphi$ 为基础的转角。上式可表示为：

$$\boldsymbol{u}=\boldsymbol{H}\boldsymbol{\Delta} \tag{7.2-48}$$

其中

$$\boldsymbol{u}=(u_{1x}u_{1z}u_{2x}u_{2z}\cdots u_{Nx}u_{Nz})^{\mathrm{T}},\Delta=(\Delta_1\Delta_2B\varphi)^{\mathrm{T}}$$

$B$ 为条带基础的半宽度。

$$H=\begin{bmatrix} 1 & 0 & 1 & 0 & \cdots & 1 & 0 \\ 0 & 1 & 0 & 1 & \cdots & 0 & 1 \\ 0 & \dfrac{x_1}{B} & 0 & \dfrac{x_2}{B} & \cdots & 0 & \dfrac{x_N}{B} \end{bmatrix}^{\mathrm{T}} \tag{7.2-49}$$

假设刚性基础受到的集中简谐荷载如图所示，其幅值可以用水平和竖直向的节点力来表示。

$$H=\sum_{i=1}^{N}t_{ix},V=\sum_{i=1}^{N}t_{iz},M=\sum_{i=1}^{N}x_{i}t_{iz} \tag{7.2-50}$$

简写为：

$$\boldsymbol{P}=\boldsymbol{H}^{\mathrm{T}}\boldsymbol{t} \tag{7.2-51}$$

其中 $\boldsymbol{P}=(HVM/B)^{\mathrm{T}}, \boldsymbol{t}=(t_{1x}t_{1z}t_{2x}t_{2z}\cdots t_{Nx}t_{Nz})^{\mathrm{T}}$

由式（7.2-45）、式（7.2-48）、式（7.2-51）可得：

$$\boldsymbol{P}=\boldsymbol{H}^{\mathrm{T}}\boldsymbol{S}(\omega)\boldsymbol{H}\Delta=\overline{\boldsymbol{S}}(\omega)\Delta \tag{7.2-52}$$

其中$\overline{\boldsymbol{S}}(\omega)$为刚性条带基础在频域内的刚度阵，有：

$$\overline{\boldsymbol{S}}(\omega)=\boldsymbol{H}^{\mathrm{T}}\boldsymbol{S}(\omega)\boldsymbol{H} \tag{7.2-53}$$

对于多层地基的动力刚度矩阵的数值计算，至今没有得到一个公认的准确的结果。本节最后通过选取图 7.2-6 中两个算例进行计算与对比，以说明本文的广泛适用性。算例 1 如图 7.2-6（$a$）所示，Luco 等通过略去积分方程的次要项的方法得到低频段$a_0\leqslant 1.5$的近似解，其中$a_0$为无量纲频率。林皋等[22]采用钟万勰等提出的精细积分算法将计算结果延伸至$a_0=10$。算例 2 如图 7.2-6（$b$）所示，Wolf 等采用边界元法计算得到单层地基下卧半无限地基情况下的动力刚度矩阵。林皋等[22]采用精细积分算法得到的结果与 Wolf 进行了对比，两者结果十分相似。本节采用广义矩阵传递法得到两个算例的计算结果，与上述各种方法进行了对比，如图所示，计算结果良好，从而说明了本节的广义矩阵传递法具有广泛的适用性。

算例 1：半无限均质弹性地基，如图 7.2-6（$a$）所示，材料参数：剪切模量 $G$，地基介质密度 $\rho$，泊松比 $\nu$ 在后面给出，阻尼比 $\zeta=0.001$ 表示无阻尼情况，二阶拉梅常数 $\lambda$ 可以由 $G$ 和 $\nu$ 确定出来。刚性条带的宽度为 $2b$，引入无量纲频率 $a_0=\omega b/\sqrt{G/\rho}$，计算模型的动力柔度矩阵，即$[\overline{S}(a_0)]^{-1}$，将柔度阵表示成式（7.2-54）所示的无量纲形式。计算得到水平向、竖向和转动以及水平与转动耦合的动力柔度系数$C_{HH}$、$C_{VV}$、$C_{MM}$、$C_{HM}$。将计算结果与 Luco 等和林皋等的结果进行了对比，如图 7.2-7～图 7.2-10 所示，三者吻合得十分好。其中$C_{HH}$、$C_{VV}$、$C_{MM}$为泊松比取 $\nu=1/3$ 的计算结果，$C_{HM}=C_{MH}$为泊松比取 $\nu=1/4$ 的计算结果。

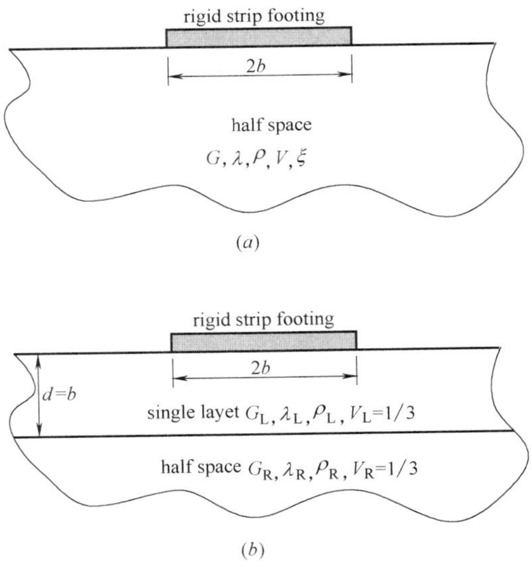


图 7.2-6 刚性条带基础算例示意图

$$[\overline{\boldsymbol{S}}(a_0)]^{-1}=\frac{1}{\pi G}\begin{bmatrix} C_{HH} & 0 & C_{HM} \\ 0 & C_{VV} & 0 \\ C_{MH} & 0 & C_{MM} \end{bmatrix} \tag{7.2-54}$$

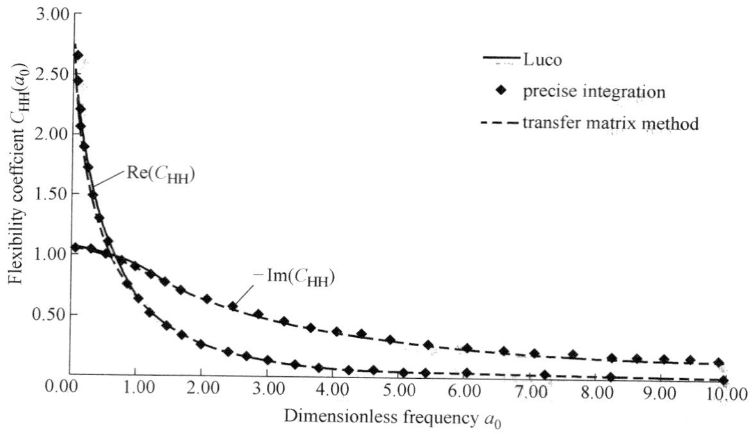


图 7.2-7 刚性条带基础置于半无限地基的柔度矩阵系数$C_{HH}$

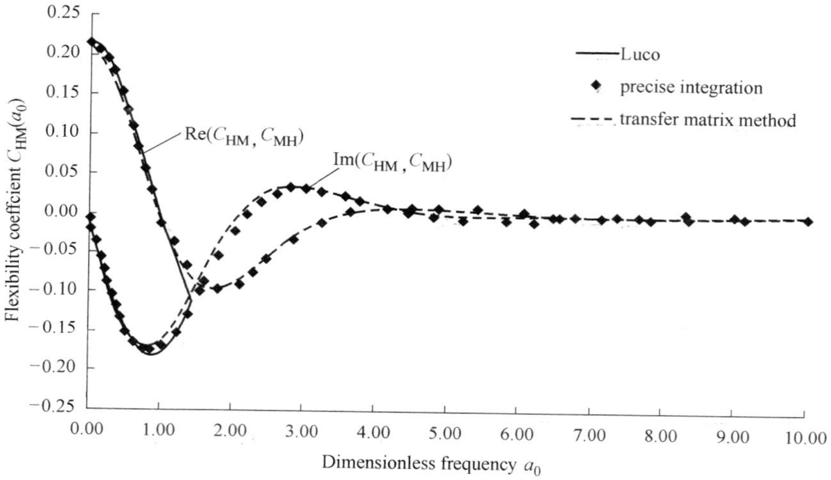


图 7.2-8 刚性条带基础置于半无限地基的柔度矩阵系数$C_{HM}$

## 7.2.2 多层饱和孔隙介质地基动力特性

前节对弹性介质地基的动力特性作了较为详细的阐述，针对孔隙介质动力特性进行研究的文献比较少，孔隙介质的波动理论最早是由 Biot 于 1956 年提出[23,24]，随后许多研究者研究了 Love 波和 Rayleigh 波在孔隙介质中的传播，随着数值方法的发展，有限元方法也被引入以求解孔隙介质地基的动力特性[25-27]。针对多层孔隙介质的动力特性进行研究的文献更少，与 Thomson-Haskell 提出的方法类似，求解孔隙介质动力特性的方法有传递矩阵法、刚度矩阵法、TMR（Transmission and Reflection Matrix Method）方法，都是采用矩阵变换的方法进行求解。上述方法普遍存在指数溢出的问题。

本节采用广义传递矩阵法对多层孔隙介质地基的动力特性进行研究，该方法继承了传递矩阵发简单、稳定的优点，同时又消除了指数溢出的问题。采用 Fourier 变换将运动方

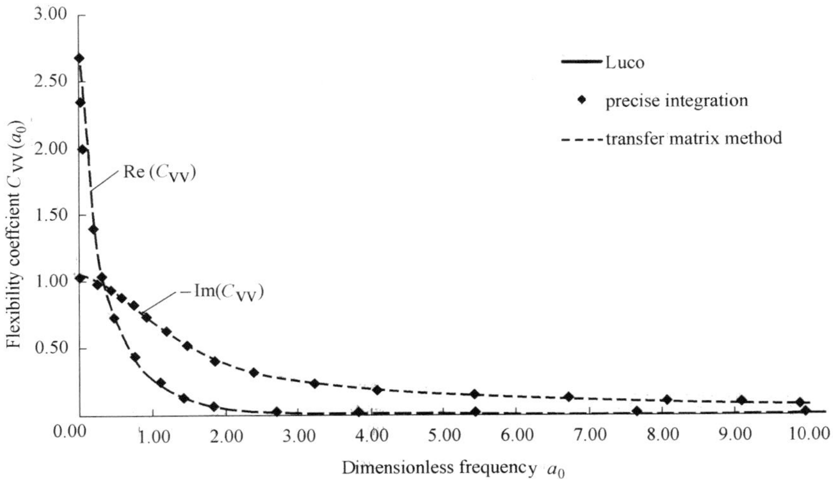


图 7.2-9　刚性条带基础置于半无限地基的柔度矩阵系数$C_{VV}$

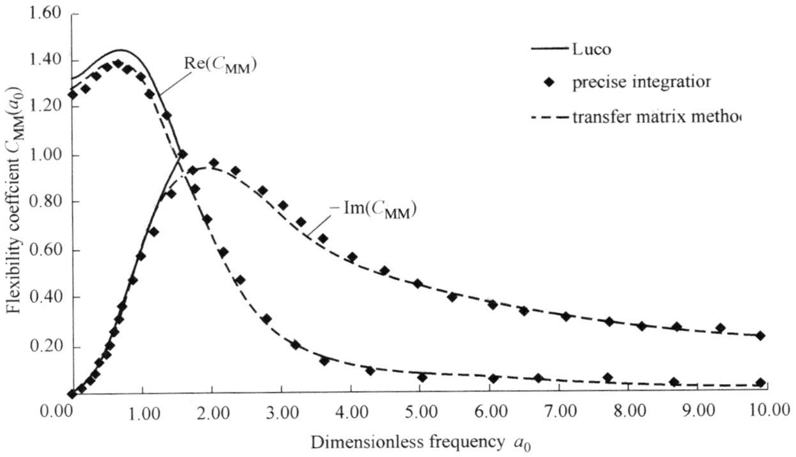


图 7.2-10　刚性条带基础置于半无限地基的柔度矩阵系数$C_{MM}$

程转换到频率-波数域内，并用广义传递矩阵法推导出地基表面的应力位移关系，再采用自适应积分方法进行 Fourier 逆变换求得了频率-空间域内的动力影响系数。将水平向和竖向的动力影响系数与 Rajapakse 的结果进行了对比[25]。最后通过此动力影响系数得到了在条形均布简谐荷载作用下的地基响应，最后通过有限元离散得到了多层孔隙介质地基上置刚性条带基础的动力刚度矩阵。

**(1) 基本方程及理论推导**

在拉格朗日坐标系下，各向同性的饱和孔隙介质在发生小变形的情况下的运动方程是由 Biot 最早提出的。运动方程如下：

$$\sigma_{ij,j}=\rho\ddot{u}_l+\rho_f w_i \tag{7.2-55}$$

$$-p_{,i}=\rho_f\ddot{u}_l+m\ddot{w}_l+b\dot{w}_l \tag{7.2-56}$$

其中$u_i$表示固体骨架的位移分量，$w_i$表示液体相对于固体骨架的位移分量，对于二维

情况下 $i$ 可取 $x$，$z$；$\sigma_{ij}$ 为柯西应力张量的分量；$\rho$ 为固体颗粒的密度；$\rho_f$ 为液体的密度；$m$ 为密度量纲，其值取决于液体密度也固体骨架内孔隙的几何形状及分布；$p$ 为水压力；$b$ 为阻尼系数，取决于液体流动时与固体骨架内孔隙之间的摩擦大小。下标 $\varphi_{,i}$ 和上标 $\dot{\varphi}$ 分别表示对空间和时间求导。

饱和孔隙介质的本构关系如下：

$$\sigma_{ij}=\lambda\varepsilon_{kk}\delta_{ij}+2\mu\varepsilon_{ij}-\alpha p\delta_{ij} \tag{7.2-57}$$

$$-p=\alpha \mathrm{M} u_{k,k}+\mathrm{M} w_{k,k} \tag{7.2-58}$$

其中 $\varepsilon_{ij}$ 为应变张量的分量；$\mu$ 和 $\lambda$ 为 Lamé 常数；M 为一阶 Biot 常数，其量纲与 $\mu$ 和 $\lambda$ 相同；$\alpha$ 为二阶 Biot 常数，为一个无量纲的耦合常数；$\delta_{ij}$ 为 Kronecker 函数。

将式（7.2-57）、式（7.2-58）带入式（7.2-55）、式（7.2-56）中得到：

$$(\lambda+2\mu+M\alpha^2)\nabla(\nabla\cdot\boldsymbol{u})+\mu\nabla^2\boldsymbol{u}+\mathrm{M}\alpha\nabla(\nabla\cdot\boldsymbol{w})=\rho\ddot{\boldsymbol{u}}+\rho_f\ddot{\boldsymbol{w}} \tag{7.2-59}$$

$$\mathrm{M}\alpha\nabla(\nabla\cdot\boldsymbol{u})+\mathrm{M}\nabla(\nabla\cdot\boldsymbol{w})=\rho_f\ddot{\boldsymbol{u}}+m\ddot{\boldsymbol{w}}+b\dot{\boldsymbol{w}} \tag{7.2-60}$$

通过 Helmholtz 分解可以得到固体骨架的位移和水相对于骨架的位移，由势函数表示如下：

$$\boldsymbol{u}=\nabla\phi+\nabla\times\boldsymbol{\Psi}\quad \boldsymbol{w}=\nabla\phi^r+\nabla\times\boldsymbol{\Psi}^r \tag{7.2-61}$$

其中 $\phi$ 和 $\phi^r$ 为标量势函数，$\boldsymbol{\Psi}$ 和 $\boldsymbol{\Psi}^r$ 为矢量势函数。

将式（7.2-61）带入式（7.2-59）、式（7.2-60）可得：

$$\boldsymbol{M}\begin{bmatrix}\ddot{\varphi}\\ \ddot{\varphi}^r\end{bmatrix}+\boldsymbol{C}\begin{bmatrix}\dot{\varphi}\\ \dot{\varphi}^r\end{bmatrix}-\boldsymbol{K}_p\begin{bmatrix}\Delta\varphi\\ \Delta\varphi^r\end{bmatrix}=\begin{bmatrix}0\\0\end{bmatrix} \tag{7.2-62}$$

$$\boldsymbol{M}\begin{bmatrix}\ddot{\psi}\\ \ddot{\psi}^r\end{bmatrix}+\boldsymbol{c}\begin{bmatrix}\dot{\psi}\\ \dot{\psi}^r\end{bmatrix}-\boldsymbol{K}_s\begin{bmatrix}\Delta\psi\\ \Delta\psi^r\end{bmatrix}=\begin{bmatrix}0\\0\end{bmatrix} \tag{7.2-63}$$

其中各矩阵的形式如下：

$$\boldsymbol{M}=\begin{bmatrix}\rho & \rho_f\\ \rho_f & m\end{bmatrix},C=\begin{bmatrix}0 & 0\\ 0 & b\end{bmatrix}$$

$$\boldsymbol{K}_p=\begin{bmatrix}\lambda+2\mu+\alpha^2M & \alpha M\\ \alpha M & M\end{bmatrix},K_s=\begin{bmatrix}\mu & 0\\ 0 & 0\end{bmatrix}$$

对式（7.2-62）、式（7.2-63）采用多重 Fourier 变换，将时间域 $t$ 变换到频率域 $\omega$，将空间域 $x$ 变换到水平向的波数域 $\xi$。通过 Fourier 变换到频率-波数域内后运动方程写成如下形式：

$$\begin{aligned}&\det(k^2+\xi^2)K_p-\omega^2M+i\omega C)=0\\ &\det(k^2+\xi^2)K_s-\omega^2M+i\omega C)=0\end{aligned} \tag{7.2-64}$$

$$\left[-\left(\frac{\mathrm{d}^2}{\mathrm{d}z^2}-\xi^2\right)K_p-\omega^2M+i\omega C\right]\begin{bmatrix}\varphi\\ \varphi^r\end{bmatrix}=\begin{bmatrix}0\\0\end{bmatrix} \tag{7.2-65}$$

引入波数 $k$ 后，可得到如下结果：

$$k_{1,2}^2=\frac{\omega^2}{c_{p1,2}^2}-\xi^2,k_3^2=\frac{\omega^2}{c_s^2}-\xi^2 \tag{7.2-66}$$

$$\left[-\left(\frac{\mathrm{d}^2}{\mathrm{d}z^2}-\xi^2\right)K_s-\omega^2M+i\omega C\right]\begin{bmatrix}\psi\\ \psi^r\end{bmatrix}=\begin{bmatrix}0\\0\end{bmatrix} \tag{7.2-67}$$

式（7.2-64）、式（7.2-65）的求解结果如下，先引入一些中间变量：

其中：

$$c_{p1,2}^2=\frac{\lambda+2\mu}{\rho_{1,2}},c_s^2=\frac{\mu}{\rho_3} \tag{7.2-68}$$

$$\rho_{1,2}=\rho D_0\pm\rho\left(D_0^2+\frac{l_2^2}{l_1^2}(m_0^2-n_0)\right)^{1/2}$$

$$\rho_3=\rho(1-m_0^2/n_0)$$

$$D_0=\frac{1}{2}(1-2\alpha m_0+n_0(\alpha^2+l_2^2/l_1^2))$$

$$m_0=\frac{\rho_f}{\rho},n_0=\frac{1}{\rho}(m-ib/\omega)$$

$$l_1^2=\frac{\omega^2}{(\lambda+2\mu)/\rho},l_2^2=\frac{\omega^2}{M/\rho}$$

得到通解的形式为：

$$\begin{bmatrix}\varphi\\ \varphi^r\end{bmatrix}=e^{ik_1z}\begin{bmatrix}1\\ F_1\end{bmatrix}\varphi_1^++e^{ik_2z}\begin{bmatrix}1\\ F_2\end{bmatrix}\varphi_2^++e^{-ik_1z}\begin{bmatrix}1\\ F_1\end{bmatrix}\varphi_1^-+e^{-ik_2z}\begin{bmatrix}1\\ F_2\end{bmatrix}\varphi_2^- \tag{7.2-69}$$

$$\begin{bmatrix}\boldsymbol{\Psi}\\ \boldsymbol{\Psi}^r\end{bmatrix}=e^{ik_3z}\begin{bmatrix}1\\ F_3\end{bmatrix}\boldsymbol{\Psi}^++e^{-ik_3z}\begin{bmatrix}1\\ F_3\end{bmatrix}\boldsymbol{\Psi}^- \tag{7.2-70}$$

其中

$$F_{1,2}=-\frac{\alpha(k_{1,2}^2+\xi^2)-m_0l_2^2}{(k_{1,2}^2+\xi^2)-n_0l_2^2}\ ,F_3=-\frac{m_0}{n_0}$$

根据式（7.2-57），频率一波数域中的位移矢量 $\boldsymbol{u}=(u_xu_zw_z)^T$可表示为下式：

$$\boldsymbol{u}=\boldsymbol{D}^+\boldsymbol{\Lambda}^+\boldsymbol{\varphi}^++\boldsymbol{D}^-\boldsymbol{\Lambda}^-\boldsymbol{\varphi}^- \tag{7.2-71}$$

其中各个矩阵的形式如下：

$$\boldsymbol{D}^+=\begin{bmatrix}\xi & \xi & 1\\ k_1 & k_2 & -\xi/k_3\\ k_1F_1 & k_2F_2 & -\xi F_3/k_3\end{bmatrix}$$

$$\boldsymbol{D}^-=\begin{bmatrix}\xi & \xi & 1\\ -k_1 & -k_2 & \xi/k_3\\ -k_1F & -k_2F_2 & \xi F_3/k_3\end{bmatrix}$$

$$\boldsymbol{\Lambda}^\pm=diag(e^{\pm ik_1z}e^{\pm ik_2z}e^{\pm ik_3z})$$

$$\boldsymbol{\varphi}^\pm=(i\varphi_1^\pm i\varphi_2^\pm\boldsymbol{\Psi}_2^\pm)$$

记应力矢量的形式为 $\boldsymbol{\sigma}=\frac{1}{i\mu_0}(\sigma_{xz}\sigma_{zz}p)^T$，其中$\mu_0$为多层地基中最上面那层的剪切模量。与位移矢量类似，应力矢量也可以表达为下面的形式：

$$\boldsymbol{\sigma}=\Sigma^+\boldsymbol{\Lambda}^+\boldsymbol{\varphi}^++\Sigma^-\boldsymbol{\Lambda}^-\boldsymbol{\varphi}^- \tag{7.2-72}$$

其中

$$\Sigma^{+}=\bar{\mu}\begin{bmatrix}2k_1\xi & 2k_1\xi & \dfrac{k_3^2-\xi^2}{k_3}\\ s_1 & s_2 & -2\xi\\ t_1 & t_2 & 0\end{bmatrix}$$

$$\Sigma^{-}=\bar{\mu}\begin{bmatrix}-2k_1\xi & -2k_1\xi & -\dfrac{k_3^2-\xi^2}{k_3}\\ s_1 & s_2 & -2\xi\\ t_1 & t_2 & 0\end{bmatrix}$$

$$\bar{\mu}=\mu/\mu_0$$

$$s_1=2k_1^2+\frac{\lambda+\alpha M(\alpha+F_1)}{\mu}(k_1^2+\xi^2)$$

$$s_2=2k_2^2+\frac{\lambda+\alpha M(\alpha+F_2)}{\mu}(k_2^2+\xi^2)$$

$$t_1=-\frac{M}{\mu}(\alpha+F_1)(k_1^2+\xi^2)$$

$$t_2=-\frac{M}{\mu}(\alpha+F_2)(k_2^2+\xi^2)$$

综上所述，经过 Fourier 转换到频率-波数域内的位移矢量 $\boldsymbol{u}=(u_x u_z w_z)^{\mathrm{T}}$ 和应力矢量 $\boldsymbol{\sigma}=\frac{1}{i\mu_0}(\sigma_{xz}\sigma_{zz}p)^{\mathrm{T}}$ 可以表达成如下的简单形式：

$$\begin{bmatrix}u\\ \sigma\end{bmatrix}=\begin{bmatrix}D^{+} & D^{-}\\ \Sigma^{+} & \Sigma^{-}\end{bmatrix}\begin{bmatrix}\Lambda^{+} & 0\\ 0 & \Lambda^{-}\end{bmatrix}\begin{bmatrix}\varphi^{+}\\ \varphi^{-}\end{bmatrix}\tag{7.2-73}$$

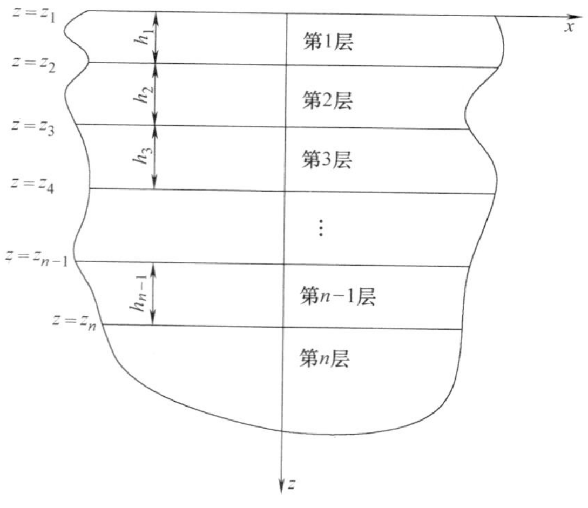


图 7.2-11　多层孔隙介质地基示意图

**(2) 多层孔隙介质地基的矩阵传递法**

上节中经过一系列的推导过程，得到如图 7.2-11 所示的多层地基在频率-波数域内任意位置的位移矢量和应力矢量的关系式 (7.2-73)。

该式的表达形式不利于求解。为了寻求更加简便的求解方法，引入两个混合向量 $\boldsymbol{q}=\left(u_x\frac{\sigma_{zz}}{i\mu_0}\frac{p}{i\mu_0}\right)^{\mathrm{T}}$ 和 $\boldsymbol{p}=\left(\frac{\sigma_{xz}}{i\mu_0}u_z w_z\right)^{\mathrm{T}}$，则式 (7.2-73) 可写成如下形式：

$$\begin{bmatrix}p\\ q\end{bmatrix}=\begin{bmatrix}T^{\mathrm{p}} & T^{\mathrm{q}}\\ T_{\mathrm{p}} & -T_{\mathrm{p}}\end{bmatrix}\begin{bmatrix}\Lambda^{+} & 0\\ 0 & \Lambda^{-}\end{bmatrix}\begin{bmatrix}\varphi^{+}\\ \varphi^{-}\end{bmatrix}\tag{7.2-74}$$

其中

$$\boldsymbol{T}^{\mathrm{q}}=\begin{bmatrix} \xi & \xi & 1 \\ \bar{\mu}s_1 & \bar{\mu}s_2 & -2\bar{\mu}\xi \\ \bar{\mu}t_1 & \bar{\mu}t_2 & 0 \end{bmatrix}$$

$$\boldsymbol{T}^{\mathrm{p}}=\begin{bmatrix} 2\bar{\mu}k_1\xi & 2\bar{\mu}k_2\xi & \dfrac{\bar{\mu}(k_3^2-\xi^2)}{k_3} \\ k_1 & k_2 & -\dfrac{\xi}{k_3} \\ F_1k_1 & F_2k_2 & -F_3\dfrac{\xi}{k_3} \end{bmatrix}$$

容易看到，式（7.2-74）与式（7.2-73）的最大区别在于将一个 6×6 的大矩阵转化成了两个 3×3 的小矩阵，从而可以更有利于对矩阵进行求逆或者其他运算。下面就是对 6×6 的大矩阵进行求逆的结果：

$$\begin{bmatrix} \boldsymbol{T}^{\mathrm{q}} & \boldsymbol{T}^{\mathrm{q}} \\ \boldsymbol{T}^{\mathrm{p}} & -\boldsymbol{T}^{\mathrm{p}} \end{bmatrix}^{-1}=\frac{1}{2}\begin{bmatrix} (\boldsymbol{T}^{\mathrm{q}})^{-1} & (\boldsymbol{T}^{\mathrm{p}})^{-1} \\ (\boldsymbol{T}^{\mathrm{q}})^{-1} & -(\boldsymbol{T}^{\mathrm{p}})^{-1} \end{bmatrix}=\begin{bmatrix} \bar{\boldsymbol{T}}^{\mathrm{q}} & \bar{\boldsymbol{T}}^{\mathrm{p}} \\ \bar{\boldsymbol{T}}^{\mathrm{q}} & -\bar{\boldsymbol{T}}^{\mathrm{p}} \end{bmatrix} \tag{7.2-75}$$

其中

$$\bar{\boldsymbol{T}}^{\mathrm{q}}=\frac{1}{\Delta_1}\begin{bmatrix} 2\bar{\mu}t_2\xi & t_2 & 2\xi^2-s_2 \\ 2\bar{\mu}t_1\xi & t_1 & -2\xi^2-s_1 \\ \bar{\mu}\delta & -\xi(t_1-t_2) & \xi(s_1-s_2) \end{bmatrix}$$

$$\bar{\boldsymbol{T}}^{\mathrm{p}}=\frac{1}{\Delta_2}\begin{bmatrix} \dfrac{-\xi(F_2-F_3)}{k_1} & \dfrac{-\bar{\mu}\chi_2}{k_1} & \dfrac{\bar{\mu}(\xi^2+k_3^2)}{k_1} \\ \dfrac{\xi(F_1-F_3)}{k_2} & \dfrac{\bar{\mu}\chi_1}{k_2} & -\dfrac{\bar{\mu}(\xi^2+k_3^2)}{k_2} \\ k_3(F_1-F_2) & -2\bar{\mu}\xi k_3(F_1-F_2) & 0 \end{bmatrix}$$

$$\Delta_1=2\bar{\mu}(t_1s_2-t_2s_1+2\xi^2(t_1-t_2))$$

$$\Delta_2=2\bar{\mu}(\xi^2+k_3^2)(F_1-F_2)$$

$$\delta=t_1s_2-t_2s_1$$

$$\chi_1=(2F_3-F_1)\xi^2+F_1k_3^2$$

$$\chi_2=(2F_3-F_2)\xi^2+F_2k_3^2$$

式（7.2-74）对于任意一层地基均成立。由于基础的最底层延伸至无穷远处，在无穷远处没有输入源的情况下不存在上行波，因此在基础最底层的上界面处，式（7.2-74）可以写成如下形式：

$$\begin{bmatrix} q_{\mathrm{n}}^{\mathrm{a}} \\ p_{\mathrm{n}}^{\mathrm{a}} \end{bmatrix}=\begin{bmatrix} T_{\mathrm{n}}^{\mathrm{q}} \\ T_{\mathrm{n}}^{\mathrm{p}} \end{bmatrix}\varphi^{\mathrm{a}}=\begin{bmatrix} I \\ S_{\mathrm{n}} \end{bmatrix}q_{\mathrm{n}}^{\mathrm{a}} \tag{7.2-76}$$

式中上标 a 为层状地基最底层的上界面。由式（7.2-76）可得到最底层上界面处的刚度矩阵：

$$S_n = 2T_n^p \overline{T}_n^q \tag{7.2-77}$$

对于任意一层介质，通过式（7.2-74）可得到该层上下界面处的混合矢量之间关系如下：

$$\begin{bmatrix} q^a \\ p^a \end{bmatrix} = \begin{bmatrix} T^q & T^q \\ T^p & -T^p \end{bmatrix} \begin{bmatrix} E^- & 0 \\ 0 & E^+ \end{bmatrix} \begin{bmatrix} T^q & T^q \\ T^p & -T^p \end{bmatrix}^{-1} \begin{bmatrix} q^b \\ p^b \end{bmatrix} \tag{7.2-78}$$

其中$\boldsymbol{E}^{\pm} = \boldsymbol{\Lambda}^{\pm}(h)$，为层厚 $h$ 的相矩阵，上标 $a$ 和 $b$ 分别表示层状地基中某一层的上界面和下界面。

此外，考虑到在 $j$ 层的下界面与 $j+1$ 的上界面处有位移和应力的连续条件，即$(\boldsymbol{q}_j^b \boldsymbol{p}_j^b)^T = (\boldsymbol{q}_{j+1}^a \boldsymbol{p}_{j+1}^a)^T$，将此条件带入式（7.2-78）得到：

$$\begin{bmatrix} I \\ S_j \end{bmatrix} q_j^a = \begin{bmatrix} T_j^q & T_j^q \\ T_j^p & -T_j^p \end{bmatrix} \begin{bmatrix} E^- & 0 \\ 0 & E^+ \end{bmatrix} \begin{bmatrix} \overline{T}_j^q & \overline{T}_j^q \\ \overline{T}_j^p & \overline{T}_j^p \end{bmatrix} \begin{bmatrix} I \\ S_{j+1} \end{bmatrix}_{j+1_q^a} \tag{7.2-79}$$

式中 $j=n-1$，$n-2$，…，3，2，1。

与传统解法直接求解式（7.2-79）不同，广义矩阵传递法将上式拆成下述两个式子进行求解：

以及

$$\begin{bmatrix} I \\ S_j \end{bmatrix} q_j^a = \begin{bmatrix} T_j^q & T_j^q \\ T_j^p & T_j^p \end{bmatrix} \begin{bmatrix} I \\ \overline{S}_j \end{bmatrix} \overline{q}_j^a \tag{7.2-80}$$

其中$\overline{\boldsymbol{S}}_j$为一个辅助的刚度矩阵，$\overline{\boldsymbol{q}}_j^a$为辅助的混合向量。

再引入一个中间矩阵，令

$$\begin{bmatrix} I \\ \overline{S}_j \end{bmatrix} \overline{q}_j^a = \begin{bmatrix} E^- & 0 \\ 0 & E^+ \end{bmatrix} \begin{bmatrix} \overline{T}_j^q & \overline{T}_j^q \\ \overline{T}_j^p & -\overline{T}_j^p \end{bmatrix} \begin{bmatrix} I \\ S_{j+1} \end{bmatrix} q_{j+1}^a \tag{7.2-81}$$

将上式带入式（7.2-81）中有：

$$\begin{bmatrix} I \\ \overline{S}_j \end{bmatrix} \overline{q}_j^a = \begin{bmatrix} E_j^- & R_j^q \\ E_j^+ & R_j^q \end{bmatrix} q_{j+1}^a \tag{7.2-82}$$

然后再由上式得到：

$$\overline{S}_j = E_j^+ R_j^p (R_j^q)^{-1} E_j^+ \tag{7.2-83}$$

从上式不难发现负指数项$\boldsymbol{E}_j^-$在辅助刚度矩阵$\overline{\boldsymbol{S}}_j$中已经被消去了，从而解决了传统矩阵传递法指数溢出的数值问题。并且随着某一地层的厚度或者输入频率的增加，$\overline{\boldsymbol{S}}_j$将趋于零，此时将出现弥散波。

将式（7.2-83）带入到式（7.2-80）中时，可得到第 $j$ 层上界面的刚度矩阵：

$$S_j = 2T_j^p (I - \overline{S}_j)(I + \overline{S}_j)^{-1} \overline{T}_j^p \tag{7.2-84}$$

其中 $j=n-1$，$n-2$，…，3，2，1。

循环使用式（7.2-81）～式（7.2-84）就形成了多层孔隙介质的矩阵传递法，此种方法从已知的第 $n$ 层刚度矩阵$\boldsymbol{S}_n$，通过每一次循环得到上面一层的刚度阵，从而最终获得最上表面的刚度矩阵$\boldsymbol{S}_1$。具体说来，在已知第 $j+1$ 层刚度矩阵$\boldsymbol{S}_{j+1}$的情况下，将$\boldsymbol{S}_{j+1}$带入式（7.2-81）中可得到$\boldsymbol{R}_j^q$和$\boldsymbol{R}_j^p$，再将上述结果带入式（7.2-83）中，得到$\overline{\boldsymbol{S}}_j$，最后将$\overline{\boldsymbol{S}}_j$带

入式（7.2-84）中即可得到第 $j$ 层的刚度矩阵$\boldsymbol{S}_j$。最底层的刚度矩阵$\boldsymbol{S}_n$则是通过式（7.2-77）得到的。在每次循环的过程中，都需要进行两次 3×3 矩阵求逆的过程，分别在式（7.2-83）和式（7.2-84）中。两个 3×3 矩阵的求逆显然比一个 6×6 的矩阵求逆要快得多，因此此方法加快了计算速度。矩阵求逆的过程是整个矩阵传递法计算过程中最耗时的过程，需要引起注意。

**（3）条形均布荷载作用下的地基响应**

孔隙介质基础的动力刚度矩阵的求解过程与非孔隙介质的动力刚度矩阵的求解过程非常类似，但是又略有不同。因为非孔隙介质的求解过程中并没出现应力、应变相混合的向量，而孔隙介质基础动力刚度的求解过程中出现了两个混合向量

$\boldsymbol{q}=\left(u_x \frac{\sigma_{zz}}{i\mu_0} \frac{p}{i\mu_0}\right)^{\mathrm{T}}$ 和 $\boldsymbol{p}=\left(\frac{\sigma_{xz}}{i\mu_0} u_z w_z\right)^{\mathrm{T}}$。前面一节求得了频率—波数空间内地基表面的位移应力关系，即矩阵$\boldsymbol{S}_1$，有：

$$\boldsymbol{p}=\boldsymbol{S}_1\boldsymbol{q} \tag{7.2-85}$$

展开形式为：

$$\begin{bmatrix} u_x \\ \sigma_{zz}/iu_0 \\ p/iu_0 \end{bmatrix}=\begin{bmatrix} S_{11} & S_{12} & S_{13} \\ S_{21} & S_{22} & S_{23} \\ S_{31} & S_{32} & S_{33} \end{bmatrix}\begin{bmatrix} \sigma_{xz}/iu_0 \\ u_z \\ w_z \end{bmatrix} \tag{7.2-86}$$

由此可以很容易得到位移和应力、水压力的关系：

$$\begin{bmatrix} u_x \\ u_z \\ w_z \end{bmatrix}=\begin{bmatrix} F_{11} & F_{12} & F_{13} \\ F_{21} & F_{22} & F_{23} \\ F_{31} & F_{32} & F_{33} \end{bmatrix}\begin{bmatrix} \sigma_{xz} \\ \sigma_{zz} \\ p \end{bmatrix} \tag{7.2-87}$$

即柔度矩阵为

$$\boldsymbol{F}_1=\begin{bmatrix} F_{11} & F_{12} & F_{13} \\ F_{21} & F_{22} & F_{23} \\ F_{31} & F_{32} & F_{33} \end{bmatrix}$$

在得到上述柔度矩阵以求解条形基础作用下地基的响应就跟弹性介质地基非常类似了。式（7.2-86）、式（7.2-87）都是在频率-波数域内的表达式，因此需要进行 Fourier 变换将其转换到频率-空间域内。在频率-空间域内有：

$$\begin{bmatrix} \bar{u}_x(x,0,\omega) \\ \bar{u}_z(x,0,\omega) \\ \bar{w}_z(x,0,\omega) \end{bmatrix}=\frac{1}{2\pi}\int_{-\infty}^{+\infty}\begin{bmatrix} F_{11} & F_{12} & F_{13} \\ F_{21} & F_{22} & F_{23} \\ F_{31} & F_{32} & F_{33} \end{bmatrix}\begin{bmatrix} \sigma_{xz}(\xi,0,\omega) \\ \sigma_{zz}(\xi,0,\omega) \\ p(\xi,0,\omega) \end{bmatrix}\mathrm{e}^{ix\zeta}\mathrm{d}\zeta \tag{7.2-88}$$

由上式可以知道，需要将输入荷载先转换到频率—波数域。现假设在地基表面 $x\in(-a,\ a)$ 上有均布荷载$\bar{f}_i=f$（$i=x$，$z$，$w$ 分别表示 $x$，$z$ 向的荷载和水压力），其上划线表示是在频率-空间域内。则将其转换到频率-波数域内有：

$$f_i(\zeta,0,\omega)=\int_{-\infty}^{+\infty}\bar{f}_i\mathrm{e}^{i\xi x}\mathrm{d}x=\int_{-a}^{+a}f\mathrm{e}^{-i\xi x}\mathrm{d}x=\frac{2f}{\xi}\sin(\xi a) \tag{7.2-89}$$

将式（7.2-89）带入式（7.2-88），再通过 7.2-3 节介绍的自适应积分方法即可以得到类似于上孔隙介质基地的动力影响系数。令$\bar{u}_{ij}^{x}$（$i$，$j=x$，$z$，$w$）表示 $j$ 向单位幅值力在

$x$ 位置处 $i$ 向产生的位移。

$$\bar{u}_{ij}^{x}(x,0,\omega)=\begin{cases}\dfrac{1}{\pi}\displaystyle\int_{0}^{+\infty}F_{ij}\ \dfrac{1}{\xi b}\sin(\xi a)\cos(x\xi)\mathrm{d}\xi & (7.2\text{-}90\mathrm{a})\\ \dfrac{i}{\pi}\displaystyle\int_{0}^{+\infty}F_{ij}\ \dfrac{1}{\xi b}\sin(\xi a)\sin(x\xi)\mathrm{d}\xi & (7.2\text{-}90\mathrm{b})\end{cases}$$

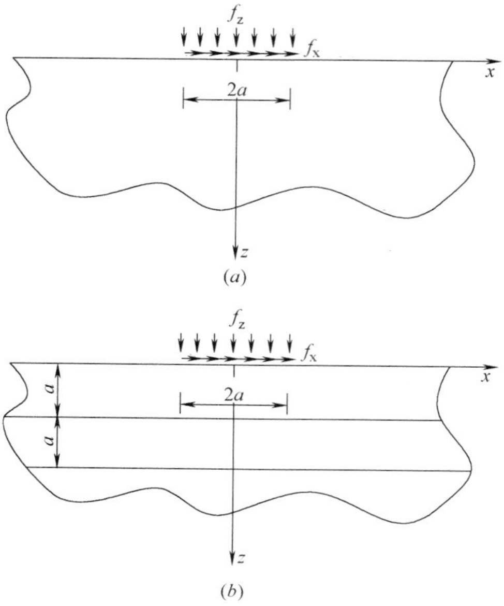


图 7.2-12　半无限空间地基和层状地基受条形均布荷载作用示意图

式中 $i$，$j$ 的组合方式一共有 9 种，当取以下五种组合时积分式子取式（9.2-90a）：$(x,\ x)$，$(z,\ z)$，$(z,\ w)$，$(w,\ z)$，$(w,\ w)$；当 $i$，$j$ 取其他组合时，积分式子取式（9.2-90b）。

上述的取积分式子该取式（9.2-90a）还是式（9.2-90b）可以同两种方法来确定：其一是利用计算机求得频域内某波数 $\xi_0$ 与 $-\xi_0$ 情况下的矩阵 $\boldsymbol{F}_1$，其中在两个坐标值处取值相同时积分取式（9.2-90a），在两个坐标值处取值相反时积分式取式（9.2-90b）；其二是直接考虑的 $F_{ij}$ 物理意义，在波数域 $\xi$ 上对称分布的情况下积分式取式（9.2-90a），反对称分布情况下积分式取式（9.2-90b）。

本节最后将通过算例来说明本算法的计算结果，并对之前很多学者的结果进行对比，然后总结得到了孔隙介质动力影响系数曲线无量纲化的正确方法。将动力影响系数写成下式的形式：

$$\bar{u}_{ij}^{x}(x,0,a_0)=\frac{1}{2a_0}[\mathrm{Re}(a_0)+iIm(a_0)] \tag{7.2-91}$$

**半无限孔隙介质地基参数**　　**表 7.2-1**

| $b$ | $\mu^*$ | $\lambda^*$ | $M^*$ | $\rho^+$ | $\rho_f^+$ | $m^+$ | $\alpha$ |
|---|---|---|---|---|---|---|---|
| 0 | 2.5 | 5.0 | 25.0 | 2.0 | 1.0 | 3.0 | 0.95 |

计算半无限空间的动力影响系数的无量纲化的结果。半无限地基如图 7.2-12（$a$）所示，地基的参数如表 7.2-1 中所示。表中上标为 * 的参数为 $10^8\mathrm{N/m^2}$，上标为＋的参数为 $10^3\mathrm{kg/m^3}$，阻尼系数 $b$ 的量纲为 $\mathrm{Ns/m^4}$，$b=0$ 表示介质为弹性孔隙介质。材料的阻尼取 $\zeta=0.01$，上标 $x=0.0$，条带半宽为 $a$，并引入无量纲频率 $a_0=\omega a/c_s$，$c_s=\sqrt{\mu/\rho}$ 为孔隙介质的剪切波速，$\omega$ 为激振频率。得到式（7.2-91）中，$x$ 向和 $z$ 向的动力影响系数 $\bar{u}_{xx}^{x}$ $(x,\ 0,\ a_0)$ 和 $\bar{u}_{zz}^{x}$ $(x,\ 0,\ a_0)$。如图 7.2-13，图 7.2-14 所示，需要说明的是此动力影响系数曲线是一个无量纲化的结果，也就是说只要无量纲频率 $a_0$ 不变，则动力影响系数也不变。但是在改变剪切模量或颗粒密度时，其他几个与之量纲相同的量也必须以相同的倍数改变。例如当 $\rho$ 变为原来的 10 倍时 $\rho_f$ 和 $m$ 也必须变成原来的十倍，才能得到正确的无量

纲化的结果。这一点是其他研究孔隙介质动力特性的文献中从未提及的。

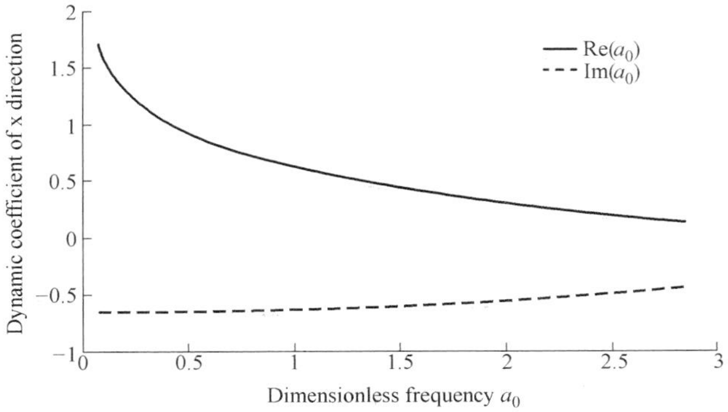


图 7.2-13　动力影响系数$\bar{u}_{xx}^{x}$（$x$，0，$a_0$）

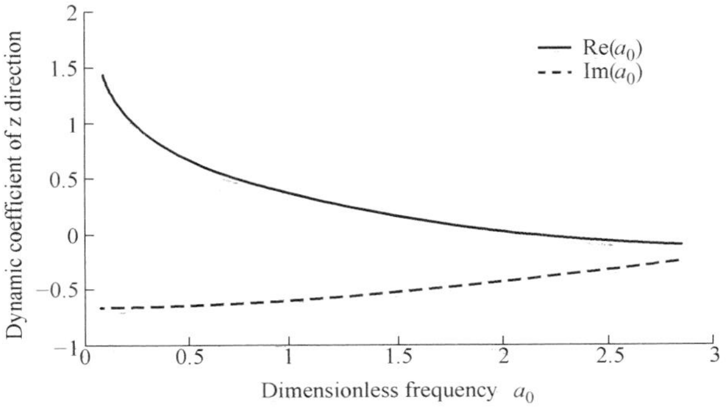


图 7.2-14　动力影响系数$\bar{u}_{zz}^{x}$（$x$，0，$a_0$）

**阻尼系数为 0 的多层孔隙介质地基参数**　　**表 7.2-2**

| | $b$ | $\mu^*$ | $\lambda^*$ | $M^*$ | $\rho^+$ | $\rho_f^+$ | $m^+$ | $\alpha$ |
|---|---|---|---|---|---|---|---|---|
| First layer | 0 | 2.5 | 5.0 | 25.0 | 2.0 | 1.0 | 3.0 | 0.95 |
| Second layer | 0 | 1.25 | 1.88 | 18.8 | 1.6 | 1.0 | 1.8 | 0.98 |
| Half－plane | 0 | 10.0 | 10.0 | 20.0 | 2.4 | 1.0 | 4.8 | 0.9 |

### (4) 多层孔隙介质地基的动力刚度阵

上一节通过 Fourier 逆变换求得了动力影响系数，本节将利用动力影响系数来求解基础底部的动力刚度矩阵。

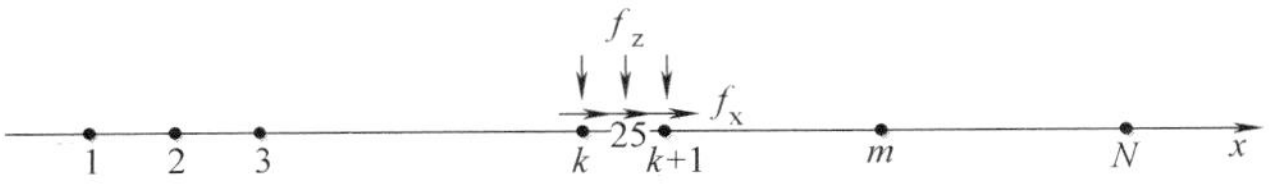


图 7.2-15　弹性介质基础节点模型示意图

如图 7.2-15 所示，基础底部各节点等距离 $b$，利用动力影响系数即可求得在某个单元上作用的荷载对其他节点上产生的反应。假定在节点 $k$ 和 $k+1$ 之间有水平和竖向均布应力$f_x$，$f_z$和水压力$p$（图中未画出），记为$\boldsymbol{f}^k=(f_x f_z p)^{\mathrm{T}}$，则合力为$\boldsymbol{f}^k b$。再令该均布力对其右侧的第$i$个（节点$k+1$为第一个）产生的位移和水位移为$\boldsymbol{u}_i^k=(u_{ix}^k u_{iz}^k \omega_{iz}^k)^{\mathrm{T}}$，若该节点在均布力左侧，则$i$为负，例如对于节点$k$，$i$的取值为$-1$。则易求得$\boldsymbol{u}_i^k=(u_{ix}^k u_{iz}^k \omega_{iz}^k)^{\mathrm{T}}$：

$$u_i^k=\begin{bmatrix}\overline{u}_{xx}^{ix} & \overline{u}_{xz}^{ix} & \overline{u}_{xw}^{ix}\\ \overline{u}_{zx}^{ix} & \overline{u}_{zz}^{ix} & \overline{u}_{zw}^{ix}\\ \overline{u}_{wx}^{ix} & \overline{u}_{wz}^{ix} & \overline{u}_{wz}^{ix}\end{bmatrix} f^k b=b(F^i f^k) \tag{7.2-92}$$

上式中$ix$表示节点$i$的$x$坐标值减去均布力中点的$x$坐标值。将$ix$的值代入到式（7.2-90），根据不同情况按照式（1）或者（2）很容易得到矩阵$\boldsymbol{F}^i$的值，其中，$i=-(N-1)$，…，$(N-1)$，则图中节点位移与节间应力的关系如下：

$$\begin{bmatrix}\boldsymbol{u}_1\\ \boldsymbol{u}_2\\ \vdots\\ \boldsymbol{u}_N\end{bmatrix}=b\begin{bmatrix}\boldsymbol{F}^{-1} & \boldsymbol{F}^{-2} & \cdots & \boldsymbol{F}^{-(N-1)}\\ \boldsymbol{F}^{1} & \boldsymbol{F}^{-1} & \cdots & \boldsymbol{F}^{-(N-2)}\\ \vdots & \vdots & & \vdots\\ \boldsymbol{F}^{N-1} & \boldsymbol{F}^{N-2} & \cdots & \boldsymbol{F}^{1}\end{bmatrix}\begin{bmatrix}\boldsymbol{f}^1\\ \boldsymbol{f}^2\\ \vdots\\ \boldsymbol{f}^{N-1}\end{bmatrix} \tag{7.2-93}$$

简记为

$$\boldsymbol{u}=b\boldsymbol{F}\boldsymbol{f} \tag{7.2-94}$$

假定节间位移为相邻两个节点的位移平均值，则

$$\overline{\boldsymbol{u}}=\boldsymbol{D}\boldsymbol{u} \tag{7.2-95}$$

其中$\boldsymbol{D}$为$3(N-1)\times 3N$的矩阵，容易得到$\boldsymbol{D}$为：

$$\boldsymbol{D}=\begin{bmatrix}0.5 & 0 & 0 & 0.5 & & & & & & \\ & 0.5 & 0 & 0 & 0.5 & & & & & \\ & & \ddots & \ddots & & & & & & \\ & & & \ddots & \ddots & & & & & \\ & & & & & 0.5 & 0 & 0 & 0.5 & \\ & & & & & & 0.5 & 0 & 0 & 0.5\end{bmatrix} \tag{7.2-96}$$

假设节点力向量为$\boldsymbol{t}$，则由虚功原理：

$$\boldsymbol{u}^{\mathrm{T}} t=b\,\overline{\boldsymbol{u}}^{\mathrm{T}}\boldsymbol{f} \tag{7.2-97}$$

则由式（7.2-94）、式（7.2-95）、式（7.2-97）可得基础表面节点位移-应力关系：

$$t=\boldsymbol{D}^{\mathrm{T}}(\boldsymbol{D}\boldsymbol{F})^{-1}\boldsymbol{D}u=\boldsymbol{S}(\omega)u \tag{7.2-98}$$

其中$\boldsymbol{S}(\omega)$为基础表面节点的动力刚度矩阵，有：

$$\boldsymbol{S}(\omega)=\boldsymbol{D}^{\mathrm{T}}(\boldsymbol{D}\boldsymbol{F})^{-1}\boldsymbol{D} \tag{7.2-99}$$

**(5) 刚性条带基础的动力刚度阵**

假定刚性条带基础与层状地基相粘结的，它们之间没有相对位移。刚性条带基础的受力、位移与7.2-4节中相同，如图7.2-15所示，并假设层状孔隙介质地基表面是完全排水情况，即地基表面的水压力为0。则对于刚性条带基础，基础表面上各点的位移可以表示为：

$$u_{ix}=\Delta_1 \tag{7.2-100}$$

其中，$\Delta_1$为刚性条带基础中点的水平位移，$\Delta_2$为刚性条带基础中点的竖向位移，$\varphi$为基础

块的转角。上式可表示为：

$$\boldsymbol{u}=\boldsymbol{H}\Delta \tag{7.2-101}$$

其中

$$\boldsymbol{u}=(u_{1x}u_{1z}u_{2x}u_{2z}\cdots u_{Nx}u_{Nz})^{T},\Delta=(\Delta_1\Delta_2 B\varphi)^{T}$$

$B$ 为条带基础的半宽度。

$$\boldsymbol{H}=\begin{vmatrix}1 & 0 & 1 & 0 & \cdots & 1 & 0\\ 0 & 1 & 0 & 1 & \cdots & 0 & 1\\ 0 & \underline{x_1} & 0 & \underline{x_2} & \cdots & 0 & \underline{x_N}\end{vmatrix} \tag{7.2-102}$$

假定层状孔隙介质基础表面是完全排水情况，即表面的水压力为 0。刚性基础受到的集中简谐荷载如图 7.2-23 所示，其值可以用水平和竖直向的节点力来表示。

$$H=\sum\nolimits_{i=1}^{N}t_{1x},V=\sum\nolimits_{i=1}^{N}t_{iz},M=\sum\nolimits_{i=1}^{N}x_i t_{iz} \tag{7.2-103}$$

简写为：

$$\boldsymbol{P}=\boldsymbol{H}^{T}\boldsymbol{t} \tag{7.2-104}$$

其中

$$\boldsymbol{P}=(HVM/B)^{T},\boldsymbol{t}=(t_{1x}t_{1z}t_{2x}t_{2z}\cdots t_{Nx}t_{Nz})^{T} \tag{7.2-105}$$

考虑到地基表面是完全排水的条件，且水压力为 0，故此时的刚度矩阵中已经不需要与水相关的项了，可直接将刚度阵 $\boldsymbol{S}(\omega)$ 中 3 的倍数行和列删去，形成新的刚度矩阵记为 $\boldsymbol{S}_0(\omega)$，且有

$$\boldsymbol{t}=\boldsymbol{S}_0(\omega)\boldsymbol{u} \tag{7.2-106}$$

由式（7.2-101）、式（7.2-104）、式（7.2-106）可得：

$$P=H^{T}\boldsymbol{S}(\omega)\boldsymbol{H}\Delta=\overline{\boldsymbol{S}}(\omega)\Delta \tag{7.2-107}$$

其中$\overline{\boldsymbol{S}}(\omega)$ 为刚性条带基础在频域内的刚度阵，有：

$$\overline{\boldsymbol{S}}(\omega)=\boldsymbol{H}^{T}\boldsymbol{S}(\omega)\boldsymbol{H} \tag{7.2-108}$$

前面提出了在阻尼系数 $b$ 不为 0 的情况下，不能进行无量纲化这一结论，本节最后将通过算例得到阻尼系数为 0 情况下刚性条带基础动力刚度矩阵的无量纲化结果和在阻尼系数不为零的情况下，给定所有参数的计算结果。针对如图 7.2-16 所示的多层基地上置刚性条带基础，将条带基础动力刚度矩阵写成如下形式：

$$\overline{\boldsymbol{S}}(a_0)=\frac{1}{\mu}\begin{bmatrix}S_H & 0 & S_{HM}\\ 0 & S_V & 0\\ S_{MH} & 0 & S_M\end{bmatrix}$$

［**算例**］ 如图 7.2-16 所示，多层孔隙介质基础的参数与表 7.2-2 相同，阻尼系数 $b$ 为 0，得到水平向动力刚度系数$S_H$和竖向动力刚度系数$S_V$随无量纲频率 $a_0=\omega B/\sqrt{\mu/\rho}$ 的计算结果如图 7.2-17～图 7.2-20 所示，其中 $B$ 为条形基础的半宽。此时的结果是无量纲化的，可以按照 7.2-3 节中介绍的方法来改变参数。

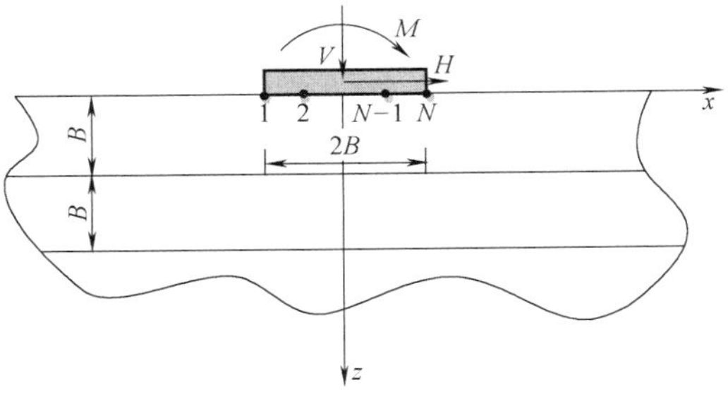


图 7.2-16 刚性条带基础受力示意图

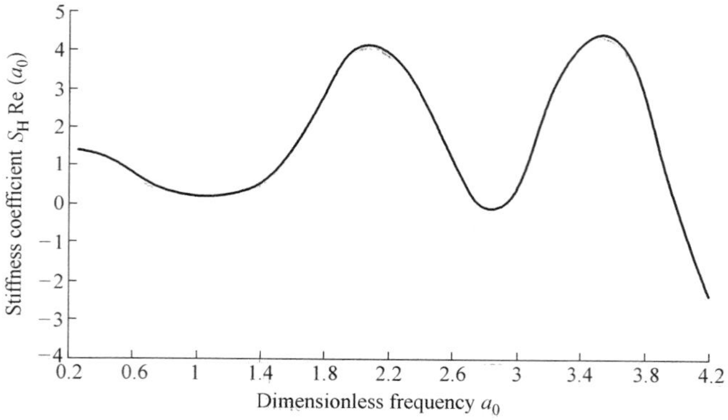


图 7.2-17 刚性条带基础刚度系数$S_H$的实部

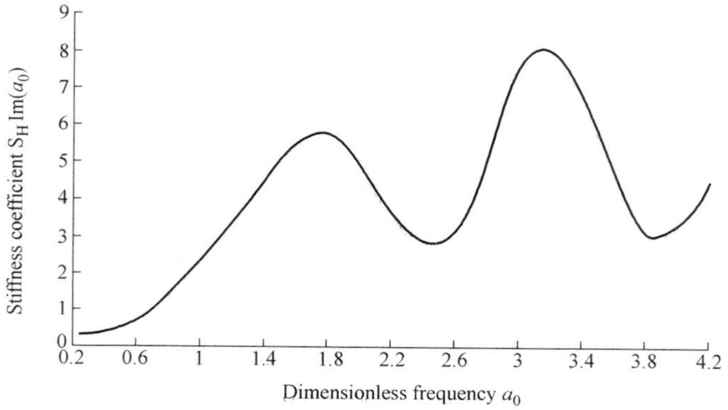


图 7.2-18 刚性条带基础刚度系数$S_H$的虚部

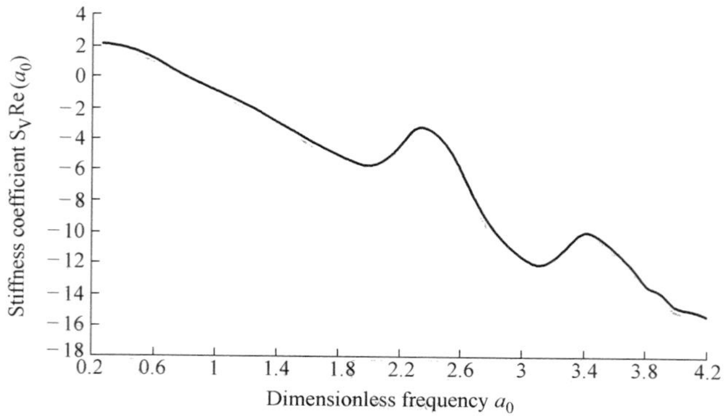


图 7.2-19 刚性条带基础刚度系数$S_V$的实部

**(6) 地基位移应力输入**

在矩阵传递法中，考虑了在 $j$ 层的下界面与 $j+1$ 层的上界面处有位移和应力的连续条件，即$(\boldsymbol{q}_j^b \boldsymbol{p}_j^b)^T=(\boldsymbol{q}_{j+1}^a \boldsymbol{p}_{j+1}^a)^T$，这种情况只适用于地基内没有输入源的情况。假定在某两层交界面处有输入的位移或者应力，则之前广义矩阵传递法的循环过程将要作相应的

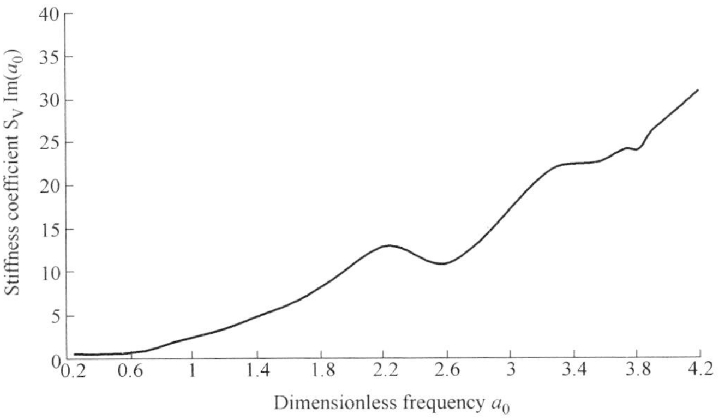


图 7.2-20　刚性条带基础刚度系数$S_V$的虚部

修改。假设第 $j+1$ 层上界面处有输入源$(\boldsymbol{s}_{j+1}^{q}\boldsymbol{s}_{j+1}^{p})^{T}$，那么位移、应力在交界面处将不再连续，会出现跳跃：

$$\begin{bmatrix}\boldsymbol{q}_j^b\\\boldsymbol{p}_j^b\end{bmatrix}-\begin{bmatrix}\boldsymbol{q}_{j+1}^a\\\boldsymbol{p}_{j+1}^a\end{bmatrix}=\begin{bmatrix}\boldsymbol{s}_{j+1}^q\\\boldsymbol{s}_{j+1}^p\end{bmatrix}\tag{7.2-109}$$

于是有辅助混合向量重新表示为：

$$\begin{bmatrix}\bar{q}_j^b\\\bar{p}_j^b\end{bmatrix}=\begin{bmatrix}R_j^q\\R_j^p\end{bmatrix}q_{j+1}^a+\begin{bmatrix}\bar{s}_{j+1}^q\\\bar{s}_{j+1}^p\end{bmatrix}\tag{7.2-110}$$

其中

$$\begin{bmatrix}\bar{s}_{j+1}^q\\\bar{s}_{j+1}^p\end{bmatrix}=\begin{bmatrix}\bar{T}_j^p & \bar{T}_j^q\\\bar{T}_j^p & \bar{T}_j^p\end{bmatrix}\begin{bmatrix}s_{j+1}^q\\t_{j+1}^a+s_{j+1}^p\end{bmatrix}\tag{7.2-111}$$

其中$\boldsymbol{t}^a{}_{j+1}$为第 $j+1$ 及其以下的各层在有输入源的情况下在第 $j$ 与 $j+1$ 层交界面处产生的残留项。将式（7.2-109）带入式（7.2-82）中有：

$$\begin{bmatrix}\bar{q}_{j+1}^a\\\bar{p}_{j+1}^a\end{bmatrix}=\begin{bmatrix}E_j^-R_j^q\\E_j^+R_j^p\end{bmatrix}=q_{j+1}^a+\begin{bmatrix}E_j^-\bar{s}_{j+1}^q\\E_j^+\bar{s}_{j+1}^p\end{bmatrix}\tag{7.2-112}$$

上式中消去未知项$q_{j+1}^a$得到：

$$\bar{p}_j^a=\bar{S}_j\bar{q}_j^a+\bar{t}_j^a\tag{7.2-113}$$

及在 $j$ 层上界面的辅助残留项：

$$\bar{t}_j^a=E_j^+(\bar{s}_{j+1}^p-R_j^p(R_j^q)^{-1}\bar{s}_{j+1}^q)\tag{7.2-114}$$

再利用式（7.2-81）可以得到在第 $j$ 层上界面的应力-位移关系如下：

$$p_j^a=s_j\,\mathrm{q}_j^a+t_j^a\tag{7.2-115}$$

以及

$$t_j^a=(-T_j^q+T_j^q\bar{S}_j-S_jT_j^q)\bar{t}_j^a\tag{7.2-116}$$

其中 $j=n-1$，$n-2$，…，3，2，1

在地基的表面，位移$\hat{U}_x$，$\hat{U}_z$，$\hat{w}_z$，应力$\hat{\sigma}_z$，$\hat{\sigma}_{xz}$和水压力$\hat{p}$的边界条件必须是完备的。当$q_1^a=(\hat{U}_x\hat{\sigma}_z\hat{p})^T$和$p_1^a=(\hat{\sigma}_{xz}\hat{U}_z\hat{w}_z)^T$能完备确定后，则地基内部任意位置的位移、应力及水压力都能确定出来。

先在介绍求解任意层间交界面的应力、位移和水压力的方法。假设第 $j$ 层的上界面的混合向量$\boldsymbol{q}_j^{\mathrm{a}}$和$\boldsymbol{p}_j^{\mathrm{a}}$已经知道，则下一步就是需要求解该层下界面的混合向量$\boldsymbol{q}_j^{\mathrm{b}}$和$\boldsymbol{p}_j^{\mathrm{b}}$。可以通过直接求解式（7.2-78），但这种方法计算量较大。本节采用一种矩阵变换的方法求解。结合式（7.2-74）和式（7.2-80）可得到如下关系：

$$\begin{bmatrix}\bar{\boldsymbol{q}}_j(z)\\ \bar{\boldsymbol{p}}_j(z)\end{bmatrix}=\begin{bmatrix}\bar{\boldsymbol{T}}_j^{\mathrm{q}} & \bar{\boldsymbol{T}}_j^{\mathrm{q}}\\ \bar{\boldsymbol{T}}_j^{\mathrm{p}} & -\bar{\boldsymbol{T}}_j^{\mathrm{p}}\end{bmatrix}\begin{bmatrix}\boldsymbol{q}_j(z)\\ \boldsymbol{p}_j(z)\end{bmatrix}=\begin{bmatrix}\boldsymbol{\Lambda}_j^{+}(z) & \mathbf{0}\\ \mathbf{0} & \boldsymbol{\Lambda}_j^{+}(z)\end{bmatrix}\begin{bmatrix}\boldsymbol{\varphi}_j^{+}\\ \boldsymbol{\varphi}_j^{-}\end{bmatrix} \tag{7.2-117}$$

令 $z$ 为第 $j$ 的上界面，带入上式的第一行中有：

$$\bar{q}_j^{\mathrm{a}}=\bar{T}_j^{\mathrm{q}}q_j^{\mathrm{a}}+\bar{T}_j^{\mathrm{p}}p_j^{\mathrm{a}} \tag{7.2-118}$$

将式（7.2-118）带入式（7.2-82）中即可得到 $j+1$ 层上界面的混合矢量$q_{j+1}^{\mathrm{a}}$，有：

$$q_{j+1}^{\mathrm{a}}=(R_j^{\mathrm{q}})^{-1}E_j+\bar{q}_j^{\mathrm{a}} \tag{7.2-119}$$

再由式（7.2-115）即可以得到另一个混合矢量$\boldsymbol{p}_{j+1}^{\mathrm{a}}$：

$$p_{j+1}^{\mathrm{a}}=S_{j+1}q_{j+1}^{\mathrm{a}}+t_{j+1}^{\mathrm{a}} \tag{7.2-120}$$

循环使用式（7.2-118）、式（7.2-120）即可很容易获得任意交界面处的应力-应变混合矢量。需要指出的是在式（7.2-119）、式（7.2-120）中的矩阵 $[(\boldsymbol{R})_j^{\mathrm{q}}]^{-1}$和$\boldsymbol{S}_{j+1}$以及向量$\boldsymbol{t}_{j+1}^{\mathrm{a}}$在计算频散曲线的过程中已经得到结果，因此在程序实现的时候需要将其记录下来，这样能更有效率的计算出任意交界面处的混合矢量。

下面介绍求解任意位置的混合矢量 $\boldsymbol{p}(z)$，$\boldsymbol{q}(z)$ 的方法。先假设需要求解的是第 $j$ 层的任意位置的应力、应变。如前所述，此时该层上下界面的混合矢量应该$\boldsymbol{p}_j^{\mathrm{a}}$，$\boldsymbol{q}_j^{\mathrm{a}}$，$\boldsymbol{p}_j^{\mathrm{b}}$，$\boldsymbol{q}_j^{\mathrm{b}}$都是已知的。则有：

$$\bar{p}_j^{\mathrm{b}}=\bar{T}_j^{\mathrm{q}}q_{j+1}^{\mathrm{a}}-\bar{T}_j^{\mathrm{p}}p_{j+1}^{\mathrm{a}}=\bar{T}_j^{\mathrm{q}}q_j^{\mathrm{b}}-\bar{T}_j^{\mathrm{p}}p_j^{\mathrm{b}} \tag{7.2-121}$$

将混合矢量$\boldsymbol{q}_j^{\mathrm{a}}$和$\boldsymbol{p}_j^{\mathrm{b}}$代入式（7.2-117）中可得到并消去未知的$\boldsymbol{\varphi}_j^{+}$和$\boldsymbol{\varphi}_j^{-}$，即可以得到：

$$\begin{bmatrix}\bar{\boldsymbol{q}}_j(z)\\ \bar{\boldsymbol{p}}_j(z)\end{bmatrix}=\begin{bmatrix}\boldsymbol{\Lambda}_j^{+}(z-z_j) & \mathbf{0}\\ \mathbf{0} & \boldsymbol{\Lambda}_j^{+}(z_{j+1}-z)\end{bmatrix}\begin{bmatrix}\bar{\boldsymbol{q}}_j^{\mathrm{a}}\\ \bar{\boldsymbol{p}}_j^{\mathrm{b}}\end{bmatrix} \tag{7.2-122}$$

其中$z_j$和$z_{j+1}$为交界面处的纵坐标，如图 7.2-11 所示。从式（7.2-122）中很容易看出，相位延迟已经很好地体现在矩阵中。$\bar{\boldsymbol{q}}_j^{\mathrm{a}}$和$\bar{\boldsymbol{p}}_j^{\mathrm{b}}$已经相当于地基第 $j$ 层的等效边界条件。将式（7.2-122）带入式（7.2-117）中就很容易得到第 $j$ 层地基中任意位置的混合向量如下：

$$\begin{bmatrix}\boldsymbol{q}_j(z)\\ \boldsymbol{p}_j(z)\end{bmatrix}=\begin{bmatrix}\boldsymbol{T}_j^{\mathrm{q}} & \boldsymbol{T}_j^{\mathrm{q}}\\ \boldsymbol{T}_j^{\mathrm{p}} & -\boldsymbol{T}_j^{\mathrm{p}}\end{bmatrix}\begin{bmatrix}\boldsymbol{\Lambda}_j^{+}(z-z_j) & \mathbf{0}\\ \mathbf{0} & \boldsymbol{\Lambda}_j^{+}(z_{j+1}-z)\end{bmatrix}\begin{bmatrix}\bar{\boldsymbol{q}}_j^{\mathrm{a}}\\ \bar{\boldsymbol{p}}_j^{\mathrm{b}}\end{bmatrix} \tag{7.2-123}$$

其中 $z$ 的取值范围为$z_j\leqslant z\leqslant z_{j+1}$。

在第 $n$ 层也就是最底层的任意位置有：

$$\begin{bmatrix}q_{\mathrm{n}}(z)\\ p_{\mathrm{n}}(z)\end{bmatrix}=\begin{bmatrix}T_{\mathrm{n}}^{\mathrm{q}}\\ T_{\mathrm{n}}^{\mathrm{p}}\end{bmatrix}\Delta_{\mathrm{n}}^{+}(z-z_{\mathrm{n}})\bar{q}_{\mathrm{n}}^{\mathrm{a}} \tag{7.2-124}$$

其中 $z$ 的取值范围为 $z\geqslant z_{\mathrm{n}}$。

### 7.2.3 多层海床-波浪相互作用分析

Terzaghi 研究了水下边坡的稳定性，特别提到高孔隙水压在累积沉积中不消散，总结了海床滑坡可以用重力和非常低的剪切强度欠固结沉积来解释。因而准确推算土壤骨架的应力和应变以及含流体的土壤层中的孔隙水压力非常重要。由于土壤和水复杂的相互作用，不可能通过解析方法解决一般问题。反而可以假定海床是平的，扰动的传播是共线的而且是横向无线长度传播因此流动是二维的，流体是均匀不可压缩的，边界层很小因此势能理论可以应用。而且假定扰动可以用离散谐波频谱分解为许多不同的波列。土壤层假定完全饱和，各向同性和均匀。土壤骨架和孔隙水假定为可压缩，而且土壤骨架一般满足胡克定律，土壤层中的流动由 Darcy 定律控制。所有假定、控制方程结合 Biot 孔隙弹性理论、Verruijt 方程和表述的边界值问题都是物理问题的近似[28]。

从 20 世纪 40 年代以来许多研究提出了解析和数值分析土壤和水的相互作用的方法，基于不同理论、土壤骨架和孔隙流体相对压缩的多种假定以及土壤的物理属性。因为实验条件和现场条件一般发生在有限厚度的土壤，将多孔海床视为分层介质更加实际。

Biot 发展了孔隙弹性理论来讨论饱和多孔土壤中的弹性波。通过忽略孔隙弹性理论中的惯性项，只是对刚性海床材料在物理上合理，应用 Biot 理论来用数值方法研究各向异性海床的渗透性。另一方面，提出了边界层修正来简化分析。然而，这个方法不完美的假定使它局限于低频波和人工建立。没有简化 Biot 理论，研究 Biot 关于声问题的振动方程而且得到了三个解耦的 Helmholtz 方程来分别代表三种不同的波。通过将海床视为孔隙弹性材料解决了线性水波和变形海床的相互作用问题而且得到了一些满意的结果。然而，所有上述的研究都未考虑流动。

根据 Hsieh 等人的结论[29,30]，软土内的边界层使得评估第二种纵波非常不精确。因此，他们基于边界层修正方法的两个小参数提出了摄动展开来解决水和土壤的相互作用问题。在他们的解决方案中，第一种和第三种波在整个域都存在，而在边界层外边消失的第二种波在边界层内部系统地解决。参考 Jeng 和 Hiseh 等人的工作，惯性影响显著因此在深水区和浅水区的更软的多孔介质中很重要。本节主要讨论软土层遭受自由表面的流动和周期扰动而且的动力响应，采用不忽略惯性力的系统扰动分析。

**(1) 基本理论**

考虑均匀流过水平、均质、可渗透海床的周期性线性水波，如图 7.2-21 所示，流动和水波模拟为势流，而海床模拟为由 Biot 孔隙弹性理论修改后的线性、黏弹性多层海床组成。渗透海床从 $y=\xi^*$ 到 $y\rightarrow-\infty$ 被分成不同厚度的 $n$ 层。符号 $\eta^*$ 和 $\xi^*$ 分别表示平均自由表面（$y=h$）和平均渗透海床界面波动的位移 $y=0$。

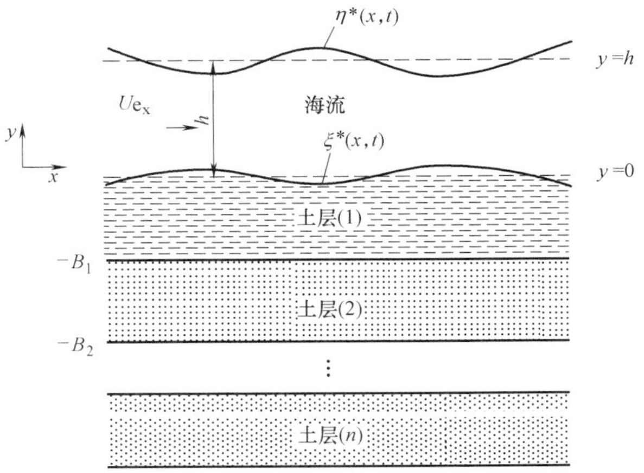


图 7.2-21 波浪-海床相互作用示意图

假定均匀流动为有势流动，扰流可以在 $x$ 方向表示成均匀流（例如$U_{e_x}$）加上扰动速度$\underline{u}^{*(1)}$

$$\underline{u}_1{}^*=U_{e_x}+\underline{u}^{*(1)} \tag{7.2-125}$$

速度势

$$\Phi_1{}^* = U_x + \Phi^{*(1)} \tag{7.2-126}$$

满足

$$\nabla\Phi^{*(1)} = \underline{u}^{*(1)} \tag{7.2-127}$$

连续方程和线性化的动量方程分别用速度势$\Phi^{*(1)}$表示

$$\nabla^2\Phi^{*(1)} = 0 \tag{7.2-128}$$

$$\rho\frac{\partial\Phi^{*(1)}}{\partial t} + \rho U\frac{\partial\Phi^{*(1)}}{\partial x} + P^{*(1)} = 0 \tag{7.2-129}$$

其中$P^{*(1)}$是扰动压力，$\rho$是水的密度。

另一方面，孔隙弹性土壤层假定是均匀的、各向同性和饱和的，由 Biot 孔隙弹性理论控制。因此，线性化的固体骨架动量方程和土壤层内流体除去静水压力后可以写成

$$\nabla\underline{\underline{\sigma}}_s^* = (1-n_0)\rho_s\underline{\ddot{d}}^* - F(\kappa)\frac{\mu n_0^2}{k_p}(\underline{\dot{D}}^* - \underline{\dot{d}}^*) \tag{7.2-130}$$

$$\nabla\underline{\underline{\sigma}}^{*(2)} = n_0\rho\underline{\ddot{D}}^* + F(\kappa)\frac{\mu n_0^2}{k_p}(\underline{\dot{D}}^* - \underline{\dot{d}}^*) \tag{7.2-131}$$

其中

$$\underline{\underline{\sigma}}_s^* = \underline{\underline{\tau}}^* - (1-n_0)P^{*(2)}\underline{\underline{I}} \tag{7.2-132}$$

$$\underline{\underline{\tau}}^* = G[\nabla\underline{d}^* + (\nabla\underline{d}^*)^T] + \lambda(\nabla\cdot\underline{d}^*)\underline{\underline{I}} \tag{7.2-133}$$

$$\underline{\underline{\sigma}}^{*(2)} = -n_0P^{*(2)}\underline{\underline{I}} \tag{7.2-134}$$

其中$\underline{\underline{\sigma}}_s^*$是固体应力张量；$\underline{\underline{\tau}}^*$是有效固体应力张量；$\underline{\underline{\sigma}}^{*(2)}$是流体应力张量；$\underline{d}^*$和$\underline{D}^*$分别是固体和流体位移向量；$P^{*(2)}$是扰动孔隙水压力；$\rho_s$是骨架密度；$\mu$是水的动力黏度；$F(\kappa)$是频率修正因子，对低频率是一致的；$n_0$是孔隙度；$k_p$是比渗透率系数；$G$和$\lambda$是弹性力学中的 Lame 常量；$\underline{\underline{I}}$是单位矩阵而且上标 T 表示矩阵的转置。

此外，固体和水的连续方程为

$$\frac{\partial}{\partial t}[(1-n_0)\rho_s] + \nabla\cdot[(1-n_0)\rho_s\underline{\dot{d}}^*] = 0 \tag{7.2-135}$$

$$\frac{\partial}{\partial t}[n_0\rho] + \nabla\cdot[n_0\rho\underline{\dot{D}}^*] = 0 \tag{7.2-136}$$

结合式（7.2-135）和式（7.2-136），且忽略颗粒压缩性；此外，按照 Verruijt 的建议，可得到蓄量方程

$$\frac{\partial P^{*(2)}}{\partial t} = -\frac{K}{n_0}\left[(1-n_0)\nabla\cdot\left(\frac{\partial\underline{\dot{d}}^*}{\partial t}\right) + n_0\nabla\cdot\left(\frac{\partial\underline{\dot{D}}^*}{\partial t}\right)\right] \tag{7.2-137}$$

式中，$P^{*(2)}$为扰动压力；$K$为海床土壤层内部流体的体积弹性模量。

考虑下面三个边界——①自由表面$y=h+\eta^*(x, t)$，②渠床界面$y=\xi^*(x, t)$和③不透水刚性边界（$y=-B$）需要满足下面的边界条件：

在自由表面，运动边界条件为

$$\frac{\partial\Phi^{*(1)}}{\partial y} = \frac{\partial\eta^*}{\partial t} + U\frac{\partial\eta^*}{\partial x} \tag{7.2-138}$$

而动力边界条件为

$$\frac{\partial\Phi^{*(1)}}{\partial t} + U\frac{\partial\Phi^{*(1)}}{\partial x} + g\eta^* = 0 \tag{7.2-139}$$

在孔床界面，压力连续产生

$$P^{*(1)}=P^{*(2)} \tag{7.2-140}$$

而且流量连续产生

$$\underline{n}_2^* \cdot \left[(1-n_0)\frac{\partial \underline{d}^*}{\partial t}+n_0\frac{\partial \underline{D}^*}{\partial t}\right]=\underline{n}_2^* \cdot \nabla\Phi^{*(1)} \tag{7.2-141}$$

其中

$$\underline{n}_2^*=(\frac{-\partial\xi^*}{\partial x},1)/\sqrt{1+\left(\frac{\partial\xi^*}{\partial x}\right)^2} \tag{7.2-142}$$

是孔床表面的单位法向向量。考虑到均质水和土壤界面的运行，我们得到

$$\frac{\partial\xi^*}{\partial t}=\frac{\partial \underline{d}^*}{\partial t}\cdot\left(\frac{-\partial\xi^*}{\partial x},1\right) \tag{7.2-143}$$

来求解$\xi^*$。而固体有效应力的连续产生

$$\underline{n}_2^* \cdot \underline{\underline{\tau}}^*=\underline{0} \tag{7.2-144}$$

在多孔土壤和不透水刚性边界界面（$y=-B$），边界条件是土壤无位移：

$$\underline{d}^*=\underline{0} \tag{7.2-145}$$

而且孔隙水无流量

$$\underline{\dot{D}}^*=\underline{0} \tag{7.2-146}$$

通过使用标量势（$\Phi_1^{*(2)}$，$\Phi_2^{*(2)}$和$\Phi_3^{*(2)}$），固体和流体的位移可以分别分解成：

$$\underline{d}^*=\nabla\Phi_1^{*(2)}+\nabla\Phi_2^{*(2)}+\nabla\wedge(\Phi_3^{*(2)}\underline{e}_Z) \tag{7.2-147}$$

$$\underline{D}^*=\alpha_1\nabla\Phi_1^{*(2)}+\alpha_2\nabla\Phi_2^{*(2)}+\alpha_3\nabla\wedge(\Phi_3^{*(2)}\underline{e}_Z) \tag{7.2-148}$$

其中，$\nabla\wedge()$ 表示旋度（）；$\underline{e}_Z$是与$x-y$平面正交的单位向量；固体-流体相关系数$\alpha_j$（$j=1$，2，3）在 Huang 和 Song 中的式（7.2-143）和式（7.2-144）给出。基于式（7.2-147）和式（7.2-148），Huang 和 Song 简化了控制方程（7.2-130）和方程（7.2-131），孔隙弹性振动 Biot 方程解耦过程分成 3 个解耦标量方程

$$\nabla^2\Phi_j^{*(2)}+k_j^2\Phi_j^{*(2)}=0 \tag{7.2-149}$$

其中波数$k_j$（$j=1$，2，3）在 Huang 和 Song 中的式（7.2-132）～式（7.2-134）中给出。式（7.2-149）中，$\Phi_1^{(2)}$和$\Phi_2^{(2)}$是第一和第二纵波的位移势；而$\Phi_3^{(2)}$是第三横波的位移势。同样，给出扰动压力方程

$$P^{*(2)}=\frac{K}{n_0}\left[(1-n_0+\alpha_1 n_0)k_1^2\Phi_1^{*(2)}+(1-n_0+\alpha_2 n_0)k_2^2\Phi_2^{*(2)}\right] \tag{7.2-150}$$

式中$k_1$，$k_2$，$k_3$定义为

$$k_1^2+k_2^2=\frac{A_1R_0-2A_2Q+(2G+A)A_3}{(2G+A)R_0-Q^2},k_1^2k_2^2=\frac{A_1A_3-A_2^2}{(2G+A)R_0-Q^2},k_3^2=\frac{A_1-\dfrac{A_2^2}{A_3}}{G}\text{，其中}$$

$$A=\lambda+Qq,Q=k(1-n_0),R_0=Kn_0,q=\frac{(1-n_0)}{n_0},A_1=\omega\{\omega[(1-n_0)\rho_s+\rho_a]+ib\}$$

$$A_2=-\omega(\omega\rho_a+ib),A_3=\omega[\omega(n_0\rho_0+\rho_a)+ib],b=\frac{F(\kappa)\mu n_0^2}{k_p}\text{。}$$

流体和固体相关系数为

$$\alpha_j=\frac{-k_j^2[Q^2-(2G+A)R_0]+(A_2Q-A_1R_0)}{A_2R_0-A_3Q}\quad(j=1,2)\quad,\alpha_3=\frac{-A_2}{A_3}$$

如果$|\eta^*|$和$|\xi^*|$比波长小很多，改变自由表面［$y=h+\eta^*(x,t)$］和孔床界面［$y=\xi^*(x,t)$］为$y=h$和$y=0$更方便。然后边界条件，式（7.2-138）～式（7.2-146）可以重写，去除时间因子$e^{-i\omega t}$后如下：

1）在自由表面

① 运动边界条件（$y=h$）

$$\Phi^{(1)}_{,y}=-i\omega\eta+U\eta_{,x}\tag{7.2-151}$$

② 动力边界条件

$$-i\omega\Phi^{(1)}+U\Phi^{(1)}_{,x}=-g\eta\tag{7.2-152}$$

2）在均质水和孔隙弹性土壤层之间的界面（$y=0$）

① 流量连续

$$\begin{aligned}\Phi^{(1)}_{,y}=&-i\omega[(1-n_0+\alpha_1n_0)\Phi^{(2)}_{1,y}+(1-n_0+\alpha_2n_0)\Phi^{(2)}_{2,y}\\&-(1-n_0+\alpha_3n_0)\Phi^{(2)}_{3,x}]+U(\Phi^{(2)}_{1,xy}+\Phi^{(2)}_{2,xy}-\Phi^{(2)}_{3,xx})\end{aligned}\tag{7.2-153}$$

② 压力连续

$$-i\omega\rho\Phi^{(1)}+\rho U\Phi^{(1)}_{,x}+K[(1-n_0+\alpha_1n_0)k_1^2\Phi^{(2)}_1+(1-n_0+\alpha_2n_0)k_2^2\Phi^{(2)}_2]/n_0\tag{7.2-154}$$

③ 有效应力切向分量连续

$$2\Phi^{(2)}_{1,xy}+2\Phi^{(2)}_{2,xy}+\Phi^{(2)}_{3,yy}-\Phi^{(2)}_{3,xx}=0\tag{7.2-155}$$

④ 有效应力法向分量连续

$$2G(\Phi^{(2)}_{1,yy}+\Phi^{(2)}_{2,yy}-\Phi^{(2)}_{3,xy})-\lambda(k_1^2\Phi^{(2)}_1+k_2^2\Phi^{(2)}_2)=0\tag{7.2-156}$$

3）土壤层之间界面（$y=-B_m$，$m=1$，…，$n-1$）：

流量连续

$$\begin{aligned}&n_0^{(m)}(\alpha_1^{(m)}\Phi^{(m)}_{1,y}+\alpha_2^{(m)}\Phi^{(m)}_{2,y}-\alpha_3^{(m)}\Phi^{(m)}_{3,y}-\Phi^{(m)}_{1,y}-\Phi^{(m)}_{2,y}+\Phi^{(m)}_{3,x})\\&=n_0^{(m+1)}(\alpha_1^{(m+1)}\Phi^{(m+1)}_{1,y}+\alpha_2^{(m+1)}\Phi^{(m+1)}_{2,y}-\alpha_3^{(m+1)}\Phi^{(m+1)}_{3,y}-\Phi^{(m+1)}_{1,y}-\Phi^{(m+1)}_{2,y}+\Phi^{(m+1)}_{3,x})\end{aligned}$$

流体应力的法向分量连续

$$\begin{aligned}&(q_1^{(m)}k^2_{(m)1}\Phi^{(m)}_1+q_2^{(m)}k^2_{(m)2}\Phi^{(m)}_2)/n_0^{(m)}\\&=(q_1^{(m+1)}k^2_{(m+1)1}\Phi^{(m+1)}_1+q_2^{(m+1)}k^2_{(m+1)2}\Phi^{(m+1)}_2)/n_0^{(m+1)}\end{aligned}$$

有效应力的法向分量连续

$$\begin{aligned}&2(G^{(m)}-i\omega G_\nu^{(m)})(\Phi^{(m)}_{1,yy}+\Phi^{(m)}_{2,yy}-\Phi^{(m)}_{3,xy})\\&-(\lambda^{(m)}-i\omega\lambda_\nu^{(m)})(\Phi^{(m)}_{1,xx}+\Phi^{(m)}_{2,xx}+\Phi^{(m)}_{1,yy}+\Phi^{(m)}_{2,yy})\\&=2(G^{(m+1)}-i\omega G_\nu^{(m+1)})(\Phi^{(m+1)}_{1,yy}+\Phi^{(m+1)}_{2,yy}-\Phi^{(m+1)}_{3,xy})\\&-(\lambda^{(m+1)}-i\omega\lambda_\nu^{(m+1)})(\Phi^{(m+1)}_{1,xx}+\Phi^{(m+1)}_{2,xx}+\Phi^{(m+1)}_{1,yy}+\Phi^{(m+1)}_{2,yy})\end{aligned}$$

有效应力的切向分量连续

$$\begin{aligned}&(G^{(m)}-i\omega G_\nu^{(m)})(\Phi^{(m)}_{1,xy}+\Phi^{(m)}_{2,xy}+\Phi^{(m)}_{3,yy}+\Phi^{(m)}_{1,xy}+\Phi^{(m)}_{2,xy}-\Phi^{(m)}_{3,xx})\\&=(G^{(m+1)}-i\omega G_\nu^{(m+1)})(\Phi^{(m+1)}_{1,xy}+\Phi^{(m+1)}_{2,xy}+\Phi^{(m+1)}_{3,yy}+\Phi^{(m+1)}_{1,xy}+\Phi^{(m+1)}_{2,xy}-\Phi^{(m+1)}_{3,xx})\end{aligned}$$

固体位移的法向分量连续

$$\Phi^{(m)}_{1,y}+\Phi^{(m)}_{2,y}-\Phi^{(m)}_{3,x}=\Phi^{(m+1)}_{1,y}+\Phi^{(m+1)}_{2,y}-\Phi^{(m+1)}_{3,x}$$

固体位移的切向分量连续

$$\Phi_{1,x}^{(m)}+\Phi_{2,x}^{(m)}+\Phi_{3,y}^{(m)}=\Phi_{1,x}^{(m+1)}+\Phi_{2,x}^{(m+1)}-\Phi_{3,y}^{(m+1)}$$

4）第 $n$ 个土壤层（$y=-B_n\rightarrow-\infty$，$n\geqslant2$）：

没有任何扰动，也就是位移势衰退

$$\Phi_1^{(n)},\Phi_2^{(n)},\Phi_3^{(n)}\rightarrow0$$

其中圆括号内的上标便是土壤层的编号；$k_{(m)1},k_{(m)2},k_{(m)3}(m=1,\cdots,n)$ 表示三种波的第 $m$ 个土壤层；而且$q_j^{(m)}=1-n_0^{(m)}+\alpha_j^{(m)}n_0^{(m)}(m=1,\cdots,n,$而且$j=1,2,3)$。

对于简化在土壤和不透水刚性边界界面（$y=-B$）

① 土壤无位移

$$\Phi_{1,x}^{(2)}+\Phi_{2,x}^{(2)}+\Phi_{3,y}^{(2)}=0 \tag{7.2-157}$$

$$\Phi_{1,y}^{(2)}+\Phi_{2,y}^{(2)}-\Phi_{3,x}^{(2)}=0 \tag{7.2-158}$$

② 孔隙水无流量

$$\alpha_1\Phi_{1,y}^{(2)}+\alpha_2\Phi_{2,y}^{(2)}-\alpha_3\Phi_{3,x}^{(2)}=0 \tag{7.2-159}$$

注意控制方程（7.2-128）和方程（7.2-149），孔隙水压力（7.2-150）和有效应力公式（7.2-133）和公式（7.2-147），以及边界条件式（7.2-151）～式（ 7.2-159）形成了完整的本研究的边界值问题。

土壤柔软度的参数定义为

$$\Pi^2=\frac{i(m+1)}{m\varepsilon}\frac{\rho}{K}\frac{\omega^2}{k_0^2} \tag{7.2-160}$$

其中

$$m=(2G+\lambda)n_0/K \tag{7.2-161}$$

$$\varepsilon=n_0\rho\omega k_p/F(\kappa)\mu n_0 \tag{7.2-162}$$

式中 $\omega$ 是圆频率；$m$ 是固体和液体的刚度比率；$\varepsilon$ 叫作渗透性参数。$\Pi$ 不仅是流体和固体骨架的属性而且取决于土壤的渗透性。对于低渗透率，他们将式（7.2-160）简化为

$$\Pi^2=(k_2/k_0)^2 \tag{7.2-163}$$

此外，对于软土骨架，$\|k_2\|\gg\|k_0\|$，因此

$$\|\Pi^2\|=\|k_2^2/k_0^2\|\gg1 \tag{7.2-164}$$

**(2) 求解方法**

由于实际中土壤层内第二种纵波的波长远小于表面扰动，例如对软土层来说 $\|k_2\|>\|k_0\|$，基于两个参数$\varepsilon_1$和$\varepsilon_2$的双参数展开，而不是基于$\varepsilon_1$的单参数展开将要被提出，来研究越过软的孔隙弹性变形土壤层的周期扰动传播。基于以上讨论，我们因此定义两个小参数来以后应用。

$$\varepsilon_1=k_0a,\varepsilon_2=k_0/k_2 \tag{7.2-165}$$

分析完每个相关变量的数量级后，无量纲变量被选为

$$\hat{x}=k_0x,\hat{y}=k_0y,\hat{t}=\sqrt{gk_0}t,\hat{\omega}=\omega/\sqrt{gk_0} \tag{7.2-166}$$

$$y'=\hat{y}/\varepsilon_2(\text{只在土壤边界层内部}) \tag{7.2-167}$$

$$\hat{\eta}^*=k_0\eta^*,\hat{\xi}^*=k_0e^{k_0h}\frac{k_0^2}{k_3^2}\xi^*=\frac{k_0e^{k_0h}}{\Psi^2}\xi^*,\hat{U}=\frac{k_0}{\sqrt{gk_0}}U \tag{7.2-168}$$

$$\hat{\Phi}^{*(1)}=\frac{K_0^2}{\sqrt{gk_0}}\Phi^{*(1)} \tag{7.2-169}$$

$$\hat{\Phi}_1^{*(2)}=e^{k_0h}k_0^2\Phi_1^{*(2)} \tag{7.2-170}$$

$$\hat{\Phi}_2^{*(2)}=e^{k_0h}k_0^2\frac{k_2^2}{k_1^2}\Phi_2^{*(2)}=\frac{e^{k_0h}k_0^2}{\varepsilon_2^2\Lambda^2}\Phi_2^{*(2)} \tag{7.2-171}$$

$$\hat{\Phi}_3^{*(2)}=e^{k_0h}k_0^2\Phi_3^{*(2)} \tag{7.2-172}$$

$$\hat{P}^{*(1)}=\frac{k_0}{\rho_0 g}P^{*(1)},\hat{P}^{*(2)}=\frac{k_0}{\rho_0 g}P^{*(2)} \tag{7.2-173}$$

注意等式（7.2-166）～式（7.2-173）所有左侧变量符号都是无量纲的。

应用双参数扰动展开，渠道流动的第一种和第三种波在整个域内的速度势和位移势可以写成

$$\hat{\Phi}^{*(1)}=\varepsilon_1\hat{\phi}_{10}^*+\varepsilon_1\varepsilon_2\hat{\phi}_{11}^*+O(\varepsilon_1^2,\cdots) \tag{7.2-174}$$

$$\hat{\Phi}_j^{*(2)}=\varepsilon_1\hat{\phi}_{10}^{*[j]}+\varepsilon_1\varepsilon_2\hat{\phi}_{11}^{*[j]}+O(\varepsilon_1^2,\cdots),j=1,3 \tag{7.2-175}$$

由于式（7.2-164），第二种波需要在边界层内解决。边界层内的第二种波的位移势同等式（7.2-171）一样专门被无量纲化，而且展开为

$$\hat{\Phi}_2^{*(2)}=\varepsilon_1\hat{\phi}_{10}^{*[2]}+\varepsilon_1\varepsilon_2\hat{\phi}_{11}^{*[2]}+O(\varepsilon_1^2,\cdots),j=1,3 \tag{7.2-176}$$

如果 $\|\varepsilon_2\|$ 和 $\|\varepsilon_1\|$ 与整体相比很小而且 $\|\varepsilon_2\|>\|\varepsilon_1\|$。同样，自由表面的位移变成

$$\hat{\eta}^*=\varepsilon_1\hat{\eta}_{10}^*+\varepsilon_1\varepsilon_2\hat{\eta}_{11}^*+O(\varepsilon_1^2,\cdots) \tag{7.2-177}$$

而且渠床表面的位移为

$$\hat{\xi}^*=\varepsilon_1\hat{\xi}_{10}^*+\varepsilon_1\varepsilon_2\hat{\xi}_{11}^*+O(\varepsilon_1^2,\cdots) \tag{7.2-178}$$

对于频率为 $\omega$ 的周期运动，之前提到的变量$[\ ]^*$（$\underline{R}$，$t$）可以写成$[\ ]$（$\underline{R}$）$e^{-i\omega t}$，其中$\underline{R}$是位置向量。让表面波动的振幅在受孔隙土壤扰动之前为 $a$ 而且波数为$k_0$（将会发现很复杂），例如$\eta^*=a\,e^{i(k_0x-\omega t)}$，Stokes 基于$\varepsilon_1$和$\varepsilon_2$双参数展开对线性问题只会在前两项采用。因此，无时间因子的边界值问题可以获得如下：

**$O(\varepsilon_1)$ 控制方程**

区域①$0<\hat{y}<k_0h$：

$$\hat{\nabla}^2\hat{\phi}_{10}=0 \tag{7.2-179}$$

区域②$-k_0B<\hat{y}<0$：

$$\hat{\nabla}^2\hat{\phi}_{10}^{[1]}+\Lambda^2\hat{\phi}_{10}^{[1]}=0 \tag{7.2-180}$$

$$\hat{\nabla}^2\hat{\phi}_{10}^{[3]}+\Psi^2\hat{\phi}_{10}^{[3]}=0 \tag{7.2-181}$$

边界条件

在自由表面（$\hat{y}=k_0h$）：

① 自由表面运动边界

$$\hat{\varphi}_{10,\hat{y}}=-i\hat{\omega}\hat{\eta}_{10}+\hat{U}\hat{\eta}_{10} \tag{7.2-182}$$

② 自由表面动力边界

$$-i\hat{\omega}\hat{\phi}_{10}+\hat{U}\hat{\phi}_{10,\hat{x}}=-\hat{\eta}_{10} \tag{7.2-183}$$

在孔床界面（$\hat{y}=0$）：

① 压力连续

$$-i\hat{\omega}\hat{\phi}_{10}+\hat{U}\hat{\phi}_{10,\hat{x}}+\frac{k_0 K\Lambda^2}{e^{k_0 h}n_0\rho_0 g}q_1\hat{\phi}_{10}^{[1]}=0 \tag{7.2-184}$$

② 流量连续

$$-i\hat{\omega}q_1\hat{\phi}_{10,\hat{y}}^{[1]}-i\hat{\omega}q_3\hat{\phi}_{10,\hat{x}}^{[3]}+e^{k_0 h}\hat{\phi}_{10,\hat{y}}-\hat{U}(\hat{\phi}_{10,\hat{x}\hat{y}}^{[1]}-\hat{\phi}_{10,\hat{x}\hat{x}}^{[3]})=0 \tag{7.2-185}$$

③ 有效应力连续（只是$\tau_{xy}=0$）

$$2\hat{\phi}_{10,\hat{x}\hat{y}}^{[1]}+\hat{\phi}_{10,\hat{y}\hat{y}}^{[3]}-\hat{\phi}_{10,\hat{x}\hat{x}}^{[3]}=0 \tag{7.2-186}$$

在土壤和不透水刚性边界界面（$\hat{y}=-k_0B$）

$$\hat{\Phi}_{10,\hat{x}}^{[1]}+\hat{\Phi}_{10,\hat{y}}^{[3]}=0 \tag{7.2-187}$$

$$\hat{\Phi}_{10,\hat{y}}^{[1]}-\hat{\Phi}_{10,\hat{x}}^{[3]}=0 \tag{7.2-188}$$

$$\alpha_1\hat{\Phi}_{10,\hat{y}}^{[1]}-\alpha_3\hat{\Phi}_{10,\hat{x}}^{[3]}=0 \tag{7.2-189}$$

其中

$$q_j=1-n_0+\alpha_j n_0,\ j=1,3 \tag{7.2-190}$$

注意上述边界连续只需有效应力的一个分量，例如$\tau_{\hat{x}\hat{y}}=0$，其他是超定的（另一种情况，$\tau_{\hat{x}\hat{y}}=0$，包括第二种波的作用而且在之后的第二种波的边界层修正中将会采用）。此外，参考 Huang 和 Song，我们得到饱和软土$\alpha_1=\alpha_3=1$。这表明式（7.2-188）和式（7.2-189）是等价的。

**$O(\varepsilon_1\varepsilon_2)$ 控制方程：**

区域①$0<\hat{y}<k_0h$：

$$\hat{\nabla}^2\hat{\phi}_{11}=0 \tag{7.2-191}$$

区域②$-k_0B<\hat{y}<0$：

$$\hat{\nabla}^2\hat{\phi}_{11}^{[1]}+\Lambda^2\hat{\phi}_{11}^{[1]}=0 \tag{7.2-192}$$

$$\hat{\nabla}^2\hat{\phi}_{11}^{[3]}+\Psi^2\hat{\phi}_{11}^{[3]}=0 \tag{7.2-193}$$

边界条件：

在自由表面（$\hat{y}=k_0h$）：

① 自由表面运动边界

$$\hat{\phi}_{11,\hat{y}}=-i\hat{\omega}\hat{\eta}_{11}+\hat{U}\hat{\eta}_{11,\hat{x}} \tag{7.2-194}$$

② 自由表面动力边界

$$i\hat{\omega}\hat{\phi}_{11}-\hat{U}\hat{\phi}_{11,\hat{x}}=\hat{\eta}_{11} \tag{7.2-195}$$

在孔床界面（$\hat{y}=0$）：

① 压力连续

$$-i\hat{\omega}\hat{\phi}_{11}+\hat{U}\hat{\phi}_{11,\hat{x}}+\frac{k_0 K\Lambda^2}{e^{k_0 h}n_0\rho_0 g}q_1\hat{\phi}_{11}^{[1]}=0 \tag{7.2-196}$$

② 流量连续

$$q_1 i\hat{\omega}\hat{\phi}_{11,\hat{y}}^{[1]}-q_3 i\hat{\omega}\hat{\phi}_{11,\hat{x}}^{[3]}+e^{k_0 h}\hat{\phi}_{11,\hat{y}}-\hat{U}(\hat{\phi}_{11,\hat{x}\hat{y}}^{[1]}-\hat{\phi}_{11,\hat{x}\hat{x}}^{[3]})=0 \tag{7.2-197}$$

③ 有效应力连续（只是$\tau_{xy}=0$）

$$2\hat{\phi}_{11,\hat{x}\hat{y}}^{[1]}+\hat{\phi}_{11,\hat{y}\hat{y}}^{[3]}-\hat{\phi}_{11,\hat{x}\hat{x}}^{[3]}=0 \tag{7.2-198}$$

在壤和不透水刚性边界界面（$\hat{y}=-k_0B$）

$$\hat{\Phi}_{11,\hat{x}}^{[1]}+\hat{\Phi}_{11,\hat{y}}^{[3]}=0 \tag{7.2-199}$$

$$\hat{\Phi}^{[1]}_{11,\hat{y}}-\hat{\Phi}^{[3]}_{11,\hat{x}}=0 \quad (7.2\text{-}200)$$

$$\alpha_1\hat{\Phi}^{[1]}_{11,\hat{y}}-\alpha_3\hat{\Phi}^{[3]}_{11,\hat{x}}=0 \quad (7.2\text{-}201)$$

边界连续只需有效应力的一个分量，例如$\tau_{\hat{x}\hat{y}}=0$，而且式（7.2-201）由于上面提到的原因可以忽略。

第二种波在边界层外部消失但是它存在边界层内部，所以考虑到第二种波完整解需要修正。既然在水和土壤界面有一个薄的边界层存在软土层内部，所以我们让

$$y'=\hat{y}/\varepsilon_2 \quad (7.2\text{-}202)$$

来改变比例$\hat{y}$为放大的比例$y'$。因此，边界层内部的第二种纵波的位移势的边界值问题变为

**$O$（$\varepsilon_1$）控制方程：**

$$\hat{\phi}^{[2]}_{10,y'y'}+\hat{\phi}^{[2]}_{10}=0 \quad (7.2\text{-}203)$$

边界条件（$y'=0$）：

① 压力连续

$$\hat{\phi}^{[2]}_{10}=0 \quad (7.2\text{-}204)$$

② 有效应力连续（只是$\tau_{\hat{y}\hat{y}}=0$）

$$2G\Lambda^2\hat{\phi}^{[2]}_{10,y'y'}-\lambda\Lambda^2\hat{\phi}^{[2]}_{10}=\lambda\Lambda^2\hat{\phi}^{[1]}_{10}-2G(\hat{\phi}^{[1]}_{10,\hat{y}\hat{y}}-\hat{\phi}^{[3]}_{10,\hat{x}\hat{y}}) \quad (7.2\text{-}205)$$

边界条件$\tau_{xy}=0$只满足$\hat{\phi}^{[2]}_{10,\hat{x}y'}=\hat{\phi}^{[2]}_{10,y'\hat{x}}$，例如$\hat{\phi}^{[2]}_{10,\hat{x}y'}=0$。然而，参考式（80），$\hat{\phi}^{[2]}_{10,\hat{x}y'}=0$在$y'=0$处自动满足。所以只需要有效应力边界条件的一个分量$\tau_{\hat{y}\hat{y}}=0$来求解$\hat{\phi}^{[2]}_{10}$。

**$O$（$\varepsilon_1\varepsilon_2$）控制方程：**

$$\hat{\phi}^{[2]}_{11,y'y'}+\hat{\phi}^{[2]}_{11}=0 \quad (7.2\text{-}206)$$

边界条件（$y'=0$）：

① 压力连续

$$\hat{\phi}^{[2]}_{11}=0 \quad (7.2\text{-}207)$$

② 有效应力连续（只是$\tau_{\hat{y}\hat{y}}=0$）

$$2G\Lambda^2\hat{\phi}^{[2]}_{11,y'y'}-\lambda\Lambda^2\hat{\phi}^{[2]}_{11}=\lambda\Lambda^2\hat{\phi}^{[1]}_{11}-2G(\hat{\phi}^{[1]}_{11,\hat{y}\hat{y}}-\hat{\phi}^{[3]}_{11,\hat{x}\hat{y}}) \quad (7.2\text{-}208)$$

只采用两个边界条件的原因与上面的$O$（$\varepsilon_1$）问题相同。

由于自由表面上的周期扰动产生的扰动结果

$$\eta^*(x)=a\,e^{i(k_0x-\omega t)}\ (-\infty<x<\infty) \quad (7.2\text{-}209)$$

其中$a$是振幅。随着扰动，每一级之前提到的边界值问题可以依次求解。然后得到整个域内第一种纵波和第三种横波有量纲解，忽略时间因子$e^{-i\omega t}$如下：

$O$（$\varepsilon_1$）：

$$\phi_{10}=ia\left[\frac{g}{(k_0U-\omega)}\cosh k_0(h-y)-\frac{(k_0U-\omega)}{k_0}\sinh k_0(h-y)\right]e^{ik_0x} \quad (7.2\text{-}210)$$

$$\phi^{[1]}_{10}=\frac{a}{k_0}(a_{11}e^{K_1k_0y}+a_{12}e^{-K_1k_0y})e^{ik_0x-k_0h} \quad (7.2\text{-}211)$$

$$\phi^{[3]}_{10}=\frac{a}{k_0}(a_{31}e^{K_3k_0y}+a_{32}e^{-K_3k_0y})e^{ik_0x-k_0h} \quad (7.2\text{-}212)$$

其中

$$a_{11}=[\mathrm{e}^{Bk_0K_3}C_0(\mathrm{e}^{Bk_0(K_1-2K_3)}(K_1K_3-1)+\mathrm{e}^{Bk_0K_3}(K_1K_3+1)+2i\,\mathrm{e}^{Bk_0K_3}K_3L_1)t_1]/R_1 \tag{7.2-213}$$

$$a_{12}=[C_0(\mathrm{e}^{2Bk_0K_3}-1+K_3(1+\mathrm{e}^{2Bk_0K_3})K_1+2i\,\mathrm{e}^{Bk_0(K_1-K_3)}L_1)t_1]/R_1 \tag{7.2-214}$$

$$a_{31}=(\mathrm{e}^{Bk_0K_3}C_0(-2i\mathrm{e}^{Bk_0K_1}K_1-\mathrm{e}^{Bk_0(2K_1-K_3)}(K_1K_3-1)L_1+\mathrm{e}^{Bk_0K_3}(K_1K_3+1)L_1)t_1)/R_1 \tag{7.2-215}$$

$$a_{32}=[C_0(2i\,\mathrm{e}^{Bk_0(K_1-K_3)}K_1+(K_1K_3-1)-\mathrm{e}^{2Bk_0K_1}(K_1K_3+1)L_1)t_1]/R_1 \tag{7.2-216}$$

其中

$$C_0=\frac{n_0\rho g}{k_0K\Lambda^2} \tag{7.2-217}$$

$$R_1=((\mathrm{e}^{2Bk_0K_1}-1)(\mathrm{e}^{2Bk_0K_3}-1)+K_3[(\mathrm{e}^{2Bk_0K_1}+1)(\mathrm{e}^{2Bk_0K_3}+1)K_1+4i\,\mathrm{e}^{Bk_0(K_1-K_3)}L_1]q_1 \tag{7.2-218}$$

$$L_1=\frac{2iK_1}{1+K_3^2} \tag{7.2-219}$$

$$K_1^2=1-\Lambda^2=1-\frac{k_1^2}{k_0^2} \tag{7.2-200}$$

$$K_3^2=1-\Psi^2=1-\frac{k_3^2}{k_0^2} \tag{7.2-221}$$

$$t_1=\mathrm{e}^{k_0h}[\cosh(k_0h)-(\hat{U}-\hat{\omega})\sinh(k_0h)] \tag{7.2-222}$$

而且复波数$k_0$的色散关系如下

$$\begin{aligned}&\mathrm{e}^{k_0h}\left\{i\left[\cosh(k_0h)(\hat{U}-\hat{\omega})+\frac{\sinh(k_0h)}{\hat{\omega}-\hat{U}}\right]+C_0((\cosh(k_0h))+C_0\cosh(k_0R))\right.\\&-(\hat{U}-\hat{\omega})^2\sinh(k_0h))(\cosh(Bk_0K_1)\sinh(Bk_0K_3)\\&-\cosh(Bk_0K_3)\sinh(Bk_0K_1)K_1K_3)(\hat{U}(K_1+iL_1)-\hat{\omega}(K_1q_1+iL_1q_3))/\\&\left.[i\sinh(Bk_0K_1)\sinh(Bk_0K_3(K_3)(-i\cosh(Bk_0K_1)\cosh(Bk_0K_3)K_1+L_1)q_1)]\right\}=0\end{aligned} \tag{7.2-223}$$

$O$ $(\varepsilon_1\varepsilon_2)$：

$$\phi_{11}=\frac{a\sqrt{gk_0}}{k_0}E_5[\cosh k_0(h-y)-\frac{(\omega-k_0U)^2}{gk_0}\sinh k_0(h-y)]\mathrm{e}^{ik_0x} \tag{7.2-224}$$

$$\phi_{11}^{[1]}=\frac{a}{k_0}(c_{11}\mathrm{e}^{K_1k_0y}+c_{12}\mathrm{e}^{-K_1k_0y})\mathrm{e}^{ik_0x-k_0h} \tag{7.2-225}$$

$$\phi_{11}^{[3]}=\frac{a}{k_0}(c_{31}\mathrm{e}^{K_1k_0y}+c_{32}\mathrm{e}^{-K_1k_0y})\mathrm{e}^{ik_0x-k_0h} \tag{7.2-226}$$

$$\eta_{11}=ia\frac{\omega-k_0U}{\sqrt{g}}E_5\mathrm{e}^{ik_0x} \tag{7.2-227}$$

其中

$$E_5=\frac{1}{f_2}(f_1c_{11}+f_1c_{12}-2GiK_3c_{31}+2GiK_3c_{32}) \tag{7.2-228}$$

$$c_{11}=[\mathrm{e}^{BK_1k_0}(2a^2a_{21}(-2i\,\mathrm{e}^{BK_3k_0}g_2K_3+\mathrm{e}^{BK_1k_0}g_4(1+K_1K_3)+\mathrm{e}^{B(K_1-2K_3)k_0}(g_3-g_3K_1K_3))+$$

$$g_5(-4\,e^{BK_3k_0}K_1K_3+e^{B(K_1-2K_3)k_0}(K_1K_3-1)(1+K_3^2)+e^{BK_1k_0}(1+K_1K_3)(1+K_3^2))]/R_2 \tag{7.2-229}$$

$$c_{12}=-[2\,a^2a_{21}(2\,e^{B(K_1-K_3)k_0}g_1K_3-i\,g_4(K_1K_3-1)+i\,e^{2BK_3k_0}g_3(1+K_1K_3)) +i\,g_5(4\,e^{B(K_1-K_3)k_0}K_1K_3-(1+K_3^2)(K_1K_3-1+e^{2BK_3k_0}(1+K_1K_3)))]/iR_2 \tag{7.2-230}$$

$$c_{31}=-[2\,e^{BK_3k_0}(a^2a_{21}(2i\,e^{BK_1k_0}g_4K_1+e^{B(2K_1-K_3)k_0}g_1(K_1K_3-1)+e^{BK_3k_0}g_2(1+K_1K_3)) +i\,g_5K_1(e^{B(2K_1-K_3)k_0}(K_1K_3-1)-e^{BK_3k_0}(1+K_1K_3)+e^{BK_1k_0}(1+K_3^2)))]/R_2 \tag{7.2-231}$$

$$c_{32}=-[2\,a^2a_{21}(2i\,e^{B(K_1-K_3)k_0}g_3K_1+g_2(K_1K_3-1)+e^{2BK_1k_0}g_1(1+K_1K_3)) +i\,g_5K_1(1-K_1K_3+e^{2BK_1k_0}(1+K_1K_3)-e^{B(K_1-K_3)k_0}(1+K_3^2)))]/R_2) \tag{7.2-232}$$

其中

$$f_1=2GK_1^2-\lambda\Lambda^2+\frac{\Lambda^2}{q_2}(2G+\lambda)q_1 \tag{7.2-233}$$

$$f_2=i\frac{\Lambda^2}{q_2}(2G+\lambda)(\hat{\omega}-\hat{U})C_0t_1 \tag{7.2-234}$$

$$R_2=e^{2B(K_1-K_3)k_0}(K_1K_3-1)(g_1+2i\,g_3K_1+g_1k_3^2)+e^{2BK_1k_0}(1+K_1K_3) (g_1-2i\,g_4K_1+g_1k_3^2)+e^{2BK_3k_0}(1+K_1K_3)(g_2-2i\,g_3K_1+g_2k_3^2)+(K_1K_3-1) (g_2+2i\,g_4K_1+g_2k_3^2)+2i\,e^{B(K_1-K_3)k_0}K_1(g_3+g_4+2i(g_1+g_2)K_3+(g_3+g_4)K_3^2) \tag{7.2-235}$$

$$g_1=f_1+\frac{f_2}{r_1}iK_1(q_1\hat{\omega}-\hat{U}) \tag{7.2-236}$$

$$g_2=f_1-\frac{f_2}{r_1}iK_1(q_1\hat{\omega}-\hat{U}) \tag{7.2-237}$$

$$g_3=2iGk_3-\frac{f_2}{r_1}(q_3\hat{\omega}-\hat{U}) \tag{7.2-238}$$

$$g_4=2iGk_3+\frac{f_2}{r_1}(q_3\hat{\omega}-\hat{U}) \tag{7.2-239}$$

$$g_5=\frac{f_2}{r_1}\Lambda^2(\hat{U}-q_2\hat{\omega})a_{21} \tag{7.2-240}$$

$$r_1=e^{k_0h}[(\hat{\omega}-\hat{U})^2\cosh(k_0h)-\sinh(k_0h)] \tag{7.2-241}$$

$$q_2=1-n_0+\alpha_2n_0 \tag{7.2-242}$$

通过边界层修正方法得到的第二种纵波的量纲化解为

**$O(\varepsilon_1)$：**

$$\phi_{10}^{[2]}=a_{21}e^{ik_0(x-y/\varepsilon_2)}\frac{a}{k_0e^{k_0h}}\frac{k_1^2}{k_2^2} \tag{7.2-243}$$

其中

$$a_{21}=\frac{2GK_1^2-\lambda\Lambda^2}{\Lambda^2(2G+\lambda)}(a_{11}+a_{12})-\frac{2iGK_3}{\Lambda^2(2G+\lambda)}(a_{31}-a_{32}) \tag{7.2-244}$$

$O(\boldsymbol{\varepsilon}_1\boldsymbol{\varepsilon}_2)$：

$$\phi_{11}^{[2]}=c_{21}e^{ik_0(x-y/\varepsilon_2)}\frac{a}{k_0e^{k_0h}}\frac{k_1^2}{k_2^2} \tag{7.2-245}$$

其中

$$c_{21}=[i(\hat{\omega}-\hat{U})C_0t_1E_5-q_1(c_{11}+c_{12})]/q_2 \tag{7.2-246}$$

求解完位移势之后，可以得到所有的其他变量。

**(3) 算例**

考虑图 7.2-21 的海床一海浪相互作用模型，选择振幅$\eta_0=0.1$m 且周期 $T=1$s 的传入水波，平均水深 $h=1.0$m，水的密度 $\rho=1000$kg/m$^3$，水的体积弹性模量 $K=2.3\times10^9$N/m$^2$，均质水的动力黏度 $\mu=0.001$Ns/m$^2$，而且采用表 7.2-3 中的黏弹性土海床的值，可以解决不同的边界值问题。求解完速度势 $\Phi$ 和位移势$\Phi_j^{(m)}$ （$m=1$，…，$n$ 而且 $j=1$，2，3)，可以得到孔隙水压力，有效应力，剪切应力，固体和流体的位移和海床的轮廓。然而，本节为了简洁只阐明了扰动孔隙水压力和竖向有效应力。

**黏弹性土壤参数选择** 表 7.2-3

| 参数 | 粉土 | 砂土 | 单位 |
|---|---|---|---|
| 密度 $\rho_s$ | 2600 | 2650 | kg/m$^3$ |
| 孔隙度$n_0$ | 0.3 | 0.4 | — |
| 比渗透率系数$k_p$ | $10^{-12}$ | $10^{-10}$ | m$^2$ |
| Lame 常量 $G$ | $2\times10^4$ | $5\times10^4$ | N/m$^2$ |
| Lame 常量 $\lambda$ | $10^5$ | $10^5$ | N/m$^2$ |
| 黏性模量$G_\nu$ | 0.0094 | 2.51 | Ns/m$^2$ |
| 黏性模量$\lambda_\nu$ | $4.54\times10^3$ | $2.83\times10^5$ | Ns/m$^2$ |

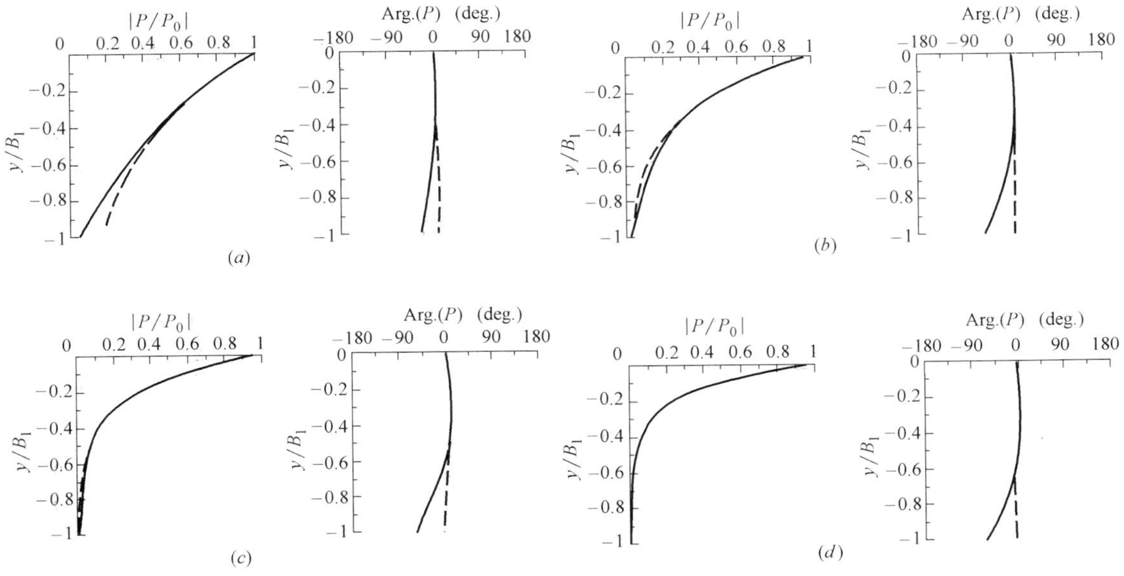


图 7.2-22 孔隙水压力摄动变化分布（实线为第 1 层土，虚线为单一土层）

($a$) $B_1=0.25L$；($b$) $B_1=0.5L$；($c$) $B_1=0.75L$；($d$) $B_1=L$

图 7.2-22 表明不同层厚的第一个土层的扰动孔隙水压力的振幅和相位角。实线表示多层土的第一层的结果，虚线表示采用 Hsieh 提出的单层土模型。在图 7.2-22 中，$P_0$ 为海床上的扰动压力，表明在厚度$B_1$＝波长 $L$ ［$L=2\pi/k_r$而且$k_r=\mathrm{Re}$（$k_0$）］多层土的第一层的孔隙压力与单土层只是略有不同，但是第一土层厚度为四分之一波长（也就是$B_1=0.25L$）差异非常显著。

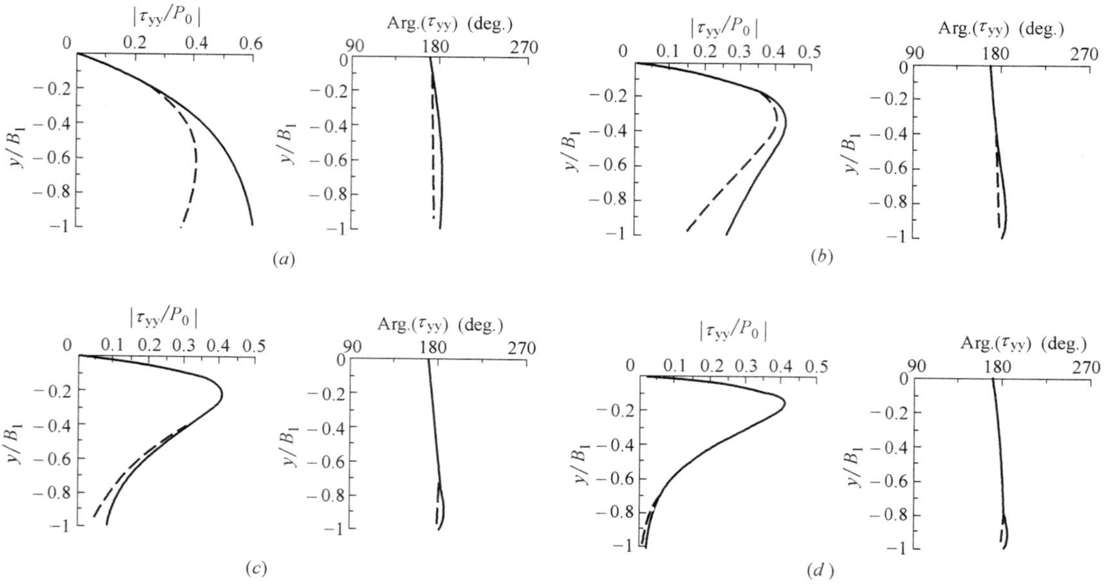


图 7.2-23 竖向有效应力分布变化（实线为第 1 层土，虚线为单一土层）
（a）$B_1=0.25L$；（b）$B_1=0.5L$；（c）$B_1=0.75L$；（d）$B_1=L$

图 7.2-23 所示的扰动竖向有效应力变化和图 7.2-22 中近似。同样表明多层土的第一层和单一土层动力响应的不同。

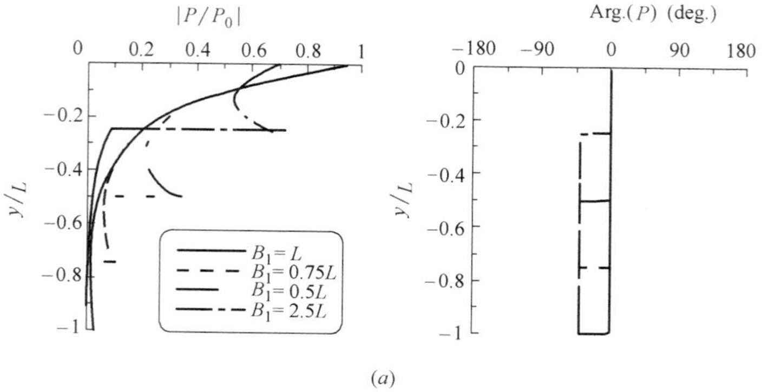


图 7.2-24 粉土和砂土组成在波浪作用下孔隙
水压力和竖向有效应力变化（一）

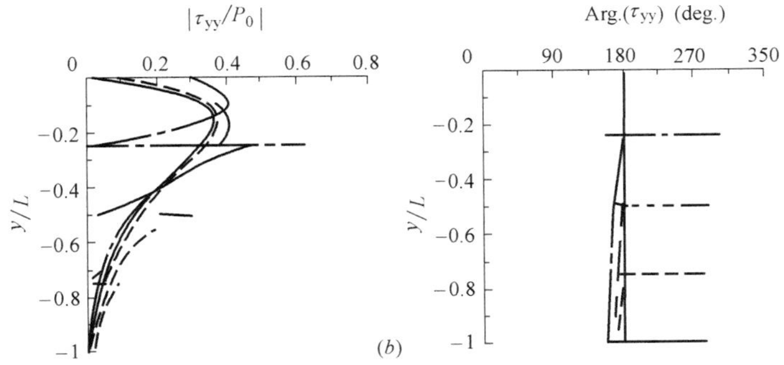


图 7.2-24 粉土和砂土组成在波浪作用下
孔隙水压力和竖向有效应力变化（二）

如果土轮廓由两层——粉土和砂土组成，波浪作用下孔隙水压力和竖向有效应力的变化如图 7.2-25 所示。当粉土为上层时，衰减孔隙压力在靠近砂土层时将会再次增强。在厚度如图 7.2-25（*a*）所示时的现象特别明显。这是由于粉土的刚度小于砂土的刚度，所以粉土层容易受表面水波的干扰。图 7.2-25（*b*）所示竖向有效应力同样表明了两层界面的突然变化。

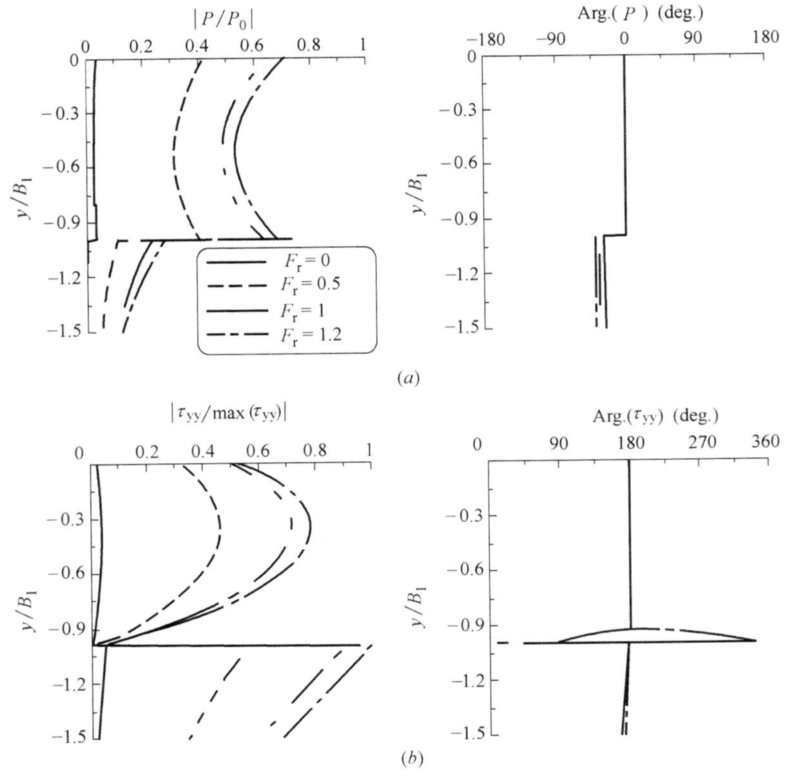


图 7.2-25 上层粉土在波浪孔隙水压力与竖向有效应力变化

关于水波和流动的相互作用，如图 7.2-25 所示上层土（粉土）中的扰动孔隙水压力和有效竖向应力将会随着流速增加而增加，因此弗洛德数（表示为 $F=U/\sqrt{gh}$，其中 $U$ 为平均流速而且 $g$ 为重力加速度）的影响显著。上层土中的相位角的轮廓几乎不受流动的影响，然而在下层有少量的变化。竖向有效应力对水波和流动的响应与图 7.2-24（$b$）和图 7.2-24（$b$）相比较更加猛烈。

土力学中，渗透力 $J^*$ 和定向转角 $\theta$ 定义为

$$J^*=\sqrt{(J_x^*)^2+(J_y^*)^2}$$

$$\theta=\tan^{-1}(J_y^*/J_x^*)$$

其中渗透力的水平分量和竖向分量为

$$J_x^*=-\partial P^*/\partial x$$

$$J_y^*=-\partial P^*/\partial y$$

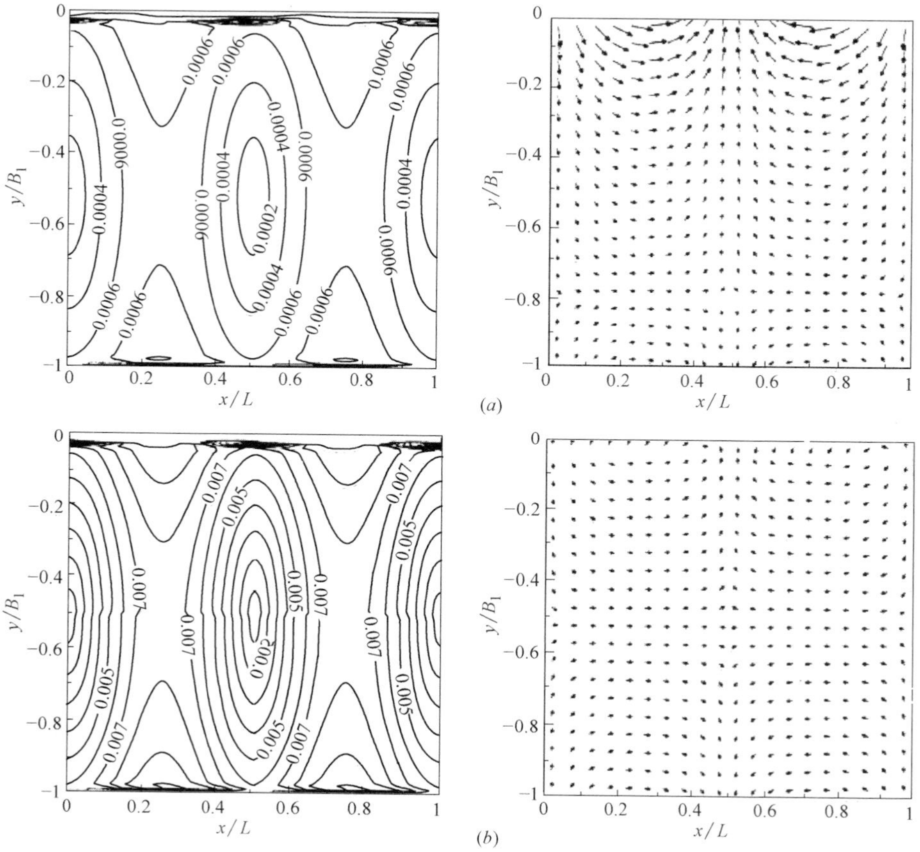


图 7.2-26　波浪诱发渗透力等值线与向量图

（$a$）$B_1=L$；（$b$）$B_1=0.25L$

由水波引起的第一土层内的渗透力的等值线和向量场如图 7.2-26 所示。检查等值线，渗透力在粉土和砂土的表面或界面变得更大。向量图表明向下的渗透力出现在靠近相应表面水波波峰的位置（也就是 $x=0$，$L$，$2L$，…）而向上的渗透力出现在靠近相应表面水波波谷的位置（也就是 $x=L/2$，$3L/2$，…）。显而易见的第一土层中高层区［例如，图

7.2-26（$a$）所示五分之四土体深度和图 7.2-26（$b$）所示二分之一土体深度］渗透力的方向与低层区相反。这意味着如果土体不稳定，将会发生在相应表面水波波谷的位置和第一土层的高层区。

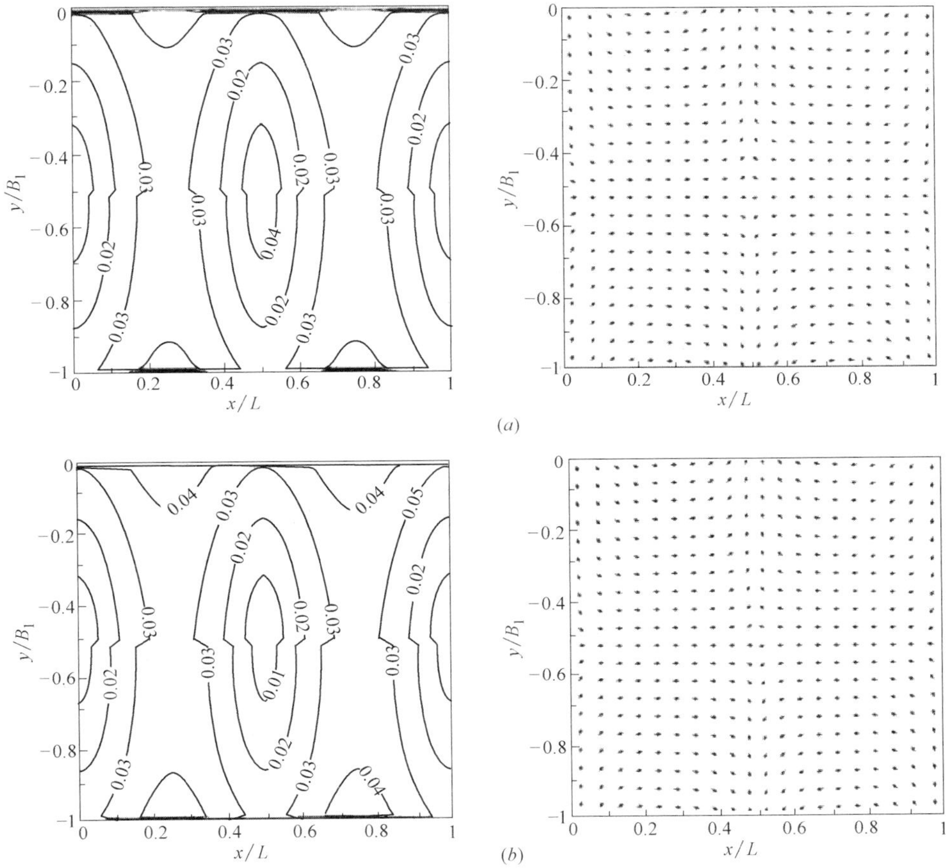

图 7.2-27

（$a$）$P_r=0.5$；（$b$）$P_r=1.2$

为了了解流动对渗透力的影响，用曲线图表示的不同弗洛德数（例如 $F=0.5$ 和 $F=1.2$）的 $B_1=0.25L$ 的等值线和向量场如图 7.2-26 所示，几乎看不出差异，因为由于小扰动的限制而选择的弗洛德数很接近。然而，比较图 7.2-26（$b$）和图 7.2-27（$b$），正如等值线图所示，我们可以看出由水波和流动引起的扰动渗透力比只由水波引起的要大。另一方面，基于渗透力的定义，流动的影响也可以从图 7.2-26（$a$）中的轮廓来理解。

**（4）小结**

多层土体的响应与单层土体的不同而且当第一个土层厚度变小时衰减更明显，例如小于四分之一水波波长。水波和流动的相互作用同样与只有水波不同。此外，当前的研究表现了扰动渗透力的分布，对了解土体失效可能的位置有帮助。结果是相应于表面水波表面顶点的位置易于稳定，而相应于表面水波波谷的位置易于不稳定。如果土体不稳定真的发生，将会靠近海床表面或两种不同土壤的界面。当前的工作有利于更好地理解土体和水相互作用的原理。

当土体层为软土时，基于$\varepsilon_1=k_0a$的高阶 Stokes 展开无效，也就是单参数扰动失效[18]。这是因为由于第二种波导致软土层内部靠近均质水和土体层界面存在边界层。因此，考虑基于第二种纵波波数的第二长度比例对边界值问题很必要，因此提出了基于$\varepsilon_1=k_0a$和$\varepsilon_2=k_0/k_2$的双参数扰动展开。因为第二种纵波在边界层外面消失但是在边界层内部存在，边界层内部位移势的解需要被修正。因此，本节中$1\gg\|\varepsilon_2\|>\|\varepsilon_1\|$约束下完整的边界值问题通过边界层修正方法来解决。因为室内实验或编程测量有效应力和孔隙水压力通常在有限厚度土壤层内进行，考虑不透水刚性边界的影响，因此提出的工作变得更加实际和复杂。

这项工作证明土体条件应采用有限厚度土体层的精确解而不是无限厚度，因为两种解在土体内部大多数位置不同，不然孔隙压力、竖向有效应力、剪切应力等物理量将被低估，除了厚度等于或大于波长。

此外，边界作用对扰动孔隙水压力影响显著，它的峰值对分析土体液化非常重要。如果土体流动和表面扰动条件已知，孔隙压力的峰值可以由当前工作得到。例如，峰值孔隙压力发生的位置在软土层表面或底部取决于土体床的厚度。

## 7.3 结构-海洋水弹性解法[31]

水弹性理论是与惯性力、流体动力和弹性力三者相互作用的现象有关的理论，主要体现在复杂的流体动力学问题和单独考虑的结构分析以及二者通过相互作用力产生的一些特殊问题。与气动弹性力学理论相比，海洋结构物领域还是存在明显的不同，如自由表面的影响，流体的属性，结构与水的相对速度，空穴效应的影响等。自由表面效应使得海洋结构物产生了复杂的水动力问题。

结构-海洋相互作用问题归类为水弹性力学问题的必要条件是存在流体压力和结构变形的相互作用。对于任意流体-结构物系统，作用于结构湿润面的流体压力会削弱刚体运动以及结构变形；反过来，刚体运动和结构变形也会影响其周围的压力场、流体流动和波形。但对于大多数传统的海洋结构物如钻井平台，结构的变形对流体场的影响相对于刚体变形来说，小到可以忽略不计。为了确定作用于湿润面上的压力，可以假定结构是刚性的；然后在结构分析中通过在结构上施加分布力或者集中力来计算结构变形。这样将流体一结构相互作用的耦合问题解耦为流体动力学问题和结构动力学问题。但是随着结构尺寸的增大、运动结构的速度以及高强轻质材料的应用，结构变形对流场的影响变得越来越重要。

### 7.3.1 波浪势流理论

本节假设海洋流动是有势的，表面波的振幅相对于它的波长是小量，也就是$\alpha/\lambda\ll1$；同时结构是线弹性的，运动和变形很小。基于以上这些假设，可以建立水弹性理论的线性数学模型，并且通过傅里叶变换将时域问题转化为频域问题。下面主要说明三维频域水弹性理论。

**(1) 弹性结构体的运动分析**

弹性结构体的任何位移都可以通过模态叠加法将其主模态叠加得到。假设结构体有无穷多的自由度，那么在平衡坐标系 $Oxyz$ 中的位移向量可以表示为：

$$\boldsymbol{u}\sum_{r=1}^{\infty}p_r(t)\boldsymbol{u}_r \tag{7-3-1}$$

其中 $p_r(t)$ 是第 $r$ 个主坐标，向量 $\boldsymbol{u}_r=(u_r,\ v_r,\ w_r)$ 是结构的第 $r$ 个主模态，定义在平衡位置。

如果结构体与波浪沿着 $x$ 轴存在恒定速度 $U$，则结构体表面任意点 $P(x,\ y,\ z)$ 的速度可以表示为：

$$\boldsymbol{V}_s=U\boldsymbol{i}+\dot{\boldsymbol{u}}=U\boldsymbol{i}+\sum_{r=1}^{\infty}\dot{p}_r(t)\boldsymbol{u}_r \tag{7-3-2}$$

转角向量为：

$$\boldsymbol{\theta}=\sum_{r=1}^{\infty}p_r(t)\boldsymbol{\theta}_r \tag{7.3-3}$$

$$\boldsymbol{\theta}_r=\frac{1}{2}\nabla\times\boldsymbol{u}_r \tag{7.3-4}$$

弹性结构如果存在刚体模态，也就是一个结构体的前六个主模态可以用向量表示为：

$$\boldsymbol{u}_1=(1,0,0,)^{\mathrm{T}},\boldsymbol{u}_2=(0,1,0)^{\mathrm{T}},\boldsymbol{u}_3=(0,0,1)^{\mathrm{T}}$$

$$\boldsymbol{u}_4=(0,-z',y'),\boldsymbol{u}_5=(z',0,-z')^{\mathrm{T}},\boldsymbol{u}_6=(-y',x',0)^{\mathrm{T}} \tag{7.3-5}$$

式中前三个模态分别表示沿着平衡坐标系三个坐标轴方向的单位向量，后三个模态分别表示随体坐标系沿着三个坐标轴的单位转角向量。在这里，随体坐标系的 $xz$ 平面与结构体的中纵线面一致，$x$ 轴的方向指向结构体来流方向；$z$ 轴向上，$Oxyz$ 坐标系是一个右手系，相应的主坐标为 $P_j$ $(t)$，$j=1$，2，3…，6。令：

$$\boldsymbol{\eta}=(p_1(t),p_2(t),p_3(t))^{\mathrm{T}} \tag{7.3-6a}$$

$$\boldsymbol{\Omega}=(p_4(t),p_5(t),p_6(t))^{\mathrm{T}} \tag{7.3-6b}$$

$$\boldsymbol{\alpha}=\boldsymbol{\eta}+\boldsymbol{\Omega}\times\boldsymbol{X}'=\sum_{r=1}^{6}p_r(t)\boldsymbol{u}_r \tag{7.3-6c}$$

其中随体坐标系中的位置向量 $\boldsymbol{X}'=(x',\ y',\ z')$；$\boldsymbol{\eta}$ 为平移矢量，$\boldsymbol{\Omega}$ 为转动向量，$\boldsymbol{\alpha}$ 为由刚体平移和转动产生的位移。将式（7.3-5）、式（7.3-6）带入式（7.3-1）～式（7.3-4）得到：

$$\boldsymbol{u}=\boldsymbol{\alpha}+\sum_{r=7}^{\infty}p_r(t)\boldsymbol{u}_r \tag{7.3-7a}$$

$$\boldsymbol{V}_s=U\boldsymbol{i}+\dot{\boldsymbol{u}}=U\boldsymbol{i}+\dot{\boldsymbol{\alpha}}+\sum_{r=7}^{\infty}\dot{p}_r(t)\boldsymbol{u}_r \tag{7.3-7b}$$

$$\boldsymbol{\theta}=\sum_{r=7}^{\infty}\dot{p}_r(t)\boldsymbol{\theta}_r \tag{7-3-7c}$$

**(2) 速度势与边界条件**

海洋线性波浪问题在随体坐标中的速度势及边界条件如下：

$$\boldsymbol{V}=\nabla\Phi(x_0,y,z,t) \tag{7.3-8}$$

$$\nabla^2\Phi=0, z<0 \tag{7.3-9}$$

$$\Phi_{tt}+g\Phi_z=0, z=0 \tag{7.3-10a}$$

$$\Phi_z=0, z=-h \tag{7.3-10b}$$

$$\Phi_{,n}=V_s\times n \quad \text{on } S \tag{7.3-10c}$$

假设随体坐标系（$x_0$，$y$，$z$）和平衡坐标系（$x$，$y$，$z$）之间的关系为：$x_0=x+Ut$。结构体湿润面的速度由式（7.3-7$b$）确定。

对于一个线性系统叠加原理是适用的，总的速度势可以分为两部分：一部分 $U\bar{\phi}$ 由浮式体在洋流运动产生，另一部分 $\phi$ 由结构体在波中的运动和变形产生。

$$\Phi=U\bar{\phi}+\phi(x,y,z,t) \tag{7.3-11}$$

$$\phi=\phi_I+\phi_D+\sum_{r=1}^{\infty}p_r(t)\phi_r(x,y,z) \tag{7.3-12}$$

其中 $\bar{\phi}$ 是结构体以单位速度沿 $x$ 轴平动产生的速度势，$\phi_I$ 通常为已知入射波势；$\phi_D$ 被称为绕射势。为了抵消入射波的影响，它取决于结构体表面 $\bar{S}$ 的边界条件：

$$\phi_{D,n}=-\phi_{I,n} \quad \text{on } \bar{S} \tag{7.3-13}$$

$\phi_r$ 被称为辐射势，对于 $r\leqslant 6$ 波势取决于刚体运动；当 $r\geqslant 7$ 时波势取决于结构体变形。绕射势（辐射势）需满足辐射条件：

$$\phi_{D,r}\sim\frac{o(1)}{\sqrt{R}}e^{-i(kR-\omega_e t)}, \text{当 } R=\sqrt{x^2+y^2}\to+\infty \tag{7.3-14}$$

其中 $k$ 是相关的 3D 问题的波数，由波频和水深的频散关系得到，指数上的负号是为了使频率的符号为正。

在平衡坐标系 $Oxyz$ 中，稳定洋流的速度矢量为：

$$\boldsymbol{W}=U\ \nabla(\bar{\phi}-x) \tag{7.3-15}$$

式中第二项表示从 $+x$ 方向的均匀流，第一项表示定常洋流运动带来的扰流。结构体表面稳定状态 $\bar{S}$ 的势 $\bar{\phi}$ 的边界条件为：

$$\boldsymbol{W}\cdot\boldsymbol{n}=U\ \nabla(\bar{\phi}-x)\cdot\boldsymbol{n}=0 \quad \text{或} \quad \partial\bar{\phi}/\partial n=n_1\text{，在 } \bar{S} \text{ 位置} \tag{7.3-16}$$

将式（7.3-11）与式（7.3-15）带入边界条件式（7.3-10c），得到结构湿润面的边界条件：

$$\frac{\partial\phi}{\partial n}=(\dot{\boldsymbol{u}}-\boldsymbol{W})\cdot\boldsymbol{n} \tag{7.3-17a}$$

或

$$\frac{\partial\phi}{\partial n}=[\dot{\boldsymbol{u}}+(\boldsymbol{W}\cdot\nabla)\boldsymbol{u}-(\boldsymbol{u}\cdot\nabla)\boldsymbol{W}]\cdot\boldsymbol{n} \quad \in\bar{S} \tag{7.3-17b}$$

现在将式（7.3-12）、式（7.3-1）带入到式（7.3-17$b$）得

$$\sum_{r=1}^{\infty}\left\{p_r\frac{\partial\phi_r}{\partial n}=[\dot{\boldsymbol{p}}_r u_r+p_r(\boldsymbol{W}\cdot\nabla)\boldsymbol{u}_r-p_r(\boldsymbol{u}_r\cdot\nabla)\boldsymbol{W}]\cdot\boldsymbol{n}\right\}=0 \quad \in\bar{S} \tag{7.3-17c}$$

假设运动为正弦，且截断到 $N$ 阶，也就是说主坐标有如下形式：

$$p_r(t)=p_r\exp(i\omega_e t), r\in N \tag{7.3-18}$$

其中 $\omega_e$ 是频率。将（7.3-18）带入到（7.3-17$c$）中，注意到该边界条件必须满足任意运动和变形，得到等价条件：

$$\frac{\partial \phi_r}{\partial n}=[i\omega_e \boldsymbol{u}_r+(\boldsymbol{W}\cdot\nabla)\boldsymbol{u}_r-(\boldsymbol{u}_r\cdot\nabla)\boldsymbol{W}]\cdot\boldsymbol{n}\quad \in\overline{S}, r\in N \tag{7.3-19}$$

很明显，上式适用于所有刚体和柔体模态，特别是右端项只包含结构体的运动和变形，并不受入射波的影响；波仅仅是由结构体的运动和变形产生并向体外传播，这就是为什么称之为辐射势。

**(3) 弹性结构体表面的波浪压强分布**

结构体表面 $S$ 的压强可以用伯努利方程表示：

$$p=-\rho\left[\phi_t+\boldsymbol{W}\cdot\nabla\phi+\frac{1}{2}(W^2-U^2)+gz+\frac{1}{2}\nabla\phi\cdot\nabla\phi\right]\quad\in S \tag{7.3-20a}$$

将 $S$ 面上的压强 $p$ 泰勒展开得到 $p|_S=(1+u\cdot\nabla+\cdots)\ p|_{\overline{S}}$，忽略掉二阶及更高阶项，式（7.3.20$a$）简化为：

$$p=-\rho\left[\phi_t+\boldsymbol{W}\cdot\nabla\phi+\frac{1}{2}(W^2-U^2)+gz+gu_3+\frac{1}{2}(\boldsymbol{u}\cdot\nabla)W^2\right]_{\overline{S}} \tag{7.3-20b}$$

其中 $u_3$ 是 $\boldsymbol{u}$ 的 $z$ 方向分量。$\overline{\phi}$ 和 $\boldsymbol{W}$ 是 $O(1)$ 阶量，$\nabla\phi$、$\phi_t$ 以及 $\boldsymbol{u}$ 是小量；因此式（7.3-20$b$）既包括零项阶也包括一阶项。

在式（7.3-22）中，$\phi\propto\omega_e\boldsymbol{u}\cdot\boldsymbol{n}$；对于一般形状体，$\boldsymbol{n}\sim O(1)$，含 $\phi$ 项的阶取决于 $\omega_e$ 和 $\boldsymbol{u}$。如果 $\omega_e$ 与 $\sqrt{(L/g)}$ 成比例，或 $\delta=\omega_e/\sqrt{(L/g)}=O(1)$。因为 $\delta=O(\varepsilon^{-1/2})$，$\varepsilon$ 是小参数。式（7.3-20$b$）进一步简化为：

$$p\Big|_S=-\rho\left\{\phi_t+W\cdot\nabla\phi+\frac{1}{2}(W^2-U^2)+gz\right\}\Big|_{\overline{S}} \tag{7.3-20c}$$

式（7.3-20$b$）的最后两项提供结构体运动和变形的力，因此提供恢复力。而式（7.3-20$c$）中缺少这两项说明，在高频范围内，流体的恢复力对柔性体的作用不大。

对于细长扁平体，一些项会比一阶项更小，此时压强可以简化为：

$$p\Big|_S=-\rho\left\{\phi_t+W\cdot\nabla\phi+\frac{1}{2}(W^2-U^2)+g(z+u_3)\right\}\Big|_{\overline{S}} \tag{7.3-20d}$$

另外，稳定流如果被看作是均匀流的小的扰动，压强可以被再次简化：

$$p|=-\rho[\phi_t-U\phi_x+g(z+u_3)]|_{\overline{S}} \tag{7.3-20e}$$

如果式（7.3-20$b$）中的振幅的阶比设想的大，整个推导过程，包括线性化过程，都需要被重新检验，甚至可能会用到非线性格式。

**(4) 弹性结构体周围的势流**

弹性结构体附近海洋总的速度势可以被分离成：

$$\Phi=U\overline{\phi}+\phi(x,y,z,t) \tag{7.3-11}$$

和

$$\phi=\phi_I+\phi_D+\sum_{r=1}^{\infty}p_r(t)\phi_r(x,y,z) \tag{7.3-12}$$

首先，需要求解稳定势 $\overline{\phi}(x,\ y,\ z)$，这是一个典型的兴波问题（wave-making）。假如自由表面条件是线性的，而且结构体也是非细长型的，那么 $\overline{\phi}(x,\ y,\ z)$ 这个问题被称作 Neumann-Kelvin 问题。这个问题在平衡坐标系中满足线性自由表面条件：

$$U^2\overline{\phi}_{xx}+g\overline{\phi}_z=0, z=0 \tag{7.3.10a}$$

物面条件见式（7.3-10$c$），海底条件见式（7.3-10$b$）。

Kelvin 源（或者叫面元法、间接边界元法等）的解为：

$$\overline{\phi}(p)=\frac{1}{4\pi}\int_{S}\sigma(q)G(p,q)dS-\frac{1}{4\pi K_0}\oint_{C_w}\sigma\cos(\xi,n)G(p,q)d\eta \tag{7.3-21}$$

其中，$K_0=g/U^2$；$p(x, y, z)$ 和 $q$（$\xi$，$\eta$，$\zeta$）分别代表场和源点。$\sigma(q)$ 是分布在 $\overline{S}$ 和水线 $C_w$ 上的源强度。$n$ 是水线 $C_w$ 在平面 $\eta=z=0$ 处内向法向量。如果结构体较薄，线积分的影响较小可以忽略。但是对于一般形状的物体，结构体产生的波的完整形式可能不是线性的，Neumann-Kelvin 问题就是个不相容理论。

$G(p, q)$ 是格林函数，称为 Kelvin 源或者 Havelock 源，表达式如下：

$$G(x,\xi)=\frac{1}{r}+\frac{1}{r^2}+N_1+N_2 \tag{7.3-22a}$$

其中，

$$N_1=\frac{4}{\pi}\int_0^{\pi/2}\mathrm{d}\theta p.v.\int_0^{\infty}\frac{e^{-kh}\cosh[k(\zeta+h)](k\cos^2\theta+K_0)}{K_0\sinh(kh)-k\cos^2\theta\cosh(kh)}\cdot \cos[k(x-\xi)\cos\theta]\cos[k(y-\eta)\sin\theta]\cosh[k(z+h)]\mathrm{d}k \tag{7.3-22b}$$

$$N_2=4K_0\int_{\theta_0}^{\pi/2}\frac{\cosh[k_1(\zeta+h)]\cosh[K_1(z+h)]}{K_0h-\cos^2\theta\cosh^2(K_1h)}\cdot \sin[K_1(x-\xi)\cos\theta]\cos[K_1(y-\eta)\sin\theta]\mathrm{d}\theta \tag{7.3-22c}$$

$r$ 是场点 $p$ 与源点 $q$ 的距离；$[\xi, \eta, -(2h+\zeta)]$ 是海底 $z=-h$ 处的源点的像；$r_2$ 是场点 $p$ 与像点 $[\xi, \eta, -(2h+\zeta)]$ 的距离。

式（7.3-22$a$）的前两项分别表示在一个无限流体域中，单一点源 $q$ 和海底像点的势；前两项之和叫作有限水深的改进 Rankine 源。在这里，$K_0=g/U^2$；$K_1$ 以下超越方程的正解：

$$K_0\sinh(K_1h)-K_1\cos^2\theta\cosh(K_1h)=0,K_1=K_0\sec^2\theta\cdot\tanh(K_1h) \tag{7.3-23}$$

式（7.3-23）实际上是兴波问题的频散关系，表示波数、Froude 数、水深、基本波的波向 $\theta$ 之间的关系。频散关系的根是积分 $N_1$ 的极值点。式（7.3-23）有实根的条件为：

$$\cos^2\theta/(K_0h)<1 \quad \text{i.e.}\quad F_h^2\cos^2\theta<1$$

其中，$F_h=U/\sqrt{gh}$ 是 Froude 数。如果 $F_h<1$，条件适用于任意角度 $\theta$；如果 $F_h>1$，则需要 $\theta\geqslant\theta_0=\cos^{-1}(1/F_h)$。$\theta_0$ 就是式（7.3-22$c$）中的积分限。注意到 $\theta$ 是基本波传播方向和船舶平移方向的夹角。在亚临界范围，$F_h<1$，船-波系统由所有 $\theta\in[-\pi/2, \pi/2]$ 的基本波组成。在超临界范围，$F_h>1$，只有 $\pi/2>\theta\geqslant\theta_0$ 及 $-\pi/2<\theta\leqslant\theta_0$ 的基本波对系统有作用，而且随着 Froude 数的增加剧烈变化。

体表面源强度 $\sigma(q)$ 通过满足边界条件（7.3-16）确定。$\overline{S}$ 表面独立于结构体振动和变形之外，而且是已知的，所以可以通过一般的边界元法解。一旦计算出结构体表面的速度势分布，沿着表面的速度分量可以容易计算，同时，法向速度已经由边界条件得到。因此，可以算出体表的速度向量和压强分布。兴波阻力、升力、力矩都可以通过体表的压强积分得到。

其次，需要解决已知入射波势的绕射势。线性自由面边界条件为：

$$-\omega_e^3\overline{\phi}-2Ui\omega_e\widetilde{\phi}_x+U^2\widetilde{\phi}_{xx}+g\widetilde{\phi}_z=0,z=0 \tag{7.3-24}$$

$\tilde{\phi}$ 是非定常势的空间部分，$\omega_e$ 是频率：

$$\omega_e = \omega - Uk\cos\beta \tag{7.3-25}$$

$\beta$ 是关于 $x$ 轴的角度。频散关系为：

$$\omega^2 = (\omega_e + kU\cos\beta)^2 = gk\tanh(kh) \tag{7.3.26}$$

$\omega$ 是入射波的固有频率。

对于一个正弦式的入射波，它的速度势表达式为：

$$\begin{aligned}\phi_0 &= \frac{iga}{\omega}\frac{\cosh[k(z+h)]}{\cosh(kh)}\exp\{-i[k(x_0\cos\beta + y\sin\beta) - \omega t]\} \\ &= \frac{iga}{\omega}\frac{\cosh[k(z+h)]}{\cosh(kh)}\exp\{-i[k(x\cos\beta + y\sin\beta) - \omega_e t]\}\end{aligned} \tag{7.3-27a,b}$$

式中 $a$ 是入射波的振幅，式（7.3-27$a$）是空间固定坐标系中入射势的形式，式（7.3-27$b$）是平衡坐标系中的形式，以上速度势满足所有方程和边界条件。

下面从 Laplace 方程格林第三恒等式求解绕射势。通过格林第三恒等式用速度的值和边界面的法向导数来表示速度势：

$$c_p\phi_D(p) = \int_{\partial\Omega}\left[\phi_D(q)\frac{\partial G_D}{\partial n} - G_D(p,q)\frac{\partial \phi_D}{\partial n}\right]dS \tag{7.3-28}$$

其中$\partial\Omega$ 是流体域的边界面，包括自由表面 $S_F$，平均体表面 $\bar{S}$，海底面 $S_B$、围绕流体域的半径为 $R$ 立式圆筒型面 $S_R$。

在 $S_B$ 面，$\partial\phi_D/\partial z=0$。如果 $G_D$ 需要满足类似条件，$S_B$ 上的积分将会是 0。在面 $S_R$ 上，如果 $G_D$ 满足类似于式（7.3-14）中的辐射条件，容易证明，当 $R=\sqrt{(x-\xi)^2+(y-\eta)^2}$ 逼近无限大的时候，$S_R$ 上的积分将逼近 0。在 $S_F$ 面上，积分为：

$$I = \int_{\zeta=0}\left[\phi\frac{\partial G}{\partial\zeta} - G\frac{\partial\phi}{\partial\zeta}\right]d\xi d\eta = \int_{\zeta=0}\left[\phi\frac{\partial G}{\partial\zeta} + \frac{G}{g}(-\omega^2\phi - 2iU\omega\phi_\xi + U^2\phi_{\xi\xi})\right]d\xi d\eta \tag{7.3-29}$$

为了简化，所有的下表被临时省略了。可以看出格林方程是否满足下面的自由面边界条件：

$$-\omega_e^2 G + 2i\omega_e UG_\xi + U^2 G_{\xi\xi} + gG_\zeta = 0, \zeta = 0 \tag{7.3-30}$$

在以上条件下，与满足速度势的条件相比，第二项之前有符号的区别，所以积分 $I$ 变为：

$$\begin{aligned}I &= \frac{1}{g}\int_{\zeta=0}[\phi(-2i\omega_e G_\xi - U^2 G_{\xi\xi}) + G(-2iU\omega_e\phi_\xi + U^2\phi_{\xi\xi})]d\xi d\eta \\ &= \frac{1}{g}\int_{\zeta=0}\{-2i\omega_e U(G\phi)_\xi - U^2[(\phi G_\xi)_\xi - (G\phi_\xi)_\xi]\}d\xi d\eta \\ &= \frac{1}{g}\int_{C_w}[2i\omega_e UG\phi + U^2(\phi G_\xi - G\phi_\xi)]d\eta\end{aligned} \tag{7.3-31}$$

线积分沿着逆时针转动的方向。因此最终的表达式为：

$$c_p\phi_D(p) = \int_{\partial\Omega}\left[\phi_D(q)\frac{\partial G_D}{\partial n} + G_d(p,q)\frac{\partial\phi_0}{\partial n}\right]dS$$

$$+\frac{U}{g}\int_{C_w}[2i\omega_e G_D\phi_D+U(\phi_D G_{D\xi}-G_D\phi_{D\xi})]d\eta \tag{7.3-32}$$

式中当 $p$ 点位于流体域内的时候，$c_p=1$；当 $p$ 点位于流体域外的时候，$c_p=0$；当点 $p$ 位于光滑体表的时候，$c_p=1/2$。线积分部分：

$$\phi_{D\xi}=-\frac{\partial\phi_0}{\partial n_c}\cos\alpha+\frac{\partial\phi_D}{\partial s}\sin\alpha \tag{7.3-33}$$

其中 $\alpha$ 是 $\xi$ 轴与内法向 $n_c$ 的夹角（$\zeta=0$ 平面）；$s$ 是沿水线逆时针方向的弧长。

最后，式（7.3-32）中唯一的未知量就是绕射势，这个积分方程可以直接用边界元方法求解。一旦算出边界上的绕射势，那么，作用在结构体上的速度、压强、力、力矩就能算出。

对于辐射势，如果结构体的运动和变形已知，可以用和绕射势一样的方法得到。在水弹性问题中，物体的运动和变形是未知的，而且取决于激振力和驱动力以及作用在上面的流体力，所以刚体运动、变形、辐射势必须联合求解。但是为了使用模态叠加法，结构体位移的主模态必须提前得到。

## 7.3.2 线性结构动力学[5]

海洋波浪的计算已在上一节中讨论，接下来就是弹性体结构动力学特性。为了解决水弹性问题，通常要先算出弹性结构的主振型。算出结构的主振型是一个典型的结构动力学模态分析问题。

**（1）弹性体有限元离散**

将连续结构离散成有限数量的单元，每个单元由节点表示。单元之间通过这些节点连接。单元内的位移分布由单元节点位移插值得到。当单元插值函数选定之后，有限元后续的计算可由程序自动运行。

对于弹性结构变形问题，任一点位移 $\tilde{\boldsymbol{u}}$ 可表示为：

$$\tilde{\boldsymbol{u}}=(\tilde{u},\tilde{v},\tilde{w})=\boldsymbol{N}\tilde{\boldsymbol{U}}_e \tag{7.3-34}$$

其中 $\boldsymbol{N}$ 是插值形函数矩阵，$\tilde{\boldsymbol{U}}_e$ 是节点位移列向量。下标 $e$ 表示单元变量，波浪线～表示单元局部坐标。对于一般动力学问题，$\tilde{\boldsymbol{u}}$ 是时变的，而且式（7.3-34）同样适用于瞬间位移 $\tilde{u}(\xi,\ \eta,\ \zeta,\ t)$，此时节点位移 $\tilde{\boldsymbol{U}}_e(t)$ 是时间 $t$ 的函数。

**（2）单元刚度矩阵和质量矩阵**

线性应变-位移关系和广义胡克定律可表示为：

$$\tilde{\varepsilon}=\boldsymbol{b}_0\tilde{\boldsymbol{U}}_e \tag{7.3-35}$$

$$\tilde{\boldsymbol{\sigma}}=\boldsymbol{\chi}\tilde{\boldsymbol{\varepsilon}}=\boldsymbol{\chi}\boldsymbol{b}_0\tilde{\boldsymbol{U}}_e \tag{7.3-36}$$

其中 $\boldsymbol{b}_0$ 由矩阵 $\boldsymbol{N}$ 分化得到，$\boldsymbol{\chi}$ 是 $6\times6$ 矩阵，对于均质材料来说，与坐标系无关。

单元应变能和动能分别为：

$$\Pi_e=\frac{1}{2}\int_{\Omega_e}\tilde{\boldsymbol{\varepsilon}}^T\tilde{\boldsymbol{\sigma}}d\Omega=\frac{1}{2}\tilde{\boldsymbol{U}}_e^T\tilde{\boldsymbol{K}}_e\tilde{\boldsymbol{U}}_e \tag{7.3-37}$$

$$T_e=\frac{1}{2}\int_{\Omega_e}\rho_b\dot{\tilde{\boldsymbol{u}}}^T\dot{\tilde{\boldsymbol{u}}}d\Omega=\frac{1}{2}\dot{\tilde{\boldsymbol{U}}}_e^T\tilde{\boldsymbol{M}}_e\dot{\tilde{\boldsymbol{U}}}_e \tag{7.3-38}$$

$\Omega_e$ 是单元体积，$\rho_b$ 是结构密度，

$$\widetilde{K}_e = \int_{\Omega_e} \boldsymbol{b}_0^{\mathrm{T}} \boldsymbol{\chi} \boldsymbol{b}_0 \mathrm{d}\Omega, \widetilde{M}_e = \int_{\Omega_e} \boldsymbol{N}^{\mathrm{T}} \rho_b \boldsymbol{N} \mathrm{d}\Omega \tag{7.3-39a, b}$$

以上两式分别是单元刚度矩阵和单元质量矩阵。它们都是对称矩阵。式（7.3-39$b$）也被称为一致质量矩阵，区别于集中质量矩阵。

**(3) 阻尼**

为了简便只考虑线性黏性阻尼，在单元体积上阻尼形式为：$\boldsymbol{\mu}\dot{\tilde{\boldsymbol{u}}}$。$\boldsymbol{\mu}$ 是分布黏性矩阵，包括每种结构阻尼。利用虚功原理，阻尼力沿虚位移 $\delta\tilde{\boldsymbol{u}}$ 做的虚功为：

$$\delta W_d = -\int_{\Omega_e} \delta\tilde{\boldsymbol{u}}^{\mathrm{T}} \boldsymbol{\mu} \dot{\tilde{\boldsymbol{u}}} \mathrm{d}\Omega = -\delta\widetilde{\boldsymbol{U}}_e^{\mathrm{T}} \widetilde{\boldsymbol{C}}_e \dot{\widetilde{\boldsymbol{U}}}_e \tag{7.3-40}$$

其中单元阻尼矩阵为：

$$\widetilde{\boldsymbol{C}}_e = \int_{\Omega_e} \boldsymbol{N}^{\mathrm{T}} \boldsymbol{\mu} \boldsymbol{N} \mathrm{d}\Omega \tag{7.3-41}$$

广义单元阻尼力为：$-\widetilde{\boldsymbol{C}}_e \dot{\widetilde{\boldsymbol{U}}}_e$。

**(4) 结点力和外部荷载**

在有限元分析中，单元是靠结点力 $\boldsymbol{R}_e$ 互相联系的。既有集中力荷载也有分布力荷载。水动力作用于结构体的湿润面，重力和浮力都是分布荷载。

由虚功原理，广义流体压强 $p(x, y, z, t)$ 可表示为：

$$\widetilde{\boldsymbol{P}}_e = -\int_{S_e} p \boldsymbol{N}^{\mathrm{T}} \tilde{\boldsymbol{n}} \mathrm{d}s = \{\widetilde{P}_{e1}, \widetilde{P}_{e1}, \cdots\}^{\mathrm{T}} \tag{7.3-42}$$

$\tilde{\boldsymbol{n}}$ 是局部坐标系下单元湿润面的单元外法向量。

锚绳力和激振力是两个典型的集中荷载。如果集中荷载 $\tilde{f}_i(t)$ 作用于（$\xi_i$，$\eta_i$，$\zeta_i$），那么作用在单元上的广义力可表示为：

$$\widetilde{\boldsymbol{F}}_e = \sum_i \boldsymbol{N}^{\mathrm{T}}(\xi_i, \eta_i, \zeta_i) \tilde{\boldsymbol{f}}_i(t) \tag{7.3-43}$$

**(5) 坐标转换**

在求解之前结构体必须进行组装，因此需要将所有单元从局部坐标系 $O\xi\eta\zeta$ 转换到整体坐标系 $Oxyz$，其中 $Oz$ 轴垂直向上。

$$\widetilde{\boldsymbol{U}}_e = \boldsymbol{L}\boldsymbol{U}_e \tag{7.3-44}$$

$\boldsymbol{L}$ 是带状矩阵，每个对角线子阵都是余弦矩阵，元素为：$l_{ij} = \cos(x_i, \xi_j)$，$i$，$j=1$，2，3，代表了两个坐标系坐标轴夹角的余弦。因此 $\boldsymbol{l}$ 是正交矩阵，$\boldsymbol{l}^{-1} = \boldsymbol{l}^{\mathrm{T}}$。可以看出，在这两个坐标系中，任意点的位移和单元表面的法向量都遵循同样的转换规则：

$$\tilde{\boldsymbol{u}} = \boldsymbol{l}\boldsymbol{u}, \tilde{\boldsymbol{n}} = \boldsymbol{l}\boldsymbol{n} \tag{7.3-45}$$

其中，$\boldsymbol{u} = (u, v, w)^{\mathrm{T}}$，$\boldsymbol{n} = (n_1, n_2, n_3)^{\mathrm{T}}$。

在整体坐标系中，单元的相关矩阵如下：

$$\Pi_e = \frac{1}{2}\boldsymbol{U}_e^{\mathrm{T}} \boldsymbol{K}_e \boldsymbol{U}_e, T_e = \frac{1}{2}\dot{\boldsymbol{U}}_e^{\mathrm{T}} \boldsymbol{M}_e \dot{\boldsymbol{U}}_e \tag{7.3-46a}$$

$$\boldsymbol{K}_e = \boldsymbol{L}^{\mathrm{T}} \widetilde{\boldsymbol{K}}_e \boldsymbol{L}, \boldsymbol{M}_e = \boldsymbol{L}^{\mathrm{T}} \widetilde{\boldsymbol{M}}_e \boldsymbol{L}, \boldsymbol{C}_e = \boldsymbol{L}^{\mathrm{T}} \widetilde{\boldsymbol{C}}_e \boldsymbol{L} \tag{7.3-46b}$$

$$\boldsymbol{P}_{\mathrm{e}}=\boldsymbol{L}^{\mathrm{T}}\widetilde{\boldsymbol{P}}_{\mathrm{e}},\boldsymbol{F}_{\mathrm{e}}=\boldsymbol{L}^{\mathrm{T}}\widetilde{F}_{\mathrm{e}},\widetilde{\boldsymbol{R}}_{\mathrm{e}}=\boldsymbol{L}^{\mathrm{T}}\widetilde{R}_{\mathrm{e}}\cdot \boldsymbol{f}_{i}=\boldsymbol{L}^{\mathrm{T}}\widetilde{\boldsymbol{f}}_{i} \tag{7.3-46c}$$

**(6) 广义重力**

整体坐标中，作用于单元的重力做的虚功可表示为：

$$\delta\boldsymbol{U}_{\mathrm{e}}^{\mathrm{T}}\boldsymbol{q}_{\mathrm{e}}=-\int_{\Omega_{\mathrm{e}}}\rho_{\mathrm{b}}g\delta w\,\mathrm{d}\Omega \tag{7.3-47}$$

其中在整个单元体积上积分，因为重力 $\rho_{\mathrm{b}}g$ 是体积分布力；而且重力是沿着 $z$ 轴负方向的，所以积分号前有一个负号。$\delta w$ 是虚拟位移沿 $z$ 轴的分量。$\boldsymbol{q}_{\mathrm{e}}$ 是等效重力。由式（7.3-52）知，若 $\delta\boldsymbol{u}=\boldsymbol{l}^{\mathrm{T}}\delta\widetilde{\boldsymbol{u}}$，则 $\delta w=\delta\widetilde{\boldsymbol{u}}^{\mathrm{T}}\boldsymbol{l}_{*3}=\delta\widetilde{\boldsymbol{U}}_{\mathrm{e}}^{\mathrm{T}}\boldsymbol{N}^{\mathrm{T}}\boldsymbol{l}_{*3}=\delta\boldsymbol{U}_{\mathrm{e}}^{\mathrm{T}}\boldsymbol{L}^{\mathrm{T}}\boldsymbol{N}^{\mathrm{T}}\boldsymbol{l}_{*3}$

其中 $\boldsymbol{l}_{*3}$ 是余弦矩阵的第三列。将以上的关系带入虚功中，得到：

$$\boldsymbol{q}_{\mathrm{e}}=-\int_{\Omega_{\mathrm{e}}}\rho_{\mathrm{b}}g\boldsymbol{L}^{\mathrm{T}}\boldsymbol{N}^{\mathrm{T}}\boldsymbol{l}_{*3}\,\mathrm{d}\Omega \tag{7.3-48}$$

**(7) 结构动力学方程**

将单元集总得到结构体有限元的运动方程：

$$\boldsymbol{M}\ddot{\boldsymbol{U}}+\boldsymbol{C}\dot{\boldsymbol{U}}+\boldsymbol{K}\boldsymbol{U}=\boldsymbol{P}+\boldsymbol{F}+\boldsymbol{q} \tag{7.3-49}$$

其中 $\boldsymbol{U}=\{\boldsymbol{U}_1,\boldsymbol{U}_2,\cdots,\boldsymbol{U}_n\}^{\mathrm{T}}$ 是整个结构的节点位移向量，$\boldsymbol{U}_j$ 是第 $j$ 个结点的位移。$\boldsymbol{M}$，$\boldsymbol{C}$，$\boldsymbol{K}$ 分别为系统质量矩阵，系统阻尼矩阵，系统刚度矩阵。$\boldsymbol{M}$ 和 $\boldsymbol{K}$ 是稀疏、带状、对称矩阵；它们分别反映了结构本身的惯性特性和弹性特性，与结构的运动和外部荷载无关。$\boldsymbol{M}$ 和 $\boldsymbol{K}$ 是正定或者半正定的，取决于作用于结构的边界约束。

**(8) 干式结构的固有频率和主振型**

忽略阻尼项和力项，有限元方程简化为：

$$\boldsymbol{M}\ddot{\boldsymbol{U}}+\boldsymbol{K}\boldsymbol{U}=\boldsymbol{0} \tag{7.3-50}$$

如果初始位移不全为零，式（7.3-50）有非零解。在这种情况下，结构处于固有振动状态。由于没有外部激励，方程的解反映了结构的固有频率和振型。在数学上，它们分别被称为特征值和特征方程。采用谐波试验解：

$$\boldsymbol{U}=\boldsymbol{D}\mathrm{e}^{i\omega t} \tag{7.3-51}$$

其中，$\boldsymbol{D}$ 是与时间无关的向量，称为振动模式。式（7.3-50）的特征值问题有如下形式：

$$\boldsymbol{S}\boldsymbol{D}=(-\omega^2\boldsymbol{M}+\boldsymbol{K})\boldsymbol{D}=0 \tag{7.3-52}$$

其中，特征矩阵 $\boldsymbol{S}$ 定义如下：

$$\boldsymbol{S}=-\omega^2\boldsymbol{M}+\boldsymbol{K} \tag{7.3-53}$$

$\boldsymbol{D}$ 有非零解当且仅当行列式：

$$|\boldsymbol{S}|=|-\omega^2\boldsymbol{M}+\boldsymbol{K}|=0 \tag{7.3-54}$$

这是一个广义特征方程。当 $\boldsymbol{M}$ 矩阵是酉矩阵时，上式简化为标准特征方程。解这个广义特征方程的关键在于找到 $\omega$ 的值和 $\boldsymbol{D}$ 的非零解（特征方程）。假如 $\boldsymbol{M}$ 和 $\boldsymbol{K}$ 是对称的，$\boldsymbol{M}$ 是正定的，$\boldsymbol{K}$ 是正定或者半正定的，可证明式（7.3-54）得到所有正的（或非负的）实特征值 $\omega_r^2$（$r=1,2,\cdots,6n$）：

$$0\leqslant\omega_1^2\leqslant\omega_2^2\leqslant\cdots\leqslant\omega_{6n}^2 \tag{7.3-55a}$$

当 $\boldsymbol{K}$ 是正定时，$\omega_j^2>0$（$j=1,2,\cdots,6n$）；当 $\boldsymbol{K}$ 半正定时，$\omega_j^2\geqslant 0$（$j=1,2,\cdots,6n$）。每个特征值对应的特征向量为：

$$\boldsymbol{D}_{\mathrm{r}}=(\boldsymbol{D}_{r_1},\boldsymbol{D}_{r_2},\cdots,\boldsymbol{D}_{r_n})^{\mathrm{T}} \tag{7.3-55b}$$

$$\boldsymbol{D}_{r_j}=(u_r,v_r,w_r,\theta_{\mathrm{x}_r},\theta_{\mathrm{y}_r},\theta_{\mathrm{z}_r})_j^{\mathrm{T}} \tag{7.3-55c}$$

上式是第 $j$ 个结点的第 $r$ 个振型的广义位移向量。物理上讲，如果用一个频率接近结构特征值的简谐振动来激励，结构会以相同的频率进行简谐振动，空间分布由相应的特征向量得到。当 $\omega_j^2=0$，刚度矩阵 $\boldsymbol{K}$ 是奇异的，相应的特征向量表示刚体运动；零特征值的数量等于结构刚体运动的数量。

一个特定单元的所有节点的第 $r$ 振型可以表示为：

$$\boldsymbol{U}_{e_r}=d_r\mathrm{e}^{i\omega_r t} \tag{7.3-56}$$

单元上任一点的第 $r$ 振型可以表示为：

$$\boldsymbol{u}_r=\boldsymbol{l}^{\mathrm{T}}\boldsymbol{NL}\boldsymbol{d}_r=(u_r,v_r,w_r)^{\mathrm{T}} \tag{7.3-57}$$

其中，向量 $\boldsymbol{Ld}_r$ 表示将整体坐标系中的结点振型转换到局部坐标系中；$\boldsymbol{NLd}_r$ 表示局部坐标系中任一点的振型；$\boldsymbol{l}^{\mathrm{T}}\boldsymbol{NLd}_r$ 最后将其转换到整体坐标系中。

因为 $\boldsymbol{S}$ 的行列式为 0，所以不能通过直接对 $S$ 求逆来解式（7.3-52）。

$\boldsymbol{S}$ 的伴随矩阵用 $\boldsymbol{S}^{\mathrm{a}}$，满足一下关系：

$$\boldsymbol{SS}^{\mathrm{a}}=|\boldsymbol{S}|\boldsymbol{I}=0 \tag{7.3-58}$$

其中，$\boldsymbol{I}$ 是单位矩阵。上式指出，式（7.3-58）中的特征向量 $\boldsymbol{D}$ 与伴随矩阵 $\boldsymbol{S}^{\mathrm{a}}$ 中任何非零列成比例。可以通过计算伴随矩阵 $\boldsymbol{S}^{\mathrm{a}}$ 来解出 $\boldsymbol{D}_{\mathrm{r}}$。

考虑一个浮式结构，存在刚体运动。在这种情况下，刚度矩阵 $\boldsymbol{K}$ 是半正定的，也就是说，$\boldsymbol{K}$ 是奇异的，$|\boldsymbol{K}|=0$，表示刚体位移不产生任何恢复力。相对于刚体的 6 个自由度，式（7.3-54）有 6 个零根。

刚体模式通常由重心处的三个位移 $u_{\mathrm{G}}$，$v_{\mathrm{G}}$，$w_{\mathrm{G}}$ 以及体坐标上的三个转角 $\theta_{\mathrm{xG}}$，$\theta_{\mathrm{yG}}$，$\theta_{\mathrm{zG}}$。假设整体坐标系 $Oxyz$ 与平衡坐标系一致，刚体状态一般形式为：

$$\boldsymbol{D}_{r_j}=\begin{bmatrix}\boldsymbol{I} & \boldsymbol{A}_{\mathrm{D}}\\ 0 & \boldsymbol{I}\end{bmatrix}\begin{bmatrix}\boldsymbol{U}_{\mathrm{G}}^r\\ \boldsymbol{\Theta}_{\mathrm{G}}^r\end{bmatrix},r=1,2,\cdots,6 \tag{7.3-59}$$

其中，

$$\boldsymbol{I}=\begin{bmatrix}1 & 0 & 0\\ 0 & 1 & 0\\ 0 & 0 & 1\end{bmatrix},\boldsymbol{A}_{\mathrm{D}}=\begin{bmatrix}0 & z_j-z_{\mathrm{G}} & -(y_j-y_{\mathrm{G}})\\ -(z_j-z_{\mathrm{G}}) & 0 & x_j-x_{\mathrm{G}}\\ y_j-y_{\mathrm{G}} & (-x_j-x_{\mathrm{G}}) & 0\end{bmatrix} \tag{7.3-60}$$

$\boldsymbol{U}_{\mathrm{G}}^r=[u_{\mathrm{G}}^r,v_{\mathrm{G}}^r,w_{\mathrm{G}}^r]^{\mathrm{T}}$，$\boldsymbol{\Theta}_{\mathrm{G}}^r=[\theta_{\mathrm{xG}}^r,\theta_{\mathrm{yG}}^r,\theta_{\mathrm{zG}}^r]^{\mathrm{T}}$ 是任意常数。由于特征向量可以是任意大小，刚体的六个模式可定义为：

$$\left.\begin{aligned}
\boldsymbol{D}_{1_j}&=\{1,0,0,0,0,0\}^{\mathrm{T}}\\
\boldsymbol{D}_{2_j}&=\{0,1,0,0,0,0\}^{\mathrm{T}}\\
\boldsymbol{D}_{3_j}&=\{0,0,1,0,0,0\}^{\mathrm{T}}\\
\boldsymbol{D}_{4_j}&=\{0,-(z_j-z_{\mathrm{G}}),(y_j-y_{\mathrm{G}}),1,0,0\}^{\mathrm{T}}\\
\boldsymbol{D}_{5_j}&=\{(z_j-z_{\mathrm{G}}),0,-(x_j-x_{\mathrm{G}}),0,1,0\}^{\mathrm{T}}\\
\boldsymbol{D}_{6_j}&=\{-(y_j-y_{\mathrm{G}}),(x_j-x_{\mathrm{G}}),0,0,0,1\}^{\mathrm{T}}
\end{aligned}\right\} \tag{7.3-61}$$

对应于以上六个模式，任意点（$x$，$y$，$z$）的位移为：

$$\left.\begin{aligned}\boldsymbol{u}_1&=\{1,0,0\}^{\mathrm{T}}\\\boldsymbol{u}_2&=\{0,1,0\}^{\mathrm{T}}\\\boldsymbol{u}_3&=\{0,0,1\}^{\mathrm{T}}\\\boldsymbol{u}_4&=\{0,-(z-z_{\mathrm{G}}),(y-y_{\mathrm{G}})\}^{\mathrm{T}}\\\boldsymbol{u}_5&=\{(z-z_{\mathrm{G}}),0,-(x-x_{\mathrm{G}})\}^{\mathrm{T}}\\\boldsymbol{u}_6&=\{-(y-y_{\mathrm{G}}),(x-x_{\mathrm{G}}),0\}^{\mathrm{T}}\end{aligned}\right\}\tag{7.3-62}$$

**(9) 正交条件**

对于实对称矩阵 $\boldsymbol{M}$ 和 $\boldsymbol{K}$，不同特征值的特征向量互相垂直。对于任意两个特征值 $\omega_s^2$ 和 $\omega_r^2$，有 $\omega_s^2\boldsymbol{M}\boldsymbol{D}_s=\boldsymbol{K}\boldsymbol{D}_s$，$\omega_r^2\boldsymbol{M}\boldsymbol{D}_r=\boldsymbol{K}\boldsymbol{D}_r$。第一个方程左乘 $\boldsymbol{D}_r^T$；第二个方程先转置再右乘 $\boldsymbol{D}_r$，两式合并得到：

$$(\omega_s^2-\omega_r^2)\boldsymbol{D}_r^{\mathrm{T}}\boldsymbol{M}\boldsymbol{D}_s=0 \tag{7.3-63}$$

因为 $\omega_s^2\neq\omega_r^2$，所以有 $\boldsymbol{D}_r^{\mathrm{T}}\boldsymbol{M}\boldsymbol{D}_{\mathrm{s}}=0$；另外，使 $\boldsymbol{D}_r^{\mathrm{T}}\boldsymbol{M}\boldsymbol{D}_{\mathrm{s}}=a_{rs}$。写成紧凑格式：

$$\boldsymbol{D}_r^{\mathrm{T}}\boldsymbol{M}\boldsymbol{D}_s=\delta_{rs}a_{rs} \tag{7.3-64}$$

其中 $\delta_{rs}=1$，当 $r=s$；$\delta_{rs}=0$，当 $r\neq s$。带回得到：

$$\boldsymbol{D}_r^{\mathrm{T}}\boldsymbol{K}\boldsymbol{D}_s=\delta_{rs}\omega_s^2a_{rs}=c_{rs} \tag{7.3-65}$$

式（7.3-64）和式（7.3-65）分别被称为 $\boldsymbol{M}$ 和 $\boldsymbol{K}$ 的正交。$a_{rs}$ 和 $c_{rs}$ 的值仅仅决定了主振型的尺度。$a_{ss}$ 和 $c_{ss}$ 分别是相对于 $s$ 振型的广义质量和广义刚度，有 $a_{11}=a_{22}=a_{33}=\rho\nabla$（结构质量）与 $a_{ss}=I_{ss}$，$s=4$，5，6（惯性矩）

已知线性代数中，每个特征向量对应一个特征值，重复的特征值（重根）可能对应多个特征向量。对应于同一特征值的特征向量可能不互相正交。以刚体模式为例，零特征值对应列 6 个特征向量；尽管三个位移互相正交，但三个转角不正交。

**(10) 主坐标**

结构的变形可以表示为主振型变形之和，那么结点位移可以写为：

$$\boldsymbol{U}=\sum_{r=1}^{m}p_r(t)D_r \tag{7.3-66}$$

任意点的位移表示为：

$$\boldsymbol{u}=(u,v,w)^{\mathrm{T}}=\sum_{r=1}^{m}p_r(t)\boldsymbol{u}_r \tag{7.3-67}$$

其中，离散结构具有 $m$ 个自由度，$p_r(t)$ 是一套主坐标；$\boldsymbol{u}_r$ 由式（7.3-66）定义，求和包括所有自由度。如果引入主振型矩阵：

$$\boldsymbol{D}=[\boldsymbol{D}_1,\boldsymbol{D}_2,\boldsymbol{D}_m] \tag{7.3-68}$$

每一列都是一个主振型，式（7.3-66）可以写为矩阵形式：

$$\boldsymbol{U}=\boldsymbol{D}\boldsymbol{p} \tag{7.3-69}$$

$\boldsymbol{p}$ 是主坐标向量：

$$\boldsymbol{p}=[p_1(t),p_2(t),\cdots,p_m(t)]^{\mathrm{T}} \tag{7.3-70}$$

式（7.3-64）与式（7.3-65）的正交关系表示为：

$$\boldsymbol{D}^{\mathrm{T}}\boldsymbol{M}\boldsymbol{D}=\boldsymbol{a},\boldsymbol{D}^{\mathrm{T}}\boldsymbol{K}\boldsymbol{D}=\boldsymbol{c} \tag{7.3-71}$$

其中 $\boldsymbol{a}$ 和 $\boldsymbol{c}$ 分别为广义质量矩阵和广义刚度矩阵。二者都是对角线矩阵，而且若排除刚体模式，有 $c_{ss}=\omega_s^2 a_{ss}$。将式（7.3-69）和式（7.3-71）带入并左乘 $\boldsymbol{D}^{\mathrm{T}}$，运动方程（7.3-49）变为：

$$\boldsymbol{a}\ddot{\boldsymbol{p}}+\boldsymbol{b}\dot{\boldsymbol{p}}+\boldsymbol{cq}=\boldsymbol{Z}+\boldsymbol{Q}+\Delta \tag{7.3-72a}$$

写成分量形式：

$$\sum_{k=1}^{m}[a_{rk}\ddot{\boldsymbol{p}}_k+b_{rk}\dot{\boldsymbol{p}}_k]+\omega_r^2 a_{rr}p_r=Z_r+Q_r+\Delta_r \tag{7.3-72b}$$

可以清楚地看出，如果离散体模式数 $m$ 远小于节点数 $n$，方程组（7.3-72）会比方程组（7.3-49）少很多。这里：

$$\boldsymbol{Z}=\boldsymbol{D}^{\mathrm{T}}\boldsymbol{p}=\{Z_1,Z_2,\cdots,Z_m\}^{\mathrm{T}}$$
$$\boldsymbol{Q}=\boldsymbol{D}^{\mathrm{T}}\boldsymbol{q}=\{Q_1,Q_2,\cdots,Q_m\}^{\mathrm{T}}$$

是广义流体力和广义重力，以及：

$$\Delta=\boldsymbol{D}^{\mathrm{T}}\boldsymbol{F}=\{\Delta_1,\Delta_2,\cdots,\Delta_m\}^{\mathrm{T}}$$

是广义集中力。由 $\boldsymbol{d}_r$ 的定义，第 $r$ 个结点的广义力为：

$$\left.\begin{aligned}Z_r&=\boldsymbol{D}_r^{\mathrm{T}}\boldsymbol{p}=\sum_e\boldsymbol{d}_r^{\mathrm{T}}\boldsymbol{p}_{\mathrm{e}}\\Q_r&=\boldsymbol{D}_r^{\mathrm{T}}\boldsymbol{q}=\sum_e\boldsymbol{d}_r^{\mathrm{T}}\boldsymbol{q}_{\mathrm{e}}\\\Delta_r&=\boldsymbol{D}_r^{\mathrm{T}}\boldsymbol{F}=\sum_e\boldsymbol{d}_r^{\mathrm{T}}\boldsymbol{F}_{\mathrm{e}}\end{aligned}\right\} \tag{7.3-73}$$

或

$$\left.\begin{aligned}Z_r&=-\sum_e\int_{S^e}\boldsymbol{n}^{\mathrm{T}}(\boldsymbol{l}^{\mathrm{T}}\boldsymbol{NLd}_r)p\,\mathrm{d}S=-\int_S\boldsymbol{n}^{\mathrm{T}}\boldsymbol{u}_r p\,\mathrm{d}S\\Q_r&=-\sum_{e'}\int_{\Omega^e}\rho_b g(\boldsymbol{l}_3^{\mathrm{T}}\boldsymbol{NLd}_r)\mathrm{d}\Omega=-\int_\Omega\rho_b g w_r\mathrm{d}\Omega\\\Delta_r&=\sum_{e'}\sum_i\boldsymbol{f}_i^{\mathrm{T}}(\boldsymbol{l}^{\mathrm{T}}\boldsymbol{NLd}_r)=\sum_i\boldsymbol{f}_i^{\mathrm{T}}\boldsymbol{u}_r\end{aligned}\right\} \tag{7.3-74}$$

其中体积分在整个结构上，求和公式 $\sum\limits_i$ 包括作用在结构上所有的集中力。

$$\boldsymbol{b}=\boldsymbol{D}^{\mathrm{T}}\boldsymbol{CD} \tag{7.3-75}$$

是广义阻尼矩阵，它是对称但非对角线的。结构阻尼到目前为止都是复杂的。很难算出结构上的阻尼分布。因此，一个较常见的假设是“比例阻尼”（或称“Rayleigh 阻尼”），形式为：

$$\boldsymbol{C}=\alpha\boldsymbol{M}+\beta\boldsymbol{K} \tag{7.3-76}$$

其中 $\alpha$ 和 $\beta$ 是常数。这个特例使得广义阻尼矩阵 $\boldsymbol{b}$ 是对角矩阵，而且式（7.3-72$b$）的每一行都有相似的形式：

$$a_{rr}\ddot{p}_r+b_{rr}\dot{p}_r+\omega_r^2 a_{rr}p_r=Z_r+Q_r+\Delta_r \tag{7.3-77}$$

矩阵 $\boldsymbol{a}$ 和 $\boldsymbol{c}$ 都是对角阵。

一般而言，式（7.3-70）中的主坐标 $\boldsymbol{p}$ 分为两部分：

$$\boldsymbol{p}=[\boldsymbol{p}_{\mathrm{R}},\boldsymbol{p}_{\mathrm{D}}]^{\mathrm{T}} \tag{7.3-78}$$

其中，$\boldsymbol{p}_{\mathrm{R}}=[p_1,\ p_2,\ \cdots,\ p_6]^{\mathrm{T}}$ 是刚体模式，$\boldsymbol{p}_{\mathrm{D}}=[p_7,\ p_8,\ \cdots,\ p_m]^{\mathrm{T}}$ 是柔体模式

或畸变模式。

那么式（7.3.72$a$）可写成：

$$\begin{bmatrix} \boldsymbol{a}_{\mathrm{R}} & \mathbf{0} \\ \mathbf{0} & \boldsymbol{a}_{\mathrm{D}} \end{bmatrix}\begin{bmatrix} \ddot{\boldsymbol{p}}_{\mathrm{R}} \\ \ddot{\boldsymbol{p}}_{\mathrm{D}} \end{bmatrix}+\begin{bmatrix} \mathbf{0} & \mathbf{0} \\ \mathbf{0} & b_{\mathrm{D}} \end{bmatrix}\begin{bmatrix} \dot{\boldsymbol{p}}_{\mathrm{R}} \\ \dot{\boldsymbol{p}}_{\mathrm{D}} \end{bmatrix}+\begin{bmatrix} \mathbf{0} & \mathbf{0} \\ \mathbf{0} & c_{\mathrm{D}} \end{bmatrix}\begin{bmatrix} \dot{\boldsymbol{p}}_{\mathrm{R}} \\ \dot{\boldsymbol{p}}_{\mathrm{D}} \end{bmatrix}=$$

$$\begin{bmatrix} \boldsymbol{Z}_{\mathrm{R}} \\ \boldsymbol{Z}_{\mathrm{D}} \end{bmatrix}+\begin{bmatrix} \boldsymbol{Q}_{\mathrm{R}} \\ \boldsymbol{Q}_{\mathrm{D}} \end{bmatrix}+\begin{bmatrix} \Delta_{\mathrm{R}} \\ \Delta_{\mathrm{D}} \end{bmatrix} \tag{7.3-79}$$

其中，$\mathbf{0}$ 是零矩阵，$\boldsymbol{a}_{\mathrm{D}}$ 和 $\boldsymbol{c}_{\mathrm{D}}$ 是对角阵，$\boldsymbol{b}_{\mathrm{D}}$ 平方对称阵，刚体惯性矩阵 $\boldsymbol{a}_{\mathrm{R}}$ 具有以下形式：

$$\boldsymbol{a}_{\mathrm{R}}=\begin{bmatrix} \boldsymbol{a}_{\mathrm{m}} & \mathbf{0} \\ \mathbf{0} & \boldsymbol{a}_{\mathrm{I}} \end{bmatrix},\boldsymbol{a}_{\mathrm{m}}=\begin{bmatrix} \rho\nabla & 0 & 0 \\ 0 & \rho\nabla & 0 \\ 0 & 0 & \rho\nabla \end{bmatrix},\boldsymbol{a}_{\mathrm{I}}=\begin{bmatrix} I_{44} & I_{45} & I_{46} \\ I_{54} & I_{55} & I_{56} \\ I_{64} & I_{65} & I_{66} \end{bmatrix}$$

其中

$$I_{ij}=I_{ji}=(-1)^{i+j}\int_{\Omega}\rho_b(\boldsymbol{x}-\boldsymbol{x}_{\mathrm{G}})_{i-3}(\boldsymbol{x}-\boldsymbol{x}_{\mathrm{G}})_{j-3}\mathrm{d}\Omega \quad i,j=4,5,6$$

从式（7.3-88）可以看出，刚体运动可以通过以下方程求解：

$$\boldsymbol{a}_{\mathrm{R}}\ddot{\boldsymbol{p}}_{\mathrm{R}}=\boldsymbol{Z}_{\mathrm{R}}+\boldsymbol{Q}_{\mathrm{R}}+\boldsymbol{\Delta}_{\mathrm{R}} \tag{7.3-80}$$

### 7.3.3 结构-波浪相互作用水弹性分析

水弹性问题需要同时计算流体和结构，以便得到二者间协调的作用关系。弹性结构体的运动方程在结构湿润面上有波浪水动力的作用，结构周围流场受结构体的运动和变形影响，因此结构-波浪相互作用需要二者一起求解。

**(1) 广义流体力**

广义流体力 $Z_r$ 可以用压强 $p(x,\ y,\ z)$ 表示（式 7.3-84）：

$$Z_r=-\int_S \boldsymbol{n}^{\mathrm{T}}\boldsymbol{u}_r p\,\mathrm{d}S \tag{7.3-81}$$

这个积分是在瞬时的湿润面 $S$ 上进行的。弹性结构体表单位法向量 $\boldsymbol{n}$ 定义为指向体内。将压强项（7.3-20$b$）带入式（7.3-81）中得到：

$$Z_r=F_r+E_r+R_r+\overline{R}_r+\widetilde{R}_r \tag{7.3-82}$$

其中

$$F_r=\rho\int_{\overline{S}}\boldsymbol{n}^{\mathrm{T}}\boldsymbol{u}_r\left[\frac{\partial}{\partial t}+\boldsymbol{W}\cdot\nabla\right](\phi_0+\phi_D)\mathrm{d}S \tag{7.3-83a}$$

是广义波浪力；它包含两部分，一个与入射势有关的称为广义 Froude-Krylov 力，另一个与绕射势有关的称为广义绕射力。

$$E_r=\rho\int_{\overline{S}}\boldsymbol{n}^{\mathrm{T}}\boldsymbol{u}_r\left[\frac{\partial}{\partial t}+\boldsymbol{W}\cdot\nabla\right]\sum_{k=1}^{m}p_k(t)\phi_k\mathrm{d}S \tag{7.3-83b}$$

是广义辐射力，由结构体的运动和变形产生。

$$R_r=\rho\int_{\overline{S}}\boldsymbol{n}^{\mathrm{T}}\boldsymbol{u}_r\left[gw+\frac{1}{2}(\boldsymbol{u}\cdot\nabla)W^2\right]\mathrm{d}S \tag{7.3-83c}$$

其中 $w$ 是位移的垂直分量，而且

$$\hat{R}_r = \rho\int_{\bar{S}} \boldsymbol{n}^{\mathrm{T}}\boldsymbol{u}_r\left[gz + \frac{1}{2}(W^2 - U^2)\right]\mathrm{d}S \tag{7.3-83d}$$

是广义表面力的水静力部分。$R_r$ 与非定常运动和体变形成比例，因此被称为回复力；$\hat{R}_r$ 与非定常运动独立，代表了作用于静水中以匀速 $U$ 运动的结构体上的水动力。对于一个细长体，无论厚薄，它的定常速度是一个小阶数，因此，式（7.3-83$c$，$d$）中包含 $W^2$ 或（$W^2-U^2$）的项可以忽略。

式（7.3-74）中的广义重力为 $Q_r = -\int_{\Omega}\rho_b g w_r \mathrm{d}\Omega$ 可以与力 $\hat{R}_r$ 合并得到 $\bar{R}_r$：

$$\bar{R}_r = \rho\int_{\bar{S}} \boldsymbol{n}^{\mathrm{T}}\boldsymbol{u}_r\left[gz + \frac{1}{2}(W^2 - U^2)\right]\mathrm{d}S - \int_{\Omega}\rho_b g w_r \mathrm{d}\Omega \tag{7.3-83e}$$

对于刚体位移模式（$r\leqslant 6$），$\bar{R}_r$ 的形式为：

$$\bar{R}_r = \frac{1}{2}\int_{\bar{S}} n_r(W^2 - U^2)\mathrm{d}S \quad r = 1,2,3$$

$$\bar{R}_4 = \rho g\nabla(y'_{\mathrm{B}} - y'_{\mathrm{G}}) + \frac{1}{2}\rho\int_{\bar{S}}[-(z' - z'_{\mathrm{G}})n_2 + (y' - y'_{\mathrm{G}})n_3](W^2 - U^2)\mathrm{d}S$$

$$\bar{R}_5 = -\rho g\nabla(x'_{\mathrm{B}} - x'_{\mathrm{G}}) + \frac{1}{2}\rho\int_{\bar{S}}[-(z' - z'_{\mathrm{G}})n_1 + (x' - x'_{\mathrm{G}})n_3](W^2 - U^2)\mathrm{d}S$$

$$\bar{R}_6 = \frac{1}{2}\rho\int_{\bar{S}}[-(y' - y'_{\mathrm{G}})n_1 + (x' - x'_{\mathrm{G}})n_2](W^2 - U^2)\mathrm{d}S$$

式（7.3-82）中的 $\tilde{R}_r$ 是随单位法向变化的广义流体力：

$$\tilde{R}_r = \rho\int_{\bar{S}}[\boldsymbol{\theta}\times\boldsymbol{n} + (\boldsymbol{n}\cdot\varepsilon\cdot\boldsymbol{n})\boldsymbol{n} - \varepsilon\cdot\boldsymbol{n}]^{\mathrm{T}}\boldsymbol{u}_r\left[gz + \frac{1}{2}(W^2 - U^2)\right]\mathrm{d}S \tag{7.3-83f}$$

式（7.3-82）中流体力的一些高阶项被省略。

**(2) 广义集中力**

由式（7.3-74），广义集中力为：

$$\Delta_r = \sum_i \boldsymbol{f}_i^{\mathrm{T}}\boldsymbol{u}_r \tag{7.3-84}$$

在各种作用于海洋结构上的广义力 $\boldsymbol{f}_i(t)$ 中，经常出现的有以下三种：

1）频率为 $\omega_{\mathrm{e}}$ 的正弦力，大小取决于运动（例如规则波中的线性锚泊力）；

2）由机械激发的正弦力，振幅恒定，频率为 $\omega_0$；

3）不依赖于时间的力（例如牵引力和驱动力）。

假设这三种集中力同时作用于浮式体上，式（7.3-84）可以分解为：

$$\Delta_r = \Delta'_{\mathrm{r}}\mathrm{e}^{i\omega_{\mathrm{e}}t} + \Delta''_r\mathrm{e}^{i\omega_0 t} + \bar{\Delta}_r \quad r = 1,2,\cdots,m \tag{7.3-85}$$

其中 $\Delta''$ 和 $\bar{\Delta}_r$ 是常数，但是 $\bar{\Delta}'_r$ 可以是体运动和变形的方程。例如，一个线性锚泊系统的线力 $\boldsymbol{f}'_t$ 作用在点（$\xi_i$，$\eta_i$，$\zeta_i$）处，与该点的位移 $\boldsymbol{u}$ 呈比例。可以方便地表示为矩阵形式：

$$\boldsymbol{f}'_i = \boldsymbol{H}_i\boldsymbol{u} = \sum_{k=1}^{m} p_k(\boldsymbol{H}_i\boldsymbol{u}_r)e^{i\omega_{\mathrm{e}}t}$$

其中 $\boldsymbol{u}_r$ 是第 $r$ 个振型，$\boldsymbol{H}_i$ 是一个 3×3 矩阵，定义了锚泊力的方向和大小。因此，广义力 $\Delta_r'$ 可以写作：

$$\Delta_r' = \sum_{k=1}^{m} p_k \left[ \sum_i \boldsymbol{u}_r^{\mathrm{T}}(\xi_i, \eta_i, \zeta_i) \boldsymbol{H}_i^{\mathrm{T}} \boldsymbol{u}_r(\xi_i, \eta_i, \zeta_i) \right] \tag{7.3-86}$$

**(3) 响应的分解**

将式（7.3-82）和式（7.3-85）带入式（7.3-79），得到求解动力响应问题的非齐次微分方程。方程右端的输入荷载包括频率为 $\omega_0$ 和 $\omega_e$ 的正弦形式以及与时间无关项。显然，这个线性微分方程和它的解可以分解成 3 个集合，对于 $r=1$，2，…，$m$：

$$\sum_{k=1}^{m} [a_{rk} \ddot{p}'_k + b_{rk} \dot{p}'_k] + \omega_r^2 a_{rr} p'_r = E'_r + R'_r + \widetilde{R}_r + (F_r + \Delta'_r) \mathrm{e}^{i\omega_e t} \tag{7.3-87a}$$

$$\sum_{k=1}^{m} [a_{rk} \ddot{p}'_k + b_{rk} \dot{p}'_k] + \omega_r^2 a_{rr} p'_r = E''_r + R''_r + \Delta''_r \mathrm{e}^{i\omega_0 t} \tag{7.3-87b}$$

$$\omega_r^2 a_{rr} \overline{p}_r = \overline{R}_r + \overline{\Delta}_r + R'''_r \tag{7.3-87c}$$

其中式（7.3-87$a$）中激振力正弦变化，且频率为 $\omega_e$；在式（7.3-87$b$）中激振力频率为 $\omega_0$，而在式（7.3-87$c$）中，激振力与时间无关。$p'_k$，$p''_k$，$\overline{p}_k$ 是相关的响应，他们的总和构成了主坐标 $p_k$。因为式（7.3-83$b$）中的 $E_r$ 包含取决于频率的未知项 $p_k$ 和 $\phi_k$，必须被分为两部分：$E'_r$ 和 $E''_r$。$R_r$ 包括体的位移，分为三个部分，分别依赖于 $\omega_e$、$\omega_0$ 和零频率（定常项）。式（7.3-87$a$）和（7.3-87$b$）具有相同的形式，从数学观点看，它们可以用同样的方法处理。因此，只有式（7.3-87$a$）需要进行讨论。

**(4) 附加质量系数和阻尼系数**

当解在正弦激励下的非稳态响应（式 7.3-87$a$）时，可以假设：

$$p_r(t) = p_r e^{i\omega_e t}, r=1,2,\cdots,m \tag{7.3-88}$$

因此式（7.3-83$b$）中广义辐射力可以写为：

$$E_r = \sum_{k=1}^{m} p_k T_{rk} \mathrm{e}^{i\omega_r t}, r = 1,2,\cdots,m \tag{7.3-89}$$

其中

$$T_{rk} = \omega_e^2 A_{rk} - i\omega_e B_{rk} \tag{7.3-90a}$$

$$A_{rk} = \frac{\rho}{\omega_e^2} \mathrm{Re} \int_{\overline{S}} \boldsymbol{n}^{\mathrm{T}} \boldsymbol{u}_r (i\omega_e + \boldsymbol{W} \cdot \nabla) \phi_k \mathrm{d}S \tag{7.3-90b}$$

$$B_{rk} = -\frac{\rho}{\omega_e} \mathrm{Im} \int_{\overline{S}} \boldsymbol{n}^{\mathrm{T}} \boldsymbol{u}_r (i\omega_e + \boldsymbol{W} \cdot \nabla) \phi_k \mathrm{d}S \tag{7.3-90c}$$

这里，Re 和 Im 分别表示一个复变量的实部和虚部。系数 $A_{rk}$ 与加速度同相，作为运动方程的附加质量。系数 $B_{rk}$ 与速度同相，作为运动方程的附加阻尼。

**(5) 恢复系数**

当式（7.3-88）中的响应是正弦的，那么式（7.3-83$c$）变成：

$$R_r = -\sum_{k=1}^{m} p_k C_{rk} e^{i\omega_e t}, r = 1,2,\cdots,m \tag{7.3-91}$$

其中

$$C_{rk}=-\rho\int_{\overline{S}}\boldsymbol{n}^{\mathrm{T}}\boldsymbol{u}_{\mathrm{r}}\left[gw_k+\frac{1}{2}(\boldsymbol{u}_{\mathrm{k}}\cdot\nabla)W^2\right]\mathrm{d}S \tag{7.3-92a}$$

明显，$C_{rk}$（$r$，$k=1$，2，…，$m$）作用于式（7.3-87$a$）中，类似于刚度系数 $C_{rk}=\omega_r^2 a_{rk}\delta_{rk}$，被称为恢复系数。对于细长体，式（7.3-92$a$）中的第二项是小量可以忽略，得到简化形式：

$$C_{rk}=-\rho g\int_{\overline{S}}\boldsymbol{n}^{\mathrm{T}}\boldsymbol{u}_r w_k\mathrm{d}S,\quad r,k=1,2,\cdots,m \tag{7.3-92b}$$

当 $r$，$k\leqslant 6$，式（7.3-92$b$）提供刚体振型的恢复系数：

$$C_{rk}=\begin{bmatrix}C_1 & C_2\\ C_3 & C_4\end{bmatrix}r,k=1,2,\cdots\cdots 6 \tag{7.3-92c}$$

其中

$$C_1=\begin{bmatrix}0&0&0\\0&0&0\\0&0&\rho gS_w\end{bmatrix},\ C_2=\begin{bmatrix}0&0&0\\0&0&0\\\rho gS_2&-\rho gS_1&0\end{bmatrix},\ C_3=\begin{bmatrix}0&0&\rho gS_2\\0&0&-\rho gS_1\\0&0&0\end{bmatrix},$$

$$C_4=\begin{bmatrix}\rho g[S_{22}+\nabla(z'_B-z'_G)] & -\rho gS_{12} & 0\\ -\rho gS_{12} & \rho g[S_{11}+\nabla(z'_B-z'_G)] & 0\\ 0&0&0\end{bmatrix}$$

$$S_j=\int_{S_{\mathrm{w}}}x'_j\mathrm{d}x'\mathrm{d}y',S_{ij}=\int_{S_{\mathrm{w}}}x'_i x'_j\mathrm{d}x'\mathrm{d}y'$$

$$x=(x',y',z')=(x'_1,x'_2,x'_3)$$

$S_{\mathrm{w}}$ 是水线面；$\nabla$是排水体积；下标 $B$ 表示浮心，下标 $G$ 表示重心。

刚体模式和变形畸变模式的交叉耦合项为：

$$C_{rk}=-\rho g\int_{\overline{S}}n_r w_k\mathrm{d}S,r=1,2,3;k=7,8,\cdots,m \tag{7.3-93a}$$

$$C_{4k}=-\rho g\int_{\overline{S}}[n_3(y'-y'_{\mathrm{G}})-n_2(z'-z'_{\mathrm{G}})]w_k\mathrm{d}S,k=7,8,\cdots,m \tag{7.3-93b}$$

$$C_{5k}=-\rho g\int_{\overline{S}}[n_1(z'-z'_{\mathrm{G}})-n_3(x'-x'_{\mathrm{G}})]w_k\mathrm{d}S \tag{7.3-93c}$$

$$C_{6k}=-\rho g\int_{\overline{S}}[n_2(x'-x'_{\mathrm{G}})-n_1(y'-y'_{\mathrm{G}})]w_k\mathrm{d}S \tag{7.3-93d}$$

$$C_{rk}=0,k=1,2,6;r=7,8,\cdots m \tag{7.3-93e}$$

$$C_{r3}=-\rho g\int_{\overline{S}}\boldsymbol{n}\cdot\boldsymbol{u}_{\mathrm{r}}\mathrm{d}S,r=7,8,\cdots,m \tag{7.3-93f}$$

$$C_{r4}=-\rho g\int_{\overline{S}}\boldsymbol{n}\cdot\boldsymbol{u}_{\mathrm{r}}(y'-y'_{\mathrm{G}})\mathrm{d}S,r=7,8,\cdots,m \tag{7.3-93g}$$

$$C_{r5}=-\rho g\int_{\overline{S}}\boldsymbol{n}\cdot\boldsymbol{u}_{\mathrm{r}}(x'-x'_{\mathrm{G}})\mathrm{d}S,r=7,8,\cdots,m \tag{7.3-93h}$$

式（7.3-93）表明，体变形提供了附加的恢复力，反之亦然。但矩阵 $\boldsymbol{C}$ 不一定是对称矩阵。有一些恢复力是由锚泊线力产生的。因此，由式（7.3-92$b$）产生一组附加恢复力系数：

$$\Delta C_{rk}=-\sum_{i}\boldsymbol{u}_r^{\mathrm{T}}\boldsymbol{H}_i^{\mathrm{T}}\boldsymbol{u}_k,r,k=1,2,\cdots m \tag{7.3-94}$$

**（6）稳态静水响应**

式（7.3-87$c$）中，荷载 $\overline{R}_r$ 由体的重量、静水力、稳态水流作用产生，见式（7.3-83$d$）。荷载 $\overline{\Delta}_r$ 由恒定集中力 $\boldsymbol{f}_i$ 产生，包括拖曳力和推动力。$R_r'''$ 是 $R_r$ 的与时间无关的部分，令式（7.3-91）中 $t=0$ 得到，

$$R'''_r=-\sum_{k=1}^{m}C_{rk}\overline{p}_k$$

因此，当结构体在静水中漂浮和运动时，每个主坐标会产生稳态响应。因此，控制方程为：

$$\omega_r^2 a_{rr}\overline{p}_r+\sum_{k=1}^{m}C_{rk}\overline{p}_k=\rho\int_{\overline{S}}\boldsymbol{n}\cdot\boldsymbol{u}_{\mathrm{r}}\left[gz'+\frac{1}{2}(W^2-U^2)\right]-\int_{\Omega}\rho_b g w_r\mathrm{d}\Omega+\sum_{e}\overline{\boldsymbol{f}}_i\boldsymbol{u}_r,r=1,2,\cdots,m \tag{7.3-95}$$

对于刚体模式（$r\leqslant 6$），固有频率 $\omega_r$（$r=1$，2，…，6）$=0$，式（7.3-95）的解给出了结构体在静水中的响应，描述了由于航速效应的下沉量和吃水差。假设水线面具有右舷对称性，式（7.3-95）有：

$$\frac{1}{2}\rho\int_{\overline{S}}n_1(W^2-U^2)\mathrm{d}S+\sum_{i}\overline{f}_{x_i}=0 \tag{7.3-96$a$}$$

$$\frac{1}{2}\rho\int_{\overline{S}}n_2(W^2-U^2)\mathrm{d}S+\sum_{i}\overline{f}_{y_i}=0 \tag{7.3-96$b$}$$

$$\overline{p}_3=\frac{S_1}{S_w}\overline{p}_{\mathrm{s}}+\int_{\overline{S}}n_3(W^2-U^2)\mathrm{d}S+\frac{1}{\rho g S_{\mathrm{w}}}\sum_{i}\overline{f}_{z_i} \tag{7.3-96$c$}$$

$$\overline{p}_4=\frac{1}{\rho g\ \nabla\overline{GM}_{\mathrm{T}}}\left\{\rho g\nabla(y'_{\mathrm{B}}-y'_{\mathrm{G}})+\frac{1}{2}\rho\int_{\overline{S}}[-(z'-z'_{\mathrm{G}})n_2+(y'-y'_{\mathrm{G}})n_3](W^2-U^2)\mathrm{d}S+\sum_{i}[-(z'_i-z'_{\mathrm{G}})\overline{f}_{y_i}+(y'_i-y'_{\mathrm{G}})\overline{f}_{z_i}]\right\} \tag{7.3-96$d$}$$

$$\overline{p}_5=\frac{1}{\rho g(\nabla\overline{GM}_{\mathrm{L}}S_{\mathrm{w}}-S_1^2)}\left\{\frac{1}{2}\rho S_1\int_{\overline{S}}n_3(W^2-U^2)\mathrm{d}S-S_{\mathrm{w}}\rho g\nabla(x'_{\mathrm{B}}-x'_{\mathrm{G}})+\frac{1}{2}\rho S_{\mathrm{w}}\int_{\overline{S}}[(z'-z'_{\mathrm{G}})n_1-(x'-x'_{\mathrm{G}})n_3](W^2-U^2)\mathrm{d}S+\sum_{i}\overline{f}_{z_i}S_1+\sum_{i}[(z'_i-z'_{\mathrm{G}})\overline{f}_{x_i}+(x'_i-x'_{\mathrm{G}})\overline{f}_{z_i}]S_{\mathrm{w}}\right\} \tag{7.3-96$e$}$$

$$\frac{1}{2}\rho\int_{\overline{S}}[-(y'-y'_{\mathrm{G}})n_1+(x'-x'_{\mathrm{G}})n_2](W^2-U^2)\mathrm{d}S+$$

$$\sum_{i}[-(y'_i - y'_G)\overline{f}_{x_i} + (x'_i - x'_G)\overline{f}_{y_i}] = 0 \qquad (7.3\text{-}96f)$$

其中 $\overline{f}_i=(\overline{f}_{x_i},\overline{f}_{y_i},\overline{f}_{z_i})$ 作用在点 $(x_i',y_i',z_i')$ 的集中静力。只剩下了方程(7.9-96)($a$,$c$,$e$),其他方程为 0 或者自动满足。式(7.3-96$a$)表示了驱动力和兴波阻力的平衡。式(7.3-96$c$)和式(7.3-96$e$)表示了下沉和倾斜响应。

**(7)非稳态响应方程**

将式(7.3-86),式(7.3-88),式(7.3-89),式(7.3-91)和式(7.3-94)带入到式(7.3-87$a$)中,得到非稳态响应方程:

$$a_{rr}\omega_r^2 p_r(t) + \sum_{k=1}^{m}[(a_{rk}+A_{rk})\ddot{p}_k + (b_{rk}+B_{rk})\dot{p}_k(t) + (C_{rk}+\Delta C_{rk})p_k(t)] = F_r e^{i\omega_e t} \qquad (7.3\text{-}97)$$

写成矩阵形式:

$$[-\omega_e^2(\boldsymbol{a}+\boldsymbol{A})+i\omega_e(\boldsymbol{b}+\boldsymbol{B})+(\boldsymbol{c}+\boldsymbol{C}+\Delta\boldsymbol{C})]\boldsymbol{p}=\boldsymbol{F} \qquad (7.3\text{-}98)$$

其中,响应被认为是与激励具有同样频率的正弦。而且,$\boldsymbol{a}$ 是船体对称惯性矩阵,$\boldsymbol{A}$ 是附加质量矩阵,$\boldsymbol{b}$ 是结构阻尼矩阵,$\boldsymbol{B}$ 是水动力阻尼矩阵,$\boldsymbol{c}$ 是船体刚度矩阵,$\boldsymbol{C}$ 是流体恢复(刚度)矩阵,$\Delta\boldsymbol{C}$ 是附加恢复矩阵,$\boldsymbol{p}$ 是主坐标列向量,$\boldsymbol{F}$ 是波激励矩阵,包括 Froude-Krylov 力和绕射力。

# 7.4 结构-流体数值分析方法

## 7.4.1 流体动力学基本方程[9,11]

假设海水流体不可压缩,则在惯性坐标系中守恒型 $N$-$S$ 方程为

$$\nabla\cdot(\rho u)=0 \qquad (7.4\text{-}1a)$$

$$\frac{\partial(\rho\boldsymbol{u})}{\partial t}+\nabla\cdot[\rho\boldsymbol{uv}-\tau(\boldsymbol{u},\rho)]-\boldsymbol{f}=0 \qquad (7.4\text{-}1b)$$

其中 $\boldsymbol{\tau}=-p\boldsymbol{I}+\mu\mathrm{grad}\boldsymbol{u}$ 为黏性应力张量，grad () 为梯度算子，$\rho\boldsymbol{uv}$ 为流体动压力张量。不可压缩流体并不要求流体密度具有不变的相同值，而是要求每个质点的密度在运动过程中保持不变。当然对于所有质点的流体密度都相同的匀质流体必为不可压缩流体。另外，守恒型控制方程中对流项采用散度形式表示，即物理量都在微分符号内，这更能体现物理量守恒的性质，便于克服对流项非线性引起的问题。

当选用旋转的非惯性坐标系来描述相对运动时，N-S 方程为:

$$\nabla\cdot(\rho\boldsymbol{u}_r)=0 \qquad (7.4\text{-}2a)$$

$$\frac{\boldsymbol{D}\boldsymbol{u}_r}{\boldsymbol{D}t}=\boldsymbol{F}+\frac{1}{\rho}\nabla\cdot\boldsymbol{\tau}-\boldsymbol{w} \qquad (7.4\text{-}2b)$$

式中 $\boldsymbol{u}_r=\boldsymbol{u}-\boldsymbol{\omega}\times\boldsymbol{r}$ 为流体相对速度，$\boldsymbol{u}$ 为绝对速度，$\boldsymbol{\omega}\times\boldsymbol{r}$ 为牵连速度，$\boldsymbol{r}$ 为流体质点的相对矢径（运动坐标系中矢径），$\boldsymbol{w}$ 为牵连加速度，导数均为相对坐标系中的导数。

如果令 $\boldsymbol{u}_0$ 为运动坐标系的平移速度，$\boldsymbol{\omega}$ 为旋转速度，那么牵连加速度 $\boldsymbol{w}$ 可一般表

示为

$$w=\frac{\mathrm{d}\boldsymbol{u}_0}{\mathrm{d}t}+\frac{\mathrm{d}\boldsymbol{\omega}}{\mathrm{d}t}\times\boldsymbol{r}+\boldsymbol{\omega}\times(\boldsymbol{\omega}\times\boldsymbol{r})+2(\boldsymbol{\omega}\times\boldsymbol{u}_r) \tag{7.4-3}$$

对于采用定常旋转速度的非惯性坐标系时，牵连加速度 **w** 前两项为零，只剩下了后两项体积力：离心力$-\omega\times(\boldsymbol{\omega}\times\boldsymbol{r})$、科氏力$-2$（$\boldsymbol{\omega}\times\boldsymbol{u}_r$）。因此，等速旋转坐标系的 N-S 方程除多两项体积力外与惯性坐标系表达式一样。

除笛卡尔直角坐标系外，在流体力学中还常采用圆柱坐标系（$r$，$\theta$，$z$）。但圆柱坐标系中 $r$、$\theta$ 方向的加速度除了物质加速度外，还出现了以$-V_\theta^2/r$ 表示的径向加速度和以 $V_\mathrm{r}V_\theta/r$ 表示的周向加速度，公式比较复杂。

微分形式的 N-S 方程对任意点都成立，而积分形式 N-S 方程则仅需局部区域满足守恒条件。因此，使用 Petrov-Galerkin 法得到积分公式得到

$$\int_\Omega q\ \nabla\cdot(\rho\boldsymbol{u})\mathrm{d}\Omega=0 \tag{7.4-4a}$$

$$\int_\Omega \boldsymbol{w}\left[\frac{\partial(\rho\ \boldsymbol{u})}{\partial t}+\nabla\cdot(\rho uv-\tau(u,p))-f\right]\mathrm{d}\Omega=0 \tag{7.4-4b}$$

式中 $q$，**w** 为权函数，选择不同的权函数将产生不同的数值算法，如有限元、有限体积等。

应用散度公式，上述式（7.4-4）守恒型 N-S 方程可变换为：

$$\int_s q(\rho\boldsymbol{u})\cdot n\mathrm{d}s=0 \tag{7.4-5a}$$

$$\int_\Omega \boldsymbol{w}\ \frac{\partial\ (p\boldsymbol{u})}{\partial\ t}\mathrm{d}\Omega+\int_s \boldsymbol{w}(\rho\boldsymbol{uv}+\mathrm{p}\boldsymbol{I}-\mu\mathrm{grad}\boldsymbol{u})\cdot\boldsymbol{n}\mathrm{d}s-\int_\Omega \boldsymbol{wf}\mathrm{d}\Omega=0 \tag{7.4-5b}$$

式中 $s$ 为控制体积的内边界，**n** 为控制体积内边界的外法线方向；其中 $\rho\boldsymbol{u}\cdot\boldsymbol{n}\mathrm{d}s$ 为沿 **n** 方向流过面积 $\mathrm{d}s$ 的质量流量，$\rho\boldsymbol{uv}\cdot\boldsymbol{n}\mathrm{d}s$ 为沿 **n** 方向流过面积 $\mathrm{d}s$ 的动量流量。注意动量方程中压力项如边界条件中没有给定，则对解出的压力如加、减一个常数也是 N-S 方程的解，因此提出流固耦合问题合理的边界条件十分关键。

## 7.4.2 边界条件

界面流固耦合问题是由边界条件驱动的。从计算意义上讲，求解实际问题的过程，就是将边界线或边界面上的数据，外推扩展到计算域内部的过程。

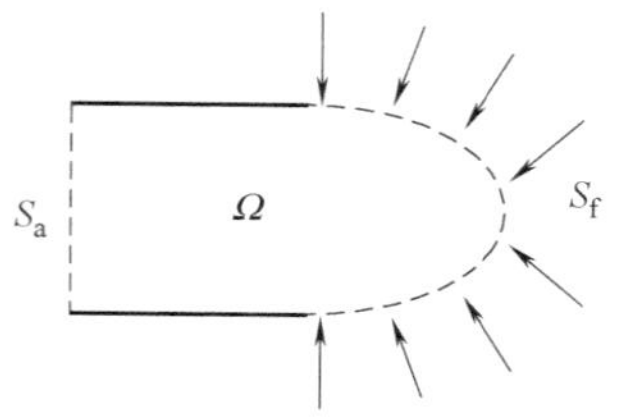

图 7.4-1　流体初边值问题

对于图 7.4-1 所示流体区域 $\Omega$，位移和作用力的本质和自然边界条件分别为：

$$\boldsymbol{u}(s)=\bar{\boldsymbol{u}}(s),s\in S_\mathrm{u} \tag{7.4-6a}$$

$$\boldsymbol{\tau}(s)\cdot\boldsymbol{n}(s)=f(s),s\in S_\mathrm{f} \tag{7.4-6b}$$

流固耦合中流场的边界可分为物理边界和人工边界。物理边界包含流体与固体分界面、流体与气体的分界面（水表面或水中气泡表面等）；人工边界则是流体与流体人为的分割面（绕流问题进流面、出流面、侧面分割面）。图 7.4-2 为典型流体力学问题。

边界条件组合情况：只有壁面（封闭流场对不可压缩液体不适用）；壁面、进口和至

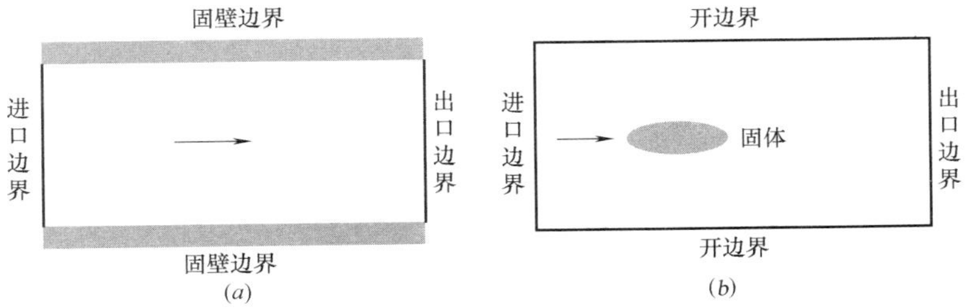


图 7.4-2 典型的流体力学问题

(a) 内流问题；(b) 绕流问题

少一个出口；壁面、进口和至少一个恒压边界；壁面和恒压边界。

在不可压缩流场数值计算中，压力总是基于参考压力的相对值，绝对压力不影响流场。关于参考压力，一般取大气压 101325Pa，取测点位置 $z$ 坐标零点。相对压力有总压 $p_0$、静压 $p_s$、压力 $p_s'$等。

$$p_0 = p_s + \rho|\boldsymbol{u}|^2 = p_s' + \rho_0 gz + \rho|\boldsymbol{u}|^2 \tag{7.4-7}$$

式中 $z$ 为压力测点处的几何高程值，$\boldsymbol{u}$ 为流动速度，压力场 $p_s'$是不包含重力作用下高差势能。

对于不可压缩流动，若边界条件中不包含压力边界条件时，应设置一个参考压力位置，计算中强调这一点的相对压力为零。在某些情况下，可以通过设定进口的压力为 0，求其他点的压力。还有时为了减小数字截断误差，往往特意抬高或降低参考压力场的值，这样可使其余各处的计算压力场与整体数值计算的量级相吻合。

对于进口边界，速度分布常给定，压力未知；对于出口边界，从数学的角度应该给出速度值沿边界的分布。但实际上，在计算之前常常很难实现，因此出口边界通常认为流动在出口处已充分发展，在流动方向无梯度变化。但这样处理并不能保证质量守恒，压力修正方程速度是不准确的。下面是几类常用的边界条件。

**(1) 给定速度**

与时间、位置相关的速度或速度分布直接由 $v(x, t)_i = \overline{v}_i(x, t)$ 给出并施加在边界上。通常施加在入口边界处，也可施加在固壁边界上。当移动壁面上使用欧拉坐标系时，也可应用，在这种情况下，流体速度等于移动壁面的速度，而位移为零。如要使位移不为零，则需要施加移动壁面条件。设置进口边界速度后，流量确定，允许边界压力随内部求解进程发生变化，总压也变化。

**(2) 给定压力**

与时间相关的压力直接由 $p = \overline{p}(t)$ 给出并施加在边界上。在边界节点上连续性方程由这个条件替换。给定压力条件通常施加在狭窄流问题中，以确保在数学上是个有意义的问题。压力进口边界条件下，总压固定，体积流量变化，边界速度是随内部流场求解进程发生变化。压力出口边界条件需要在出口边界处设置静压（相对压力），总压与流量都变化。静压的设置只适应于亚音速流动。当超音速时，压力要从内部流动中推断。

在流动分布的详细信息未知，但边界的压力值已知的情况下，使用恒压边界条件。应用恒压边界条件的典型问题：物体外部绕流、自由表面流、自然通风机燃烧等浮力驱动流和有多个出口的内部流动。在使用恒压边界条件时，最主要的问题在于不知道流动方向，该流动方向受计算域的内部状态影响。

**(3) 给定旋转速度**

根据一个时间相关的角速度定义旋转速度

$$\boldsymbol{v}(t)=\overline{\boldsymbol{\Omega}}(t)\times(\boldsymbol{x}-\overline{\boldsymbol{x}}_0) \tag{7.4-8}$$

式中 $\overline{\boldsymbol{x}}_0$ 是旋转中心，$\boldsymbol{x}$ 表示边界坐标。

这个条件可应用在固体边界旋转的壁面上。需要注意的，因为流体区域使用的是欧拉坐标系，所以当流体速度和固体速度相等时边界点是固定的。因此，从流体的角度来说，边界点是“固定”的。

**(4) 集中力荷载**

与时间相关的力 $\overline{\boldsymbol{F}}(t)$ 直接施加在边界上。这个力对给定速度条件的节点没有影响。

**(5) 分布拖曳力**

只能应用于二维计算区域的边界线或三维计算区域的边界面上。

与时间相关的分布拖曳力（又叫法向应力）$\overline{\tau}_{\mathrm{nn}}(t)=\boldsymbol{n}\cdot\boldsymbol{\tau}\cdot\boldsymbol{n}$。节点力表示 $\boldsymbol{F}(t)=\int_{\mathrm{s}}\boldsymbol{h}^{\mathrm{v}}\overline{\tau}_{\mathrm{nn}}(t)\,\mathrm{d}s$，$\boldsymbol{h}^{\mathrm{v}}$ 为边界上速度插值函数。

分布拖曳力由压力和剪应力组成。在开边界上，通常法向剪应力和压力相比是可以忽略的。通常分布拖曳力施加在压力已知的开边界上（出口边界）。这个力对给定速度条件的节点没有影响。

**(6) 一致流条件**

流体沿边界的法线一致，或$\partial\boldsymbol{v}/\partial n=0$。这个条件可以应用在流体几乎一致的边界上，如无限远处的出口边界条件。

**(7) 移动壁面**

这是将固壁条件拓宽到移动壁面上。移动壁面上的无滑移条件在流体速度和固体速度之间一致。这可应用在黏性流体的移动壁面边界上。边界位移是输入的，流体速度是根据位移计算出来的。移动壁面上的滑移条件：只要求流体速度的法线分量和固体速度的法线分量保持一致。

**(8) 流固耦合界面**

也是移动界面，但界面的位移是计算的解。在流体与物体接触的边界面上，由于物面上正应力和切应力都是未知的，故在物面上一般不能写出应力边界条件。

**(9) 动网格**

对网格变形不太大的问题，修改网格节点坐标，但不修改网格拓扑。

ALE 方法基于一种参考坐标系，计算域内网格节点可以以任意速度运动（不一定具有物理意义）。ALE 法通过某种规则制定合适的节点速度，使在运动边界附近相当于拉格朗日法，参考网格随时间步长不断的重整变形，省去了网格重新生成所需的大量运算，还可精确描述运动边界。在 ALE 法仍存在对流项，但通过网格节点速度减少流体和网格之间的对流效应，同时保证网格单元不发生太大的变形。

**(10) 自由液面**

自由液面是一可移动的边界，需要满足：运动学和动力学条件。自由液面的流体法向速度等于自由液面本身在这一点的法向速度。在液体与气体的交界面上，气体的密度和黏性都要比液体小得多，气体中黏性切应力常常很小，并且气体中压力的变化也认为很小，故可将气体一侧应力认为仅有恒定的表面压力 $\bar{p}_a$。自由液面动力学边界条件为周围压力和表面张力和。

$$\boldsymbol{\tau}_n=-\bar{p}_a\boldsymbol{n}+\boldsymbol{\sigma}H \tag{7.4-9}$$

式中 $\sigma H$ 为表面张力和曲率。

**(11) 对称边界条件**

指所求解的问题在物理上存在对称性，利用对称性可减半计算域。在对称边界 $y$ 上，垂直边界的速度梯度取为零：$\partial u/\partial y=0, v=0, \partial w/\partial y=0$。对称边界仅需指定位置，不需输入任何数据。

**(12) 循环（周期）边界条件**

循环边界条件针对轴对称问题提出的，例如在轴流式水轮机或水泵中，叶轮的流动可划分为与叶片数相等数目的子域，在子域的其实边界和终止边界上流动完全相同，见图 7.4-3。

应用循环边界条件，必须取流出循环边界的所有流动变量的通量等于进入循环边界的对应变量的通量，即 $\boldsymbol{u}_1=\boldsymbol{u}_2$。

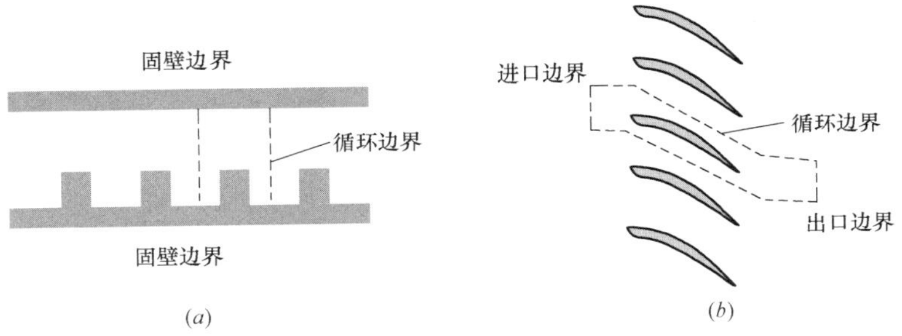


图 7.4-3 循环（周期）边界
(a) 内流问题；(b) 叶栅问题

## 7.4.3 初始条件

对于流固耦合动力相互作用区域 $\Omega$ 给定边界 $A$ 上的边界条件 $\boldsymbol{v}_0=\boldsymbol{w}$ 需要与初始条件协调。根据流动不可压缩性要求，边界上必须隐含着如下约束条件：

$$\int_A \boldsymbol{n}\cdot\mathrm{w}\mathrm{d}A=0, t\geqslant 0$$

如在区域 $\Omega$ 及边界 $A$ 上给定初始条件 $\boldsymbol{v}(x, 0)=\boldsymbol{v}_0(x)$，式中 $\boldsymbol{v}_0$ 为给定的初始速度场，则在 $\Omega$ 中需满足

① $\nabla\cdot\boldsymbol{v}_0=0$

和在边界 $A$ 上

② $\boldsymbol{n}\cdot\boldsymbol{v}_0=\boldsymbol{n}\cdot\boldsymbol{w}$

在给定初边值条件中，上述 3 个条件都需满足。

### 7.4.4 流固耦合分析的动网格法

空间坐标用 $\boldsymbol{x}$ 表示，也成为欧拉坐标。空间坐标特指一点的空间位置。材料坐标用 $\boldsymbol{X}$ 表示，也称为拉格朗日坐标。材料坐标标记一个材料点。每一个材料点有唯一的材料坐标，一般采用它在物体初始构形中的空间坐标，因此，当 $t=0$ 时，$\boldsymbol{X}=\boldsymbol{x}$。

物体的运动或变形用函数 $\boldsymbol{\varphi}(\boldsymbol{X},\ t)$ 表示，以材料坐标 $X$ 和时间 $t$ 作为独立变量。这个函数给出了材料点的时间相关的空间位置，即 $\boldsymbol{x}=\boldsymbol{\varphi}(\boldsymbol{X},\ t)$，也就是在初始构形和当前构形之间的变换。一个材料点的位移是指它的当前位置与原始位置之间的差：$\boldsymbol{u}(\boldsymbol{X},\ t)=\boldsymbol{\varphi}(\boldsymbol{X},\ t)-\boldsymbol{X}$。

在数值计算时，物体被网格离散化。相对于物体无限的材料点，离散的网格点是有限的。网格点记录物体的运动参数，因此网格代表计算的物体，是物体的计算域。网格的描述取决于独立变量的选择，即可以选择材料质点坐标，也可选空间点坐标。

Lagrangian 与 Eulerian 的网格区别非常清楚地表述在节点的行为上。如果网格是欧拉的，节点坐标是固定的，节点与空间点重合；如果网格是拉格朗日的，节点坐标与时间无关，节点与某些材料点始终重合。在欧拉网格中，节点轨迹是时间函数，材料点通过单元的结合面，在拉格朗日网格中，节点轨迹与材料点轨迹重合，并且在单元间无材料通过。此外，在拉格朗日网格中，单元积分点保持与材料点重合，边界节点始终保持在边界上；而在欧拉网格中，在给定积分点上的材料点随时间变化，边界节点没有与边界节点保持重合，边界条件必须强加在那些不是节点的点上。如一个节点放在两种材料之间界面上，在拉格朗日网格中，它保持在界面上，但在欧拉网格上，它不会保持在界面上。拉格朗日网格像是在材料上蚀刻：当材料变形时，蚀刻（网格）随着变形；欧拉网格像放在材料前面一薄片玻璃上的蚀刻：当材料变形时，蚀刻不变形，而材料横穿过网格。

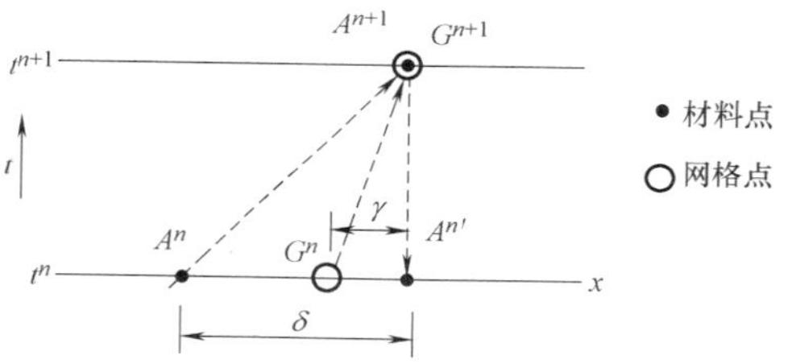


图 7.4-4 材料点与网格点运动示意图

动网格是任意拉格朗日欧拉网格（ALE），结合了上述两种网格的优点，如图 7.4-4 所示[32,33]。在动网格中，节点有序的运动，在边界上的节点始终保持在运动的边界上，而内部节点运动使网格扭曲最小化。

材料点 $A^n$ 运动到 $A^{n+1}$，移动距离 $\delta$；网格点 $G^n$ 运动到 $G^{n+1}$，移动距离 $\gamma$。当 $\gamma=0$ 时网格点不动，为欧拉网格点；当 $\gamma=\delta$ 时，网格点与材料点一起运动，为拉格朗日网格。

由于空间点 $A^{n'}$ 不一定是 $t^n$ 时刻网格点，因此需要将空间点 $A^{n'}$ 的运动参数应用 $t^n$ 时刻网格点 $G^n$ 的运动参数表示，这时动网格移动距离为 $\gamma$。

动网格的空间坐标在 $t^{n+1}$ 时刻需要根据移动边界条件确定，自然边界网格位移 $\gamma$ 为已知，而内部网格点需要保证扭曲最小，弹簧近似法能有效确定内部网格点位置。

首先，将 $t^n$ 时刻网格等效为由互相连接的弹簧组成的系统。定义相邻节点 $I$ 和 $J$ 间的平衡长度等于两点间距离，定义弹簧刚度

$$k_{ij}=a_1((x_i-x_j)^2+(y_i-y_j)^2+(z_i-z_j)^2)^{a_2} \tag{7.4-10}$$

式中 $a_1$，$a_2$ 为控制参数，可为 $\pm 1.0$。刚度系数可以优化！

其次，在 $t^{n+1}$ 时刻运动边界上的网格节点发生移动，邻近弹簧受力，原有节点具有不平衡力。与支座位移一样，可通过求解静力平衡方程获得网格点位移：

$$\mathbf{K}\boldsymbol{\delta}=\mathbf{0} \tag{7.4-11}$$

上式可采用迭代法求解。

最后，$t^{n+1}$ 时刻网格节点坐标为：

$$\boldsymbol{x}_i^{n+1}=\boldsymbol{x}_i^n+\boldsymbol{\delta}_i \tag{7.4-12}$$

### 7.4.5 CBS 法[11]

传统有限元离散采用的 Galerkin 方法对自伴算子是最优的，对 Navier-Stokes 方程直接进行有限元离散的主要困难是对流项不是自伴算子，对流项的存在使得流体问题无法采用传统 Galerkin 方法处理，通常采用 Taylor-Galerkin 格式，但是 Taylor-Galerkin 格式只能用于单变量问题，因为该格式只能有一个特征速度，而流场问题属于典型的多变量问题。CBS 格式将“分裂”（Split）方法引入 Taylor-Galerkin 格式中，从而有效解决了 Taylor-Galerkin 格式只能用于单变量问题的局限。

CBS 格式在流体流体力学计算中有广泛的适用范围，适用于可压与不可压波、表面波、多孔介质等多种情形的计算。格式统一简单，对可压缩流，从低马赫数到高马赫数很宽范围内的数值求解格式一样，给编程带来极大便利。方程采用守恒形式，能自动捕捉激波，避免虚假解的产生。能量方程独立求解，很容易扩展程序的功能，实现被动标量对流扩散问题的求解，诸如湍流、多相流等。

CBS 是基于特征线的分裂算法，式（7.4-1）的不可压缩 N-S 方程显式为

$$\frac{\partial u_i}{\partial x_i}=0 \tag{7.4-13a}$$

$$\frac{\partial u_i}{\partial t}+u_j\frac{\partial u_i}{\partial x_j}=-\frac{\partial p}{\partial x_i}+\frac{1}{Re}\frac{\partial^2 u_i}{\partial x_j\partial x_j}+f_i \tag{7.4-13b}$$

CBS 算法通过坐标变换可消去 NS 方程中的对流项，得到新坐标下的动量方程

$$\frac{\partial u_i}{\partial t}=-\frac{\partial p}{\partial x_i}+\frac{1}{Re}\frac{\partial^2 u_i}{\partial x_j\partial x_j}+f_i \tag{7.4-14}$$

将动量方程对时间项离散：

$$\frac{u_i^{n+1}|_x-u_i^n|_{x-\delta}}{\Delta t}=(1-\theta)\left(-\frac{\partial p}{\partial x_i}+\frac{1}{Re}\frac{\partial^2 u_i}{\partial x_j\partial x_j}+f_i\right)^n\Bigg|_{x-\delta}+\theta\left(-\frac{\partial p}{\partial x_i}+\frac{1}{Re}\frac{\partial^2 u_i}{\partial x_j\partial x_j}+f_i\right)^{n+1}\Bigg|_x \tag{7.4-15}$$

式中 $\delta$ 为流体质点在 $\Delta t$ 时间内移动的距离，近似为

$$\boldsymbol{\delta}=\Delta t\boldsymbol{u}^n|_{x-\delta}=\Delta t\boldsymbol{u}^n|_x \tag{7.4-16a}$$

$$u_i^n\Big|_{x-\delta}=\left(u_i^n-\delta\frac{\partial u_i^n}{\partial x}+\frac{\delta^2}{2}\frac{\partial^2 u_i^n}{\partial x^2}\right)\Bigg|_x \tag{7.4-16b}$$

带入动量方程得到

$$u_i^{n+1}-u_i^n=-\Delta t\left(u_j^n\frac{\partial u_i^n}{\partial x_j}+\frac{\partial p^{n+\theta}}{\partial x_i}-\frac{1}{Re}\frac{\partial^2 u_i^n}{\partial x_j\partial x_j}+f_i^n\right)+\frac{\Delta t^2}{2}u_k^n\frac{\partial}{\partial x_k}\left(u_j\frac{\partial u_i}{\partial x_j}+\frac{\partial p}{\partial x_i}+f_i\right)^n \tag{7.4-17a}$$

$$\frac{\partial p^{n+\theta}}{\partial x_i}=\theta\frac{\partial p^{n+1}}{\partial x_i}+(1-\theta)\frac{\partial p^n}{\partial x_i} \tag{7.4-17b}$$

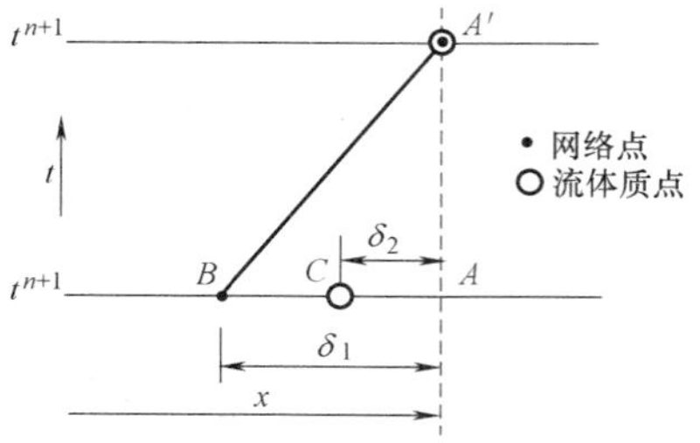


图 7.4-5 $\Delta t$ 内流体质点和网格点的运动情况

上式为同一空间点前后两个时刻的关系方程，即为欧拉网格节点的动量方程。如果网格移动，则需要通过 $n$ 时刻节点的运动参数表示时刻 $n$ 的运动参数表示，如图 7.4-5 所示。

CBS 分裂算法包含三步：

首先，计算中间变量

$$u_i^*-u_i^n=-\Delta t\left(u_j^n\frac{\partial u_i^n}{\partial x_j}-\frac{1}{Re}\frac{\partial^2 u_i^n}{\partial x_j\partial x_j}+f_i^n\right)$$
$$+\frac{\Delta t^2}{2}u_k^n\frac{\partial}{\partial x_k}\left(u_j\frac{\partial u_i}{\partial x_j}+f_i\right)^n \tag{7.4-18}$$

其次，计算 $n+1$ 时刻压力

$$\theta\frac{\partial}{\partial x_i}\left(\frac{\partial p^{n+1}}{\partial x_i}\right)=\frac{1}{\Delta t}\frac{\partial}{\partial x_i}\left(u_i^*-\Delta t(1-\theta)\frac{\partial p^n}{\partial x_i}\right) \tag{7.4-19}$$

第三，修正 $n+1$ 时刻速度

$$u_i^{n+1}=u_i^*-\Delta t\frac{\partial p^{n+\theta}}{\partial x_i}+\frac{\Delta t^2}{2}u_k^n\frac{\partial}{\partial x_k}\left(\frac{\partial p}{\partial x_i}\right)^n \tag{7.4-20}$$

CBS 算法可直接由 N-S 方程推导出合理的平衡耗散项，无需人工选择和修正权函数；允许对速度和压力采用相同的任意插值函数，且能避免协调条件（Babuska-Brezzi）限制。利用 CBS 有限元法可使流体域和固体域拥有统一的求解方法，流固耦合界面的数据传递将变得便捷，可节省大量的物理量传输方面的计算时间与成本。

### 7.4.6 算例及分析

采用以上方法对方腔顶盖驱动流、后向台阶绕流和单圆柱绕流进行了模拟，以验证该算法的可行性。同时，还计算了一类出口边界条件对于定常、非定常流动的适应性和无反射特性。

**(1) 方腔顶盖驱动流**

图 7.4-6 为方腔顶盖驱动流的流场模拟和计算网格。壁面均采用无滑移边界条件，顶盖上 $A$，$B$ 两角点速度取零，剩余节点具有相同的水平速度 1.0，在 $B$ 点设定压力边界条件 $p=0$。采用三角形网格，总体节点数 1681，单元数 3200。

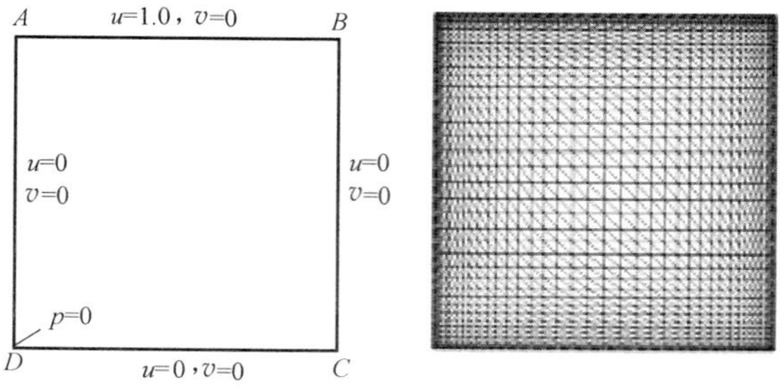


图 7.4-6 方腔顶盖驱动流流场模型及计算网格

采用 CBS 算法对不同 $Re$ 下的稳定流场进行了计算，并与基准解进行了对比，部分结果如图 7.4-7 所示。计算所得方腔水平、竖直中心线上的速度与基准值非常吻合，验证了该算法对于方腔顶盖驱动流的可行性。

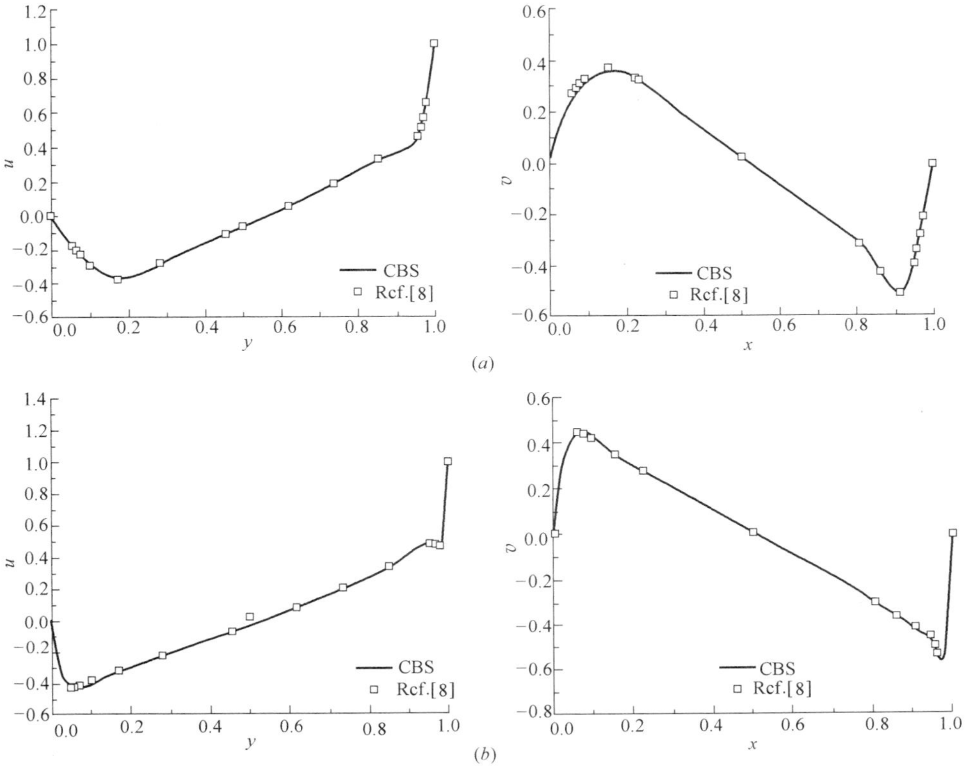


图 7.4-7 不同 $Re$ 下的计算结果

(a) $Re=1000$ 中心线速度分布；(b) $Re=10000$ 中心线速度分布

**(2) 后向台阶绕流**

为了验证本节算法对具有出口边界的流动问题的适应性，对后向台阶绕流进行了计算。

图 7.4-8 为后向台阶绕流问题的流动模型和计算网格示意图，其中 $x_l$ 表示出口边界所处的位置。流场区域采用三角形网格进行剖分，通过均分 $x$，$y$ 边界得到。分别取 $x_l=30.0$，15.0 和 7.0，结合出口边界条件：

$$-p+Re^{-1}\frac{\partial u_n}{\partial n}=0,\frac{\partial u_\tau}{\partial n}=0 \tag{7.4-21}$$

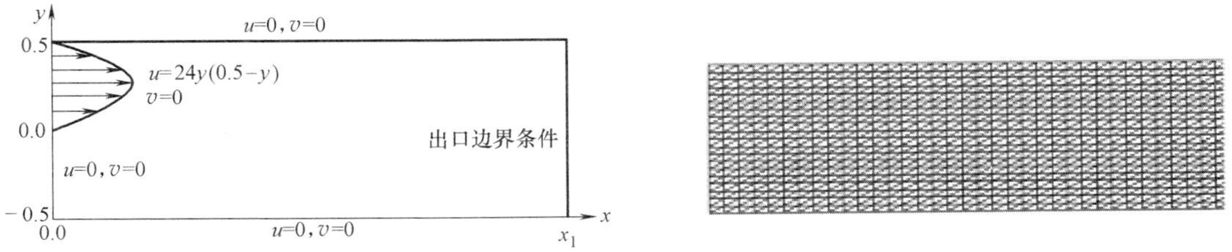


图 7.4-8 后向台阶绕流流场模型及计算网格

对 $Re=800$ 时的流场进行了计算。使用了疏密不同的两套网格见表 7.4，网格密度通过 $x$，$y$ 边界所分分数加以表示。对于同一个出口边界，采用系数网格计算的结果与密网格相比基本相同，这里只给出稀疏网格对应的计算结果。

网格划分 **表 7.4**

| | $x_l$=30.0 | $x_l$=15.0 | $x_l$=7.0 |
|---|---|---|---|
| 稀网格 | 300×20 | 150×20 | 70×20 |
| 密网格 | 600×40 | 300×40 | 140×20 |

图 7.4-9（$a$）、（$b$）分别为出口边界 $x_l$=7.0 和 15.0 时计算所得 $x$=7.0，15.0 两截面处的水平速度分布，与文献［10］给出的基准解非常符合，说明了该算法的准确性。同时，采用给出的出口边界条件进行计算时，对于出口存在回流的情况（$x_l$=7.0）仍然得到了比较准确的结果，反映出了给边界条件的无反射特性。为了更好地说明这一点，图 7.4-10 给出了 $x_l$=30.0 和 $x_l$=7.0 时计算所得的流线图。通过对比不难看出，将出口设置在存在回流的截面上并没有对其上游的流场造成显著的影响。

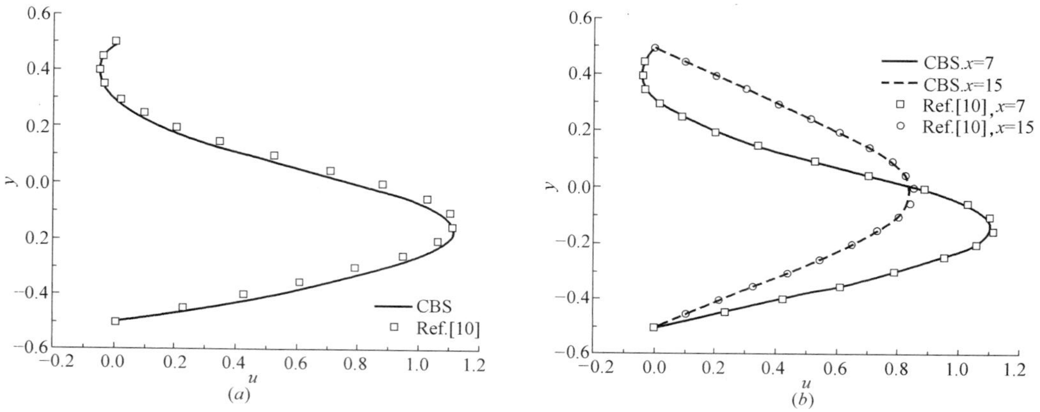


图 7.4-9 水平速度分布

（$a$）$x_l$=7.0 时，$x$=7 处速度 $u$；（$b$）$x_l$=15 时，$x$=7、15 处速度 $u$

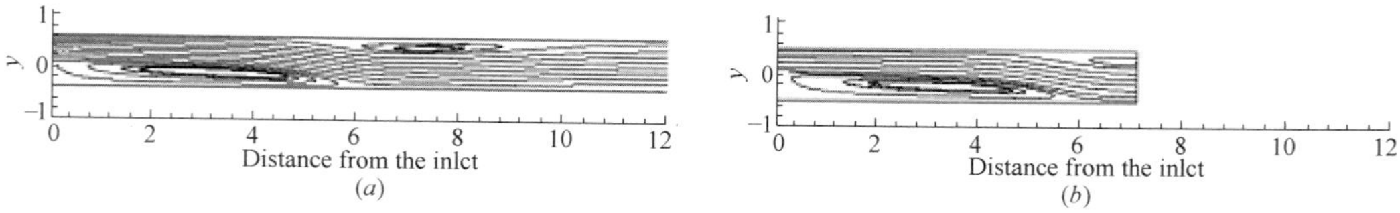


图 7.4-10 出口边界不同时得到的流线图

（$a$）$x_1$=30.0；（$b$）$x_1$=7.0

### （3）单圆柱绕流

对 $Re$=100 时的圆柱绕流进行了计算，用来检验 CBS 算法以及出口边界条件（对于非定常绕流问题的适用性）。各边界设定如下：取入口及上下侧边界到圆柱中心距离为 $8D$（$D$ 为圆柱直径），采用入口边界条件，取 $u$=1.0，$v$=0.0，出口边界位于下游 $25D$ 处，采用给出的出口边界条件。图 7.4-11 所示为分块生成的网格，含有 5452 个节点，10556 个三角形单元，圆柱外部第一层节点距离圆柱 0.016$D$。

图 7.4-12 为计算所得圆柱非定常升、阻力系数，所得结果与文献［11］给出的基本解基本符合。说明采用 CBS 算法结合给出的出口边界条件对圆柱绕流问题径向求解是可行的。

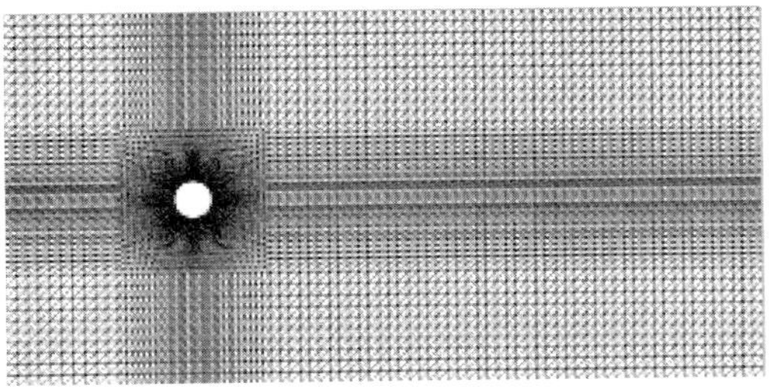

图 7.4-11　圆柱绕流流计算网格

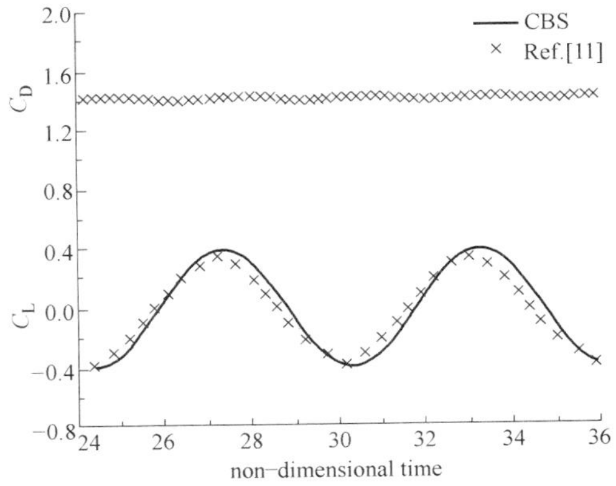


图 7.4-12　$Re$=100 时圆柱非定常升、阻力系数

最后，对不同来流速度下的圆柱绕流进行了数值模拟，部分结果如图 7.4-13 所示，定性地反映了 $Re$ 数增加时圆柱表面流动分离而形成对称驻涡、驻涡逐渐延长、驻涡脱落而成涡街的过程。

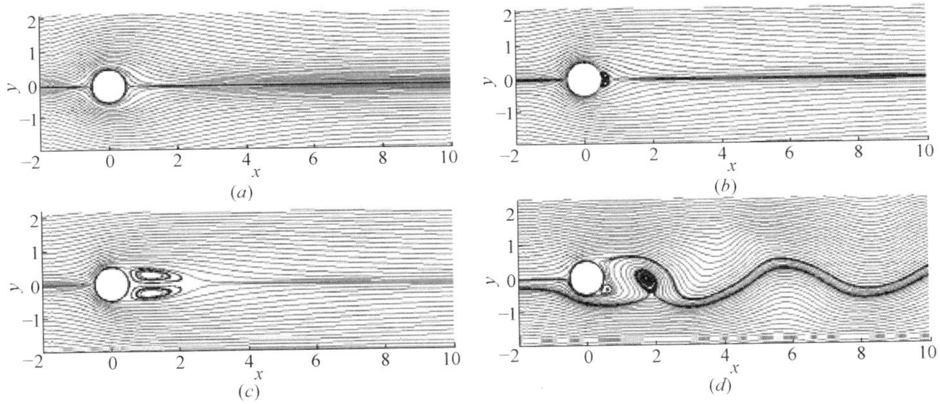

图 7.4-13　不同 $Re$ 数下的流线图

(*a*) $Re$=2.0；(*b*) $Re$=10.0；(*c*) $Re$=35.0；(*d*) $Re$=100

本节给出了 CBS 有限元求解不可压缩黏性流动的一般过程，结合一类同时含有压力和速度的出口边界条件，对方腔顶盖驱动流、后向台阶绕流和单圆柱绕流进行了求解，所得结果与基准解符合良好，说明了该算法在定常、非定常不可压缩黏性流动问题中的可行性，为进一步求解自激振荡、动态失速等更加复杂的非定常流动问题奠定了基础。

# 参 考 文 献

[1] 国家自然科学基金，中国科学院. 工程科学：未来 10 年中国学科发展战略. 北京：科学出版

社，2012.
［2］ 黄祥鹿，鹿鑫森. 海洋工程流体力学及结构动力响应. 上海：上海交通大学出版，1992.
［3］ B. Molin. 海洋工程水动力学. 北京：国防工业出版社，2012.
［4］ 周济福，颜开，詹世革等. 海洋结构与装备的关键基础科学问题，力学学报，2014，Vol. 46，No. 2，323-328.
［5］ K. J. Bathe，Finite element procedures，New York：Prentice-Hall；1996.
［6］ 张雄，王天舒. 计算动力学. 北京：清华大学出版社，2007.
［7］ 王福军. 计算流体动力学分析. 北京：清华大学出版社，2004.
［8］ H. K. Versteeg，W. Malalasekera，An introduction to computational fluid dynamics，Longman Group Ltd. 1995.
［9］ 张阿漫，戴绍仕. 流固耦合动力学. 北京：国防工业出版社，2011，323-328.
［10］ 叶正寅，张伟伟，史爱明等. 流固耦合力学基础及其应用. 哈尔滨：哈尔滨工业大学出版社，2010.
［11］ O. C. Zienkiewicz，R. L. Taylor，Finite element method：Fluid dynamics，Elsevier Pte Ltd. 2000.
［12］ D. Sh. Jeng，Porous models for wave-seabed interaction，Shainhai Jiaotong University Press，2013.
［13］ Y. L. Zhang，Fluid-structure dynamic interaction，Academy Press，2010.
［14］ 邢景棠，周盛，催尔杰. 流固耦合力学概述. 力学进展，1997，27（1）：9-38.
［15］ T. H. Dawson，Theory and practice of solid mechanics，Plenum Press，New York，1976.
［16］ Y. C. Fung. A first course in continuum mechanics. 北京：清华大学出版社，2005.
［17］ W. T. Thomson，Transmission of elastic waves through a stratified solid medium. Journal of Applied Physics，1950，21（2）：89-93.
［18］ N A. Haskell，The dispersion of surface waves on multilayered media. Bulletin of the Seismological Society of America，1953，43（1）：17-34.
［19］ Tianyun Liu，Efficient Reformulation of the Thomson-Haskell Method for Computation of Surface Waves in Layered Half-Space. Bulletin of the Seismological Society of America，2010，100（5A）：2310-2316.
［20］ Tianyun Liu，Zhao C，Duan Y. Generalized transfer matrix method for propagation of surface waves in layered azimuthally anisotropic half-space. Geophysical Journal International，2012.
［21］ Tianyun Liu，Chongbin Zhao. Dynamic analyses of multilayered poroelastic media using the generalized transfer matrix method. Soil Dynamics and Earthquake Engineering，2013，Vol. 48，15-24.
［22］ 林皋，韩泽军，李伟东等. 多层地基条带基础动力刚度矩阵的精细积分算法. 力学学报，2012，3-13.
［23］ M A. Biot，Theory of propagation of elastic waves in a fluid-saturated porous solid. I. Low-frequency range. The Journal of the Acoustical Society of America，1956，28：168.
［24］ M. A. Biot，Theory of Propagation of elastic waves in a fluid-saturated porous solid. II. Higher Frequency Range. The Journal of the Acoustical Society of America，1956，28（2）：179-191.
［25］ R. Rajapakse，Senjuntichai T. Dynamic response of a multi-layered poroelastic medium. Earthquake engineering & structural dynamics，1995，24（5）：703-722.
［26］ J. F. Lu，Hanyga A. Fundamental solution for a layered porous half space subject to a vertical point force or a point fluid source. Computational Mechanics，2005，35（5）：376-391.
［27］ A. Mesgouez，Lefeuve-Mesgouez G. Transient solution for multilayered poroviscoelastic media obtained by an exact stiffness matrix formulation. International journal for numerical and analytical

methods in geomechanics，2009，33（18）：1911-1931.

[28] 邱大洪，孙邵晨. 波浪渗流力学. 北京：国防工业出版社，2006.

[29] P. Ch Hsieh，W. P Hsieh，Dynamic analysis of multilayered oils to water waves and flow，Journal of Engineering Mechanics，Vol. 133，No. 3，pp. 357-366，2007.

[30] P. Ch Hsieh，Dynamic response of a soft soil layer to flow and periodical disturbance，Int. J. Numer. Anal. Meth. Geomech.，2003；27：927-949.

[31] 崔维成，吴有生等. 水弹性理论及其在超大型浮式结构物上的应用. 上海：上海交通大学出版社，2007.

[32] 孙旭，张家忠. 不可压缩粘性流动的CBS有限元解法. 计算力学学报，2010，27（5）：862-867.

[33] 孙旭，张家忠，黄必武. 弹性薄膜类流固耦合问题的CBS有限元分析. 力学学报，2013，Vol. 45，No. 5，787-791.

[34] Tianyun Liu，Qingbin Li，Chongbin Zhao. An efficient time-integration method for nonlinear dynamic analysis of solids and structures. Science China：Physics，Mechanics & Astronomy，2013，Vol. 56：798-804.

[35] 张立红，刘天云，李庆斌等. 结构动力问题的高精度组合差分时程积分法. 计算力学学报，2013，Vol. 30，No. 4，491-503.

[36] 钟万勰. 结构动力方程的精细时程积分法. 大连理工大学学报，1994，34（02）：131-136.

[37] 黄伟江，罗恩，章学军. 辛数值流形时间子域法. 中国科学（G），2009，39（10）：1487-1494.

[38] Tianyun Liu，Chongbin Zhao，Qingbin Li，Lihong Zhang. An efficient backward Euler time-integration method for nonlinear dynamic analysis of structures. Computers & Structures，2012，Vol. 106-107，20-28.

[39] Bathe K J. Conserving energy and momentum in nonlinear dynamics：A simple implicit time integration scheme. Computers & Structures，2007，85（7-8）：437-445.

# 8 海洋土木工程材料与防腐

## 8.1 概述

### 8.1.1 海洋土木工程材料分类

海洋土木工程是指在海洋环境下建造各类工程设施的科学技术的统称，它也指工程建设的对象，即建造在近海和远海、海上、海中和海底，直接或间接为人类生活、生产、军事、科研服务的各种工程设施，例如房屋、道路、运输管道、隧道、桥梁、港口、电站、飞机场、海洋平台、防护工程等。

海洋土木工程材料指用于建造海洋土木工程中建筑物和构筑物的所有材料。按化学组成分类，它可分为无机材料、有机材料和复合材料，详细分类见表 8.1-1。在这些材料中，水泥基材料包括混凝土和砂浆及其制品是使用量最大的海洋土木工程材料，且其性能受材料设计与施工，以及海洋环境介质影响最大的建筑材料，因此，在本章其他部分内容主要围绕水泥基材料或混凝土材料展开论述。

用作海洋土木工程材料的最常用水泥为硅酸盐水泥，其他水泥如硫铝酸盐水泥、铝酸盐水泥等为特种水泥。硅酸盐水泥主要由四大矿物组成，即硅酸三钙 $C_3S$、硅酸二钙$C_2S$、铝酸三钙 $C_3A$ 和铁铝酸钙 $C_4AF$。

**海洋土木工程材料的分类（按化学组成分类）** **表 8.1-1**

| 分类 | 细 分 类 | 详 细 说 明 |
|---|---|---|
| 无机材料 | 非金属材料 | 天然石材：碎石、卵石、砂、毛石<br>胶凝材料：水泥、石膏、石灰、水玻璃<br>混凝土及砂浆：普通混凝土、轻质混凝土、特种混凝土和各类砂浆<br>硅酸盐制品：粉煤灰砖、灰砂砖、硅酸盐砌快<br>绝热材料：矿棉、玻璃棉、膨胀珍珠岩等<br>烧土制品：黏土砖、瓦、陶瓷、玻璃 |
| | 金属材料 | 黑色金属：生铁、碳素钢、合金钢<br>有色金属：铝、锌、铜、镍等及其合金 |
| 有机材料 | 高分子材料 | 胶粘剂：环氧树脂、丙烯酸、聚氨酯等<br>涂料：水性涂料、溶剂性涂料、粉末涂料等<br>其他：塑料、橡胶等 |
| | 沥青材料 | 石油沥青、煤沥青、沥青制品 |
| | 天然植物质材料 | 木材、竹材、植物纤维及其制品 |

续表

| 分类 | 细分类 | 详细说明 |
| --- | --- | --- |
| 复合材料 | 非金属-金属复合 | 钢筋混凝土、钢纤维混凝土 |
| | 无机非金属-有机复合 | 聚合物混凝土、沥青混凝土、有机纤维混凝土、玻璃钢(玻璃纤维增强塑料)等 |
| | 非金属-非金属复合 | 玻璃纤维水泥混凝土、碳纤维水泥混凝土等 |

### 8.1.2 海洋环境作用等级

环境作用下混凝土结构耐久性设计的基本目标是在结构的设计使用年限内，考虑到环境因素可能引起的材料劣化后，仍能保证结构应用的安全性与适用性。不过，在环境因素的作用下，混凝土材料性能劣化通常是一个长期的过程，所以一般来说进行结构耐久性设计前必须确定环境影响因素及环境荷载影响程度。考虑到设计应用的可操作性，目前国内外的混凝土结构设计规范标准通常根据不同环境类别及其对混凝土结构侵蚀的严重程度，将环境荷载划分为不同环境类别和环境作用等级，进行耐久性设计。

国内外通常在进行结构设计时，根据混凝土结构所处的环境类别和环境作用等级进行划分，如欧洲混凝土标准 EN 206-1/2000 中对混凝土接触的氯离子的环境进行了调查后，采取的环境分级如表 8.1-2 所示。

国家标准 GB/T 50476—2008《混凝土结构耐久性设计规范》对环境类别及作用等级的划分与欧洲标准相似，见表 8.1-3 和表 8.1-4，其中与海洋环境相关的冻融环境、氯化物环境和化学腐蚀环境作用等级的划分分别见表 8.1-5～表 8.1-7。

**EN 206-1/2000 中环境类别及作用等级　　表 8.1-2**

| 等级 | 接触位置 | 侵蚀部位 |
| --- | --- | --- |
| 1 级 | 接触空气中的氯盐，但不与海水直接接触 | 仅海岸上的混凝土结构 |
| 2 级 | 永远浸没在海水中 | 海水中部分混凝土结构 |
| 3 级 | 潮汐、浪溅等区域 | 海水中部分混凝土结构 |

**环境类别　　表 8.1-3**

| 环境类别 | 名称 | 腐蚀机理 |
| --- | --- | --- |
| Ⅰ | 一般环境 | 保护层混凝土碳化引起钢筋锈蚀 |
| Ⅱ | 冻融环境 | 反复冻融导致混凝土损伤 |
| Ⅲ | 海洋氯化物环境 | 氯盐引起钢筋锈蚀 |
| Ⅳ | 除冰盐等其他氯化物环境 | 氯盐引起钢筋锈蚀 |
| Ⅴ | 化学腐蚀环境 | 硫酸盐等化学物质对混凝土的腐蚀 |

**环境作用等级　　表 8.1-4**

| 环境作用等级<br>环境类别 | A<br>轻微 | B<br>轻度 | C<br>中度 | D<br>严重 | E<br>非常严重 | F<br>极端严重 |
| --- | --- | --- | --- | --- | --- | --- |
| 一般环境 | Ⅰ-A | Ⅰ-B | Ⅰ-C | — | — | — |
| 冻融环境 | — | — | Ⅱ-C | Ⅱ-D | Ⅱ-E | — |

续表

| 环境类别 \ 环境作用等级 | A 轻微 | B 轻度 | C 中度 | D 严重 | E 非常严重 | F 极端严重 |
|---|---|---|---|---|---|---|
| 海洋氯化物环境 | — | — | Ⅲ-C | Ⅲ-D | Ⅲ-E | Ⅲ-F |
| 除冰盐等其他氯化物环境 | — | — | Ⅳ-C | Ⅳ-D | Ⅳ-E | — |
| 化学腐蚀环境 | — | — | Ⅴ-C | Ⅴ-D | Ⅴ-E | — |

**冻融环境对混凝土构件的环境作用等级　　表 8.1-5**

| 环境作用等级 | 环境条件 | 结构构件示例 |
|---|---|---|
| Ⅱ-C | 微冻地区的无盐环境<br>混凝土高度饱水 | 微冻地区的水位变换区构件和频繁受雨淋的构件水平表面 |
| | 严寒和寒冷地区的无盐环境<br>混凝土中度饱水 | 严寒和寒冷地区的受雨淋的构件的竖向表面 |
| Ⅱ-D | 严寒和寒冷地区的无盐环境<br>混凝土高度饱水 | 严寒和寒冷地区的水位变换区构件和频繁受雨淋的构件水平表面 |
| | 微冻地区的有盐环境<br>混凝土高度饱水 | 有氯盐微冻地区的水位变换区构件和频繁受雨淋的构件水平表面 |
| | 严寒和寒冷地区的有盐环境<br>混凝土中度饱水 | 有氯盐严寒和寒冷地区的受雨淋的构件的竖向表面 |
| Ⅱ-E | 严寒和寒冷地区的有盐环境<br>混凝土高度饱水 | 有氯盐严寒和寒冷地区的水位变换区构件和频繁受雨淋的构件水平表面 |

**海洋和除冰盐等氯化物环境的作用等级　　表 8.1-6**

| 环境作用等级 | 环境条件 | 结构构件示例 |
|---|---|---|
| Ⅲ-C | 水下区和土中区：<br>周边永久浸没于海水或埋于土中 | 桥墩、基础 |
| Ⅲ-D | 大气区(轻度盐雾)：<br>距平均水位 15m 高度以上的海上大气区；<br>涨潮岸线以外 100～300m 内的陆上室外环境 | 桥墩、桥梁上部结构构件；<br>靠海的陆上建筑外墙及室外构件 |
| Ⅲ-E | 大气区(重度盐雾)：<br>距平均水位上方 15m 内的海上大气区；<br>离涨潮岸线 100m 内、低于海平面以上 15m 的陆上室外环境 | 桥梁上部结构构件；<br>靠海的陆上建筑外墙及室外构件 |
| | 潮汐区和浪溅区，非炎热地区 | 桥墩、码头 |
| Ⅲ-F | 潮汐区和浪溅区，炎热地区 | 桥墩、码头 |
| Ⅳ-C | 受除冰盐盐雾轻度作用<br>四周浸没于含氯化物水中 | 离行车道 10m 以外接触盐雾的构件<br>地下水中构件 |
| | 接触较低浓度氯离子水体，且有干湿交替 | 处于水位变换区或部分暴露于大气、部分在地下水土中的构件 |
| Ⅳ-D | 受除冰盐水溶液轻度溅射作用 | 桥梁护墙、立交桥桥墩 |
| | 接触较高浓度氯离子水体，且有干湿交替 | 海水游泳池壁；处于水位变换区或部分暴露于大气、部分在地下水土中的构件 |
| Ⅳ-E | 直接接触除冰盐溶液 | 路面、桥面板、与含盐渗漏水接触的桥梁冒梁和桥墩顶面 |
| | 受除冰盐水溶液重度溅射或重度盐雾作用 | 桥梁护栏、护墙、立交桥桥墩；<br>车道两侧 10m 内的构件 |
| | 接触高浓度氯离子水体，且有干湿交替 | 处于水位变换区或部分暴露于大气、部分在地下水土中的构件 |

水、土中硫酸盐和酸类物质的环境作用等级　　表 8.1-7

| 作用因素 / 环境作用等级 | 水中硫酸根离子浓度 $SO_4^{2-}$(mg/L) | 土中硫酸根离子浓度(水溶值) $SO_4^{2-}$(mg/L) | 水中镁离子浓度(mg/L) | 水中酸碱度(pH值) | 水中侵蚀性 $CO_2$ 浓度(mg/L) |
|---|---|---|---|---|---|
| V-C | 200～1000 | 300～1500 | 300～1000 | 6.5～5.5 | 15～30 |
| V-D | 1000～4000 | 1500～6000 | 1000～3000 | 5.5～4.5 | 30～60 |
| V-E | 4000～10000 | 6000～15000 | ≥3000 | <4.5 | 60～100 |

其他标准和规范，如中国土木工程学会标准《混凝土结构耐久性设计与施工指南》CCES 01—2004、交通部标准《海港工程混凝土防腐蚀技术规范》JTJ 275—2000、《公路工程混凝土结构防腐蚀技术规范》JTG/T B07—01—2006 等，均采取了类似的划分方法。不过，这些标准和规范均把含盐环境如海洋的环境作用等级归类为严重、非常严重和极端严重，即三种最严酷的环境作用等级。

综上所述，目前国内外相关标准主要是从结构设计应用出发，对混凝土所处环境条件进行定性划分，但是其划分标准一般比较粗略，无法进行定量化。但在进行工程耐久性设计前，应对混凝土结构各部位的主要环境荷载进行进一步划分和量化。

### 8.1.3 海洋土木工程材料现场破坏特点

众所周知，水泥混凝土为高碱性材料。如果选用适合于具体环境的正常材料，仔细设计和施工，使混凝土保护层具有密实组织、足够厚度，并在使用中防止微裂缝扩展，可保证钢筋混凝土结构在一般环境中具有足够的耐久性。然而，事实上，海洋环境中混凝土结构因腐蚀而破坏的严重态势，远超出人们的预想。国内外学者对海洋腐蚀环境下钢筋混凝土结构的状况进行了大量的调查研究。

**(1) 国内外海洋腐蚀环境下钢筋混凝土结构使用现状**

1) 国外破坏情况[1,2]

波特兰水泥混凝土用于海洋工程的历史可以追溯至 1849 年，钢筋混凝土在海洋工程中的应用历史也有大约 100 多年。在混凝土和钢筋混凝土应用于海洋工程的 100 多年中，人们发现有一部分构筑物一直使用到现在还状况良好，而另一部分构筑物却在使用不久后就破坏了；特别是西方发达国家自二战结束后开始大规模建设的海工混凝土工程，在 70 年代末发现大量混凝土结构物破坏，由此海工混凝土结构耐久性问题越来越受各界重视。

20 世纪 30 年代建造的美国俄勒冈州 Alsea 海湾上的多拱大桥，施工质量较好，但因混凝土的水灰比太大，大面积钢筋严重腐蚀，引起结构破坏，用传统的局部修补方式修补破坏处，不久就发现修补处附近的钢筋又加剧腐蚀造成破坏，不得不拆除、更换。美国旧金山海湾上第一座跨海湾大桥 San Mateo-Hayward 大桥、Hood 航道桥东半部等大型工程也出现了类似情况。60 年代建造的旧金山海湾第二座 San Mateo-Hayward 大桥上，处于浪溅区的预制横梁，虽采用优质（水灰比 0.45，水泥用量 370kg/m$^3$）混凝土，但由于梁尺寸大，底部配筋密。加上蒸汽养护时引起的微裂缝，为钢筋腐蚀创造了必要的条件，因此发生了严重腐蚀，1980 年不得不进行耗资巨大的修补。

1962～1964 年，Gjorv 对挪威海边 700 座混凝土结构作了耐久性调查。这些结构有 60%是用导管浇筑的立柱梁板式钢筋混凝土码头，其中已使用 20～50 年的占 2/3。在浪溅区，立柱破坏且断面损失率大于30%的占14%，断面损失率10%～30%的占24%，梁板钢筋腐蚀引起严重破坏的占20%。Gjorv分析，破坏首先是混凝土因冻融作用引起开裂，致使氯化物渗入混凝土，加剧了钢筋腐蚀破坏。

1986年Kiyomiya等检查了日本103座混凝土海港码头状况，发现凡是有20年历史的，都有相当大的顺筋锈裂，需要修补。

Sharp等调查了澳大利亚62座海岸混凝土结构，查明耐久性的许多问题是与浪溅区的钢筋异常严重的腐蚀有关，特别是昆士兰使用20年以上的混凝土桩帽。

在阿拉伯海湾和红海上建造的大量海工混凝土结构，由于气温高，在含盐、干热、多风的白昼，混凝土表面温度高达50℃，晚上则温度急剧下降而结露，昼夜温差很大，造成了特别严重侵蚀环境，加上混凝土等级和混凝土保护层厚度不够，施工质量差等原因，往往在使用的第一年后钢筋就遭到严重腐蚀。例如沙特阿拉伯滨海地区42座混凝土框架结构，74%的结构都有严重的钢筋腐蚀破坏。印度孟买某河上的第一座桥是后张预应力混凝土桥，由于预应力筋过早地发生严重腐蚀，不得不重修第二座桥。第二座桥预应力筋在安装前就为大气中的盐分所污染，且预应力管道灌注的水泥浆使用了海水，因而不到10年所有的钢筋、预应力筋及其套管都遭到了严重腐蚀破坏。

2）国内破坏情况

国内海工混凝土结构破坏案例也比比皆是。20世纪80年代多家单位对华南、华东地区以及北方地区数十余座海港码头行了大量调查[2-7]，结果表明，华南地区海港码头80%以上都发生了严重或较严重钢筋锈蚀破坏，出现锈蚀破坏的时间有的仅5～10年；华东和北方地区调查也得出类似结果，如连云港杂货一、二码头于1976年建成，1980年就发现有裂缝和锈蚀，1985年其上部结构已普遍出现顺筋裂缝，1980年建成的宁波北仑港10万吨级矿石码头，使用不到10年其上部结构就发现严重的锈蚀损坏；天津港客运码头1979年建成，使用不到10年，就发现前承台面板有50%左右出现锈蚀损坏；浙江沿海使用7～10年左右的22座钢筋混凝土水闸，钢筋腐蚀中混凝土顺筋胀裂、剥落甚至钢筋锈断的构件占56%。这些调查结果表明，我国于80年代前建成的高桩码头混凝土结构大部分仅5～10年就出现锈蚀破坏，即使加上钢筋锈蚀开裂的时间，耐久性寿命也就是20年左右。

2006年后对北方、华东及南方共31座码头的调查结果表明[7-9]，1987～1996年期间建成并使用13～17年的码头，多数构件表面出现锈蚀痕迹，说明混凝土中的钢筋已经发生锈蚀，部分出现了较为严重的锈蚀开裂现象。不过，1996年以后建成的码头调查情况看，使用约10年的码头基本未出现钢筋锈蚀情况。这主要归因于对混凝土海港钢筋混凝土结构耐久性设计指标的及时修订与推广应用，对提高我国海港工程混凝土耐久性起到了积极的作用。

对香港的码头混凝土进行的调查结果表明，处于浪溅区和潮差区的梁板底部和墩柱的上部混凝土破坏最严重，处于盐雾/喷溅区域混凝土也劣化严重。码头在建成后2～3年内，钢筋部位的氯离子浓度就可能达到引发锈蚀的临界浓度（混凝土重量的0.06%），引起钢筋锈蚀。这些短期破坏的工程经济损失是巨大的。与此同时，近海地区的混凝土结构由于海水盐环境的侵蚀，特别是氯离子导致的钢筋锈蚀，耐久性远远达不到设计要求。

国内外的工程调查以及研究结果表明，海洋环境是最为恶劣的腐蚀环境之一，在海洋环境下混凝土结构的腐蚀状况要比其他环境下的严重得多，而影响混凝土结构耐久性的诸多原因中，钢筋锈蚀、盐类侵蚀及寒冷地区的冻融破坏是其中的主要原因。

**(2) 海洋环境中混凝土结构耐久性的破坏特点**

在海洋环境中，混凝土结构的破坏因素主要有冻融循环、钢筋锈蚀、碳化、溶蚀、盐类侵蚀、酸碱腐蚀、冲击磨损等机械破坏等作用。

海洋是富含盐类的生态环境，海水中包含着许多可溶性盐，其组成主要为氯盐和硫酸盐。这些盐类都可能对混凝土结构造成腐蚀。根据海工结构与海水接触部位不同，海水还可能对混凝土造成不同形式的腐蚀，其中在潮汐区和浪溅区，混凝土结构直接接受海浪的冲刷、干湿循环的作用和可能遭受的溶蚀等综合作用，遭受到了最严重的腐蚀。受氯离子和通氧条件的影响，海港工程混凝土结构按锈蚀破坏易发生部位顺序依次为浪溅区、潮差区、大气区和水下区。目前位于沿海和近海的混凝土结构，使用寿命普遍为10～50年之间。

因海洋盐环境不同区域的特点，混凝土结构受到环境破坏也不同，其具体区域划分和现场破坏情况见图8.1-1。

海洋环境混凝土破坏照片

图8.1-1 海洋环境混凝土结构区域划分与现场破坏情况

大气区：这个区域受到海浪无规律的飞溅和盐雾作用，存在明显的温度循环变化，也会发生干湿交替、冻融循环，供氧充足，缺乏$Cl^-$离子和水分，钢筋锈蚀和混凝土腐蚀轻微。混凝土碳化和盐雾作用是破坏的主要原因。

浪溅区：受到海浪有规律的飞溅和冲刷作用，存在显著的温度循环、干湿交替和冻融循环，供氧和水分充足，$Cl^-$离子容易进入混凝土，钢筋极易锈蚀，混凝土腐蚀和剥蚀明显；$Cl^-$离子诱发的钢筋锈蚀、盐冻剥蚀、海水冲刷、盐结晶和化学侵蚀作用是破坏的主要原因。

潮汐区：潮汐涨落循环会导致明显的温度循环、干湿交替和冻融循环作用，这个区域供氧和水分充足，$Cl^-$离子容易进入混凝土并富积，钢筋极易锈蚀，混凝土腐蚀和剥蚀明显；$Cl^-$离子诱发的钢筋锈蚀、盐冻剥蚀、盐结晶和化学侵蚀作用是破坏的主要原因。

水下区：这个区域完全浸泡在海水中，氯离子和水分供应充足，但因这个区域的供氧量不足和$Cl^-$离子扩散进入混凝土慢，钢筋腐蚀进行的速度很慢，混凝土结构相对稳定；混凝土受到海水的化学腐蚀，如$Ca(OH)_2$的溶蚀，是这个部位破坏的主要原因。

海港混凝土结构的锈蚀破坏情况因不同环境条件和地域而有所差异，我国华南和华东地区钢筋混凝土结构以钢筋锈蚀和混凝土腐蚀为主，锈蚀破坏程度相近；北方地区钢筋混凝土结构锈蚀破坏程度较东南地区轻，但冻融循环作用引起的混凝土剥蚀破坏较严重；同一港区、甚至同一泊位处于不同位置的构件，因不同的风浪、温湿度影响，锈蚀情况也有差别，位于码头后方不通风区域的混凝土构件腐蚀程度高于码头前沿相对开敞区域；在所有结构形式的码头中，腐蚀破坏最严重的是桩基梁板结构物，锈蚀破坏部位主要发生在处于浪溅区的桩、桩帽、纵横梁和板上，但重力式码头基本上不会发生锈蚀破坏[9]。

## 8.2 海洋工程混凝土的钢筋锈蚀

许多现有的结构通常在使用不久的情况下便表现出明显的腐蚀，导致需要昂贵的修补。在许多案例中，其主要原因往往不是由于混凝土本身的破坏，而是预埋在混凝土中的钢筋腐蚀所引起的混凝土结构的破坏。钢筋锈蚀引起钢筋混凝土结构的过早破坏已成为世界各国普遍关注的一大灾害[1]。

混凝土中由于具有硅酸盐水泥浆体产生高碱环境，在钢筋表面形成钝化膜，因而通常对预埋在里面的钢筋具有很好的保护作用。但这种保护的充分性取决于混凝土覆盖层的数量、混凝土的质量、施工的细节以及暴露在来自于混凝土组成原材料和外部原因的氯化物的程度。当一系列原因（碳化、氯离子含量超过临界氯离子浓度）引起钢筋锈蚀时，生成的铁锈体积膨胀会在混凝土中产生内压，当内压产生的混凝土中的拉应力超过混凝土的抗拉强度时，混凝土保护层就会沿着钢筋纵轴方向开裂，从而影响混凝土结构的耐久性。

19 世纪 50 年代之前，混凝土碳化是腐蚀的主要原因。在这之后，对于暴露在含氯离子（去冰盐、海洋气候、含盐集料）的环境中的结构来说，氯离子诱导腐蚀变得十分重要。

下面的章节主要介绍了混凝土中钢筋锈蚀的基本知识，包括钢筋锈蚀的机理和引起钢筋锈蚀的临界氯离子浓度，并对混凝土中氯离子的迁移方式和影响因素进行探讨。而且，在本章节的最后，对海洋工程混凝土中钢筋锈蚀的防护措施进行阐述。

### 8.2.1 钢筋锈蚀机理

混凝土中钢筋腐蚀通常是一个电化学过程，包括发生氧化反应的阳极和发生还原反应的阴极，如图 8.2-1 所示。在阳极电子被释放形成铁离子，在阴极产生氢氧根离子，铁离子与氧或是氢氧根离子结合从而产生不同形式的腐蚀。

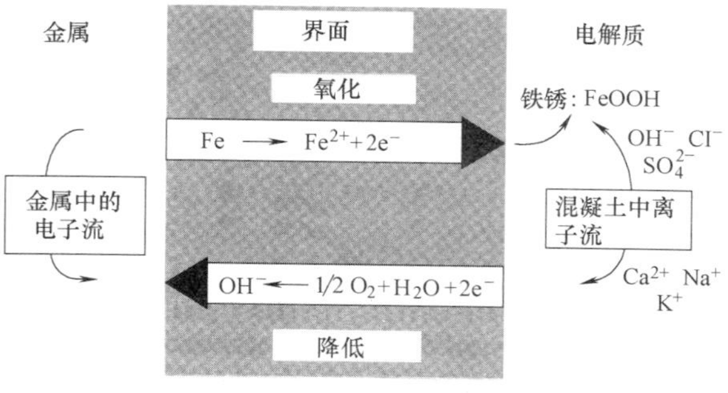


图 8.2-1 混凝土中钢筋电化学腐蚀的过程

**(1) 钢筋锈蚀的条件**

未被腐蚀的混凝土对其内部的钢筋具有良好的保护作用，这是因为混凝土孔隙中有碱度很高的 $Ca(OH)_2$ 饱和溶液，pH 值在 12.5 左右，由于混凝土中还含有少量 $Na_2O$、$K_2O$等盐分，实际 pH 值可能在 13～14 之间。在这样的高碱性环境中，钢筋表面会形成一层氧化膜，致密、牢固地吸附在钢筋表面，使钢筋处于钝化状态，这层膜称为“钝化膜”，此时钢筋的锈蚀速度属于可以忽略的程度，只要钝化膜持续存在，破坏性的腐蚀便不会发生。但是，如果由于某种原因破坏了钢筋表面的钝化膜，则在适宜的条件下钢筋就会发生锈蚀。

根据钢筋锈蚀的电化学原理，发生钢筋的锈蚀必须满足如下四个基本条件：

1）在钢筋表面存在电位差，构成腐蚀电池；

2）钢筋处于活化状态，即表面的钝化膜发生破坏；

3）在钢筋表面有腐蚀反应所需的水和溶解氧；

4）形成电流回路的通道。

条件 1）是发生电化学腐蚀的必要条件，并且由于钢筋含有杂质与钢筋成分的不均匀性，加之周围混凝土提供的化学物理环境的不均匀性，都会使钢筋各部位的电极电位不同而形成腐蚀电池，条件 1）很容易满足。

条件 2）、3）分别是发生阳极反应和阴极反应的必要条件。钢筋去钝化反应一般有两种原因导致：一是碳化导致混凝土中性化，使得钢筋钝化膜发生破坏，研究表明，在 pH 降至 11.5 时，钝化膜开始破坏，低于 9～10 时，钝化膜会完全破坏；二是氯离子达到破坏临界值，造成钝化膜附近局部酸化，导致钝化膜破坏。对于海洋工程，钢筋钝化膜的破坏普遍是由于氯离子扩散所引起。对于条件 3)，空气中氧气和水分很容易通过混凝土中贯通的空隙与微裂缝进入到钢筋表面，提供锈蚀反应所需的氧和水。

此外，由于混凝土中孔溶液与钢筋的存在，在发生电化学腐蚀时，迁移中的离子和电子总会通过液相和钢筋形成电流回路，满足条件 4）的要求，保证电化学反应的进行。

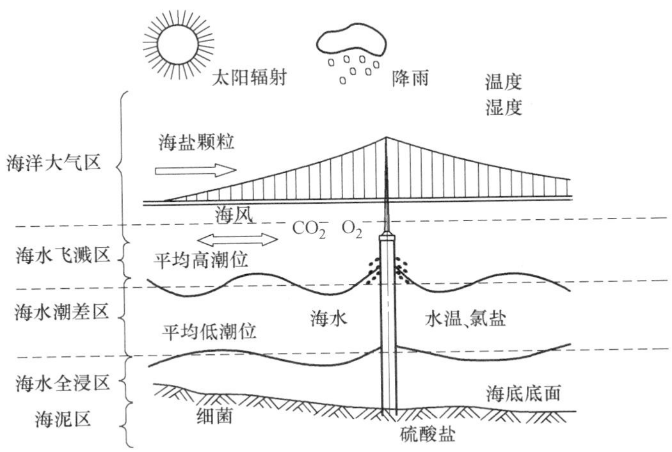


图 8.2-2 海洋环境腐蚀环境示意图

在海洋工程中，海洋环境在纵向上分为海洋大气区、浪花飞溅区、海洋潮差区、海水全浸区和海泥区 5 个不同区带，如图 8.2-2 所示。海洋大气区，即为常年不接触到海水的部位，处于此中的混凝土构件，由于海水的蒸发，会在表面形成附着的盐粒，是混凝土中氯离子的主要来源，同时，空气中二氧化碳等气体相对充足，会出现碳化并存的破坏，但由于水分含量较低，钢筋锈蚀现象相对较轻；浪花飞溅区，即为可以被浪花触及，在涨潮时不能被浸没的部位，处于海水的干湿循环状态下，海水中的氯离子侵入不饱和混凝土的速度明显加快，同时存在充足的氧气和水分，兼之碳化的存在，是海洋工程中钢筋锈蚀最为严重的部位；海洋潮差区，即平均高潮线与平均低潮线之间的部位，与浪花飞溅区类似，属于干湿循环状态，差别在于潮差区属于周期性变化，其条件满足状态相似，但是由于其周期时间较长，使得腐蚀减轻，弱于海洋飞溅区的混凝土结构；海水全浸区，即为海水浸泡中、常年不暴露在海水外的部位，此部位氯离子侵入以扩散为主，水分充足，但氧气相对较少，氯离子引起的钢筋锈蚀较飞溅区、潮差区均弱；海泥区，即为处于海底沉积物中的部位，因含氧量最低，是腐蚀最轻的区域。

**（2）钢筋锈蚀机理**

一般而言，在无杂散电流的环境中，引起混凝土中钢筋锈蚀的机理有两种：混凝土保护层碳化和氯离子侵蚀，其中，氯离子侵蚀所造成的钢筋锈蚀的危害最大，也是海洋工程中最为常见的钢筋锈蚀的原因。

混凝土中的氯离子一般有两种主要来源，一是混凝土原材料本身所带入，另外一种是外部环境渗透进入混凝土的。对于原材料本身，如果拌制混凝土拌合物的原材料已为氯化物所污染，则为保证符合相关标准所规定的新拌混凝土氯化物限值，应控制混凝土所有原材料的含盐量。在大多数场合，氯化物引起的钢筋腐蚀问题是氯离子从外界环境侵入已硬化的混凝土造成的。暴露于海水环境的海工结构，暴露条件不同，氯化物侵入机理也不同，在这些海洋环境中，氯离子可通过扩散或（和）毛细管的吸收作用，迁移到混凝土内部直至钢筋表面[2]。

当钢筋表面的氯离子 $Cl^-$ 浓度达到临界浓度水平（Chloride Threshold Level，CTL），钢筋钝化膜破裂。如果在大面积的钢筋表面上有高浓度的 $Cl^-$，则 $Cl^-$ 引起的腐蚀是均匀腐蚀，但是在混凝土中最常见的是局部腐蚀（或称为点蚀）。在点蚀中，钢筋钝化膜破坏的区域作为阳极，其余处于钝态的区域作为阴极，如图 8.2-3 所示。阳极区被局部酸化，混凝土中 $Cl^-$ 从阴极区向阳极区集中，使得阳极区的环境越来越恶化，从而上述局部腐蚀以局部深入的形式持续进行；另外一方面，电流的存在使得阴极区 $Cl^-$ 浓度减少，同时阴极区产生 $OH^-$，使得阴极区碱性增强。这样，阳极区的阳极行为和钝化区的阴极行为不断增强，局部腐蚀呈现自催化效应，腐蚀迅速扩大。

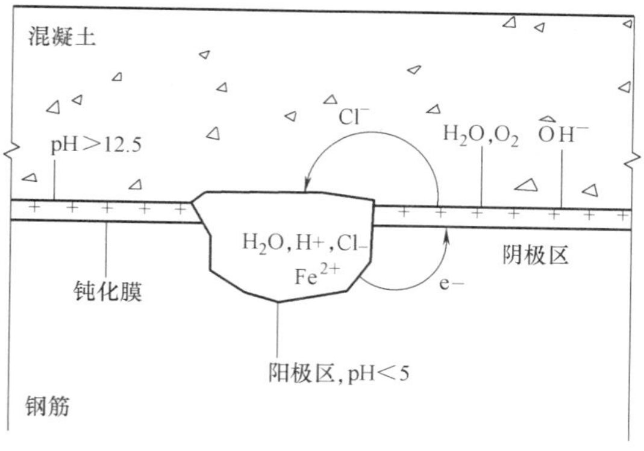

图 8.2-3　混凝土中钢筋点蚀示意图

同时，氯离子 $Cl^-$ 和氢氧根离子 $OH^-$ 争夺腐蚀产生的 $Fe^{2+}$，形成 $FeCl_2 \cdot 4H_2O$（绿锈），绿锈从钢筋阳极向含氧量较高的混凝土孔隙迁徙，分解为 $Fe(OH)_2$（褐锈）。褐锈沉积于阳极周围，同时放出 $H^+$ 和 $Cl^-$，它们又回到阳极区，使阳极区附近的孔隙液局部酸化，$Cl^-$ 再带出更多的 $Fe^{2+}$。这样，氯离子虽然不构成腐蚀产物，在腐蚀中也不消耗，但是生成了腐蚀的中间产物给腐蚀起了催化作用[12]。

当氯离子进入混凝土内部后，其对混凝土腐蚀钢筋的机理可以概括为以下四个方面[13]：

1）破坏钢筋钝化膜，引起钢筋腐蚀侵蚀的可能；

2）形成腐蚀电池，使得钢筋表面产生蚀坑；

3）去极化作用，使阳极过程顺利进行甚至加速进行；

4）增大了混凝土电导率。

### 8.2.2 引起钢筋锈蚀的 $Cl^-$ 离子临界浓度

钢筋表面在高碱性的混凝土环境中形成钝化膜，当氯离子刚开始到达钢筋表面时，钢筋并不会发生锈蚀，只有当钢筋表面的自由氯离子浓度达到一定值时，钢筋才会锈蚀，对应的氯离子浓度即为临界值。由于混凝土内部的氯离子浓度大致与渗透时间的平方根成正比，临界氯离子浓度的提高将大大延迟钢筋开始腐蚀的时间，提高混凝土的耐久性。通过临界浓度可以确定钢筋锈蚀起始时间与结构的使用寿命（图 8.2-4），可见 $Cl^-$ 离子临界浓度值对混凝土耐久性设计、检测鉴定及维修策略的制定有重要影响，具有重要的理论意义和实用价值。

**(1) $Cl^-$ 离子临界浓度的定义**

$Cl^-$ 离子临界浓度（chloride threshold level，CTL）是指诱使钢筋开始锈蚀时混凝土中的氯离子含量，通常有如下两个定义（图 8.2-4）：

定义 1（从科学研究的角度定义）：钢筋周围混凝土孔隙液中不至于引起钢筋去钝化的氯离子的最高浓度。

定义 2（从工程实践的角度定义）：导致钢筋混凝土结构出现可见或可接受程度劣化时，钢筋周围混凝土孔隙液中氯离子的浓度。

除了钢筋表面的解钝外，必须具备其他条件才会产生钢筋腐蚀，之后才具备被检测到的条件，因此，定义 2 得出的临界浓度比定义 1 的要高。同时，由于后者中这种可见的或可接受程度的劣化很难对其量化，导致不同研究者所得试验结果离散性增大，所以，研究者更多采用前者来定义[14]。

不管选择哪种定义，必须认识到只有在钝化膜层发生了实际溶解之后，才能检测出解钝现象。因此，在一定程度上，测得的临界浓度总是会被过高地估计，如图 8.2-4 所示。

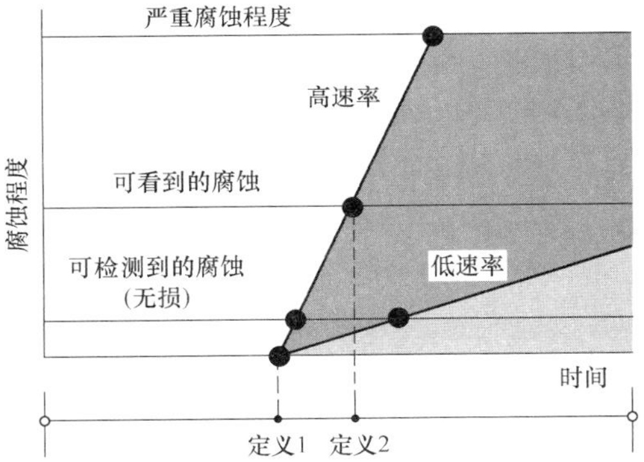

图 8.2-4 氯离子临界浓度的定义[15]

**(2) 化学结合氯离子和自由氯离子**

混凝土中的氯离子主要有三种存在形式[16]：一是化学结合，$Cl^-$ 与水泥中 $C_3A$ 的水化产物硫铝酸钙反应生成低溶性的单氯铝酸钙，即 Friedel 盐，这种存在形式是通过化学键结合的，结合相对稳定，不易破坏掉；二是物理吸附，$Cl^-$ 被水泥胶凝材料中带正电的水化产物所吸附，如具有巨大比表面积的 CSH 凝胶（水泥熟料与水反应生成无定形的硅酸钙水化物），这种结合属于物理作用，结合力相对较弱，易遭破坏而转化为游离态；三是自由形式，以游离的形式存在于混凝土的孔溶液中。一般将以化学结合和物理吸附的氯离子称为结合氯离子（或固化氯离子），将结合氯离子和自由氯离子统称为总的氯离子。

在上述的氯离子分类的方式中，并不是所有的氯离子是可移动的、引发或增大腐蚀，只有自由氯离子达到一定浓度时才会引起钢筋的锈蚀。然而，氯离子与水泥基体的结合并不是永久的，在特定的条件下，氯离子会重新释放出来，如随碳化的进行，pH 值进一步降低。因此，测定正确的氯离子含量值对钢筋混凝土结构的评估与修补是十分重要的。

**(3) $Cl^-$ 离子临界浓度的研究现状**

$Cl^-$ 离子临界浓度决定了钢筋锈蚀起始时间，是钢筋混凝土结构耐久性研究过程中一个必不可少的关键参数，也是钢筋混凝土耐久性研究工作中的一个重点。自从 1967 年 Hausmann[17] 较早发表关于临界氯离子浓度的文章以来，众多学者对临界氯离子浓度进行了研究，并已有相当多的研究报道。但是，由于影响该参数的因素众多，且各因素之间存在复杂耦合效应，使得对 $Cl^-$ 离子临界浓度的研究变得尤为复杂。

在 $Cl^-$ 离子临界浓度的研究历程中，对其表示方法出现不同的争议，被众多研究人员认可的主要有 $Cl^-/OH^-$、自由氯离子量和总氯离子量三种。钢筋表面游离氯离子浓度越大，则其对钝化膜的破坏作用越大，钢筋的活性越强，锈蚀速率也越大，同时钢筋的活性还受到表面氢氧根离子浓度的影响，氢氧根离子浓度越高，钝化膜的稳定性越好，破坏钝化膜所需的氢氧根离子浓度就越大。因此，第一种表达方式被认为是最准确的，主要是其综合考虑了结合氯离子对钢筋腐蚀没有影响与混凝土中氢氧根离子对钢筋腐蚀具有抑制作用。但是，有效的量测氢氧根离子的浓度是很困难的，所以后两种表达方式也得以广泛应用。另外，由于对钢筋锈蚀起作用的是混凝土中处于自由状态的氯离子，即被混凝土的各种组分吸附的氯离子不起作用，因此，使用自由氯离子含量（水溶性氯化物）来表示临界氯离子浓度是最有效的。但是当前的新观点对这种论断提出了质疑，一个原因是去钝化会导致 pH 值下降，从而造成钢筋附近的结合氯离子被释放而形成自由氯离子[18]；另一个是一些水泥水化产物比如氢氧化钙能将下降的 pH 值抑制在特定的 pH 值区间里[19]。用总氯离子水平（常以其占水泥质量的百分比形式表示）来表示临界氯离子浓度是使用最广泛的方法，因为它比较容易测定，它还囊括了结合氯离子引起的腐蚀风险以及水泥水化产物的抑制作用。且这种方法适用于标准中，国内外的一些规范中将限制总氯离子占水泥质量百分比作为保证混凝土结构耐久性重要措施之一。

此外，我国在氯离子临界浓度值的研究与确定方面也做了大量工作，见表 8.2-1。相关文献指出[12]，华南和华东海港码头混凝土结构的氯离子临界浓度（占混凝土比重）分别为 0.105%～0.145%和 0.125%～0.150%。交通部第四航务工程局科学研究所调查发现，氯离子的临界浓度对于不同标高处也存在着差别，标高高者氯离子临界浓度值低，大气区最低，水位变动区和浪溅区稍高，水下区的氯离子临界浓度最高。与之相比，交通部公路科学研究院通过现场调研，并采用概率统计分析的方法研究了临界氯离子浓度值，却提出了与交通部不相一致的结果。他们提出在 80%保证率的条件下，大气区、水位变动区和浪溅区的氯离子临界浓度值分别约为0.13%，0.07%和0.07%。

在以往的研究中，往往只是针对某特定环境，通过试验得到临界氯离子浓度值，但是由于临界氯离子浓度受多种因素影响（材料特性、环境因素、测试方法等），所得到的临界氯离子浓度值并不一定适合于所有混凝土使用情况，也使得不同的试验确定的临界浓度值存在较大的差异性，所以对临界氯离子浓度的统一研究极为重要。另一方面，一个氯离子浓度水平反映一个腐蚀危险性水平，这个概念在研究临界氯离子浓度时非常重要，这使得概率与统计的方法需要被引入到研究中。氯离子临界浓度的概念意味着，（在这个特定的值时）腐蚀速率快速增大，但在实际中观察不到。因此，必须认识到氯离子污染应该理解为腐蚀概率的增大，这表明，氯离子临界浓度应当以统计分布形式来表达。

**已报道的一些关于氯离子临界浓度的成果[20]　　表 8.2-1**

| 实验条件 | 氯离子临界浓度值 | | | 测试方法 |
|---|---|---|---|---|
| | 总氯离子(%C) | 自由氯离子%(C) | $[Cl^-]/[OH^-]$ | |
| 孔溶液 | — | — | 0.6 | 半电池电位 |
| | — | — | 0.3 | 极化 |
| 试件+外来氯 | — | — | 8～63 | 极化 |
| | 0.5～2.0 | — | — | 宏电流 |
| | 0.079～0.19 | — | — | 阻抗谱 |
| | 0.32～1.9 | — | — | 失重法 |
| | 0.78～0.93 | 0.11～0.12 | 0.16～0.26 | 半电池电位 |
| | 0.45(抗硫酸盐) | 0.10 | 0.27 | — |
| | 0.90(15%FA) | 0.11 | 0.19 | — |
| 试件+内掺氯 | 0.227 | 0.364 | 1.5 | 极化 |
| | 0.5～1.5 | — | — | 半电池电位 |
| | 0.70(普通水泥) | — | — | 失重法 |
| | 0.65(15%FA) | — | — | — |
| | 0.50(30%FA) | — | — | — |
| | 0.20(50%FA) | — | — | — |
| | 0.6～1.4 | — | — | 宏电流 |
| 结构 | 0.2～1.5 | — | — | 失重法 |

## 8.2.3 $Cl^-$离子在材料中的迁移方式

### (1) 传输机理

在混凝土中，氯离子的传输机理主要有扩散、渗流、毛细管吸附以及电迁移作用四种。

1）扩散作用

所谓扩散是指溶液中的离子在浓度梯度作用下发生的定向迁移，通常以扩散系数D表征扩散能力的大小。一般流体在多孔材料中的扩散过程是非稳态的，其浓度分布是位置和时间的函数。假定混凝土孔隙中充满孔隙溶液，孔隙水没有发生整体迁移，混凝土为均质且各向同性材料，扩散过程中流体不与多孔材料发生化学反应，氯离子依靠浓度梯度向混凝土内部迁移的过程可以认为是纯粹的扩散过程，服从Fick第二扩散定律[21]：

$$\frac{\partial C}{\partial t}=\frac{\partial}{\partial x}\left(D\frac{\partial C}{\partial x}\right) \tag{8.2-1}$$

式中，C 为氯离子浓度（mol/cm$^3$/cm）；D 为氯离子扩散系数（cm$^2$/s）。

2）渗流作用

混凝土中存在不同尺寸的孔隙，无数孔隙连接在一起形成了通路。在外界压力梯度作用下，混凝土中孔隙溶液通过孔隙网络发生的定向流动，称为渗流（pressure flow），其过程符合达西定律（Darcy's law）[22]：

$$\frac{dq}{dt}=\frac{K'\rho g}{\eta}\cdot\frac{\Delta h}{L}\cdot A \tag{8.2-2}$$

式中，$dq/dt$ 为流体流速（m$^3$/s）；$\Delta h$ 为通过试样的水头高度（m）；$\eta$ 为流体黏度（s/m$^2$）；$A$ 为试样截面积（m$^2$）；$L$ 为试样厚度（m）；$\rho$ 为流体密度；$g$ 为重力加速度（9.8m$^2$/s）；$K'$为本征渗透系数（m$^2$/s）。

3）毛细管吸附

流体与多孔材料接触时在湿度梯度作用下，从高湿度一侧向低湿度一侧传输的现象就是毛细管吸附。在海洋大气区、浪溅区、干湿交替区，混凝土常处于非饱和状态，此时氯离子在混凝土中的传输方式不再以扩散为主，毛细吸附作用起到控制作用。毛细吸附作用可用改进的达西定律来描述[23]：

$$\frac{dq}{dt}=K\cdot A\cdot\frac{dp_w}{dx} \tag{8.2-3}$$

式中，$dp_w/dx$ 流体在毛细孔中的压力梯度；其他同上。

4）电迁移作用

混凝土孔溶液中的离子在电场作用下定向迁移的过程称为电迁移。电场作用下离子在电解质溶液中的传输过程可用 Nernst-Planck 方程描述，即[24]：

$$J_i=-D_{dj}\cdot\frac{\partial C}{\partial x}-\frac{z_iF}{RT}\cdot D_{mj}\cdot C_i\cdot\frac{\partial E}{\partial x}+C_i\cdot v(x) \tag{8.2-4}$$

式中，$J_i$ 为距离表面 $x$ 处物质 $i$ 一维方向通量（mol/(cm$^2$ · s)）；$D_{dj}$ 为自然扩散系数（cm$^2$/s）；$\partial C/\partial x$ 为距离表面 $x$ 处浓度梯度（mol/cm$^3$/cm）；$D_{mj}$ 为电迁移扩散系数（cm$^2$/s）；$\partial E/\partial x$ 为电位梯度（V/cm）；$z_i$ 为物质 $i$ 的电解数；$F$ 为法拉第常数；$C_i$ 为物质 $i$ 的浓度（mol/cm$^3$）；$R$ 为气体常数；$T$ 为绝对温度（K）；$v(x)$ 为单位体积溶液沿轴向运动流速（cm/s）。

**(2) 实际条件下的传输过程**

实际混凝土结构受氯离子的侵蚀作用往往是这几种侵入方式的组合，同时还受到氯离子与混凝土组成材料间的化学和物理作用的影响。当然，对于在某特定的环境条件下，其中将有某一种侵入方式起主导作用，在大多数情况下，扩散成为氯离子传播的主要方式。这四种方式所需的一个共同条件是在混凝土的孔隙中必须有一定湿度，即必须具有一定的水分存在。而在水饱和状态下未开裂的混凝土构件，则认为扩散起控制作用。

1）海洋环境对氯离子扩散的影响

所处环境对混凝土中氯离子迁移性能影响巨大，决定着氯离子侵入混凝土机理和速度。完全饱水状态下，氯离子主要依靠扩散、渗流方式侵入混凝土，如处于海水全浸区和海泥区的构件。而对于海洋工程中腐蚀最为严重的为浪溅区和潮差区，这些部位的混凝土结构存在干湿交替的环境，毛细吸附成为氯离子侵入的主要方式。混凝土毛细管吸收海水的能力取决于混凝土孔结构和混凝土孔隙中游离水含量，毛细管吸附作用下，氯离子侵入的量和速率均远大于扩散作用。

浪溅区和潮差区的混凝土常处于干湿循环状态下，在水饱和状态时，海水中的氯离子主要依靠扩散作用向混凝土内部迁移。而处于干燥状态时，残留的盐分与凝结的盐雾会沉积于混凝土表面并凝结为液态，混凝土首先以毛细吸附方式吸收盐溶液，毛细吸附能力大小取决于混凝土干燥程度及孔结构，混凝土含水量越低，毛细作用越强烈，吸入速度越快。当表层混凝土饱和后，沉积的盐溶液主要依靠扩散向混凝土内部迁移。混凝土表层水分蒸发后，混凝土再次干燥，实际上整个干燥过程包含两部分：其一是水分向外迁移；其二是伴随水分流失，混凝土孔溶液浓度提高，在浓度梯度作用下，氯离子向内部扩散，并且只要混凝土内部有足够的湿度，扩散作用就会持续。当再一次处于干燥状态时，盐溶液继续沉积到混凝土表面时，又会有更多的盐分进入混凝土。周而复始，氯离子迅速向混凝土内部迁移，其内部主要依靠扩散方式迁移，而外部则主要依靠毛细吸附作用。

2）结合作用对氯离子扩散的影响

混凝土的胶凝材料对自由氯离子存在一定的结合效应，这种结合效应对氯离子在混凝土中的输运进程产生重要影响。产生这种效应的主要原因是物理吸附和化学物质的结合，因此这种效应也称之为“吸附效应（Adsorptioneffect）”或者“绑定效应（Bindingeffeet）”[25]。

物理吸附主要依靠范德华力，其结合力相对较弱，容易遭破坏而使被吸附的氯离子转化为自由氯离子；而化学结合是通过化学键结合在一起，相对稳定，不易破坏掉。在总的氯离子结合量一定的情况下，化学结合量越多，说明其抗氯离子侵蚀性能越好。水泥石对氯离子的化学结合作用主要是水泥石中的 $C_3A$ 与氯离子结合生成了 $3CaO \cdot Al_2O_3 \cdot CaCl_2 \cdot 10H_2O$（Friedel 盐）：

$$3CaO \cdot Al_2O_3 \cdot 6H_2O + Ca^{2+} + 2Cl^- + 4H_2O \rightarrow 3CaO \cdot Al_2O_3 \cdot CaCl_2 \cdot 10H_2O$$

化学结合也不是牢不可破的，王绍东等人[26]的研究表明：Friedel 盐在碳化和硫酸盐侵蚀的过程中，会将结合的氯离子释放出来形成自由氯离子。Martin 等人[27]建议采用下式描述结合效应对氯离子在混凝土中扩散的影响：

$$\frac{\partial C_1}{\partial t} = \frac{\partial}{\partial x}\left(D_c \cdot \omega_e \cdot \frac{\partial C_f}{\partial x}\right) \tag{8.2-5}$$

式中 $C_1$——总氯离子含量（$kg/m^3$）；

$C_f$——自由氯离子含量（$kg/m^3$）；

$D_c$——自由氯离子在孔隙液中的扩散系数（$m^2/s$）；

$\omega_e$——可蒸发水占混凝土的体积百分比（%）。

其中 $C_1 = C_b + \omega_e C_f$，$C_b$ 为结合氯离子含量（$kg/m^3$），则上式可化为：

$$\frac{\partial C_f}{\partial t} = \frac{D_c}{1 + \frac{1}{\omega_e}\frac{\partial C_b}{\partial C_f}} \cdot \frac{\partial^2 C_f}{\partial x^2} \tag{8.2-6}$$

### 8.2.4 混凝土中 $Cl^-$ 离子迁移的主要影响因素

#### (1) $Cl^-$ 离子迁移的表征

在氯离子扩散性能的研究中，常采用氯离子扩散系数来表征氯离子在混凝土中的迁移性能，而目前对于氯离子扩散系数的表征存在多种形式并存的现状，主要有真实扩散系数（$D$）、有效扩散系数（$D_{eff}$）、表观扩散系数（$D_{app}$或$D_a$）、稳态扩散系数（$D_{ss}$）等，较为有效常用的主要是有效扩散系数（$D_{eff}$）和表观扩散系数（$D_{app}$或$D_a$）。

1）有效氯离子扩散系数 $D_{eff}$

有效氯离子扩散系数$D_{eff}$是采用扩散槽试验得到的结果。实验中，把不含氯离子和含氯离子的溶液分别置于薄混凝土试件两侧，首先测量出不含氯离子溶液中的氯离子浓度随时间的变化，一旦氯离子迁移速率达到稳定，根据 *Fick* 第一定律可计算出$D_{eff}$。

有效氯离子扩散系数在测定、计算过程中，将混凝土看作一个均质的材料，未考虑氯离子结合过程，同时，氯离子的迁移速率和扩散系数随着混凝土的水饱和程度降低而下降几个数量级，并且在实际离子之间存在电荷的相互作用。因此，使用$D_{eff}$的值对混凝土耐久性进行预测有待考虑，且使用价值不大。

2）表观氯离子扩散系数 $D_{app}$

表观氯离子扩散系数$D_{app}$一般是采用浸泡试验进行测定。氯离子在混凝土中的迁移具有复杂性，在综合考虑各方面因素后，建立可对真实环境条件下进行真实预测的扩散系数函数。使用浸泡试验，将混凝土试样浸没在含有氯离子的溶液中（结合给定环境下混凝土表面层的氯离子浓度），经过一定的测试龄期后，取出试件并对其进行化学分析，测试侵入的氯离子，从而得到氯离子分布图。根据得到的氯离子分布图，进行 Fick 第二扩散定律误差函数拟合求解，可获得一定暴露时间下的表观扩散系数$D_{app}$的平均值。

表观扩散系数$D_{app}$不是一个材料参数，值取决于材料基本的性质，而材料性质又取决于混凝土组成、工艺参数（如养护条件、养护龄期）以及环境条件（水饱和程度、温度）等，因此，表观扩散系数$D_{app}$可以作为一个用来量化特定环境条件下特定混凝土渗透性的回归系数，用以预测特定混凝土结构的耐久性。

3）快速氯离子迁移系数 $D_{RCM,0}$

氯离子扩散系数很大程度上依赖于混凝土组成，无论是采用扩散槽试验，还是浸泡试验来测试混凝土的氯离子扩散系数是非常耗时的。因此，常采用RCM快速测试方法进行氯离子扩散系数的测量，以快速氯离子迁移系数$D_{RCM,0}$表示。

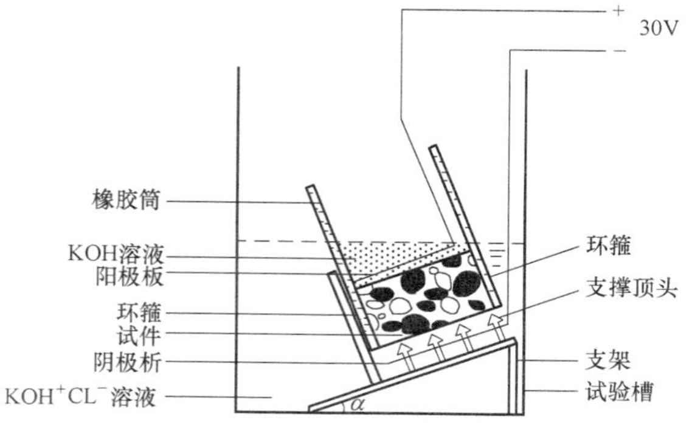


图 8.2-5 快速氯离子迁移试验的设计示意图（RCM）

RCM快速测试方法的原理是通过施加电位梯度方法来加快离子迁移，如图 8.2-5 所示。该方法测试时间短，能很好地量化混凝土组成因素方面的影响，是一种可靠且精确的方法，且快速氯离子迁移系数$D_{RCM,0}$与表观扩散系数$D_{app}$之间存在极强的统计相关性，如图 8.2-6 所示。

**（2）水泥成分对氯离子扩散系数的影响**

水泥组分对氯离子扩散性能的影响，主要是组分中的成分水化后，对氯离子吸附作用，吸附作用越强，则氯离子扩散性能越差。这些研究主要包括了$C_3A$和$C_4AF$、$C_3S$和

$C_2S$，以及 $SO_3$ 等三个方面。

1）$C_3A$ 和 $C_4AF$

在内掺氯盐的情况下，Rasheeduzzafar 等人[30] 发现水溶性氯离子随 $C_3A$ 含量的增加而显著减少。同时，他们将含 9%和 14%$C_3A$ 的水泥配置的混凝土浸泡在氯盐溶液中，X 射线衍射分析确认了 Friedel 盐的形成。Blunk 等[31] 将纯 $C_3A$-石膏混合物、普通水泥以及 $C_3S$ 浆体浸泡在不同浓度的氯盐溶液中，发现 $C_3A$-石膏混合物吸附的氯离子量要大于其他两种浆体。大量内掺氯盐的研究表明，$C_3A$ 含量越高，氯离子吸附量越大。Glass 等[32] 提出了一个预测自由氯离子与吸附氯离子之间关系的模型，$C_3A$ 含量对氯离子吸附的影响见图 8.2-7 所示。

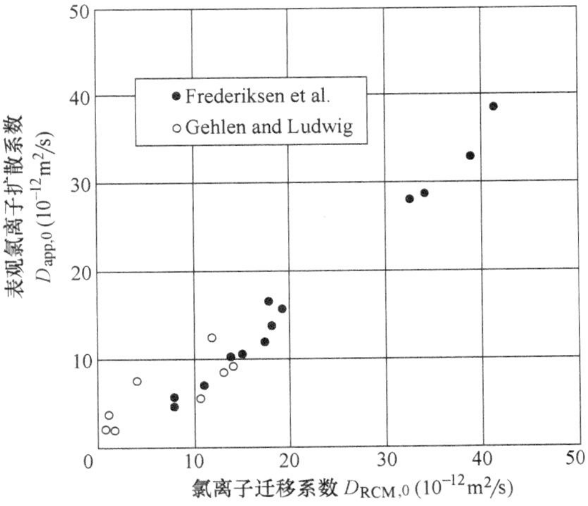


图 8.2-6 浸泡试验得到的表观扩散系数与氯离子迁移系数 $D_{RCM,0}$ 的相关性[28,29]

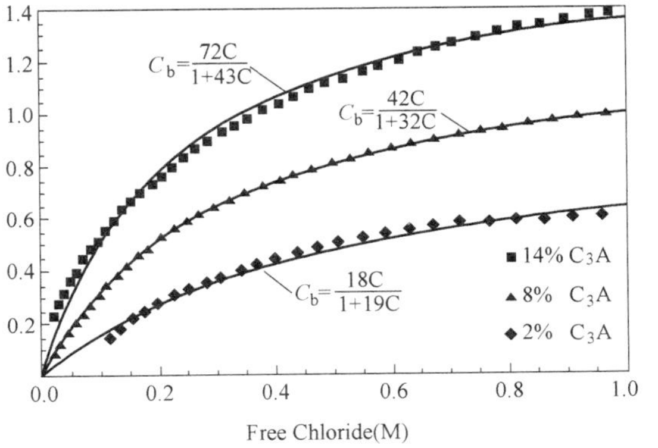


图 8.2-7 预测氯离子吸附数据与 Langmuir 吸附曲线

2）$C_3S$ 和 $C_2S$

与 $C_3A$ 相比，对 $C_3S$ 和 $C_2S$ 的氯离子吸附的研究相对较少，C-S-H 凝胶是水化的主要产物，它决定了氯离子的物理吸附，不过有关氯离子物理吸附的相关机理研究不很完整的[33]。近来的研究多集中在利用双电层理论来解释氯离子在 C-S-H 凝胶表面被固化的现象。Ramachandran[34] 通过研究 $CaCl_2$ 与 $C_3S$ 水化物的作用机理，成功区分了三种不同反应类型，根据作者的论述，氯离子可以存在于水化硅酸钙的化学吸附层上，渗透进入 C-S-H 层间孔隙，还可被紧紧固化在 C-S-H 微晶点阵中。$C_3S$ 和 $C_2S$ 的含量越高，C-S-H 含量越高，吸附的氯离子含量也越高。

3）$SO_3$

水泥中 $SO_3$ 的含量对氯离子吸附也有一定的影响。Zibara 发现 $SO_3$ 含量对水泥的吸附能力有负面的影响，特别是在低氯离子浓度时。硫酸根利于与 $C_3A$ 和 $C_4AF$ 反应生成钙矾石或者单硫型硫铝酸钙，而随着氯离子浓度的增加，单硫型硫铝酸钙首先转变成为Kuzel盐，当氯离子浓度更高时才转变成为Friedel盐。此外，水泥水化时，$C_3A$和$C_4AF$会首先与硫酸根离子反应生成相应的产物[35]，剩余的$C_3A$和$C_4AF$才会水化生成$C_3AH_6$或者$C_4AH_{13}$等水化产物，而钙矾石和单硫型硫铝酸钙对氯离子的吸附能力要低于$C_3AH_6$或者$C_4AH_{13}$等水化产物。

**（3）矿物掺合料对氯离子扩散系数的影响**

矿物掺合料可以根据无定形（活性的）氧化钙（CaO）的含量进行分类。一般分为潜在水硬性胶凝材料（高炉矿渣），CaO大约为45%；火山灰质材料（粉煤灰和硅灰），CaO大约10%～15%；惰性材料（如石灰石掺合料），活性CaO含量约为0%。以下根据反应活性来分别讨论不同矿物掺合料对扩散系数的影响。

1）矿渣

磨细高炉矿渣（GGBFS）是炼钢副产品，由熔融的铁渣在水中急冷时形成。GGBFS是一种具有潜在水硬性的材料，其CaO含量比OPC的低，OPC水化产生的氢氧化钙可促进其潜在的水化反应，但比OPC的水化反应要慢。研究表明，利用矿渣取代部分水泥后，能够提高胶凝材料水化产物对氯离子的结合和吸附数量[36-38]，活性矿渣的掺入导致胶凝材料对氯离子吸附性能提高的主要原因，是因为活性矿渣中的铝含量较高，矿渣中的铝相水化之后会与氯离子结合生成大量Friedel盐。而且矿渣本身的比表面积很大，也有利于对氯离子的吸附作用。因此，随着矿渣的掺入，混凝土的氯离子扩散系数逐渐降低（图8.2-8）。

2）粉煤灰

粉煤灰（硅质或钙质）是煤粉燃烧后的细残渣，通常达到了水泥的细度范围，主要由或多或少的球状玻璃质的颗粒以及赤铁矿、磁铁矿、焦炭、残渣和一些冷却形成的结晶相组成。研究表明，粉煤灰在合理掺量的范围内时，对水泥的氯离子吸附呈正效应，其原因在于粉煤灰中的高铝组分增加了对氯离子的吸附作用[40,41]。同时，粉煤灰颗粒小于水泥颗粒，其填充密实效应使水泥石结构和界面结构更加致密，从而大大降低了混凝土的孔隙率，并使孔径减小阻断了可能形成的渗透通路（贯通孔），从而可以有效地降低氯离子的扩散系数（图8.2-9）。

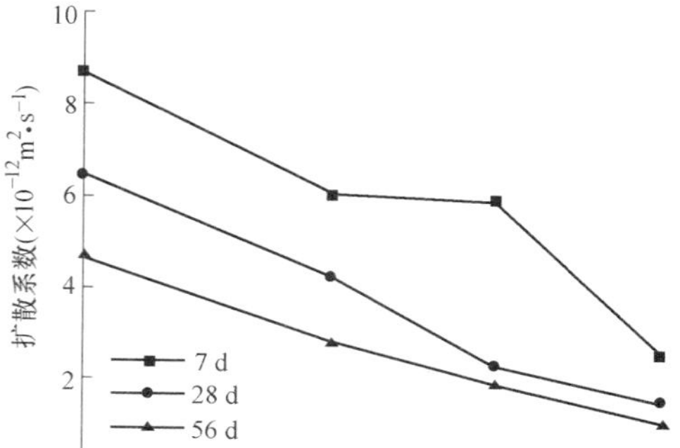


图8.2-8 矿渣掺量对氯离子扩散系数的影响[39]

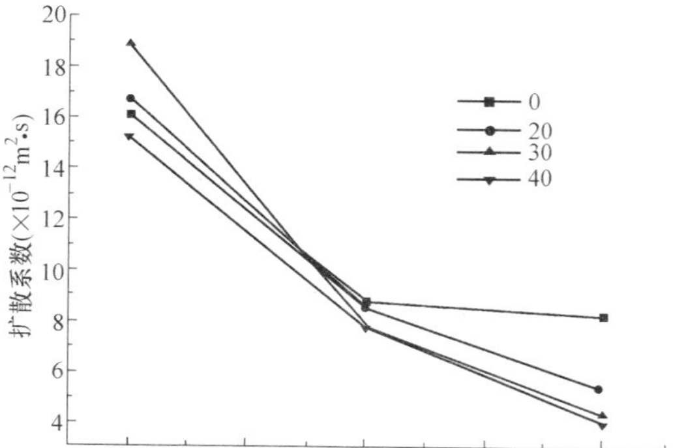


图8.2-9 粉煤灰掺量对氯离子扩散系数的影响（$W/B=0.45$）[42]

3）硅灰

硅灰是生产硅或硅铁合金过程中电炉中高纯石英氧化形成的副产品。硅灰由非常细小的玻璃质球状颗粒组成，无定形的二氧化硅含量很高。其平均颗粒尺寸大约比水泥颗粒小100倍，掺入硅灰能明显细化孔隙结构，降低混凝土的孔隙率，阻碍氯离子的迁移。但是，硅灰的掺入会降低胶凝材料对氯离子的吸附性能[43]，其主要原因是硅灰的掺入增加了低 Ca/Si 水化产物在 C-S-H 中占的比重，对氯离子吸附存在负面作用。但总的来说，硅灰的掺入可以明显改善混凝土的抗氯离子渗透性能。

4）石灰石

石灰石没有火山灰活性，不能生成 CSH 凝胶相，在胶凝材料中主要是作为硅酸盐水泥的填料。肖佳等人[44]研究表明，随石灰石粉掺量增加，混凝土的氯离子扩散系数增大，石灰石粉对混凝土抗氯离子渗透有不利的影响（图 8.2-10），原因可能在于，石灰石粉增加了砂浆的总孔隙率[45]。

**(4) 水胶比对氯离子扩散系数的影响**

水胶比是影响混凝土性能最为主要的因素之一，也是衡量氯离子侵入的一个最直接的指标。国内外大量的现场实测结果和试验结果表明，较高的水灰比是导致氯离子过早侵入混凝土造成钢筋锈蚀的主要原因之一[46]。金骏等人[47]研究表明，随水灰比降低，混凝土的氯离子扩散系数逐渐降低，而当混凝土水灰比降到可以使水泥完全水化的水平以下时，会有大量未水化的水泥颗粒，在一定范围内随水灰比的降低，由于未水化的水泥颗粒作为微细集料发挥了次中心质的作用，使混凝土的密实性能仍能继续提高，但此时水灰比对扩散系数的影响效果就相对减弱了，氯离子扩散系数降低幅度将有所减小，如图 8.2-11 所示。

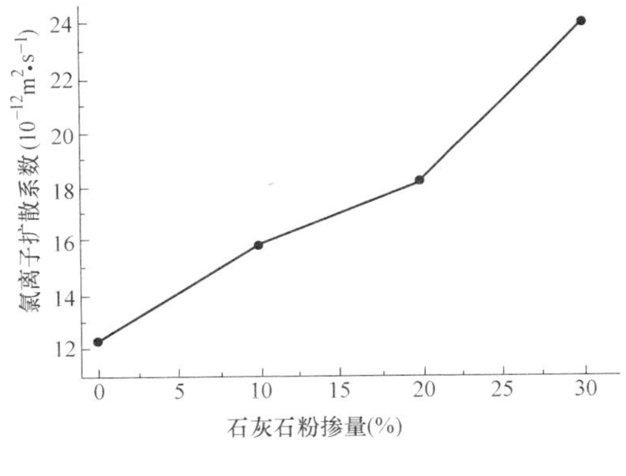


图 8.2-10 石灰石粉掺量对氯离子扩散系数的影响（$W/B=0.45$）

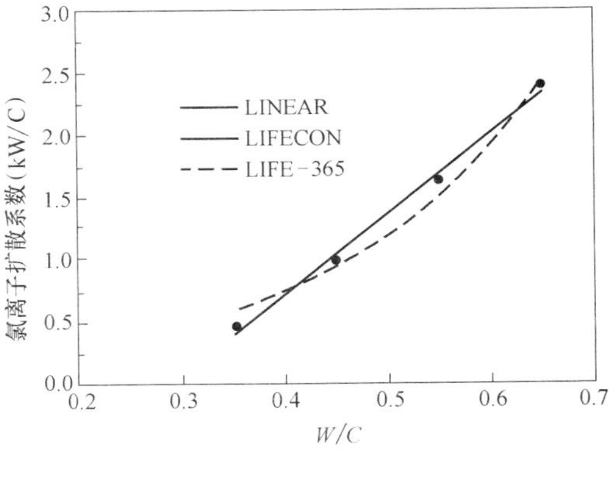


图 8.2-11 水胶比对氯离子扩散系数的影响

**(5) 养护龄期对氯离子扩散系数的影响**

随着龄期延长，水泥浆体水化程度的增加，浆体孔隙率减小，同时孔径减小，毛细孔的贯通程度也减小，氯离子扩散系数随之降低。随着养护时间的延长，各种混凝土的渗透性降低幅度相差较大，赵铁军等人[48]测试了龄期对混凝土氯离子渗透性的影响，以 30d 龄期的混凝土渗透性为基准，对于纯水泥混凝土，70d 降至 56%～76%，130d 降至50%～60%；而对于矿渣混凝土、粉煤灰混凝土，70d 分别降至 52%～72%和 25%～33%，130d 分别降至 33%～43%和 13%～16%。也有实验指出[49]，氯离子的侵蚀性随着养护龄期的增加反而增大，这主要是因为水泥水化后生成的 $Ca(OH)_2$ 在养护环境中容易沥出而对氯离子产生一种拉力造成的，这种情况下一般会造成表面附近的氯离子含量较高。

氯离子在混凝土中的扩散系数取决于混凝土材料的性能，只要会使混凝土产生性能变化的因素均会对氯离子的扩散产生影响。除前面介绍的水泥成分、矿物掺合料、水胶比以及养护龄期四个主要因素外，外加剂、集料、胶凝材料用量、温度等众多因素也会造成混凝土中氯离子扩散系数的变化。

## 8.2.5 混凝土抗钢筋锈蚀性能的设计

许多钢筋混凝土结构甚至在早期时便表现出劣化的征兆，不得不修复，这涉及高成本与技术代价。目前，因混凝土碳化引起的腐蚀问题已经解决，许多国家标准制定了关于混凝土保护层、混凝土性能、合理的密实度的混凝土等条款，保证了混凝土的长期使用寿命。

混凝土是钢筋混凝土的主体结构，也是钢筋锈蚀的第一道防护措施，因此，提高混凝土的抗钢筋锈蚀性能是防止钢筋锈蚀的有效措施。目前，提高混凝土的抗钢筋锈蚀性能的措施主要采用高性能混凝土、选择合理的水泥、增大混凝土保护层厚度、合理的养护条件以及一些其他措施等。

**(1) 采用高性能混凝土**

高性能混凝土（High Performance Concrete，HPC）是基于混凝土结构耐久性设计提出的一种全新概念的混凝土，以耐久性为首要设计指标，区别于传统混凝土，高性能混凝土由于具有高耐久性、高工作性、高强度和高体积稳定性等优良特性，至今已在不少重要工程中被采用，特别是在桥梁、高层建筑、海港建筑等工程中显示出其独特的优越性。

其技术途径是采用优质混凝土矿物掺合料和新型高效减水剂复合，配以与之相适应的水泥和级配良好的粗细骨料，形成低水胶比、低缺陷、高密实、高耐久性的混凝土材料。矿物掺合料如硅灰、粉煤灰、矿渣等具有的火山灰效应与微集料效应能显著改善混凝土的孔隙结构，降低毛细孔隙率，细化孔径，从而提高混凝土的抗氯离子渗透性能。

高性能海工混凝土以较高的抗氯离子渗透性为特征，可以有效地降低混凝土内部氯离子的扩散，其优异的耐久性和性能价格比已受到国内外研究者和工程界的认同[50]。

**(2) 选择合理的水泥**

在钢筋混凝土中，水泥水化的高碱度是钢筋形成钝化膜的必要条件，钢筋钝化膜具有贵金属的耐腐蚀性能，是保护钢筋抗锈蚀的基础条件。然而，这种钝化膜只有在高碱性环境中才是稳定的。因此，必须避免低碱度水泥的使用，如果不能避免使用低碱度水泥，必须对钢筋进行防腐蚀处理。

因 $C_3A$ 及其水化产物对氯离子具有物理和化学吸附作用，因此，适当提高水泥中 $C_3A$ 含量可以有效降低氯离子的扩散系数。

**(3) 增大混凝土保护层厚度**

这是提高海洋工程钢筋混凝土使用寿命的最为直接、简单而且经济有效的方法，可以有效延长钢筋表面氯离子达到临界氯离子浓度所需的时间，延长钢筋混凝土的使用寿命。

但是保护层厚度并不能不受限制地任意增加。当保护层厚度过厚时，由于混凝土材料本身的脆性和收缩会导致混凝土保护层出现裂缝反而削弱其对钢筋的保护作用。

**(4) 养护条件**

对于海工混凝土，应采取充分湿养护，而不宜进行蒸汽养护。蒸汽养护的混凝土中，胶凝材料水化速度急剧加快，不能有效地均匀填充水泥颗粒间的间隙，致使水化产物分布不均，混凝土孔结构变得粗糙[51]。与标养混凝土相比，蒸养混凝土孔隙率较大，同时在蒸汽养护过程中，混凝土内部的水分和空气产生的膨胀应力，在界面区易产生微裂缝，增大氯离子扩散能力。

**(5) 其他**

除上述提到的提高混凝土抗钢筋锈蚀性能的措施外，还有一些其他方法，如掺加阻锈剂、混凝土表面涂层等。阻锈剂通过提高促使钢筋腐蚀的氯离子临界浓度来稳定钢筋表面的氧化物保护膜，从而延长钢筋混凝土的使用寿命。完好的混凝土保护涂层具有阻绝腐蚀性介质与混凝土接触的特点，从而延长混凝土和钢筋混凝土的使用寿命。

然而，由于阻锈剂有效用量较大，涂层会老化、使用寿命较短，因此，这些方法只宜作为辅助措施使用。

## 8.3 海洋工程混凝土的冻融破坏

潮湿的混凝土暴露在冻融循环条件下是非常严酷的使用环境，仅有质量优良的混凝土才能免于破坏。经合理选材、设计、施工（浇筑、振捣、抹面）和养护的引气混凝土具备这样的特性，可抵抗很多年的冻融循环作用。然而，必须注意的是，在极端恶劣的条件下，如混凝土处于接近完全饱水状态，即使是优质的混凝土也可能遭受冻融循环作用破坏。当冷的混凝土一端暴露在湿热的空气中（冷端混凝土的水分蒸发受到抑制），或者当混凝土受冻前泡水一段时间时，以及暴露在北方地区潮汐区域的混凝土就属于这种情况。

### 8.3.1 混凝土冻融破坏的基本知识

**(1) 普通冻融破坏和抗冻性**

混凝土普通冻融破坏是指在水和冻融循环共同作用下产生的一种破坏，其主要破坏形式为内部微裂纹与表面剥蚀，是我国受冻地区海域混凝土工程最常见的破坏。冻融作用引起硬化混凝土破坏的原因与该材料的微观结构密切相关，其破坏程度不仅与混凝土的特性有关，而且与特定的环境条件有关。

当水结冰时，它将产生约9%的体积膨胀，它是混凝土受冻破坏的最根本原因。随着潮湿状态混凝土中的水结冰，将在混凝土的孔隙中产生结冰压力。一旦该压力发展到超过混凝土的抗拉强度时，就将在孔壁上产生微裂纹。连续的冻融循环将具有累积的破坏作用，最终使混凝土膨胀、开裂、剥蚀和溃散。

混凝土的抗冻性是表征混凝土抵抗冻融循环破坏而保持其使用功能的一种能力。相对动弹模量（$DF$ 值）是评价混凝土冻融破坏的最关键技术指标，其值可按公式（8.3-1）计算如下：

$$DF=N \cdot E_N^2/(300 \cdot E_0^2) \tag{8.3-1}$$

式中 $DF$——$N$ 次冻融循环后试件的相对动弹模量（%）；

$N$——冻融循环次数；

$E_0$ 和 $E_N$——分别为冻前和 N 次冻融循环后试件的动弹模量（kPa）。

当 300 次冻融循环后的 $DF$ 值≥60%时，混凝土抗冻性合格，其值愈高，抗冻性愈高。

**（2）盐冻破坏和抗盐冻性**

混凝土盐冻破坏是指在盐溶液和冻融循环共同作用下产生的一种破坏，是一种特殊的冻融破坏，其主要破坏形式为表面剥蚀。混凝土盐冻破坏的速度远快于普通冻融破坏，在没有采取防治混凝土盐冻破坏技术措施的工程，一般在经历 1～2 个冬季的撒盐作用后，混凝土表面就将出现严重的剥蚀破坏[52]。

然而，混凝土盐冻剥蚀破坏并不是随着盐浓度增加而加重，而是当盐浓度为中低浓度时，破坏最严重，这是混凝土盐冻破坏最独特和典型的现象之一。对氯盐如 NaCl，该最不利盐浓度为 2%～4%[52-54]。我国近海海水的平均盐度为 3.21%，其中黄海、东海一般为 3.1%～3.2%，纬度最低的南海盐度最高，平均为 3.5%，纬度较高的渤海海水盐度较低，平均为 3.0%[55]。这些海域的海水盐度对混凝土盐冻剥蚀破坏均属于最不利盐浓度范围，因此海水和冻融循环协调作用引起的混凝土破坏也可归类为盐冻破坏。

抗盐冻性是表征混凝土抵抗盐冻破坏而保持其使用功能的一种能力。表面剥落量是评价混凝土盐冻破坏最科学的、有效的技术指标，其他指标如相对动弹模量和强度损失对盐冻剥蚀破坏不敏感[52]。其值可按公式（8.3-2）计算如下：

$$LS_n=M_n/A_r \tag{8.3-2}$$

式中 $LS_n$——$n$ 次冻融循环后试件的剥落量（$kg/m^2$）；

$M_n$——$n$ 次循环后的累计剥落物重量（105℃烘干）（kg）；

$A_r$——测试试件的表面积（$m^2$）。

当 30 次冻融循环后的 $LS_{30}\leq 1.0kg/m^2$ 时，混凝土抗盐冻性合格，其值愈小，抗盐冻性愈高。

**（3）饱水度**

因冻融作用引起混凝土破坏的根本原因是水结冰产生的膨胀力，因此混凝土的潮湿程度或含水量是决定混凝土冻融破坏程度大小的关键参数。饱水度是指混凝土中的可蒸发水的体积与总开孔体积之比，其反映了混凝土内部孔隙的充水程度饱水度，是最常用的评价混凝土潮湿程度的指标。混凝土饱水度越高，越容易受冻破坏，且每一种混凝土均有一个临界饱水度，超过该值时，混凝土就将受冻破坏[52]。

**（4）含气量和平均气泡间距**

通过掺引气剂，在混凝土中有目的地引入大量微小的球形气泡是解决混凝土受冻破坏问题最关键的技术措施。评价引气混凝土抗冻性和抗盐冻性，以及引气剂质量的指标有含气量和平均气泡间距系数。

混凝土含气量是指混凝土中由引气剂引入气泡与夹杂气泡的体积之和占混凝土总体积的比例。一般情况下，每单位含气量引起的混凝土抗压强度损失为 3%～6%。引气泡直径一般为 10～400$\mu$m，气泡愈细小，相同含气量引起的混凝土抗压强度损失愈小。高抗冻性和抗盐冻性混凝土的含气量一般控制在3%～7%[52]。

混凝土平均气泡间距是指混凝土中引气泡气壁之间一半距离的平均值。在等抗压强度下，平均气泡间距愈小，混凝土的抗冻性和抗盐冻性愈高。对于同一品种引气剂，混凝土的含气量越高，则其平均气泡间距系数越小；对不同品种引气剂，当含气量相同时，引气泡愈小的引气剂，引气混凝土的平均气泡间距系数越小。因此，当采用熟悉的引气剂配制抗冻性和抗盐冻性混凝土时，只需测定和控制混凝土含气量指标即可，但当采用新品种或不熟悉的引气剂时，则除了测定含气量外，还应测定混凝土的平均气泡间距系数。

## 8.3.2　含盐环境中混凝土冻融破坏机理

**(1) 静水压理论（Hydraulic pressure theory）**

混凝土受冻破坏的根本原因是水结冰产生约9%的体积膨胀，当其受到约束时，就将产生结冰膨胀破坏应力。然而，Powers认为混凝土受冻破坏的主要原因并不是结冰压本身造成的，为此他提出了解释受冻破坏经典的静水压理论[56]。当饱水混凝土的温度低于0℃时，冰就开始在浆体毛细管中形成。由于毛细管中水含有一定浓度的化学物质，以及孔径的不同，根据Rault定律和Kelvin定律，冰首先在低浓度孔液和大孔中形成，随温度的继续降低，逐步向高浓度孔液和小孔发展，即毛细孔溶液结冰时往往是冰水共存。因此，水结冰产生的膨胀压力将迫使孔中的未冻水向外迁移，一旦这种迁移水流受阻，就将在毛细孔中形成破坏内应力，即静水压。当该压力超过混凝土的抗拉强度时，混凝土就将开裂破坏。根据Powers的理论可以计算出，$W/C$值为0.31～0.62的水泥基材料免于冻害的临界气泡间距为200～700μm，与实际的测定结果相当一致[57]。然而，该理论仍有很大的局限性，不能解释相当一部分混凝土冻融破坏现象。例如，即使饱和受冻结冰不会产生膨胀的有机溶液如苯，水泥浆体和其他多孔材料仍会遭受严重的冻融破坏[58,59]；混凝土的盐冻剥蚀破坏并未如Powers理论预测的那样随冷冻速度的提高而加剧[60]，即不能解释盐冻破坏现象；经受冻作用的引气水泥浆体，在产生最初的结冰膨胀后，趋向于收缩[61]。

**(2) 渗透压理论（Osmotic pressure theory）**

通过测定水泥浆体受冻的长度变化，Powers与Helmuth一起发现非引气浆体是持续膨胀，但引气浆体在产生最初的结冰膨胀后趋向于收缩，为此他们得出了与静水压理论的假设相反的结论，即未冻水是向正在结冰的毛细管迁移，并提出了另一个经典理论，即渗透压理论[61]。随着冰的形成，毛细管中的未冻水含有的化学物质浓度将不断提高，即大孔中未冻水溶液的离子浓度大于小孔，其结果将在大孔与小孔中的溶液之间形成浓度差。这种化学势能差将产生渗透压，它将驱使小孔中的未冻水向正在结冰的大孔处迁移。该理论可以很好地解释引气浆体受冻表现出的收缩现象。此外，受冻过程产生的渗透压随着孔溶液浓度的增加而增大，这较好地解释了除冰盐的有害作用。

事实上，渗透压理论是第一个至少可部分解释除冰盐有害作用的理论模型，因为盐的存在增加了混凝土孔隙中的渗透压。尽管该模型没有给出任何数学方程，但是从上述表述中可推出渗透压很可能需要时间来建立，即其破坏程度与受冻时间有关。这与Stark[62]、Sellevold[63]等人的试验结果相一致。

然而，该理论无法解释混凝土盐冻破坏的基本现象之一，即盐溶液在混凝土表面存在对产生破坏的重要性。许多研究表明，在盐溶液中浸泡的混凝土封袋湿冻时，若受冻阶段混凝土表面不存在盐溶液或仅有水时，混凝土很难产生剥蚀破坏[63,64]。事实上，这一现象不仅表明，对盐冻剥蚀破坏而言，混凝土表面存在盐溶液比混凝土内部存在盐溶液更重要，而且说明混凝土内部盐浓度差产生的渗透压不足以引起混凝土破坏，或者说渗透压本身不是混凝土产生盐冻破坏的主要原因。

渗透压理论虽然能较好地解释除冰盐的有害作用，但是它也无法合理地解释最典型的混凝土盐冻破坏现象，即为什么在中低浓度引起的盐冻破坏最严重，因为盐浓度差引起的渗透压随浓度的提高而增大。这也间接说明渗透压本身不是混凝土产生盐冻破坏的主要原因。

**(3) 胶带-开裂理论 (Glue-spalling theory)**

Valenza 和 Scherer [65]提出了一个有趣的胶带-开裂理论用于解释混凝土盐冻剥蚀破坏机理，即盐冻剥蚀是起源于含盐结冰层的开裂。冰与混凝土之间的热膨胀系数不匹配，将产生应力，随着温度的降低，它将使冰处在受拉状态而开裂。冰层上的裂纹将向混凝土基层渗透和扩展，继而引起混凝土表层剥落。然而，本书作者认为，这个机理似乎存在不合理之处，因为盐冻剥蚀破坏产生的剥落物是由非常细小的水泥浆体碎片或碎屑与骨料组成，这些碎屑几乎完全与砂、石骨料分离。假如该机理是正确的，则盐冻剥落物应该是比碎屑大得多的颗粒，且水泥浆体也不应与砂、石骨料完全分离，因为根据有限元和断裂力学理论分析，冰层上的裂纹之间应存在一定间距，远比碎屑大。

**(4) 饱水度-结冰压理论 (Saturation degree-ice pressure theory)**

从上面的分析可以发现，用静水压理论和渗透压理论不能同时解释大多数混凝土盐冻破坏现象，这间接地表明，静水压和渗透压本身并不是混凝土盐冻破坏的主要破坏力或引起混凝土盐冻破坏的关键原因。另外，上述这些机理几乎都是建立在假设的基础上，没有实测的破坏力数据来佐证，且不能完全地解释盐冻破坏的基本现象，有时甚至是相互矛盾的。针对前面这些理论在解释含盐环境中混凝土受冻破坏的不足，杨全兵[52]提出了一套系统解释混凝土盐冻剥蚀破坏机理的理论，即饱水度-结冰压理论。

混凝土盐冻破坏的根本原因是结冰产生的结冰压，结冰压的大小取决于混凝土内部饱水度，而饱水度大小及其增长速度又取决于盐浓度，以及盐对冷冻过程中溶液收缩和结冰特性的影响。在相同饱水程度下，NaCl 溶液结冰产生的膨胀率和结冰压随着盐浓度的提高显著降低；NaCl 的存在将使混凝土内部平衡饱水度显著提高，且盐浓度愈高，饱水度愈高，其增加速度愈快；只有当饱水度超过一定值后，水溶液结冰才能产生破坏力——结冰压，且超过该值愈多，产生的结冰压愈高，引起的混凝土盐冻破坏愈严重。

基于溶液结冰膨胀率、结冰压和混凝土内部饱水度三个参数，可以计算得到中低浓度盐溶液产生的结冰膨胀破坏力最大，即可更简明、科学地阐明中低浓度盐溶液引起的混凝土盐冻破坏最严重，如图 8.3-1 所示。此外，该机理还可以解释几乎所有其他观察到的盐冻破坏现象。

## 8.3.3 盐对混凝土中水分迁移的影响

不论是普通冻融破坏还是盐冻剥蚀破坏，其根本原因都是水溶液结冰将产生膨胀，并继而诱发膨胀破坏应力。因此，了解有关盐如氯盐对混凝土中水分和 $Cl^-$ 离子迁移及其饱水度的影响，其结果对分析混凝土破坏，以及抗冻性、抗盐冻性和抗氯离子渗透性设计非

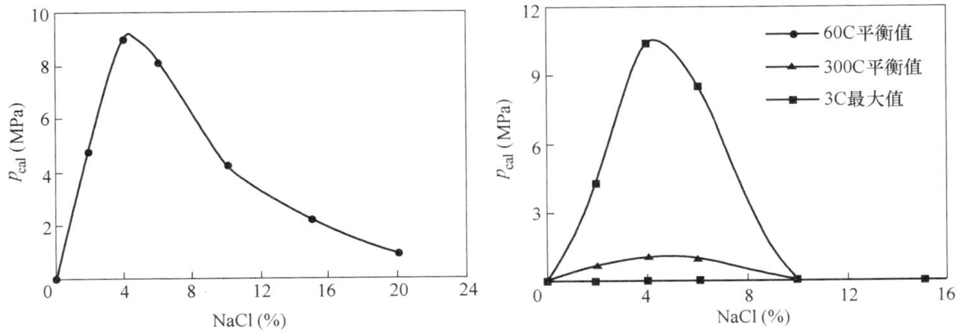


图 8.3-1 NaCl 浓度对混凝土内部结冰膨胀压的影响

常有帮助。

杨全兵等人的研究表明[66]，当混凝土中含有盐如 NaCl 时，水分在混凝土中的迁移特性将显著改变。在常温条件下 NaCl 浓度对混凝土内部吸水速率和饱水度的影响见图 8.3-2，结果清楚地表明，不论何种条件下，混凝土的瞬时饱水度和平衡饱水度都随着混凝土内的 NaCl 浓度增加明显提高。当采用毛细管吸水法时，盐浓度愈高，达到平衡饱水度的时间愈快，即混凝土内部含盐时，其吸水速率和达到临界饱水度的时间也愈快。然而，在 75%rh 环境中失水时，达到失水平衡饱水度的时间随盐浓度的提高而延长，且失水平衡饱水度也越高，即混凝土内部含盐时，其更不容易失去水分。

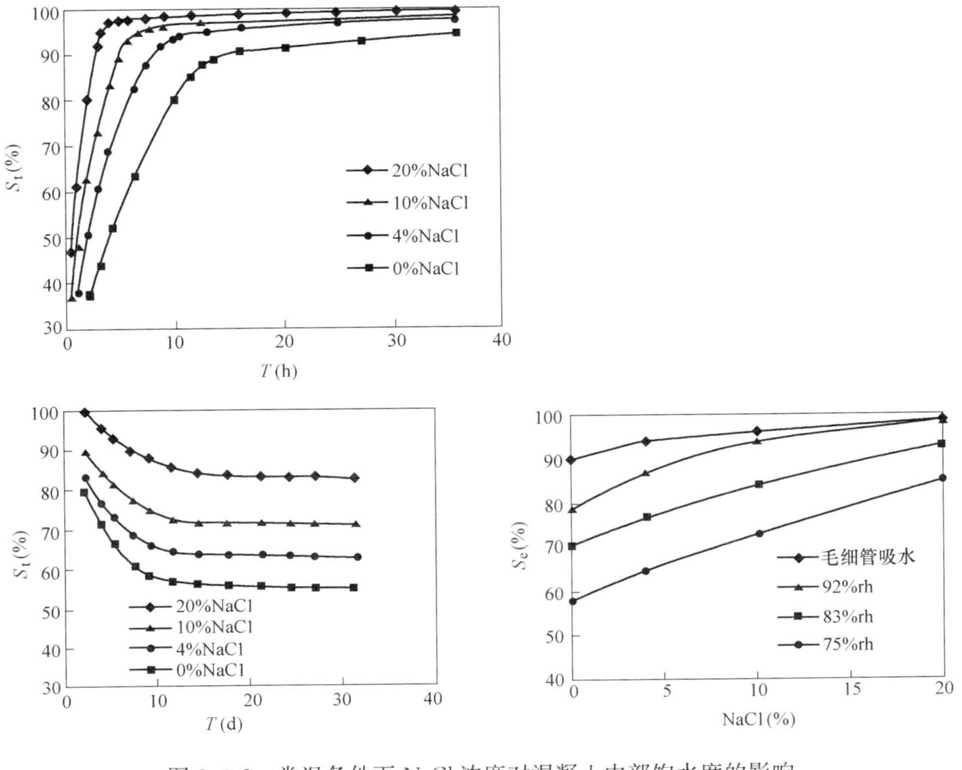


图 8.3-2 常温条件下 NaCl 浓度对混凝土内部饱水度的影响

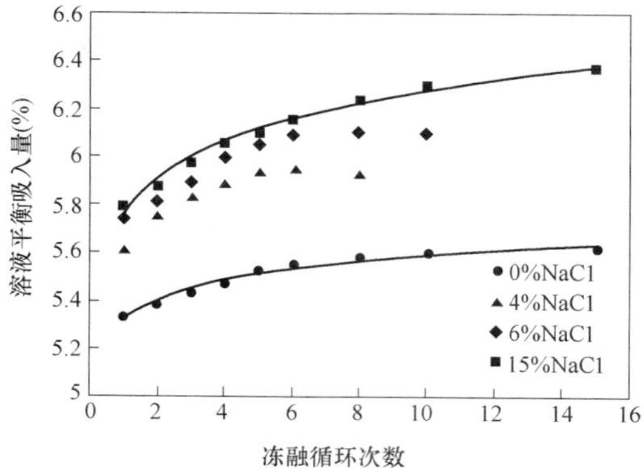


(*a*)

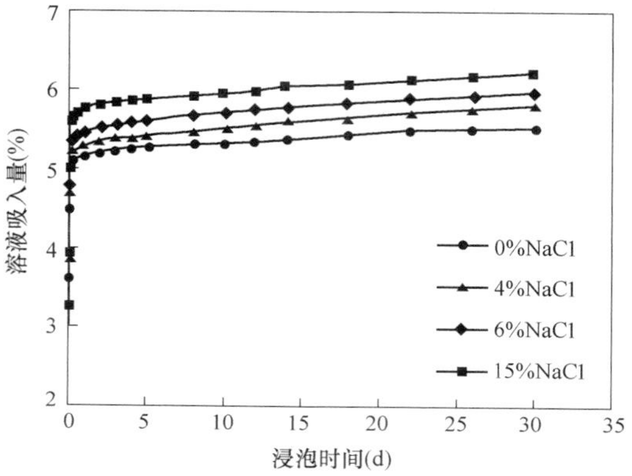


(*b*)

图 8.3-3　NaCl 浓度对混凝土（含气量 6.2%）内部盐溶液吸入量的影响

（*a*）冻融循环条件；（*b*）常温条件

当干态混凝土浸泡在不同浓度 NaCl 溶液中时，NaCl 溶液在混凝土中的迁移性更大，混凝土在冻融循环下吸取的盐溶液量将更多，见图 8.3-3。它清楚地表明，不论在何种浓度的溶液中，随着冻融循环次数的增加，混凝土内部含水率均增加，且在盐溶液中的增长速率比水中更快。至于浸泡在 4%NaCl 溶液中经 5 次循环后及在 6%NaCl 溶液中经 6 次循环后，混凝土内部吸入溶液量开始下降，主要是由混凝土表面开始出现较明显的剥蚀引起的。

在冻融循环条件下，盐溶液进入混凝土的速率远比常温浸泡条件快。例如经 3 次冻融循环后（相当历时 3d），在 0%、4%、6%和 15%NaCl 溶液中混凝土的平衡吸入量分别相当于常温浸泡下 14d、18d、14d 和 5d 的吸入溶液量。如果考虑到每次冻融循环中有约一半时间处在冻结状态下，则混凝土在冻融循环条件下的吸水速度是非常快的。这主要是因为冷冻过程中，混凝土内部空隙中将产生相当大的负压，在孔内负压的作用下，加速表面溶液吸入混凝土内部，且盐浓度愈高，负压愈大，冰水共存时间愈长（溶液有更多时间进入混凝土中），吸入溶液将愈多[67]。在研究北方地区海工混凝土的 $Cl^-$ 离子渗透性能及钢筋锈蚀时，应充分考虑这一点。

上述这些数据均显示，不论哪种条件下，当存在盐时，混凝土吸收水分更快，且失去水分更难，从而使混凝土内部可获得更高的饱水度，因此海水产生的冻融破坏明显比淡水更严重[68,69]。

## 8.3.4　含盐环境中混凝土冻融破坏的主要影响因素

对将暴露在潮湿和冻融循环复合作用环境的混凝土及其结构，其设计和施工时应该重点考虑以下因素：①结构设计时应尽可能避免暴露在潮湿环境下；②低的水灰比或水胶比；③合理的引气；④选用合格的原材料；⑤出现第一次冻融循环前应充分养护；⑥要特别注意施工实践。

**（1）暴露于潮湿环境**

由于冻融循环作用下混凝土的破坏程度主要取决于混凝土的饱水度，饱水度越大，产生的结冰膨胀压越大，因此采取的每个预防措施均应能减少混凝土的吸水量[70]。这些措施大多数应在混凝土结构的初始设计阶段得到实现。

结构的几何形状应有利于促进良好的排水，如所有的外表面均应是斜面。有利于形成水坑和“蓄水池”的凹点或构造应避免出现。从高处的排水系统排出的水流不能直接流到混凝土的表面，否则很容易受冻破坏[71]。用作控制体积变化的不必要接缝应取消，而预定的排水系统应严格安装。

对混凝土桥梁和其他结构的广泛调查表明，因结构设计的问题，一些构件的冻融破坏与它们过度暴露在潮湿条件下有惊人的相关性[52,72]。

**(2) 水灰比 *W/C***

*W/C* 是混凝土材料配合比及其耐久性设计最重要的材料参数之一，其对混凝土抗冻性和抗盐冻性的影响见图 8.3-4，结果表明，不论引气还是非引气混凝土，其抗冻性和抗盐冻性能均随 *W/C* 增大而降低，但引气后，*W/C* 的不利影响得到了有效的抑制。这主要是因为 *W/C* 增大，混凝土的整体性能降低，毛细孔隙率、孔径和可冻水量均增加之故[73,74]。因此，对某一给定的水泥品种，存在着一个临界 *W/C* 值，当小于该值时，混凝土将不需引气剂来保护就可免于盐冻剥蚀破坏。当掺硅灰时，混凝土的临界 *W/C* 值为 0.30；对不掺硅灰的硅酸盐水泥混凝土，该临界值约为 0.25[74]。

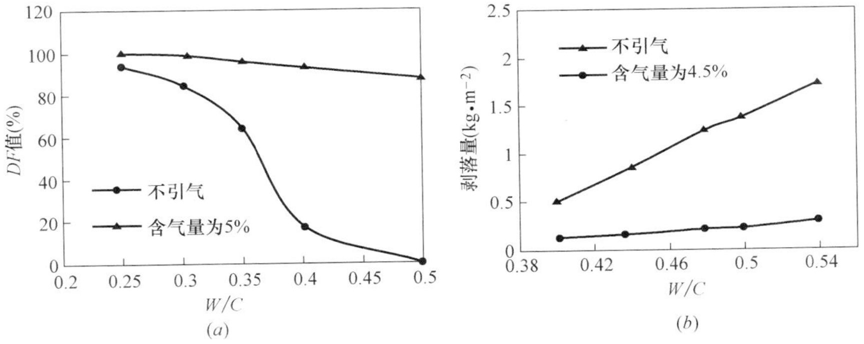


图 8.3-4 *W/C* 对混凝土抗冻性和抗盐冻性的影响

(*a*) *DF* 值；(*b*) 剥落量

**(3) 含气量和平均气泡间距系数**

引气是解决混凝土冻融破坏和盐冻破坏最关键的技术措施，其中含气量和平均气泡间距系数是表征引气混凝土最重要的参数。含气量和平均气泡间距系数对混凝土抗冻性和抗盐冻性的影响见图 8.3-5 和 8.3-6。图 8.3-5 结果表明，混凝土的盐冻剥落量随着含气量的增加迅速降低。随着冻融循环的增加，尽管引气混凝土的剥落量也增大，但与非引气混凝土抗盐冻性之间的差异更加明显，即混凝土遭受冻融循环作用的时间愈长，引气带来的好处愈明显。不过，当含气量大于 4.5%时，混凝土剥落量随含气量增加，降低幅度减缓。图 8.3-6 清楚地表明，随着平均气泡间距的减小，混凝土的 *DF* 值显著增加，剥落量明显减少，即抗冻性和抗盐冻性显著提高。许多试验显示，引气剂产生的大量微小气泡可以减缓毛细管吸水，可明显降低混凝土的饱水度和平均气泡间距，有助于混凝土抗冻性和抗盐冻性能的提高[52,75]。

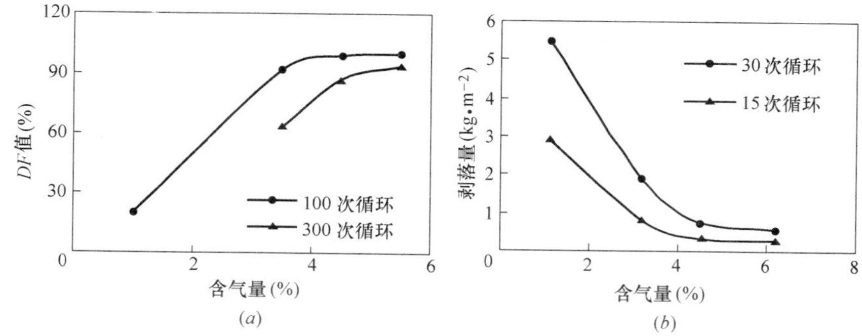


图 8.3-5 含气量对混凝土抗冻性和抗盐冻性的影响

（a）DF 值；（b）剥落量

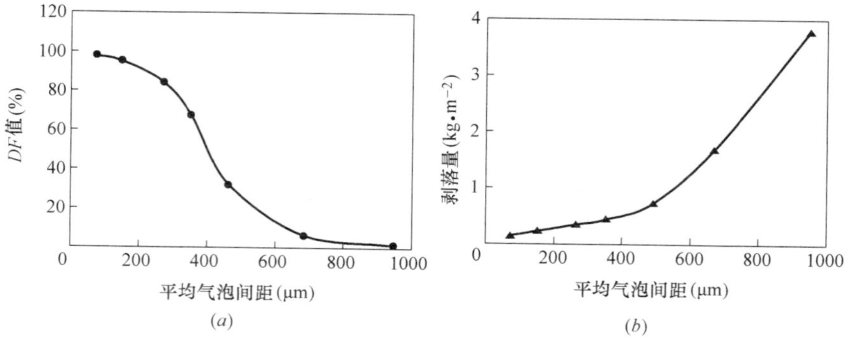


图 8.3-6 平均气泡间距系数对混凝土抗冻性和抗盐冻性的影响

（a）DF 值；（b）剥落量

引气混凝土是通过在混凝土搅拌机中加入引气外加剂如引气剂来制备的，其含气量受到许多因素的影响，包括所用原材料的特性（如水泥、化学外加剂、掺合料、骨料等）、配合比、搅拌机类型、搅拌时间和温度。当使用引气外加剂时，其掺量或剂量要根据含气量设计值的不同而变化。

显然，对混凝土抗冻性和抗盐冻性设计而言，$W/C$ 和含气量是材料设计中两个最主要的技术参数，含气量的影响比 $W/C$ 更大。

**（4）原材料**

1）水泥

硅酸盐水泥是生产混凝土的最主要材料，它的化学组成和物理特性对混凝土抗冻性和抗盐冻性的影响主要与它们对浆体毛细孔和引气的影响有关。只要经合理设计和制备，不同种类的水泥均可配制出合格的引气混凝土，获得类似的抗冻性和抗盐冻性。

研究数据表明，细水泥可以改善混凝土的抗盐冻性[73,76]，这最有可能与细水泥可降低毛细孔的平均孔径有关。尽管这一点没有得到系统的数据证实，但是更快的水化速度可以减少混凝土因塑性收缩等引起早期表面劣化，以及因泌水引起表层 $W/C$ 增大的风险。不过，水泥迅速水化通常会因水化产物分布不均匀而导致微观结构粗化，这显然对混凝土的抗盐冻有不利影响。

有关水泥矿物组成（最主要的是 $C_3S$，$C_3A$ 和碱含量）对混凝土抗盐冻性能影响的研究数据较少。Fagerlund 的研究表明低碱和低 $C_3A$ 水泥可以减少剥落量和试件间的离散度[73]，这一结论与 Malmstrom 的研究结果非常一致[77]。Fagerlund 把高碱和高 $C_3A$ 的有害影响归于它们对引气机理的影响。有资料表明孔隙溶液中碱含量降低有利于获得更小的气泡间距[78]。然而，仅用对引气的影响来解释这一有害作用显然不合理，因为 Jackson 对非引气道路混凝土的现场调研表明，其剥蚀破坏也随碱和 $C_3A$ 量增加而增加[79]。此外，Pigeon 等人指出[80]，尽管高碱量降低了引气剂的效率，但是它增加了新拌混凝土气泡结构的稳定性。

2）掺合料

我国生产的大量水泥都掺有一定的混合材，如天然火山灰、矿渣、粉煤灰、石灰石等，其中矿渣、粉煤灰和硅灰也常作为掺合料用于混凝土中。它们对混凝土盐冻破坏的影响见图 8.3-7，结果表明，对非引气混凝土，即使掺 5%～10%石灰石也将使抗盐冻性大幅度降低；掺粉煤灰和矿渣也有一定降低；掺硅灰却使抗盐冻性有较大提高。然而，对引气混凝土，掺石灰石混凝土的抗盐冻性仍有较大降低，掺矿渣和粉煤灰混凝土的抗盐冻性与普通基准混凝土基本相当[81-83]，掺合料的影响主要与它们对混凝土孔结构的影响有关，许多研究表明掺石灰石使浆体孔隙率增加和孔粗化效果明显[84]，煤灰较明显地增加孔隙率但使孔细化[85]，矿渣与粉煤灰有相似的作用，但孔细化效果更显著，孔隙率增加更少甚至降低[86]。

有关掺硅灰、粉煤灰和矿渣混凝土的抗盐冻性研究结果经常是矛盾的，这些矛盾有相当一部分是因这些掺合料本身品质和性能的差异引起的。此外，养护、试验或现场条件的差异，以及龄期的不同，也可能导致混凝土抗冻性和抗盐冻性的差异。

从这些试验可以看出，在相同胶凝材料用量、水胶比和含气量的条件下，掺不同掺合料混凝土的抗盐冻性能次序为：硅灰＞普硅≥矿渣≥粉煤灰＞石灰石。通过合理引气，不论掺入何种掺合料，混凝土均可获得合格的抗盐冻性。

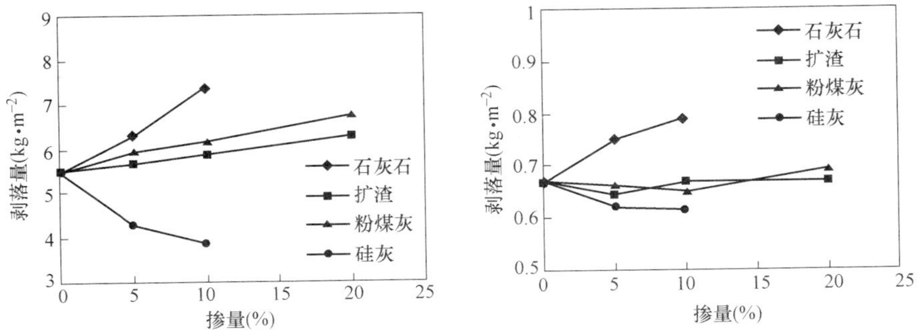


图 8.3-7　30 次冻融循环后不同掺合料和掺量对混凝土盐冻破坏的影响

3）骨料

骨料也是影响含盐环境中混凝土冻融破坏的重要因素之一，其中骨料的吸水率、坚固性、孔结构和表面结构是主要的参数。根据骨料对混凝土抗冻性的影响，一般可以分为三类[87]：①孔隙率很低的骨料，一般具有高的抗冻性；②高孔隙率的骨料，当处于高饱水状态（如实验室冻融试验）时，其配制的混凝土抗冻性一般很差，但是在现场应用中却经常表现出良好的抗冻性，因为它通常不会达到临界饱水状态；③中等孔隙率的骨料，大量骨料属于这一类，但是大多数抗冻性差的骨料也属这一类。

骨料的孔隙率是最重要的参数之一，因为它直接与骨料的吸水率有关，即孔分布相近时，孔隙率愈大，混凝土抗冻性愈差[88]。除了孔隙率外，孔径分布与材料的抗冻性密切相关，当骨料含有大量 4～5$\mu$m 的孔时，其抗冻性一般均很差[89,90]，表面结构如粗糙度对混凝土抗冻性尤其是抗盐冻性有较大影响，碎石优于卵石骨料[81]，这主要与浆体-骨料界面区有关。混凝土配合比中降低大颗粒骨料的比例和降低骨料平均粒径将有助于改善浆体-骨料界面区的孔结构和混凝土的耐久性[51]。骨料的级配因对混凝土的含气量和气泡分布有较大影响，应该对混凝土的抗盐冻性有影响，但有关研究文献很少。

4）外加剂

引气剂是对混凝土抗冻性和抗盐冻性影响最大的外加剂，常用的引气剂有 5 类：①松香盐（中性化 Vinsol 热聚物）；②脂肪酸盐；③磺化碳氢化合物盐；④烷基苯磺酸盐；⑤植物提取的三萜皂甙类。引气剂在改善混凝土抗冻性和抗盐冻性能方面的作用是非常明显的，也得到大量的实验室研究和现场工程实践的证实[73、92-94]。然而，对具有良好抗盐冻剥蚀性能的混凝土，引气并不是唯一重要的技术要求，因为即使是正确引气的混凝土，现场也相当频繁地出现问题，这经常是因不合理的配合比和不当的施工工艺造成的。此外，混凝土盐冻剥蚀破坏，并不像普通抗冻性那样存在一个临界气泡间距[93]。不过，应记住一个重要事实，即使是引气不当的混凝土，其抗盐冻性仍远优于非引气混凝土。试验表明，过分引气导致混凝土抗盐冻剥蚀降低的原因可能是因为抗拉强度降低，以及表层更容易饱水而造成的[94]。显然，对混凝土抗盐冻性重要的是表层的气泡结构，而非基体的。

除引气剂外，其他外加剂，如减水剂特别是高效减水剂、早强剂、缓凝剂等都是通过影响浆体孔隙率、引气泡的稳定性和气泡结构来直接或间接地影响混凝土的抗冻性和抗盐冻性。有数据表明这些外加剂并不会显著改变普通混凝土的毛细孔结构[95]。但是缓凝剂的使用将增加泌水，因而将影响表层的孔隙率，从而降低混凝土的抗盐冻性。这些外加剂最显著的影响可能是对气泡间距的影响，因为许多外加剂都会影响引气[73,96,97]。对使用高效减水剂来提高普通拌和料的工作性时，这种现象尤为明显（当用来减少水灰比时情况就不是这样）。根据混凝土拌和料组成、引气剂和减水剂类型的不同，掺高效减水剂混凝土的气泡间距可等于或明显大于类似不掺减水剂混凝土[98-100]，这主要是因为高效减水剂会增加小气泡合并成大气泡的可能性，以及降低引气泡的稳定性。

然而，对近年开始大量使用的聚羧酸盐类高效减水剂，因大多数具有较大的引气效果，且气泡大和稳定性差，不利于制备高抗冻性和抗盐冻性混凝土。此外，如果在生产过程中，为减少其本身的引气而加入消泡剂，则将在配制引气混凝土时带来很大的问题，如难于引气和增加气泡的不稳定性等。当然，若能在聚羧酸盐类高效减水剂合成过程中，通过优化配比来消除其引气的组分或基团，则能从根本上解决该问题。

**（5）蒸气养护**

在施工和建设时，为了加快速度，或者因施工环境条件的限制，常使用预制混凝土制品。预制混凝土制品不仅施工速度快和方便，而且适应性强，不受环境温度的影响，并可减少占用施工操作场地，因此预制混凝土构件得到广泛采用，特别是在低温季节和北方地区。在生产过程中，为了提高模板周转速度和生产效率，缩短制品出厂前的静置时间和减少制品存放场地，混凝土制品厂普遍采用蒸汽养护工艺制度，特别是常压蒸汽养护。

蒸汽养护工艺对混凝土抗盐冻性的影响见图 8.3-8，试验结果表明，不论引气还是非引气，蒸养混凝土的抗盐冻性能均明显低于自然养护混凝土，且随蒸养温度的提高和预养静置时间的缩短而迅速降低。尽管引气也能改善蒸养混凝土的抗盐冻性能，但是蒸养对引气混凝土的不利影响明显大于非引气混凝土。当不预养就直接进行蒸汽养护时，引气混凝土的抗盐冻性甚至不如非引气混凝土。这是因为高温蒸养将使混凝土的孔结构粗化，破坏良好的引气泡结构，并增加混凝土内部产生微裂纹的概率[101-103]。因此，对可能使用除冰盐的混凝土结构，应尽可能采用自然养护。如果因条件限制必须采用蒸养，则其蒸养温度应尽可能低，蒸养前预养静置时间要长。

**(6) 其他因素**

1) 坍落度

坍落度也是混凝土的一个重要参数，因为它决定了这些拌和料能够浇筑和密实的难易程度。有研究结果表明，大坍落度的普通强度混凝土，其抗盐冻性能降低[73]，因为这样的混凝土倾向于增加泌水和离析，导致表层的水灰比和渗透性增大，且过高的坍落度还使引气泡不稳定，含气量损失大。当然，非常低的坍落度特别是干硬性混凝土如机场道面混凝土，同样不利于混凝土引气，以及引气泡的稳定，因此将明显降低混凝土的抗冻性尤其是表层混凝土的抗盐冻剥蚀性能。对于引气混凝土，最适合引气的坍落度为 30～100mm，即最有利于配制高抗冻性和抗盐冻性混凝土[104]。

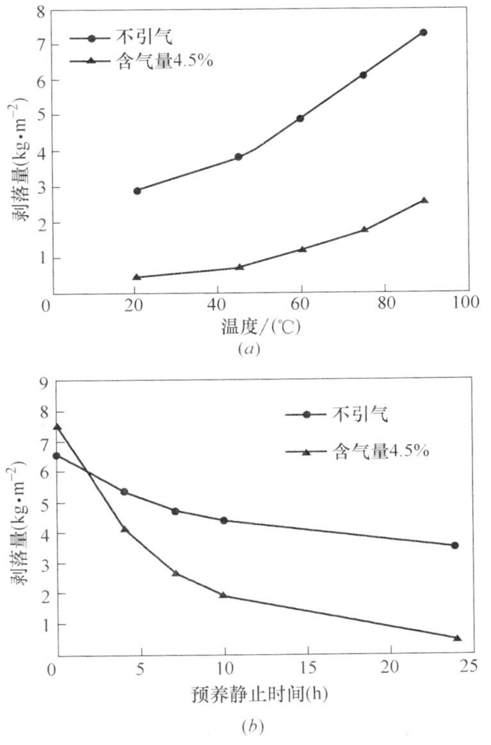


图 8.3-8　蒸汽养护工艺对混凝土盐冻破坏的影响[101]
(a) 蒸汽养护温度；(b) 预养静置时间

2) 浇筑和养护

对盐冻剥蚀来说，混凝土表面层的气泡结构特性是最关键的指标，而不是基体混凝土。通常，当混凝土表面在抹面过程中没有受到明显干扰如表面用木制工具简单轻微抹面时，混凝土的抗盐冻剥蚀性能与基体的气泡结构特性之间有很好的相关性。在这种情况下，表面层的大气泡更少，但小气泡数量与基体的相当，即正常的抹面仅引起混凝土表层含气量稍微降低，但对平均气泡间距系数的影响很小。然而，过分抹面和振捣，以及加水修面或整平，将使混凝土表层的引气泡数量减少，并破坏引气泡结构，同时将增加混凝土表层的浆体量和 $W/C$ 值，对表层的抗冻性尤其是抗盐冻性非常不利[87、104-106]。

在考虑耐久性时，混凝土的湿养护显然是非常重要的，尤其对掺粉煤灰和矿渣等的混凝土，主要是因为它影响到硬化浆体的毛细孔隙率[74、87、102、107]。这对混凝土的抗盐冻剥蚀性能特别重要，因为湿养护主要影响到混凝土的表层质量。此外，在许多情况下，若推迟实施湿养护，塑性收缩裂纹将产生，因而表面耐久性将显著降低。

3）保护性涂层

为了防止或延缓水分和$Cl^-$等有害离子进入混凝土中，表面保护性涂层常用于海港混凝土工程中。然而，由于暴露在冻融循环作用环境中，这类产品常常是有害的，因为一旦这些产品不能阻止水分在孔隙中凝结和聚集，则它们将会阻碍水分的蒸发或迁移出混凝土[52,87,108]，因此应该谨慎小心使用它们。

一些硅烷或硅氧烷基的保护涂层或封闭剂可有效地防止$Cl^-$离子和水分进入混凝土，且它们在减少混凝土结构钢筋锈蚀方面也是非常有效的。然而，不幸的是，即使它们不会成为混凝土内部水分蒸发的障碍物，但是在某些情况下，它们仍会增加混凝土表面的盐冻剥蚀破坏[52,87,109]。

### 8.3.5 含盐环境中混凝土抗冻性能的设计与施工原则

**（1）引气剂和含气量**

掺引气剂是解决混凝土抗盐冻性的最主要技术措施，且明显提高新拌混凝土的塑性和工作度，减少离析和泌水，以及提高硬化混凝土的匀质性、韧性和其他耐久性。因此，建议在我国受冻地区的海洋混凝土工程中，必须掺优质引气剂如三萜皂甙和松香热聚物类引气剂等，其含气量应满足GB/T 50476—2008对受冻地区含盐环境中混凝土抗冻性设计的要求，混凝土含气量不应小于5%。

**（2）水灰比*W/C***

引气剂的使用并不能降低对$W/C$的控制，因为降低$W/C$值可降低混凝土中的可冻水含量和渗透性。根据我国的具体条件，借鉴国外相关的成功经验，为了配制高抗盐冻性能的混凝土，其$W/C$值应满足GB/T 50476—2008对受冻地区含盐环境中混凝土抗冻性设计的要求，建议$W/C$控制在0.45内，最好小于0.40。

**（3）水泥品种和掺合料**

我国水泥品种众多，大多都掺有矿物材料如矿渣、粉煤灰或石灰石等，且矿渣、粉煤灰和硅灰等也作为掺合料广泛地应用于混凝土，它们对混凝土抗盐冻性能的影响程度不同。建议在我国受冻地区的海洋混凝土工程中，使用硅酸盐水泥和普硅水泥，并掺适量的粉煤灰和矿渣粉，但禁止使用掺有石灰石的水泥。

**（4）骨料**

骨料也是影响混凝土抗盐冻性能的一个重要因素，其中卵石混凝土的抗盐冻性能明显比碎石混凝土差，其中碎卵石混凝土介于两者之间。作为一条原则，高吸水率的骨料，即24h的吸水率大于2%，应禁止用于将在含盐和冻融循环环境中使用的混凝土中。另外，骨料的含泥量也应尽可能小，建议用水冲洗一遍，因为混凝土的抗盐冻性能随含泥量增加而降低。

**（5）施工和养护要求**

即使在混凝土材料设计时，采取了上述技术措施，但是，如果在施工过程中不注意施工工艺如振捣、抹面、养护等，混凝土因受冻破坏仍难避免。有证据表明，新拌混凝土表面迅速干燥失水，以及过分抹面和振捣（破坏表层混凝土的气泡结构和引起含气量损失等）等都将导致混凝土表面的抗盐冻性能降低。

另外，由于蒸汽养护对混凝土耐久性特别是抗盐冻性的不利影响很大，因此，对在海洋环境中使用的混凝土构件，应尽可能采用自然养护。如果因条件限制必须采用蒸养，则其蒸养温度应尽可能低，蒸养前要充分预养。建议蒸养温度不宜超过 60℃，禁止不预养就直接通蒸汽升温养护。

混凝土只有在饱水时才会因受冻破坏，因此只要把混凝土内的饱水度控制在很低的水平上，混凝土的盐冻剥蚀破坏就可大为降低。因而，从结构设计上，如何快速地把混凝土表面的融化水迅速排除，如施工时合理地开排水沟或埋排水管等，将对延长混凝土结构的使用寿命极为有利。

## 8.4 海洋工程混凝土的其他破坏

### 8.4.1 海洋工程混凝土的化学侵蚀

一般，混凝土很少受固态、干燥的化学物质侵蚀。如果化学物质对混凝土产生侵蚀，腐蚀性化学物质必须在溶液中并达到一定的浓度之上。与普通条件下相比，混凝土在受压条件下更容易受到腐蚀性溶液的侵蚀，这是因为压力使得腐蚀性溶液更易进入混凝土中。

长期处于海水、海风等环境中的海工钢筋混凝土，通常会遭到腐蚀并破坏，而且一旦破坏，维修很难甚至有时无法维修。由于材料的行为随暴露条件的不同会有很大的变化，因此通常按具体的环境区域来讨论性能。同一海工混凝土构筑物的不同部位，由于暴露条件的不同，造成的破坏程度也有轻重之分，如图 8.4-1 所示。可见，由于浪溅区和水位变动区处于干湿交替的环境中，供氧充分，海工混凝土腐蚀和钢筋锈蚀特别严重。

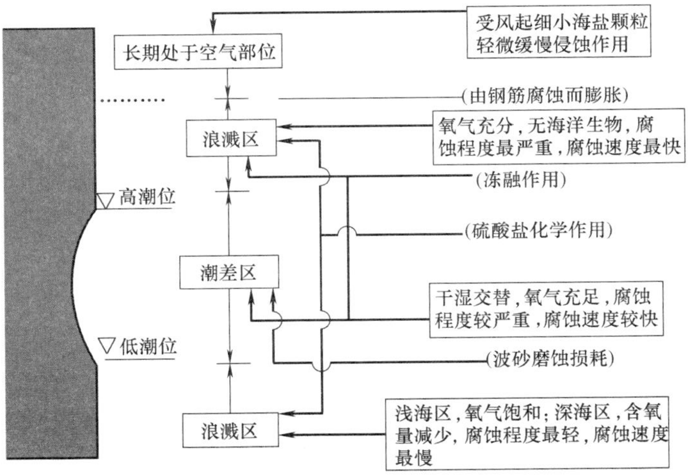


图 8.4-1 海洋环境中钢筋混凝土上腐蚀部分划分[110]

表 8.4-1 中列出了影响混凝土抗化学侵蚀能力的最重要的因素。

**影响混凝土化学侵蚀的因素　　表 8.4-1**

| 加速侵蚀的因素 | 减缓或延迟侵蚀的因素 |
| --- | --- |
| 1. 由以下原因造成高孔隙率高的水吸附性；渗透性高；多孔穴 | 1. 由于下列因素而获得密实的混凝土合适的配合比；单位用水量减少；增加胶凝材料用量；引气；足够的密实；有效的养护 |
| 2. 由以下原因引起的裂纹、裂开应力集中；热冲击 | 2. 混凝土中拉应力的减少<br>使用合适尺寸的抗拉钢筋并适当配置；包含火山灰；设置足够的伸缩缝 |
| 3. 由以下因素引起的渗滤和液体的渗入<br>流动的液体；蓄水作用；水压力 | 3. 结构设计<br>尽量减少接触和混乱的面积；提供隔膜和保护墙以减少渗透 |

**（1）硫酸盐侵蚀**

通常硫酸盐（硫酸钠、硫酸钾、硫酸镁、硫酸钙）侵蚀混凝土一般发生在与海水或是地下水接触的混凝土结构中。海水中富含的硫酸盐对桥闸、轨枕以及房屋基础等混凝土结构会造成严重侵蚀，有的混凝土构筑物完工投入使用一两年内即显现胀裂或蜂窝状酥化，三五年之后有的强度几乎尽失，被迫拆除重建，损失巨大。在我国东部沿海地区，个别区域海水的硫酸盐含量高达 0.25%以上。

含硫酸盐的海水对混凝土也有化学侵蚀作用。一般认为由于海水还包含氯盐，因而不像单纯暴露在硫酸盐的地下水环境中那样恶劣。

1）侵蚀机理

对混凝土有侵蚀性的硫酸盐分为内部的和外部（环境）的两种。外部硫酸盐存在于某些地区的海水中。当混凝土中使用某些外加剂（如减水剂、早强剂、防冻剂、膨胀剂等）或某些含石膏的增强剂时，就会引入过量的 $SO_3$ 成分，或者由于某种原因使水泥中的石膏未完全反应，就成为在混凝土硬化后期剩余的内部硫酸盐。

硫酸盐侵蚀混凝土时涉及两个化学反应：（1）在水泥水化期间硫酸盐与游离钙离子结合形成石膏（$CaSO_4 \cdot 2H_2O$）；（2）硫酸根离子与铝酸钙结合生成硫铝酸钙（$3CaO \cdot Al_2O_3 \cdot 3CaSO_4 \cdot 31H_2O$）。两个反应的结果就是导致固体体积的增加。钙矾石的形成是大多数膨胀和引起混凝土硫酸盐侵蚀破坏的主要原因。

硫酸盐侵蚀的结果是硫酸盐的水泥中的含铝相、含钙成分，或者早期生成的单硫型水化硫铝酸盐反应，生成体积膨胀的钙矾石，当还有 $CO_3^{3-}$ 存在并处于高湿度的低温下时，硫酸盐还会继生成钙矾石后侵蚀和分解水泥的主要水化物 C-S-H，生成硅灰石膏，从而破坏混凝土。无论是外部还是内部硫酸盐侵蚀，其必要条件是环境，即水能进入混凝土中；其充分条件是水泥中含铝相或游离 $Al_2O_3$、CaO 的存在。因此，很低水灰比和掺用矿物细掺料的高性能混凝土应当具有较高抗硫酸盐侵蚀的能力；但是，高性能混凝土抗硫酸盐侵蚀的性质与其渗透性有关；在其他条件相同时，水灰比有很大影响。掺用矿物细掺料的效果与所用掺合料的性质及掺量有关。

2）防护措施

采用低的水灰比并使用能够抵抗硫酸盐侵蚀的原材料配制密实、高质量的混凝土就能够达到不受硫酸盐侵蚀的目的。由于引气能减少混凝土的水灰比，减少渗透性，因而引气对抵抗硫酸盐侵蚀也是有利的。适当的养护对于获得最低的渗透性是必不可少的。

抗硫酸盐水泥与计算得到的 $C_3A$ 的含量之间具有非常好的相关性。因此，ASTM C150 规定Ⅴ型水泥的最大 $C_3A$ 的含量为 5%，Ⅱ型水泥的 $C_3A$ 含量极限为 8%。证据表明硅酸盐水泥中铝硅酸盐相中的氯化铝可能参与延迟硫酸盐侵蚀，因此 ASTM C150 规定Ⅴ型水泥中 $C_3A+C_4AF$ 的总含量不超过 25%，除非要求是基于 ASTM C452 试验的规定。对于Ⅴ型水泥，硫酸盐膨胀试验（ASTM C452）可能应用在有化学要求的场所。

ACI 耐久混凝土设计规范中建立了对于暴露在泥土、地下水或是海水中的普通混凝土用的水泥类型和水灰比，见表 8.4-2。这个规定也适用于受水雾飞溅的混凝土区域。

研究表明使用火山灰或是粒化高炉矿渣掺入混凝土中，可以增加处在硫酸盐环境中的混凝土的使用寿命。同时也有利于减少混凝土的渗透性。另外，这些物质也能结合碱和水泥水化过程释放的氢氧化钙，因此减少了石膏形成的可能性。要求在恶劣环境条件下，抗硫酸盐水泥中应当包含有合适的火山灰或矿渣。对于采用普通硅酸盐水泥配制的混凝土，在同时使用火山灰或是矿渣后，可以有效地提高这种混凝土抵抗硫酸盐侵蚀的性能。然而，低等级的粉煤灰应用于砂浆中时，会降低其抗硫酸盐性能。

**普通混凝土抵抗硫酸盐侵蚀的建议** **表 8.4-2**

| 暴露条件 | 泥土中水溶性硫酸盐 $SO_4^{3-}$（%） | 水中的硫酸盐 $SO_4^{3-}$（ppm） | 水泥 | 最大水灰比 |
|---|---|---|---|---|
| 轻微 | 0.0～0.1 | 0～150 | — | — |
| 中等 | 0.1～0.2 | 150～500 | Ⅱ型，IP，IS | 0.5 |
| 恶劣 | 0.20～2.0 | 1500～10000 | Ⅴ型 | 0.45 |
| 非常恶劣 | >2.0 | >10000 | Ⅴ型＋火山灰、矿渣 | 0.45 |

**（2）海水中溶解盐的复合侵蚀**

海水可能包含有不同浓度的溶解盐，尽管两组分之间的含量总是保持某一常数的比例，但寒冷和更低的温度区域比温暖区域，特别是比在日常蒸发条件下的高温的海岸区域的浓度更低。

当混凝土结构处于海岸区，基础又低于含盐的地下水平面，毛细管吸附和蒸发作用可能引起地面上部混凝土的过饱和以及结晶，导致水泥浆体产生硫酸盐的化学侵蚀，加速钢筋的锈蚀。在气候炎热时，这些联合的有害作用可能使混凝土在短短几年就引起严重的损害。

成熟的混凝土与海水中的硫酸根离子或是与淡水中的硫酸根离子的反应具有相似性，但是影响不同。在极端的条件下，海水中的硫酸根离子的浓度通过毛细管作用和蒸发可以达到很高的程度，然而，海水中氯离子的存在改变了化学反应的程度和本质，以至发生的膨胀量小于相同条件下淡水中的膨胀。使用含有 10%的 $C_3A$ 的水泥配制的混凝土，实践证明当其具有低渗透性时，连续暴露在海水环境中仍具有满意的性能。美国硅酸盐水泥协会推荐，如果水灰比小于 0.45，则允许长期浸泡在海水中的混凝土使用 $C_3A$ 含量高达 10%的水泥。

然而，也有研究认为，在测定与计算的水泥熟料矿物组成含量之间可能存在很大的不同，特别是应当考虑 $C_3A$ 和 $C_4AF$。因此，测得的 $C_3A$ 含量与抗海水性之间的相关性可能同样具有不确定性。

低的渗透性不仅对于延迟暴露在海水中的硫酸盐侵蚀有利，而且能够担负起具有最少混凝土保护层的钢筋的阻锈作用。使用低的水灰比并且有加强措施和足够的养护可以获得需要的低渗透性。

使用适当数量的粒化高炉矿渣或是火山灰配制的混凝土的渗透性是同强度但没有使用矿渣的混凝土的渗透性的 0.1～0.01 倍左右。

为了保证产生最少的裂缝，阻止混凝土内钢筋的暴露，在结构方面必须注意合适的设计和施工。在施工时应用具有导电性的涂料作为阴极保护系统的一部分，可以对部分浸泡或是在含盐地下水以下的混凝土起到附加的保护作用。硅烷涂料是防水的，具有优异的防护特点。

具有抑制混凝土内自由水蒸发作用的涂料在应用时应当引起注意，因为它可能会导致混凝土抗冻融性能的降低。

### 8.4.2 海洋工程混凝土的盐结晶破坏

随着社会发展，混凝土服役的环境变得日趋复杂，人们发现："混凝土材料在某些环境条件下并没有所预期的那样耐久"[111]。特别是近年以来，混凝土结构物因材质劣化在未达到设计寿命期时就失效以至破坏崩塌的事故在全世界范围内屡见不鲜，且有愈演愈烈之势。P. KtlmarMehta[112]把引起混凝土耐久性破坏的原因分为两大类，即物理侵蚀与化学腐蚀作用。

化学腐蚀主要是盐溶液与水泥水化产物发生化学反应而导致的混凝土破坏，如上小节所述。物理结晶侵蚀是指盐溶液结晶对混凝土产生的破坏。所谓盐类结晶侵蚀，是指在水位变化范围内或干湿循环区内的混凝土，在潮湿状态下，通过毛细作用吸进各种可溶性盐溶液，在干燥条件下经蒸发、浓缩而结晶。这过程使毛细管产生很大的结晶压力而导致混凝土破坏。这种由物理作用引起的侵蚀破坏，其速度远比化学腐蚀破坏快。这种破坏的范围集中于干湿交替部位，而处在水下或潮湿土壤中的混凝土则完整无损（至少外观如此）。

海洋混凝土工程因海水涨、落潮原因，潮位变动区混凝土出现周期性湿差变化，浪溅区与潮汐区的混凝土常处于干湿交替之中，使海水中的盐类在混凝土内析晶，产生盐类结晶应力，导致混凝土内部裂纹扩展和形成新的初始裂纹，加速了混凝土的破坏。而对于潮汐区，由于海水潮汐的规律性，使得这种干湿循环交替所产生的影响更为突出，所以潮汐区的盐结晶对混凝土结构破坏不容忽视。

**（1）混凝土盐结晶破坏的特征**

我国学者李志国[113]将盐溶液对混凝土的结晶破坏划分为最迅速最严重的一种，认为盐结晶膨胀破坏有着完全不同于化学腐蚀的破坏形态，其破坏特征如下：

1）破坏部位为毛细孔吸提平衡高度干湿循环的区域内，均在结构与水或者土壤接触面之上 300～600mm 范围内。接触面之下的破坏，可能为盐类的化学腐蚀结果。

2）呈由表及里的剥蚀性破坏。这种破坏往往由试件的成型面开始，先出现麻面，继续发展为局部表皮剥落，进而大面积露出石子，接着石子剥落，最后试件完全崩溃。

3）在破坏处或者裂缝处观察到白色粒状晶体盐，这是盐结晶破坏最显著的特征。

4）水泥硬化浆体中（地表以上部分）水化产物的种类、数量变化不大。

图 8.4-2 为自然环境中混凝土的盐结晶侵蚀破坏特征。由图可知，在混凝土的水位变化区，混凝土表面剥蚀严重。

**(2) 影响混凝土盐结晶破坏的因素**

盐溶液对混凝土材料的物理结晶侵蚀破坏是造成混凝土破坏的主要原因之一。材料的表面特征、多孔材料孔径的分布和尺寸、晶体的形态、盐溶液的饱和率、盐溶液的化学组成、盐溶液的浓度、环境的温度和相对湿度等都会影响盐溶液在混凝土多孔材料中结晶。在与盐溶液接触条件下，混凝土中毛细孔的提升作用可以在数小时内或数天内完成，而空气的相对湿度或温度变化可在数小时至数天内就完成一个循环，因而盐结晶对混凝土材料破坏，可在数天内产生结晶作用，在最短二、三个月可导致混凝土表面开始剥落，1～2 年发生露筋露石的严重破坏，而混凝土材料孔结构及盐溶液中离子种类、浓度及结晶性质、空气相对湿度的变化，为此类破坏的控制性因素。

图 8.4-2 水位变化交替中混凝土的盐结晶侵蚀破坏特征

海水中除了氯盐外，硫酸盐特别是 $Na_2SO_4$ 也普遍存在，可以说海洋混凝土工程的盐结晶破坏主要就是由氯盐和硫酸盐结晶引起。这里主要对硫酸盐和氯盐的盐结晶破坏进行分析。

1）硫酸盐结晶破坏

目前，一般采用硫酸钠溶液来研究硫酸盐对混凝土的侵蚀破坏，之所以采用硫酸钠主要是因为，第一，硫酸钠在自然界分布广且含量大；第二，硫酸钠对混凝土有较大的破坏性。大量资料和研究表明[114-119]，硫酸钠溶液的结晶产物主要分为 $Na_2SO_4$（无水芒硝）和 $Na_2SO_4 \cdot 10H_2O$（芒硝）以及 $Na_2SO_4 \cdot 7H_2O$ 三种，但是 $Na_2SO_4 \cdot 7H_2O$ 不稳定，极容易分解为芒硝或无水芒硝，温度变化或相对湿度变化对硫酸钠结晶及其结晶产物有较大影响。

硫酸钠溶液的特点可归纳如下：首先，硫酸钠溶解度随温度变化较大，10℃时硫酸钠溶解度为 9.6g，而 40℃时溶解度为 48.8g，当温度大于 40℃以后，随温度升高，其溶解度降低。其次，温度大于 32.4℃后，硫酸钠结晶产物主要是 $Na_2SO_4$（无水芒硝）。常温下 $Na_2SO_4 \cdot 10H_2O$（芒硝）饱和溶液的平衡相对湿度为 93%左右，随着相对湿度的降低，$Na_2SO_4 \cdot 10H_2O$（芒硝）逐渐变化得不稳定，并开始向 $Na_2SO_4$（无水芒硝）转变，在温度为 20℃、相对湿度为 75%时，最容易发生硫酸钠结晶产物的相变。另外，当温度在 32.4℃以上时，$Na_2SO_4 \cdot 10H_2O$（芒硝）就变得非常不稳定，当温度在 32.4℃以下时，$Na_2SO_4 \cdot 10H_2O$（芒硝）的形成受环境相对湿度和温度影响较为严重。

实际海洋环境复杂变化，各种条件均有可能出现，因此在研究硫酸盐特别是硫酸钠对水泥基材料的物理侵蚀时，会出现几种情况，首先，硫酸钠溶解度随温度变化较大。其次，硫酸钠的结晶产物受环境的影响较大。

综上，一般把 $Na_2SO_4$ 引起混凝土剥蚀破坏的机理归为三类：

① 固相体积膨胀假说，即 $Na_2SO_4$ 转化为 $Na_2SO_4 \cdot 10H_2O$ 将增加约 315%的固相体积；

② 盐水化压假说，即 $Na_2SO_4$（无水芒硝）吸水溶解过程将产生压力；

③ 盐结晶压假说，即盐在溶液中因过饱和结晶析出，而晶体生长过程将产生很大的结晶压。

2）氯盐结晶破坏

海水中的 NaCl 从桥墩的海洋混凝土工程向混凝土内部渗透，表面浓度高而内部浓度低。氯盐进入混凝土后不仅会导致混凝土中的钢筋锈蚀，而且氯盐本身在混凝土中也会由于结晶膨胀对混凝土结构造成破坏。

对于 $Na_2SO_4$，温度变化是混凝土孔液获得饱和及过饱和从而产生盐类结晶的重要外部条件。但对 NaCl 的结晶，温度的影响主要是使溶剂（水）蒸发，从而使溶液的 NaCl 浓度增大而结晶，因为温度对 NaCl 的溶解度影响不大。我国海水含盐总量为 35g/L，其中 $Cl^-$ 为 18.98g/L（相当于 31.287g/L NaCl），因此在海水中的混凝土只要使它暴露于大气的表面，受温度的作用而使水分蒸发，就很容易结晶出 NaCl。很明显的例子就是海水在太阳下暴晒，水分蒸发就制得食盐。天气暖和时，特别是在夏季，混凝土表面水分蒸发，表层 NaCl 浓度逐渐增大至饱和或过饱和时，NaCl 开始结晶，而混凝土内部的 NaCl 会随表面水分的蒸发沿毛细管不断迁移到混凝土表层，并不断在表层结晶和聚集，从而呈层状剥蚀。由于水分的蒸发和 NaCl 结晶总是由表面向内部推进，因此破坏总是由表及里，而未产生 NaCl 结晶的内部混凝土仍保持坚硬完好。至于剥蚀表面和裂纹内的 NaCl 晶体的存在，更是产生盐结晶破坏的有力证据。

相同过饱和度条件下，NaCl 溶液结晶时产生的结晶压远大于 $Na_2SO_4$ 溶液结晶时产生的结晶压，但是 $Na_2SO_4$ 溶液结晶较 NaCl 溶液结晶对混凝土材料造成的物理侵蚀作用严重得多，主要原因是 NaCl 溶液在常温下过饱和度非常低，很难达到过饱和状态。

**（3）混凝土盐结晶破坏的原因**

1）毛细作用下盐溶液对混凝土的侵入

混凝土内部存在大量贯通毛细管，盐溶液通过毛细作用进入混凝土内部。假定混凝土内的毛细管截面为圆形，且半径很小，则与混凝土材料相接触的土基中的盐溶液或者海水，在毛细管张力的作用下，可被混凝土毛细管提升。提升高度可由 Young-Laplace 公式计算。

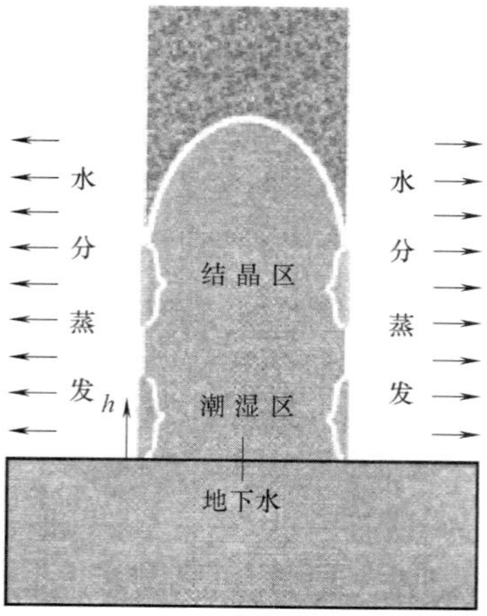


图 8.4-3 毛细上升与蒸发[119]

由图 8.4-3 可知，首先是海水通过毛细作用进入混凝土内部，并且地下水在混凝土中上升的数量随着混凝土高度升高而减少，当水分的蒸发发生在混凝土表面时，在靠近地表的区域，盐溶液上升的速率大于混凝土表面水分蒸发的速率，因此该区域总是处于潮湿状态，但是水分的蒸发会使该区域盐溶液浓度逐渐增大，由于浓度较高，使盐溶液向混凝土内部及下部扩散，因此该区域盐溶液一般不会达到饱和而结晶。但是随着混凝土高度的增加，盐溶液上升的速率减缓，混凝土表面水分蒸发量大于盐溶液上升量，该区域盐溶液很容易达到过饱和使盐结晶，于是在该区域盐溶液结晶造成了对混凝土的物理侵蚀。

外界环境的相对湿度变化也会影响毛细管吸附作用。环境相对湿度降低，混凝土表面层水分就蒸发较快，形成了砂浆内部与表面相对湿度的差异，表面层由于相对湿度较低，蒸发作用明显，盐溶液就通过毛细作用源源不断地到达混凝土表面层，到达混凝土表面的盐溶液在较低相对湿度作用下，水分蒸发快，而盐分聚集在混凝土表面层，表层盐溶液的浓度就越来越高，当盐溶液浓度超过其溶解度浓度后，盐就会以结晶的方式析出并在混凝土表面及其表面层孔隙中结晶，结晶后体积膨胀，当结晶膨胀的压力超过了表层孔隙壁所能承受的拉力时，结晶压就对砂浆产生破坏，该过程周而复始进行。

2）盐溶液结晶产生结晶压

根据文献[120-123]曝盐结晶对混凝土孔壁所产生的结晶压力主要由以下原因造成：

① 固相体积膨胀假说——含不同结晶水的同类盐之间的转化。

② 结晶压——晶体从过饱和溶液中析出，体积的线性增长。

③ 盐的水化压——无水盐吸水溶解所产生的压力。

④ 水化产物的生长——随着胶凝材料水化的进行，CSH 凝胶大量生成，使混凝土孔隙率降低，从而压缩了晶体生长的有效空间。

⑤ 静水压——结晶中，晶体结晶体积膨胀，孔隙中的溶液从结晶区向外迁移。

溶液达到饱和是产生盐结晶破坏的必要条件，但是仅仅是饱和溶液还不可能对混凝土造成物理侵蚀，必须是过饱和溶液，只有从过饱和溶液中结晶才会对混凝土造成破坏。多孔材料孔溶液中的盐溶液被浓缩结晶时，各种不同的盐将按照其特有的结晶学特征结晶生长。当这种结晶生长作用受到毛细孔壁限制时，则结晶生长作用将对孔壁产生巨大的结晶压力，由此而引起毛细孔壁及水泥混凝土材料的开裂。

如上面提到的 $Na_2SO_4$ 的两种主要结晶产物 $Na_2SO_4$ 晶体与 $Na_2SO_4 \cdot 10H_2O$ 晶体之间的相互转化，如果这种转化发生在混凝土的孔隙中，就会产生较大的结晶压力，引起侵蚀破坏。

**(4) 提高混凝土抗盐结晶破坏的措施**

1）改善混凝土的孔隙结构，增加混凝土的密实度，降低混凝土的渗透性

渗透性一直都被认为是决定混凝土在侵蚀环境中耐久性的关键因素，Metha 认为，在抵抗硫酸盐腐蚀方面，控制混凝土的渗透性比控制水泥的化学成分更加重要。Khatri 的研究也证明，由于增加了混凝土的密实度而减小了孔隙率，使得水分渗入就比较困难，从而在水泥石内部产生有害物质的速度和数量都减小，高密实度和低渗透性的混凝土具有更好的耐硫酸盐腐蚀性能[15]。根据国内外针对物理腐蚀机理研究和应用成果来看，也都普遍认为在合理选用水泥品种的基础上改善混凝土孔结构是获得混凝土高抗盐蚀性能的有效途径，比改善水泥的化学成分更为有效。

2）采用表面保护措施

在混凝土构件表面涂刷防腐涂层，可以防止混凝土直接与混凝土接触，从而可以保护混凝土不受侵蚀。研究表明，防腐涂层由于处于构件的表面，直接与环境接触，很容易受到破坏，需要经常维护，但在短期内，防腐涂层的效果还是比较显著的[125]。由此，在海洋建筑中，人们在柱子上处于浪溅区的部位涂上环氧薄膜，可以有效地防止盐对混凝土的剥蚀作用[126]。

### 8.4.3 海水冲刷引起的混凝土破坏

根据水工混凝土抗冲磨混凝土的研究经验可知，旷日持久的冲刷作用，即使流速较低，也会对表层混凝土结构造成磨损，使得混凝土表层骨料露出，混凝土保护层减薄。混凝土保护层减薄以及表层骨料露出都会加速氯离子的侵蚀速率，造成混凝土中钢筋发生锈蚀，严重时将影响海工混凝土结构的安全运行。因此，对海工浪溅区墩柱混凝土抗冲磨特性的研究尤为关键。

混凝土的耐磨性定义为混凝土表面抵抗因摩擦作用而被磨耗的能力。生产操作、人的行走以及车辆的行驶都可能造成地面和路面的磨损。风或是水中的颗粒也能引起混凝土表面的磨损，在水工上常称之冲蚀。

水力作用的结构冲蚀磨损，如大坝、泄洪道、隧道、码头以及桥墩等，这些场合的混凝土由于水流中带有磨蚀性的材料而受到磨损。

不同耐磨试验测试方法反映不同的混凝土磨损性能。在选择试验方法时磨损测试的重现性是一个非常重要的因素。为了避免从单一试样获得的误导性的数据结果，试验的重现性是必要。

混凝土表面的质量、磨损测试时骨料的选取、磨损测试程序本身以及代表性试样的选取都会影响测试结果。为了获得有代表性的结果，实验室制作的试样必须注意与现场测试条件下的试样具有一致性。

对混凝土的耐磨性不可能设定精确的界限，但依赖基于可提供预测寿命的测试结果的相对值非常必要。

对于水下磨损而言，在测试程序上有些特别的要求。ASTM C1138 是混凝土水下耐磨损性测试的标准方法，主要是采用钢球在水中搅拌的试验来测定耐磨性。对抗冲耐磨混凝土，表面平整度和均匀性是一个重要的技术指标，表面平整度不能满足设计要求的混凝土表面，在高速水流的作用下，会产生空蚀，一旦产生了空蚀，再好的材料都会产生空蚀破坏，防止空蚀破坏，除水流引起以外，就是要求过水表面流线形并且满足设计的平整度要求。

表面平整度差的混凝土，对于混凝土的抗冲磨性能也有影响，因为，表面的不平整，会造成近壁水流流态紊乱，对混凝土形成不均匀磨损和淘刷，同时，会引起水流中推移质在混凝土表面的跳跃、冲砸，加大对混凝土的冲刷磨损速度。

质量均匀性差的混凝土，在水流的冲刷磨损作用下，耐磨性差的部位易于磨损形成凹坑，耐磨性能好的部位不易被磨下而形成突起，从而产生了新的表面不平整，称其为再生不平整度。显然，再生不平整度也会产生空蚀破坏的。

**(1) 影响混凝土耐磨性的因素**

1) 混凝土自身因素

混凝土的耐磨性能是一个持续不断进行的现象。初始时，耐磨抵抗力与受磨表面的强度存在强烈的关系，地面磨损是最好的检验。通过对混凝土振捣、对表面进行修整以及合理的养护可以改善其耐磨性。

当浆体受到磨损，粗细骨料被暴露出来，磨损和撞击引起混凝土附加的劣化，这种劣化程度与浆骨粘结强度和骨料的硬度有关。

试验和经验表明抗压强度是控制混凝土耐磨性的最为重要的单个因素，耐磨性随抗压强度的增加而增强。由于磨损发生在表面，表面强度最大化是关键。

仅由混凝土抗压强度试验来决定耐磨性的好坏是不够，同时，应考察混凝土组成、计以及最后的处理工序的影响。例如：混凝土抗冲磨性能还受到胶凝材料体系的影响。在相同强度等级条件下，硅粉对混凝土抗冲磨强度的贡献最大，而矿粉与粉煤灰复掺也显著提高了混凝土的抗冲磨强度。

2）冲磨速率和角度因素

由蔡新华[127]的研究可知，冲磨速率对海工混凝土抗冲磨性能影响非常明显，海工混凝土抗冲磨强度与冲磨速率成反比关系。低冲磨速率下海工混凝土也会受到挟砂水流的冲刷作用，对混凝土保护层有一定的威胁 因此要从混凝土原材料、配合比以及施工工艺上进行严格控制。

冲磨角度对海工混凝土抗冲磨性能有较大影响。海工混凝土稳定磨损率随冲磨角度增加逐渐增大。当冲磨角度小于 60°时，稳定磨损率增加速率较大；超过 60°后增加速率趋缓；当冲磨角度为 90°时，稳定磨损率最大。因此，当桥梁墩柱海工混凝土结构受到挟砂水流（如浪涌等）作用时，面对水流或浪涌的来向，海工混凝土结构要进行特别的保护，如增加混凝土保护层或者增加防护钢板。

**（2）抗冲蚀耐磨性能**

研究表明[128]，不同胶凝材料种类及掺加纤维的混凝土经标准养护 28d 后抗冲磨性能有所不同，复掺硅灰与粉煤灰混凝土抗冲磨强度最高，复掺矿粉及粉煤灰混凝土次之，纯水泥混凝土最低，前两者较后者分别提高了 74.9%及 71.8%。主要原因为：硅灰为极细的颗粒并含有大量的无定形性质的 $SiO_2$，是一种高活性的火山灰质材料，其能与水泥水化产生的 $Ca(OH)_2$ 迅速反应，减少水泥石与集料界面处的 $Ca(OH)_2$ 含量，有效抑制 $Ca(OH)_2$的取向性；同时硅灰能够降低泌水，减少水分在集料颗粒下方的积聚，使界面微结构得到改善，界面粘结能力相应增强[129]。矿粉对混凝土抗冲磨性能改善的机理基本与硅灰相类似，但相比硅灰，矿粉火山灰活性相对较低，从而表现出配制混凝土的抗冲磨强度相对硅灰稍低。另外，矿粉及粉煤灰混掺，起到不同品种矿物掺合料复合使用的“超叠加效应”混凝土抗冲磨性能优于单掺矿粉或粉煤灰的混凝土；掺加聚丙烯纤维的混凝土抗冲磨强度略有降低，但部分研究亦表明聚丙烯纤维掺入混凝土中可以在一定程度上提高混凝土的抗冲磨性能，可能聚丙烯纤维混凝土在面对挟砂石等较大粒径推移质条件下带来的冲击破坏时作用较为明显，但对于悬移质颗粒的冲刷作用的抵抗不是特别明显。胶凝材料用量增加后，混凝土抗冲磨性能未随之增加，可能原因为：随胶凝材料用量增加，混凝土浆骨比增大，对抗冲磨性能提高作用较大的集料量减少所致。

**（3）抗冲蚀耐磨混凝土的优化方法**

我国从 60 年代就开始进行抗冲磨材料的应用研究，主体思路是通过提高抗压强度来提高过流面混凝土的抗冲磨性能，同时加强对过流面混凝土的防护并及时对薄层冲磨破坏进行修补。随着材料科学的发展和进步，抗冲磨混凝土的抗压强度逐渐由早期的 C25 提高到 C50～C70，以硅粉混凝土或改性的硅粉混凝土为主的抗冲磨混凝土得到普遍应用；薄层抗冲磨防护材料和薄层冲磨破坏修补材料则以改性的环氧砂浆为主，如低黏度环氧砂浆、低温潮湿固化环氧砂浆、弹性环氧砂浆等；以环氧树脂改性为主的抗冲磨防护涂料，如用增韧组分和互穿网络技术改性的柔性环氧抗冲磨涂料，开始在工程中获得应用。

硅粉系列抗冲磨混凝土早期强度发展过快，中后期强度增长微小，水化热集中释放，干缩和自干燥收缩大，极易发生裂缝；改性环氧类抗冲耐磨砂浆和防护涂料仍含有较多易挥发性溶剂组分，在潮湿和有水环境下的易施工性没有得到显著改善，柔韧性仍显不足，容易空鼓、开裂和成片剥落。

## 8.4.4　海洋生物引起的混凝土破坏

大量的研究实践表明，海洋工程设施在不同海洋环境区带的腐蚀规律是不同的，其保护技术也相应不同。

除了盐的物理化学腐蚀破坏外，海洋腐蚀的另一特征是由生物附着引起的微生物腐蚀和生物污损作用。实际上，微生物几乎存在于所有的环境，海洋腐蚀环境也不例外。图8.4-4示意性给出了海洋微生物在不同区带的分布情况。可以看出，在海洋大气区，霉菌腐蚀是一个特征。在其他区域，都存在着微生物活动，特别是硫酸盐还原细菌（SRB）的厌氧腐蚀活动；在海水全浸区，除了发生生物腐蚀外，海洋生物污损则是一个十分严重的现象。在海洋微生物腐蚀中，某些腐蚀微生物如SRB、铁细菌（IOB）等对钢铁腐蚀造成严重破坏，导致腐蚀加速、局部腐蚀穿孔、环境敏感断裂等。油田工业的管线、油井、船舶压载水舱、海洋钢结构特殊区域均遭受严重的微生物腐蚀。据估计，腐蚀损失的20%、管线腐蚀损失的30%与微生物腐蚀相关。

SRB是环境中与腐蚀最密切相关的厌氧细菌。通常认为，在碳源提供下，它能将硫酸盐代谢产生硫化氢，从而导致加速腐蚀。德国马普微生物所的科研人员最早发现[130]，从海洋沉积物中富集培养出一种新的SRB，这种细菌可能能够直接以铁为能源，更快地代谢产生硫化氢，引起更大的腐蚀破坏。对于钢筋混凝土结构，有研究表明，硫氧化细菌（SOB）由于能够将硫化物氧化成硫酸，对其结构性能具有严重的破坏作用。

微生物通常在环境中形成微生物群落，共同生存生长。钢铁浸入到海水中，会立刻发生腐蚀并在表面生成锈层，好氧和厌氧微生物膜附着在锈层表面，并与铁发生腐蚀作用。研究发现，在海洋全浸区和潮差区钢铁锈层中存在着硫酸盐还原细菌和铁还原细菌，其中的硫酸盐还原细菌也是一种能够吃铁的细菌[131]，在含有活性SRB细菌中，碳钢持续保持最高的腐蚀速度。

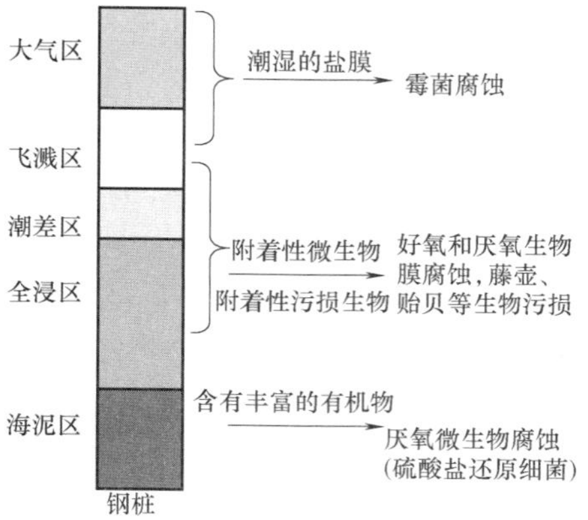


图8.4-4　海洋不同环境区带的生物腐蚀和污损[132]

### (1) 微生物对混凝土的侵蚀机理

1）厌氧菌的侵蚀

海水中含有一定的有机硫化物，有机硫化物的主要来源是硫酸盐还原菌对无机硫酸的生物转化。$SO_4^{2-}$ 被该还原菌还原，生成硫化氢。硫酸盐还原菌是专性厌氧菌，厌氧菌最适宜的pH值为6.7～7.3，随着细菌生长温度的升高，最佳pH值也随之升高，当pH值在6.5以下和8.2时，厌氧消化过程停止，pH值对维持厌氧微生物系统中最佳的细菌生长和转化过程是非常重要的。天然海水的 pH 值经常稳定在 7.9～8.4 之间，很适合厌氧细菌生存，当暴露在空气中时，混凝土表面的 pH 值将由于碳酸化作用、$H_2S$ 酸性气体的中和作用而逐渐有所降低。厌氧菌参与分解有机物，将其分解成甲烷、氮和 $H_2S$ 等气体。当 pH 值较低时，硫化物以 $H_2S$ 形式存在，$H_2S$ 本身对混凝土无明显的腐蚀作用，但遇上混凝土表面的凝聚水膜，由于生物化学作用生成硫酸，硫酸将对混凝土具有强烈的腐蚀作用。硫酸侵入混凝土表面、与混凝土中碱性物质中和形成硫酸钙、硫酸铝钙等物质，破坏了混凝土中硅酸盐的晶体结构，并使硫酸进一步侵入和腐蚀。

海水环境下混凝土的劣化与微生物的新陈代谢作用有关，硫氧化菌、硫杆菌和噬混凝土菌 3 种细菌的生存代谢生成生物硫酸导致混凝土腐蚀，其作用机理：在厌氧环境下，硫酸盐还原细菌将海水中的硫酸盐或有机硫还原为 $H_2S$，$H_2S$ 进入海水中；在好氧环境下，硫氧化细菌将其氧化为生物硫酸，硫酸渗入混凝土，与混凝土中 $Ca(OH)_2$ 反应生成石膏，由此导致水泥水化物（C-S-H）分解，生成不溶性且无胶结作用的 $SiO_2$ 胶体，石膏则与混凝土中 $C_3A$ 的水化物进一步反应生成钙矾石，钙矾石生成时伴随体积膨胀，导致混凝土开裂，从而加剧混凝土管壁的腐蚀破坏。因此，只有在好氧环境下，$H_2S$ 被硫氧化细菌氧化为生物硫酸，才会对混凝土产生强烈的腐蚀作用。

2）好氧菌的侵蚀

混凝土腐蚀不仅在厌氧的情况下发生，某些细菌在需氧状态下也能对混凝土产生腐蚀。在含氧条件下，海水中存在许多好氧菌，如硫化氢生成菌、硝化细菌、枯草芽孢杆菌、大肠杆菌、扩展青霉菌等。这些细菌在新陈代谢过程中排出有机酸、二氧化碳、$SO_4^{2-}$ 等。好氧菌最适宜的 pH 值为 6.5～7.4。硝化细菌能够通过对胺的硝化作用生成硝酸，同样会导致 C-S-H 分解，使混凝土遭受酸腐蚀；好氧菌对混凝土的腐蚀与其呼吸作用而排出的碳酸有关。好氧菌的代谢物——有机酸以及呼吸作用排出的碳酸是引起混凝土腐蚀的主要原因，其作用机理如下：①对于水泥浆体中的钙化合物，有机酸能分解氢氧化钙，而碳酸能分解所有的钙化合物；②钙化合物的碳化，在微孔中沉积的碳酸钙由有机酸溶解，但是随着碳化的进行，细孔中的 pH 值降低，产生碳酸氢钙；③水泥浆体中钙离子的析出主要是由于有机酸的作用，随着微孔中 pH 值的降低，碳酸对溶出的作用也加强。

有机酸对混凝土腐蚀过程中的分解、溶解、析出全过程具有重要作用，碳酸对分解过程起主要作用，随着混凝土孔隙内溶液 pH 值的降低，碳酸对混凝土的溶解、析出的作用逐渐加强。掺混合材料的混凝土因其密实度高，侵蚀液不易进入，有机酸的分解、溶解、析出就比没有使用混合材料的混凝土更慢。另外，微生物生长还需要的其他营养成分如 BOD、COD 等，污废水中的这些营养成分通常是足够微生物生长所需要的。

生物酸对混凝土的腐蚀不同于纯酸。微生物需在混凝土表面附着，然后进行繁殖代谢形成生物膜，进而对混凝土产生腐蚀。生物膜的形成与细菌种类、混凝土材料组成和表面特性、溶液化学性质等因素有关，膜中 pH 值、微生物的种类和数量因环境不同而有差异，生物膜控制传质过程，对微生物腐蚀进程产生影响。当前，混凝土表面生物膜对腐蚀动力学的影响尚缺乏研究，但嗜酸性的微生物可在混凝土生物膜内保持活性并大量繁殖，材料表面生物膜对膜内微生物具有保护作用。因此，生物膜对混凝土的微生物腐蚀具有重要影响，生物酸对混凝土的腐蚀作用远大于化学纯酸，生物膜内微生物的高度繁殖代谢及向混凝土内部穴居，使混凝土内部直接遭受腐蚀。

3）藻类的侵蚀

海洋中藻类众多，细菌侵蚀混凝土内部的有机质，裸露在混凝土外表的污点通常是由微小藻类的生长引起的。这些生物的生长使混凝土外墙出现有损美观的污点或斑块，产生的原因主要是设计或维护不当、混凝土表面长期潮湿。

藻类是以日光作为能源、以矿物质作为营养源的，它们需要一定的水分来生长但也能耐过干旱期，因此藻类污点在水分和光线充足的时候出现得更多。混凝土的表面特征不同，它们受藻类腐蚀的严重性也不同。光滑表面比粗糙和多孔渗水的表面受的腐蚀要小些；保水性较好的则受到严重腐蚀。Guillitte 和 DreesenH 两位科学家曾在良好的生物条件下测试了多种建筑材料（石材、砖、砂浆和混凝土），他们观察到这些材料的生物接受力有很大的差异，生物接受力取决于材料表面粗糙程度、初始孔隙率和矿物学性质。

混凝土的特性与孔隙率对藻类生长及发展有很大的影响，藻类分为蓝藻和绿藻。蓝藻对混凝土侵蚀使得黑色覆盖物出现在骨料周围的水泥浆体上，由于水泥浆体的高孔隙率，促使生物体成长，并可以获得更多的水分。蓝藻细胞通常在内部生有黏液层，生长在处于干燥期的墙壁上，这些黏液层在降雨期储水以支撑藻类度过干燥期。绿藻则生长在持续高湿度的区域，它们的细胞没有黏液层也不能忍受干燥的环境，通常生长在湿润的混凝土墙上。藻类的侵蚀是随水灰比和孔隙率的增大而加强的，即将引起更多的微生物滋长。

**(2) 微生物对混凝土腐蚀的防治方法**

提高胶凝材料的抗硫酸侵蚀性能、控制腐蚀传质过程、抑制或减少生物硫酸的生成都能缓解混凝土的微生物腐蚀。因此，预防微生物对混凝土腐蚀行之有效的措施主要有混凝土改性、表面涂层保护和生物灭杀技术等：

1）混凝土改性

混凝土改性包括提高混凝土抗酸、抗渗和抗裂性能。提高混凝土抗酸性能的主要目的是改变胶凝材料的组成和结构，增强混凝土的抗中性化性能或减缓酸腐蚀进程。提高混凝土的抗渗性能主要目的在于防止生物硫酸向混凝土内部的渗透，从而延缓混凝土的中性化和强度的衰减。提高混凝土的抗裂性能主要目的在于控制微生物腐蚀产物钙矾石膨胀所导致的裂缝扩展，从而延缓腐蚀介质和产物在混凝土内部的传质过程，降低混凝土的失效速度。

2）表面涂层保护

防治混凝土微生物腐蚀的涂层保护措施分为两类，一类为惰性涂层，具有耐腐、抗渗、抗裂功能。另一类为功能涂层，具有酸中和或抑菌、杀菌功能。

惰性涂层能隔绝混凝土与生物硫酸的接触，从而避免遭受腐蚀。通常采用耐酸的有机树脂，如环氧树脂、聚酯树脂、脲醛树脂、丙烯酸树脂、聚氯乙烯、聚乙烯以及沥青等，在国外专利中有大量报道。其他惰性涂层有树脂改性砂浆以及水玻璃涂层等。为防止涂层开裂，多采用纤维增强，其中环氧涂层可采用聚硫化物改性，增强其粘接和柔韧性，也有采用环氧树脂、聚氨酯泡沫底层，聚氯乙烯、聚乙烯面层形成复合涂层等。

功能涂层主要目的是中和生物硫酸或者抑制生物硫酸的生成，以避免混凝土遭受腐蚀。中和性能涂层实际上是一种牺牲保护措施，即在混凝土表面形成一层碱性材料保护层，用于中和生物硫酸，并提高混凝土表面 pH 值，从而抑制硫氧化细菌的繁殖，这种涂层只能用于可更换的场合，常用的碱性材料有碳酸钠、氧化钙，采用氧化镁、氢氧化镁效果更佳。杀菌功能涂层是微生物灭杀技术的具体应用，是以无机或有机胶凝材料为载体，掺加杀菌剂，在混凝土表面形成一层具有杀菌、抑制生物硫酸产生的涂层。此外，硫磺砂浆涂层具有高强耐磨、耐酸，可抑制硫氧化细菌的繁殖，并已获得实际应用。

3）微生物灭杀技术

根据微生物腐蚀作用机理，阻止微生物在混凝土表面和内部的生长，直接抑制或减少生物硫酸的生成，是控制混凝土微生物腐蚀最有效的措施，因此，微生物灭杀技术是近年来混凝土微生物腐蚀防治研究中最活跃的领域。

杀菌剂指具有灭杀微生物或抑制微生物繁殖功能的试剂。常见的生物杀菌剂分为两类：氧化型杀菌剂，如氯气、溴及其衍生物、臭氧和过氧化氢等；非氧化型，如戊二醛、季胺盐化合物、噻唑基化合物和亚甲基二硫氰酸盐等。

混凝土微生物腐蚀的防治主要采用非氧化型杀菌剂，它们可结合硫氧化细菌生存代谢所需的酶，从而起到杀灭或抑制其繁殖的作用。目前，国外专利报道用于混凝土的杀菌剂有：卤代化合物、季胺盐化合物、杂环胺、碘代炔丙基化合物、（铜、锌、铅、镍）金属氧化物、（铜、锌、铅、锰、镍）酞菁、钨粉或钨的化合物、银盐、有机锡等。苏联也有硝酸银、烷基氮苯溴化物、季胺盐、有机锡等用作混凝土杀菌剂的研究报道。杀菌剂应用时，或以胶凝材料为载体在混凝土表面形成功能性保护涂层，或者作为防腐蚀的功能组分经预分散后直接掺入混凝土中。

杀菌剂的适用性与其杀菌功效、溶解性能、显效掺量以及对混凝土性能的影响有关。水溶性杀菌剂易溶出消耗，缺乏长效性；重金属离子可能造成水污染；某些金属氧化物不溶于水，但可能溶于硫酸，因此都存在一定缺陷。而金属镍化合物、金属钨化合物及金属酞菁具有掺量少、分散性好、不易被硫酸洗提的特点，是高效的防混凝土微生物腐蚀杀菌剂，前两者在日本已形成市售产品。不同杀菌剂对不同的硫氧化细菌具有选择性，同时作用效果受 pH 值的影响。镍化合物适用于中性环境，而钨化合物在酸性环境具有效果，因此，以镍酞菁与钨粉或其化合物复合可使混凝土获得优异的抗微生物腐蚀性能。

## 8.5 海洋工程混凝土材料耐久性

海洋工程混凝土结构由于处于恶劣的海水环境，遭受着海水中各种盐类及寒冷地区冻融破坏，尤其海水中氯离子的侵蚀，引起钢筋锈蚀膨胀，导致结构损伤，性能下降，甚至达不到设计使用寿命即发生严重的腐蚀破坏。因此，海水环境混凝土材料的耐久性直接关系到结构的服役寿命，是工程建设所面临的关键技术问题[133,134]。

### 8.5.1 混凝土材料耐久性要求

在海洋工程混凝土结构中，混凝土材料的耐久性主要是指混凝土材料本身抵抗海水中氯离子往混凝土内渗透的性能。

根据海洋环境的特点，海水环境混凝土结构暴露部位按工程设计水位或天文潮位一般划分为大气区、浪溅区、水位变动区和水下区，处于不同部位混凝土的腐蚀机理不同，腐蚀发生的严重程度也不同，在耐久性方面的考虑则应区别对待[135-137]。为了提高海洋环境混凝土材料的耐久性，即提高混凝土本身抗氯离子渗透性，需要根据结构所处的暴露部位，从混凝土原材料、配合比和混凝土性能等技术参数和指标上作出具体规定。

**（1）混凝土原材料要求**

组成混凝土的原材料包括水泥、粉煤灰、粒化高炉矿渣粉、硅灰、粗骨料、细骨料、拌合水和外加剂等，因海洋环境混凝土材料耐久性要求高，原材料中的有害成分含量不得对混凝土强度、耐久性及体积稳定性等产生不利影响。

1）胶凝材料

适宜选用硅酸盐水泥、普通硅酸盐水泥、矿渣硅酸盐水泥、火山灰质硅酸盐水泥、粉煤灰硅酸盐水泥或复合硅酸盐水泥，质量应符合现行国家标准《通用硅酸盐水泥》GB 175 的有关规定。要求普通硅酸盐水泥和硅酸盐水泥在熟料中铝酸三钙含量宜为 6%～12%，这是因为水泥中含适量的铝酸三钙有利于混凝土抗氯离子性能的提高，但含量过高则提高混凝土的水化热温升及影响混凝土的工作性；火山灰抗冻性和抗碳化性差，因此对有抗冻要求的混凝土宜采用普通硅酸盐水泥或硅酸盐水泥，不宜采用火山灰质硅酸盐水泥[138]。

掺入具有火山灰活性的矿物掺合料如粉煤灰、粒化高炉矿渣粉、硅灰等，一方面可改善混凝土的孔结构，另一方面它们的水化产物可结合部分氯离子，从而有效提高混凝土抗氯离子渗透性能，是配制具有较好耐久性混凝土的重要措施，使用两种或两种以上的矿物掺合料混掺，可发挥优势互补作用，其效果通常优于单一的矿物掺合料。

2）集料

混凝土中使用的细骨料应采用质地坚固、公称粒径在 5.00mm 以下的砂，可采用河砂、机制砂或混合砂。为获得更好的混凝土综合性能，优先选用质地均匀坚固、粒形和级配良好、吸水率低、孔隙率小的细骨料。为避免混凝土原材料中带入过多的氯离子，细骨料中水溶性氯化物折合氯离子含量不应超过 0.02%；重要的钢筋混凝土工程应严禁使用海砂，如由于条件限制不得不使用海砂时，必须经过洁净淡水冲洗后砂的氯离子含量低于 0.02%。处于冻融环境下的海洋工程混凝土，应进行细骨料的坚固性试验，其失重率应小于 5%。

配制混凝土应采用质地坚硬的碎石、卵石或碎石与卵石的混合物作为粗骨料，其强度可用岩石抗压强度或压碎指标值进行检验。粗骨料与胶凝材料的胶结界面是混凝土内部薄弱环节，容易成为有害离子入侵的通道和捷径，因此对粗骨料的最大粒径有下列要求：不大于 80mm；不大于构件截面最小尺寸的 1/4；不大于钢筋最小净距的 3/4；不大于混凝土保护层厚度的 4/5；在南方地区浪溅区不大于混凝土保护层厚度的 2/3。

**（2）混凝土配合比参数要求**

混凝土配合比直接影响混凝土结构的质量。在海洋工程中，混凝土配合比参数的确定，应根据构件所处的海洋环境和暴露部位，同时满足结构和耐久性要求的强度、施工要求的工作性和设计要求的耐久性。

如单从结构受力的角度来说，混凝土只要满足承载能力要求，则不需要更高的强度，但从耐久性方面来说，混凝土强度高，则混凝土更密实，且抵抗荷载作用的变形能力强，对耐久性更有利。因此，我国水运工程相关标准规范对在海水环境不同暴露部位混凝土作出最低强度等级规定，见表 8.5-1[138]。

海水环境按耐久性要求的普通混凝土最低强度等级　　表 8.5-1

| 所在部位 | 钢筋混凝土及预应力混凝土 | 素混凝土 |
|---|---|---|
| 大气区 | C30 | C20 |
| 浪溅区 | C40 | C30 |
| 水位变动区 | C35 | C30 |
| 水下区 | C30 | C25 |

众所周知，水胶比越小，混凝土越密实，在配合比参数中，水胶比是影响混凝土耐久性的最重要指标之一。在海洋环境中，为保证混凝土的耐久性，一般都对水胶比最大允许值进行限定。在不同混凝土结构暴露条件及不同的气候条件下，都规定了混凝土配合比中水胶比最大允许值。我国水运工程中，在大气区，北方气候条件，钢筋混凝土及预应力混凝土水胶比最大允许值为 0.55；而南方因气温高更易于氯离子侵入混凝土，水胶比最大允许值比北方的小，为 0.50；在腐蚀比较严重的浪溅区，南北方的水胶比最大允许值更小，为 0.40。

胶凝材料用量决定了新拌混凝土的工作性，并直接关系到混凝土浇筑后的均匀性和密实性，从而影响混凝土结构的耐久性。海水环境混凝土在不同的结构和暴露环境下最低胶凝材料用量见表 8.5-2 的规定[6]，但考虑到经济性和体积稳定性，胶凝材料最高用量不宜超过 500kg/m$^3$。

海水环境混凝土最低胶凝材料用量（kg/m$^3$）　　表 8.5-2

| 环境条件 | 钢筋混凝土及预应力混凝土 | | | 素混凝土结构 | | |
|---|---|---|---|---|---|---|
| | 北方 | | 南方 | 北方 | | 南方 |
| 大气区 | 340 | | 360 | 280 | | 280 |
| 浪溅区 | 400 | | 400 | 280 | | 280 |
| 水位变动区 | F350 | 400 | 360 | F350 | 400 | 280 |
| | F300 | 380 | 360 | F300 | 380 | 280 |
| | F250 | 360 | 360 | F250 | 360 | 280 |
| | F200 | 340 | 360 | F200 | 340 | 280 |
| 水下区 | 320 | | 320 | 280 | | 280 |

**（3）混凝土耐久性能要求**

前述内容是从构成混凝土的原材料品质和配制混凝土的配合比参数两个方面，对如何制备耐久混凝土所作的基本规定和要求，至于所制备的混凝土耐久性究竟如何，尚需要有一个可以衡量的，且便于设计和施工控制的耐久性技术指标。为此，国内外开展了大量的研究工作，通过模拟海水侵蚀，开发出了盐水自然浸泡法、电迁移法、电阻率法以及上述方法衍生的可不同程度反映混凝土耐久性的测试试验方法。

经过系统研究和论证，我国交通部《海港工程混凝土结构防腐蚀技术规范》JTJ 275—2000[139]于 2000 年首次将“电通量”指标作为混凝土抗氯离子渗透性的耐久性指标，该方法是在混凝土试件两端电解质溶液施加一直流电场，以一定时间内通过混凝土的总电量作为衡量其抗氯离子渗透的性能，此法操作快捷简便、测试结果稳定，其缺点是不能得出可反映自然状态下氯离子渗透过程的扩散系数。2008 年，国标《混凝土结构耐久性设计规范》GB/T 50476[140]引入非稳态电迁移法，该方法试验时将试件的两端分别置于两种溶液之间，并施加电位差，上游溶液中含氯盐，在外加电场的作用下，氯离子快速向混凝土内迁移，经过若干小时后劈开试件测出氯离子侵入试件中的深度，利用理论公式计算得到扩散系数，此法操作过程相对复杂，测试结果离散性较大，但其可得出反映氯离子在混凝土内渗透过程的扩散系数，建立了与时间相关的耐久性控制指标，从而可以与设计使用年限建立定量关系。我国多部标准对混凝土抗氯离子渗透性能作出要求（表 8.5-3）。

**海水环境混凝土抗氯离子渗透性最高限值** **表 8.5-3**

| 标准 | 氯离子渗透性指标（50 年设计使用年限） | 钢筋混凝土 | 预应力混凝土 |
|---|---|---|---|
| (JTS 202-2)水运工程混凝土质量控制标准[138] | 电通量(28d,C) | 2000 | |
| (GB/T 50476)混凝土结构耐久性设计规范[140] | 扩散系数法(28d,$10^{-12}m^2/s$) | 10.0 或 6.0(根据环境要求确定) | |
| (JTS 257-2)海港工程高性能混凝土质量控制标准[141] | 电通量(28d,C) | 1000 | 800 |
| | 扩散系数法(28d,$10^{-12}m^2/s$) | 4.5 | 4.0 |

备注：对掺加粉煤灰或粒化高炉矿渣粉的混凝土，以 56d 龄期的试验结果测定。

## 8.5.2 海工高性能混凝土

### (1) 海工高性能混凝土特征

从 1990 年美国国家标准与技术研究院（NIST）和混凝土协会（ACI）在马里兰州的讨论会上首次提出高性能混凝土（HPC）的概念以来，高性能混凝土已经历了 20 多年的发展历程。但至今各国学者及工程界人士对其概念的理解并未统一，主要原因是现代技术发展，不同的结构功能、使用条件以及所处环境差异，对混凝土的“高性能”期望值也不相同。

对于海洋工程，因海水的腐蚀是混凝土结构耐久性最突出的问题，海工混凝土的“高性能”则更应强调耐久性，因此，我国水运工程关于高性能混凝土的基本解释为：用常规材料、常规工艺，以较低水胶比、大掺量优质矿物掺合料和严格的质量控制制作的高耐久性、高体积稳定性、良好工作性及较高强度的水泥基混凝土。海工高性能混凝土区别于普通混凝土，它是以高抗氯离子渗透性为特征[142]，从室内快速试验和长期暴露实验及实际工程表明，其抗氯离子渗透性是普通混凝土的 3 倍以上。

### (2) 海工高性能混凝土技术要求

我国现行的行业规范《海港工程高性能混凝土质量控制标准》JTS 257—2—2012 相关行业标准对海工高性能混凝土技术指标提出了表 8.5-4 所示的要求。

**海工高性能混凝土的技术指标[141]** **表 8.5-4**

| 混凝土拌和物 | | | 硬化混凝土 | |
|---|---|---|---|---|
| 水胶比 | 胶凝材料总量($kg/m^3$) | 坍落度(mm) | 强度等级 | 抗氯离子渗透性 |
| ≤0.40 | ≥400(浪溅区)<br>≥380(其他区) | ≥120 | ≥C40 | ≤1000(C)<br>或≤4.5($10^{-12}m^2/s$) |

注：抗氯离子渗透性试验用的混凝土试件应在标准条件下养护 28d，试验应在 35d 内完成。对掺加粉煤灰或粒化高炉矿渣粉的混凝土，可按 56d 龄期的试验结果评定。

**(3) 原材料要求**

海工高性能混凝土在我国海港码头、跨海大桥等工程中已成功应用十多年，国家也已制定和颁布相关的质量控制标准。对海工高性能混凝土的原材料的要求主要如下：

配制海工高性能混凝土宜选用标准稠度低、强度等级不低于 42.5 的中热硅酸盐水泥、普通硅酸盐水泥，不宜采用矿渣硅酸盐水泥、火山灰质硅酸盐水泥、粉煤灰水泥。这是因为掺加优质掺合料是配制海工高性能混凝土的重要技术措施，而由于矿渣硅酸盐水泥、火山灰质硅酸盐水泥、粉煤灰硅酸盐水泥自身掺有一定比例范围内的掺合料，一般混凝土生产者很难获得掺合料的具体掺加比例，况且不同批次产品之间也存在使用量的波动，所以从混凝土质量控制角度考虑，不宜使用上述水泥配制海工高性能混凝土。

细骨料宜选用级配良好、细度模数在 2.6～3.2 的中粗砂；粗骨料宜选用质地坚硬、级配良好、针片状少、孔隙率小的碎石，石子最大粒径不宜大于 25mm，岩石抗压强度宜大于 100MPa。

配制海工高性能混凝土时，选用与水泥匹配（坍落度损失小）的优质高效减水剂非常关键，一般要求减水剂的减水率不小于 25%。

矿物掺合料宜选用细度为 4000～4500cm²/g 的 S95 级粒化高炉矿渣粉，或Ⅰ、Ⅱ级粉煤灰或硅灰。其掺量宜控制在表 8.5-5 要求范围内。

**海工高性能混凝土的掺合料适宜掺量（以占胶凝材料的百分率计，%）　表 8.5-5**

| 粒化高炉矿渣粉 | 粉煤灰 | 硅灰 |
|---|---|---|
| 50～80 | 25～50 | 5～8 |

**(4) 配合比设计要求**

海工高性能混凝土配合比设计，就是要根据工程要求及施工条件，合理地选择原材料，确定能满足工程要求和技术经济指标的各项组成材料的用量。由于海工高性能混凝土采用了大量的矿物掺合料，其具有较高的强度和较低水胶比，通常作为混凝土配合比设计所用鲍洛米（bolomey）公式不完全适用，各国的研究人员也都主要结合各自在混凝土耐久性方面的配合比试验经验，凭经验预估配合比参数，然后通过试配，以确定最终配合比。

我国海工高性能混凝土配合比设计多采用试验-计算法，配合比基本参数如砂率等与普通混凝土相同，水胶比、胶凝材料及用量等参数的选取如下：

1）水胶比：水胶比的选择应同时满足混凝土强度和耐久性要求。配合比试验采用实际施工应用的材料，根据经验，在规范要求的各种构件允许最大水胶比内，拌制 3 种不同水胶比满足工作性要求的混凝土拌和物，并根据 28d 龄期测得的力学和耐久性绘制强度与水胶比、氯离子扩散系数与水胶比的关系曲线，从曲线上查出同时满足混凝土施工配制强度和耐久性要求的水胶比。

2）胶凝材料用量：按选定的水胶比和经验的用水量范围确定胶凝材料用量。同时为了保证混凝土具有较高的抗渗性和尺寸稳定性，胶凝材料浆体体积宜为混凝土体积的 35%左右，当胶凝材料浆体体积大于 35%时对混凝土的收缩等不利，可使混凝土内外温差、湿度差引起的应力应变以及干缩徐变增大；胶凝材料体积过低时会降低混凝土的均匀性和工作性。

3）胶凝材料组成：胶凝材料的组成以及掺合料掺量的选择，应在满足混凝土强度、耐久性、水化热及混凝土拌和物工作性等条件下优化确定。一般情况下，粉煤灰或粒化高炉矿渣粉掺量增加，可显著提高抗氯离子渗透性，且降低混凝土的水化热，但掺量过高，会影响混凝土的强度，同时不同掺合料及不同掺量对混凝土工作性也有显著的影响，因此在选择胶凝材料组成时，需要综合考虑不同掺合料及不同掺量对混凝土性能的影响，必要时可采取混掺的方式以发挥不同材料的优势互补作用，达到混凝土耐久性、强度、工作性及体积稳定性等综合性能优良。

### 8.5.3 施工质量控制

海工高性能混凝土施工质量控制是混凝土结构达到耐久性设计目标的重要环节。与普通混凝土相比，海工高性能混凝土原材料质量要求高，组成复杂，在施工各环节中，高性能混凝土对质量控制更敏感，因此海工高性能混凝土需要更加严格的施工质量控制[143,144]。

**(1) 原材料管理和称量**

海工高性能混凝土配制时需要采用高效减水剂和矿物掺合料，且混凝土水胶比通常较低，原材料性能的波动对混凝土性能有重要影响，因此要求原材料质量有更高的稳定性，同时要求原材料计量过程更加准确。当混凝土水胶比较低时，砂、石含水率的变化对混凝土的配制会产生重要影响，因此在配制海工高性能混凝土时，应适当增加骨料含水率的检测频率。海工高性能混凝土多采用具有较好减水性能的聚羧酸系高效减水剂，骨料的含泥量变化对减水剂减水作用的发挥影响较普通混凝土更大，故对骨料的质量要求更高。

**(2) 混凝土搅拌和运输**

海工高性能混凝土对拌和物的工作性能要求较普通混凝土更高，拌和物应具有良好的流动性、和易性，且坍落度经时损失必须严格控制。与普通混凝土相比，水胶比较低的海工高性能混凝土通常对用水量很敏感，因此搅拌过程中要严格控制加水量，并及时根据骨料含水率调整用水量。同时，由于掺加了多种粉体胶凝材料，海工高性能混凝土的搅拌时间也要更长，以充分发挥高效减水剂的作用和使混凝土拌和物获得更好的均匀性。由于海工高性能混凝土自身的敏感性以及对性能的更高要求，为保障所浇筑的混凝土能满足耐久性等性能要求，施工质量控制过程中对拌和物水胶比的监测也逐渐在一些重点工程中提出。一些先进的水胶比测试技术，如新拌混凝土成分分析仪、新拌混凝土单位水量测定仪等，成为海工高性能混凝土质量控制中新的手段[145,146]。

**(3) 混凝土浇筑和养护**

对于海工高性能混凝土来说，确保浇筑的混凝土满足耐久性设计指标要求是施工质量控制中的关键环节，其中钢筋的混凝土保护层厚度与密实性必须在浇筑过程中严格控制。混凝土浇筑前，应仔细检查保护层垫块的分布和绑扎情况，确保足够的分布密度，且垫块本身应满足力学性能和耐久性要求。

海工高性能混凝土水胶比通常较低，且含有一种或多种矿物掺合料，其养护工艺与普通混凝土也有差别。混凝土浇筑完毕后应及时进行覆盖，尽早进行保水养护，拆模时间通常不得早于24h。养护方法根据构件外形进行选择，宜采用洒水、土工布覆盖浇水、包裹塑料薄膜、喷涂养护剂等方法进行养护，但混凝土构件不得采用海水养护。同时，为保障掺有大掺量矿物掺合料的海工高性能混凝土水化充分，使混凝土具备足够的密实性，进而保障混凝土的抗氯离子渗透性，混凝土构件表面潮湿养护的时间不得低于 14d。

在严格控制混凝土生产过程的同时，对硬化混凝土的外观质量、力学性能和耐久性等各项性能指标进行检测也是混凝土施工质量控制的重要内容[138]。对于海工高性能混凝土而言，混凝土保护层厚度和混凝土材料的抗氯离子渗透性是最重要的耐久性指标，直接关系到混凝土的耐久性和使用寿命，对这两项指标的控制尤为重要。

1）钢筋的混凝土保护层厚度

为了保证所浇筑的钢筋混凝土保护层厚度满足耐久性要求，除了在钢筋绑扎和垫块布置等方面要特别注意外，还需对浇筑完成后的硬化混凝土保护层厚度进行检测，尤其是钢筋位置可能显著影响结构构件承载力和耐久性的构件和部位。现行保护层厚度检测通常采用钢筋保护层厚度测定仪、钢筋探测仪、精度更高的雷达等非破损检测方法，必要时需采用局部破损方法进行校准[147,148]。

2）混凝土抗氯离子渗透性

耐久性是海工高性能混凝土区别于普通混凝土的一项重要指标。在海工高性能混凝土中，抗氯离子渗透性是评价其耐久性的主要指标。从目前的海工高性能混凝土质量控制方法来看，与硬化混凝土强度相似，耐久性质量的控制也主要依赖于留置试件和取芯的方法测试。由于测试结果的滞后性，一旦测试结果不能满足设计要求，则所能采取的补救措施较为有限。针对该问题，目前有研究成果提出基于新拌混凝土成分分析技术的超前质量控制方法[149-151]，以及通过建立混凝土拌合物水胶比等参数与硬化混凝土强度、氯离子扩散系数之间的定量关系来预测硬化混凝土的性能，从而通过在施工过程中的信息反馈及时调整控制措施，实现混凝土耐久性质量的超前控制[151]。此类新技术和新方法的提出，对于在传统技术基础上进一步改善高性能混凝土施工质量控制的效果，具有积极意义。

## 8.6　海洋工程混凝土结构附加防腐措施

海洋工程混凝土结构面临的腐蚀环境恶劣，尤其是处于浪溅区、水位变动区的结构。作为一种防护手段，采取合适的附加防腐蚀措施可进一步提高混凝土结构物的耐久性。当混凝土材料本身的耐久性不足以满足设计使用年限要求或构件的尺寸与形状受限时，附加防腐蚀措施则是耐久性设计所不可或缺的。常用的附加防腐蚀措施有：表面涂层防护、硅烷浸渍、环氧涂层钢筋、钢筋阻锈剂以及电化学阴极保护等。

### 8.6.1　表面涂层防护技术

**(1) 表面涂层防护机理**

混凝土表面涂层[152]是在混凝土表面涂覆一层高分子类有机涂层，旨在混凝土表面形成密闭的薄膜，达到表层防护效果。在海水环境混凝土表面采用涂层防腐，可以有效阻隔氯盐渗入混凝土中，延迟钢筋周围的氯离子浓度达到腐蚀的临界状态。

**(2) 表面涂层防护材料**

目前，国内外海工混凝土常见保护涂层多采用底漆、中间层和面层复合涂层系统[153]。其中，底漆涂料要求具有低黏度和高渗透能力，中间漆涂料应具有较好的防腐蚀能力，而面漆涂料则应具有良好的抗老化性和抗冲击性；同时，各层配套涂料之间应具有较好的相容性。常见涂料（层）大多采用以下几种：环氧涂料、聚氨酯涂料、玻璃鳞片防护涂层、氟碳涂层、聚硅氧烷聚合物涂层、聚脲涂层[154]。

涂层配套体系中涂层的性能，相关的规范也做了要求，如 JTJ 275—2000[155] 规定了涂层与混凝土表面的粘结力不小于 1.5MPa，并对涂层的耐碱、耐老化性及抗氯离子渗透性能都做了具体规定，见表 8.6-1。

涂层性能要求 表 8.6-1

| 项目 | 试验条件 | 标准 | 涂层名称 |
|---|---|---|---|
| 涂层外观 | 耐老化试验 1000h | 不粉化、不起泡、不龟裂、不剥落 | 底层＋中间层＋面层的复合涂层 |
| | 耐碱试验 30d | 不起泡、不龟裂、不剥落 | |
| | 标准养护后 | 均匀、无色差、无流挂、无斑点、不起泡、不龟裂、不剥落等 | |
| 抗氯离子渗透性 | 活动涂层片抗氯离子渗透性试验 30d | 氯离子穿过涂层片的渗透量在 $5.0\times10^{-3}mg/cm^2d$ 以下 | 底层＋中间层＋面层的复合涂层 |

**(3) 涂层设计施工质量控制**

海洋工程混凝土结构的腐蚀破坏一般都在平均潮位以上的部位，浪溅区和水位变动区的腐蚀环境最为恶劣，要求涂料应具有湿固化、耐磨损、耐冲击和耐老化等性能，而大气区用的防腐蚀涂料应具有良好的耐候性。具体涂层体系设计应结合实际使用环境、基体状况及结构物使用年限要求选取适当的涂层配套体系及涂层厚度。一般分为设计使用年限为 10 年的普通型和设计使用年限为 20 年的长效型。

涂层施工主要工序包括混凝土表面处理及涂层涂覆。混凝土表面宜采用高压水或者打磨工具等方法清洁，涂装前混凝土表面应无明显的流水、渗水现象，尽量使混凝土表面处于表干状态，大气区部位混凝土表面的含水率则不应大于 6%。常用涂装方式有高压无气喷涂、辊涂以及刷涂等。涂装完成后，检测涂层的干膜厚度和涂层粘结力，确保符合设计要求。

我国从 20 世纪 80 年代开始将涂层防腐蚀技术应用于海港码头[156]，实践证明，混凝土表面涂层可以有效防止混凝土中钢筋锈蚀，提高海水环境混凝土结构耐久年限，是一种经济、简便且行之有效的措施。

### 8.6.2 硅烷浸渍技术

**(1) 硅烷浸渍防护机理**

水分是传递腐蚀性物质（例如氯离子、碳酸根离子、亚硫酸根离子等）导致钢筋腐蚀的有害化学反应的重要媒介。此外，混凝土内产生碱骨料反应时，其中水分也是碱骨料反应的必要条件[157]，对混凝土最有效的保护方法，就是防止混凝土与水分及有害物质接触[158]。近年应用硅烷等有机硅产品作为混凝土表层防水材料，因硅烷具有憎水性，能显著降低混凝土的吸水性，使水和水中的腐蚀性物质难以进入混凝土中，而被认为是最适合这种用途的材料之一[159]。

用于保护混凝土的硅烷浸渍材料，通常由单体或小分子团的硅烷组成（如图 8.6-1）。混凝土专用的硅烷类浸渍材料具有以下两个特性：能够渗透入高密实度的混凝土材料中；在高碱度的混凝土中不会分解失效。硅烷具有独特的极性基团，一端与混凝土中的 $Ca(OH)_2$ 反应，释放出醇类并转变为三维交联有机硅树脂聚合物，与混凝土直接形成化学连接；另一端长碳链基团具有憎水性，在混凝土表面以及毛细孔内壁形成致密的憎水性保护膜（如图 8.6-2）。从而形成类似于荷叶的憎水效果，可使水不易被混凝土吸收。此外硅烷浸渍后不影响混凝土中的水分向外渗出，可使混凝土内部干燥，从而增大了混凝土的电阻率，也就降低了混凝土中钢筋的腐蚀速度。

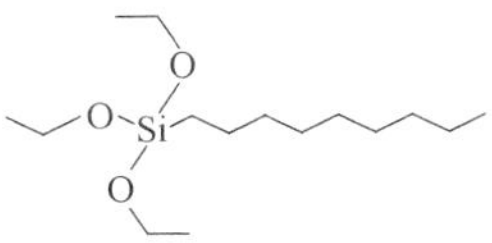


图 8.6-1 正辛基三乙氧基硅烷（$C_{14}H_{32}O_3Si$）

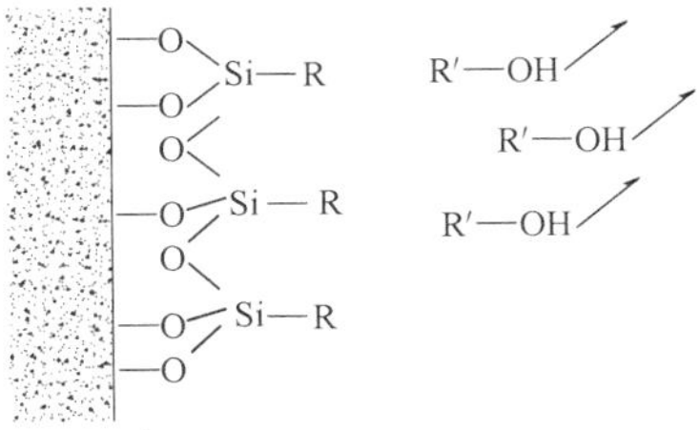


图 8.6-2 混凝土表面的硅烷浸渍

**（2）硅烷浸渍材料**

早期的硅烷浸渍剂多为异丁基三乙氧基液体硅烷，它具有分子量小、渗透容易等优点，同时也具有闪点低、活性组分挥发快、易流淌等缺点。随着密实度较高的海工高性能混凝土应用越来越普遍，普通液体硅烷往往由于高性能混凝土基材过于密实、吸收量少而难以达到理想的防护效果。新型的、具有触变性、不流淌的膏状硅烷浸渍剂能附着于混凝土表面且不流淌，避免了因流淌而造成的材料损失，能保证有效成分充分渗入密实的混凝土表面，不仅具有优良的保护性能，也具有显著的经济性，近些年在工程中的应用越来越广泛[160,161]。

**（3）混凝土表面硅烷浸渍施工质量控制**

硅烷浸渍适用于海洋工程浪溅区及以上部位混凝土结构表面的防腐蚀保护，不适合用于已处于水位变动区的混凝土潮湿表面。可根据施工条件选择使用异丁基三乙氧基液体硅烷，正、异辛基三乙氧基液体硅烷，辛基三乙氧基膏状硅烷等硅烷材料。为了达到保护效果，对于液体硅烷，一般设计用量为：每遍的喷涂量为 $300mL/m^2$，需喷涂两遍，两遍之间喷涂的间隔时间至少为 6h。对于膏状硅烷，通过现场试验确定用量，一般为 200～$400g/m^2$。硅烷浸渍须达到以下性能要求：①经处理的混凝土吸水率平均值≤0.01mm/min；②对强度等级不大于 C45 的混凝土，浸渍深度超过 3～4mm；对强度等级大于 C45 的混凝土，浸渍深度超过 2～3mm；③氯化物吸收量的降低效果平均值不小于 90%。

混凝土表面硅烷浸渍施工主要工序包括混凝土表面处理及浸渍施工。浸渍前混凝土表面用电动钢丝轮等动力工具或高压水枪去除混凝土表面浮灰、海生物、苔藓等污染物，用洗涤剂充分清除油污等有害污染物。浸渍前混凝土表面为面干状态，混凝土龄期不宜少于 28 天；通常采用高压无气喷涂或刷涂，连续涂布实施；硅烷为可燃物质，存储和施工过程都应该注意远离火源。

硅烷浸渍在欧美已广泛应用于海港工程、跨海桥梁、喷洒除冰盐的混凝土结构桥梁。

在国内，近十年，越来越多的工程采用硅烷浸渍防腐措施，如深圳盐田港码头、深圳大铲湾集装箱码头、东海大桥、青岛海湾大桥以及在建的港珠澳大桥等。实体工程调研表明，硅烷浸渍是减缓氯离子侵蚀、延长结构耐久性的有效措施之一。

### 8.6.3 环氧涂层钢筋

#### (1) 环氧涂层钢筋的防护机理及工程应用

环氧涂层钢筋是一种在普通钢筋的表面制作了一层环氧树脂薄膜保护层的钢筋，涂层厚度一般在 0.18～0.30mm。环氧树脂涂层以其不与酸、碱等反应，具有极高的化学稳定性和延性大、干缩小以及与金属表面具有极佳的黏着性的特点，在钢筋表面形成了阻隔水分、氧、氯化物和其他侵蚀性介质与钢筋接触的物理屏障。

环氧涂层钢筋防腐技术的研究开发最早始于美国，经过 20 多年的发展，涂层钢筋的涂装技术已十分成熟，有一整套完备的产品质量检测手段，得到迅速发展。在加拿大、英国、挪威、日本、中东、东南亚国家以及我国的香港地区等，都得到了越来越多的应用。环氧涂层钢筋成本较高，对运输、存放和施工要求高，其长期耐久性仍存在一定的争议。我国 20 世纪 90 年代末期首次采用涂层钢筋在北京西客站广场地下通道的顶板试点，此后，在上海宝钢马迹山矿石码头、广东汕头 LPG 码头以及杭州湾跨海大桥等多项重点工程中得到应用。

#### (2) 环氧涂层钢筋的性能要求

在《环氧树脂涂层钢筋》JG/T 502—2016，如表 8.6-2 所示。

环氧涂层钢筋的性能要求[11]　　表 8.6-2

| 检测项目 | 性能要求 |
|---|---|
| 涂层厚度 | 钢筋直径＜20mm，平均值 180～300μm，144μm＜单点厚度＜360μm；<br>钢筋直径＜＝20mm，平均值 180～400μm，144μm＜单点厚度＜480μm |
| 连续性 | 在进行弯曲试验前检查，每延米长度上针孔数不超过 2 个 |
| 可弯性 | 经弯曲的钢筋，无肉眼可见的裂缝或剥离出现 |

#### (3) 环氧涂层钢筋施工质量控制

环氧涂层钢筋适用于混凝土结构浪溅区和水位变动区，可与钢筋阻锈剂同时使用，但不得与外加电流阴极保护联合使用；由于环氧涂层会降低钢筋与混凝土的握裹力，环氧涂层钢筋与混凝土之间的粘接强度可为无涂层钢筋粘结强度的 80%，环氧涂层钢筋的锚固长度为无涂层钢筋的 1.25 倍，绑扎搭接长度为无涂层钢筋的 1.5 倍。

环氧涂层的破损将引起钢筋涂层破损区域和涂层完整区域之间的电偶腐蚀，因此，在施工过程中应尽量避免对涂层的破坏，若发现涂层破损应及时进行修补。施工中应减少吊装次数，采用不损伤环氧涂层的绑带、麻绳索及多吊点的刚性吊架，或坚固的多点承托，接触环氧涂层钢筋的区域应设置垫片，不得在地上或其他钢筋上拖曳、掉落或承受冲击荷载；堆放时，钢筋与地面之间应架空并设置保护性支承，各捆钢筋之间，应以垫木隔开，成捆堆放层数不得超过 5 层，无涂层钢筋与环氧涂层钢筋应分别堆放；由于环氧涂层在阳光下易老化，现场存放期不宜超过 6 个月。

### 8.6.4 阻锈剂

**(1) 阻锈剂防护机理及应用**

钢筋阻锈剂是指以一定量加入混凝土后，能够阻止或延缓混凝土中钢筋的锈蚀，且对混凝土的其他性能无不良影响的外加剂。钢筋阻锈剂的实际功能，不是阻止环境中有害离子进入混凝土中，而是当有害离子不可避免地进入混凝土内之后，由于钢筋阻锈剂的存在，抑制、阻止、延缓了钢筋腐蚀的电化学过程，从而达到延长结构物使用寿命的目的[163]。

钢筋阻锈剂按使用方式和应用对象可分为掺入型和渗透型；按形态可分为水剂型和粉剂型；按化学成分可分为无机型、有机型和混合型；按作用机理可分为阴极型、阳极型及混合型。

阻锈剂开始应用出现于 20 世纪 60 年代，主要成分为亚硝酸钠，虽然有良好的阻锈效果，但会导致混凝土强度产生较大损失（一般会降低 20%～40%），而且钠离子有促进碱骨料反应危险，加上担心长期溶出流失后，在后期有可能引起钢筋加剧腐蚀，亚硝酸根对环境具有污染性，对人体致癌，所以一直没有被广泛应用。70 年代以来，美、日等国对亚硝酸钙作为钢筋阻锈剂进行了大量研究，证明是一种良好的阻锈剂，为亚硝酸钙大量商业应用奠定了基础。世界上钢筋阻锈剂的研究与使用已经历了很长的时期，目前致力于发展更有效和环保的有机型及复合型阻锈剂，如单氟磷酸钠（MFP）阻锈剂、胺基醇类阻锈剂、脂肪酸酯类阻锈剂及胺类与脂肪酸酯类按一定比例组成的复合型阻锈剂。近些年来，我国钢筋阻锈剂的研究和应用也取得了一定的进展，目前主要开展有效、环保新型阻锈剂的开发和阻锈剂阻锈效果快速评价方法的研究，随着产品性能的提高和检测评价技术的完善，阻锈剂的应用将会得到重视和推广。

**(2) 钢筋阻锈剂的性能指标要求**

现行的阻锈剂标准《钢筋阻锈剂应用技术规程》JGJ/T 192—2009 对阻锈剂的性能指标做出了明确的要求[164]。

**掺入型钢筋阻锈剂技术指标** 表 8.6-3

| 检验项目 | 盐水浸烘环境中钢筋腐蚀面积率(%) | 凝结时间差 | | 抗压强度比 | 坍落度经时损失 | 抗渗性 | 盐水溶液中的防锈性能 | 电化学综合防锈性能 |
|---|---|---|---|---|---|---|---|---|
| | | 初凝 | 终凝 | | | | | |
| 性能指标 | 减少 95%以上 | −60min～+120min | | ≥0.9 | 满足施工要求 | 不降低 | 无腐蚀发生 | 无腐蚀发生 |

**渗透型钢筋阻锈剂性能指标** 表 8.6-4

| 检验项目 | 盐水溶液中的防锈性能 | 渗透深度 | 电化学综合防锈性能 |
|---|---|---|---|
| 性能指标 | 无腐蚀发生 | ≥50mm | 无腐蚀发生 |

**(3) 阻锈剂的施工质量控制**

1）阻锈剂的选用与用量应根据腐蚀环境等级由实验确定；

2）对掺入型阻锈剂，混凝土配合比设计应采用工程使用的原材料。当使用水剂型钢筋阻锈剂时，混凝土拌合水应扣除钢筋阻锈剂中含有的水量。混凝土在浇筑前，应确定钢筋阻锈剂对混凝土初凝和终凝试件的影响；

3）对渗透型阻锈剂，施工时，应采取防止日晒或雨淋的措施，施工完成后，宜覆盖薄膜养护7天；当混凝土表面有油污、油脂、涂层等影响渗透的物质时，应先去除后再进行涂覆操作。

### 8.6.5 电化学保护技术

混凝土电化学保护技术主要是阴极保护技术，阴极保护技术是通过电流使钢筋极化到一定电位而阻止钢筋腐蚀，该技术是目前钢筋保护最有效的措施，不仅可全面阻止钢筋腐蚀，还能防止点蚀等局部腐蚀，这一技术优势是涂层等防腐蚀措施难以与之比拟的。根据外部电流的供给方式，混凝土阴极保护又分为牺牲阳极阴极保护和外加电流阴极保护，目前，工程应用较多的是外加电流阴极保护技术。

**（1）外加电流阴极保护原理**

外加电流阴极保护就是通过外部电源，给被保护金属结构施加阴极电流，使其成为阴极，而给辅助阳极（耐腐蚀金属）施加阳极电流，通过阳极向阴极不间断地提供电子，首先使被保护结构极化，进而在其表面富集电子，使其不易产生离子，使金属结构得到有效的保护。

**（2）外加电流阴极保护设计**

外加电流阴极保护系统一般包括直流电源、辅助阳极系统、电缆和监控系统。混凝土外加电流阴极保护目前常用的辅助阳极是金属氧化物钛基阳极（MMO阳极），MMO阳极有网状、带状和棒状，这种材料不但可用于已受氯盐污染的旧结构物上，也很适合应用于新钢筋混凝土结构中的阴极保护，可在混凝土浇灌前直接安装（即预埋）在结构上[165]。保护电流密度是阴极保护设计的主要参数之一，一般是由钢筋的腐蚀状态和混凝土的状态（主要是氯离子含量）以及环境的温度和湿度决定的。

**（3）外加电流阴极保护施工**

混凝土结构外加电流阴极保护系统的安装与施工包括：阴极保护单元内钢筋电连接、监控系统安装、混凝土表面处理、阳极系统安装、各种连接线和电缆的制作及铺设、直流电源设备的安装等。正确实施阴极保护才能对混凝土结构进行有效的防护，应避免“杂散电流”与“过保护”等现象的出现，在实施过程中需要非常重视钢筋的电连续性、阳极区的电连续性以及钢筋和阳极区之间电绝缘性等。

### 8.6.6 特种钢筋

**（1）不锈钢钢筋**

不锈钢钢筋是通过向钢筋中添加一些耐蚀性金属元素，如铬、镍、钼、氮等元素，使不锈钢钢筋表面能形成一层致密的富集了这些元素的保护膜，显著提高了其点蚀临界氯离子浓度，从而提高钢筋混凝土结构的耐久性。

目前，不锈钢钢筋所使用的牌号主要有304、316、2304和2205。304和316为铁、铬、镍合金奥氏体不锈钢，并分低碳（牌号后添加“L”）以及加氮（牌号后增加“N”）的等级，316比304多添加了钼元素，耐蚀性进一步增加。2304和2205为含铁素体和奥氏体的双相不锈钢，具有极为优越的耐腐蚀性，尤其是抗点蚀性能，但其价格也比前两种奥氏体不锈钢贵[166,167]。

不锈钢钢筋施工简单，防腐寿命长，无需后期管理维护，被认为是最为行之有效的附加防腐措施，但由于价格昂贵，国外只在一些环境恶劣、结构复杂、使用寿命达100年或以上的重点混凝土结构基础设施中应用。早在1941年，墨西哥的Progreso大桥就使用了304不锈钢钢筋，后来伦敦的Guild hall工程、爱尔兰Broad Meadow大桥、纽约Blooklyn大桥等都使用了不锈钢钢筋。不锈钢钢筋在我国的工程应用较晚，2006年在深圳的西部公路桥和2008年在香港昂船洲大桥中均使用了不锈钢钢筋，港珠澳大桥部分现浇浪溅区钢筋混凝土结构采用了不锈钢钢筋。

**(2) 热浸镀锌钢筋**

热浸镀锌钢筋是将钢筋浸入熔融锌中保持一段时间后取出，使钢筋表面获得金属锌镀层的一种方法。热浸镀锌钢筋主要通过Zn表面形成的钝化膜，以及Zn与Fe形成的腐蚀电偶两重方式对钢筋进行保护的，具有良好的抗腐蚀性。

热浸镀锌钢筋在国外许多工程中得以应用，如意大利Riva de Traiano码头、法国St Nazaire桥、澳大利亚的国家网球中心以及美国多座桥梁。在服役过程中，随着镀锌层消耗，会使热浸镀锌钢筋与混凝土之间的握裹力下降，影响混凝土结构的承载力[168-170]。热浸镀锌钢筋在国内工程中的应用很少，目前还没有针对热浸镀锌钢筋的标准规范。

**(3) 耐蚀钢筋**

近年来，人们开始研究耐蚀钢筋，该类钢筋是添加了少量的铬、镍、稀土等元素，碳元素含量相对于普通钢筋略有降低，从而提高了钢筋的耐蚀性能，该类钢筋的抗腐蚀性能不如不锈钢钢筋，但其成本明显低于不锈钢钢筋。

国外，已有关于耐蚀钢筋的标准规范（ASTM A1035/A1035M 14），并已在美国弗吉尼亚桥等工程中得以应用[171]。我国在耐蚀钢筋研究方面刚刚起步，目前钢铁研究总院、马钢、东南大学、四航研究院等都在开展相关的研究，并于2012年出台了关于耐蚀钢筋的首个地方标准《钢筋混凝土用耐腐蚀含镍铬带肋钢筋技术规程》DB45/T 890—2012，但是尚未在实际工程中应用耐蚀钢筋。

# 参 考 文 献


[1] 徐强，俞海勇著. 大型海工混凝土结构耐久性研究与实践. 北京：中国建筑工业出版社，2008.

[2] 洪定海. 盐污染钢筋混凝土结构耐久性现状与确保百年寿命的关键对策//土建结构工程的安全性与耐久性. 陈肇元主编. 北京：中国建筑工业出版社，2008：84-95

[3] 南京水利科学研究院，连云港港务局. 连云港桩基一、二码头上不钢筋混凝土结构破坏情况调查和破坏原因分析报告[R]，1986

[4] 上海交通大学，交通部三航局. 华东海港高桩码头钢筋腐蚀损坏情况调查与结构耐久性分析[R]，1988

[5] 交通部一航局. 北方地区重力式海工混凝土建筑物耐用年限的调查研究[R]，1988

[6] 童保全等. 浙东沿海水工钢筋混凝土构筑物锈蚀破坏调查. 水运工程，1985，(11)：9-25

[7] 潘德强，洪定海等. 华南海港钢筋混凝土码头锈蚀破坏调查报告. 四航科研所和南京水利科学研究所等，1981

[8] 中交四航工程研究院有限公司. 海港工程混凝土结构耐久性寿命预测与健康诊断研究报告

[R]，2009
[9] 王胜年．我国海港工程混凝土耐久性技术发展及现状．水运工程，2010，(10)：1-7
[10] 李惠强．建筑结构诊断鉴定与加固修复 [M]．武汉：华中科技大学出版社，2002.
[11] Morris W，Vazquez V M. Corrosion of reinforced concrete exposed to marine environment [J]. Corrosion Reviews，2002，20 (6)：469-508.
[12] 洪定海．混凝土中钢筋的腐蚀与保护 [M]．北京：中国铁道出版社，1998.
[13] 洪乃丰．混凝土中钢筋腐蚀与防护技术 (3)—氯盐与钢筋锈蚀破坏 [J]．工业建筑，1999，29 (10)：60-63.
[14] Angst U，Elsener B. Critical chloride content in reinforced concrete-A review [J]. Cement and Concrete Research，2009，39：1122-1138.
[15] 汉斯·博尼文，蒋正武等译．钢筋混凝土结构的腐蚀 [M]．北京：机械工业出版社，2009.
[16] 郝晓丽．混凝土结构耐久性与寿命预测 [D]．西安：西安建筑科技大学，2004.
[17] Hausmann D A. materials protection. 1967，19：93-101.
[18] Glass G K，Reddy B，Buenfeld N R. The participation of bound chloride in passive film break down on steel in concrete [J]. Corrosion Science，2000 (42)：2013-2021.
[19] Glass G K，Reddy B，Buenfeld N R. Corrosion inhibition in concrete arising from its acid neutralization capacity [J]. Corrosion Science，2000 (42)：1587-1598.
[20] Ann K. Y.，Song H. W. Chloride threshold level for corrosion of steel in concrete [J] . CorrosionScience，2007，49 (11)：4113-4133.
[21] 姚诗伟．氯离子扩散理论 [J]．港工技术与管理，2003，(5)：1.
[22] Koichi Maekawa，Rajesh Chaube，Toshiharu Kishi. Modeling of Concrete Performance [M]. E&FN Spon，London，1999.
[23] 孙丛涛．氯离子侵蚀环境下混凝土耐久性研究及寿命预测 [D]．西安：西安建筑科技大学，2010.
[24] 邝生鲁等编著．应用电化学 [M]．武汉：华中理工大学出版社，1994.
[25] 刘芳．混凝土中氯离子浓度确定及掺合料的作用 [D]．杭州：浙江大学，2006.
[26] 王绍东等．水泥组分对混凝土固化氯离子能力的影响 [J]．硅酸盐学报，2000，28 (6)：570-574.
[27] Martin P. B.，Zibara H.，Hooton R. D.. A study of the effect of chloride binding on service life predictions [J]. Cement and Concrete Research，2000，30 (8)：1215-1223.
[28] Gehlen C. Probabilistische Lebensdauerberechnung von Stahlbetonbauwerken-Zuverlassigkeitsbetrachtungen zur wirksamen Vermeidung von Bewehrungskorrosion，Dissertation an der RWTH-Aachen ‘D82 (Diss. RWTH+Aachen)’，2000.
[29] Frederiksen J M，Geiker M. On an empirical model for estimation of chloride ingress into concrete [A]. Proceedings of 2nd International RILEM workshop on testing and modelling the chloride ingress into concrete，Paris，Bagneux，France，RILEM Publications，2000.
[30] Rasheeduzzafar，Al-Saadoun S S. Effect of tricalcium alumina content of cement on corrosion of reinforcing steel in concrete [J]. Cement and Concrete Research，1990，20：723-738 .
[31] Blunk G，Gunkel P. On the distribution of chloride between the hardening cement pastes and its pore solutions [A]. Proceedings of the 8th international congress on the chemistry of cement，Rio de Janeiro，Brazil，1986，4：85-90.
[32] Glass G K，Buenfeld N R. The influence of chloride binding on the chloride induced corrosion risk in reinforced concrete [J]. Corrosion Science，2000，42：324-334.

[33] M. Castellote, C. Andrade, C. Alonso. Chloride-binding isotherms in concrete submitted tonon-steady-state migration experiments [J]. Cement and Concrete Research, 1999, 29 (11): 1799-1806.

[34] J. J. Beaudoin, V. S. Ramachandran, R. F. Feldman. Interaction of chloride and C-S-H [J]. Cement and Concrete Research, 1990, 20 (6): 875-883.

[35] J. P. Duthil, G. Mankowski. The synergetic effect of chloride and sulphate on pitting corrosion of copper [J]. Corrosion Science, 1996, 38 (10): 1839-1849.

[36] 罗睿，蔡跃波，王昌义．磨细矿渣净浆和砂浆结合外渗氯离子的性能 [J]．建筑材料学报，2001，(02).

[37] 王复生，朱元娜，马金龙，等．氯化钠对掺磨细矿渣粉硅酸盐水泥基材料活性激发能力和结合方式影响的试验研究 [J]．硅酸盐通报，2009，(04).

[38] 胡红梅，马保国．矿物功能材料改善混凝土氯离子渗透性的试验研究 [J]．混凝土，2004，(02).

[39] 黎鹏平，苏达根，王胜年，等．掺合料对胶凝材料水化热及混凝土氯离子扩散系数的影响 [J]．水运工程，2009，11：6-10.

[40] 高仁辉，秦鸿根，魏程寒．粉煤灰对硬化浆体表面氯离子浓度的影响 [J]．建筑材料学报，2008，(04).

[41] 张平均，董荣珍，张莉，马保国．粉煤灰在耐氯离子侵蚀混凝土中作用机理的研究 [J]．粉煤灰，2004，(03).

[42] 陆晗，王卫仑．粉煤灰对混凝土抗压强度及氯离子扩散系数的影响 [J]．广东建材，2010，4：46-49.

[43] Y Xu. The influence of sulphates on chloride binding and pore solution chemistry [J] Cement and Concrete Composites, 1997, (12).

[44] 肖佳，邓德华，唐咸燕，等．矿渣和石灰石粉双掺对混凝土抗氯离子渗透性能影响的试验 [J]．工业建筑，2007，37 (10)：73-73+87.

[45] Zelic J, Rusic D, Veza D, et al. The Properties of Portland Cement Limestone-Silica Fume Mortars. Cem. Concr . Res. , 2000, 30: 145-152.

[46] 蒋东蕾．混凝土氯离子扩散系数快速测定 RCM 法的应用研究 [D]．杭州：浙江大学，2008.

[47] 金骏，吴国坚，翁杰，等．水灰比对混凝土氯离子扩散系数和碳化速率影响的试验研究 [J]．硅酸盐通报，2011，30 (4)：943-949.

[48] 赵铁军，朱金铨．高性能混凝土的强度与渗透性的关系 [J]．工业建筑，1997，27 (5)：14-17，23.

[49] Hillier S R, Sangha C M, Plunkett B A, et al. Effect of concrete Curing on Chloride ion ingress [J]. Magazine of Concrete Research, 2000, (5): 321-327.

[50] 毕桂平，皇甫熹，殷峰．海上大桥耐久性需求与防腐蚀技术措施 [J]．建筑施工，2006，28 (7)：559-562.

[51] 高雷，姜雪峰．提高东海大桥混凝土结构耐久性的措施 [J]．中国港湾建设，2007，3：65-68.

[52] 杨全兵著．混凝土盐冻破坏——机理 \ 材料设计与防治措施．北京：中国建筑工业出版社，2012

[53] G. J. Verbeck, P. Klieger. Studies of salt scaling of concrete. Highway Research Bulletin, Bull. 150, Washington D. C. , 1957: 1-17

[54] S. Jacobsen, E. J. Sellevold. Frost/salt scaling testing of concrete—importance of absorption during test. Nordic Concrete Research, Publ. No. 14, 1/1994

[55] 尹衍生等编著．海洋工程材料学．北京：科学出版社，2008

[56] T. C. Powers. A working hypothesis for further studies of frost resistance of concrete. Journal of

ACI，1945，16（4）：245-272

[57] T. C. Powers. The air requirement of frost resistant to concrete. Proceedings of the Highway Research Board，1949，29：184-211

[58] J. J. Beaudoin，C. MacInnis. The mechanism of frost damage in hardened cement paste. Cement and Concrete Research，1974，4（2）：139-147

[59] G. G. Litvan. Adsorption systems at temperature below the freezing point of the adsorptive. Advances in Colloid and Interfaces Science，1978，9：253-302

[60] E. J. Sellevold，T. Fastad. Frost/salt testing of concrete：Effect of test parameters and concrete moisture history. Nordic Concrete Research，1991，10：121-138

[61] T. C. Powers，R. A. Helmuth. Theory of volume changes in hardened cement paste during freezing. Proceedings of the Highway Research Board，1953，32：285-297

[62] D. Stark. Effect of length of freezing period on durability of concrete. Portland Cement Association，Research and Development Bulletin RD096，1989

[63] W. Studer. Internal comparative tests on frost-deicer-salt resistance. International Workshop on the Resistance of Concrete to Scaling due to Freezing in the Presence of Deicing Salts，University Laval，Quebec，1993：175-187

[64] S. Lindmark. Mechanisms of Salt Frost Scaling of Portland Cement-bound Materials：Studies and Hypothesis（PhD Dissertation）. Report TVMB1017，Division of Building Materials，Lund Institute of Technology，Lund University，Sweden，1998

[65] J. J. Valenza and G. W. Scherer. Mechanism for Salt Scaling of a Cementitious Surface [J]. Materials and Structures，2007，40：259-268

[66] 杨全兵. 氯化钠对混凝土内部饱水度的影响. 硅酸盐学报，2005，33（11）：1422-1425

[67] 杨全兵. 冻融循环条件下氯化钠浓度对混凝土内部饱水度的影响. 硅酸盐学报，2007，35（1）：96-100

[68] 余曼丽等. 冻融循环及海水浸泡双重因素对混凝土耐久性的影响. 中国水运（理论版），2007，(9)：

[69] 杨全兵. 盐及融雪剂种类对混凝土剥蚀破坏影响的研究. 建筑材料学报，2006，9（4）：464-467

[70] 杨全兵. NaCl溶液结冰压的影响因素研究. 建筑材料学报，2005，8（5）：495-498

[71] P. D. Miesenhelder. Effect of design and details on concrete deterioration. ACI Journal，Proc.，1960，56（7）：581-590

[72] J. P. Callahan，J. L. Lott，et al. Bridge deck deterioration and crack control. Proceedings，ASCE，1970，96（ST10）：2021-2036

[73] T. A. Hammer，E. J. Sellevold. Frost resistance of high-strength concrete. 2th International Symposium on the Utilization of High-Strength Concrete，ACI，SP-121，Edited by W. T. Hester，1990：457-487

[74] G. Fagerlund. Effect of air-entraining and other admixtures on the salt-scaling resistance of concrete. International Seminar on Some Aspects of Admixtures and Industrial By-Products on the Durability of Concrete（Gothenburg，Sweden），1986：33-40

[75] P. V. Heede，J. Furniere，N. D. Belie. Influence of air entraining agents on deicing salt scaling resistance and transport properties of high-volume fly ash concrete. Cement and Concrete Composites，2013，37：293-303

[76] K. Rose，B. B. Hope，A. K. C. Ip. Statistical analysis of strength and durability of concrete made with different cement. Cement and Concrete Research，1989，19（3）：476-486

[77] K. Malmstrom. The importance of cement composition on the salt-frost resistance of concrete. Technical Report SP-RAPP 1990：07，Swedish National Testing Institute，Division of Building Technology，1990

[78] M. F. Pistilli. Air-void parameters developed by air-entraining admixtures as influenced by soluble alkalies from fly and Portland cement. Journal of ACI，1983，80（3）：217-222

[79] F. H. Jackson. Long-time study of cement performance in concrete—Chapter 11：Report on the condition of three test pavements after 15 years of service. Journal of ACI，29（12）：1017-1032

[80] M. Pigeon，et al. Influence of soluble alkalies on the production and stability of the air-void system in superplasticized and nonsuperplasticized concrete. Journal of ACI，1992，89（1）：24-31

[81] 杨全兵，傅智，罗骞. 水泥混凝土路面盐冻剥蚀破坏的主要影响因素研究. 公路交通科技，2006，（1）：34-36

[82] Bilodeau，A. and Malhotra，V. M.，"Deicing salt scaling resistance of concrete incorporating supplementary cementing materials：CANMET research"，Freeze-Thaw Durability of Concrete，Edited by Marchand，J.，Pigeon，M. and Setzer，M.，1997：121-156

[83] J. Deja. Freezing and deicing salt resistance of blast furnace slag concretes. Cement and Concrete Composites，2003，25：357-361

[84] J. Zeliě，R. Krstuloviė，E. Tkalě，P. Krolo. The properties of Portland cement-limestone-silica fume mortars. Cement and Concrete Research，2000，30（1）：145-152

[85] P. Chindaprasirt，C. Jaturapitakkul，T. Sinsiri. Effect of fly ash fineness on compressive strength and pore size of blended cement paste. Cement and Concrete Composites，2005，27（4）：425-428

[86] S. Li，D. M. Roy. Investigation of relations between porosity，pore structure，and $Cl^-$ diffusion of fly ash and blended cement pastes. Cement and Concrete Research，1986，16（5）：749-759

[87] M. Pigeon，R. Pleau. Durability of Concrete in Cold Climates. London：Chapman&Hall，1995

[88] M. Kaneuji，et al. The relationship between an aggregate pore size distribution and its freeze-thaw durability in concrete. Cement and Concrete Research，1980，10（3）：433-441

[89] R. F. Blanks. Modern concepts applied to concrete aggregates. Proc. of the American Society of Civil Engineers，1949，75：441-452

[90] D. W. Lewis，et al. Porosity determinations and the significance of pore characteristics of aggregates. Proc. of the American Society for Testing and Materials，1953，53：949-958

[91] J. Basheer，P. A. M. Basheer，A. E. Long. Influence of coarse aggregate on the permeation，durability and the microstructure characteristics of ordinary Portland cement concrete. Construction and Building Materials，2005，19：682-690

[92] B. Mather. How to make concrete that will be immune to the effects of freezing and thawing. ACI，SP-122，Edited by Whiting，D.，1990：1-18

[93] M. Pigeon，D. Perration，R. Pleau. Scaling test of silica fume concrete and the critical spacing factor concept. ACI，SP-100，Edited by J. Scanlon，1987：1155-118

[94] R. Gagne. Frost durability of high-performance concrete（Ph. D Thesis）. Department of Civil Engineering，Laval University，1992

[95] E. J. Sellvold，D. H. Bager. Some implications of calorimetric ice formation results for frost resistance testing of cement products. Technical Report 86/80，Building Materials Laboratory，The Techincal University of Denmark，1985.

[96] D Whiting. Control of air content in concrete：State of the art report. NCHRP Report 258，Na-

tional Cooperative Highway Research Program, 263p, 1983
[97] P. Plante, P. Pigeon, C. Foy. Influence of water-reducers on the production and stability of the air void system in concrete. Cement and Concrete Research, 1989 (4), 19: 621-633
[98] P. E. Petersson. The use of air-entraining and plasticizing admixtures for producing concrete with good salt-frost resistance. Technical Report SP-RPP 1989: 37, Division of Building Technology, Swedish National Testing Institute, 15p, 1989
[99] E. Siebel. Air-void characteristics and freezing and thawing resistance of superplasticized air-entrained concrete with high workability. ACI, SP-119, Edited by V. M. Malhotra, 1989: 297-319
[100] P. Plante, P. Pigeon, F. Saucier. Air-void stability—Part II: Influence of superplasticizers and cement. Journal of ACI, 1989, 86 (6): 581-589
[101] 杨全兵. 蒸养混凝土的抗盐冻性能. 建筑材料学报, 2000, 3 (2): 25-28
[102] M. Langlois, et al. The influence of curing on the salt scaling resistance of concrete with and without silica fume. ACI, SP-114, 1989: 971-990
[103] W. H. Bray, E. J. Sellevold. Water sorption properties of hardened cement paste cured and stored at elevated temperatures. Cement and Concrete Research, 1973, 3 (6): 723-728
[104] 杨全兵, 吴学礼, 黄士元. 混凝土抗除冰盐剥蚀破坏机制及材料设计原则. 重点工程混凝土耐久性的研究与工程应用, 王媛俐, 姚燕主编. 中国建材工业出版社, 2000: 249-253
[105] R. U. Burg. Slump loss, air loss and field performance of concrete. ACI Journal, 1983, 80: 332-339
[106] M. Pigeon, F. Saucier, P. Plante. Air void stability, Part Ⅳ: Retempering. ACI Materials Journal, 1990, 87 (3): 252-259
[107] M. Gunter, T. Bier, H. Hilsdorf. Effect of curing and type of cement on the resistance of concrete to freezing in deicing salt solutions. ACI, SP-100, Edited by Scanlon, J., 1987: 877-899
[108] P. J. Sereda, G. G. Livtan. Durability of Building Materials and Components. Special Publication STP691, American Society for Testing and Materials, 1980
[109] S. Nagataki, T. Nireki and F. Tomosawa. Durability of Building Materials and Components 6. London: E&FN SPON, 1993
[110] 刘斌云, 张胜, 李凯. 海工混凝土结构的腐蚀机理与防腐措施 [J]. 工程建设与设计. 2011. 01: 88-91
[111] E. A. Nevill. The confused world of sulfate attack on concrete. Cement and Concrete Research, 2004, 34 (8): 1275-1296
[112] P. K. Metha. Concrete, Structure, Properties and Materials (Third Edition). Englewood CliffS, NJ: MeGraw-Hill, 2006
[113] 李志国. 试论盐溶液对混凝土及钢筋混凝土的破坏 [J]. 混凝土, 1995. (2): 10-16
[114] N. Thaulow, S. Sadanada. Mechanism of concrete deterioration due to salt crystallization. Materials Characterization, 2004, 53 (11): 123-127
[115] T. Nieholas, R. J. Flatt, G. W. Seherer. Crystallization damage by sodium sulfate. Journal of Cultural Heritage, 2003, 4 (2): 109-115
[116] E. M. Winkler. Stone: properties, Durability in Man's Environment. New York: Spinger-Verlag, 1975
[117] R. N. Carlos, D. Erie, S. Eduardo. How does sodium sulfate crystallize? Implications for the decay and testing of building materials. Cement and Concrete Researeh, 2000, 30 (10):

1527-1534

[118] T. Niels，S. Sadananda. Mechanism of concrete deterioration due to salt crystallization. Materials Characterization，2004，53 (1)：123-127

[119] G. W. Seherer. Stress from crystallization of salt. Cement and Concrete Research，2004，34 (11)：1613-1624

[120] G. W. Seherer. Factors affecting crystallization Pressure. International sulphate attack. In：Proceedings of RILEM workshop on delayed ettringite formation，Paris；2004.

[121] R. J. Flatt. Salt damage in porous materials：how high supersaturations are generated. Journal of Crystal Growth，2002；242 (Suppl.)：435-54.

[122] C. W. Correns，W. Steinbom. Experimente zur Messung und Erkärungder so-genannten Kristallisationskraft. Zeitschrift fü istallographie 1939，101 (Heft 1/2)：117-33.

[123] R. Snethlage. Steinkonservierung，Bericht für die Studienstiftung Volkswagenwerk，Arbeitshefte des Bayrisehen Landesamtes für Denkmalpflege，S 58-77，1979-1978

[124] R. P. Khatri，V. Sirivivatnanon. Role Of Permeability In Sulafte Attack. Cement and Concrete Research，1997，27 (8)：1179-1189

[125] 刘连新. 察尔汗盐湖及超盐渍土地区混凝土侵蚀及预防初探 [J]. 建筑材料学报，2001，4 (4)：395-400

[126] BenC.，Gerwiek，Jr. International Experience in the Performance of Marine Concrete，1990，5：47-53

[127] 蔡新华，何真，查进. 冲磨速率和角度对海工混凝土抗冲磨性能的影响 [J]. 建筑材料学报，2013，16 (5)：784-786

[128] 房艳伟，伏首圣，查进. 强涌潮急流水域混凝土抗冲磨性能研究及施工质量控制 [J]. 公路. 2013，(5)：245-249

[129] 孙伟，缪昌文. 现代混凝土理论与技术 [M]. 北京：科学出版社，2012.

[130] DINHHT，KUEVER J，MUMANN M，et a. l Iron Corrosion by Novel Anaerobic Micro organisms [J]. Nature，2004，427：829-832.

[131] Duan Jiz hou，Wu Suru，Zhang Xiao jun，et a. l Corrosion of Carbon Steel In fluenced by Anaerobic Bio film in Natural Seawater [J]. Electroch in ica Acta，2008，54：22-28.

[132] 段继周，侯保荣. 海洋工程设施生物腐蚀、污损和防护技术研究进展 [J]. 公路交通科技. 2010，29 (9)：118-121

[133] 田俊峰，王胜年，黄君哲，潘德强. 海港工程混凝土耐久性设计与寿命预测 [J]. 中国港湾建设，2004，133 (6)：1-3.

[134] 中华人民共和国国家标准. 混凝土结构设计规范 (GB 50010—2010) [S]. 北京：中国建筑工业出版社，2010.

[135] 中国土木工程学会标准. 混凝土结构耐久性设计与施工指南 (CCES 01—2004) [S]. 北京：中国建筑工业出版社，2005.

[136] 廉慧珍，路新瀛. 按耐久性设计高性能混凝土的原则和方法 [J]. 建筑技术，2001，32 (1)：8-11.

[137] 金伟良，袁迎曙，卫军，等. 氯盐环境下混凝土结构耐久性理论与设计方法 [M]. 北京：科学出版社，2011.

[138] 中华人民共和国行业标准. 水运工程混凝土质量控制标准 (JTS 202—2—2011) [S]. 北京：人民交通出版社，2012.

[139] 中华人民共和国行业标准. 海港工程混凝土结构防腐蚀技术规范 (JTJ 275—2000) [S]. 北京：

人民交通出版社，2000.
[140] 中华人民共和国国家标准. 混凝土结构耐久性设计规范（GB/T 50476）[S]. 北京：中国建筑工业出版社，2009.
[141] 中华人民共和国行业标准. 海港工程高性能混凝土质量控制标准（JTS 257—2—2012）[S]. 北京：人民交通出版社，2012.
[142] 王媛俐，姚燕. 重点工程混凝土耐久性的研究与工程应用 [M]. 北京：中国建筑工业出版社，2001.
[143] 吴中伟，廉慧珍. 高性能混凝土 [M]. 北京：中国铁道出版社，1999.
[144] 韩素芳，王安岭. 混凝土质量控制手册 [M]. 北京：化学工业出版社，2012.
[145] 周紫晨，水中和，袁新顺，等. 新拌混凝土成分快速测定新技术原理及应用 [J]. 混凝土，2008（12）：5-7.
[146] 刘俊岩，胡伟，陈营明，等. 测试仪（FCT101）的应用研究 [J]. 中国建材科技，2002，6：48-51.
[147] 吴丰收. 混凝土探测中探地雷达方法技术应用研究 [D]. 长春：吉林大学，2009.
[148] 赵晖，吴晓明，刘冠国，等. 钢筋混凝土保护层厚度检测精度的影响因素 [J]. 无损检测，2009，31（7）：551-554.
[149] 刘松. 混凝土工程事前反馈质量控制技术研究 [D]. 武汉：武汉理工大学，2007.
[150] 于亮亮. 混凝土质量的早期预测与评价方法研究 [D]. 哈尔滨：哈尔滨工业大学，2007.
[151] 柴瑞，曾俊杰，刘行，熊建波. W-checker 在高性能混凝土质量控制中的应用研究 [J]. 施工技术，2014，43（3）：41-44.
[152] 王胜年，黄君哲，张举连，潘德强. 华南海港码头混凝土腐蚀情况的调查与结构耐久性分析 [J]. 水运工程，2000，6：8-12.
[153] 杨林. 海洋环境下混凝土结构的涂层防护研究 [D]. 青岛理工大学 2008.
[154] 黄微波. 喷涂聚脲弹体技术 [M]. 北京：化学工业出版社，2005.
[155] 中华人民共和国行业标准. 海港工程混凝土结构防腐蚀技术规范（JTJ 275—2000）[S]. 北京：人民交通出版社，2000.
[156] 黄君哲，范志宏，王胜年，曾志文，熊建波. 海洋环境中混凝土涂层防腐蚀效果分析 [J]. 水运工程，2006，2：16-20.
[157] G. E. Blight. A study of four waterproofing systems for concrete [J]. Magazine of Concrete Research，1991，43（156）.
[158] Weber，H. and Wenderoth，G.. Reinforces concrete-Damages and repair [M]. Expert Publisher，1987，Sindelfingen.
[159] Hager，R.. Silicones for concrete protection [C]. Proceedings of the International Conference held at the University of Dundee，Scotland，1996，361-367.
[160] 熊建波，王胜年，吴平. 硅烷浸渍剂在混凝土保护中的应用研究 [J]. 混凝土，2004，179（9）：63－65.
[161] 熊建波. 海工混凝土防腐新材料—SHJ－5201 膏体硅烷 [J]. 华南港工，2006，3.
[162] 中华人民共和国建筑工业行业标准. 环氧树脂涂层钢筋 JG/T 502—2016 [S]. 北京：中国标准出版社，2016.
[163] 中交第四航务工程局有限公司. 中国水运建设 60 年（技术卷）[M]. 北京：人民交通出版社，2012.
[164] 中华人民共和国行业标准. 钢筋阻锈剂应用技术规程（JGJ/T 192—2009）[S]. 北京：中国建筑工业出版社，2009.

[165] Daily S F. , Kendell K. Cathodic protection 0f new reinforced concrete Structures in aggressive environments [J]. Materials performance, 1998, 37 (10): 19-25.

[166] BS 6744: 2001+A2-2009. Stainless steel bars for the reinforcement of and use in concrete-Requirements and test methods [S]. 2009.

[167] ASTM A955/A955M07a—2005. Standard Specification for Deformed and Plain Stainless-Steel Bars for Concrete Reinforcement [S]. 2005.

[168] B. S. Hamad, J. A. Mike. Bond Strength of Hot-Dip Galvanized Reinforcement in Normal Strength Concrete Structures [J]. Constr Build Mate , 2005, 19 : 275-283.

[169] B. S. Hamad, G. K. Jumaa. Bond Strength of Hot-Dip Galvanized Hooked Bars in Normal Strength Concrete Structures [J]. Constr Build Mate, 2008, 22 : 1166-1177.

[170] B. S. Hamad, G. K. Jumaa. Bond Strength of Hot-Dip Galvanized Hooked Bars in High Strength Concrete Structures [J]. Constr Build Mate, 2008, 22 : 2042-2052.

[171] A. K. Moruza, S. R. Sharp. The Use of Corrosion Resistant Reinforcement as a Sustainable Technology for Bridge Deck Construction [C]. TRB 2010 Annual Meeting.

# 9 海上平台的设计、分析、建造与安装

海洋结构物的各种功能使得其能在世界范围内的各种水深及环境中被广泛地应用。考虑到水深及环境因素的重要性，本文对海洋平台从设备的正确选择、平台类型、钻探方法及正确规划到海洋平台的设计、制造、运输、安装和调试做了一系列的概述。本文综述了各类海上结构物（固定或浮式）的基本原理，并针对固定平台的情况介绍了这些原理。总体目标是使读者对海洋平台在设计、施工、装车、运输及安装等不同阶段有一个全面的理解。最后，针对塞浦路斯平台在不同水域水深的安装，提出了一些建议。

## 9.1 概述

海上平台有很多的用途，包括石油勘探和生产、导航、船舶装卸并支持搭桥。海洋石油生产是这些应用中最明显的一个，对工程师来说这意味着一个重大的挑战。这些海上结构物所处的海洋环境非常恶劣且必须在其 25 年或更长的设计寿命中安全地运行。一些重要的设计要考虑由风、浪引起的最大负载及在平台设计寿命中波浪运动和平台位移引起的疲劳载荷。平台有时会受到强流的作用，这会使系泊系统产生负载并能诱导旋涡脱落。

海上平台是用于从地壳中勘探和开采石油、天然气的巨大钢或混凝土结构。海洋结构物安装在离海岸线几公里的海洋、湖泊和海湾等开放水域。这些结构可能由钢架、钢筋混凝土或者两者混合建造而成。虽然一些旧的结构物是由钢筋混凝土建而造，但是海上油气平台一般是使用从低碳钢到高碳钢的不同等级的钢建造的。在钢质平台中结构类型很多，这主要取决于其用途及所工作水域的水深。

海洋平台很重且是世界上人造结构中最高的，石油和天然气在平台上分离后通过管道或油轮运输到岸上。

### 9.1.1 海洋石油钻井平台类型

不同类型的海上石油钻井平台的使用是根据海上油气开采水域的水深和海况决定的。

钻机用于钻井，钻井平台安装在该水域进行油气的提取操作。主要类型的钻井平台简要介绍如下：海上石油/天然气钻井平台，在某些远离最近陆地数百英里的情况下，与陆上钻井相比带来了许多不同的挑战。海上钻井时，水深有时达到数千英尺，与陆上钻井相比，地面给钻机提供一个平台，因此在海上钻井时必须建造一个平台。

**（1）移动式海上钻井平台**

有 2 种类型的海上钻井平台，第一种是能从一个地方移动到另一个地方的移动式海上钻井平台，另一种是固定式钻井平台。

**(2) 钻井驳船**

钻井驳船主要用于内陆的湖泊、沼泽、运河等浅水域的钻井，其规格很大，相当于一浮动式平台，必须使用拖船进行移动。钻井驳船因为不能承受开放水域环境中的水流运动，所以适合浅水域工作。

**(3) 自升式平台/钻井平台**

自升式钻井平台跟钻井驳船很相似，但是有一点区别，即一旦自升式钻井平台拖到作业水域，就会下放三或四条“腿”到海底，用于平台支撑。这使得工作平台可以静止在水面上，而不是浮在水面。然而自升式钻井平台只适用于较浅的水域，因为在深水域中延长这些“腿”是不切实际的。这种类型的钻井平台只适合水深500英尺的水域，但这些设备操作比钻井驳船更安全，因为它们的工作平台是高于水面的。

**(4) 浸没式钻井平台**

浸没式钻井平台与自升式钻井平台类似，也是与海底或湖底接触，适合浅水域作业。这种类型的平台由两个叠加的船体组成，上层的船体包括船员的生活区域，也是实际的钻井平台；较低的船体很像潜艇的外壳，当平台需要从一个地方移动到另一个地方时，较低的船体充满空气使整个钻井平台浮起来。当到达钻井区域时，底部的船体将空气排出，钻井平台浸没到海底或湖底。这种类型的钻井平台在水中虽然具有机动性的优势，但只适用于浅水域。

**(5) 半潜式钻井平台**

这种钻井平台有一个浮式钻井装置，包括柱和浮筒可以被水淹没到指定的深度。半潜式钻井平台是海上最常见的一种钻井平台，具有浸没式钻井平台的优势而又能在深水域进行钻井。半潜式钻井平台的工作原理和浸没式钻井平台一样，是通过底部浮筒进行充气和放气。该平台部分被淹没，但仍在钻井装置的上方。当钻井时，下部的浮筒充满水，为平台提供足够的稳性。半潜式钻井平台一般通过重达几十吨的巨型锚固定，这些锚和淹没部分的平台一起为在动荡的近海海域工作的平台提供稳性和安全保障。

半潜式钻井平台也可以使用动态定位，其钻井深度比前面提到的钻井平台都要深。现在技术的飞跃，可以安全和容易地实现6000ft(1800m) 的钻井深度。这种类型的钻井平台在海底钻井后可以迅速地移动到新的位置。

**(6) 钻井船**

钻井船正如其名字一样，其设计是用来专门进行钻井作业的。这些船都是特别设计用来在深海执行钻井平台任务的。除了所有设备都基于大型远洋船舶的钻井船外，典型的钻井船有一个位于甲板中间的钻井平台和井架。此外，钻井船有一个延伸穿过船体的被称为“月池”的孔，用来使钻柱穿过船体到达水里。这种海上钻井平台可以在深水域作业。

钻井船采用“动力定位”系统，钻井船在船体的下侧配备了电动机，可以在各个方向推动船。这些电动机被集成到使用卫星定位技术的船舶计算机系统中，与位于海底的钻井井口底盘上的传感器连起来，以确保船舶一直是在钻井位置。

**(7) 固定式平台**

在潜水中的某些情况，固定式平台可以连接到海底，即上述中的固定式钻井平台。“腿”是由混凝土或钢建造，从平台延伸到海底并与桩一起固定在海底。混凝土结构的桩腿和海底平台的重量使得其依靠自身重量直接连接到海底。这些固定式永久平台有很多的设计方案，且其在稳定性方面有很大的优势。由于它们是连接到海底的，即使有风浪作用，位移也很小。然而随水深增加，桩腿建造不符合经济性，所以不能用在深水域。

固定式海洋平台的不同类型如图 9.1-1 所示。

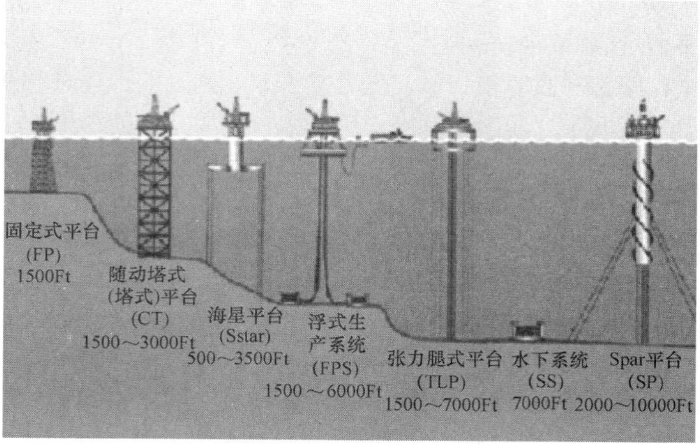


图 9.1-1　不同类型的海上固定式平台

**(8) 模架（导管架）平台**

这种类型的固定式平台通常安装在波斯湾、墨西哥湾、尼日利亚和加利福尼亚的海岸线，是钢做的（Sadeghi 1989，2001）。模架平台主要由导管架、甲板和桩组成。安装在波斯湾的石油平台都是这种模架（导管架）平台类型。目前在波斯湾，伊朗有 145 个模架平台，阿拉伯国家有 130 个模架平台。图 9.1-2 是一个模架平台。

图 9.1-2　海洋模架平台

**(9) 随动塔式（塔式）平台**

随动塔式平台与固定式平台很像，它是由一个与海底基础相连并延伸到平台上的狭窄塔体组成。这座塔是柔性的，而不是固定式平台那样的相对刚性的桩腿。这种柔性能够吸收风浪对其的作用力，所以可以用在更深的水域。且不论它的柔性，符合要求的随动式平台系统强大到足以抵御飓风条件。

**(10) 海星平台**

海星平台就像是一个微型张力腿平台，由一个像前述的半潜类型的浮动钻井平台组成。钻井时下部的浮筒注满水以增加平台在风浪中的稳性。除了这种半潜式钻井平台，海星平台还包含用在大型平台上的张力腿系统。张力腿是从海底延伸到浮动式平台上的长、中空筋腱，且其张力始终保持恒定，不允许平台上下移动。然而，张力腿的柔性使其允许平台发生侧向位移，这使得平台能够承受海洋和风的作用力而不折断腿。海星平台的作业水深可以达到 3500 英尺，其通常用于较小的深水水库，这主要是因为建立大的平台不符合经济性。

**(11) 浮式生产系统**

浮式生产系统本质上是半潜式钻井平台，正如前面所讨论的，除了石油生产设备外，还有钻井设备。船舶也可以作为浮式生产系统，该平台可以通过大型的重力锚或通过使用钻井船的动力定位系统来保持位置。对于浮式生产系统，一旦钻井完成，井口实际上是连接在海底而不是平台上。提取的石油通过立管从井口输送到半潜平台的生产设备上，这些生产系统的作业水深可以达到6000英尺。

**(12) 张力腿平台**

张力腿平台是放大版本的海星平台，这些长、柔性腿连接在海底和平台之间。与海星平台相比，这些腿允许平台侧向运动（可达20英尺）和小的垂向运动。张力腿平台的作业水深可达7000英尺。

**(13) 水下系统**

水下生产系统位于海底而不是海面上，如在一个浮动生产系统中，石油从海底开采后可以运回到现有的生产平台上。用可移动钻井机钻井后，不需专门为此井口建造一个生产平台，而是用海底管道或立管将开采的石油/天然气输送到附近的生产平台上。这使得一个策略性放置的生产平台可以在一个很大区域内为多个井口服务。水下生产系统的作业水深一般在水下7000英尺或更深的地方，但是没有钻井能力，只能进行开采和运输。

**(14) SPAR平台**

SPAR平台是现在使用中最大的海上平台。这种巨型平台是由一个巨型圆柱支撑一个典型的固定式平台组成的。然而圆柱并没有一直延伸到海底，而是用一系列的系泊缆索连接到海底，巨型圆柱在水中主要是稳定平台，并允许平台有一定的运动来抵抗飓风。第一座SPAR平台是1996年9月在墨西哥湾安装的，柱体长770英尺，直径70英尺，工作水深1930英尺。

### 9.1.2 海上施工项目阶段总结

类似于其他领域的活动，海上平台建设服务可以采用包建方法，如覆盖投资可行性研究、基本和详细设计、采购、钢结构和设备的安装和调试。上述所有的工作阶段都可以在一颁发证书的独立认证机关的监督下执行。

一座海洋平台的建设项目基本上包括以下几个阶段：

(1) 投资可行性研究；

(2) 施工场地调查，包括安装地点的潜水检查；

(3) 概念设计、基本设计和详细设计；

(4) 平台单元强度计算；

(5) 监管当局的设计审批；

(6) 采购；

(7) 钢结构制造；

(8) 编制平台单元运输及海上安装程序；

(9) 装车、运输和安装操作；

(10) 调试。

通常情况下，海上平台的钢结构等设施的制造地都是离安装地点很远，所以这样大尺寸结构元件的运输操作很复杂，需要结合运输条件计算其结构强度并作特殊的设计。由于海上施工作业需要设计、工程、材料/设备供应及钢结构制造的及时响应和协调，所以其中的一些作业由于紧密的调度要求需要同时进行。

## 9.2 海上固定式平台设计

墨西哥湾、尼日利亚、加州海岸线和波斯湾最常用的是钢结构的模板形式平台，用于油气的勘探和生产（Sadeghi 1989，2001）。这些海上结构的设计和计算必须按照 API（美国石油学会）的建议进行。

海洋平台的设计与分析必须考虑多种因素，包括以下几个重要参数：

（1）环境（初步运输及风暴条件下在位 100 年分析）；

（2）土壤特性；

（3）规范要求（如美国钢铁协会—AISC 规范）；

（4）失效时的强度等级；

（5）整个设计、安装和操作必须得到客户的批准。

导管架平台设计需要考虑以下几个分析方面（Sadeghi 2001）：

（1）在位分析；

（2）地震分析；

（3）疲劳分析；

（4）冲击分析；

（5）瞬态分析；

（6）装船分析；

（7）运输分析；

（8）零部件分析；

（9）吊装/发射分析；

（10）扶正分析；

（11）扳正分析；

（12）未打桩稳定性分析；

（13）桩和套管分析；

（14）阴极保护分析；

（15）运输分析；

（16）安装分析。

**（1）环境参数**

固定海洋平台的设计和分析可以根据 API“海上固定平台规划、设计和建造的推荐作法——工作应力设计法”进行。API-RP-2A-WSD 的最新版本是 2000 年 12 月修正后的第 21 版本。API 规定的最低设计标准为 100 年的设计风暴。直升机停机坪/海上平台甲板必须符合 API RP-2L 的要求（最新版为第 4 版，日期为 1996 年 5 月）。

一般情况下，就墨西哥湾来讲，海洋平台分析需要考虑的环境参数包括波高达到 21m 的波浪（这取决于水深），时速达到 170km/h 的风速，在浅水能够达到 4m 的潮汐。对于波斯湾，海洋平台分析需要考虑的环境参数包括波高达到 12.2m 的波浪（这取决于水深），时速达到 130km/h 的风速，在浅水能够达到 3m 的潮汐（Sadeghi 2001）。

里海 100 年一遇的设计波高约为 19m，北海的设计波高超过了 32m。同时考虑到波高和潮汐的影响，在最大的预期水深里，API RP-2A 规定了最低的甲板必须在底部甲板梁和波峰之间保持一个最低 1.5m 的间隙。

平台应该能够抵制环境工况下、装车工况下、运输和安装工况下所产生的载荷，同时也应该能够抵制设备装船时产生的载荷。

**(2) 岩土数据**

海上结构设计的另一个需要考虑的部分是场地调查。场地调查对海洋结构设计来讲是至关重要的，因为平台在风暴工况下的稳定性，是依靠打入土层中的桩柱保证的，而土质条件决定了桩柱能否抵抗较大的载荷和位移。

海床下的土层一般分为黏土、砂砾、泥沙或者这些的混合。每一个项目必须获得一个特定地点的场地调查报告，这个报告能够显示土层分层以及承载拉伸、压缩、剪切阻力及轴向与横向桩载荷的能力。通过在理想位置对土层进行钻孔、现场和实验室测试，开发出能够被平台设计工程师所使用的数据。

场地调查报告应该能够指出平台设计桩腿在相同直径下所具有的最小轴向承载力、SRD 曲线、各种形式的防沉板的承载力、裙桩曲线。场地调查报告应该能够清楚地说明桩腿端部的承载力以及水平抵抗力。桩腿的轴向承载力可表示为“*Q-Z* 曲线”（Sadeghi 2001，美国石油协会）

这些土层的具体数值可由岩土工程师提供给平台设计师，然后将具体数值输入到结构分析模型里（StruCad，FASTRUDL 或者 SACS 软件），在考虑 1.5 倍安全系数的前提下，这些土层数据也会决定桩腿的穿透深度和大小。对于操作工况，桩腿的安全系数必须为 2。平台任何构件的 UC 比一定不能超过 1。

桩腿的穿透深度取决于平台的尺寸大小、平台所受到的荷载、土层特性，但是一般情况下桩腿打入土层的深度在 30～100m。就波斯湾的重力式平台而言，桩腿的直径是 2m，桩腿打入海床的深度为 70m。

土层特性也被用于打桩分析。砂砾土层具有非常理想的轴向端部承载能力，但是对表层打桩却有一定的坏处。黏土更容易进行打桩作业，但其端部轴向承载力较差，尽管黏土层能够提供良好的横向抵抗力。

## 9.3 结构分析

平台设计中用到的软件：SACS，FASTRUDL，MARCS，OSCAR，StruCAD 和 SESAM 软件用于结构分析；Maxsurf，Hydromax，Seamoor 用于水动力分析；GRL-WEAP，PDA，CAPWAP 用于桩腿分析。进行平台结构分析，通常会用到以下软件包：

SACS，FASTRUDL，MARCS，SESEM，OSCAR or StruCAD。

平台结构模型应该包括：所有的结构主梁、附属物和主设备。

由桩腿支撑的海洋结构一般都会具备甲板结构，包括一个主甲板、一个底甲板、次甲板和直升机甲板。甲板结构是通过与桩腿顶部相连的甲板腿柱支撑的。桩腿从水平面延伸到泥线打入土中。在水下，桩柱是套入到导管架腿内部，导管架腿也可以抵抗侧向荷载。结构模型文件包括：

分析类型，泥线位置、水深；

杆件尺寸；

节点定义；

土层数据（防沉板承载力，桩群以及 $T$-$Z$，$P$-$Y$，$Q$-$Z$ 曲线）；

板组；

节点坐标；

海生物输入；

惯性力系数和质量系数；

均布载荷分布区域；

受风区域；

阳极重量和位置；

附属物重量和位置；

隔水套管和桩柱重量和位置；

灌浆重量和位置；

载荷工况包括自重、活动载荷、环境荷载，吊车载重等。

海上平台的任何分析还必须包括设备的重量和甲板的最大活载（分布区域荷载），固定荷载不包括上面提到的环境负荷和风荷载。水下分析还必须包括海洋生物。平台结构分析包括泥线以上结构的静态线性分析以及桩土的静态非线性分析。

另外，需要对管节点进行冲剪强度校核。节点冲剪分析也被称为节点集分析。UC 值不能超过 1。

设计者应该基于在位分析和上面提到的其他分析方法对平台所有的结构构件进行选择。海洋平台设计过程中，平台的主结构构件通常情况下会采用管状梁和工字型梁。结构分析的同时，设计团队也将进行建造图纸的绘制，并且在图纸绘制过程中参考结构分析结果对结构构件的尺寸和大小进行优化，同时他们也会补充一些关于平台建造、运输以及结构安装的详细说明。

平台必须能够承受最恶劣的设计载荷并且能够在疲劳载荷作用下达到使用寿命。平台的疲劳分析需要用到波浪谱、平台的动态响应以及桩腿在泥线处的刚度。设计者需要进行详细的疲劳分析以便对平台的累计疲劳损伤进行评估。根据 API 的规定，谱疲劳分析和简单疲劳分析是常用的两种疲劳分析类型。

根据 API 的规定，如果平台符合以下条件就可以使用简单疲劳分析方法：

（1）水深不超过 122m（400ft）；

（2）平台建造采用延性钢；

（3）平台的固有周期小于 3s。

## 9.4 客户端许可和审批流程

所有海上平台设计（无论是结构或者是设施）必须经过客户的审批。分析结果必须证明平台是按照标准的被认可的方法设计的以及平台结构是按照 API RP-2A 和 AISC 或者其他规范标准规定的设计参数进行设计的。

许可申请材料必须包含一个分析摘要（修改的解释，如适用），并显示最大的基础设计荷载，统一检查。许可申请材料必须附有场地调查报告的副本，以及经认证的结构施工图。图纸、分析和完整的设计必须由顾问首席工程师和项目经理签字，并提交给客户。

## 9.5 制造

API RP-2A 列出了结构板材、型材和结构钢管推荐的材料属性。作为最低要求，钢板和型材必须符合 ASTM，36 级（屈服强度 250MPa）（AISC）。对于高强度钢材的应用，管道必须符合 API 5L，X52 级。

所有的材料、焊接点、焊缝均应该进行仔细的检测。施工图对于切割、舾装、焊接和装配是非常重要的。在海岸边上应该选择一块合适的制造场地，这块制造场地必须设施完善，并且足够的大，能够进行制造和吊装作业。

## 9.6 吊装和运输

出于节约成本和施工方便的原因，海上结构一般都会在陆地上进行建造。建造完成后，这些结构必须经过起吊，然后运输到海面上，在船上进行最后的装配。因此，结构的海上设计和分析必须包括吊装和运输分析。

结构的吊装分析必须考虑应力校核。在平台运输之前，要进行装船固定分析并且平台各部分（导管架，甲板以及附属结构）均应固定在船上。在运输分析过程中，船的横摇、纵摇、垂荡和艏摇均应进行考虑。

进行运输分析，工程师必须掌握航线范围海域，一年以内最恶劣海况的环境参数报告。通常情况下，基于 Noble Denton 运输标准，假定船舶的横摇周期为 10s、横摇角为 20°，纵摇周期为 10s、纵摇角度为 12.5°，垂荡加速度为 0.2g。

## 9.7 安装

海洋平台的所有结构剖面必须都能够承受吊装/下水、倾倒、扶正以及其他安装应力。在导管架平台打桩和安装的过程中，导管架平台要设计成为能够独自支撑的形式。防沉板用于平台底部水平支撑，在打桩完成之前，防沉板可以将临时荷载传递到海床表面和土中。防沉板是由具有一定刚度的钢板制作而成。

桩柱一定要能够承受桩在打入过程中所产生的应力。桩柱是分几部分打入的。桩的第一部分必须足够的长，以便使得导管架腿能够距离泥线一定的距离。桩的其他几部分必须按照高于导管架腿顶部的高度焊接在桩的第一部分上。当所有桩均按照要求打入到指定深度后，它们会被削减到桩腿顶部设计高度。

## 9.8 关于平台制造成本、重量以及尺寸的例子

近年来，笔者在多个不同的项目中担任过项目经理，项目工程经理以及项目工程师，基于笔者多个项目的实际经验，提出了下面几个比较有价值的例子：

### 9.8.1 服役于波斯湾的海洋平台

平台所处位置的最大水深：72m（波斯湾的最大水深大约是 120m）；平台重量：500t～10000t（对于生产平台导管架结构大约重 3000t，桩重约为 7000t）；

费用：每个平台的造价最高可达 80，000，000 美元；

海上天然气平台的总费用大约为：4 亿美元（4 座平台和通向岸上的输管线）；

详细设计的合同费用大约是整个平台总费用的 3%～5%；

采购费用大约为平台总费用的 55%。

### 9.8.2 服役于里海的半潜式海洋平台

平台所处位置的最大水深：1000m（里海南部的最大水深为 1027m，北部的最大水深为 150m）；

平台重量：30000t；

费用：平台的费用为 350,000,000 美元，3 艘拖船的费用为 60,000,000 美元。

## 9.9 结论

选择哪一种平台/钻机，主要依据作业水深以及进行相关作业任务的甲板设备。自升式平台主要用于最大水深不超过 150m 的浅海区域。由于固定式平台（导管架平台）的尺寸和高度可以进行调整，所以这两种平台可以用于最大水深达到 300m 的海域，尽管多数情况下，作业水深也不会超过 150m。

半潜式平台/钻机的作业水深高达 1800m（约 6000ft）。张力腿平台的作业水深也超过 300m。

SPAR 平台主要在深水海域作业。钻机和采油平台的选择主要根据油田所在海域的水深。考虑到环境和水深，对塞浦路斯油气田进行以下的布置：

对水深超过 150m 海域，采用钻井辅助平台进行钻井，采用导管架平台进行采油。

对于水深介于 150m 和 300m 之间的海域，采用半潜式钻井平台进行钻井，采用导管架平台进行采油。

对于水深介于 300m 和 400m 之间的海域，采用半潜式钻井平台进行钻井，采用锚链固定的塔式平台进行采油。

对于水深介于 400m 和 1800m 之间的海域，采用半潜式钻井平台进行钻井，采用张力腿平台或者半潜式平台进行采油。

对于水深超过 1800m 的海域，采用钻井船进行钻井，采用张力腿平台、水下生产系统或者 SPAR 平台进行采油。

考虑到制造以及安装时间的重要性，可能需要研究更多成本更高的钻机和平台。

## 参考文献

[1] American Institute of Steel Construction [AISC], Inc. , Chicago, Illinois, USA. American Petroleum Institute [API], 1996. (RP-2A 20th edition, and Supplement 1, dated December 1996.

[2] KEPCO Engineering Department, 2001 Work Report on data obtained from Khazar oceanography buoy and related CD electronic file, Winter of 2001.

[3] Kosarev AN, Yablonskaya EA, 1994. The Caspian Sea. Translated from Russian byWinstin AK, SPB Academic Publishing, The Hague.

[4] Sadeghi K, 1989. Design and Analysis of Marine Structures. Khajeh Nasirroddin Toosi University of Technology, Tehran, Iran, 456 pages [ISBN 964-93442-0-9].

[5] Sadeghi K, 2001. Coasts, Ports and Offshore Structures Engineering. Power and Water University of Technology, Tehran, Iran, 501 pages.

[6] Sadeghi K, 2004. An Analytical Approach to Predict Downtime in Caspian Sea for Installation Operations, 6th International Conference on Ports, Coasts and Marine Structures (ICOPMAS 2004), Tehran, Iran, Dec. 200

# 10 海洋工程结构抗风

## 10.1 海洋性气候的分类和强风特性

近年来，我国的海洋工程建设得到了飞速发展，在这些结构设计和施工过程中风荷载已成为主要甚至是控制荷载，因此准确确定作用在这些海洋工程结构上的风荷载对结构物的安全性和经济性具有重要意义。自 20 世纪 60 年代开始，人们就对风气象和强风特性展开了持续和深入的研究，常用的研究手段包括现场实测和数值模拟等。对结构设计和安全有重大影响的风气象，主要是强热带风暴和台风。

### 10.1.1 热带风暴、台风

热带风暴（Tropical storm）是热带气旋的一种，其气旋中心附近最大平均风力达 8～9级（17.4～24.2m/s），对应烈风的风力等级（风力等级表如表 10.1-1 所示）。热带风暴（或台风）是最具有破坏力的自然灾害之一。我国每年一般都会遭受几个热带风暴的袭击，从海洋一直横扫至内陆地区。

风力等级表　　表 10.1-1

| 风力等级 | 名称 | 海面状况浪高(m)一般最高 | | 海岸渔船征象 | 陆地地面物征象 | 距地 10m 高处相当风速 | | |
|---|---|---|---|---|---|---|---|---|
| | | | | | | kmsb | molb/h | m/s |
| 0 | 静风 | — | — | 静 | 静、烟直上 | <1 | <1 | 0～0.2 |
| 1 | 软风 | 0.1 | 0.1 | 导常渔船略觉摇动 | 烟能表示风向，但风向标不能转动 | 1～5 | 1～3 | 0.3～1.5 |
| 2 | 轻风 | 0.2 | 0.3 | 渔船扬帆时，可随风移行每小时 2～3km | 人面感觉有风，树叶有声响。风向标能转能 | 6～11 | 4～6 | 1.6～3.3 |
| 3 | 微风 | 0.6 | 10 | 渔船渐觉滚动，随风移行每小时 5～6km | 树叶及树枝摇动不息，旌旗解开 | 12～19 | 7～10 | 3.4～5.4 |
| 4 | 和风 | 1.0 | 1.5 | 渔船扬帆时倾于一方 | 微吹起地面灰尘和纸张，树的小枝摇动 | 20～28 | 11～16 | 5.5～7.9 |
| 5 | 清劲风 | 2.0 | 2.5 | 渔船扬帆时（卸收去帆之一部） | 有叶的小树摇摆，内陆的水面有小波 | 29～38 | 17～21 | 8.0～10.7 |

续表

| 风力等级 | 名称 | 海面状况浪高(m)一般 | 最高 | 海岸渔船征象 | 陆地地面物征象 | 距地10m高处相当风速 kmsb | molb/h | m/s |
|---|---|---|---|---|---|---|---|---|
| 6 | 强风 | 3.0 | 4.0 | 渔船加倍扬帆，捕鱼须注意风险 | 大树枝摆动，电线呼呼有声，举伞困难 | 39～49 | 22～27 | 10.8～13.8 |
| 7 | 疾风 | 4.0 | 5.5 | 渔船休息港中，查海上下线 | 全树摇动，逆风步行感觉不便 | 50～61 | 28～33 | 13.9～17.1 |
| 8 | 大风 | 5.5 | 7.5 | 近港的渔船皆停留下出 | 树枝折毁，人向前行，感觉阻力甚大 | 62～74 | 30～40 | 17.2～20.7 |
| 9 | 烈风 | 7.0 | 10.0 | 汽船航行困难 | 烟囱顶部及平风移动，小屋有损 | 75～88 | 41～47 | 20.8～24.4 |
| 10 | 狂风 | 9.0 | 12.5 | 汽船航行有危险 | 陆上少见，见时可使树木拔起或将建筑物吹毁 | 89～10.2 | 48～55 | 24.5～28.4 |
| 11 | 暴风 | 11.5 | 16.0 | 汽船遇之极危险 | 陆上极少，有时必有重大损毁 | 103～117 | 56～63 | 28.5～32.5 |
| 12 | 飚风 | 14.0 | — | 海浪满天 | 陆上绝少，其捣毁力极大 | 118～133 | 64～71 | 32.7～36.9 |
| 13 | — | — | — | — | — | 134～149 | 72～80 | 37.0～42.4 |
| 14 | — | — | — | — | — | 150～166 | 81～89 | 41.5～46.1 |
| 15 | — | — | — | — | — | 167～183 | 90～99 | 46.2～50.9 |
| 16 | — | — | — | — | — | 184～201 | 100～108 | 51.0～56.0 |
| 17 | — | — | — | — | — | 202～220 | 109～113 | 56.1～61.2 |

若热带风暴继续发展，风力增大到10～11级时，称为强热带风暴。当风力达12级或以上时，则称为台风（或飓风）。台风（Typhoon）是一种源自纬度5°～26°之间热带海洋上的强烈涡旋风暴，是一种强灾害性的天气系统，如图10.1-1所示。台风和飓风的区别在于地理位置不同而产生的不同称谓，在西北太平洋和南海一带的称台风，在大西洋、加勒比海、墨西哥湾以及东太平洋等地区的称飓风。

(a)

(b)

图10.1-1 热带风暴、台风

台风眼区直径从几百米至上千米不等，高度一般在 9km 以上。台风气旋中心附近最大平均风速一般在 30～40m/s 以上（即风力 12 级以上），个别强台风可达 110m/s。一次台风过程，降雨量可达 200～300mm，有时高达 1000mm。在北半球，台风绕中心逆时针急速旋转的同时又以 1.4～14m/s 的速度整体移动。台风的全生命周期可以分为形成、成熟和衰减三个阶段。其中，成熟阶段对建筑及其他结构的破坏力最大，因而最受关注。由于是在比较均匀的热带海洋中发展起来的，台风的等压线、等温线等近似为一组围绕中心的同心圆。分析时，常将台风看作轴对称的圆形涡旋，图 10.1-2 为台风成熟阶段对称轴一侧的垂直剖面图。涡旋半径 $R$ 一般为 500～1000km，竖向范围一般到对流层顶（15～20km），竖向尺度与水平尺度比约为 1∶50。

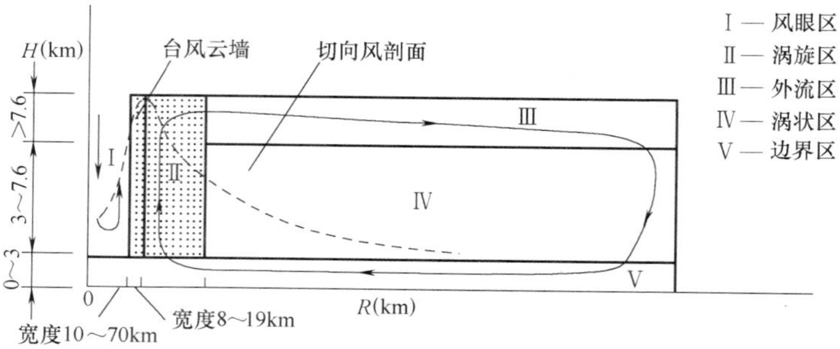


图 10.1-2　台风垂直剖面图

如图 10.1-2 所示，沿着竖向自下而上可分为流入层、中间层和流出层。在流入层（地面至 3km 高度），空气强烈地向中心辐合，最强的流入主要在 1km 以下的边界层中，台风对土木工程结构的作用要考虑这一边界层中的特性。底层流入现象到达云墙区基本停止，之后气流环绕眼壁作螺旋式上升运动。因此，中间层（3～7.6km 高度）的气流以切向风分量为主，径向分量很小。此层中垂直气流很强，从低层辐合流入的大量暖湿空气向高层输送。在流出层（7.6km 高度到台风顶部）中，气流一部分从中心向外流出并与四周空气混合后下沉到底层，另一部分在眼区下沉，组成台风的径向-竖直环流圈。

沿着径向由内到外也可分为 3 个部分：风眼区、涡旋区和外层区。风眼区一般在风暴中心 10～70km 范围内，特征是风弱、干暖、少云。涡旋区最里层宽度约 8～19km 的区域为台风云墙（眼壁），台风伴随的最强烈的对流、降水及最大风速均发生在此区域。自最大风速位置向内或向外，风速都逐渐减小，图 10.1-2 中虚线示意性了台风风速沿径向分布变化的规律。

**（1）热带风暴和台风的成因**

热带洋面上发生的热带扰动，只有少部分能发展成台风和飓风，且台风只形成在特定的海域和季节，这说明台风的形成受一定条件的限制。目前，国内外气象学者比较一致地认为，热带风暴和台风形成的必要条件有以下四个：

1）广阔的高温洋面

热带气旋是一种十分强烈的天气系统，具有非常大的能量，这些能量主要由大量水汽凝结释放的潜热转化而来，而潜热释放是大气层结不稳定发展的结果。所以大气层结不稳定就是热带气旋形成、发展的首要前提条件。而对流层低层大气层结的不稳定程度主要取决于大气层中温度、湿度的垂直分布，大气低层温度越高、湿度越大，大气层结的不稳定程度就越强。这种不稳定的暖空气只要得到初始扰动的外力抬升，其中的水汽就会凝结，释放的大量凝结潜热会助长扰动对流的发展，促使空气块湿绝热上升，从而保证台风暖心结构的形成，并使暖心结构和垂直环流得以维持。因此，广阔的高温洋面就成为台风形成、发展的必要条件。

2）热带低层扰动的存在

先存在一个热带低层扰动，也是热带气旋发生的必要条件，因为热带气旋发生需要低层有持续的质量、动量和水汽的输入。研究表明，热带气旋主要起源于两种初始扰动，有热带辐射带中涡旋发展成的热带气旋约占总数的 85%，东风波加深后发展成的热带气旋约占总数的 15%。

3）合适的地转参数

热带气旋是一个具有较强烈旋转流场的移动性系统，热带气旋的强大旋转流场是其最基本的特征。在热带气旋形成过程中，必须有使辐合气流逐渐形成强大的气旋式水平涡旋的条件，这就要求地转参数大于一定值。在赤道上地转参数为零。一般来说，只有在离赤道 5°以外的地区热带扰动才能发展成热带气旋。

4）对流层风速垂直切变小

对流层风速垂直切变的大小，决定了初始扰动的对流凝结所释放的潜热能否集中在一个有限的空间范围内。如果风速垂直切变很大，会使积云对流产生的凝结潜热被迅速带离扰动区上空，热量不能在对流层的中上层集中。如果风速垂直切变小，则凝结释放的潜热将聚集在有限范围的同一个气柱内，可以很快形成暖心结构，促使初始扰动气压不断下降，最终形成热带气旋。

热带风暴每年在全世界造成的损失高达 60～70 亿美元，它所引发的风暴潮、暴雨、洪水、暴风所造成的生命损失占所有自然灾害的 60%。濒临中国的西北太平洋，是世界上最不平静的海洋，属于自然灾害的重灾区。每年盛夏和初秋，中国东南沿海一带，经常遭受台风的侵袭。其中造成灾害的台风每年发生近 20 次，是美国的 4 倍、俄罗斯的 30 倍。台风是我国沿海地区危害程度最严重的灾害性天气，并且台风经过之处常常出现狂风暴雨，同时引起风暴潮及洪涝灾害。

**(2) 热带风暴和台风的命名**

热带风暴、台风的命名由编号和名字两部分组成。台风的编号也就是热带气旋的编号。人们之所以要对热带气旋进行编号，一方面是因为一个热带气旋常持续一周以上，在大洋上同时可能出现几个热带气旋，有了序号就不会混淆；另一方面是由于对热带气旋的命名、定义、分类方法以及对中心位置的测定，因不同国家、不同方法互有差异，即使同一个国家的不同气象台之间，也不完全一样，因而常常造成使用上的混乱。

中国从 1959 年起开始对每年发生或进入赤道以北、180 度经线以西的太平洋和南海海域的近中心最大风力大于或等于 8 级的热带气旋按其出现的先后顺序进行编号。近海的热带气旋，当其云系结构和环流清楚时，只要获得中心附近的最大平均风力为 7 级及以上的报告，也进行编号。编号由四位数码组成，前两位表示年份，后两位是当年风暴级以上热带气旋的序号。如 2003 年第 13 号台风“杜鹃”，其编号为 0313，表示的就是 2003 年发生的第 13 个风暴级以上热带气旋。

就台风的名字而言，人们对台风的命名始于20世纪初。在西北太平洋，正式以人名为台风命名始于1945年，开始时只用女人名。之后，受到女权主义者的反对，从1979年开始，用一个男人名和一个女人名交替使用。直到1997年11月25日至12月1日，在香港举行的世界气象组织（简称WMO）台风委员会第30次会议决定，西北太平洋和南海的热带气旋采用具有亚洲风格的名字命名，并决定从2000年1月1日起开始使用新的命名方法。新的命名方法是事先制定的一个命名表，然后按顺序年复一年地循环重复使用。命名表共有140个名字，分别由WMO所属的亚太地区的柬埔寨、中国、朝鲜、日本、老挝、澳门、马来西亚、密克罗尼西亚、菲律宾、韩国、泰国、美国以及越南等国家和地区提供，每个国家或地区提供10个名字。这140个名字分成10组，每组的14个名字，按每个成员国英文名称的字母顺序依次排列，按顺序循环使用。同时，保留原有热带气旋的编号。

## 10.1.2 热带低气压和海陆季风

### (1) 热带低气压

热带低压（热带低气压的简称，Tropical depression）也是热带气旋的一种。属于热带气旋强度最弱的级别，其底层中心附近最大平均风速10.8～17.1m/s，即风力为6～7级。在不同区域，热带低压有不同的称呼。例如，在西北太平洋被称为热带低压，在孟加拉湾被称为“深低压”。

绝大部分热带低压都可能继续发展，形成热带风暴（轻度台风），但也有一部分会不再加强、逐渐消散。尽管热带低压强度较弱，但其已具备一个热带气旋的特征：暖心性质、环流中心、对流云团、旋涡风雨区等，并有其运动路径。不过，热带低压还尚未具备强烈热带气旋才具有的特征，如高层辐散、风眼等。

### (2) 海陆季风

海陆季风（Sea-land Monsoon）是由于海陆间热力差异而引起的季风。夏季大陆增热比海洋剧烈，气压随高度变化慢于海洋上空，所以到一定高度就产生从大陆指向海洋的水平气压梯度，空气由大陆吹向海洋，海洋上形成高压，大陆形成低压，空气从海洋吹向大陆，形成了相反的气流，构成了夏季的季风环流。冬季大陆迅速冷却，海洋上温度比陆地上要高些，因此大陆为高压，海洋上为低压，低层气流有大陆流入海洋，高层气流由海洋流向大陆，形成冬季的季风环流。

海陆季风与海陆热力差异有关，因此凡海陆之间温度差异较大的地方，海陆季风就很盛行。地球上季风最强盛的区域在热带和副热带的范围内，这是因为在赤道附近海陆温度差异终年都很小。随着纬度的增高，海陆温度差异增大，季风势力增强。但是，中纬度以上的区域，气旋活动增多，风向变化复杂，季风规律便受到扰乱。

亚洲季风是世界上范围最广、最强盛的季风。其中，东亚季风主要就是由海陆热力差异而形成的一种海陆季风。东亚位于欧亚大陆的东南部和太平洋之间，气温和气压梯度的季节性变化比任何其他地区都显著，所以这一地区发生的季风是海陆热力差异引起的季风中最强盛的。它的范围包括我国东部、朝鲜、日本等地区和附近的广阔海域。

冬季，西伯利亚高压盘踞亚洲大陆，寒潮或较强冷空气不断爆发南下，高压前缘的偏北风就成为亚洲东部的冬季风。由于所处高压部位的差异，通常各地冬季风的方向由北向南依次为西北风、北风、东北风。例如，渤海、黄海、东海北部和日本附近海面多为西北风和北风，东海南部和南海多为东北风，东北信风也因而加强。西伯利亚高压强盛，气压梯度较大，风力较强，风向稳定。黄海、渤海和东海的风力一般在 5～6 级。寒潮南下时，最大风力可达 8～12 级。

夏季，亚洲大陆为热低压控制，同时西太平洋副热带高压北上西伸，高、低压之间的偏南风便成为亚洲东部的夏季风。它的风向，在我国东部和日本附近洋面（约 50°N 以南）吹东南或南风，在华南沿海、南海和菲律宾附近洋面上多为西南风。由于夏季气压梯度比冬季气压梯度小，所以夏季风强度比冬季风强度弱，海上风力一般在 3～4 级。

### 10.1.3 台风风场特性

海洋工程的结构设计人员主要关心近洋面边界层风场特性，由于工程结构水平尺度较小，因此一般只讨论垂直分布特性，主要包括平均风剖面，湍流强度、湍流积分尺度、阵风因子以及脉动风速谱等。

**(1) 平均风特性**

国内外台风实测研究已证实，在 200～300m 高度以下的边界层内，平均风速随高度的变化一般能较好地满足幂指数关系，但指数 $\alpha$ 受众多因素影响，相对良态风场而言变化较大。

关于平均风剖面形状，T. Amano 等[1]利用 Dopper 雷达观测了三个影响日本的台风，得到的 10min 平均风剖面离散性较大，最大风速高度从 70～500m 不等，该研究认为出现 70m 左右的梯度风速与明显的竖直向下气流有关。Franklin 等[2]用 GPS 探空仪测得地表至 700hpa 高度的台风风剖面，对 349 次实测数据平均的结果如图 10.1-3 所示，台风眼壁附近的平均风剖面形状与良态风的平均风剖面形状存在明显不同，其平均风速随高度先增大后减小，最大风速对应高度约为 500～600m；而台风外围区的平均风剖面形状与良态风的平均风剖面形状相似，其平均风速随高度先增大后趋于定值，不过最大风速对应高度约为 900～1000m。Powell 等[3]学者的研究也得到了类似结果。

关于指数 $\alpha$，由于在强风条件下平均风剖面指数主要受地面粗糙度影响，所以在良态风场的研究中，引入了表征地面粗糙度的物理量“粗糙长度 $z_0$”，不同学者已对各类地貌对应的 $z_0$ 取值做出了不同的界定[4]，如表 10.1-2 所示。Yan Meng 等考虑到地形地貌等复杂因素对台风风场的影响，将粗糙长度概念推广为“等效粗糙长度 $z_0{}^*$”，并根据实测得出如下结论：当 Holland 气压系数取 $B=1.0$ 时，台风风场平均风剖面指数 $\alpha$ 与“等效粗糙长度 $z_0{}^*$”满足如下拟合公式[5]：

$$\alpha=0.27+0.09\log_{10}z_0^*+0.018(\log_{10}z_0^*)^2+0.0016(\log_{10}z_0^*)^3 \quad (10.1\text{-}1)$$

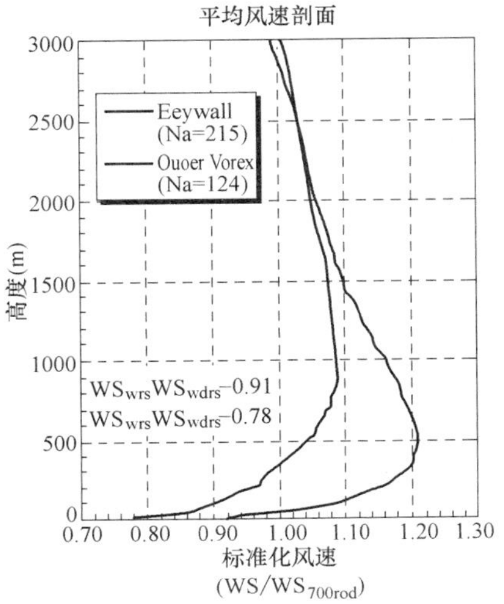


图 10.1-3 台风平均风剖面[2]

不同研究和荷载规范中粗糙长度 $z_0$（m）的取值 表 10.1-2

| 地貌类别 | A. G. Davenport (1965) | J. Counihan (1975) | J. Wieringa (1986) | H. Choi&J. Kanda (1990) | 澳大利亚规范 (2001) |
|---|---|---|---|---|---|
| A | 0.0002～0.004 | 0.0004～0.02 | 0.0002～0.006 | 0.0005～0.04 | 0.002 |
| B | 0.01～0.06 | 0.001～0.2 | 0.03～0.17 | 0.003～0.2 | 0.02 |
| C | 0.2～0.9 | 1.0～1.5 | 0.24～0.75 | 0.1～1.0 | 0.2 |
| D | 1.0～5.0 | 1.0～4.0 | 1.12 | 0.4～2.0 | 2 |

关于 Yan Meng 台风风场模型中的“等效粗糙长度 $z_0^*$”，相关研究表明，其取值对风速模拟相当重要，通常需要根据模拟点附近的过境台风实测气象资料，以一定重现期内模拟点的极值风速作为敏感性分析目标，通过优化计算确定 $z_0{}^*$ 的合理取值。

建议台风眼壁处不同高度与地面 10m 高处风速的比值见表 10.1-3，表 10.1-3 中同时给出了我国荷载规范 A 类地貌沿高度的比值，即假设台风眼壁处风速的比值是在宽阔的洋面上测得的结果。

台风眼壁处与我国规范平均风速随高度变化的比较 表 10.1-3

| 高度(m) | 台风眼壁处风速相对比值 | 规范 A 类风速相对比值 |
|---|---|---|
| 10.0 | 1.00 | 1.00 |
| 15.0 | 1.03 | 1.05 |
| 30.5 | 1.08 | 1.14 |
| 45.7 | 1.11 | 1.20 |
| 61.0 | 1.15 | 1.24 |
| 76.2 | 1.17 | 1.28 |
| 91.4 | 1.19 | 1.30 |
| 122.0 | 1.21 | 1.35 |
| 152.4 | 1.23 | 1.39 |
| 183.0 | 1.25 | 1.42 |
| 228.6 | 1.28 | 1.46 |
| 304.8 | 1.31 | 1.51 |

从表 10.1-3 与我国《建筑结构荷载规范》GB 50009—2012 中 A 类地面粗糙度类别比较看出，实测台风眼壁处平均风速沿高度的变化缓慢。规范 A 类比实测台风眼壁处平均风速随高度的上升增加要快，高度越高，增加的比例越大，在 304.8m 高度处，要大 15.27%。

**（2）脉动风特性**

台风的脉动特性主要采用湍流强度、阵风因子、湍流积分尺度和湍流谱来描述。对于湍流强度和阵风因子，宋丽莉等[6]通过对台风“黄蜂”、“杜鹃”以及“黑格比”实地观测，分析得出在登陆台风中心或中心影响的区域台风湍流强度剧烈增大，相对非中心区域而言其中主风向湍流强度可增大两倍以上。李秋胜等[7]对强台风“黑格比”等登陆全程进行了监测，获取了台风登陆过程的风特性：登陆前，在台风的中心位置及近中心的强烈影响区域，水平风速风向变化剧烈，垂直方向出现明显下沉气流；登陆后，随风速增大，主风向湍流度和阵风因子有减小的趋势。表 10.1-4 为近年来国内实测的近地台风湍流强度统计，可见几次台风登陆前后的 10m 高度处湍流强度平均值在 0.3 左右。

**实测台风近地湍流强度统计[7]** **表 10.1-4**

| 观测台风 | 观测高度(m) | 观测地点 | 观测环境 | 湍流强度 |
|---|---|---|---|---|
| 派比安 0606 | 10 | 广东电白县博贺镇 | 临海开阔平坦 | 登陆前平均 0.26<br>登陆后平均 0.15 |
| 达维 0518 | 10 | 广东徐闻炮台角 | 平缓海岸 | 登陆前平均 0.32<br>登陆后平均 0.16 |
| 黄蜂 0104 | 15 | 吴川吉兆湾 | 海边，附近有 10m 以下稀疏建筑 | 最大值 0.87<br>平均约 0.3 |
| 杜鹃 0313 | 8 | 深圳石岩气象站 | 3m 以下的果园林中的气象观测场 | 最大值 0.75<br>平均约 0.3 |
| 黑格比 0814 | 10 | 广东电白县电城镇 | 平整海岸 | 登陆前平均 0.63<br>登陆后平均 0.20 |
| 圣帕 0709 | 5 | 福建惠安崇武镇 | 空旷平坦 | 登陆前后平均 0.315 |

在实测台风的基础上，Choi[8] 给出了香港地区台风阵风因子 $G_u$ 和湍流强度 $I_u$ 的拟合关系式：

$$G_u(t_g)=1-0.62I_u{}^{1.27}\ln(t_g/3600) \tag{10.1-2}$$

式中，$t_g$ 为阵风持续期，风工程中一般取 3s。

Sharma 等[9] 基于实测数据探讨了台风与良态风气候下风速剖面、阵风因子、紊流度和积分尺度间的关系，并提出了如式（10.1-3）和式（10.1-4）所示的湍流强度和阵风因子修正公式，由于形式简单，工程应用性强[10,11]。

$$I_{u(TY)}=k\times I_{u(Non-TY)} \tag{10.1-3}$$

$$G_{u(TY)}=1+3.7I_{u(TY)} \tag{10.1-4}$$

式中，$I_{u(TY)}$ 和 $I_{u(Non-TY)}$ 分别表示台风区和非台风区的湍流强度；对于 A、B、C、D 类地貌，系数 $k$ 分别取 1.60，1.48，1.36 和 1.24；$G_{u(TY)}$ 为台风区的阵风因子。

良态风湍流强度公式可以参考日本规范计算：

$$I_{u(Non-TY)}=A\times(z/H)^{-\alpha-0.05} \tag{10.1-5}$$

式中，$z$ 为离地面高度；$H$ 为梯度风高度；$\alpha$ 为地面粗糙度系数；$A$ 为常数，要求当 $z=30$m 时，$I_{u(Non-TY)}=\alpha$。

香港科技大学的李秋胜课题组基于 100m 高的近海岸测风塔和两套移动“追风房”设备（宽 4m、长 6m、高 4m，如图 10.1-4 所示），开展了对我国东南沿海近地台风风场特性的实测研究，通过数据拟合并参考澳大利亚规范（AS/NZ1170.2：2002）中的台风区域湍流强度表达式，得出湍流度的建议公式为：

$$I_{u(TY)}=0.354(10/z)^{0.334} \tag{10.1-6}$$

田浦等人[12] 根据我国沿海台风多发地区几个城市的台风实测资料，提出了不同地面

图 10.1-4 “追风房”现场实测图

粗糙度且随高度变化的近地层台风湍流强度计算公式为：

$$I_{u(TY)}=1.5\alpha(z/10)^{-1.7\alpha} \quad (10.1\text{-}7)$$

石沉等人基于上海地区台风实测，提出了不同地面粗糙度且随高度变化的近地层台风湍流强度计算表达式为：

$$I_{u(TY)}=1.11\times35^{1.8(\alpha-0.16)}(z/10)^{-\alpha}/2g \quad (10.1\text{-}8)$$

式中，$g$ 为峰值系数，我国规范取 2.2。

按照《建筑结构荷载规范》GB 50009—2012 规定，将 A 类地貌的粗糙度系数$\alpha=0.12$ 代入式（10.1-3）、式（10.1-6）～式(10.1-8) 4 个台风湍流度公式中，并与按式（10.1-5）计算的 A 类良态风湍流度对比，如图 10.1-5 所示。不难看出，各台风湍流度公式的计算结果均大于良态风，比较 10m 高度处的台风湍流度计算值与表 10.1-4 实测平均结果，Sharma 公式的吻合程度最高。

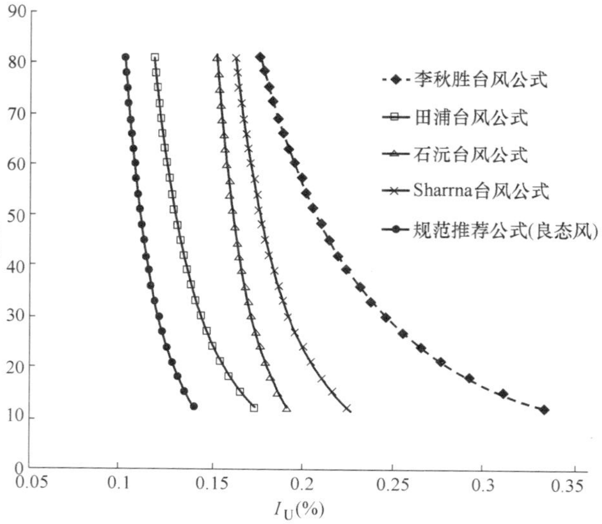


图 10.1-5 台风湍流强度公式对比

对于湍流积分尺度和脉动风速谱，庞加斌等分析了台风“派比安”和“杰拉华”20m 高度处 20h 的三维强风样本得到：湍流积分尺度约为 80m，纵向、横向水平湍流功率谱与 Simiu 谱基本一致，垂直功率谱与 Panofsky 谱相差较大[13]。宋丽莉等[6]对比登陆前后台风实测数据指出：登陆台风的湍流积分尺度在水平向可增大一个数量级（由几十米变为几百米的量级），而竖直向无明显变化；台风中心的湍流能量相比良态风而言，在低频和高频区均增大一至两个数量级。方平治等[14]基于对台风“圣帕”的实测认为不同登陆地区的台风特性有一定差异；台风谱密度相比良态风具有较高能量，并且峰值在惯性子区间内有向低频区偏移的趋势。

李利孝[15]利用六次台风过程的实测数据研究了台风脉动风速谱特性，证实了脉动风速谱在低频区与 Von-Karman 谱吻合较好，而在高频区与 Davenport 谱吻合较好。对于工程应用，估算风速谱所采用的记录的长度应等于在典型风暴中强风的持续时间，一般假设为 1h。肖仪清等[16]在海岸台风登陆点和城市中心的超高层建筑结构顶部建立风特性观测站，实时记录 4 个台风过程中的 1h 风速风向数据，推导了脉动风速谱的拟合模型。水平纵向脉动风速功率谱曲线如图 10.1-6 所示，同时在图中绘制了 Von-Karman 谱、Davenport 谱、Simiu 谱和 Harris 谱作为比较，并将比较结果列于表 10.1-5，台风纵向脉动风速谱较好地符合 Von-Karman 谱，并且各向同性理论可以很好地用于风速谱分析。

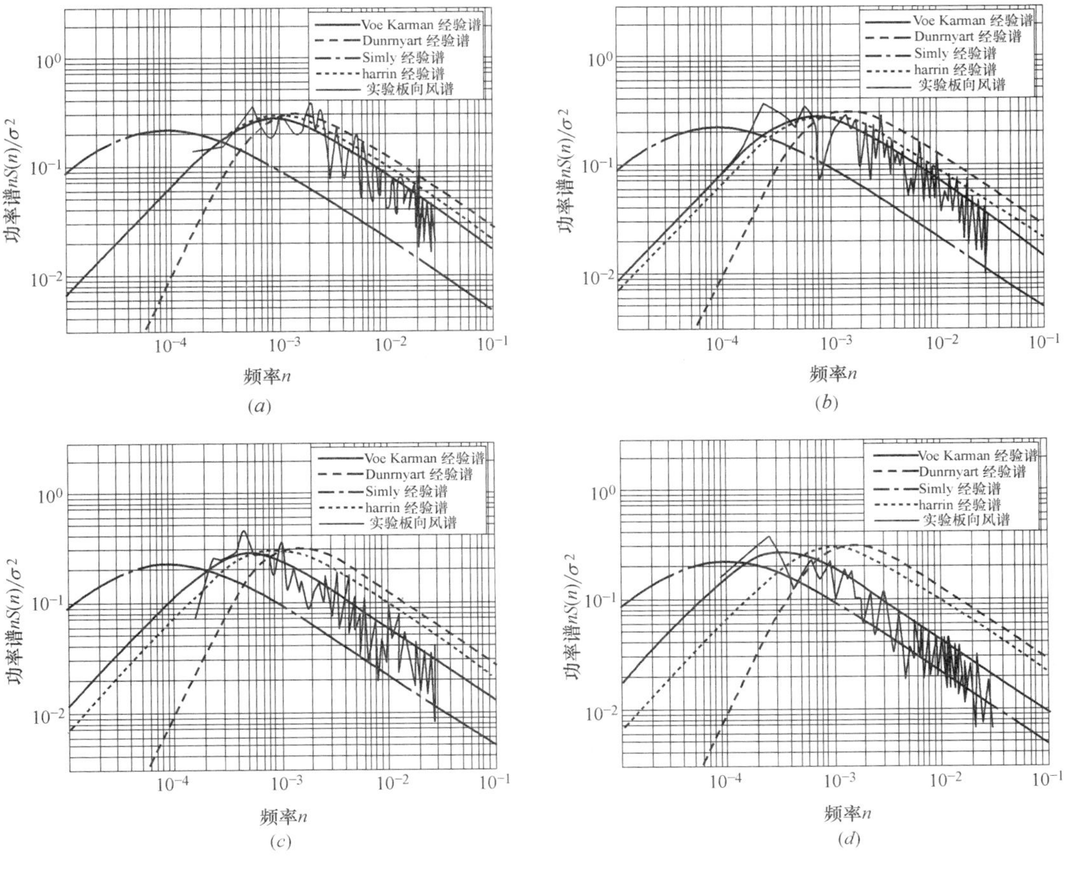


图 10.1-6 实测纵向脉动风功率谱与经验谱的比较[16]

(a) 台风“Ryan”；(b) 台风“sibyl”；(c) 台风“sally”(中国香港)；(d) 台风“sally”(深圳)

**实测台风脉动风速谱与经验谱偏差统计[16]** **表 10.1-5**

| 台风 | 观测高度(m) | 观测地点 | Von-Karman 谱偏差(%) | Davenport 谱偏差(%) | Simiu 谱偏差(%) | Harris 谱偏差(%) |
|---|---|---|---|---|---|---|
| Ryan | 332 | 香港中银大厦 | 3.18 | 6.73 | 24.68 | 3.54 |
| Sibyl | 332 | 香港中银大厦 | 2.86 | 7.74 | 21.06 | 4.21 |
| Sally | 332 | 香港中银大厦 | 3.34 | 21.78 | 3.36 | 12.88 |
| Sally | 345 | 深圳地王大厦 | 3.14 | 13.82 | 8.39 | 7.75 |

工程科学数据集 ESDU 85020[17] 给出了三维脉动风速的 Von-Karman 风速谱函数表达式：

$$\frac{fS_{\mathrm{uu}}(f)}{\sigma_{\mathrm{u}}^2}=\frac{4n_{\mathrm{u}}}{[1+70.8n_{\mathrm{u}}^2]^{5/6}};n_{\mathrm{u}}={}^{x}L_{\mathrm{u}}f/U(z) \tag{10.1-9}$$

$$\frac{fS_{ii}(f)}{\sigma_i^2}=\frac{4n_i(1+755.2n_i^2)}{[1+283.2n_i^2]^{11/6}};n_i={}^{x}L_i f/U(z);i=v\text{或}w \tag{10.1-10}$$

其中 $\sigma_i^2$ 是脉动风速分量的方差；${}^{x}L_i$ 是脉动风速分量的其定义如下：

$${}^{x}L_i=\int_0^{\infty}\rho_{ii}(x'-x)\mathrm{d}(x'-x) \tag{10.1-11}$$

**(3) 非平稳特性**

将风速记录分解为平均风和脉动风两部分，通常假定脉动风是平稳的、各态历经的，并且在一定时距内满足高斯分布。但实测资料表明，强台风的脉动风呈现非平稳特性[18]。因此，基于平稳性假定的理论模型与非平稳性风速间的矛盾是近地台风实测与分析需要解决的一个重要问题。

认识到平稳性风速模型（Stationary Wind Speed Model，SWM）描述台风风速的不足，研究者开始进行非平稳性风速模型（Non-stationary Wind Speed Model，NSWM）的研究。NSWM 模型的理论基础是时间序列分析中的 Cramer 分解定理，即任一个时间序列可分解为确定性趋势成分和平稳的零均值随机成分之和[19]。NSWM 将某高度处近地顺风向风速表示为时变平均风和脉动风之和，并推广到横风向和竖向分量。时变平均风定义为指定频率范围内的信号趋势项，可用经验模态分解（EMD）、小波（Wavelet）及其他信号处理方法得到。

尽管对于台风风场非平稳特性的研究已取得了一些成果，但目前提出的台风湍流强度和脉动风速谱等均基于平稳的随机信号数据，有关非平稳台风风场脉动风速的特征参数描述有待进一步研究。

## 10.2 海洋工程结构的风效应

海洋工程结构承受的风荷载较大，风致振动不仅影响结构的舒适度，当振动较为剧烈时，结构还可能发生严重的破坏，例如固定式海洋平台的倾倒、近海风力机的叶片损坏等，对海洋工程结构必须充分考虑风荷载的静力作用和动力作用。海洋工程结构在脉动风的作用下会发生顺风向抖振，在一定风速下也可能发生横风向风振、扭转风振以及有显著气弹效应的自激振动，从而导致结构强度失效或疲劳破坏。

### 10.2.1 海洋工程结构的风致灾害

**(1) 海洋平台的风致破坏**

海洋平台上的生活区、飞机场、火炬塔、起重机架、楼梯与栈桥等设施，是直接遭受台风袭击的区域。强台风会对固定式海洋平台上部组块的基础设施造成一定程度的损伤，尤其是大面积的薄壁金属板块。此外，强台风还会引起甲板上浪载荷，浪载荷在垂直方向不断冲击甲板梁导致梁弯曲，并使焊接点发生松动最终与支撑件脱离。与风载荷相比，甲板上浪载荷对平台底部甲板结构的影响要大得多。

就固定式海洋平台而言，除了上部组块结构的破坏，还存在其桩基破坏。海洋平台在台风侵袭下可能发生明显的倾斜，桩腿从一端拔出并倒向另一端。很多调查报告表明，平台摧毁的主要原因就是桩基失效。桩基一旦破坏，平台基本报废。然而，大多数学者只注重研究导管架结构的安全性，往往忽视了这种失效类型。桩基失效的根本原因就是桩的入泥深度不够，未能承受强台风引起的平台侧向倾斜。有效的预防措施是桩的设计要准确评估土壤的侧向承载能力，确保桩腿的入泥深度能够抵抗侧向载荷的作用。

**(2) 近海风力机的风致破坏**

近海地区包括沿海滩涂岛屿和浅海区风电的优势为：风能资源潜力巨大，风速高，紊流小，静风期短，较少涉及土地征用，风电开发产生的噪音干扰和对景观视觉破坏的影响小。但是，台风却给我国发展海上风电带来了巨大的挑战。中国是台风灾害多发国家，基本上每年都有台风在中国沿海登陆，开发海上风能必须要克服台风这一难关。表 10.2-1 是《热带气旋年鉴》统计的 1949～2006 年登陆中国沿海地区热带气旋的总数目及年平均个数[20]。

**中国沿海地区热带气旋统计（1949～2006 年）** **表 10.2-1**

| 地区 | 总数目 | 年平均(个) |
|---|---|---|
| 辽宁 | 12 | 0.21 |
| 天津 | 10 | 0.2 |
| 山东 | 16 | 0.28 |
| 江苏 | 6 | 0.1 |
| 上海 | 5 | 0.09 |
| 浙江 | 38 | 0.66 |
| 福建 | 9 | 1.57 |
| 广东 | 211 | 3.64 |
| 海南 | 28 | 0.48 |
| 中国台湾 | 121 | 2.09 |
| 中国香港 | 11 | 0.19 |

强风作用下风力机的破坏模式主要有：风力机倒塌、叶片破坏和机舱破坏。风力机倒塌对塔筒、机组和叶片造成毁灭性的破坏，导致巨大的经济损失。风力机系统在台风作用下破坏事故时有发生，其中最常见的是叶片折断破坏，如图 10.2-2 所示。2003 年 9 月 2 日，台风杜鹃在广州沿海登陆，造成红海湾风电场 9 台风力发电机组叶片的损坏[21]。2003 年 9 月 11 日，台风“风鸣蝉”登陆日本宫古岛，造成岛上风电场 1 台变桨风电机基础破坏而倾倒，3 台风力机叶片折断破坏[22,23]。2006 年 8 月 10 日，台风“桑美”登陆浙江省苍南县马站镇，苍南鹤顶山风电场 28 台风力发电机组全部受损，20 台风力机叶片遭严重破坏，损失惨重[21]。2010 年 10 月 23 日，台风“鲇鱼”在福建漳浦县六鳌镇正面登

陆，造成六鳌风电场三期 Z10 号机组叶片折断[21]。2012 年 8 月 5 日，台风“海葵”进入我国东海东部海面，风力达 10～12 级，东海大桥海上风电场 50 台风力机叶片均安全通过考验[24]。从以上规律可以看出，近年来我国风电场受台风破坏的程度基本呈减小的趋势，证明我国风力发电系统的设计控制理论正局部趋于完善，未来利用台风进行发电或许会成为可能。

图 10.2-1 台风引起的风力机叶片折断事故

根据叶片损坏程度，叶片破坏可分为四类[25]：叶片断裂、叶片出现裂纹、裂纹发展、叶片翼型壳体破坏。机组与塔架顶部属于非固定连接，而且机组重心与塔架轴线有一定偏心，也是一个薄弱部位。此外，强风作用下可能发生偏航系统和变矩系统损坏、机舱盖被吹走以及风向仪被吹坏甚至掉落等事故，这些部件的损坏会影响机组的顺桨及刹车，进而导致叶片大面积迎风而发生破坏甚至造成风力机倒塌。

风力机倒塌破坏的原因除风速超过设计值处，还可能包括：1）由于控制系统的失效，或者其他一些原因，叶片在某些风攻角下发生了气动弹性失稳、振动发散，从而造成风力机的损坏；2）由于台风风向快速变化或偏航系统故障，导致机舱不能及时偏航、叶片亦不能快速顺桨，从而对风力机产生很大的倾覆力矩，以致风力机倒塌。事实上，极端风况如台风时，电网停电几乎是不可避免的，因此设计时应充分考虑电网损坏后的影响[26]。

**（3）跨海大桥的风致破坏**

迄今为止，观测统计到的跨海大桥风致破坏较少，但是风对跨海大桥上交通的影响比陆上交通要大得多。当车辆从侧面受到横风作用时，若风力较强，特别是在风口路段，会使高速行驶的车辆偏离行车路线而诱发交通事故，并且这种横风作用随着车速的提高而加强；甚至，大风能使高速行驶的车辆翻车。

桥塔区域是桥梁上风力变化较大的地方，在这里风速由于桥塔的遮挡作用而迅速变化，造成车辆在行驶至该区域时发生两次车辆侧风的突变，极易造成车辆驾驶困难而发生车辆事故[27]。目前，对于这方面的研究国内外均处于起步阶段。国外主要的做法有两种：一是在高风速下限制车辆的通行或对车辆进行限速；二是在全桥或桥塔局部区域设置风障。

风障是解决桥面行车安全和舒适问题的主要手段，尤其是在强侧风作用下，风障对保证轻型车辆行驶安全可能是必需的。近 20 年来，大桥风障研究逐渐受关注，其中英国 Severn 悬索桥和 Queen Elizabeth 二桥等都是成功的实例[28]，香港青马大桥在桥塔附近区域安装了风障，丹麦大海带桥风洞试验研究中提出的风障措施最后因抗风稳定性问题而未被采纳。决定桥梁工程中是否采用风障是个复杂的课题，它要求考虑自然风条件、车辆气动性能、桥梁抗风稳定性，以及交通工程管理等综合因素，其中有些因素可能还会相互冲突。

在国内，风障方面研究比较早的是同济大学，在杭州湾大桥风对行车安全的影响和对策研究报告[29]中较全面研究了杭州湾大桥上的行车环境问题，进行了杭州湾大桥的桥塔处的 1∶30 比例的模型风洞试验。研究了桥面风速与来流风速的关系，风障透风率不同对桥面风速的影响，设置了全桥风障和 15m、30m 的局部风障并分析其减风效果，同时进行了 CFD 计算进行验证。西堠门大桥第三阶段报告[30]中，对于桥塔局部风障的设计进行了研究，进行了局部风障的部分桥梁模型风洞试验，测试了局部风障后的流场情况，并对风障的长度和透风率进行了试验比选。

### 10.2.2 海洋结构风致振动分类

风致振动根据振动产生的原因可分为自激振动和强迫振动两类，自激振动表现为结构从风中吸取能量，振幅逐渐增大；强迫振动表现为作用在结构上的气动力受结构振动的影响很小，而是作为强制性外力引起结构振动。海洋工程结构承受的风荷载较大，风致振动不仅影响使用者的舒适度，当振动较为剧烈时，结构还有发生破坏的危险。

**(1) 海洋平台的风致振动**

由于海洋平台属于柔性结构，脉动风速的特点是宽带谱，因此风致动力放大效应很突出。Kareem[31]研究了张力腿平台的风致响应，他指出这种响应主要是简谐振动，张力腿平台有 6 个自由度，纵向、横向和竖向的线运动分别称为涌动（surge）、摆动（sway）和升沉（heave），在横平面、纵平面和水平面上的角运动分别称为横摇（roll）、纵摇（pitch）和偏航（yaw），涌动对静态和动态风都较为敏感，纵摇虽然不大，但仍能引起疲劳问题。

**(2) 近海风力机的风致振动**

叶片是风力机最重要的部件之一，也是风力机的主要受力结构，承受了绝大部分的气动力，叶片的风振一直备受关注。根据振动方向，主要可分为以下三种形式：挥舞方向振动，即叶片在垂直于旋转平面方向上的弯曲振动；摆振方向振动，即叶片在旋转平面内的弯曲振动；扭转方向振动，即绕叶片变距轴的扭转振动。一般三种形式的振动发生耦合，产生气动弹性动态不稳定，包括挥舞-摆振不稳定、扭转-摆振不稳定、挥舞-扭转不稳定、失速颤振和失速诱导摆振等。

1) 挥舞-摆振不稳定

叶片在挥舞运动时，挥舞速度在摆振方向上产生科氏力（力矩），叶片在摆振运动时，离心力（力矩）在挥舞方向上的分量发生变化，当叶片挥舞频率与摆振频率接近，或叶片锥角、几何扭角较大时，挥舞运动和摆振运动相互耦合，容易发生挥舞-摆振不稳定。针对这种不稳定产生原因，常采用下列方法加以避免：合理选择叶片结构参数，使叶片挥舞频率和摆振频率相互远离；限制叶片锥角、几何扭角大小；适当增加叶片结构阻尼。

2) 扭转-摆振不稳定

当叶片扭转变形耦合至摆振运动时，可能在叶片摆振频率附近发生扭转-摆振不稳定。这种不稳定一般在叶片摆振方向刚度较小，叶片锥角、几何扭角较大时发生。通过合理设计叶片摆振频率，可以使得叶片的扭转变形减小。

3) 挥舞-扭转不稳定

当挥舞频率和扭转频率接近时，或叶片剖面质心位置位于气动中心之后时，叶片的扭转振动和挥舞振动会产生较强耦合，发生挥舞-扭转不稳定，在阵风等初始扰动作用下，即可能导致大幅度的叶片振动。挥舞-扭转不稳定属于经典颤振，与叶片的结构参数和气动参数有关。为有效避免挥舞-扭转不稳定，可通过适当提高叶片扭转刚度使一阶扭转频率高于一阶挥舞频率 10 倍以上，以及合理选择叶片剖面气动中心与质心之间的相对位置和叶片弹性轴与风轮旋转平面之间的相对位置，尽量使剖面质心靠近 1/4 弦长处。

4）失速颤振

当叶片发生失速时，升力曲线和力矩曲线出现迟滞现象，临界区内叶片变距阻尼为负。当迎角减小时，提供颤振所需能量，诱发等振幅的失速颤振。对于变桨距叶片，如果其变桨距系统为柔性、叶片扭转刚度较低时，可能发生失速颤振；对于定桨距叶片，叶片挥舞运动也可能引起失速颤振。为了避免失速颤振，可采用增加变矩阻尼、改善叶片失速特性以及调节叶片挥舞频率等方法，使叶片挥舞频率远离风轮旋转频率。

5）失速诱导摆振

随着风轮直径的增加，尤其是大于 40m 以上时，由于叶片气动阻尼减小，甚至变为负阻尼，失速调节叶片在摆振方向发生振动，这种振动主要发生在叶片一阶摆振频率附近。为防止失速调节叶片在摆振方向上的振动，可在叶片尖部内安装质量阻尼器，或在叶片上添加失速抑制辐条，以增加叶片弦向阻尼。

由于风力机是一个多自由度的系统，因此准确分析风力机的风致振动和气弹稳定性问题时，还应考虑叶片与塔架振动的耦合，主要包括：叶片摆振与塔架侧向弯曲耦合振动、叶片挥舞与塔架纵向弯曲耦合振动、叶片挥舞与机舱俯仰耦合振动等。

**(3) 跨海大桥的风致振动**

对于桥梁主体结构，风致振动主要分为涡激振动（vortex-induced vibration）、驰振（galloping）、颤振（flutter）和抖振（buffeting）[32]，如表 10.2-2 所示。

**桥梁风致振动分类** **表 10.2-2**

| 振动类型 | | 产生原因 | 振动形态 | 振动频率 | 振幅 |
|---|---|---|---|---|---|
| 涡激振动 | | 交替脱落的旋涡 | 垂直风向的弯曲振动；扭转振动 | 共振频率为结构自振频率 | 共振时较大，共振以外较小 |
| 驰振 | | 弯曲单独引起气动力失稳 | 垂直风向的弯曲振动 | 结构弯曲自振频率 | 振幅较大 |
| 颤振 | 扭转颤振 | 扭转单独引起气动力失稳 | 扭转振动 | 非常接近结构扭转自振频率 | 突然急剧增长 |
| | 耦合颤振 | 弯曲和扭转共同引起气动力失稳 | 弯曲和扭转耦合的振动 | 介于结构弯曲自振和扭转自振频率之间 | 突然急剧增长 |
| 抖振 | | 脉动风荷载引发的振动 | 扭转弯曲振动；竖向弯曲振动；水平弯曲振动 | 主要包含结构基频 | 任意变化 |

1）涡激振动

当风作用在结构上时，会在结构两侧和背后产生交替脱落的旋涡，形成卡门涡街，使结构表面的风压呈周期性变化，引起与风向垂直的振动，称为涡激振动。振幅极小时属于强迫振动，随着振幅的增大，气动力受振动状态的影响也越来越大，表现出越来越明显的自激振动特性。当旋涡脱落频率接近结构自振频率时，会引起共振，振幅增大，称为涡激共振。旋涡脱落频率与风速成正比，但当旋涡脱落频率达到结构自振频率，即发生涡激共振后，结构自振频率就控制了旋涡脱落频率，在一段风速范围内，旋涡脱落频率始终等于结构自振频率，称为“锁定”现象，如图 10.2-2 所示[33]。

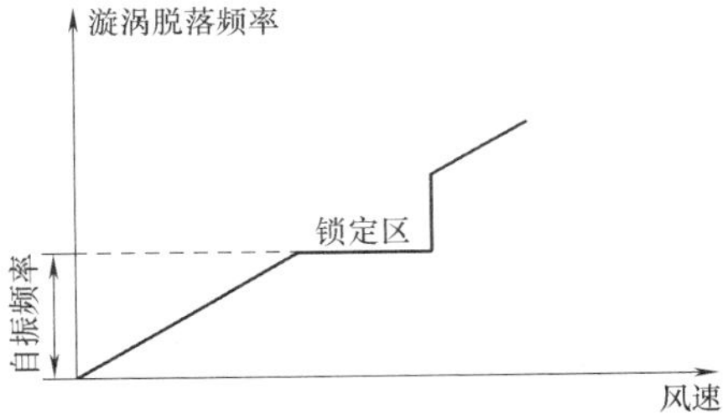


图 10.2-2 旋涡脱落频率随风速的变化

对于跨海大桥，旋涡脱落现象出现在风速较低时，使大跨度柔性桥梁出现较大幅值的振动，这种振动会引起结构疲劳，影响行车、行人行走的舒适度，但不至于直接造成结构的破坏。

2）驰振

对于具有特殊截面形状的结构，气动力对结构的作用表现为使振动增强，气动阻尼为负。当结构从风中吸收的能量超过由于自身结构阻尼而消耗的能量，即总阻尼为负时，振动就会逐渐加剧，这种现象称为气动力失稳，由弯曲单独引起的气动力失稳称为驰振。驰振是一种自激振动，振动方向与风向垂直，振幅较大，可达 1～10 倍以上横风向截面尺寸，振动频率远低于相同截面的旋涡脱落频率，而且一旦发生便会愈演愈烈。邓哈托（Den Hartog）判别式小于 0，是初始驰振不稳定的必要条件。悬跨桥梁（悬索桥和斜拉桥）大振幅的横风驰振事故，至今尚未发现报道。

3）颤振

“颤振”一词源于航空航天工程，包括经典颤振、失速颤振、单自由度颤振、壁板颤振等，在结构风工程领域讨论的颤振与驰振产生的机理类似，也是一种气动力失稳现象，由扭转单独引起的气动力失稳称为扭转颤振，由弯曲和扭转两自由度耦合引起的气动力失稳称为耦合颤振或弯扭颤振。桥梁的大量实测资料表明，大部分桥梁的振动主要是扭转颤振。实腹梁或 H 形截面梁很容易引起颤振，因此这两类截面形式不再用于悬跨桥梁的设计。

4）抖振

脉动风速作用在结构上会产生非定常的脉动荷载，进而引发的强迫振动称为抖振。两个距离较近的细长结构（例如悬索桥和斜拉桥的桥塔），上游结构受到脉动风的作用发生抖振，下游结构处于上游结构的尾流中，当湍流频率与下游结构自振频率接近时，就会发生尾流抖振。风速的风谱分布可能选择性地激励桥梁的某一振型，产生较大的振幅。

除桥梁主体结构外，脉动风对桥梁其他构件的风振也不可忽略，例如对于斜拉桥拉索，风致振动主要包括涡激振动、抖振和风雨振动（rain-wind induced vibration）。微风微雨天，拉索上下表面集聚一些水流，改变了拉索的气动力特性，进而引起较大的驰振称为风雨振动，风雨振动还与上水流在斜拉索表面的周向振荡、湍流度和 Scruton 数有关。

## 10.2.3 海洋工程结构风效应的研究方法

### (1) 海洋工程结构风效应理论基础

风荷载是海洋工程结构承受的主要环境作用之一。风致阻力对于船舶或浮式海洋平台的系泊、定位和移动等操作都非常重要。风致阻力和升力导致的倾覆力矩也会影响浮式或固定海洋平台结构的整体稳定性。风荷载相关理论知识对于海洋结构的设计与运营都是不可或缺的。作为空气动力学的分支之一，钝体空气动力学主要研究自然风围绕房屋、塔架和桥梁等工程结构的流动，为确定结构风荷载，即确定流动在结构上所产生的风压作用，提供了理论基础。

在常温条件下，大气边界层内流动的空气可以认为是不可压缩的，其流动基本遵循伯努利方程：

$$\frac{1}{2}\rho u^2 + p = \text{const} \tag{10.2-1}$$

其中，$u$ 是空气的流速，$p$ 是空气静压，$\rho$ 是空气密度，$0.5\rho u^2$ 具有压力量纲，称为动压。通常情况下，即 20℃时，$\rho$ 取 $1.205\text{kg/m}^3$。式（10.2-1）伯努利方程假定空气黏性系数为零。事实上，在正常气压和气温下，空气的黏性系数不为零，但确实比较小。尽管如此，在一些情况下这么小的黏性系数却起了重要的作用，如空气黏性的一个重要表现就是形成边界层。

空气由于具有质量，说明它具有惯性作用。因而，气流中影响最大的两个作用是黏性和惯性作用，它们的相互关系成为确定出现哪种类型流动特性或现象的判据数，这个判据数表示为无量纲参数，即雷诺数 $Re$，它代表惯性力与黏性力之比：

$$Re = \frac{\rho UL}{\mu} = \frac{UL}{\nu} \tag{10.2-2}$$

由于雷诺数是一个局部性的概念，式中的流速 $U$ 和特征长度 $L$ 取决于我们所感兴趣的研究区域及其物体边界；式中的 $\nu = \mu/\rho$，称作运动黏性系数，常见流体的运动黏性系数列表如下。

**常见流体的运动黏性系数** **表 10.2-3**

| 流体 | 温度(℃) | 运动黏性系数($10^{-6}\text{m}^2/\text{s}$) |
|---|---|---|
| 纯水 | 20 | 1.0038 |
| 海水 | | 1.15 |
| 空气 | 20 | 15 |

在实际应用中涉及的流动，其雷诺数范围从几乎为零直到 $10^9$。如果不断地提高绕某障碍物流动的雷诺数，通常就会出现一系列变化很大的流动现象，雷诺数就是区分各种流动现象很方便的判据数。根据试验研究，下表中列出的临界雷诺数可以用来判断所考察的流动是否可能会从层流转变为湍流。

**常见流动的临界雷诺数** **表 10.2-4**

| | | |
|---|---|---|
| 内部流动 | 管道流 | 2100 |
| | 两块平行平板之间的流动 | 800 |
| 外部流动 | 绕曲面流 | 350 |
| 边界层流 | 沿着平面流动 | 500000 |

空气绕工程结构流动所形成的升力、阻力和力矩是工程结构设计时必须要考虑的荷载效应之一，这些风力作用的大小和物体的形状及雷诺数密切相关。

一般，在结构表面上所得到的风压，都必须与前方上游远离结构一定距离的自由流风的平均动压 $0.5\rho U^2$ 进行对比，于是定义一个无量纲的风压系数 $C_P$，

$$C_P=\frac{p-p_0}{0.5\rho U^2} \tag{10.2-3}$$

其中，$p-p_0$ 代表结构表面压力与结构远前方上游压力 $p_0$ 之差。在模型试验研究中，这种无量纲系数的结果可以方便地换算全尺寸原型结构的值。风在具有钝体截面单位长度结构上所作用的升力、阻力和扭矩，也可分别写成无量纲形式，即为升力系数、阻力系数和扭矩系数，

$$C_L(t)=\frac{F_L(t)}{0.5\rho U^2 D} \tag{10.2-4}$$

$$C_D(t)=\frac{F_D(t)}{0.5\rho U^2 D} \tag{10.2-5}$$

$$C_M(t)=\frac{M(t)}{0.5\rho U^2 D^2} \tag{10.2-6}$$

其中，$D$ 为钝体截面的几何特征参考尺寸。

由于大气运动是极为复杂的，它包含着从湍流微团到超长波等各种尺度的运动系统。这样，处于大气边界层的海洋结构所承受的上述风力作用也是随时间而变化的。在风力随时间而变化的时，往往采用统计量的方式，如平均值和标准偏差等来更好地描述风力系数。另一方面，这些风力作用在频域内的描述，如功率谱密度，对于理解风效应的脉动特性也是非常有用的。

1）结构的顺风向脉动荷载

实际的脉动风是三维的风湍流，一般包括顺风向、横风向及竖向的湍流。考虑如图10.2-3所示的三维湍流风场，沿着x轴的平均风速为 $\overline{V}$，在三个垂直方向上的三个脉动分量分别为 $u(t)$、$v(t)$ 和 $w(t)$。基于准定常假定，在物体表面面积为 $A$ 处湍流引起的顺风向脉动风对结构的阻力可以计算如下：

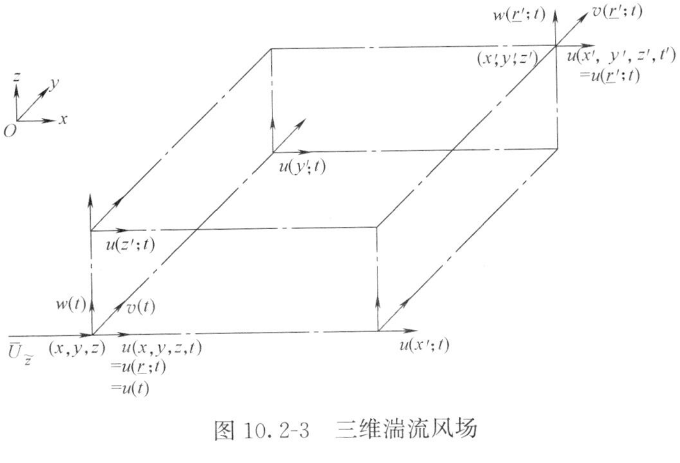


图10.2-3 三维湍流风场

$$F_D(z,t)=\frac{1}{2}\rho\overline{C}_D A\left[U(z)+u(z,t)\right]^2\approx\frac{1}{2}\rho\overline{C}_D AU^2(z)+\rho\overline{C}_D AU(z)u(z,t) \tag{10.2-7}$$

其中，$\overline{C}_D$ 为钝体截面的平均阻力系数，通常需要通过风洞试验测定。这样，频域风振分

析所需的 $z$ 高度处的风荷载谱可近似按下式计算：

$$S_{F_D}(f)\approx[\rho\overline{C}_D AU(z)]^2 S_{uu}(f) \tag{10.2-8}$$

其中，$S_{uu}(f)$ 是顺风向脉动风速谱，通常可通过对现场实测数据进行统计回归分析来确定其具体形式。风工程中常用的风速谱包括 Davenport 谱、Kaimal 谱和 Von Karman 谱。

基于多年来的实测大气边界层风速数据和统计分析，人们发现 Von Karman 谱函数［参见本章式（10.1-9）］能够较好地描述各向同性三维湍流风场中脉动风速在较广频域范围内的能量分布谱特性。

风工程中常用的 Davenport 谱表达式为[34]：

$$\frac{fS_{uu}(f)}{u_*^2}=\frac{4\left(\frac{1200f}{U(10)}\right)^2}{\left[1+\left(\frac{1200f}{U(10)}\right)^2\right]^{4/3}} \tag{10.2-9}$$

其中，$u_*$ 为大气边界层的剪切风速。

Kaimal（1972）[35]提出的风速谱表达式与高度 $z$ 有关，为：

$$\frac{fS_{uu}(z,f)}{u_*^2}=\frac{200\left(\frac{fz}{U(z)}\right)}{\left[1+50\frac{fz}{U(z)}\right]^{5/3}} \tag{10.2-10}$$

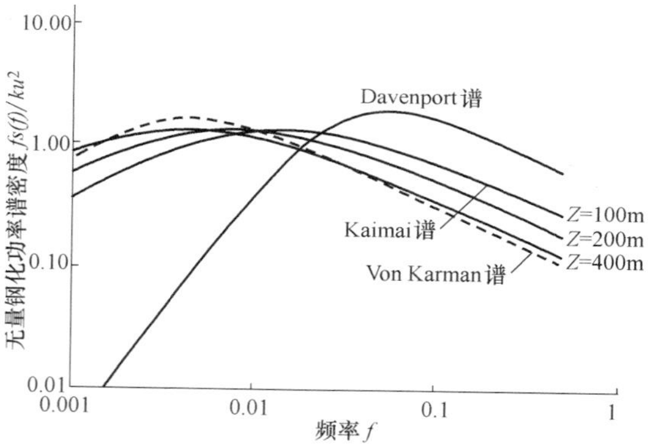


图 10.2-4 大气边界层顺风向风速谱

图 10.2-4 给出了大气边界层良态风场不同风速谱函数曲线的比较。

2）结构的横风向荷载

结构横风向风荷载的机理毕竟复杂。横风向风荷载与横风向风振密切相关，往往需要考虑结构的气弹效应。这样，顺风向风荷载计算公式成立所采用的准定常假设，在研究横风向结构效应时就不再成立。横风向结构风荷载的研究方法一般是以大量风洞试验结果为基础，再通过综合分析得到。

**（2）海洋工程结构风洞试验**

对于体形复杂的海洋工程结构，如海洋平台、近海风力机和跨海大桥等，其结构风效应一般需要通过风洞试验结合当地风气象条件来综合确定。风洞试验的基本原理是在模拟大气边界层气流的风洞中直接量测缩尺模型的风效应，再根据试验数据和相似理论分析得出原型结构的风效应。

风洞试验技术首先在航空航天领域中提出和发展，其中低速风洞试验技术被逐步应用于土木工程和汽车、风力机等工业领域。在土木工程中，自从 1940 年横跨美国西海岸的塔可马峡谷（Tacoma narrows）的悬索桥风致破坏以来，大跨桥梁的风洞试验变得较为普遍。随着工程结构体型的复杂化及高度的不断增长，应用刚性模型测定建筑物表面风压及建筑物周围局部流场的风洞试验随之增多，但高层建筑、高耸结构和海洋工程结构的整体气动弹性模型的风洞试验较少。进行气动弹性模型风洞试验，其模型的好坏直接关系到试验的成败，气弹模型要求满足一系列相似条件，精度高、难度大，所耗费的人力物力较大。20 世纪 80 年代国际上出现了“高频动态天平（Force Balance)”风洞试验技术，该技术可以用刚性模型来测定作用在复杂高耸结构上的非定常气动力，从而取代了部分气弹模型风洞试验，以简化模型、降低试验投入。至今为止，风洞试验所采用的模型可分为刚性节段模型、刚性整体模型及气动弹性整体模型。刚性节段模型又可分为静力支承及动力支承（弹簧弹性支承、强迫振动），以研究所需的各种气动特性。

适合于海洋工程结构动力风效应试验的模型存在两种可能，一种是采用全结构的刚性模型，运用“高频动态天平”风洞试验技术来测定结构的非定常气动力，再利用随机振动理论分析的方法求出动力响应；另一种是直接采用全结构的气动弹性模型。前者模型制作较为简便，但它的基本出发点是一阶振型为线性。对于基阶振型为弯曲型或高阶振型有较大影响的结构，采用该试验方法会带来较大误差。而气动弹性模型能最真实地相似于实际结构的气动性态，能够为新型海洋工程结构的抗风安全提供可靠的设计参数。

1）大气边界层风场结构模拟

在风洞试验中，一般通过平均风剖和湍流度剖面这两个指标来调整和模拟目标地形的大气边界层风场结构。平均风剖可用对数律或指数律来表示平均风速沿高度变化的规律：

$$U(z)=\frac{1}{k}u\cdot\ln\left(\frac{z}{z_0}\right) \tag{10.2-11}$$

或

$$U(z)=U(10)\left(\frac{z}{10}\right)^{\alpha} \tag{10.2-12}$$

其中，$k$ 为 Karman 常数，约为 0.4；$z_0$ 为地面粗糙长度，与地形条件有关；$\alpha$ 为地面粗糙度指数。常用的地面粗糙度如表 10.2-5 所示。

**常见地形的地面粗糙长度和粗糙度指数** **表 10.2-5**

| 地表类型 | 地面粗糙长度(m) | 粗糙度指数 |
|---|---|---|
| 近海海面、湖岸及沙漠地区(A 类) | 0.001 | 0.12 |
| 田野、乡村、丛林和郊区乡镇(B 类) | 0.03 | 0.15 |
| 有密集建筑群的城市市区(C 类) | 0.7 | 0.22 |
| 有密集建筑群和房屋较高的城市中心(D 类) | 2 | 0.30 |

图 10.2-5 给出了不同典型地形区域的大气边界层强风风速廓线。显然，不同地表类型的梯度风高度也不同。

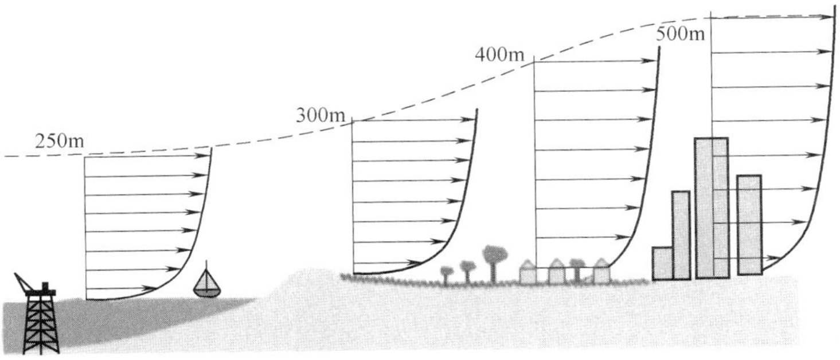


图 10.2-5 不同地面类型条件下大气边界层强风风速廓线

风洞一般采用挡板、尖塔和粗糙元模拟技术，可在各试验段模拟出与缩尺模型相匹配、不同地形的大气边界层流场，如图 10.2-7 所示。

图 10.2-6 风洞内试验段风场调试（ZD-1 风洞）

风洞内风场特性的测试可采用两根风速管，其中一根风速管用于控制参考风速，另一根为游测模型试验区各不同高度处的风速值，从而得出风场的速度型剖面。用热线探头测定湍流度的分布。对于我国《建筑结构荷载规范》GB 50009—2012[36]规定的 A 类地貌风场模拟，风洞内实测的风速沿高度变化曲线和湍流强度沿高度变化曲线如图 10.2-7 所示。

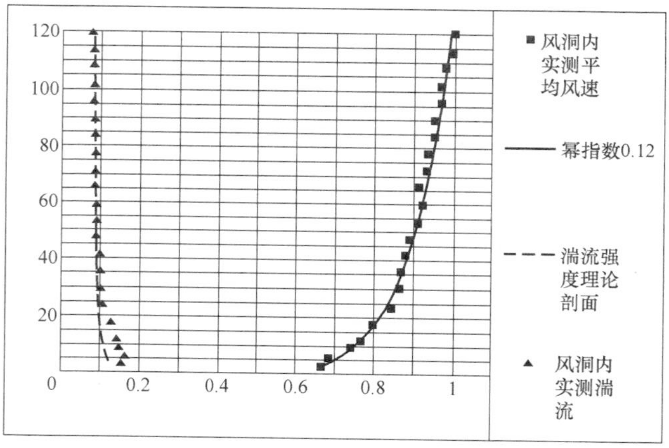


图 10.2-7 风洞内 A 类地貌风场模拟结果

湍流强度是描述大气湍流和风速脉动的最简单参数，湍流强度剖面可参考国际标准以及各国风荷载规范，如式（10.1-5）给出的良态风湍流强度公式。而台风风场的湍流强度特性则还没有统一的公式能够描述，常常需要根据现场实测数据拟合得到。

2）相似准则及模拟问题

根据 Buckingham's $\pi$定理，通过量纲分析或直接从质量、动量和能量守恒方程，以及流体的状态方程，可推导出进行气动弹性模型的风洞试验所要满足的相似准则。与该相似准则有关的参数，除结构物几何断面形状相似外，还有表 10-2-5 所列的无量纲参数，要求在实际结构物和风洞模型之间满足这些参数的一致性条件。作为振动试验，还必须保持模型与原型在质量分布、刚度分布上相似。事实上，要完全满足表中所列的相似参数是不可能的，除非模型就是原型物。如雷诺数与弗劳德数就是无法共存的两个相似参数。而雷诺数往往因几何缩尺而使模型的雷诺数比原型小二至三个量级。因此，在模型设计及流场模拟时，相似参数必须根据研究对象和目的进行取舍，做到重要参数忠实地相似，而放弃次要参数或尽可能地修正由此而带来的误差。

对于土木建筑或海洋工程结构的气弹模型风洞试验，很难同时满足表 10.2-6 所列的相似参数。在风工程研究中，一般可以放松弗劳德数（$Fr$）与雷诺数（$Re$）的相似性模拟，其理由如下：

**风洞模型试验相似参数**　　　　**表 10.2-6**

| | | 无量纲参数 | 名称 | 物理意义 |
|---|---|---|---|---|
| 脉动气流中的相似参数 | 均匀流中的相似参数 | $\rho_s/\rho_f$ | 惯性参数(密度比) | 结构物惯性力/流体惯性力 |
| | | $E/\rho U^2$ | 弹性参数(柯西数的倒数) | 结构物弹性力/流体惯性力 |
| | | $gD/U^2$ | 重力参数($F_r$:弗劳德数) | 结构重力/流体惯性力 |
| | | $\rho DU/\mu$ | 黏性参数(Re:雷诺数) | 流体惯性力/流体黏性力 |
| | | $\delta_s$ | 结构衰减率 | $\frac{\text{1 个振动周期的耗散能量}}{\text{振动总能量}}$ |
| | 需要在紊流中实验时，除以上参数外，还要求以下参数相似 | | | |
| | 脉动气流相似参数 | $U_z/U_G$ | 速度剖面 | 决定风速垂直剖面的速度变化 |
| | | $\frac{\sqrt{u^2}}{U_z}, \frac{\sqrt{v^2}}{U_z}, \frac{\sqrt{w^2}}{U_z}$ | 紊流强度 | 表示脉动风速各分量的总能量 |
| | | $\frac{fS_u(f)}{\sigma_u^2}$ $\frac{fS_v(f)}{\sigma_v^2}$ $\frac{fS_w(f)}{\sigma_w^2}$ | 规一化了的功率谱 | 紊流能量的频率分布 |
| | | $fL/U$ | 斯特罗哈数或换算频率(换算风速的倒数) | 时间尺度 |
| | 结构物与脉动气流间的相似参数 | $L/D$ | 尺度比 | 紊流边界层和结构物之间的长度比(尺度比) |
| | | $f/f_s$ | 频率比 | 紊流边界层和结构物之间的频率比或时间比 |

注：均匀流中的流体一结构体系的基本相似物理量：

$U$—均匀风速；$D$—结构物特征长度；$\delta_s$—结构物的结构（对数）衰减率；

$\rho_f$—空气密度；$E$ 结构物弹性系数；$g$—重力加速度；

$\mu$—空气黏性系数；$\rho_s$—结构物材料密度；$f_s$—结构物频率。

脉动气流的基本相似物理量：

$U_z$—高度 $z$ 处的平均风速；$U_G$—紊流边界层外的平均风速；

$u$、$v$、$w$—主流，与主流垂直，铅直各方向的脉动风速分量；

$L$—紊流的空间特性的长度（紊流尺度）；$f$—紊流频率；

$S_u(f)$，$S_v(f)$，$S_w(f)$ —各脉动风速分量的功率谱。

其中，$\sigma_u^2=\overline{u}^2$，$\sigma_v^2=\overline{v}^2$，$\sigma_w^2=\overline{w}^2$ 为各脉动风速的方差。

弗劳德数反映了重力场对风振的影响。主要研究水平向的风振，对此只有当 $P\text{-}\Delta$ 效应较为显著时，重力场对风振才有一定影响，并且这一影响往往可由质量分布及振动模态的相似性来弥补。因此，弗劳德数在气弹模型风洞试验中是一个次要因素，予以忽略。

在风洞模型试验中，雷诺数的相似性很难实现，除非采用高密度气体并提高流速。对于钢管结构的高耸塔架来说，雷诺数有不可忽略的影响。这一影响在试验结果处理时将作修正。

气动弹性模型最为不可缺少的相似参数是弹性参数 $E/\rho U^2$，惯性参数 $\rho_s/\rho_f$ 及结构阻尼比 $\delta_s$。弹性参数的相似条件决定了模型材料的弹性模量。由于很难找到既满足弹性模量相似要求又便于模型加工的材料，从而使弹性模量的相似性难以实现。好在弹性模量总是出现在结构刚度表达式中，因此可以将弹性参数相似融合于刚度分布相似，这样既完全模拟了结构的弹性参数，又简化了模型的制作。

阻尼比相似的模拟较为困难，因它是测振试验的重要参数，因此在模型材料的选择上充分考虑了这一点，并且通过动力标定来测定模型阻尼比，验证其相似性，若出入较大则需进一步从理论上修正阻尼比不相似引起的误差。

惯性参数（密度比）相似客观上要求模型的密度与原型的密度一致。

刚度模拟通常有两种方法，集中刚度法和离散刚度法。集中刚度法是用某种合适的弹性材料做成沿高度变截面的芯棒以模拟原型物的刚度分布，再用轻质材料按几何缩尺比做成原型物的几何外形，通常称之为“外衣”，用于承受风荷载。离散刚度法是将模型各部位的几何相似与刚度相似相统一，模型各杆件既做到刚度相似，又做到几何相似。

**（3）海洋工程结构风效应数值模拟**

近年来，海洋工程结构正朝着向深水、超深水、大型化、工艺复杂和结构合理等方向发展。这些新建的海洋平台、海上风力机等大型海洋工程结构由于具有复杂的结构造型及开敞闭合灵活设置的工艺设备和通道，其风荷载体型系数往往无法简单地从现行荷载规范中获得。为了获得更精确的风荷载设计值，可开展上节所述的风洞试验。但是，风洞实验一般需要一定的经费和设备投入，而且其试验周期往往长达几个月，较难满足实际工程设计的时间进度要求。作为风洞试验的有力补充和可能的替代手段，计算流体动力学（Computational Fluid Dynamics，CFD）数值模拟方法已逐步成为继风洞试验后预测风对结构物荷载效应的有效方法之一。

CFD 是近年来随着计算机技术的发展而产生的新兴工程数值计算学科。计算流体力学通常采用特定的数值离散方法如有限差分法（Finite Difference Method，FDM）、有限单元法（Finite Element Method，FEM）和有限体积法（Finite Volume Method，FVM）将流体力学的控制方程如 Navier-Stokes 方程或 Euler 方程离散成代数方程组，然后编制程序采用迭代技术获得原问题的近似解。CFD 技术以其研发成本小、获取工况数据详细快捷、结果表现直观等优势在流体机械制造业、汽车业和航空航天工业等得到了广泛的应用。由于存在钝体绕流问题和三维大气湍流涡流的复杂性，CFD 技术在海洋工程结构中的应用还刚刚起步，但应用前景和空间是十分巨大的。

在风速达到 8 级风，特征长度为 8m 时，气流的雷诺数 $Re$ 约为 9.06E+06，此情况下海洋工程结构周边风场是典型的高雷诺数湍流流场，选择合适的湍流模型对于准确模拟湍流风场及计算风荷载系数至关重要。根据相关研究，雷诺时均的 Navier-Stokes 方程方法（RANS），如 $k$-$\varepsilon$ 模型及可实现 $k$-$\varepsilon$ 模型能取得较好地计算结果。与另一动态湍流模型大涡模拟（Large eddy simulation，LES）相比，RANS 对于平均流场的计算更准确，而且它的空间分辨率要求低，计算工作量小，适合于大型土木建筑和海洋工程结构的计算风工程问题。在现有的计算机条件下，可以模拟较高雷诺数和较复杂的湍流运动。对于体形和刚度巨大的海洋工程结构，其整体动力风振效应一般较小，其风荷载由平均风荷载为主。所以，对于海洋工程结构周围的风场湍流模型的选择，可优先采用 RANS 模型进行数值模拟计算，并得出可用于结构设计的风压体型系数。

1）计算流域和边界条件

对位于大气边界层的海洋土木结构进行 CFD 模拟计算时，其计算流域一般由上游区域、中心区域和下游区域三部分组成，如图 10.2-8 所示。设待考察的海洋工程结构外形特征尺寸长、宽和高为 $L\times B\times H$，则计算流域中上游区域的长度一般不小于 $5L$，而下游区域的长度一般不小于 $10L$。流域的宽度和高度的确定需要考虑阻塞率，即主建筑物断面面积（$B\times H$）和流域断面面积之比。和风洞试验一样，CFD 计算也需要考虑控制阻塞率，一般把阻塞率控制在 5%以下。如流域的宽度和高度可分别取为 $9B$ 和 $4H$，这样阻塞率为 1/36＜5%。考虑到现代海洋工程结构外形独特，周围流场复杂，因此在网格剖分时可采用区域分块技术。如在主结构附近区域采用非结构化网格，而其他区域采用结构化网格。

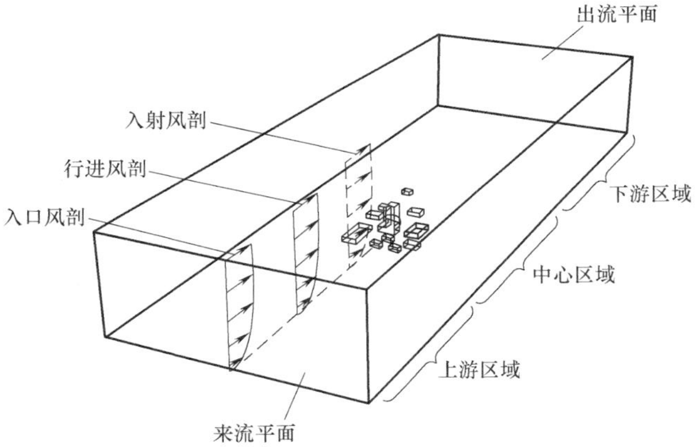


图 10.2-8 大气边界层 CFD 计算流域构成

流场的来流平面上采用速度入流边界条件（Velocity-inlet）；出流平面上采用完全发展出流边界条件（Outflow）；顶部和两侧采用对称边界条件（Symmetry）；其余采用无滑移壁面边界条件（Wall）。

2）大涡模拟（LES）和直接数值模拟（DNS）

直接数值模拟不需要对湍流建立模型，对于流动的控制方程（Navier-Stokes 方程组）直接采用数值计算求解。由于湍流是多尺度的不规则流动，要获得所有尺度的流动信息，对于空间和时间分辨率需求很高，因而计算量大、耗时多、对于计算机内存依赖性强。目前，直接数值模拟只能计算雷诺数较低的简单湍流运动，例如槽道或圆管湍流，现如今它还难以预测复杂湍流运动。

DNS 计算量大的主要原因是全面解析湍流需要涉及的时间和空间尺度非常小。而对于影响工程结构的大气流动而言，微小尺度的湍流与有组织的大涡相比，对结构风效应的贡献很低。由于湍流场中大涡结构（又称拟序结构）受流场影响较大，小尺度涡则可以认为是各向同性的，因而可以将大涡计算与小涡计算分开处理，并用统一的模型计算小涡。大涡模拟（LES）的基本思想就是用模型化处理的方法考虑微小尺度湍流，而把重点放在大尺度湍流运动的求解。在这个思想下，大涡模拟通过滤波处理，首先将小于某个尺度的旋涡从流场中过滤掉，只计算大涡，然后通过求解附加方程得到小涡的解。过滤尺度一般就取为网格尺度。显然，这种方法比直接求解 RANS 方程和 DNS 方程效率更高，消耗系统资源更少，但却比湍流模型方法更精确。大涡模拟的基本操作就是低通滤波，如

$$\overline{U}_i(x,t)=\iiint G(x-\xi;\Delta)U_i(\xi,t)\mathrm{d}^3\xi \tag{10.2-13}$$

上述滤波函数的作用就是保证 LES 所求的风速场解答发生在大于给定滤波带宽 $\Delta$ 的尺度上。这样湍流风速场可以写成如下分解形式：

$$U_i(x,t)=\overline{U}_i(x,t)+u_i(x,t) \tag{10.2-14}$$

上述分解形式与传统湍流模型中雷诺平均分解有不同之处，这里的大尺度风速场是待求的时变随机场，而滤波后的小尺度风速场也往往具有不为零的均值，即：

$$\overline{u}_i(x,t)\neq 0 \tag{10.2-15}$$

这样滤波后的流体控制方程，包括连续方程和动量方程，可以表达如下：

$$\frac{\partial\overline{U}_j}{\partial x_j}=0 \tag{10.2-16}$$

$$\frac{\partial\overline{U}_i}{\partial t}+\frac{\partial\overline{U}_i\partial\overline{U}_j}{\partial x_j}=-\frac{1}{\rho}\frac{\partial\overline{P}}{\partial x_j}+\nu\frac{\partial^2\overline{U}_i\partial}{\partial x_j\partial x_j}-\frac{\partial\tau_{ij}}{\partial x_j}\quad(i,j=1,2,3) \tag{10.2-17}$$

LES 方程组的封闭问题涉及残余或亚格子应力张量 $\tau_{ij}$ 的确定。亚格子应力张量 $\tau_{ij}$ 描述的是那些小于滤波尺度$\Delta$ 的湍流动量传递，表达式如下：

$$\tau_{ij}=\overline{U_iU_j}-\overline{U}_i\overline{U}_j \tag{10.2-18}$$

其中，LES 能够求得的是滤波后的 $\overline{U}_i$ 和 $\overline{U}_j$，但反映随机流场相关性的项$\overline{U_iU_j}$在 LES 中一般是未知的，需要通过所谓的亚格子应力模型来确定，如目前广泛应用的 Smagorinsky-Lilly 模型[37]。在这个亚格子模型中应力张量的各向同性包含在修正的压力项中，即

$$\widetilde{p}=\overline{p}+\frac{2}{3}\tau_{ii} \tag{10.2-19}$$

而应力张量的各向异性部分采用线性黏性模型，

$$\tau_{ij}-\frac{1}{3}\tau_{kk}\delta_{ij}=-2\mu_{\mathrm{t}}\overline{S}_{ij} \tag{10.2-20}$$

其中，$\overline{S}_{ij}$ 是应变速率张量。

图 10.2-10 给出了湍流场中单点流速的多尺度解答及其求解方法。如图所示，DNS 能够给出所有尺度的湍流风速，LES 求得的是大尺度涡对应的风速解答，而在 LES 中没有直接求解的小尺度湍流可以认为是对大尺度涡解答的补充叠加。

综上所述，湍流模拟是 CFD 方法成功的关键问题。与湍流问题在物理和数学理论上的缓慢进展相比，湍流的计算机数值模拟方法已经得到了迅猛的发展。CFD 方法已经在多个工程和科学领域中得到了广泛而有效的应用。在结构风工程方面，特别是对平均结构风效应的模拟计算，CFD 方法已经成为风洞试验方法的重要补充和替代手段之一。

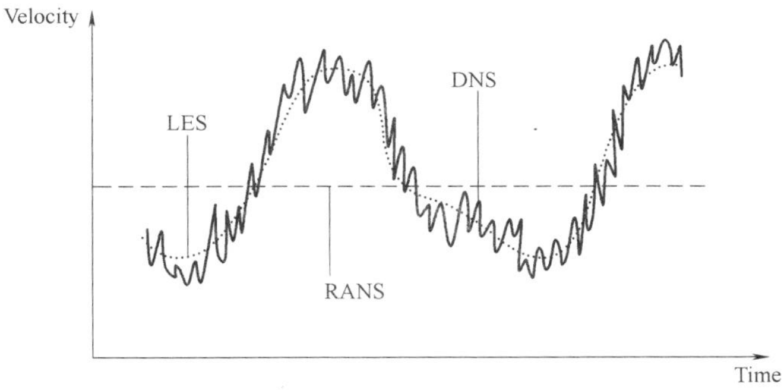


图 10.2-9　湍流场中单点流速的多尺度解答及其求解方法

## 10.3　海洋平台风荷载及风致动力响应计算

海洋石油平台是勘探开发海洋油气资源需要的关键装备和设施之一。海洋平台的工作环境恶劣，常常遭受风、波浪、海流、海冰和地震等自然环境的灾害作用。环境荷载的分析和确定是海洋平台设计和确保海洋平台安全可靠服役的关键步骤之一。平台高出水面的上部结构处于空旷的海面上，如图 10.3-1 所示，而且在平台的甲板上有高耸的井架及庞大的设施、设备或储油罐体，风吹到平台结构上时，受到结构物的阻挡，便对平台产生作用力，该作用力通常称为风荷载。风荷载作为水平力作用于平台结构上，其力的作用点高、力矩大，并且是动力荷载，会导致平台产生位移、振动或疲劳。因此，风荷载是海洋平台设计必须考虑的主要环境作用之一。

图 10.3-1　某海洋平台

### 10.3.1　海洋平台风荷载确定方法

根据相关规范[38,39]，作用在结构物上的风荷载标准值一般按下式计算

$$W_k = \beta_z \mu_s \mu_z w_0 \tag{10.3-1}$$

式中，$w_0$ 为标准地貌的基本风压；$\mu_s$ 为风载体型系数；$\mu_z$ 为风压高度变化系数；$\beta_z$ 为风振系数。

**(1) 基本风速和基本风压**

基本风压是根据当地气象台站历年来的最大风速记录，按基本风速的标准要求，将不同风速仪高度和时次时距的年最大风速，统一换算为离地 10m 高，自记 10min 平均年最大风速数据，经过统计分析确定重现期为 50 年的最大风速，作为当地的基本风速 $v_0$，再按下式计算得到：

$$w_0 = \frac{1}{2}\rho v_0^2 \tag{10.3-2}$$

如果统一取标准的空气密度 $\rho = 1.25\ \text{kg/m}^3$，则基本风压计算公式为

$$w_0 = v_0^2/1600(\text{kN/m}^2) \tag{10.3-3}$$

由于海洋平台大多建设在缺乏长期气象数据记录的海域，其基本风压的确定可采用建设场地的实测数据结合气象重分析数据进行统计分析。风速的统计样本均值应采用年最大值，并采用极值Ⅰ型的概率分布，其分布函数为：

$$F_V(v) = P(V \leqslant v) = 1 - p = \exp\left\{-\exp\left[-\frac{v-u}{\gamma}\right]\right\} \tag{10.3-4}$$

式中，$u$ 为分布的位置参数；$\gamma$ 为分布的尺度参数；$p$ 为极值风速的超越概率。对上式两边取对数变换得到

$$v = u + \gamma\{-\ln[-\ln(1-p)]\} \tag{10.3-5}$$

对于具有 $R$ 年重现期的设计风速 $V_R$ 来说，其在一年中的超越概率为 $p = 1/R$，这样基于极端风速样本的设计风速估计值可以给出如下

$$\hat{V}_R = u + \gamma\left\{-\ln\left[-\ln\left(1-\frac{1}{R}\right)\right]\right\} \tag{10.3-6}$$

式中的概率分布参数模态风速 $u$ 和尺度参数 $\gamma$ 可以通过把极端风速样本拟合到极值Ⅰ型概率分布函数中去来实现。或者也可以根据极端风速样本的均值和方差来估计如下：

$$\frac{1}{\gamma} = \frac{1.28255}{\sigma} \tag{10.3-7}$$

$$u = \mu - 0.57722\gamma \tag{10.3-8}$$

式中，$\sigma$ 为极值风速样本的标准差；$\mu$ 为极值风速样本的均值。下面给出一个基本风速统计分析的例子。

香港气象台（http：//www.hko.gov.hk/informtc/tcReportc.htm）公开发布的极端风速记录可作为设计风速统计分析的样本数据。分析中所用的从 1953～2006 年台风天气下的共 110 个时均极值风速记录是香港气象台利用横澜岛上的风速仪所测量得到的。图 10.3-2给出了这些极值风速数据的极值Ⅰ型概率分布对数坐标图。从图中显示的线性

回归公式可得对应于 10 年、50 年和 100 年重现期的设计风速分别为 34.7m/s，43.6m/s 和 47.2m/s。

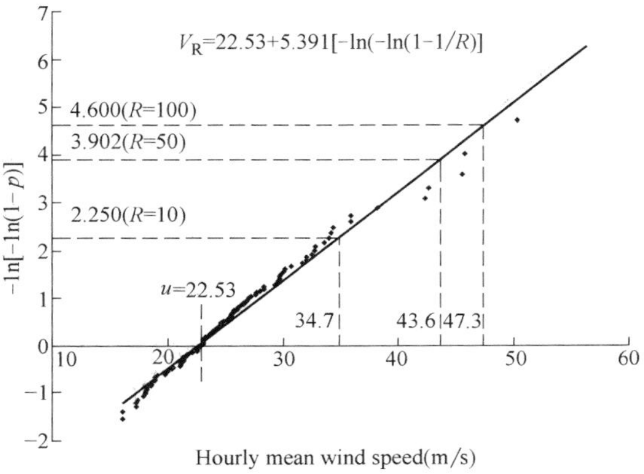


图 10.3-2 香港地区 1953～2006 年的极值风速分布

**(2) 体型系数**

风荷载体型系数是指风作用在结构物表面一定面积范围内所引起的平均压力或吸力与来流风的速度压得比值。体型系数主要与结构物的体型和尺度有关，也与周围环境和地面粗糙度有关。由于它涉及的是关于固体与流体相互作用的问题，对于不规则形状的固体，无法给出理论上的结果，一般均应由缩尺模型的风洞试验或原型现场试验来确定。对于海洋平台结构而言，经常遇到的各种典型结构物的整体体型系数列于表 10.3-1 中。

**海洋工程结构的整体体型系数　　表 10.3-1**

| 形状 | $\mu_s$ | 形状 | $\mu_s$ |
|---|---|---|---|
| 圆柱形 | 0.5 | 甲板下面积(平滑表面) | 1.0 |
| 船身 | 1.0 | 甲板下面积(暴露的梁和架) | 1.3 |
| 甲板 | 1.0 | 钻机井架的每一面 | 1.25 |
| 孤立的结构形状(角钢、槽钢、工字钢) | 1.5 | | |

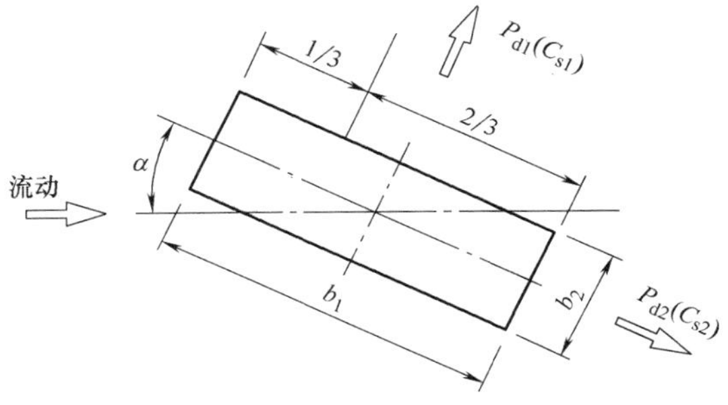


图 10.3-3 矩形横截面上的体型系数分量

对于单个结构件横截面上的风力作用，挪威船级社（DNV）的环境荷载规范中（DNV No. 30.5，Environmental condition and environmental loads）[39]给出了更为详细的体型系数。如图 10.3-3 所示，截面为矩形的光滑构件体型系数可以分解为两个垂直方向的分量 $C_{s1}$ 和 $C_{s2}$，其计算公式如下：

$$C_{s1}=2\sin\alpha \tag{10.3-9}$$

$$C_{s2}=\left(1+\frac{b_2}{b_1}\right)\cos\alpha \quad (\text{当 } b_2\leqslant b_1\leqslant 2b_2 \text{ 时}) \tag{10.3-10}$$

$$=1.5\cos\alpha \quad (\text{当 } b_1>2b_2 \text{ 时})$$

其他具有不规则横断面的各种光滑构件在不同风向角下的体型系数分量，可按表 10.3-2 选用[39]。

**(3) 遮蔽系数**

在海洋平台抗风设计中，遮蔽效应是指如果有两个或多个构件沿顺风向布置，由于前面构件对后面构件有遮挡，从而使受遮挡的构件比单独暴露在风中所受的风荷载小。遮蔽系数可用于衡量遮蔽效应的程度，是指构件在受遮蔽的情况下所受风荷载与单独暴露在风中所受风荷载之比[40]，即：

$$\eta=\frac{F_{\eta}}{F} \tag{10.3-11}$$

式中，$\eta$ 为顺风向遮蔽系数，$F_{\eta}$ 为受遮蔽的情况下作用在构件上的风荷载。根据式（10.3-11），受遮蔽构件上的风荷载可通过单一构件的风荷载乘以遮蔽系数求得。但目前能利用固定公式计算的遮蔽系数仅限于一些简单构件，复杂构件的遮蔽系数目前没有准确的计算方法，风洞试验是较好的选择。然而，由于试验条件的限制，大多数情况下复杂构件的遮蔽系数还需通过简化及经验方法确定。

多位学者对建筑间的风荷载遮蔽效应进行了研究，得到了很多有价值的结论。English[41]等对多次风洞试验的结果进行拟合，给出了两个相同的矩形截面柱体建筑在湍流风场、串列布置下顺风向平均弯矩（或阻力）遮蔽系数的回归公式：

$$\eta=-0.05+0.65x+0.29x^{2}-0.24x^{3} \tag{10.3-12}$$

式中：$x=\log[S(h+b)/hb]$，$S$ 为两个建筑的净间距，$b$ 和 $h$ 为建筑物的宽度和高度。谢壮宁等[42]通过风洞试验给出了两个同样大小的建筑物在均匀流场、B类地貌和D类地貌下顺风向平均基底弯矩的遮蔽系数的等值线分布图。时军[43]根据二者的研究成果拟合了建筑的横向遮蔽系数（即干扰因子），认为施扰建筑与受扰建筑的横向间距超过 $2.5b$ 时，遮蔽效应已不存在；若施扰建筑与受扰建筑的横向间距小于 $2.5b$，遮蔽系数与横向间距呈线性比例关系，并可表达为：

$$\eta'=\eta+\frac{y}{2.5b}\times(1-\eta) \tag{10.3-13}$$

式中，$\eta'$为建筑的横向遮蔽系数；$y$ 为建筑的横向间距，即垂直风向上两建筑的距离。另外，谢壮宁和顾明[44]研究了 5 种不同宽度和 5 种不同高度比的两个正方形截面柱体间在不同地貌类型下的遮蔽系数，认为不同宽度比和高度比对遮蔽系数的影响分别如式（10.3-14）和式（10.3-15）所示：

不同宽度比下的顺风向遮蔽系数（$B_r$ 为施扰建筑与受扰建筑的宽度比）：

$$\eta_b=\begin{cases}0.311+0.705\eta & B_r=0.50\\ 0.153+0.864\eta & B_r=0.75\\ \eta & B_r=1.00\\ -0.213+1.196\eta & B_r=1.50\\ -0.264+1.074\eta & B_r=2.00\end{cases} \tag{10.3-14}$$

不同高度比下的顺风向遮蔽系数（$Hr$ 为施扰建筑与受扰建筑的高度比）：

$$\eta_h=\begin{cases}1 & H_r<0.50\\ 0.815+0.171\eta & H_r=0.50\\ 0.426+0.569\eta & H_r=0.75\\ \eta & H_r=1.00\\ -0.073+1.062\eta & H_r=1.25\end{cases} \tag{10.3-15}$$

然而，海洋平台构件类型多样且分布复杂，运用式（10.3-14）和式（10.3-15）计算遮蔽系数时需要做一些假定与简化，包括：

① 将构件的外形特征统一用顺风向上的投影面积（只考虑高度和宽度）表示，不同构件间的距离以其形心间的水平距离表示；

② 若有多个施扰构件作用在某构件上，首先单独计算各个施扰构件对受扰构件的遮蔽系数，再按式（10.3-16）进行计算[45]：

$$\eta_{\mathrm{mult}}=(\eta_1\times\eta_2\times\eta_3\times\cdots\times\eta_n)^k k=1.0907 \tag{10.3-16}$$

式中，$\eta_n$ 表示第 $n$ 个施扰构件对受扰构件的遮蔽系数；

③ 若多个构件沿风向并排布置，作用在其他构件上的风荷载取值为第二个构件上的风荷载[40]。

**不规则横断面的体型系数　　表 10.3-2**

| 剖面 | $\alpha$(°) | $C_{S1}$ | $C_{S2}$ |
|---|---|---|---|
| 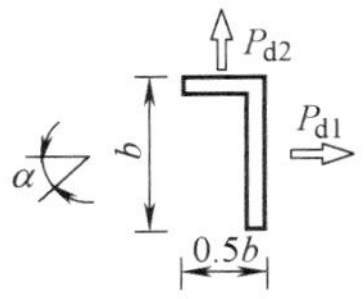 | 0 | 1.9 | 1.0 |
| | 45 | 1.8 | 0.8 |
| | 90 | 2.0 | 1.7 |
| | 135 | −1.8 | −0.1 |
| | 180 | −2.0 | 0.1 |
| 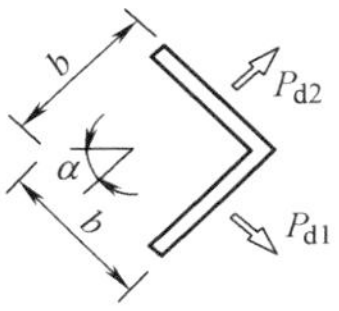 | 0 | 1.8 | 1.8 |
| | 45 | 2.1 | 1.8 |
| | 90 | −1.9 | −1.0 |
| | 135 | −2.0 | 0.3 |
| | 180 | −1.4 | −1.4 |
| 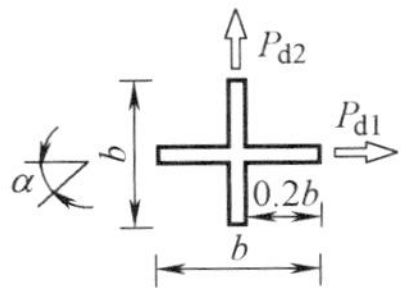 | 0 | 1.7 | 0 |
| | 45 | 0.8 | 0.8 |
| | 90 | 0 | 1.7 |
| | 135 | −0.8 | 0.8 |
| | 180 | −1.7 | 0 |
| 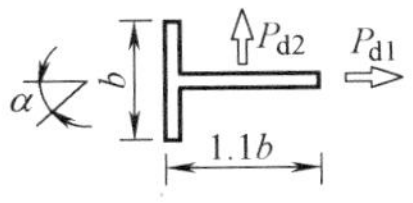 | 0 | 2.0 | 0 |
| | 45 | 1.2 | 0.9 |
| | 90 | −1.6 | 2.2 |
| | 135 | −1.1 | −2.4 |
| | 180 | −1.7 | 0 |
| 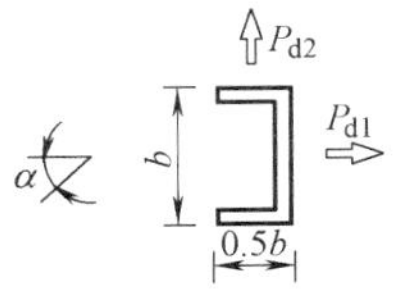 | 0 | 2.1 | 0 |
| | 45 | 1.9 | 0.6 |
| | 90 | 0 | 0.6 |
| | 135 | −1.6 | 0.4 |
| | 180 | −1.8 | 0 |
| 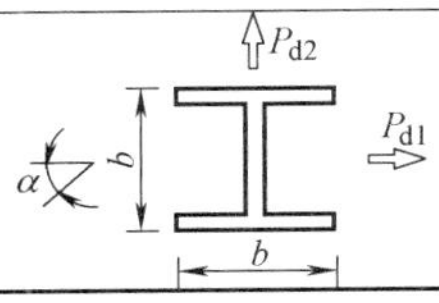 | 0 | 2.1 | 0 |
| | 45 | 2.0 | 0.6 |
| | 90 | 0.5 | 0.9 |

续表

| 剖面 | $\alpha$(°) | $C_{s1}$ | $C_{s2}$ |
|---|---|---|---|
| 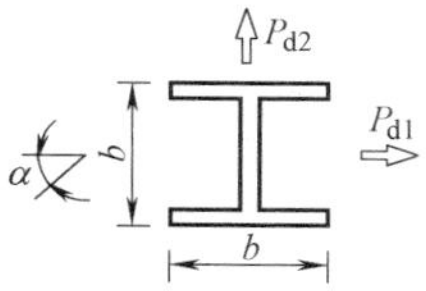 | 0<br>45<br>90 | 1.6<br>1.5<br>0 | 0<br>1.5<br>1.9 |
| 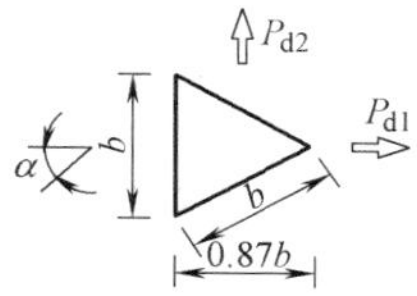 | 0<br>180 | 1.8<br>−1.3 | 0<br>0 |

**(4) 风振系数**

在风工程实践中，需要从结构的风振分析结果推导出等效静风荷载，从而方便结构抗风设计。根据我国《建筑结构荷载规范》GB 50009—2012 定义，高耸结构风振系数的定义为：

$$\beta_z=\frac{P_e}{\overline{P}}=\frac{\overline{P}+P_d}{\overline{P}}=1+\frac{P_d}{\overline{P}} \tag{10.3-17}$$

式中，$P_e$ 为等效静风荷载，$\overline{P}$ 为平均风荷载，$P_d$ 为脉动风荷载。对于刚度比较大的结构，风振系数可取为 1。当结构基本自振周期 $T$ 大于 0.25s 时，以及对于高度超过 30m 且高宽比大于 1.5 的高柔结构，由脉动风引起的结构振动比较明显，需要考虑风振系数。如果只考虑结构的首阶振动，并且直接采用风速谱来估计风压谱（准定常假定），结构的顺风向振动可以用频域方法来计算，相应的风振系数可以表达为：

$$\beta_z=1+2gI_{10}B_z\sqrt{1+R^2} \tag{10.3-18}$$

式中，$g$ 为峰值因子；$I_{10}$ 为 10m 高度处名义湍流强度，对应 A、B、C 和 D 类地貌粗糙度，可分别取为 0.12、0.14、0.23 和 0.39；$R$ 和 $B_z$ 分别为脉动风荷载的共振和背景分量因子，其计算公式可参见《建筑结构荷载规范》GB 50009—2012。

对于海洋平台上的一般高耸结构，风振系数的取值可参考表 10.3-3。对于某特定工程结构，其动力风效应的详尽细节则需要采用动力学和随机振动理论在时域或频域内进行动力分析计算来获得。

**一般高耸结构的风振系数** **表 10.3-3**

| 结构首阶自由振动周期 $T$(s) | $\beta_z$ | 结构首阶自由振动周期 $T$(s) | $\beta_z$ |
|---|---|---|---|
| 0.5 | 1.45 | 2.0 | 1.65 |
| 1.0 | 1.55 | 3.5 | 1.70 |
| 1.5 | 1.62 | 5.0 | 1.75 |

**(5) 峰值因子**

风振系数计算式（10.3-18）中的峰值因子一般可采用由 Davenport 于 1967 年提出的高斯过程峰值因子[46]。该方法假定每个样本均符合正态（高斯）分布，每个样本最大值构成的随机变量又符合极值分布，这样就可以根据极值穿越理论，推导出极值期望值与样本均值和标准差之间的关系：

$$X_{\max}=m_X\pm g\sigma_X \tag{10.3-19}$$

式中，$m_X$和$\sigma_X$为风振响应的均值和标准差；$X_{\max}$为风振响应极值；$g$ 为峰值因子，其表达式为：

$$g=(2\ln\nu T)^{1/2}+\frac{0.5772}{(2\ln\nu T)^{1/2}} \tag{10.3-20}$$

式中，$T$ 为观察时距，$\nu$ 为零值穿越率。

然而，高斯过程的假定往往不适用于局部风压及局部风致响应。对于风致结构非高斯效应（响应）过程极值的研究已经成为一个新的研究热点[47-50]。非高斯峰值因子分析方法可分为极值样本法、越界峰值法以及随机过程映射转换法。其中尤其随机过程映射转换法应用最为广泛。该方法把非高斯风效应或响应过程看成是标准高斯过程的一一对应的映射过程。因此，可以通过高斯过程的极值理论计算非高斯过程的极值概率分布[51-53]。

非高斯过程 $x(t)$ 可以表示为高斯过程 $u(t)$ 的 Hermite 多项式，以扩展应用于非高斯过程。Winterstein[51]给出了非高斯随机变量和标准高斯随机变量的关系式：

$$x=\alpha\{u+h_3(u^2-1)+h_4(u^3-3u)\} \tag{10.3-21}$$

式中的参数定义如下：

$$\alpha=(1+2h_3^2+6h_4^2)^{-1/2} \tag{10.3-22}$$

$$h_3=\frac{\gamma_3}{4+2\sqrt{1+1.5(\gamma_4-3)}} \tag{10.3-23}$$

$$h_4=\frac{\sqrt{1+1.5(\gamma_4-3)}-1}{18} \tag{10.3-24}$$

式中，$\gamma_3$ 和 $\gamma_4$ 分别为时程信号的偏度和峰度。通过 Hermite 转换式，由传统峰值因子法可得非高斯过程的峰值因子[48]：

$$\bar{x}_{ng}=\alpha\left\{\left(\beta+\frac{\gamma}{\beta}\right)+h_3\left(\beta^2+2\gamma-1+\frac{1.98}{\beta^2}\right)+h_4\left[\beta^3+3\beta(\gamma-1)+\frac{3}{\beta}\left(\frac{\pi^2}{6}-\gamma+\gamma^2\right)+\frac{5.44}{\beta^3}\right]\right\} \tag{10.3-25}$$

式中，$\gamma$ 为欧拉常数，$\gamma=0.5772$；$\beta=\sqrt{2\ln(\nu_0 T)}$，其中 $\nu_0$ 为零穿越率。注意到式（10.3-25）中的（$\beta+\gamma/\beta$）即为 Davenport 峰值因子计算式（10.3-20）。另外，在式（10.3-25）的推导中使用了 $\gamma_4>3$ 的假设，即该式只对所谓的“软”响应过程有效。软响应过程和硬响应过程在高阶矩和极值分布的区别可参考文献[54]。

Sadek-Simiu 法[53]利用泊松分布来描述在时距 $T$ 内标准高斯过程 $y(t)$ 中极值的随机产生，可得如下双指数型极值概率分布：

$$F_{Y_{PK}}(y_{pk})=\exp[-\nu_{0,y}T\exp(-y_{pk}^2/2)] \tag{10.3-26}$$

相应的峰值因子为

$$y_{pk,p}=\sqrt{2\ln\frac{\nu_{0,y}T}{\ln(1/p)}} \tag{10.3-27}$$

高斯过程的零值穿越率可以通过非高斯压力时程序列的功率谱密度函数 $S_{C_{pi}}(f)$ 估计如下：

$$\nu_{0,y}=\sqrt{\frac{\int_0^{\infty}f^2S_{Cpi}(f)\mathrm{d}f}{\int_0^{\infty}S_{Cpi}(f)\mathrm{d}f}} \tag{10.3-28}$$

式中，$f$ 为频率。由式（10.3-27）计算得到高斯过程的峰值因子，可以通过等效概率原则映射到非高斯风压时程数据的经验母分布中，如三参数 gamma 分布，从而确定相应的风压峰值经验分布。根据风压时程样本的峰值经验概率分布及回归所得的极值 I 型 Gumbel 分布，可得非高斯风压时程的期望峰值因子。但 Sadek-Simiu 法由于采用 gamma 母分布，也只适用于"软"响应过程。

Huang 等人在 Sadek-Simiu 法的基础上提出了峰值过程映射转换法（TPP）[49]，原则上能计算任意平稳随机过程的峰值因子，而且其使用无须估计随机过程样本的高阶统计量，如偏度和峰度。事实上，非高斯风压过程的偏度和峰度估计对所采样本的时长比较敏感，仅仅依据一个样本来估计往往误差较大[50]。TPP 法认为，一般平稳随机过程的局部峰值构成一个峰值过程，其分布符合 Weibull 模型，这样母过程极值的期望峰值因子可由下式计算：

$$g_W=[\rho\ln(\nu_0T)]^{1/\kappa}+\frac{\gamma[\rho\ln(\nu_0T)]^{1/\kappa}}{\kappa\ln(\nu_0T)} \tag{10.3-29}$$

式中，$\rho$、$\kappa$ 分别为风压峰值分布的尺度参数和形状参数；$\nu_0$ 为随机过程的零穿越率；$T$ 为过程时长，通常可取为 600s。当 $\rho$、$\kappa$ 均等于 2 时，该公式即为经典 Davenport 峰值因子计算公式。式（10.3-29）中的局部峰值 Weibull 分布参数（$\rho$ 和 $\kappa$），可根据所考察平稳随机过程的样本母分布信息，通过峰值过程映射转换法（TPP）来得到[49]。

## 10.3.2 海洋平台风致动力响应计算

### （1）海洋平台运动方程

考虑常见的桩基式导管架平台结构，如图 10.3-4 所示，由上部结构（平台甲板）和支承结构组成。上部结构一般由上下层平台甲板和层间桁架或立柱构成。支承结构由导管架和钢管桩组成，而导管架是由腿柱和连接腿柱的纵横杆系所构成的空间框架结构。导管架沿竖向会布置几个水平支撑层，层高一般为 12～18m。鉴于各层有较刚劲的水平支撑杆件，可认为各层内的节点水平位移相等，也就是说各水平层的运动符合刚性隔板假定。由于在风力作用下海洋平台主要发生水平方向的运动和整体扭转，这样平台结构动力模型可以简化为带刚性隔板的集中质量葫芦串模型，每个水平隔层保留三个自由度，即层质心在层平面内两个正交方向的平动 $x$ 和 $y$，和水平层绕竖轴的整体转动 $\theta$。考虑一个包含 $N$ 个水平层的导管架平台结构，这样其动力自由度为 $3N$ 个，该海洋平台的风激运动方程如下

$$\begin{bmatrix}\boldsymbol{M}&\boldsymbol{0}&\boldsymbol{0}\\\boldsymbol{0}&\boldsymbol{M}&\boldsymbol{0}\\\boldsymbol{0}&\boldsymbol{0}&\boldsymbol{I}\end{bmatrix}\begin{Bmatrix}\ddot{\boldsymbol{X}}\\\ddot{\boldsymbol{Y}}\\\ddot{\boldsymbol{\Theta}}\end{Bmatrix}+\begin{bmatrix}\boldsymbol{C}_{XX}&\boldsymbol{0}&\boldsymbol{C}_{X\Theta}\\\boldsymbol{0}&\boldsymbol{C}_{YY}&\boldsymbol{C}_{Y\Theta}\\\boldsymbol{C}_{X\Theta}^{T}&\boldsymbol{C}_{Y\Theta}^{T}&\boldsymbol{C}_{\Theta\Theta}\end{bmatrix}\begin{Bmatrix}\dot{\boldsymbol{X}}\\\dot{\boldsymbol{Y}}\\\dot{\boldsymbol{\Theta}}\end{Bmatrix}+\begin{bmatrix}\boldsymbol{K}_{XX}&\boldsymbol{0}&\boldsymbol{K}_{X\Theta}\\\boldsymbol{0}&\boldsymbol{K}_{YY}&\boldsymbol{K}_{Y\Theta}\\\boldsymbol{K}_{X\Theta}^{T}&\boldsymbol{K}_{Y\Theta}^{T}&\boldsymbol{K}_{\Theta\Theta}\end{bmatrix}\begin{Bmatrix}\boldsymbol{X}\\\boldsymbol{Y}\\\boldsymbol{\Theta}\end{Bmatrix}=\begin{Bmatrix}\boldsymbol{F}_{X}\\\boldsymbol{F}_{Y}\\\boldsymbol{F}_{\Theta}\end{Bmatrix} \tag{10.3-30}$$

其中，$\boldsymbol{X}=(x_1,x_2,\cdots,x_N)^{\mathrm{T}}$，$\boldsymbol{Y}=(y_1,y_2,\cdots,y_N)^T$，$\boldsymbol{\Theta}=(\theta_1,\theta_2,\cdots,\theta_N)^{\mathrm{T}}$是三个位移子向量；$\boldsymbol{M}=\mathrm{diag}[m_i]$ 代表质量子矩阵，$m_i=$ 水平隔层 $i$ 的集中质量；$\boldsymbol{I}=\mathrm{diag}[I_i]$ 代表各刚性隔板的转动惯量子矩阵，$I_i=m_i r_i{}^2$ 和 $r_i=$ 刚性隔板的转动半径；$\boldsymbol{F}_{\mathrm{X}}=(F_{\mathrm{x1}},F_{\mathrm{x2}},\cdots,F_{\mathrm{xN}})^{\mathrm{T}}$，$\boldsymbol{F}_{\mathrm{Y}}=(F_{\mathrm{y1}},F_{\mathrm{y2}},\cdots,F_{\mathrm{yN}})^{\mathrm{T}}$，$\boldsymbol{F}_Q=(T_{\theta1},T_{\theta2},\cdots,T_{\theta\mathrm{N}})^{\mathrm{T}}$是作用在每个水平隔层的风力向量，包括两个水平荷载向量和一个扭转向量；$\boldsymbol{K}_{\mathrm{XX}}$，$\boldsymbol{K}_{\mathrm{XQ}}$，$\boldsymbol{K}_{\mathrm{YY}}$，$\boldsymbol{K}_{\mathrm{YQ}}$，$\boldsymbol{K}_{\mathrm{QQ}}=N\times N$ 的结构刚度子矩阵，$\boldsymbol{C}_{\mathrm{XX}}$，$\boldsymbol{C}_{\mathrm{XQ}}$，$\boldsymbol{C}_{\mathrm{YY}}$，$\boldsymbol{C}_{\mathrm{YQ}}$，$\boldsymbol{C}_{\mathrm{QQ}}=N\times N$ 的结构阻尼子矩阵。

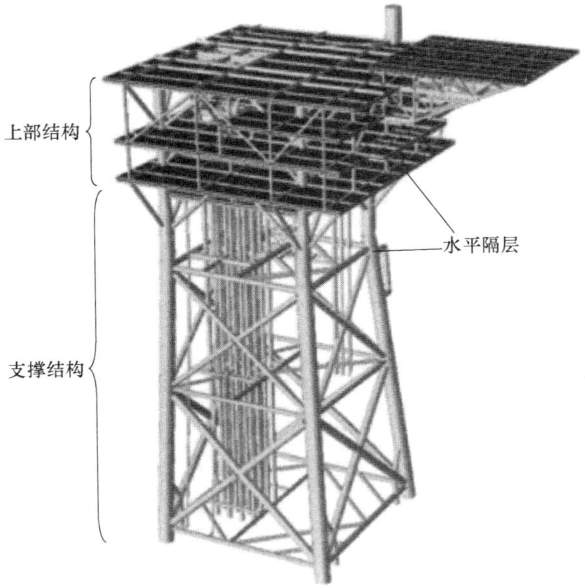


图 10.3-4 桩基式导管架平台结构

根据线性系统模态叠加法，导管架海洋平台各水平隔层的位移响应可以通过各模态（广义）位移响应叠加得到，如考虑 $j=1$，2，…，$n$ 个模态叠加计算公式如下

$$\begin{aligned}\boldsymbol{X}&=[\boldsymbol{\Phi}_{j\mathrm{x}}]\{q_j\}\\ \boldsymbol{Y}&=[\boldsymbol{\Phi}_{j\mathrm{y}}]\{q_j\}\\ \boldsymbol{\Theta}&=[\boldsymbol{\Phi}_{j\theta}]\{q_j\}\end{aligned}\tag{10.3-31}$$

其中，$q_j=$第 $j$ 个模态位移响应；$[\Phi_{js}]$ 是第 $j$ 个振型子矩阵，这里的振型是三维的，具有 $s=x$，$y$，$\theta$ 三个分量。而所有 $n$ 个模态的振型矩阵可以表达如下

$$\boldsymbol{\Phi}=\begin{bmatrix}\Phi_{1\mathrm{x}} & \Phi_{2\mathrm{x}}\cdots\Phi_{j\mathrm{x}}\cdots & \Phi_{\mathrm{nx}}\\ \Phi_{1\mathrm{y}} & \Phi_{2y}\cdots\Phi_{j\mathrm{y}}\cdots & \Phi_{\mathrm{ny}}\\ \Phi_{1\theta} & \Phi_{2\theta}\cdots\Phi_{j\theta}\cdots & \Phi_{\mathrm{n}\theta}\end{bmatrix}\tag{10.3-32}$$

这个振型矩阵可以通过求解结构系统的自由振动特征值和特征向量问题而得到，高层建筑结构系统的特征向量（振型）方程表达如下

$$\begin{bmatrix}\boldsymbol{K}_{\mathrm{XX}} & \mathbf{0} & \boldsymbol{K}_{\mathrm{X\Theta}}\\ \mathbf{0} & \boldsymbol{K}_{\mathrm{YY}} & \boldsymbol{K}_{\mathrm{Y\Theta}}\\ \boldsymbol{K}_{\mathrm{X\Theta}}^{\mathrm{T}} & \boldsymbol{K}_{\mathrm{Y\Theta}}^{\mathrm{T}} & \boldsymbol{K}_{\mathrm{\Theta\Theta}}\end{bmatrix}\begin{bmatrix}\boldsymbol{\Phi}_{\mathrm{x}}\\ \boldsymbol{\Phi}_{\mathrm{y}}\\ \boldsymbol{\Phi}_{\theta}\end{bmatrix}=\begin{bmatrix}\boldsymbol{M} & \mathbf{0} & \mathbf{0}\\ \mathbf{0} & \boldsymbol{M} & \mathbf{0}\\ \mathbf{0} & \mathbf{0} & \boldsymbol{I}\end{bmatrix}\begin{bmatrix}\Phi_{\mathrm{x}}\\ \Phi_{\mathrm{y}}\\ \Phi_{\theta}\end{bmatrix}\begin{bmatrix}\omega_1^2 & 0 & 0\\ 0 & \ddots & 0\\ 0 & 0 & \omega_n^2\end{bmatrix}\tag{10.3-33}$$

其中，$\omega_j=$第 $j$ 个各模态圆频率。

考虑到模态振型之间的正交特性，并且假定结构阻尼是经典线性阻尼，运动方程（10.3-30）可以在模态空间得到解耦。解耦后的运动方程在模态空间以 $j=1, 2, \cdots, n$ 模态位移 $q_j$（广义位移）为待求变量如下

$$\begin{bmatrix} m_1 & 0 & 0 \\ 0 & \ddots & 0 \\ 0 & 0 & m_n \end{bmatrix} \begin{Bmatrix} \ddot{q}_1(t) \\ \vdots \\ \ddot{q}_n(t) \end{Bmatrix} + \begin{bmatrix} c_1 & 0 & 0 \\ 0 & \ddots & 0 \\ 0 & 0 & c \end{bmatrix} \begin{Bmatrix} \dot{q}_1(t) \\ \vdots \\ \dot{q}_n(t) \end{Bmatrix} + \begin{bmatrix} k_1 & 0 & 0 \\ 0 & \ddots & 0 \\ 0 & 0 & k_n \end{bmatrix} \begin{Bmatrix} q_1(t) \\ \vdots \\ q_n(t) \end{Bmatrix} = \begin{Bmatrix} Q_1(t) \\ \vdots \\ Q_1(t) \end{Bmatrix} \tag{10.3-34}$$

其中，第 $j$ 个模态的广义质量（$m_j$）、广义阻尼（$c_j$）、广义刚度（$k_j$）和广义模态力（$Q_j$）分别表达如下

$$m_j = \Phi_{jx}^T \boldsymbol{M} \Phi_{jx} + \Phi_{jy}^T \boldsymbol{M} \Phi_{jy} + \Phi_{j\theta}^T \boldsymbol{I} \Phi_{j\theta} \tag{10.3-35}$$

$$c_j = 2\xi_j m_j \omega_j \tag{10.3-36}$$

$$k_j = m_j \omega_j^2 \tag{10.3-37}$$

$$Q_j = \Phi_{jx}^T \boldsymbol{F}_X + \Phi_{jy}^T \boldsymbol{F}_Y + \Phi_{j\theta}^T \boldsymbol{F}_\Theta \tag{10.3-38}$$

注意到 $\xi_j$ =第 $j$ 个模态的阻尼比。根据相关规范，导管架平台各振型的阻尼比取值为 0.02～0.05。

**（2）频域分析方法**

用风洞试验方法，如高频动态天平或多点同步测压试验方法，作用在海洋平台的气动荷载可以在大气边界层风洞中测量得到。然后，结合平台结构的动力特性，如质量、刚度和阻尼，即可计算得出平台结构的风致动力响应。基于随机振动的频域计算方法，模态位移向量$(q_1, q_2, \cdots, q_n)$的谱密度函数矩阵表达为气动力谱矩阵和结构频率响应函数矩阵的乘积

$$[S_{q_j}(\omega)] = \boldsymbol{H}(\omega) \boldsymbol{S}_Q(\omega) \boldsymbol{H}^*(\omega), \quad j=1,2,\cdots,n \tag{10.3-39}$$

其中，$\boldsymbol{S}_Q$ =海洋平台结构的广义气动力谱密度函数矩阵，一般可通过风洞试验数据处理后得到；$\boldsymbol{H}(\omega) = \text{diag}[H_j(\omega)/(m_j\omega_j^2)]$ =结构系统频率响应函数矩阵；$\boldsymbol{H}^*$ = 频率响应函数矩阵的共轭复数。频率响应函数矩阵 $\boldsymbol{H}$ 中的对角元素可以表达为无量纲复值函数如下

$$H_j(\omega) = \frac{1}{1-(\omega/\omega_j)^2 + 2i\xi_j\omega/\omega_j}, \quad j=1,2,\cdots,n \tag{10.3-40}$$

其中，$i$ 是虚数单位。而广义气动力谱密度函数矩阵可以通过模态振型矩阵 $\boldsymbol{\Phi}$ 与各楼层三分力组成的气动力谱矩阵相乘得到，

$$\boldsymbol{S}_Q(\omega) = \boldsymbol{\Phi}^T [S_{F_{sl}}(\omega)] \boldsymbol{\Phi} \tag{10.3-41}$$

其中，子矩阵 $S_{F_{sl}}(\omega)$ 是各水平隔层风力分量组成的矢量随机过程 $\{\boldsymbol{F}_X, \boldsymbol{F}_Y, \boldsymbol{F}_\theta\}^T$ 的自谱密度函数和互谱密度函数构成的气动力谱矩阵，下标 $s$，$l=x$，$y$，$\theta$ 指示各楼层气动力在三个方向上的分量。如果只考虑三个基本模态，即 $j=1, 2, 3$，式（10.3-41）可以写成展开的形式，

$$\begin{bmatrix} S_{Q_{11}} & S_{Q_{12}} & S_{Q_{13}} \\ S_{Q_{21}} & S_{Q_{22}} & S_{Q_{23}} \\ S_{Q_{31}} & S_{Q_{32}} & S_{Q_{33}} \end{bmatrix} = \begin{bmatrix} \Phi_{1x} & \Phi_{1y} & \Phi_{1\theta} \\ \Phi_{2x} & \Phi_{2y} & \Phi_{2\theta} \\ \Phi_{3x} & \Phi_{3y} & \Phi_{3\theta} \end{bmatrix} \begin{bmatrix} S_{F_{xx}} & S_{F_{xy}} & S_{F_{x\theta}} \\ S_{F_{yx}} & S_{F_{yy}} & S_{F_{y\theta}} \\ S_{F_{\theta x}} & S_{F_{\theta y}} & S_{F_{\theta\theta}} \end{bmatrix} \begin{bmatrix} \Phi_{1x} & \Phi_{2x} & \Phi_{3x} \\ \Phi_{1y} & \Phi_{2y} & \Phi_{3y} \\ \Phi_{1\theta} & \Phi_{2\theta} & \Phi_{3\theta} \end{bmatrix} \tag{10.3-42}$$

从式（10.3-42）可以注意到三维模态自身耦合效应和不同方向风力相关性之间的共同作用。如果模态振型矩阵 **Φ** 只含有对角元素，也就是说模态是一维的，结构系统可以称为是机械解耦的。如果风力谱矩阵 $[S_{F_{sl}}]$ 是强对角线的，在不同方向上的风力分量之间是统计无关的，即不同方向风力分量之间的相关性是可以忽略的。

根据式（10.3-39）给出的模态位移向量的谱密度函数矩阵和模态叠加公式，海洋平台各水平隔层位移响应的谱密度函数矩阵可以计算如下

$$[S_s(\omega)]=\boldsymbol{\Phi}[S_{q_j}(\omega)]\boldsymbol{\Phi}^{\mathrm{T}} \tag{10.3-43}$$

将式（10.3-39）和式（10.3-41）代入式（10.3-43），海洋平台风致位移响应向量 $\boldsymbol{X}(t)$，$\boldsymbol{Y}(t)$ and $\boldsymbol{\Theta}(t)$ 的谱密度函数矩阵就表达为如下各矩阵的乘积，

$$[S_s(\omega)]=\boldsymbol{\Phi}\boldsymbol{H}(\omega)\boldsymbol{\Phi}^{\mathrm{T}}[S_{F_{sl}}(\omega)]\boldsymbol{\Phi}\boldsymbol{H}^*(\omega)\boldsymbol{\Phi}^{\mathrm{T}},(s,l=x,y,\theta) \tag{10.3-44}$$

上式为精确的 CQC 模态组合计算公式，包括了所有模态之间的交叉项即耦合项。当激励功率谱为单边谱时，即 $0\leqslant\omega\leqslant\infty$，海洋平台结构的位移、速度和加速度响应均方值可按下式由响应功率谱密度函数积分而得，

$$[\sigma_s^2]=\int_0^{\infty}[S_s(\omega)]\mathrm{d}\omega \tag{10.3-45}$$

$$[\sigma_{\dot{s}}^2]=\int_0^{\infty}\omega^2[S_s(\omega)]\mathrm{d}\omega \tag{10.3-46}$$

$$[\sigma_{\ddot{s}}^2]=\int_0^{\infty}\omega^4[S_s(\omega)]\mathrm{d}\omega \tag{10.3-47}$$

上述方程也可看作是响应谱密度函数 $S_s(\omega)$ 的零阶、二阶和四阶谱矩。

如果给出在平台高度 $z$ 处的三维模态，即 $\{\phi_s(z)\}^{\mathrm{T}}=\{\phi_{1s}(z),\phi_{2s}(z),\cdots,\phi_{ns}(z)\}$，其中，$s=x,y,\theta$，则海洋平台在高度 $z$ 处的均方响应三个分量由下式确定，

$$\sigma_s^2=\{\phi_s(z)\}^{\mathrm{T}}\left[\int_0^{\infty}\boldsymbol{H}(\omega)\,\boldsymbol{S}_{\mathrm{Q}}(\omega)\,\boldsymbol{H}^*(\omega)\mathrm{d}\omega\right]\{\phi_s(z)\} \tag{10.3-48}$$

上式经过矩阵运算后可以展开写成模态响应组合的形式如下

$$\sigma_s^2=\sum_{j=1}^{n}\phi_{js}^2(z)\sigma_{\mathrm{q}_{jj}}^2+\sum_{\substack{j=1\\ j\neq k}}^{n}\sum_{k=1}^{n}\phi_{js}(z)\phi_{\mathrm{k}s}(z)C_{\mathrm{q}_{jk}} \tag{10.3-49}$$

其中，$\sigma_{\mathrm{q}_{jj}}^2$ 是第 $j$ 模态的广义位移均方值，$C_{\mathrm{q}_{jk}}$ 是第 $j$ 和第 $k$ 模态位移响应之间的协方差，可以计算如下

$$C_{\mathrm{q}_{jk}}=\frac{1}{m_j\omega_j^2m_k\omega_k^2}\mathrm{Re}\left[\int_0^{\infty}H_j(\omega)S_{\mathrm{Q}_{jk}}(\omega)H_k^*(\omega)\mathrm{d}\omega\right] \tag{10.3-50}$$

其中，Re 是取实部运算符。如果 $j=k$，上式中的协方差变为均方值，即

$$\sigma_{\mathrm{q}_{jj}}^2=\frac{\int_0^{\infty}|H_j(\omega)|^2S_{\mathrm{Q}_{jj}}(\omega)\mathrm{d}\omega}{(m_j\omega_j^2)^2} \tag{10.3-51}$$

注意到式（10.3-49）中右边的第一部分表示各个模态响应的单独贡献，而第二部分则表达了模态之间的耦合效应。模态之间的机械耦合由三维模态分量来确定，而模态响应之间的统计相关性由模态响应相关系数来估计。两个不同模态响应之间的相关系数可以通过各模态响应的均方值式（10.3-51）和模态响应之间的协方差式（10.3-50）来定义如下，

$$r_{jk}=\frac{C_{q_{jk}}}{\sigma_{q_{jj}}\sigma_{q_{kk}}}=\frac{\mathrm{Re}\left[\int_0^\infty H_j(\omega)H_k^*(\omega)S_{Q_{jk}}(\omega)\mathrm{d}\omega\right]}{\sqrt{\int_0^\infty H_j^2(\omega)S_{Q_{jj}}(\omega)\mathrm{d}\omega}\sqrt{\int_0^\infty H_k^2(\omega)S_{Q_{kk}}(\omega)\mathrm{d}\omega}} \tag{10.3-52}$$

利用模态相关系数 $r_{jk}$，位移响应分量的均方值式（10.3-49）可以改写为如下的形式，

$$\sigma_s^2=\sum_{j=1}^n\phi_{js}^2(z)\sigma_{q_{jj}}^2+\sum_{\substack{j=1\\ j\neq k}}^n\sum_{k=1}^n\phi_{js}(z)\phi_{ks}(z)r_{jk}\sigma_{q_{jj}}\sigma_{q_{kk}},\quad (s=x,y,\theta) \tag{10.3-53}$$

同样，加速度响应分量的均方值也可以写成模态组合的 CQC 形式，即

$$\sigma_{\ddot{s}}^2=\sum_{j=1}^n\phi_{js}^2(z)\sigma_{\ddot{q}_{jj}}^2+\sum_{\substack{j=1\\ j\neq k}}^n\sum_{k=1}^n\phi_{js}(z)\phi_{ks}(z)r_{jk}\sigma_{\ddot{q}_{jj}}\sigma_{\ddot{q}_{kk}},\quad (s=x,y,\theta) \tag{10.3-54}$$

其中，第 $j$ 模态的广义加速度响应均方值可以计算如下

$$\sigma_{\ddot{q}_{jj}}^2=\frac{\int_0^\infty\omega^4\,|H_j(\omega)|^2S_{Q_{jj}}(\omega)\mathrm{d}\omega}{(m_j\omega_j^2)^2} \tag{10.3-55}$$

如果结构模态力谱在第 $j$ 模态频率 $\omega_j$ 附近为白噪声，则广义加速度均方值可以近似计算为

$$\sigma_{\ddot{q}_{jj}}^2\approx\frac{S_{Q_{jj}}(\omega_j)\int_0^\infty\omega^4\,|H_j(\omega)|^2\mathrm{d}\omega}{(m_j\omega_j^2)^2} \tag{10.3-56}$$

考虑到频率响应函数 $H_j(\omega)$ 是一个窄带的函数，其在频点 $\omega_j$ 取峰值，这样式（10.3-56）中的 4 阶谱矩积分式可以简化如下

$$\int_0^\infty\omega^4\,|H_j(\omega)|^2\mathrm{d}\omega\approx\omega_j^4\int_0^\infty|H_j(\omega)|^2\mathrm{d}\omega \tag{10.3-57}$$

利用留数定理，积分式 $\int_0^\infty|H_j(\omega)|^2\mathrm{d}\omega$ 的解析解可以用第 $j$ 模态圆频率 $\omega_j$ 和模态阻尼比 $\xi_j$ 来表达，

$$\int_0^\infty|H_j(\omega)|^2\mathrm{d}\omega=\frac{\pi\omega_j}{4\xi_j} \tag{10.3-58}$$

基于式（10.3-56），式（10.3-56）和式（10.3-56），第 $j$ 模态的广义加速度均方值可以方便地估算如下

$$\sigma_{\ddot{q}_{jj}}^2\approx\frac{\pi\omega_j}{4\xi_jm_j^2}S_{Q_{jj}}(\omega_j) \tag{10.3-59}$$

**（3）模态响应相关系数**

式（10-3-50）表达的模态响应协方差 $C_{q_{jk}}$ 涉及两个复值函数，即频率响应函数 $H_j$ 和模态广义力互谱密度函数 $S_{Q_{jk}}$。通过把这两个复值函数的实部和虚部分开，式（10.3-50）可以改写为如下形式

$$C_{q_{jk}}=\frac{\int_0^\infty\{\mathrm{Re}[S_{Q_{jk}}(\omega)]\mathrm{Re}[H_j(\omega)H_k^*(\omega)]-\mathrm{Im}[S_{Q_{jk}}(\omega)]\mathrm{Im}[H_j(\omega)H_k^*(\omega)]\}\mathrm{d}\omega}{m_j\omega_j^2m_k\omega_k^2} \tag{10.3-60}$$

其中，Im 是取虚部运算符。模态广义力互谱密度函数 $S_{Q_{jk}}(\omega)$ 的实部和虚部也被称为 co-spectra 和 quad-spectra。两个不同模态频率响应函数乘积的实部与虚部可以用如下代数式表达，

$$\mathrm{Re}[H_j(\omega)H_k^*(\omega)]=\frac{(\omega_j^2-\omega^2)(\omega_k^2-\omega^2)+4\xi_j\xi_k\omega_j\omega_k\omega^2}{[(\omega_j^2-\omega^2)^2+4\xi_j^2\omega_j^2\omega^2][(\omega_k^2-\omega^2)^2+4\xi_k^2\omega_k^2\omega^2]}\omega_j^2\omega_k^2 \tag{10.3-61}$$

$$\mathrm{Im}[H_j(\omega)H_k^*(\omega)]=\frac{2\omega_k\xi_k(\omega_j^2-\omega^2)-2\omega_j\xi_j(\omega_k^2-\omega^2)}{[(\omega_j^2-\omega^2)^2+4\xi_j^2\omega_j^2\omega^2][(\omega_k^2-\omega^2)^2+4\xi_k^2\omega_k^2\omega^2]}\omega\omega_j^2\omega_k^2 \tag{10.3-62}$$

如果忽略式（10-3-60）中虚部的贡献，模态响应协方差可以简化计算如下

$$C_{q_{jk}}\approx\frac{\int_0^\infty\{\mathrm{Re}[S_{Q_{jk}}(\omega)]\mathrm{Re}[H_j(\omega)H_k^*(\omega)]\}\mathrm{d}\omega}{m_j\omega_j^2m_k\omega_k^2} \tag{10.3-63}$$

利用简化后的协方差表达式（10.3-63），由式（10.3-52）定义的模态响应相关系数 $r_{jk}$ 可以估算如下

$$r_{jk}\approx\frac{\int_0^\infty\{\mathrm{Re}[S_{Q_{jk}}(\omega)]\mathrm{Re}[H_j(\omega)H_k^*(\omega)]\}\mathrm{d}\omega}{\sqrt{\int_0^\infty H_j^2(\omega)S_{Q_{jj}}(\omega)\mathrm{d}\omega}\sqrt{\int_0^\infty H_k^2(\omega)S_{Q_{kk}}(\omega)\mathrm{d}\omega}} \tag{10.3-64}$$

假设模态广义力互谱密度函数 $S_{Q_{jk}}$ 和谱密度函数（如 $S_{Q_{jj}}$ 和 $S_{Q_{kk}}$）在频点 $\omega_j$，$\omega_k$ 和 $\omega_{jk}=(\omega_j+\omega_k)/2$ 附近变化缓慢，可以看作是白噪声。这样，式（10.3-64）进一步简化为

$$r_{jk}\approx\frac{\mathrm{Re}[S_{Q_{jk}}(\omega_{jk})]}{\sqrt{S_{Q_{jj}}(\omega_j)S_{Q_{kk}}(\omega_k)}}\times\frac{\int_0^\infty\mathrm{Re}[H_j(\omega)H_k^*(\omega)]\mathrm{d}\omega}{\sqrt{\int_0^\infty H_j(\omega)H_j^*(\omega)\mathrm{d}\omega\int_0^\infty H_k(\omega)H_k^*(\omega)\mathrm{d}\omega}} \tag{10.3-65}$$

根据留数定理，上式中涉及频率响应函数的积分式有如下解析解：

$$\int_0^\infty H_j(\omega)H_j^*(\omega)\mathrm{d}\omega=\int_0^\infty|H_j(\omega)|^2\mathrm{d}\omega=\frac{\pi\omega_j}{4\xi_j} \tag{10.3-66}$$

$$\int_0^\infty\mathrm{Re}[H_j(\omega)H_k^*(\omega)]\mathrm{d}\omega=\frac{2\pi(\xi_j\omega_j+\xi_k\omega_k)\omega_j^2\omega_k^2}{(\omega_j^2-\omega_k^2)^2+4(\xi_j\omega_j+\xi_k\omega_k)(\xi_k\omega_k\omega_j^2+\xi_j\omega_j\omega_k^2)} \tag{10.3-67}$$

将式（10.3-66）和式（10.3-67）代入式（10.3-65），模态响应相关系数 $r_{jk}$ 可以表达为对传统 CQC 组合因子的模态力谱修正[18]

$$r_{jk}\approx\frac{\mathrm{Re}[S_{Q_{jk}}(\omega_{jk})]}{\sqrt{S_{Q_{jj}}(\omega_j)S_{Q_{kk}}(\omega_k)}}\times\rho_{jk} \tag{10.3-68}$$

其中的传统 CQC 组合因子 $\rho_{jk}$ 由 Der Kiureghian（1981）首次得到[56]，并已广泛应用地震作用下结构振动分析。$\rho_{jk}$ 的解析表达式如下

$$\rho_{jk}=\frac{8\sqrt{\xi_j\xi_k\omega_j\omega_k}(\xi_j\omega_j+\xi_k\omega_k)\omega_j\omega_k}{(\omega_j^2-\omega_k^2)^2+4\xi_j\xi_k\omega_j\omega_k(\omega_j^2+\omega_k^2)+4(\xi_j^2+\xi_k^2)\omega_j^2\omega_k^2} \tag{10.3-69}$$

在地震工程中，地震对海洋平台结构的作用相当于是从海床桩基础传来的单点作用，故地震作用下的各广义模态力是完全相关的，即有 $S_{Q_{jk}}=\sqrt{S_{Q_{jj}}S_{Q_{kk}}}$。这样，式（10-3-68）中的激励荷载谱修正项 $\mathrm{Re}[S_{Q_{jk}}(\omega_{jk})]/\sqrt{S_{Q_{jj}}(\omega_j)S_{Q_{kk}}(\omega_k)}$的值为1，相应的对于地震作用下的海洋平台结构而言，模态响应相关系数即为传统的CQC组合因子，即：

$$r_{jk}\approx\rho_{jk} \tag{10.3-70}$$

但是，对于海洋平台遭受的风载激励，属于多点随机荷载的作用，这些作用与不同高度和方向的气动力荷载之间具有一定的时空相关性，故风激励荷载谱修正项 $\mathrm{Re}[S_{Q_{jk}}(\omega_{jk})]/\sqrt{S_{Q_{jj}}(\omega_j)S_{Q_{kk}}(\omega_k)}$的值一般在−1和1之间。为了便于参考，采用式（10-3-69）作为模态相关系数的CQC组合，称为传统的CQC组合法（TCQC）。与高耸结构的多点风荷载激励类似，对于大跨多墩桥梁结构而言，其所受的地震作用也是一种多点激励，导致各模态广义力谱之间也不是完全相关的，这种多点地震激励的空间相关性对长跨桥梁结构的地震作用下动力分析也有显著的影响[57]。

为了进一步改进模态响应相关系数的估算公式，频率响应函数和模态力互谱密度函数的虚部可以用式（10.3-60）在协方差计算当中考虑进去。这样模态相关系数 $r_{jk}$ 的精确完整计算表达式为：

$$r_{jk}=\frac{\int_0^\infty\{\mathrm{Re}[S_{Q_{jk}}(\omega)]\mathrm{Re}[H_j(\omega)H_k^*(\omega)]-\mathrm{Im}[S_{Q_{jk}}(\omega)]\mathrm{Im}[H_j(\omega)H_k^*(\omega)]\}\mathrm{d}\omega}{\sqrt{\int_0^\infty H_j^2(\omega)S_{Q_{jj}}(\omega)\mathrm{d}\omega}\sqrt{\int_0^\infty H_k^2(\omega)S_{Q_{kk}}(\omega)\mathrm{d}\omega}} \tag{10.3-71}$$

再次运用留数定理，关于频率响应函数乘积虚部的积分 $\int_0^\infty \mathrm{Im}[H_j(\omega)H_k^*(\omega)]/\omega\mathrm{d}\omega$ 可以解析表达如下，

$$\int_0^\infty \mathrm{Im}[H_j(\omega)H_k^*(\omega)]\frac{\mathrm{d}\omega}{\omega}=\frac{\pi}{2}\frac{\omega_j^4-\omega_k^4+4(\xi_j\omega_j+\xi_k\omega_k)(\xi_k\omega_k\omega_j^2-\xi_j\omega_j\omega_k^2)}{(\omega_j^2-\omega_k^2)^2+4(\xi_j\omega_j+\xi_k\omega_k)(\xi_k\omega_k\omega_j^2+\xi_j\omega_j\omega_k^2)} \tag{10.3-72}$$

把模态力互谱密度函数 $S_{Q_{jk}}$ 的实部与虚部分开表达，式（10.3-71）可以写成如下的形式，

$$r_{jk}\approx\frac{\mathrm{Re}[S_{Q_{jk}}(\omega_{jk})]}{\sqrt{S_{Q_{jj}}(\omega_j)S_{Q_{kk}}(\omega_k)}}\times\rho_{jk}-\frac{\mathrm{Im}[S_{Q_{jk}}(\omega_{jk})]}{\sqrt{S_{Q_{jj}}(\omega_j)S_{Q_{kk}}(\omega_k)}}\times\rho_{jk}^{(I)} \tag{10.3-73}$$

其中，$\rho_{jk}^{(I)}$ 称为虚部CQC组合因子，其解析表达式推导如下[21]，

$$\begin{aligned}\rho_{jk}^{(I)}&=\frac{\int_0^\infty \mathrm{Im}[H_j(\omega)H_k^*(\omega)]\mathrm{d}\omega}{\sqrt{\int_0^\infty H_j^2(\omega)\mathrm{d}\omega}\sqrt{\int_0^\infty H_k^2(\omega)\mathrm{d}\omega}}\approx\frac{\omega_{jk}\int_0^\infty \mathrm{Im}[H_j(\omega)H_k^*(\omega)]\frac{\mathrm{d}\omega}{\omega}}{\sqrt{\int_0^\infty H_j^2(\omega)\mathrm{d}\omega}\sqrt{\int_0^\infty H_k^2(\omega)\mathrm{d}\omega}}\\&\approx 2\omega_{jk}\sqrt{\frac{\xi_j\xi_k}{\omega_j\omega_k}}\frac{\omega_j^4-\omega_k^4+4(\xi_j\omega_j+\xi_k\omega_k)(\xi_k\omega_k\omega_j^2-\xi_j\omega_j\omega_k^2)}{(\omega_j^2-\omega_k^2)^2+4(\xi_j\omega_j+\xi_k\omega_k)(\xi_k\omega_k\omega_j^2+\xi_j\omega_j\omega_k^2)}\end{aligned} \tag{10.3-74}$$

根据式（10.3-74），在给定模态阻尼比 $\xi_j$ 和 $\xi_k$ 的情况下，虚部 CQC 组合因子 $\rho_{jk}^{(I)}$ 可以看作是模态频率比 $\omega_j/\omega_k$ 的函数，该函数随 $\omega_j/\omega_k$ 的变化曲线如图 10.3-5 所示。

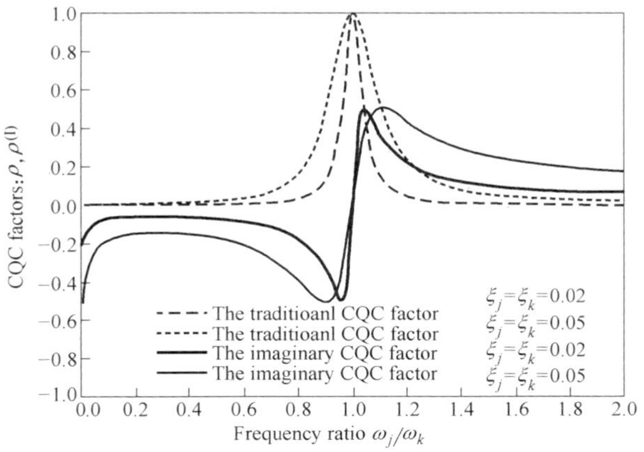


图 10.3-5　传统 CQC 组合因子 $\rho_{jk}$ 和虚部 CQC 组合因子 $\rho_{jk}^{(I)}$

图 10.3-5 给出了式（10.3-74）中的 $\rho_{jk}^{(I)}$ 和式（10.3-69）中的传统 CQC 组合因子随频率比的变化曲线，其中的阻尼比分两种情况取值，$\xi_j$、$\xi_k=2\%$ 和 $\xi_j$、$\xi_k=5\%$。从图中可以看出，传统 CQC 组合因子是关于频率比为 1 的对称偶函数，而且随着两个频率的分开其值迅速减小。而虚部组合因子 $\rho_{jk}^{(I)}$ 是关于频率比为 1 的反对称奇函数，随着两个模态频率的分开其值变化相对平缓。

利用谱矩的概念和借助数值积分，模态响应相关系数可以精确计算得到，而无需任何假设和简化（如荷载谱的白噪声假设等）。精确计算所得的模态响应相关系数可以用来验证本章提出的模态相关系数表达式的精确程度，见式（10.3-73）。为此，把频率响应函数乘积的实部和虚部分别写成关于圆频率的多项式如下，

$$\mathrm{Re}[H_j(\omega)H_k^*(\omega)]=|H_j(\omega)|^2\ |H_k(\omega)|^2[1+\gamma_{jk}\omega^2+\varepsilon_{jk}\omega^4] \tag{10.3-75}$$

$$\mathrm{Im}[H_j(\omega)H_k^*(\omega)]=|H_j(\omega)|^2\ |H_k(\omega)|^2[\alpha_{jk}\omega+\beta_{jk}\omega^3] \tag{10.3-76}$$

其中

$$\gamma_{jk}=(4\xi_j\xi_k\omega_j\omega_k-\omega_j^2-\omega_k^2)/(\omega_j^2\omega_j^2) \tag{10.3-77}$$

$$\varepsilon_{jk}=1/(\omega_j^2\omega_k^2) \tag{10.3-78}$$

$$\alpha_{jk}=2(\xi_k\omega_j-\xi_j\omega_k)/(\omega_j\omega_k) \tag{10.3-79}$$

$$\beta_{jk}=2(\xi_j\omega_j-\xi_k\omega_k)/(\omega_j^2\omega_k^2) \tag{10.3-80}$$

$$|H_j(\omega)|^2=\frac{1}{[1-(\omega/\omega_j)^2]^2+(2\xi_j\omega/\omega_j)^2} \tag{10.3-81}$$

将式（10.3-75）和式（10.3-76）代入式（10.3-60），再把所得的协方差表达式代入式（10.3-52），模态响应相关系数即可以精确计算如下，

$$r_{jk}=\frac{1}{\sqrt{\lambda_{jj}\lambda_{kk}}}[\widetilde{\lambda}_{0,jk}+\gamma_{jk}\widetilde{\lambda}_{2,jk}+\varepsilon_{jk}\widetilde{\lambda}_{4,jk}-\alpha_{jk}\widetilde{\lambda}_{1,jk}-\beta_{jk}\widetilde{\lambda}_{3,jk}] \tag{10.3-82}$$

其中的各阶谱矩可以借助数值积分，分别计算如下：

$$\lambda_{jj} = \int_0^\infty |H_j(\omega)|^2 S_{Q_{jj}}(\omega)\mathrm{d}\omega \tag{10.3-83}$$

$$\widetilde{\lambda}_{m,jk} = \begin{cases} \int_0^\infty \omega^m |H_j(\omega)|^2 |H_k(\omega)|^2 \mathrm{Re}[S_{Q_{jk}}(\omega)]\mathrm{d}\omega,\ m=0,2,4 \\ \int_0^\infty \omega^m |H_j(\omega)|^2 |H_k(\omega)|^2 \mathrm{Im}[S_{Q_{jk}}(\omega)]\mathrm{d}\omega,\ m=1,3 \end{cases} \tag{10.3-84}$$

利用式（10.3-82）来精确计算模态相关系数，相应的 CQC 组合方法称为 ECQC 法。而利用式（10.3-73）来计算模态相关系数，相应的 CQC 组合方法称为 ACQC 法。

**(4) 时域分析方法**

时域逐步积分法的基本思想是对时间轴离散成各个时间步长，从给定的初始状态出发，利用时间离散后的运动方程，逐步求出各时刻的时程响应。有效的逐步积分法包括有线性加速度法、Wilson-$\theta$ 法、Runge-kutta 法、Newmark-$\beta$ 法等。

对于 Newmark-$\beta$ 法，根据动力学方程，引进某些假设，建立由 $t$ 时刻到 $t+\Delta t$ 时刻的结构状态向量的递推关系，从 $t=0$ 出发，逐步求出各时刻的状态向量。

在 $t+\Delta t$ 时刻有三组未知量 $\{q_{t+\Delta t}\}$、$\{\dot{q}_{t+\Delta t}\}$ 和 $\{\ddot{q}_{t+\Delta t}\}$，满足结构运动方程，即

$$[M]\{\ddot{q}_{t+\Delta t}\}+[C]\{\dot{q}_{t+\Delta t}\}+[K]\{q_{t+\Delta t}\}=\{F_{t+\Delta t}\} \tag{10.3-85}$$

其中，[M]、[C]、[K]分别是质量、阻尼和刚度矩阵；$\{q_{t+\Delta t}\}$、$\{\dot{q}_{t+\Delta t}\}$ 和 $\{\ddot{q}_{t+\Delta t}\}$ 分别是 $t+\Delta t$ 时刻结构的位移、速度和加速度向量；$\{F_{t+\Delta t}\}$ 为该时刻的结点风荷载向量。设在（$t$，$t+\Delta t$）时段的速度和位移可表示为

$$\{\dot{q}_{t+\Delta t}\}=\{\dot{q}_t\}+[(1-\gamma)\{\ddot{q}_t\}+\gamma\{\ddot{q}_{t+\Delta t}\}]\Delta t \tag{10.3-86}$$

$$\{q_{t+\Delta t}\}=\{q_t\}+\{\dot{q}_t\}\Delta t+\left(\left(\frac{1}{2}-\beta\right)\{\ddot{q}_t\}+\beta\{\ddot{q}_{t+\Delta t}\}\right)\Delta t^2 \tag{10.3-87}$$

式中，$\gamma$ 和 $\beta$ 是按积分的精度和稳定性要求可以调整的参数。由式（10.3-86）和式（10.3-87），可得到用 $\{q_{t+\Delta t}\}$、$\{\ddot{q}_t\}$、$\{\dot{q}_t\}$ 和 $\{q_t\}$ 表示的 $\{\ddot{q}_{t+\Delta t}\}$ 和 $\{\dot{q}_{t+\Delta t}\}$：

$$\{\ddot{q}_{t+\Delta t}\}=\frac{1}{\beta\Delta t^2}(\{q_{t+\Delta t}\}-\{q_t\})-\frac{1}{\beta\Delta t}\{\dot{q}_t\}-\left(\frac{1}{2\beta}-1\right)\{\ddot{q}_t\} \tag{10.3-88}$$

$$\{\dot{q}_{t+\Delta t}\}=\frac{\gamma}{\beta\Delta t}(\{q_{t+\Delta t}\}-\{q_t\})+\left(1-\frac{\gamma}{\beta}\right)\{\dot{q}_t\}+\left(1-\frac{\gamma}{2\beta}\right)\Delta t\{\ddot{q}_t\} \tag{10.3-89}$$

将式（10.3-88）、式（10.3-89）代入（$t+\Delta t$）时刻的结构运动方程（10.3-85），得

$$[K^*]\{q_{t+\Delta t}\}=\{Q^*_{t+\Delta t}\} \tag{10.3-90}$$

式中

$$[K^*]=[K]+\frac{1}{\beta\Delta t^2}[M]+\frac{\gamma}{\beta\Delta t}[C] \tag{10.3-91}$$

$$\begin{aligned}\{Q^*_{t+\Delta t}\}=&\{Q_{t+\Delta t}\}+[M]\left[\frac{1}{\beta\Delta t^2}\{q_t\}+\frac{1}{\beta\Delta t}\{\dot{q}_t\}+\left(\frac{1}{2\beta}-1\right)\{\ddot{q}_t\}\right]\\&+[C]\left[\frac{\gamma}{\beta\Delta t}\{q_t\}+\left(\frac{\gamma}{\beta}-1\right)\{\dot{q}_t\}+\left(\frac{\gamma}{2\beta}-1\right)\Delta t\{\ddot{q}_t\}\right]\end{aligned} \tag{10.3-92}$$

由式（10-3-90）的递推式可由 $\{q_t\}$ 求得 $\{q_{t+\Delta t}\}$，并如此往复计算得到各时间步的位移和加速度响应等，这些时程响应结果可以作为风振系数和静力等效风荷载计算的基础。直接积分法就是直接对海洋平台运动方程进行逐步积分。采用直接积分法对动力响应

进行计算分析具有较高的计算精度，但其计算量较大，对于超大体量、多自由度有限元结构体系，可能需要较长的计算周期甚至出现无法计算的情况。对于模态振型比较明确的结构，可采用时域模态叠加法，即对解耦后的运动方程按照上述步骤开展时程分析，得到各阶广义位移响应时程结果后，再把各个模态的计算结果求和，就可以得到总的位移或加速度响应等结果。

时域模态叠加法相比于直接积分法具有更高的计算效率，往往能够较大程度地减少计算量和缩短时程计算周期，其计算精度主要受结构模态信息的精确程度和参与模态的数量多少等因素影响。另外，时程分析法中时间步长的选择对于时程分析法的精度至关重要，但是很小的时间步长 $\Delta t$ 也会带来计算量大的负面作用。通常，如果时间步长和结构第一自振周期 $T$ 的比满足 $\Delta t/T\leqslant 0.1$，则可以得到一个稳定的收敛解[59]。需要指出的是，动力风荷载是一个随机过程，为了简化，一般假设是平稳和各态经历的随机过程。这样从一个动力响应的时间历程样本，可以推断出结构风致响应的平均值和标准偏差，也可以观测到一些风致极值响应。而结构设计所需的最大风效应可以估计如下：

$$\hat{R}=\overline{R}+g\sigma_{\mathrm{R}} \tag{10.3-93}$$

其中，$\hat{R}$、$\overline{R}$ 和 $\sigma_R$ 分别是指某风效应 $R$ 的峰值、平均值和标准偏差；而 $g$ 是峰值因子，其取值的详细讨论已经在上一小节中给出。

# 10.4　近海风力机叶片风振分析及 CFD 仿真模拟

水平轴风力机是被实践证明最有效的风能转换装置，目前已占全部风力发电装置的97%以上，在世界各地得到了广泛应用。垂直轴风力机尚未商品化生产主要原因是效率低，需要启动设备，同时还有些技术问题尚待解决。因此，本书主要以水平轴风力机为对象进行阐述。

风力机的桨叶作为摄取风能的关键部件，它的气动性能和结构性能直接决定风力机的工作效率和运行寿命。风力发电所涉及的空气动力学问题，主要就是风力机叶片的空气动力学问题，包括风力机叶片的气动设计和气动性能计算。其中，气动性能计算是非常关键的工作，它为气动设计结果提供评价和反馈，并为叶片的结构设计提供气动载荷等原始数据。气动性能计算的准确性直接影响叶片的气动性能和结构安全，从而影响风力机的运行效率和运行安全。

## 10.4.1　大型风力机叶片气动性能

### (1) 风力机翼型几何参数

风力机翼型的几何形状可以由以下参数来描述[60]，如图 10.4-1 所示。

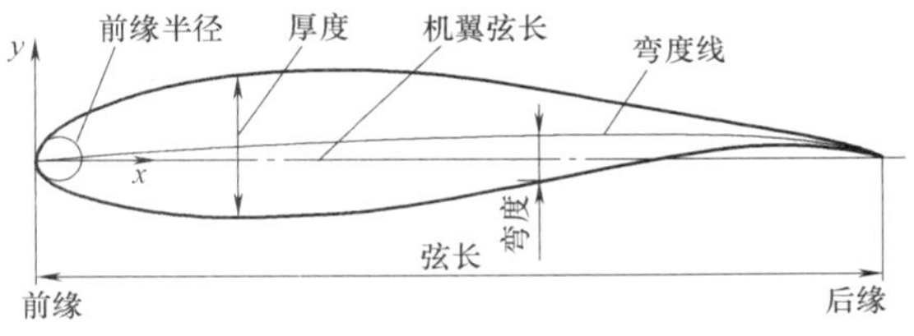

图 10.4-1　翼型几何参数

中弧线：翼型周围内切圆圆心的连线，称为中弧线。也可将垂直于弦线度量的上、下表面间距离的中点连线，称为中弧线（也即弯度线）。

前缘：翼型中弧线的最前点；称为翼型前缘。

前缘半径：翼型前缘处内切圆的半径称为翼型前缘半径，前缘半径与弦长的比值称为相对前缘半径。

后缘：也称尾缘，翼型中弧线的最后点称为后缘。

后缘角：翼型后缘处上、下两弧线切线之间的夹角，称为翼型后缘角。

后缘厚度：翼型后缘处的厚度称为翼型后缘厚度（一般指截尾情况下）。

弦长：翼型前后缘之间的连线称为翼型弦线，弦线的长度称为翼型弦长。

厚度：翼型周线内切圆的直径称为翼型厚度，也可将垂直于弦线度量的上、下表面间的距离称为翼型厚度。最大厚度与弦长的比值，称为翼型相对厚度。

弯度：中弧线到弦线的最大垂直距离称为翼型弯度，弯度与弦长的比值称为相对厚度。

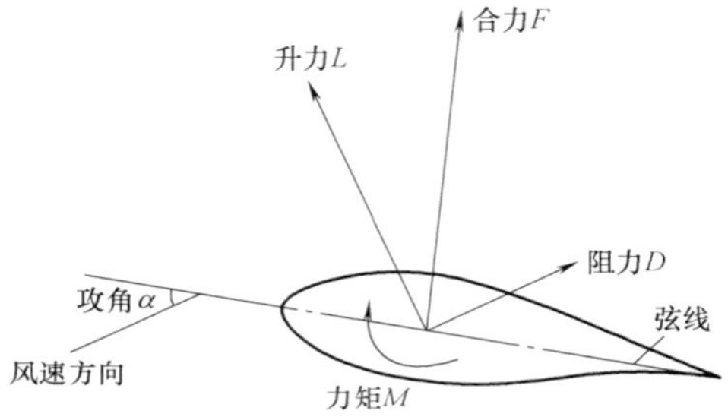

图 10.4-2 翼型几何参数

**（2）风力机翼型气动参数**

风通过翼型时，由于翼型几何形状的影响，质点在其上下表面流动速度不同，上表面的先于下表面到达翼型后缘，上表面的风速远大于下表面的，从而产生压差。这个压差就是产生升阻力的主要原因。翼型的基本气动力如图 10.4-2 所示，在弦线上有一点。对于这一点，当攻角改变时力矩不变，称之为气动中心。由于作用在气动中心处的力矩常量一般很小，可以近似地认为气动中心处只存在升力和阻力。为了更加方便地定义升力、阻力及力矩，引入以下三个系数：

$$\text{升力系数}:C_l=\frac{L}{0.5\rho W^2 c}; \tag{10.4-1}$$

$$\text{阻力系数}:C_\text{d}=\frac{D}{0.5\rho W^2 c}; \tag{10.4-2}$$

$$\text{力矩系数}:C_\text{m}=\frac{M}{0.5\rho W^2 c^2}; \tag{10.4-3}$$

其中，$L$、$D$、$M$ 分别指作用在前缘位置处的升力，阻力及力矩。$\rho$ 为空气密度，$W$ 指来流方向的风速，$c$ 表示翼弦的弦长，力矩系数的作用点对应翼型前缘位置。由于风轮旋转时离旋转中心越远，合速度越大，翼型弦向由于叶轮旋转产生的风速和来流方向的风速夹角不同。为了沿整个叶片长度方向均能获得有利的攻角，各个翼型对于弹性轴的扭角不同，必须使叶片每一个截面的扭角随着半径的增大而逐渐减小。来流方向与风力机转轴和塔架所组成的平面之间的夹角，称为风攻角，在风力机运行时需要时刻调整风轮与来流风向的相对位置，即调整风攻角。叶片叶尖截面弦线与旋转面的夹角，称为桨距角。风力机分为定桨距型和变桨距型，定桨距指叶片固定在轮毂上，其桨距角不能改变。变桨距指安装在轮毂上的叶片不是固定的，可以借助控制技术改变其桨距角的大小，机组在定桨距的基础上加装桨距调整设备，使桨叶能够绕桨距轴转动，从而保证叶片处于最优受力状态。

翼型的升力特性与绕翼型的流动相关，按攻角的大小一般可以划分为附着流区、失速区和深失速区。附着流区的攻角范围约从−10°至 10°；失速区的攻角范围约从 10°至 30°；深失速区的攻角范围约从 30°至 90°。当攻角足够大时，气流开始分离，升力系数随攻角的增加开始减小，翼型由附着流区进入失速区；攻角继续增大时，进入深失速区。失速区和深失速区翼型的升力特性非常复杂，不同的翼型失速特性也不同，一般通过风洞试验来观察失速后升力变化情况[61]。

翼型阻力包括摩擦阻力和压差阻力。在附着流区，翼型阻力主要表现为表面摩擦阻力，阻力系数随攻角增加缓慢增大；攻角大到一定程度时，气流开始发生分离，此时翼型阻力主要为压差阻力，阻力系数随攻角增加而迅速增大；攻角大于 90°后，阻力特性和平板类似，阻力系数接近 2.0。

翼型的力矩特征由力矩系数 $C_m$ 随攻角变化的力矩曲线来表示。在附着流区，力矩曲线呈线性变化，绕气动中心的力矩系数保持不变。一般，选择翼型的气动中心为力矩的参考中心，低速翼型的气动中心通常位于翼型的 25%弦长附近，而超音速翼型的气动中心位于翼型的 50%弦长附近[62]。

**(3) 风力机翼型气动特性影响因素**

影响翼型气动特性的主要因素有很多，既包括前缘半径、相对厚度、弯度、翼型表面粗糙度等翼型的几何参数，也包括雷诺数、来流湍流度、叶片三维效应和非稳态效应等。

1) 翼型前缘半径的影响

前缘半径（即前缘钝度）对翼型的最大升力系数有重要的影响。当翼型的其他几何参数保持不变时，前缘半径较大，翼型的最大升力系数也较大；前缘半径较小时，翼型吸力面的顺压梯度大，随着攻角的增大，气流会迅速在靠近翼型前缘的地方出现负压峰值，在逆压梯度作用下，气流会在靠近前缘处发生层流到湍流的转捩。同时，气流也易产生分离，从而会减小最大升力系数[60]。

2) 最大相对厚度及其位置的影响

翼型的最大相对厚度及其在翼型弦向处的位置对翼型的气动性能也有很大的影响。最大相对厚度较大或较小时都会限制最大升力系数的大小，如对 NASA LS 系列翼型，最大相对厚度在 15%附近时，翼型有最大的升力系数；对 NACA 系列翼型，则最大相对厚度在 13%附近时，翼型有最大的升力系数。最大相对厚度位置靠前时，最大升力系数较大，但这会造成流动转捩，从而使得翼型阻力系数增大。在同一翼型系列中，当相对厚度增加时，将使最小阻力系数增大，另外，最大相对厚度位置靠后时，可以减小最小阻力系数。相对厚度对俯仰力矩系数影响很小[60]。

3) 最大弯度及其位置的影响

一般情况下，增加弯度可以增大翼型的最大升力系数，特别是对前缘半径较小和较薄的翼型尤为明显，但随着弯度增加，升力系数增加的程度逐渐减小，阻力系数同时增加，不同的翼型增加的程度也不同。另外，当最大弯度的位置靠前时，最大升力系数较大[60]。

4) 翼型表面粗糙度的影响

风力机叶片由于受沙尘、油污和雨滴的侵蚀，使叶片表面，特别是前缘变得粗糙，翼型表面粗糙度，特别是前缘粗糙度对翼型空气动力特性有重要影响。表面粗糙度使边界层转捩位置前移，转捩后边界层厚度增厚，减少了翼型的弯度，从而减小最大升力系数；另外，表面粗糙度可以使层流边界层转捩成湍流边界层，使摩擦阻力增加[60]。

5）雷诺数的影响

风力机叶片翼型是低速翼型，其气动力特性与雷诺数关系很大，雷诺数增加可以使翼型层流分离推迟。随着雷诺数增加，最大升力系数增加，失速临界攻角增加，最小阻力系数减小，同时翼型的升阻比增加。雷诺数的计算公式如式（10.4-4）所示，其中 $W$ 为来流速度，$c$ 为翼型弦长。

$$\mathrm{Re}=68459\cdot W\cdot c \tag{10.4-4}$$

图 10.4-3 为不同雷诺数下 NACA4412 翼型气动特性曲线，左侧为升力系数曲线，右侧为升阻比曲线。可以看出，当雷诺数增加时，最大升力系数随之增加，翼型气动特性表现出了很大的差异。而实际风力机叶片当中，由于来流风速的变化，翼型雷诺数会在相当大的范围内波动。而且，由于不同位置的翼型弦长不同，雷诺数也会不同。特别是翼型失速后由于风速变化和翼型弦长变化所导致的雷诺数变化对于翼型气动特性的影响会更加剧烈。

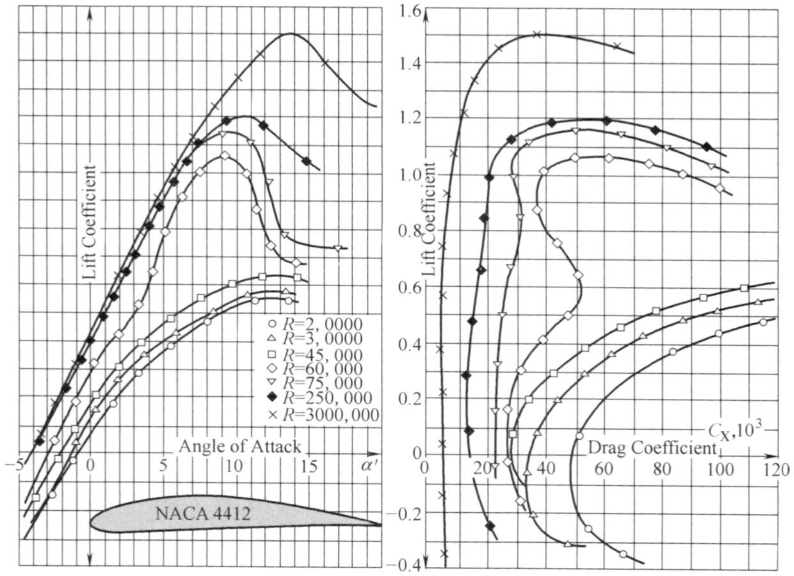


图 10.4-3　不同雷诺数下 NACA4412 翼型气动特性

6）湍流度的影响

湍流度和翼型空气动力特性也密切相关。通常情况下，湍流度增加，翼型的阻力系数和最大升力系数增加，最大升阻比减小。

7）叶片三维效应

由于叶片各截面的形状，弦长及扭转角度的不同，必然会产生气流的径向流动，导致真实叶片截面的气动特性与二维数值模拟得到的结果出现差异，该现象被称为叶片的三维效应。叶片的三维效应主要包括叶尖损失，叶根损失和旋转效应。目前，大部分的风力机叶片气动力的计算都是基于叶素理论，考虑的是均匀流条件。然而，实际的风力机叶片有复杂的三维形状，直接采用二维风洞试验得到的气动力数据利用叶素理论进行整个叶片的气动荷载分析，结果稍微偏大。

风轮旋转对于气动力的三维效应影响更加显著，在旋转的影响下，风力机叶片截面上的升力系数会超过二维数值，尤其是在叶片根部[63]。由于旋转的作用，还会产生失速延迟现象，即分离点向下游延迟，翼型的失速攻角增大，而且这种现象也是越到叶根越明显[64,65]。本文研究的为强风速条件下的风力机叶片响应，叶片处于非旋转状态，故主要研究静止条件下的叶片三维气动力特性，由于不考虑三维效应而直接利用叶素理论进行叶片设计是有利的，故在气动稳定计算中，仍直接采用叶素理论计算风荷载。

8）非稳态效应

由于风剪切、塔影效应、湍流、叶片振动等影响，通过风力机叶片的气流是非稳态的。这种效应会导致翼型风攻角的动态变化，这时便不能用攻角保持不变时测得的气动力系数来描述叶片的气动力特性，需要引入动态失速理论。动态失速是指翼型做震荡运动时，攻角增大的过程中失速攻角会比静态的失速攻角更大，而攻角减小的过程中失速攻角会比静态失速的失速攻角小，具有明显的气流滞回效应。在动态失速条件下，气动力系数不再是攻角的单一函数，而是受频率、振幅、平均攻角等多个参数的影响。

图 10.4-4 为某翼型动态失速过程中的升力系数曲线（其中，虚线为静态失速曲线），可见当攻角增加到静态失速角时，动态失速情况下翼型绕流仍然处于附着状态，升力系数曲线仍处于上升阶段，随着攻角的进一步增大，翼型吸力面气流开始分离，气动力系数减小，进入失速状态。在攻角减小的过程中，翼型动态流场并非是立刻恢复至静态失速的流场，而是有一个迟滞，在攻角减小到比静态失速攻角更小时，气流才重新进入附着状态。动态失速曲线与静态失速曲线具有明显的差别，其升力系数在小攻角时差别不大，但在失速区差别明显。在攻角增大的过程当中，动态最大升力系数大于静态最大升力系数；而在攻角减小的过程中，动态最大值小于静态最大值。目前，常用的动态失速模型有 BL 模型[66]、ORERA 模型[67]、Riso 模型[68]、Oye 模型[69]等，但这些模型都含有大量的经验参数，对于不同的翼型这些参数取值不同，需要通过动态试验来确定这些参数，对于由多种翼型组成的风力机叶片，应用起来较为困难。但是翼型的动态失速现象增大了最大的升阻力系数，增加了叶片的受力。试验已证实，动态失速现象会对风力机气动荷载产生较严重的影响[70]，不计动态失速影响的理论计算荷载值往往比实测荷载小[71]。

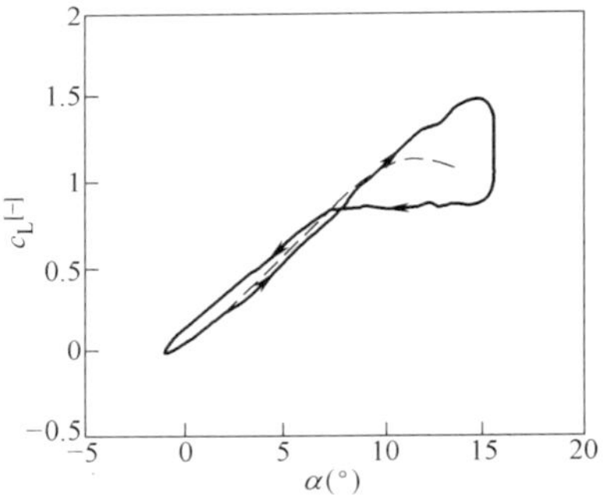


图 10.4-4 翼型动态失速气动力特性

**(4) 风力机叶片气动稳定原理及分析**

1）经典颤振

经典颤振是飞行器机翼在小攻角时可能出现的典型振动发散现象，由空气动力惯性力和弹性力耦合作用形成，表现在风力机叶片上是叶片挥舞扭转不稳定，其是一种自激励振动，与叶片的气动参数和结构参数有关。经典颤振究其根本原因是在风速超过一定的数值时，结构振动方程的刚度为负值，造成扭转和挥舞方向的振动发散。

如图 10.4-5 所示，$A$ 为气动中心，$B$ 为扭转中心，$C$ 为质量中心。在攻角接近 0°时，

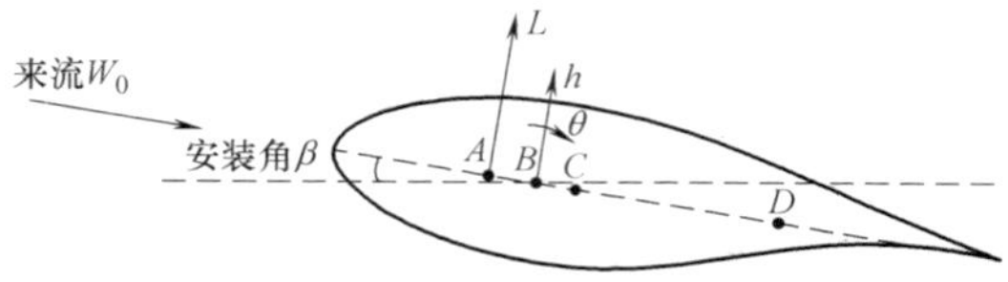

图 10.4-5 翼型颤振几何参数

翼型发生两个自由度方向的运动，垂直与来流风速方向的位移 $h$ 和绕扭转中心的转角位移 $\theta$。由结构力学理论易得翼型的运动方程如式（10.4-5）所示[72]。其中，$k_h$ 和 $k_\theta$ 分别为相应自由度方向的刚度，$L$ 为升力。

$$m\ddot{h}-m\overline{BC}\ddot{\theta}+k_h h=L$$

$$-m\overline{BC}\ddot{h}+(J+m\overline{BC}^2)\ddot{\theta}+k_\theta\theta=L\overline{AB} \tag{10.4-5}$$

由于在翼弦方向上每一点的振动速度大小不一样，根据 J Katz，A Plotkin 的建议[73]，计算翼型攻角时选择 $D$ 点为参考点，$D$ 点距离后缘点距离为 $0.25c$，$c$ 为弦长。则任意时刻风速 $W$，攻角 $\alpha$ 的表达式如下所示，式中 $\theta_0$ 为初始攻角（约为 0），初始风速为 $W_0$。

$$W=\sqrt{W_0^2+\dot{h}^2},\alpha=\arctan\left(\frac{W_0\sin\theta_0-\dot{h}-(0.5c-\overline{AB})\dot{\theta}}{W_0\cos\theta_0}\right)+\theta \tag{10.4-6}$$

将 $L=\frac{1}{2}\rho cW^2C_L(\alpha)$ 在 $\theta=\dot{\theta}=\dot{h}=0$ 处进行泰勒展开得：

$$L=L_0+\frac{1}{2}c\rho W_0^2C'_L\left[\theta-\frac{\dot{h}}{W_0}-\left(\frac{c}{2}-\overline{AB}\right)\frac{\dot{\theta}}{W_0}\right] \tag{10.4-7}$$

将式（10.4-7）带入式（10-4-5）并令 $L_0=0$，可以得到如下的自由振动问题

$$\mathbf{M}\ddot{x}+\mathbf{C}\dot{x}+\mathbf{K}\mathbf{x}=0 \tag{10.4-8}$$

其中：$\mathbf{M}=\begin{bmatrix}1 & -\overline{BC}\\ -\overline{BC} & \frac{J}{m}+\overline{BC}^2\end{bmatrix}$，$\mathbf{C}=\frac{c\rho W_0C'_L}{2m}\begin{bmatrix}1 & \frac{1}{2}c-\overline{AB}\\ \overline{AB} & \overline{AB}\left(\frac{1}{2}c-\overline{AB}\right)\end{bmatrix}$，

$\mathbf{K}=\begin{bmatrix}\omega_h^2 & -\frac{c\rho W_0C'_L}{2m}\\ 0 & \frac{J\omega_\theta^2}{m}-\frac{c\rho W_0^2C'_L\overline{AB}}{2m}\end{bmatrix}$，$x=\begin{bmatrix}h\\ \theta\end{bmatrix}$，$\rho$ 为空气密度。

其中，$\omega_h$ 和 $\omega_\theta$ 分别为一阶摆振频率和一阶扭转频率，在经典颤振的情况下，气动阻尼矩阵 $C$ 与刚度矩阵 $K$ 相比对于振动的贡献量较小，对于判定系统的稳定性作用不大，在近似的稳定性判定中可以忽略[72]。假设式（10.4-8）的解为 $x=ve^{\lambda t}$ 形式，则其变成如下的特征值问题：

$$(\lambda^2\mathbf{M}+\mathbf{K})v=0 \tag{10.4-9}$$

令矩阵 $\lambda^2M+K$ 的行列式为零，可以得到：

$$\frac{J}{m}\lambda^4+\left[\left(\frac{J}{m}+\overline{BC}^2\right)\omega_h^2+\frac{J}{m}\omega_\theta^2-\frac{c\rho}{2m}W_0^2C'_L(\overline{AB}+\overline{BC})\right]\lambda^2+\omega_h^2\left(\frac{J}{m}\omega_\theta^2-\frac{c\rho}{2m}W_0^2C'_L\overline{AB}\right)=0 \tag{10.4-10}$$

设方程（10.4-10）解的形式为 $\lambda=\sigma+iw$，则系统是否发生颤振的判据为：

① 若所有特征值的实部小于 0，则系统稳定；

② 若特征值中有零根或纯虚根，其余特征值的实部小于 0，系统临界稳定；

③ 若至少有一个特征值的实部大于 0，则系统发生颤振。根据 Routh-Hurwitz 准则[74]，方程（10.4-10）根的实部恒为负数的条件为：

$$\left(\frac{J}{m}+\overline{BC}^2\right)\omega_{\mathrm{h}}^2+\frac{J}{m}\omega_{\mathrm{h}}^2-\frac{c\rho}{2m}W_0^2C'_{\mathrm{L}}(\overline{AB}+\overline{BC})>0$$

$$\omega_{\mathrm{h}}^2\left(\frac{J}{m}\omega_{\theta}^2-\frac{c\rho}{2m}W_0^2C'_{\mathrm{L}}\,\overline{AB}\right)>0 \tag{10.4-11}$$

一般，可以通过式（10.4-11）近似的判断结构的颤振临界风速，其第一个不等式关系式是用来判断颤振临界风速的，因为如果这个不等式关系不满足，则式（10.4-10）的解会包含实部大于 0 的根。而第二个不等式是判断结构扭转发散的临界风速。如果其不满足，则结构的扭转刚度小于 0，叶片发生扭转失稳破坏。从式中可得：若$\overline{AB}+\overline{BC}\leqslant 0$，式（10.4-11）的第一个不等式关系恒满足，则翼型不可能发生颤振。也即翼型质量中心的位置与颤振临界风速的大小关系密切，如果质量中心处于翼型气动中心或者气动中心之前，则不需要考虑翼型的颤振稳定性。

翼型颤振临界风速的精确计算还是需要求解微分方程。对于气动耦合问题 $M\ddot{x}=F-C\dot{x}-Kx$ 的解可采用数值方法求解，其解的形式为 $\ddot{x}_n=M^{-1}f(\dot{x}_n,x_n,t_n)$，其中 $n$ 为时间步，气动力 $F$ 为与速度和位移相关的量。假定 $t_n=n\Delta t$ 时刻的速度和位移项已知，带入上式即可求得 $t_n$ 时刻的加速度，即可采用龙格库塔积分法求解 $t_{n+1}$时刻速度和位移，带入到气动荷载的求解公式中即可求得新的气动荷载，反复迭代即可进行相应的气动结构耦合计算。

2）挥舞摆振

挥舞和摆振耦合振动是在叶片上最常发生的耦合振动现象。如图 10.4-6 所示，初始风速为$W_0$，初始攻角为$\alpha_0$，翼型安装角为$\beta$。假设在升力 $L$ 和阻力 $D$ 的作用下，翼型振动方向与翼弦的夹角为$\theta$，振动位移为 $u$。由于叶片振动速度的影响，任意时刻的风速 $W$、攻角 $\alpha$ 及气动力 $F_u$ 如下式所示[72]。

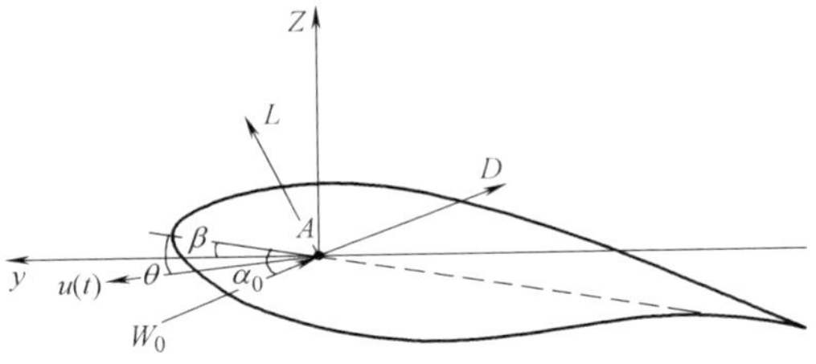

图 10.4-6 翼型挥舞摆振几何参数

$$W=\sqrt{(W_0\cos\phi_0-\dot{u}\cos\theta)^2+(W_0\sin\phi_0-\dot{u}\sin\theta)^2} \tag{10.4-12}$$

$$\alpha=\tan^{-1}\left(\frac{W_0\sin(\alpha_0-\beta)-\dot{u}\sin\theta}{W_0\cos(\alpha_0-\beta)-\dot{u}\cos\theta}\right)+\beta \tag{10.4-13}$$

$$F_{\mathrm{u}}=\frac{1}{2}\rho cW^2C_{\mathrm{L}}\sin(\alpha-\theta)-\frac{1}{2}\rho cW^2C_{\mathrm{D}}\cos(\alpha-\theta) \tag{10.4-14}$$

将式（10.4-12）在 $\dot{u}=0$ 处进行泰勒展开，可以得到 $F_u=F_0-\eta\dot{u}$ 的形式。其中：

$$\eta=\frac{1}{2}c\rho W_0[C_{\mathrm{D}}(3+\cos(2\theta-2\alpha_0))+C'_{\mathrm{L}}(1-\cos(2\theta-2\alpha_0))+(C_{\mathrm{L}}+C'_{\mathrm{D}})\sin(2\theta-2\alpha_0)]$$

其中，$C'_{\mathrm{L}}=\left.\frac{\mathrm{d}C_{\mathrm{L}}}{\mathrm{d}\alpha}\right|_{\alpha=\alpha_0}$，$C'_{\mathrm{D}}=\left.\frac{\mathrm{d}C_{\mathrm{D}}}{\mathrm{d}\alpha}\right|_{\alpha=\alpha_0}$，$\eta$ 即为气动阻尼系数。

图 10.4-7 为某叶片 3/4 半径处特征截面翼型在 0°（摆振方向）和 90°（挥舞方向）振动方向上的气动阻尼随风攻角的变化曲线，纵坐标表示 $\eta/(0.5c\rho W_0)$。从图中可以看出负

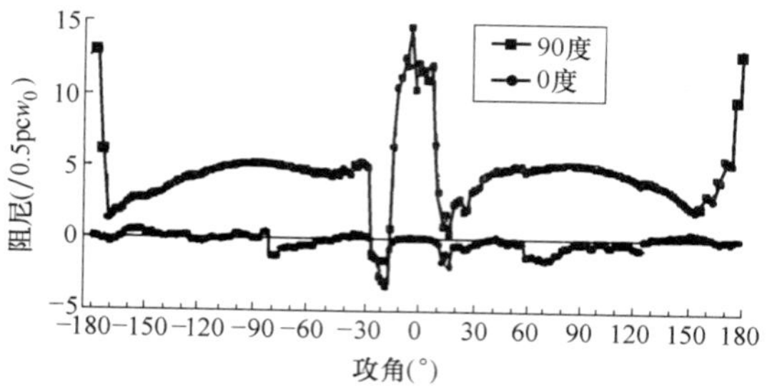

图 10.4-7 翼型气动阻尼系数随攻角的变化

阻尼大多数出现在振动方向为 $\theta=0°$ 时，也就是风力机叶片的摆振方向（$y$ 向）。而且，气动阻尼随风速的增加而增加，在高风速下，当负的气动阻尼大于结构阻尼时，叶片发生不收敛的振动。一般认为，叶片的挥舞方向（$z$ 向）的振动是主要的，这个方向的刚度较小，是相对于叶片弱轴的运动。然而，从上面的分析结果可以看出，强风速条件下摆振方向的气动阻尼往往为负值，振动不收敛。而且，风力机发生摆振振动时（强轴方向）较容易造成叶根处的撕裂损伤，而叶根处是应力集中最严重的位置，一旦损伤很容易造成叶片折断破坏。

## 10.4.2 风力机叶片气动弹性响应分析

### （1）风力机整体静力计算

由于偏航、风剖面、叶片锥角和俯仰角度的影响，风力机叶片各处的风速不同，进行整体分析时必须要将所有的参数投影到同一个固定坐标系进行讨论。以固定在坐标塔架底部的坐标系 1 为基本坐标系，坐标 2 固定机舱上，坐标 3 固定在叶片转轴上，坐标 4 固定在某叶片上，如图 10.4-8 所示。

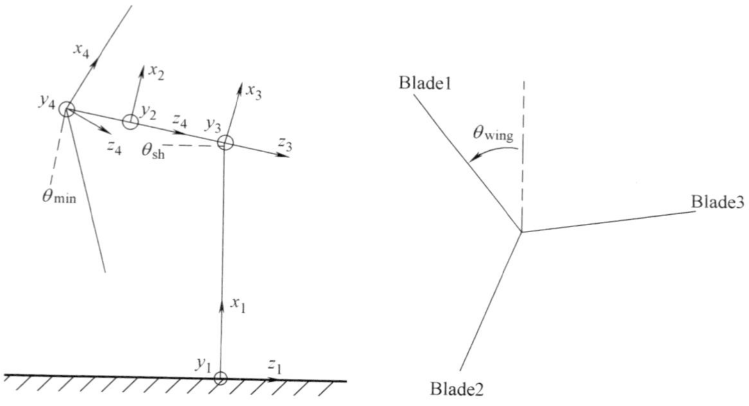

图 10.4-8 风力机结构坐标系

叶片上任意一点的风速在叶片坐标系上的表达式为[75]：

$$\mathbf{V}_0=\begin{bmatrix}V_x\\V_y\\V_z\end{bmatrix}=\mathbf{A_1}\mathbf{A}_2\mathbf{A_{23}}\mathbf{A_{34}}\mathbf{V_1} \tag{10.4-15}$$

其中：

$$\mathbf{A_1}=\begin{bmatrix}1&0&0\\0&\cos\theta_{\text{yaw}}&\sin\theta_{\text{yaw}}\\0&-\sin\theta_{\text{yaw}}&\cos\theta_{\text{yaw}}\end{bmatrix},\mathbf{A}_2=\begin{bmatrix}\cos\theta_{\text{tilt}}&0&-\sin\theta_{\text{tilt}}\\0&1&0\\\sin\theta_{\text{tilt}}&0&\cos\theta_{\text{tilt}}\end{bmatrix},$$

$$\boldsymbol{A}_{23}=\begin{bmatrix}\cos\theta_{\text{wing}} & \sin\theta_{\text{wing}} & 0\\ -\sin\theta_{\text{wing}} & \cos\theta_{\text{wing}} & 0\\ 0 & 0 & 1\end{bmatrix},\boldsymbol{A}_{34}=\begin{bmatrix}\cos\theta_{\text{cone}} & 0 & -\sin\theta_{\text{cone}}\\ 0 & 1 & 0\\ \sin\theta_{\text{sing}} & 0 & \cos\theta_{\text{cone}}\end{bmatrix};$$

公式中，$\theta_{yaw}$ 为偏航角，为了方便与一般建筑风工程术语相对应，本文称之为风攻角，$\theta_{tilt}$ 为俯仰角，$\theta_{\text{wing}}$ 为叶片方位角，$\theta_{\text{cone}}$ 为叶轮锥角。假设作用在叶片上的风速分量中 $V_x$ 并不对气动力产生贡献，$\theta_{\text{tilt}}=\theta_{\text{cone}}=0$，则有：

$$\begin{bmatrix}V_{\text{y}}\\ V_{\text{z}}\end{bmatrix}=W_0\begin{bmatrix}\sin\theta_{\text{yaw}}\cos\theta_{\text{wing}}\\ \cos\theta_{\text{yaw}}\end{bmatrix} \tag{10.4-16}$$

台风天气时，风力机处于停机状态，假设此时有一个叶片处于竖直位置，$\theta_{\text{wing1}}=0$，$\theta_{\text{wing2}}=\frac{2\pi}{3}$，$\theta_{\text{wing3}}=\frac{2\pi}{3}$，由此可在已知高度处风速的情况下计算叶片任意位置处的风速，从而计算风对结构的作用。实际上，在风力机的整机模型中叶片破坏时往往容易更换，而一旦塔架倒塌，整个风力机系统就宣告报废，损失惨重。所以，如今大多数学者都着重于研究塔架的抗风研究，而作用在叶片上的力往往是非常粗略的估计，常常只将其简化为叶片迎风面积与来流风压的乘积。然而，在风攻角较大的情况下，作用在叶片上的风荷载是决定塔架是否破坏的关键因素。在台风来临时，保持风力机的对风状态对于风力机的安全运行十分重要。而且，叶片是风致敏感结构，在某些风攻角下有可能发生气动不稳定，不仅有可能导致叶片本身的破坏，还有可能造成塔架倒塌，造成毁灭性的灾难。在进行塔架的倒塌原因分析时，不能仅仅将叶片荷载简化为迎风面积与来流风压的乘积，需要进行精细的结构动力学分析。

**(2) 准定常叶片气动响应计算**

1）振型叠加法

由于挥舞方向的刚度较小，常采用前两阶挥舞振型表示叶片挥舞振动，用一阶摆振振型表示摆振振动：

$$\begin{aligned}u_{\text{y}}(x)&=q_1\phi_{1\text{y}}(x)\\ u_{\text{z}}(x)&=q_2\phi_{1\text{z}}(x)+q_3\phi_{2\text{z}}(x)\end{aligned} \tag{10.4-17}$$

其中，$q_1$、$q_2$、$q_3$ 为广义坐标，将式（10-4-17）带入叶片的运动方程中可得式：

$$M\ddot{q}+Kq+C\dot{q}=F \tag{10.4-18}$$

不考虑叶片的几何非线性及材料非线性，则式（10-4-18）中各量的表达式为

$$M=\begin{bmatrix}\int_0^R u_{1\text{y}}mu_{1\text{y}}\text{d}x & & \\ & \int_0^R u_{1\text{z}}mu_{1\text{z}}\text{d}x & \\ & & \int_0^R u_{2\text{z}}mu_{2\text{z}}\text{d}x\end{bmatrix},F=\begin{bmatrix}\int_0^R\phi_{1\text{y}}F_{\text{y}}\text{d}x\\ \int_0^R\phi_{1\text{z}}F_{\text{z}}\text{d}x\\ \int_0^R\phi_{2\text{z}}F_{\text{z}}\text{d}x\end{bmatrix},\omega=\begin{bmatrix}\omega_{1\text{y}}\\ \omega_{1\text{z}}\\ \omega_{2\text{z}}\end{bmatrix}$$

其中：

$$F_{\text{y}}=0.5\rho cW^2(C_{\text{d}}(\alpha)\cos(\alpha-\beta)-C_l(\alpha)\sin(\alpha-\beta));$$

$$F_{\text{z}}=0.5\rho cW^2(C_{\text{d}}(\alpha)\sin(\alpha-\beta)+C_l(\alpha)\cos(\alpha-\beta));$$

$$W^2=(W_0\cos(\alpha_0-\beta)-\dot{u}_{\text{y}})^2+(W_0\sin(\alpha_0-\beta)-\dot{u}_{\text{z}})^2;$$

$W_0\cos(\alpha_0-\beta)-\dot{u}_y>0$ 时：

$\alpha=\tan^{-1}((W_0\sin(\alpha_0-\beta)-\dot{u}_z)/(W_0\cos(\alpha_0-\beta)-\dot{u}_y))+\beta$；

$W_0\cos(\alpha_0-\beta)-\dot{u}_y<0$ 且 $W_0\sin(\alpha_0-\beta)-\dot{u}_z>0$ 时：

$\alpha=\tan^{-1}((W_0\sin(\alpha_0-\beta)-\dot{u}_z)/(W_0\cos(\alpha_0-\beta)-\dot{u}_y))+\beta+\pi$；

$W_0\cos(\alpha_0-\beta)-\dot{u}_y<0$ 且 $W_0\sin(\alpha_0-\beta)-\dot{u}_z<0$ 时：

$\alpha=\tan^{-1}((W_0\sin(\alpha_0-\beta)-\dot{u}_z)/(W_0\cos(\alpha_0-\beta)-\dot{u}_y))+\beta-\pi$

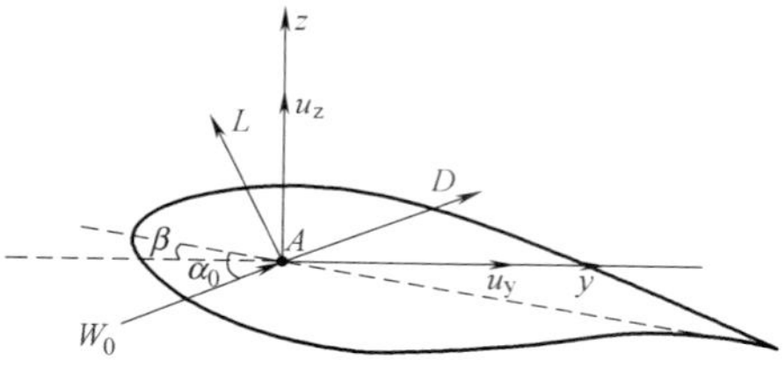


图 10.4-9 叶片挥舞摆振几何参数

通常，假设刚度矩阵仍为线性，则广义刚度矩阵 $K=\omega^2M$，阻尼矩阵为 $C=2\xi\omega M$，$\xi$ 为阻尼比（可取 0.005），式中各参数如图 10.4-9 所示。需要注意的是，上式的气动力与叶片径向各个位置处的叶素的气动力系数，振动速度及风攻角有关。

2）小变形挥舞摆振计算

式（10.4-18）没有考虑几何非线性的影响，为小变形的计算理论，可以采用 Newmark 法求解解耦后的单自由度运动方程，后一个步长的叶片上某一点广义位移、广义速度、广义加速度表达式可由前一个步长推导出。主要步骤如式（10.4-19）～式(10.4-21)所示。

$$\ddot{q}_{ni+1}=\frac{\gamma}{\beta h^2}(q_{ni+1}-q_{ni})-\frac{1}{\beta h}\dot{q}_{ni}-\left(\frac{1}{2\beta}-1\right)\ddot{q}_{ni} \tag{10.4-19}$$

$$\dot{q}_{ni+1}=\frac{\gamma}{\beta h}(q_{ni+1}-q_{ni})-\left(1-\frac{\gamma}{\beta}\right)\dot{q}_{ni}+\left(1-\frac{\gamma}{2\beta}\right)h\ddot{q}_{ni} \tag{10.4-20}$$

$$q_{ni+1}=\left\{p_{ni+1}+M_n\left[\frac{1}{\beta h^2}q_{ni}+\frac{1}{\beta h}\dot{q}_{ni}+\left(\frac{1}{2\beta}-1\right)\ddot{q}_{ni}\right]+C_n\begin{bmatrix}\frac{\gamma}{\beta h}q_{ni}+\left(\frac{\gamma}{\beta}-1\right)\dot{q}_{ni}\\+\left(\frac{\gamma}{2\beta}-1\right)h\ddot{q}_{ni}\end{bmatrix}\right\}\Big/\left(M_n\omega_n^2+\frac{\gamma C_n}{\beta h}+\frac{M_n}{\beta h^2}\right) \tag{10.4-21}$$

先假定初始时刻结构的振动速度，振动位移为 0，从而求出初始时刻的加速度。再根据式（10.4-19）～式（10.4-21）迭代计算下一步的叶片任意位置的振动位移、速度、加速度。以计算得到的上一时刻速度为输入量，计算各个叶素处的风攻角，相对风速，结合对应位置翼型的气动力曲线计算气动力，作为下一时刻的输入量。通常情况下，挥舞摆振不稳定以摆振为主，而摆振方向的叶片风荷载对于停机状态下的风力机塔架底部弯矩贡献量最大，很有可能导致塔架的折断破坏。实际上，在正常运行时风力机叶片在靠近叶尖位置处的合速度可能会接近 100m/s，而台风风速很少有超过 50m/s 的，但是风力机在台风天气下的破坏事故却时有发生，故风力机叶片发生了挥舞摆振不稳定现象，导致其破坏的可能性极大。

由 10.2.2 节可知，导致挥舞摆振失稳的根本原因为摆振方向上产生了气动负阻尼。在某些攻角下，如图 10.4-6 所示，升力在 $y$ 轴方向上的投影可能会比阻力在 $y$ 轴方向上的投影大，叶片合力沿 $-y$ 轴方向，叶片会发生逆着来流风向的运动，从而吸能。如果结构阻尼不够大，不能耗散这部分吸收的能量，则叶片会发生挥舞摆振失稳。抑制挥舞摆振失稳的关键是增加摆振方向的结构阻尼，为了防止负阻尼引起的挥舞摆振不稳定性，可以在叶片内部安装质量阻尼器，特别是沿翼型弦线方向上，以增加弦向阻尼。挥舞摆振的气动阻尼表达式如式如下所示：

$$\eta=\frac{1}{2}c\rho W_0\left[C_D(3+\cos(2\theta-2\alpha_0))+C'_{\mathrm{L}}(1-\cos(2\theta-2\alpha_0))+(C_{\mathrm{L}}+C'_D)\sin(2\theta-2\alpha_0)\right] \tag{10.4-22}$$

可以利用此公式估算结构在高风速下所需要的最小结构阻尼，以避免挥舞摆振失稳。

3）考虑大变形的挥舞摆振计算

叶片的挥舞摆振可能会在叶尖处产生超过 10m 的振动位移，因此需要采用大变形理论进行分析。为此，首先要建立叶片变形后到变形前的坐标之间的坐标传递关系式。如图 10.4-10 所示，梁微分单元在坐标轴 $y$ 和 $z$ 方向分别移动了 $v'\mathrm{d}r$ 和 $w'\mathrm{d}r$ 的距离，变形后用坐标系 $x'y'z'$来描述其运动状态。Hodges 推导了大变形时梁单元变形前的坐标系和变形后的坐标系之间的变换关系式[75]：

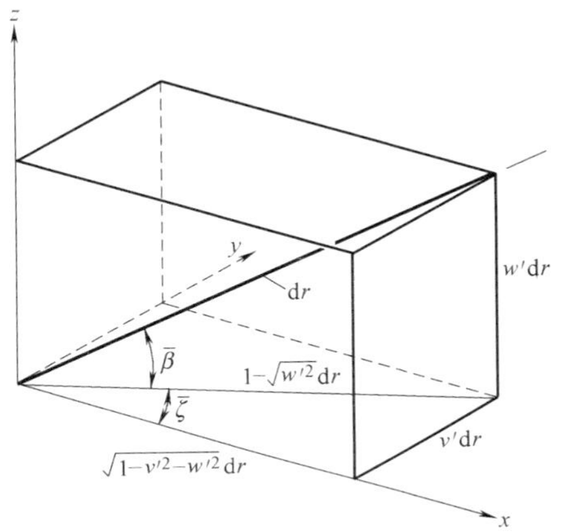

图 10.4-10 梁变形形式

$$\begin{vmatrix}\vec{i}'\\ \vec{j}'\\ \vec{k}'\end{vmatrix}=\boldsymbol{T}\begin{vmatrix}\vec{i}\\ \vec{j}\\ \vec{k}\end{vmatrix},\boldsymbol{T}=\begin{vmatrix}1-\frac{v'^2}{2}-\frac{w'^2}{2} & v' & w'\\ -v' & 1-\frac{v'^2}{2} & 0\\ -w' & 0 & 1-\frac{w'^2}{2}\end{vmatrix} \tag{10.4-23}$$

在进行结构分析时，需要将变形后状态空间上的量转换到变形前的状态空间，作用在梁段上的合力为：

$$\boldsymbol{F}=\boldsymbol{T}^{\mathrm{T}}\boldsymbol{F}' \tag{10.4-24}$$

由于风力机叶片往往受到的扭矩很小，不考虑扭矩的影响，令 $M_{x'}=0$。

则根据坐标转换及结构力学原理有：

$$M_{\mathrm{y}}=EI_{y'}v''\left(1-\frac{v'^2}{2}\right),M_{\mathrm{z}}=EI_{z'}w''\left(1-\frac{w'^2}{2}\right) \tag{10.4-25}$$

其中，$E$ 为弹性模量，$I$ 为转动惯量。由于风荷载也是时刻垂直于变形后的状态空间坐标，进行结构风荷载计算时也要向变形前的坐标变换，则作用在叶片上的外力为：

$$p_{\mathrm{y}}=\left(1-\frac{v'^2}{2}\right)p_{\mathrm{y}'},p_{\mathrm{z}}=\left(1-\frac{w'^2}{2}\right)p_{\mathrm{z}'} \tag{10.4-26}$$

由虚功原理得：

$$\int(M\delta\kappa+m\ddot{u}\delta u)\mathrm{d}r=\int p\mathrm{d}r \tag{10.4-27}$$

以叶片弱轴 $z$ 向的运动微分方程为例

$$M_z=EI_{z'}w''\left(1-\frac{w'^2}{2}\right),\kappa_z=w''\left(1-\frac{w'^2}{2}\right)$$

$$\delta\kappa_z=\delta w''\left(1-\frac{w'^2}{2}\right)-w''w'\delta w' \tag{10.4-28}$$

令 $w=\phi_w(x)q_z(t)$，将式（10.4-27）带入式（10.4-26），得：

$$\int_0^R EI_z\phi''_z q_z\left(1-\frac{\phi'^2_z q_z^2}{2}\right)\left(\left(1-\frac{\phi'^2_z q_z^2}{2}\right)\phi''_z-\phi''_z\phi'^2_z q_z^2\right)\mathrm{d}x\delta q_z+\int_0^R m\phi_z^2\ddot{q}_z\mathrm{d}x\delta q_z$$

$$=\int_0^R\left(1-\frac{\phi'^2_z q_z^2}{2}\right)\phi_z p_{z'}\mathrm{d}y\delta q_y$$

忽略四次方以上的项，整理得：

$$\int_0^R EI_z\phi''^2_z\mathrm{d}x\delta q_z+\int_0^R m\phi_z^2\mathrm{d}x\delta\ddot{q}_z+\int_0^R\frac{\phi'^2_z}{2}\phi_z p_{z'}\mathrm{d}x\delta q_z^2-$$

$$\frac{3}{2}\int_0^R EI_z\phi''^2_z\phi'^2_z\mathrm{d}x\delta q_z^3=\int_0^R\phi_z p_{z'}\mathrm{d}x \tag{10.4-29}$$

化简得：

$$M(\ddot{q}_z+\omega^2 q_z)+\int_0^R\frac{\phi'^2_z}{2}\phi_z p_{z'}\mathrm{d}x\delta q_z^2-\frac{3}{2}\int_0^R EI_z\phi''^2_z\phi'^2_z\mathrm{d}x\delta q_z^3=\int_0^R\phi_z p_{z'}\mathrm{d}x \tag{10.4-30}$$

而叶片弯曲小变形的运动微分方程为

$$M(\ddot{q}_z+\omega^2 q_z)=\int_0^R\phi_z p_{z'}\mathrm{d}x \tag{10.4-31}$$

不考虑流固耦合作用，$p_{z'}=0.5\rho V_0^2c(C_l\cos\theta+C_d\sin\theta)$。

实际上，虽然式（10.4-30）考虑了弯曲曲率高阶项的影响，但是由于风荷载实际方向也是垂直于叶片变形后的曲面，计算时也要向叶片变形之前的坐标系上进行投影，考虑大变形的内力弯矩减小的效应和外荷载减小的效应相互抵消，最终小变形和大变形理论计算得到的位移响应相差很小。所以，在叶片的风致响应计算中可以不考虑叶片梁的大变形，不考虑应变的高阶量。同时，也假定风荷载始终垂直于变形前的坐标系，仍能获得较高的精度。

4）挥舞摆振扭转耦合计算

由 10.4.1 节中颤振计算基本公式，易推出翼型在任意攻角下，挥舞、摆振以及扭转方向上的运动微分方程如式（10.4-32）所示，下式中的几何参数如图 10.4-11 所示：

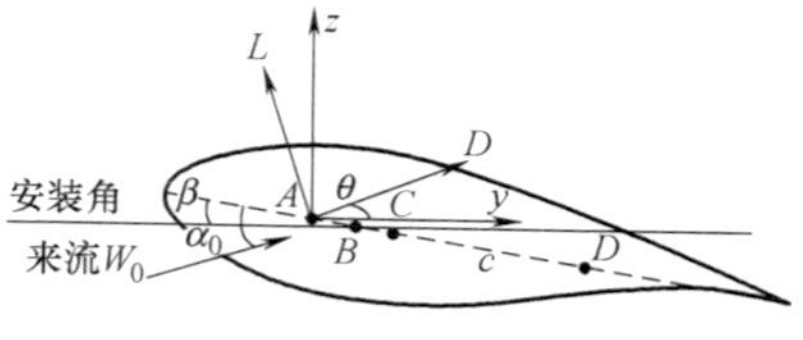

图 10.4-11　考虑扭转作用的叶片几何参数

$$m\ddot{u}_z-m\overline{BC}\ddot{\theta}\cos(\beta+\theta)+2\xi\omega_z m\dot{u}_z+\omega_z^2 mu_z=F_z$$

$$m\ddot{u}_y-m\overline{BC}\ddot{\theta}\sin(\beta+\theta)+2\xi\omega_z m\dot{u}_y+\omega_z^2 mu_y=F_y$$

$$-m\overline{BC}(\ddot{u}_z\cos(\beta+\theta)+\ddot{u}_y\sin(\beta+\theta))+(I+m\overline{BC}^2)\ddot{\theta}+\omega_\theta^2 I\theta+2\xi\omega_\theta I\dot{\theta}_t$$
$$=F_z\overline{AB}\cos((\beta+\theta))+F_y\overline{AB}\sin((\beta+\theta))+T \quad (10.4\text{-}32)$$

为方便计算仅仅用叶片的一阶振型来表示结构的运动状态 $u_z=\phi_z q_z$，$u_y=\phi_y q_y$，$\theta=\phi_\theta q_\theta$，代入上式，经 Galerkin 离散后可得：

$$\sum(m\phi_z^2\ddot{q}_z-m\overline{BC}\phi_z\phi_\theta\ddot{q}_t\cos(\beta+\phi_\theta q_\theta)+2\xi\omega_z m\phi_z^2\dot{q}_z+\omega_z^2 m\phi_z^2 q_z)=\sum(\phi_z F_z)$$
$$\sum(m\phi_y^2\ddot{q}_y-m\overline{BC}\phi_y\phi_\theta\ddot{q}_\theta\sin(\beta+\phi_\theta q_\theta)+2\xi\omega_y m\phi_y^2\dot{q}_y+\omega_y^2 m\phi_y^2 q_y)=\sum(\phi_y F_y)$$
$$\sum(-m\overline{BC}(\phi_z\phi_\theta\ddot{q}_z\cos(\beta+\phi_\theta q_\theta)+\phi_y\phi_\theta\ddot{q}_y\sin(\beta+\phi_\theta q_\theta))+(I+m\overline{BC}^2)\phi_\theta^2\ddot{q}_\theta+$$
$$\omega_\theta^2 J\phi_\theta^2 q_\theta+2\xi\omega_\theta J\phi_\theta^2\dot{q}_\theta=\sum\phi_t(F_z\overline{AB}\cos(\beta+\phi_\theta q_\theta)+F_y\overline{AB}\sin(\beta+\phi_\theta q_\theta))$$

其中，
$$F_z=\frac{1}{2}\rho cU^2(C_l(\alpha)\cos(\alpha-\beta)+C_d(\alpha)\sin(\alpha-\beta)),$$
$$F_y=\frac{1}{2}\rho cU^2(C_l(\alpha)\sin(\alpha-\beta)-C_d(\alpha)\cos(\alpha-\beta)),$$
$$\alpha=\arctan\left(\frac{W_0\sin(\alpha_0-\beta)-\dot{u}_z-(0.5c-\overline{AB})\dot{\theta}\cos(\beta+\theta)}{W_0\cos(\alpha_0-\beta)-\dot{u}_y-(0.5c-\overline{AB})\dot{\theta}\sin(\beta+\theta)}\right)+\theta+\beta,$$
$$U^2=(W_0\sin(\alpha_0-\beta)-\dot{u}_z-(0.5c-\overline{AB})\dot{\theta}\cos(\beta+\theta))^2$$
$$+(W_0\cos(\alpha_0-\beta)-\dot{u}_y(0.5c-\overline{AB})\dot{\theta}\sin(\beta+\theta))^2$$

$\overline{AB}=0.08c$，$\overline{BC}=0.01c$，$c$ 为翼型弦长。

通过龙格库塔法求解上式，实际上由于叶片扭转刚度很大，而且叶片所受的扭矩很小，叶片产生的扭转变形非常小，叶片的动力响应以挥舞和摆振为主。

**(3) 非定常叶片气动稳定计算**

计算风力机叶片的气动响应时，叶片的风攻角会伴随振动的过程快速变化，表现出与风洞试验中不完全相同的气动特性，风轮叶片的失速攻角会大于翼型静止时的攻角，翼型的气动特性随攻角的变化曲线也会出现迟滞现象，此种情况称为动态失速。对动态失速等非定常气动特性的精确建模，是风力机动态气动载荷分析的前提。进行风力机运行工况仿真时，如果采用静态气动数据进行计算，将使得载荷被低估，因此有必要研究动态失速模型以建立更精确的动态气动载荷分析程序。对于动态失速的研究尚处于起步阶段，通常的做法是采用动态失速模型对翼型气动力数据进行修正。这些动态失速模型本质上都属于经验或者半经验模型，采用不同缩减频率的翼型振动风洞试验或者数值模拟得到的气动力数据，拟合出一系列线性或者非线性方程，用于模拟非定常和动态失速条件下随时间变化的攻角与气动力系数的关系。很多学者对于动态失速现象进行了研究，提出了大量的动态失速模型，例如 Goromont 动态失速模型[77]、OREAR 动态失速模型以及 Beddoes-Leshman 动态失速模型等[78-80]。其中，Beddoes-Leshman 重点研究翼型的动态绕流物理特性，能够较好地模拟翼型的非定常气动力和动态失速特性[80]。Beddoes-Leshiman 模型简称 BL 模型，其基于翼型的阶跃响应，求解过程分为三个步骤：非定常附着流状态，要求非定常气动模型能够较为精确的描述叶片在运动状态下的附着流特性。非定常分离流状态：引入若干经验修正参数用于描述非定常非黏性效应，主要考虑前缘和后缘分离而产生的气流迟滞效应。动态失速状态：考虑动态失速诱导涡效应，假设诱导涡产生的气动力使得翼型升力保持线性增长，直到诱导涡离开翼型表面[78]。

模型采用固定在翼型上的坐标系，气动力系数分量是法向力系数 $C_N$（垂直于弦长方向）和切向力系数 $C_T$（弦长方向）。模型基于定常的气动数据 $C_L$ 和 $C_D$，因此首先要将其变换到翼型坐标系中，$C_N$S，$C_{Ts}$ 为静态法向力系数和静态切向力系数。

$$C_{Ns}(t)=C_L\cos(\alpha)+C_D\sin(\alpha)$$
$$C_{Ts}(t)=C_L\sin(\alpha)-C_D\cos(\alpha) \qquad (10.4\text{-}33)$$

1）非定常附着流状态

对于附着流，主要考虑尾流分离效应和气流加速效应这两方面因素对升力的影响，并分别建模。尾流分离效应对法向力的影响用 $C_N^C$ 表示；气流加速效应对法向力的影响部分用 $C_N^I$ 表示。

$C_N^C$ 是由于攻角变化导致尾流分离时所产生的环量项法向分量对于气动力系数的分项，具备迟滞特性。

$$\Delta C_N^C(t)=C_{N\alpha}(\alpha_E-\alpha_0) \qquad (10.4\text{-}34)$$

其中，$\alpha_E$ 为有效攻角，$\alpha_0$ 为零升力角，$C_{N\alpha}$ 为翼型静态法向力系数曲线的斜率。可见，有效攻角 $\alpha_E$ 的确定是解决问题的关键，有效分离角的计算可由下式表示：

$$\alpha_E=\alpha_{n-1}+\phi_\alpha^c(t)(\alpha_n-\alpha_{n-1})$$
$$\phi_\alpha^c(t)=A_0-A_1\exp(-b_1 s)-A_2\exp(-b_2 s)$$
$$s=2\sqrt{1-M^2}Wt/c \qquad (10.4\text{-}35)$$

其中，$\alpha_n$ 为第 $n$ 个时间步的攻角，常数 $A_0$、$A_1$、$A_2$、$b_1$ 和 $b_2$ 由理论分析结合实验数据拟合优化获得，$M$ 为马赫数，$W$ 为相对风速，$c$ 为翼型弦长。

$C_N^I$ 是由于翼型运动所产生的非环量法向气动力分项系数，考虑了翼型运动对于气流产生的加速度影响，表达式如下：

$$\Delta C_N^I(t)=\frac{4}{M}\exp(-tV_a/c)(\alpha_n-\alpha_{n-1}) \qquad (10.4\text{-}36)$$

其中，$V_a$ 为当地声速。

2）非定常分离流状态

通常使用经验修正的方法研究非定常、非线性分离流动的气动响应。翼型表面的流动分离会导致环量损失。欲解决此问题，首先要确定有效分离点，定义为 $f=x/c$。其中，$x$ 为流动分离点距离翼型后缘的距离，$c$ 为翼型弦长。Beddoes 使用基尔夫流动理论，建立了法向力系数 $C_N(t)$ 及切向力系数 $C_T(t)$ 与流动分离点 $f$ 之间的非线性函数关系：

$$C_N(t)=C_{N\alpha_0}(\alpha_E-\alpha_0)\left(\frac{1+\sqrt{f}}{2}\right)^2$$
$$C_T(t)=C_{N\alpha_0}(\alpha_E-\alpha_0)\tan(\alpha_E)\sqrt{f} \qquad (10.4\text{-}37)$$

$C_{N\alpha_0}$ 为气动力曲线在零升力角 $\alpha_0$ 处的斜率，因此利用静态 $C_{Ns}(t)$ 数据，可以通过式（10.4-37）计算静态有效分离点。但是静态有效分离点与非定常状态下的有效分离点差别很大，非定常状态气流分离点和静态有效分离点相比存在迟滞现象。可以用两个迟滞函数来处理该迟滞现象。第一个迟滞反映了非定常压力的迟滞效应。

$$C_N'(t)=(1-\exp(-2Wt/(cT_p)))C_{Ns}(t) \qquad (10.4\text{-}38)$$

$T_p$ 为无量纲时间参数，因此反映非定常压力迟滞效应后的攻角 $\alpha_p$ 可由下式表示：

$$\alpha_p=(1-\exp(-2Wt/(cT_p)))\alpha_E \tag{10.4-39}$$

带入式（10.4-37）中，便可计算考虑非定常压力迟滞效应后的有效分离点 $f_P$

$$f_P=4\left(\sqrt{\frac{C_{Ns}(t)}{C_{N\alpha_0}(\alpha_p-\alpha_0)}}-0.5\right)^2 \tag{10.4-40}$$

第二个迟滞函数反映了非定常边界层的迟滞效应，考虑了这两种状态的迟滞效应后最终获得的气流分离点的计算公式如式（10.4-41）所示：

$$f_{PB}=(1-\exp(-2Wt/(cT_B)))f_P \tag{10.4-41}$$

式中，$T_B$ 为无量纲时间参数。

3）动态失速状态

BL 模型可以反映动态失速过程中前缘涡的形成、发展与脱落情况。动态失速状态主要考虑涡脱对于翼型气动力系数的影响。假设涡向法向力可以表示为翼型附近的附加环量，其增量 $\Delta C_N^V$ 取决于非定常环量法向力的线性部分与非线性部分之差。

$$\Delta C_N^V(t)=(1-K_V)(1-\exp(-Wt/(cT_V)))\Delta C_N^C(t)$$

$$K_V=\frac{(1+\sqrt{f_{PB}})^2}{4} \tag{10.4-42}$$

$T_V$ 为无量纲时间参数。因此最终 $C_N(t)$ 与 $C_T(t)$ 的表达式为

$$C_N(t)=\left(\frac{1+\sqrt{f_{PB}}}{4}\right)^2C_N^C(t)+C_N^I(t)+C_N^V(t)$$

$$C_T(t)=C_{N\alpha}(\alpha_E-\alpha_0)\tan\alpha_E\sqrt{f_{PB}} \tag{10.4-43}$$

得到了法向力系数和切向力系数，即可通过坐标变换，得到任意时刻的升阻力系数：

$$C_L(t)=C_N(t)\cos\alpha+C_C(t)\sin\alpha$$

$$C_D(t)=C_N(t)\sin\alpha-C_C(t)\cos\alpha+C_{D0} \tag{10.4-44}$$

$D_{D0}$ 为零升力角下的阻力系数。

通常情况下，在挥舞与摆振计算时采用准定常理论和非定常理论计算得到的结果仅仅在幅值上有所差别，叶片振动的基本趋势没有改变，在计算挥舞摆振响应采用准定常理论就能获得足够的精度。

### 10.4.3 风力机叶片 CFD 仿真模拟

#### (1) 风力机翼型数值模拟基本概念

在上述关于风力机空气动力学理论的论述中，风力机叶片的空气绕流机理均通过一系列方程进行描述，大多数采用微分形式或积分形式，揭示了风力机流场的基本特性和物理本质。然而，方程本身并不是我们需要的最终结果。为了得到特定形状和特定流动状态的真实流场，必须针对流体动力学方程求解，从而获得以空间位置和时间为自变量，以压力、密度、速度等为因变量的流场参数，然后依据这些参数得到升力、阻力、力矩、功率以及效率等气动特性。

风力机空气动力学理论中的方程，无论形式如何变化，均来自流体力学中的基本控制方程，即连续性方程、动量方程和能量方程。这些基本控制方程不仅采用微分形式或积分形式，而且具有高度非线性特征，目前尚无法得到其通用的解析解。所以，为了获取针对具体问题的有效解，可采用两种不同的解决方案。

其中，一种解决方案为理论近似解析，即实际问题允许对控制方程进行简化，并且简化后的控制方程能够有效反应物理本质。例如，翼型绕流问题，如果自由流马赫数远小于1，则控制方程中的许多项可被忽略；在一定假设基础上，甚至可简化为线性方程，通过理论解析即可求解。然而，如果需要对控制方程进行没有任何几何外形的或物理简化，并包含了完整的黏性和热传导影响的求解，则必须寻求另外一种全新的解决方案，即数值模拟。关于此概念，可以这么理解：数值求解控制流体流动的微分方程，得出流场在连续区域上的离散分布，从而近似模拟流体流动情况，因此也被称之为计算机虚拟实验。这里的近似主要针对连续区域上的离散分布而言。

比如翼型绕流问题的数值求解过程，通过数值计算可获取流场的各种细节；如激波是否存在，其位置与强度、流动分离、表面压力分布、受力大小及其随时间的变化规律等；并可进一步将其计算结果进行显示，直观地观察到激波的运动、涡的生成与传播。由于数值模拟可以形象地再现流动场景，故称之为虚拟实验。显然，这是理论近似解析方案无法实现的。

以上翼型绕流问题的数值求解过程，即可体现数值模拟的具体实施步骤如下：

1）建立反映物理问题本质的数学模型。具体来说，就是要建立反映问题各物理量之间的微分方程及相应的定解条件。这是数值模拟的出发点，没有正确、完善的数学模型，数值模拟就无从谈起。对于风力机流场而言，其对应的数学模型即为质量传递方程、动量传递方程以及能量传递方程及其相应的定解条件。关于其具体表达式，会在后续讨论中加以描述。

2）数值算法优化。数学模型建立之后，需要寻求高效率、高准确度的计算方法。不仅包括微分方程的离散方法及求解方法，还包括贴体坐标建立、边界条件处理等。

3）离散方程解析。在确定了计算方法和坐标系后，可以开始编制程序和进行数值计算。实践表明：此部分工作是整个工作的主体，占绝大部分时间。由于求解问题的复杂性，使得数值求解方法在理论上不尽完善，所以需要通过试验加以验证。

4）计算结果可视化。在计算工作完成后，将大量计算数据通过图像形象地显示出来。

通过上述分析，可以得出这样的结论：数值模拟的具体实现需要流体力学（对于风力机气动特性而言，亦可表述为空气动力学）以及数值计算技术的有力支撑。但仅仅如此还不够，尚需一台能够代替人工计算的实体设备，即高速数字计算机。事实上，正是由于20世纪后40年间计算机技术的高速发展，并催生了一门新学科——计算流体动力学（computational fluid dynamics，CFD），才使得数值模拟最终得以实现。

目前，已存在多种计算流体力学的商用软件包：有通用型，如FLUENT、NUMACA、PHOENICS等；也有专业型，如针对翼型与风力机的XFOIL、FOILSIM、DESIGNFOIL、EllipSys2D、GHBLADE、AeroDyn、WP等。但无论哪种软件包，其采用的流体本构方程和数值求解模式基本一致。

**（2）风力机翼型气动特性的数值模拟方法**

翼型绕流问题，实质是叶片空气动力学特性的二维特性研究，通常包括失速、叶尖涡以及翼型周围压力速度分布。近年来，随着计算机的发展，数值模拟成为研究研究翼型绕流的重要手段。国内外学者在此领域进行了大量的数值计算工作，应用不同湍流模型和大涡模拟技术进行了不同攻角下的定常和非定常翼型绕流研究，描述了各种翼型在变攻角下大尺度分离、失速流场的流动与损失特性，对风力机的控制和设计都起到了很大的指导作用。

传统风力机叶片大多采用 NACA 系列的翼型，NACA63-2XX 系列翼型在 NACA 翼型中总体性能表现最好，且对表面粗糙度具有良好的不敏感性，在各种水平轴风力机上得到了广泛应用，因此以该系列中的 NACA63-215 翼型为示例来介绍风力机叶片数值模拟的具体过程[81]。

1）物理模型

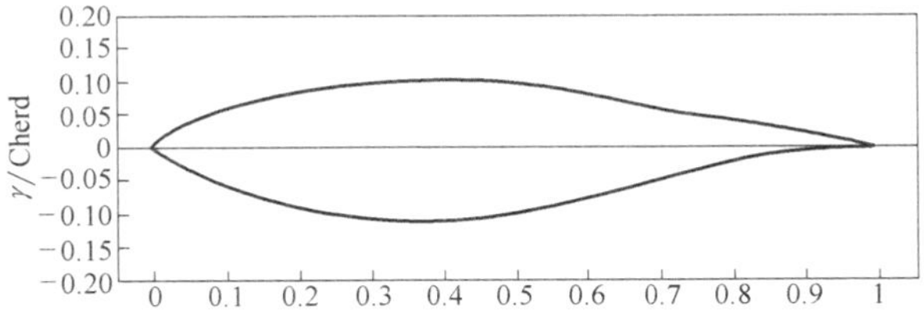


图 10.4-12　NACA63-215 翼型轮廓[81]

如图 10.4-12 所示，翼型 NACA63-215 最大厚度为弦长的 15%，最大厚度处距叶型前缘的距离是弦长的 35%。翼型弦长 $c$ =600mm，自由来流，绝对温度为 293K，雷诺数 $Re=3\times10^6$。

2）控制方程

若只考虑了翼型的静态绕流情况，不考虑翼型的俯仰运动或平行移动，对翼型的定常特性进行 CFD 计算时选择稳态的 RANS 方程作为流动的控制方程。许多低速风力机翼型必须经常工作在失速甚至深失速条件下，因此翼型在不同工况时的升力阻力系数的精确估计对翼型的设计非常重要，其中湍流模型的选取是关键因素之一，多采用以下四种湍流模型：

① Baldwin-Lomax 模型

直到目前，在复杂流动的数值模拟（N-S 方程）中所使用的都是简化的湍流模型，包括零方程、一方程和二方程模型，其中尤以零方程的 Baldwin-Lomax 模型使用最为广泛[82]。

Spalart-Allmaras 模型

Spalart-Allmaras[83]湍流模型是一方程湍流模型，被认为是连接代数零方程 Baldwin-Lomax 模型和两方程模型的桥梁，由于具有较好的鲁棒性并且能够处理复杂流动的能力，因此近年来应用很广泛。与 Baldwin-Lomax 模型比较，它的湍流黏性场总是连续的；与 $k$-ε模型比较，其优势在于其鲁棒性和占较少的内存，对 CPU 能力的要求也较低一些。S-A模型的原理是建立在附加的旋涡黏性运输方程求解基础上的，该方程包含一个对流项、一个扩散项和一个源项，是用非守恒形式实现的。

② $k$-ε 二阶模型

由于二方程具有各向同性的特点，它对于大 $Re$ 数、低速旋转、小浮力的流动情况都蛮适合，所以其应用范围十分广泛。$k$-ε 二阶模型在工程上也较常被采用，该模型主要是通过求解两个附加方程，$k$ 方程和 ε 方程（其中 $k$ 方程是表示湍流脉动动能方程，ε 方程是湍流耗散方程）来确定团流黏性系数，进而求解出湍流应力。标准的 $k$-ε 湍流模型的流动假设为完全湍流，故分子之间的相互黏性作用忽略不计。正因如此，标准的 $k$-$\varepsilon$ 湍流模型只能运用在完全湍流的数值模拟分析计算，所以针对不同的需要，$k$-$\varepsilon$ 模型需要重整或者可实现化处理。

③ $k$-$\omega$ 模型

$k$-$\omega$ 模型是为考虑低雷诺数、可压缩性和剪切流传播而修改的，这种雷诺应力模型摒弃了涡黏性假设，从雷诺应力满足的方程出发，将方程右端未知项用平均流动的物理量和湍流的特征尺度表示出来，是二阶矩封闭模式。由于保留了雷诺应力所满足的方程，可以较好地反映雷诺应力随空间和时间的变化规律，是一种高级的湍流模型，但其计算量大。

3）计算域和计算网格

对数值模拟流场进行网格划分是数值求解流体控制方程的基础，网格划分质量的好坏直接影响数值计算的结果，而网格的生成关键是网格点的合理分布。C 型网格适用于头部较钝的翼型，而 H 型网格适用于头部尖锐的翼型。因为 NACA63-215 翼型的头部不算尖锐，所以也可以采用 C 型的结构网格。

在上述物理模型靠近壁面的地方，由于流体黏性的影响，速度梯度比较大。所以此处的网格需要加密，而在远离叶片的地方，速度梯度较小，这部分的网格可以划分得比较稀。此外由于受尾迹的影响，在叶片的后端气流的变化会比较大，在这部分也是应该进行网格加密的地方。考虑不同位置的流体特性才能划出好的网格，以节约计算时间。如图 10.4-13 中所示网格的建立中在翼型的前缘采用蝶形网格加密提高网格的正交度，翼型的后缘网格尺寸均匀，这些都有利于数值计算的收敛[83]。

对于翼型的外部绕流问题，要选择适当的流动区域，计算区域的远场边界宜选取延伸到离翼型表面 10 倍以上于翼型弦长的位置。

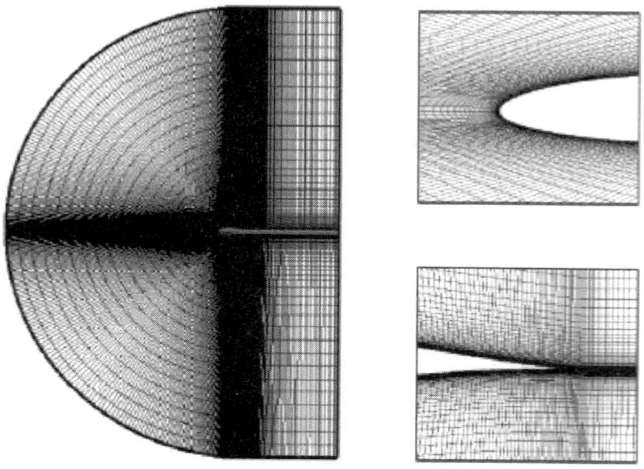

图 10.4-13 网格分布和局部放大图[22]

4）边界条件

① 物面边界包括：

A. 物面无滑移条件，即 $u=v=0$；

B. 绝热壁条件，即 $\partial t/\partial n=0$；

② 远场边界条件

A. 在实际数值模拟计算中，计算区域的大小是有限的，因而在计算区域的远场边界处需要引入无反射边界条件，以保证物体所产生的扰动波不被反射回计算区域内；

B. 远场边界赋予自由流条件。

③ 近壁面湍流处理

近壁面湍流流动受壁面的影响很大，也很明显，平均流动区域由于壁面不光滑而受到影响。当然，湍流还受到壁面其他一些影响。在离壁面很近的地方，黏性力将抑制流体切线方向速度的变化，而且流体运动受壁面阻碍从而抑制了正常的波动。但在近壁面的外部区域，湍流动能受平均流速的影响而增大，湍流运动加剧。无数试验表明，近壁面区域可以分成三层区域，在最里层，又叫黏性力层，流动区域很薄，在这个区域里，黏性力在动量、热量及质量交换中都起主导作用；处于这两层中间的区域是过渡层，黏性力作用与湍流作用相当。但近壁面的外部区域，黏性力的影响不明显，湍流动能受平均流速的影响而增大，湍流运动加剧。

5）计算方法

应用FINE/TURBO中集成的核心计算程序 Euranus（European Aerodynamic Numerical Simulator），采用时间相关法求解 Reynolds 平均 Navier-Stokes 方程。计算使用 Jameson 的中心差分格式，采用四阶 Runge-Kutta 法进行时间推进。为了加快时间推进速度，使用了多重网格技术和隐式残差平均技术，计算中 CFL 数取 3.0。

多重网格法是提高代数方程迭代求解收敛速度的有效方法，近 20 余年中，在流动与传热问题的数值计算中得到广泛的应用，所谓多重网格方法就是为了克服固定网格的缺点而发展起来的迭代解法，采用此方法时可先在较细的网格上进行迭代，然后再在较粗的网格上进行迭代，以把短波误差分量衰减。如此逐步使网格变得越来越粗，以把各种波长的误差基本都消去，到最后一层粗网格时节点数已不多，可以采用直接法。然后，又从粗网格依次返回到各级细网格上进行计算，如此反复数次，最后在最细的网格上获得所需的解。由此可见，采用多重网格方法时，由于各种频率分量的误差可以得到比较平均的衰减，从而加快了迭代的速度，提高了数值计算的效率，它已经在数值计算领域得到了广泛的应用，FINE/TURBO 中提供了性能良好的 FAS 型多重网格功能，并在本书的计算中得到了应用。

数值计算时对 N-S 方程、湍流方程等进行耦合计算求解，方程每次迭代计算后记录升力、阻力、轴向推力和不同方向的速度分量等参数来检测解的收敛性，需要迭代计算至这些系数均收敛为止。

**(3) 风力机翼型流固耦合分析方法**

风力机属于比较特殊的旋转机械设备，具有运行工况变化大、动态载荷复杂、工作环境恶劣、使用寿命要求高等特点，是典型的复杂机械弹性系统。由于风力机不断朝大功率化和轻量化方向发展，风轮直径的增加可能会导致更严重的振动问题。因此，为了满足风力机叶片的设计要求，现在多采用流固耦合分析方法进行相关的动力学分析和动态设计方法研究。

研究两个或两个以上工程学科（物理场）间相互作用的分析，就是耦合场的分析。类似结构域流体的耦合分析，即流固耦合，流体流动时所产生的压力作用于结构，于是，结构将产生变形。流体的流道又会受结构变形的影响，因此这是相互作用的问题。耦合场的模拟分析广泛应用于流体动力学领域，如在风场中风力机叶片的变形情况。由于叶片不断加长，并采用轻型材料和结构，导致结构刚度降低，变形加大，固有频率也相应地下降到和激振频率相同的数量级，使得发生结构共振的危险性加大。此外，在工作状态下，由于叶尖部分具有很大的线速度，产生大的惯性力，而且在超过额定风速时，需要风力机进行连续变桨距操作，在气动载荷和惯性载荷的作用下，叶片将产生复杂的耦合振动，发生气动失稳的可能性也相应增大。因此，对处于风场中的风力机叶片进行耦合分析是非常有必要的。

由于软件的开发水平有限，很多软件还不能够进行多物理场的耦合，而只能模拟单一的物理场。国内的一些高校和研究机构通常会二次开发相关软件，再应用于分析某一物理模型的多场耦合，例如 ANSYS 和 Fluent 之间相关程序接口的二次开发。这种方法能够解决不同软件之间的数据交换问题。现在，多数学者采用 ANSYS Workbench 进行风力机的流固耦合模拟分析。

ANSYS Workbench Environment 作为新一代多物理场协同 CAE 仿真环境，其独特的产品构架和众多支撑性产品模块为产品整机、多场耦合分析提供了非常优秀的系统级解决方案。它包括三个主要模块：几何建模模块、有限元分析模块和优化设计模块，将设计、仿真、优化集成于一体，可便于设计人员随时进入不同功能模块之间进行双向参数互动调用，使与仿真相关的人、部门、技术及数据在统一环境中协同工作。

风力机工作时，在空气和风力机叶片之间的作用关系是相互的。风力机叶片在表面受到压力时会产生变形。而在风力机高速运作时，这种变形会被放大。对于流体的运动，变形过程中的风力机叶片又会反过来产生某种特定的影响。运用流固耦合的分析方法，能够研究在气流瞬时变化下风力机叶片所产生的影响，即按照一定的顺序，求解两个物理场。然后，将两物理场之间边界上的结果，作为边界条件从前一物理场施加到下一物理场中进行迭代求解。

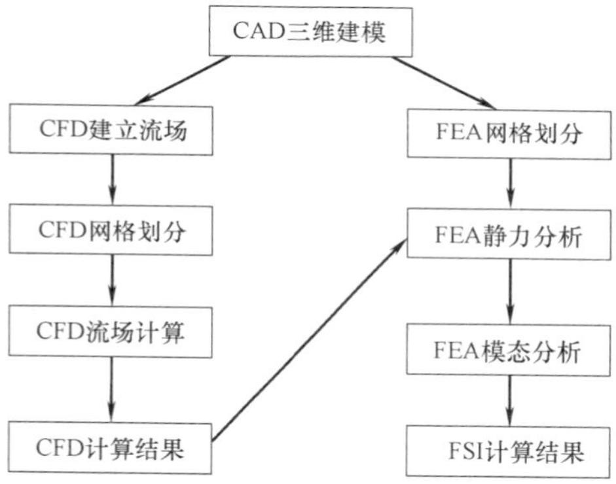


图 10.4-14 风力机叶片流固耦合分析流程

分析流程如图 10.4-14 所示，具体方法如下：

1）利用三维建模软件，建立风力机叶片的三维实体模型；

2）将叶片模型导入 CFD 软件，建立叶片的流场计算域并划分网格；

3）CFD 软件分析计算后得到叶片表面压力。以上步骤已经在前几章中完成；

4）将压力值作为边界条件输入 FEA 软件，模拟后可得到风力机叶片的形变。

## 10.5 跨海大桥风浪流耦合灾害作用

2004 年 9 月 16 日，飓风“伊万”伴随着时速达 220km 的风暴和高达 24m 的巨浪，轮番冲击美国阿拉巴马海岸，给海洋和沿岸基础设施造成了极大的破坏。跨湖长桥 Lake

Pontchatrain Causeway Bridge（长约 38.64km）在风、风暴潮和浪的作用下，遭到了严重破坏[84]。

2005 年 8 月底，飓风 Katrina 冲击了亚拉巴马州、密西西比州和路易斯安那州的海岸，其破坏程度位列第四大飓风历史纪录[85]。公路桥梁遭到严重破坏，其中许多桥跨移位落梁，有的则被完全毁坏，无法修复。灾害调查显示，中小跨径的桥梁和可开启桥梁遭受到的破坏最严重，以 I-10 Twin Span 桥、US-90 Ocean Springs 桥和 US-90 Bay St. Louis 桥破坏最为典型[84]。另外，强台风登陆时风暴潮引发的洪水（海水倒灌）[86]对桥梁设施也构成了严重威胁，每年全球因洪水导致毁损的桥梁不计其数。这些沿海地区桥梁之所以发生如此重大的损毁，除了不可抗的因素外，主要原因在于对沿海地区桥跨结构在极端风浪流灾害作用下的荷载特性还缺乏认识，没有采取有效的设计及防御措施来预防。

世界桥梁工程已经进入建设跨海连岛工程的新时期。在 20 世纪上半叶已规划多年的洲际跨海工程，如欧非直布罗陀海峡通道、欧亚博斯普鲁斯海峡第二通道以及欧美白令海峡工程将有可能付诸实现。在欧洲，英伦二道、挪威沿海诸岛、德国和丹麦之间的费曼海峡以及意大利的墨西拿海峡也都在或将要实现跨海桥梁工程建设。日本继本四联络线后还将实施"第二国土轴"计划，通过多座跨海工程建设沿太平洋海岸的高速公路干线[87]。

随着我国经济的发展和西部大开发战略计划的实施，我国正在进行贯穿南北、横贯东西的干线公路网的建设，在完成五纵七横主干公路网建设的同时，也已开始跨海工程的前期工作。目前，在建或已完成的沿海高速公路干线涉及五个大型跨海工程项目，依次跨越渤海海峡、胶州海峡、长江口、杭州湾、珠江口伶仃洋和琼州海峡[87,88]。这五个跨海工程中将修建主跨超过 2000m 的悬索桥和主跨超过 1000m 的斜拉桥，这些桥梁建设项目都属于特大型工程项目[89]。

随着全球气候和环境快速变化，沿海地区超强台风和风暴潮的发生规模和频次不断增加[86]，而且其灾害作用的剧烈程度也不断突破以往历史纪录。因此，研究跨海大桥结构系统在极端风浪流灾害作用下的荷载效应机理，对提高桥梁结构的安全性和耐久性，控制灾害破坏的发生，具有十分重要的理论价值和现实意义。

### 10.5.1　跨海大桥风浪流耦合作用研究现状

**(1) 海流荷载**

对于跨海大桥，海流荷载是其主要的环境荷载之一，主要作用在桥墩上。与波浪相比，海流的水质点运动速度及周期随时间变化缓慢。在一定时间和空间范围内海流可看作速度大小和方向均不发生改变的稳定均匀流，作用在跨海大桥上的海流压力 $P_c$ 可按下式计算：

$$P_c=\frac{1}{2}\rho_w C_D v_c^2 \tag{10.5-1}$$

式中　$C_D$——水阻系数，在一定程度上可反映流与结构的相互作用，其取值与结构物的截面形式有关，对圆形截面而言 $C_D=0.7$；

$\rho_w$——海水密度；

$v_c$——海流流速。一般来说，海流压力的分布可假定为倒三角，其着力点在设计水位以下 1/3 水深处。

当海流未超过最高设计水位时，海流只对桥梁下部结构产生荷载；当出现特大风暴潮时，海流水位越过桥梁最高设计水位，桥梁上部结构部分或全部被水淹没，直接遭受海流荷载和浮托力作用。对于部分淹没的桥梁结构，其海流荷载的作用机理变得更为复杂，可以通过相关试验来研究。Naudascher 和 Medlarz[90] 直接利用测力器测量了作用在桥梁模型上的总阻力，并考虑了以下因素在时间平均内对于部分淹没桥梁的海流荷载作用的影响：①梁的数量和轮轴距的影响；②桥梁的高度；③海流和桥轴线的角度。Malavasi 和 Guadagnini[91] 对矩形截面的桥梁断面进行了量化的水动力试验，针对多种淹没形式和桥梁断面弗劳德数测量了作用在桥梁断面上的时变动力荷载，并对试验结果进行了分析，讨论了桥梁断面弗劳德数以及几何因素对平均作用力系数（即阻力、升力和力矩系数）的影响[91]。石雪飞等讨论了箱形截面漫水桥设计中应考虑的荷载，包括浮力、等效静水压力和由箱内外水头压差引起的动态浮力等[92]。

**（2）波浪荷载**

在跨海桥梁工程中，桥梁下部结构以及位于或低于浪溅区的桥梁上部结构的安全与波浪冲击作用关系极大。若跨海桥梁上部结构高程较低，在恶劣海况下当大波浪在桥面下通过并与之接触时，桥面下除了作用有强度变化较为缓慢的波浪压力外，在波峰接触到桥面时还存在着历时很短但强度极大的抨击压力，这种强烈的抨击压力会引起结构物的整个上部结构失稳或造成局部破坏。波浪抨击荷载是船舶的重要荷载之一[93]，近年来在海岸和近海工程设计中越来越受到重视，已形成一个新兴课题，但是在桥梁结构上的应用研究还鲜有文献叙述。

波浪冲击过程的机理十分复杂，涉及波浪的强非线性、瞬时效应、流体黏性、湍流等因素，至今仍是海岸工程领域的困难课题之一。国内外有关波浪对浪溅区结构物抨击作用的研究工作，大都以试验研究为主。实际海洋工程结构设计中，波浪冲击荷载的确定通常是采用依据大量试验得到的经验公式或针对具体工程进行物理模型试验来进行。

一般来说，海浪可看作平稳的随机过程，其特性可用波浪频谱表示，常用的波浪频谱有 P-M 谱、JONSWAP 谱以及我国《海港水文规范》推荐的文氏谱[96]。其中，JONSWAP 谱考虑了平均风速和风区长度的影响，其表达式为：

$$S_{\eta}(\omega)=\alpha^{*}H_{s}^{2}\frac{\omega_{m}^{4}}{\omega^{5}}\exp\left[-\frac{5}{4}\left(\frac{\omega_{m}}{\omega}\right)^{4}\right]\gamma^{\exp\left[-\frac{(\omega-\omega_{m})^{2}}{2\sigma^{2}\omega_{m}^{2}}\right]} \tag{10.5-2}$$

式中，$\omega$ 为圆角频率；$\alpha^{*}=0.0624/(0.230+0.0336\gamma-0.185(1.9+\gamma)-1)$；$\omega_{m}$ 为谱峰频率；$\gamma$ 为谱峰因子；$\sigma$ 为峰形系数；$H_{s}$ 为有效波高。随机波面时程 $\eta$ 可基于 JONSWAP 谱通过应用经典的谐波叠加算法得到。

桥梁下部结构的存在会对波浪场产生干扰，这种干扰又反过来影响波浪对下部结构的作用效应。波浪对下部结构的作用效应包括黏滞效应、附加质量效应和绕射效应。对具体结构而言，上述波浪效应的主次取决于结构的形式以及尺寸与波长的相对大小。若结构物的尺度与入射波长相比较小，如群桩基础中的单桩、水下输油管道等，则结构物的存在对波浪运动无显著影响，波浪对结构物的作用主要为黏滞效应和附加质量效应；随着结构物尺度相对于波长比值的增大，如大型沉井基础、大型石油贮罐等，结构物的存在会对波浪的运动产生显著的影响，波浪对结构物的作用主要为绕射效应。

与波浪效应对应的波浪力分别为拖曳力、惯性力和绕射力。对小尺度结构物，波浪的拖曳力和惯性力是主要作用力；对大尺度结构物，波浪的惯性力和绕射力是主要作用力。目前，波浪力的计算方法主要有Morison方程和MacCamy-Fuchs绕射理论，图10.5-1详细地阐述了两种方法的适用范围，其中$H$为波高、$L$为波长、$l$为结构的横波向尺度（圆柱$l$为直径，方柱$l$为宽度）。当满足$H/l<1.0$和$l/L<0.2$时，流体黏性和结构绕流均较弱，波浪力的计算可采用Morison方程，且可只考虑惯性力；当$H/l<1.0$和$l/L>0.2$时，由于结构相对尺寸较大，结构绕流影响较强而流体黏性仍然较弱，波浪力的计算可采用绕射理论；当$H/l>1.0$和$l/L<0.2$时，结构相对尺寸较小，结构绕流影响较小而流体黏性效应较为明显，波浪力可采用Morison方程计算，此时需同时考虑拖曳力和惯性力。

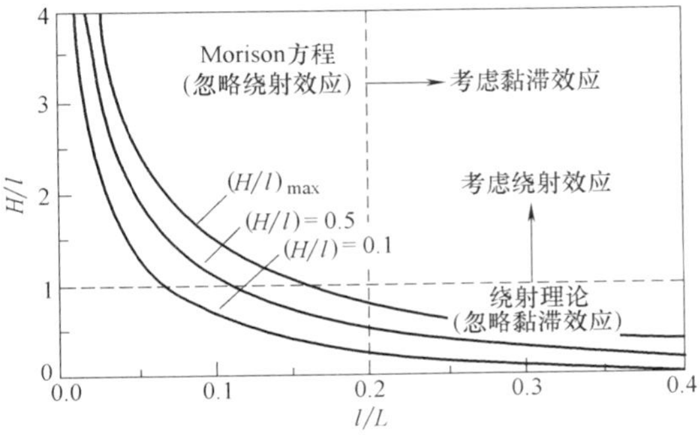


图10.5-1 两种波浪力计算方法的适用范围[96]

目前对于小尺度桩柱波浪力，《海港水文规范》JT 213—98、美国设计规范《AASHTO LRFD BRIGDE Specification》和《Costal Engineeringmanual》2002及英国海工规范《Maritime Structure》BS 6349—12000均采用Morison方程计算[94]。对于大直径圆柱墩的波浪力，《海港水文规范》JT 213—98给出了基于线性绕射理论的表达式；对于方形柱，建议采用相关经验公式或换算成圆柱结构进行计算[94,95]。

根据Morison方程，作用在固定直立柱体任意高度$z$处单位柱体高度上的顺波向水平波浪力$f_x$为：

$$\begin{aligned} f_x &= f_D + f_I \\ &= \frac{1}{2} C_D \rho_w A u_x |u_x| + C_M \rho_w V_0 \frac{du_x}{dt} \end{aligned} \tag{10.5-3}$$

式中，$f_D$为水平拖曳力，$f_I$为水平惯性力，$C_M$为惯性力系数，$V_0$为单位柱体高度的排水体积；$u_x$为波浪水质点的水平速度分量，可根据波浪场的特点选取适当的波浪理论进行计算，如线性波浪理论、Stokes波浪理论等。水阻力系数$C_D$的精度对波浪力的计算结果影响显著。大量模型试验和现场实测数据表明，影响$C_D$的主要因素包括雷诺数$Re$、波浪周期参数KC数、柱体表面粗糙度$\Delta/l$和波浪相位[96]。

对于大直径圆柱结构，当其尺寸满足$H/l<1.0$和$l/L>0.2$时，结构上的波浪力需要通过MacCamy-Fuchs绕射理论来确定。绕射问题是指波浪向前传播遇到相对静止的结构后，在结构表面产生一个向外散射的波，入射波和散射波的叠加达到稳定时，将形成一个新的波动场，这样的波动场对结构的荷载问题称为绕射问题，如图10.5-2所示。绕射问题表现了入射波浪场与置于其中的相对静止的结构之间的相互作用问题。

**(3) 跨海大桥风浪流耦合作用**

跨海大桥在施工和运营过程中将承受复杂的、随时空变化的随机海洋环境荷载，主要包括风荷载、波浪荷载和海流荷载。风、浪、流三种环境要素相互作用、相互影响，存在较强的相关性。相关研究成果表明，受波浪状态的影响，海面风场特性显著区别于陆地风

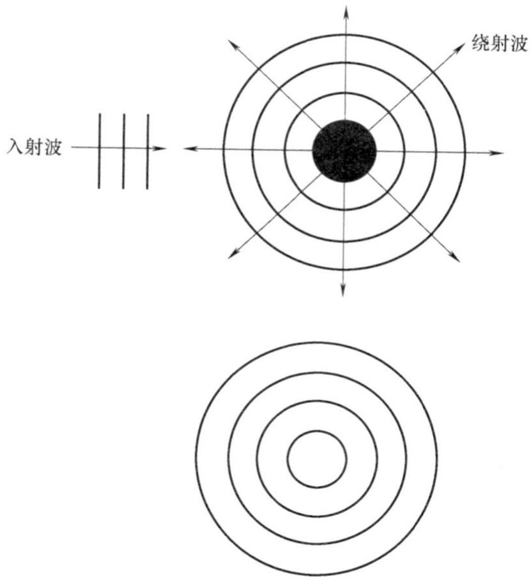


图 10.5-2 绕射问题[96]

场特性，主要表现在风场壁面（即波面）光滑但不断演变、近地面粗糙度减小和摩擦风速随时空变化等[98-104]。与陆地风场的脉动风谱相比，海面风场风谱能量的分布向低频段偏移[105-109]。

风、浪、流耦合作用下结构动力响应的精确分析依赖于荷载作用数据的可靠性。一般而言，数据来源于现场实测、物理试验模型或者数值模拟。现场实测可靠度高但周期长，对仪器设备要求高；数值模拟适应性强、耗时短，但目前现有的方法还无法全面考虑风、浪、流三者之间的相互作用。物理模型试验是确定风、浪、流耦合作用下结构荷载效应的重要方法，该方法不仅能实现三种环境要素的同步模拟，还能考虑到结构自身对风场、波浪和水流的影响，但难以进行大规模、长时间的试验模拟。

风、浪、流耦合作用下结构的灾变特性与结构的随机响应分布规律密切相关。结构响应分布规律的统计方法可分为两类：第一类是仅考虑环境要素的随机相关性[110,111]；第二类是综合考虑环境要素的随机相关性和结构的静力响应[112,113]。第一类方法通过条件极值法或多变量极值法统计环境要素的耦合分布规律，并计算特定耦合分布下的结构响应，以此作为结构灾变评价的依据；第二类方法以结构静力响应为目标，将结构静力响应看作环境要素的变量，以静力响应在环境要素分布范围内的积分值作为结构灾变评价的依据。这两类方法有一个共同的缺陷，即未考虑结构的动力特性。大型海洋结构多为柔性结构，振动周期与环境要素作用周期接近，为保证结构安全，灾变评价必须考虑动力效应[114-117]。然而，包含动力特性的结构灾变评价需要在环境荷载要素分布参数的所有可能取值范围内进行大量结构动力响应模拟计算或大量的现场实测，现有方法的计算效率和精度都有待提高。

本节首先介绍了某跨海大桥下部结构风浪流耦合作用效应试验研究的主要成果。在风浪流耦合作用数值模拟方面，讨论了一种以海面风场特性、随机波浪特性和海流特性为基础的特大型桥梁结构风浪流耦合作用数值模拟方法，以解决风、浪、流耦合作用数值模拟的效率问题。最后，提出了一种考虑动力特性的风浪流耦合作用下结构随机响应极值分布规律统计方法，以确定结构风浪流耦合灾变评价的关键参数。

### 10.5.2 跨海大桥风浪流耦合作用试验研究

物理模型试验是确定风、浪、流耦合作用下结构荷载效应的重要方法，该方法不仅能实现三种环境要素的同步模拟，还能考虑到结构自身对风场、波浪和水流的影响。本节主要介绍某跨海大桥下部结构的风浪流耦合作用试验及相关研究成果。

跨海大桥下部结构物理模型包括刚性模型和弹性模型两种，刚性模型主要用于测定结构在风、浪、流及其耦合作用下的表面动水压力，弹性结构模型则可用于测定结构在风、浪、流及气耦合作用下的基底反力和顶部位移。

**(1) 原型设计参数**

本次试验对象包括两种跨海大桥下部结构：跨海大桥主塔沉井基础和引桥桥墩。沉井基础的截面为倒角矩形，长 120m、宽 90m、高 50m，四角采用半径为 15m 的圆形倒角连接，如图 10.5-3 所示。引桥桥墩的外径为 6m，内径为 4m，壁厚为 1m，高 120m，如图 10.5-4 所示。引桥桥墩的材料为钢筋混凝土，密度为 $2.6\times10^{3}$ kg/m$^{3}$，弹性模量为 $3.15\times10^{4}$ MPa，泊松比为 0.3。

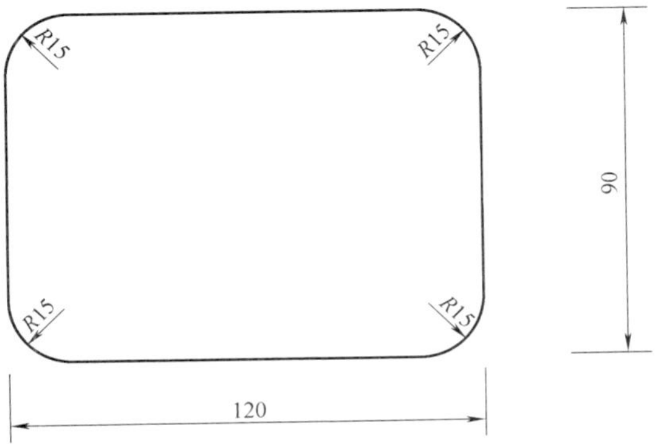


图 10.5-3　沉井横截面图（单位：m）

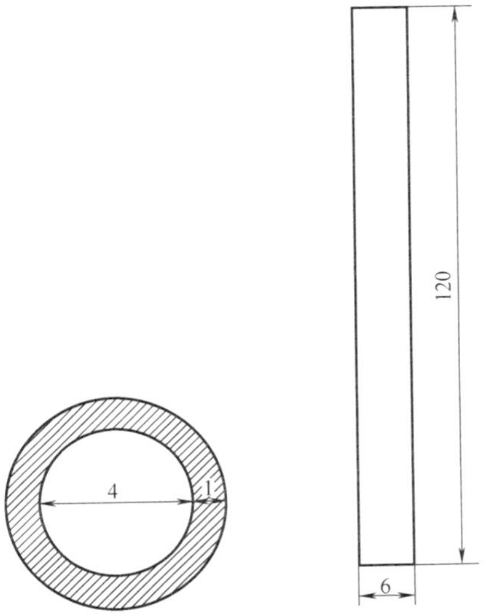


图 10.5-4　引桥桥墩截面（左）立面（右）图（单位：m）

沉井基础刚性模型试验所采用的水深、风、浪、流原型参数条件如下：

① 试验水深为 50m；

② 入射波浪采用不规则波，波浪要素分三种情况，分别为 A：$H_{1/100}=5.1$m，$T_s=9.2$s；B：$H_{1/100}=8.8$m，$T_s=10.4$s；C：$H_{1/100}=10$m，$T_s=11.5$；其中 A 类波浪对应桥址处的重现期为 10 年，B 类为 100 年，C 类为 120 年；

③ 海流流速取 2m/s，对应桥址处重现期为 20 年；

④ 风速取 41.09m/s（水面以上 10m），对应桥址处重现期为 30 年。

引桥桥墩刚性、弹性模型试验所采用的水深、风、浪、流原型参数条件如下：

① 试验水深为 50m；

② 入射波浪采用不规则波，波浪要素分两种情况，分别为：$H_{1/100}=6.8$m，$T_s=8.5$s；$H_{1/100}=9.5$m，$T_s=10.1$s；

③ 海流流速分为 1.0m/s、2.0m/s 两种情况；

④ 风速分别为 40m/s、50m/s 两种情况（水面以上 10m）。

**(2) 风浪流试验条件和数据采集设备**

风浪流试验在某海岸动力环境综合模拟试验厅水池中进行，试验水池长 45m、宽

40m、高 1.0m，见图 10.5-5。试验水池中配备国际领先的 L 形港池吸收式多方向造波机，如图 10.5-6 所示；水池四周配备造流可逆轴流泵 24 台，可分别产生东西向、南北向水流。造风设备为阵列风机，可产生的最大风速为 14m/s，如图 10.5-7 所示。

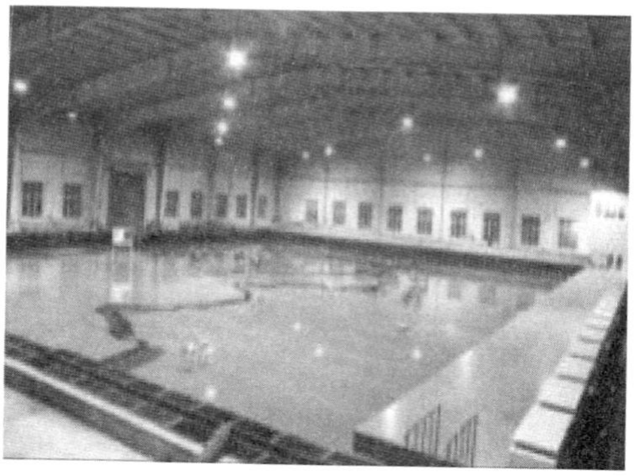

图 10.5-5 试验大厅及水池

图 10.5-6 L 形港池吸收式多方向造波机

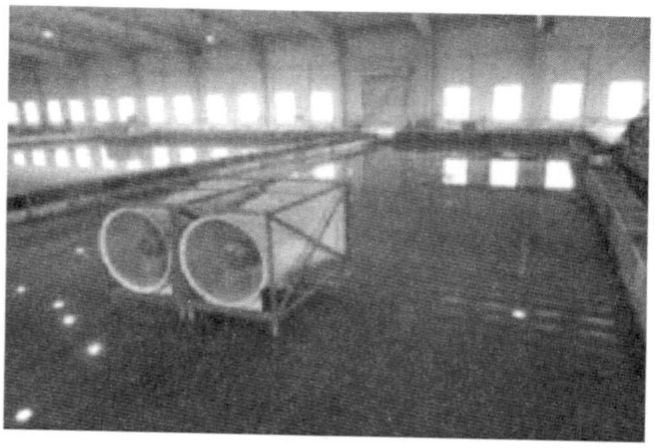

图 10.5-7 阵列风机

波高测量仪器为 Tk-2008 型动态水位测量采集系统，该系统采用电容式传感器测波，自动采集并统计波高与周期，如图 10.5-8 所示；水流流速采用三维点流速仪进行测量，如图 10.5-9 所示；风速采用热线风速仪进行测量，如图 10.5-10 所示；水位通过测针控制。沉井刚性模型的点压力采用点压力传感器进行测量，通过 2008 型采集系统对点压力过程进行采集和分析，如图 10.5-11 所示。引桥桥墩刚性和弹性模型的基底反力采用水下六分力天平进行测量，如图 10.5-12 所示；弹性模型的位移响应采用激光位移传感器进行测量，如图 10.5-13 所示。

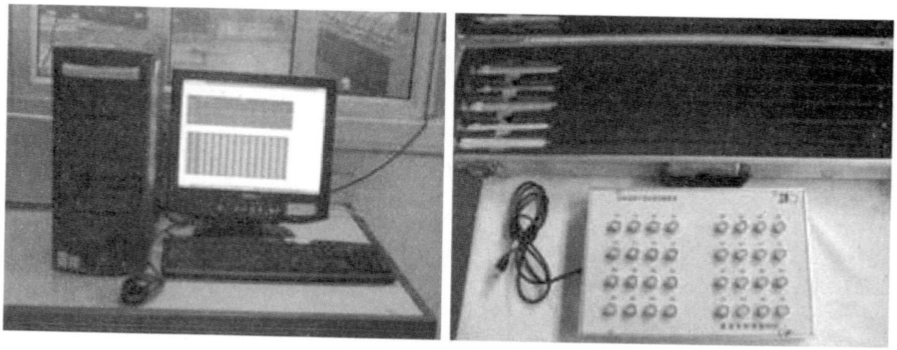

图 10.5-8 电容式波高传感器及 TK-2008 数据采集系统

**（3）风浪流试验相似理论与模型设计**

沉井刚性模型试验主要测定模型在风浪流耦合作用下的表面水动压力；对引桥墩分别开展了风浪流作用下刚性模型试验和弹性模型试验。

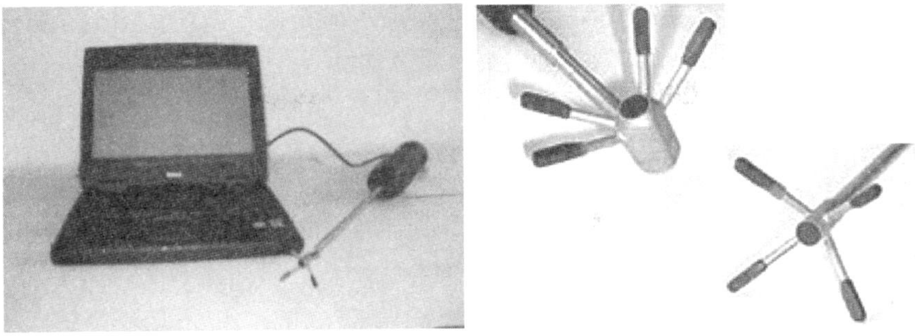

图 10.5-9 “小威龙”三维点流速仪

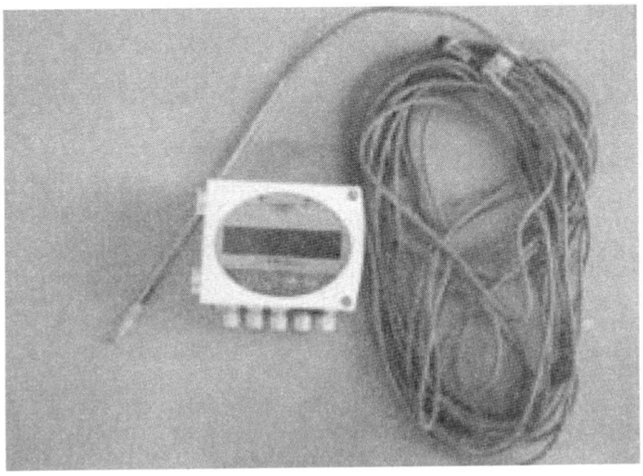

图 10.5-10 热线风速仪

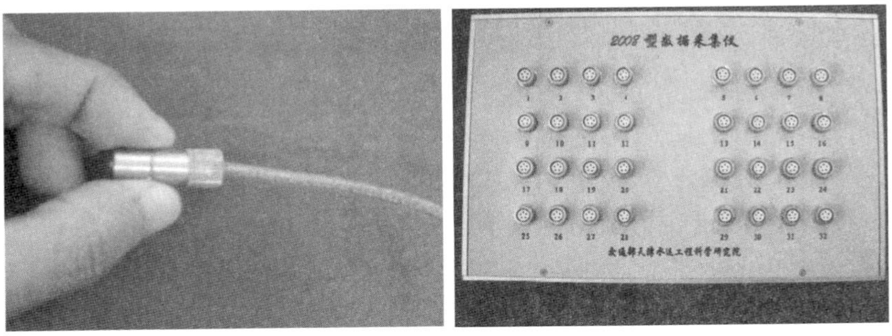

图 10.5-11 2008 型微型点压力采集系统

图 10.5-12 水下六分力天平图

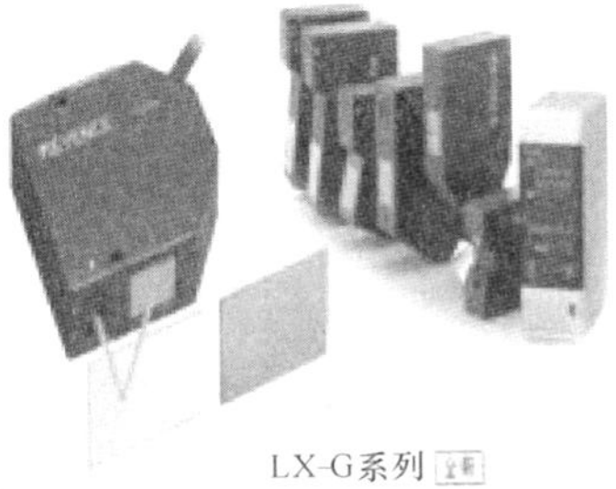


图 10.5-13 激光位移传感器

刚性模型按重力相似准则设计，结构尺寸满足几何相似，波浪、水流条件满足重力相似，风速比尺亦按重力相似关系确定。各比尺关系如下：

$$\lambda=l_p/l_m \tag{10.5-4}$$

$$\lambda_t=\lambda^{1/2} \tag{10.5-5}$$

$$\lambda_F=\lambda^3 \tag{10.5-6}$$

$$\lambda_v=\lambda^{1/2} \tag{10.5-7}$$

图 10.5-14 沉井刚性模型

式中，$\lambda$ 为长度比尺，$l_p$ 为原型长度，$l_m$ 为模型长度，$\lambda_t$ 为时间比尺，$\lambda_F$ 为力比尺，$\lambda_v$ 为速度比尺。根据试验场地及试验要求，模型的几何比尺为 $\lambda=100$，周期比尺为 $\lambda_t=10$，力比尺为 $\lambda_F=1\times10^6$，速度比尺 $\lambda_v=10$。制作完成后的沉井刚性模型见图 10.5-14。

弹性模型的相似条件更为复杂。为了能在模型上展现出原型结构弹性振动的主要现象，从模型试验来定量预测原型结构的弹性响应，必须使模型中的流体运动和结构振动与原型中的流体运动和结构振动在对应基本物理量上保持一定的比例关系。具体来说就是模型中的流体运动和结构振动与原型中的流体运动与结构振动应保持几何相似、运动相似和力学相似。这种既满足水动力学相似，又满足水中结构弹性振动相似的模型称为“水弹性振动相似模型”。同时对于本次研究动力条件除了波浪和水流以外还有风，风对建筑物的作用力包括惯性力和黏滞力，而且与建筑物的形态有关，不能简单地通过重力相似准则和黏滞力相似准则来确定，需通过分析或试验来确定。

风浪流耦合作用下的弹性模型试验，模型的相似条件主要包括风、浪、流等荷载动力学条件相似和结构动力学条件相似（即结构动力响应系统相似），前者是针对外部作用荷载而言，后者针对结构本身而言。其中，浪、流条件按照重力相似考虑，对于风的作用本次模型试验中主要为惯性力，风速比尺仍按重力相似关系确定。对于桥墩结构水弹性动力模型而言，结构动力相似包括几何相似、物理条件相似、运动条件相似和边界条件相似。

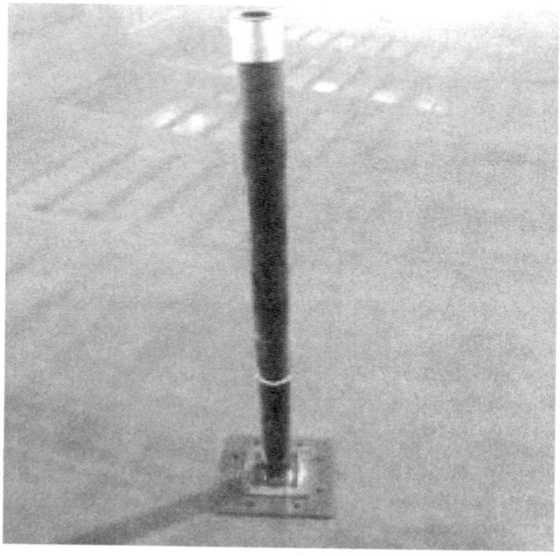

图 10.5-15 引桥墩弹性模型

引桥桥墩原型材料的特性参数为：材料密度 $\rho=2.6\times10^3\text{kg/m}^3$，动弹性模量 $E=3.15\times10^4\text{MPa}$，泊松比为 0.3。根据引桥墩原型结构尺寸和试验场地设备条件，选定模型几何比尺为 1∶100。按照水弹性模型的相似准则，理论上模型材料的物理力学特性应为：$\rho=2.6\times10^3\text{kg/m}^3$，动弹性模量 $E=315\text{MPa}$，泊松比为 0.3。采用加重特种橡胶进行模型的制作，模型材料的实际物理力学特性为：$\rho=2.54\times10^3\text{kg/m}^3$，动弹性模量 $E=305\text{MPa}$，泊松比为 0.26，基本满足水弹性材料的要求。模型制作时，按照几何相似进行模型模具的制造，然后在模具中整体灌浇成型。制作完成后的引桥墩弹性模型见图 10.5-15。

**(4) 风浪流试验方法**

1) 波浪模拟

试验时随机波浪的谱峰因子取 3.3。在随机波模拟中，通过调整造波参数，使模拟的波谱密度、峰频、谱能量和有效波高等满足试验规程要求，包括：波能谱总能量的允许偏差为±10%；峰频模拟值的允许偏差为±5%；在谱密度大于或等于 0.5 倍谱密度峰值的范围内，谱密度分布的允许偏差为±15%；有效波高、有效波周期或谱峰周期的允许偏差为±5%；模拟的波列中 1% 累积频率波高、有效波与平均波高比值的允许偏差为±15%。随机波每组波要素的波列都保持波个数在 120 个以上。图 10.5-16 为 $H_{1/100}=5.2\text{m}$、$T_s=9.2\text{s}$ 时试验波谱与目标谱的对比，表明试验波浪满足试验要求。

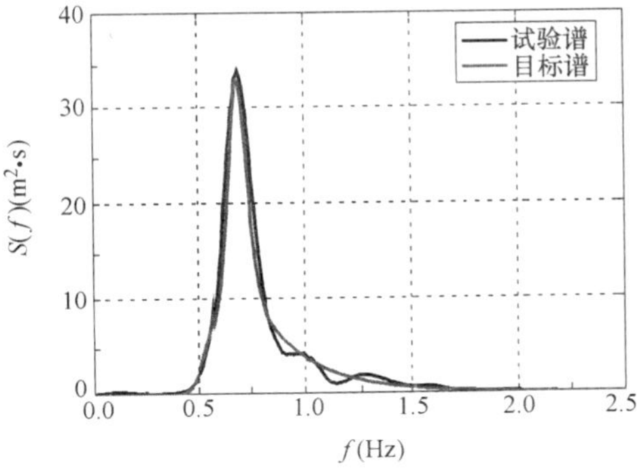


图 10.5-16　$H_{1/100}=5.2\text{m}$，$T_s=9.2\text{s}$ 入射波波谱

2) 水流模拟

水流的模拟是由专门的造流系统来实现的。造流原理比较简单，用高压水泵将水吸入管中并均匀喷射，使水池中的水按一定方向流动，即形成流的模拟。但要形成均匀、稳定的流场，需采取整流和循环等措施。

试验中水流的产生见图 10.5-17。通过在水池中设置导墙作为模型边界，在模型尾部安装潜水泵，由潜水泵抽水在导墙外形成水流并从两边导墙形成的入口流入模型试验区域形成循环水流。水流的速度通过控制潜水泵电机的转速调节。模拟的流速 $v_{c_m}$ 可从设计原型实体平均流速 $v_{c_s}$ 按 $v_{c_m}=v_{c_s}/\sqrt{\lambda}$ 计算。水流流速的测量采用“小威龙”三维点流速仪进行测量，该流速仪运用声学多普勒原理测定水流在 $X$、$Y$ 和 $Z$ 方向的流速大小。

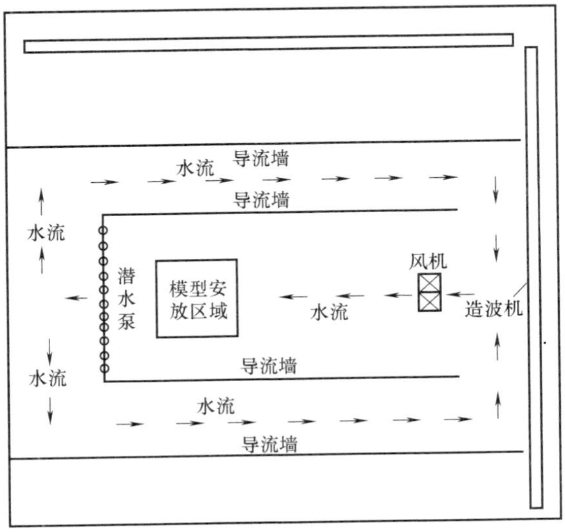


图 10.5-17　水流产生示意图

3) 风速模拟

试验中风的模拟由造风系统来实现。造风系统包括轴流风机组、数字变频仪、测量风速的仪器（热线风速仪）以及计算机数据采集系统。造风系统是可移动式，风场模拟采用局部造风，但其造风的稳定区域足以覆盖桥梁结构模型试验的考虑范围。

轴流风机组在交流电机的驱动下旋

转并产生风速。采用数字变频仪控制输入驱动电机的电压，从而改变转速，形成不同的风速。本次模拟的风场根据试验设备的情况采用定常风。试验时，风速仪按照缩尺比放置于既定位置处（一般来说海洋工程中，国际上规定的平均风速一般是指海平面上方 10m 高度处的风速）来测量模拟风速。至于风向的模拟，可将移动式风机组在水池中置于规定的不同方向进行，亦可转动模型方向来进行不同风攻角的模拟。

试验前，需要率定风速（此时模型未放置，但试验的水位已调整好）。将热线风速仪置于试验要求的位置，开启风机运转至稳定状态（约 5min）后，连续采集一个时程（本次连续采集时间为 120s），试验场地测得的平均风速与所要求的平均风速（称为目标值）进行比较。当两者的误差小于 10%，则记录下该风速下变频器对应的频率，试验时调节变频器至该频率即可。

4）矩形沉井刚性模型点压力测试方法

沉井刚性模型试验主要测定模型结构表面的波浪压力。依据《波浪模型试验规程》JTJ/T 234—2001 和试验技术要求，在沉井刚性模型表面布置点压力传感器，连续采集 100 个以上随机波作用下的波浪压力过程，模型采样的时间间隔为 0.01s。在静水条件下，对所有测点标零，在静水面以下的测点以此时的静水压强作为对应测点的零点，在静水面以上的测点以此时的大气压强作为零点。试验采集到的压强值为测点实际压强与标零时测点对应压强的差值。将沉井表面定义为 $A$、$B$、$C$、$D$ 四个立面，水平方向 $X$、$Y$ 以及入射角的定义见图 10.5-18。各立面上的水平总力是对应测点上波浪压力的面积积分。$X$、$Y$ 方向上的力，则是将 $A$、$B$、$C$、$D$ 面所受水平力分别分解到 $X$、$Y$ 方向，然后叠加得到。

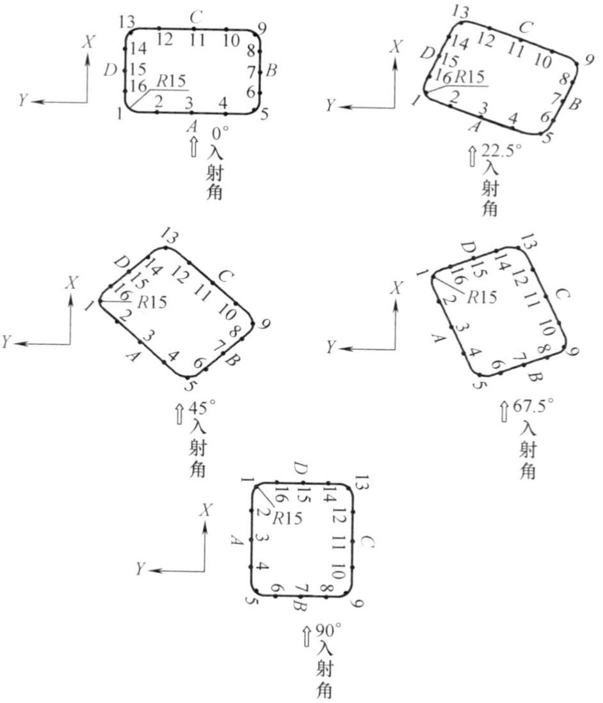


图 10.5-18 矩形沉井试验波浪入射角度及坐标系定义

5）引桥桥墩刚性、弹性模型基底反力测试方法

引桥桥墩模型基底轴力、剪力和弯矩的测量系统由六分力测力天平完成，该天平由四个三分力（$F_X$，$F_Y$ 和 $F_Z$）测力传感器组成。试验时，三分力传感器安装在模型底部。测试过程中，各测力传感器通过 12 个独立通道分别测试各测力传感器三个方向的力，作用在结构 6 个自由度上的总荷载可通过将同方向四个测力传感器的力进行叠加，或通过力乘以相应的力臂进行确定。

图 10.5-19 为模型基底反力的计算示意图，试验数据包括 4 个测力传感器采集到的 12 个力分量，由此可以求得模型基底各自由度上对应的总力，计算表达式为：

$$FX=\sum F_X(i) \quad i=1:4$$
$$FY=\sum F_Y(i) \quad i=1:4$$
$$FZ=\sum F_Z(i) \quad i=1:4$$
$$MX=(F_Z(2)+F_Z(4)-F_Z(1)-F_Z(3))*\Delta/2$$
$$MY=(F_Z(1)+F_Z(4)-F_Z(2)-F_Z(3))*\Delta/2$$
$$MZ=(F_X(1)+F_X(3)-F_X(2)-F_X(4))*\Delta/2$$
$$+(F_Y(2)+F_Y(3)-F_Y(1)-F_Y(4))*\Delta/2$$

其中，$\Delta$ 为 $x$ 或 $y$ 向相邻两天平之间的距离；$FX$、$FY$、$FZ$、$MX$、$MY$、$MZ$ 分别为三个方向的力和力矩；$F_X(i)$、$F_Y(i)$、$F_Z(i)$ 分别表示第 $i$ 个天平上三个方向的分力。

6）位移测定方法

引桥墩弹性模型位移测试移采用非接触式激光位移传感器进行。激光位移计布置在桥墩顶高度处，分 X 和 Y 两个方向布置（坐标系的定义与总力测定相同）。激光位移计固定在支架上，该支架宜有足够的刚度，否则在进行风浪流耦合作用时，由于支架受风、浪、流的作用本身产生振动，使位移传感器测量带来误差。

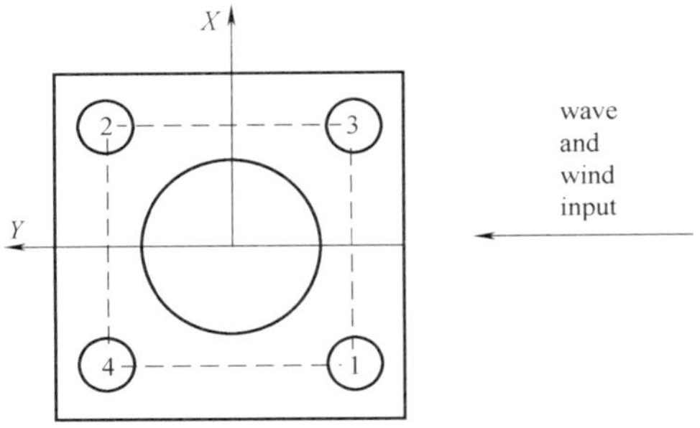


图 10.5-19　测力天平安装及坐标系定义

7）试验组次

按照试验要求，对于沉井模型和引桥墩模型分别进行了不同风、浪、流及其耦合作用条件下的试验。各试验组次及其相应原型参数分别见表 10.5-1、表 10.5-2。

**沉井刚性模型试验组次原型参数**　　**表 10.5-1**

| 工况 | 波浪 | 流速(m/s) | 风速(m/s) | 水深(m) | 波浪入射角(°) | 流向(°) |
|---|---|---|---|---|---|---|
| 1 | 不规则波 A | — | — | 50 | 0 | — |
| 2 | 不规则波 B | — | — | 50 | 0 | — |
| 3 | 不规则波 C | — | — | 50 | 0 | — |
| 4 | 不规则波 A | — | — | 50 | 22.5 | — |
| 5 | 不规则波 B | — | — | 50 | 22.5 | — |
| 6 | 不规则波 C | — | — | 50 | 22.5 | — |
| 7 | 不规则波 A | — | — | 50 | 45 | — |
| 8 | 不规则波 B | — | — | 50 | 45 | — |
| 9 | 不规则波 C | — | — | 50 | 45 | — |
| 10 | 不规则波 A | — | — | 50 | 67.4 | — |

续表

| 工况 | 波浪 | 流速(m/s) | 风速(m/s) | 水深(m) | 波浪入射角(°) | 流向(°) |
|---|---|---|---|---|---|---|
| 11 | 不规则波 B | — | — | 50 | 67.4 | — |
| 12 | 不规则波 C | — | — | 50 | 67.4 | — |
| 13 | 不规则波 A | — | — | 50 | 90 | — |
| 14 | 不规则波 B | — | — | 50 | 90 | — |
| 15 | 不规则波 C | — | — | 50 | 90 | — |
| 16 | 不规则波 A | — | 41.09 | 50 | 0 | — |
| 17 | 不规则波 B | — | 41.09 | 50 | 0 | — |
| 18 | 不规则波 C | — | 41.09 | 50 | 0 | — |
| 19 | 不规则波 A | — | 41.09 | 50 | 45 | — |
| 20 | 不规则波 B | — | 41.09 | 50 | 45 | — |
| 21 | 不规则波 C | — | 41.09 | 50 | 45 | — |
| 22 | 不规则波 A | 2.0 | 41.09 | 50 | 0 | 0 |
| 23 | 不规则波 B | 2.0 | 41.09 | 50 | 0 | 0 |
| 24 | 不规则波 C | 2.0 | 41.09 | 50 | 0 | 0 |
| 25 | 不规则波 A | 2.0 | 41.09 | 50 | 45 | 45 |
| 26 | 不规则波 B | 2.0 | 41.09 | 50 | 45 | 45 |
| 27 | 不规则波 C | 2.0 | 41.09 | 50 | 45 | 45 |

引桥桥墩刚性、弹性模型试验组次原型参数　　表 10.5-2

| 工况 | | 随机波浪 | | | 流速(m/s) | 风速(m/s) |
|---|---|---|---|---|---|---|
| | | $H_{1/100}$(m) | $T_s$(s) | 波谱及谱峰因子 $\gamma$ | | |
| 单浪 | 1 | 6.8 | 8.5 | JONSWAP,3.3 | — | — |
| | 2 | 9.5 | 10.1 | JONSWAP,3.3 | — | — |
| 单流 | 3 | — | — | — | 1 | — |
| | 4 | — | — | — | 2 | — |
| 单风 | 5 | — | — | — | — | 40 |
| | 6 | — | — | — | — | 50 |
| 浪-流 | 7 | 6.8 | 8.5 | JONSWAP,3.3 | 1 | — |
| | 8 | 6.8 | 8.5 | JONSWAP,3.3 | 2 | — |
| | 9 | 9.5 | 10.1 | JONSWAP,3.3 | 1 | — |
| | 10 | 9.5 | 10.1 | JONSWAP,3.3 | 2 | — |
| 风-浪 | 11 | 6.8 | 8.5 | JONSWAP,3.3 | — | 40 |
| | 12 | 6.8 | 8.5 | JONSWAP,3.3 | — | 50 |
| | 13 | 9.5 | 10.1 | JONSWAP,3.3 | — | 40 |
| | 14 | 9.5 | 10.1 | JONSWAP,3.3 | — | 50 |
| 风-浪-流 | 15 | 6.8 | 8.5 | JONSWAP,3.3 | 1 | 40 |
| | 16 | 6.8 | 8.5 | JONSWAP,3.3 | 1 | 50 |
| | 17 | 6.8 | 8.5 | JONSWAP,3.3 | 2 | 40 |
| | 18 | 6.8 | 8.5 | JONSWAP,3.3 | 2 | 50 |
| | 19 | 9.5 | 10.1 | JONSWAP,3.3 | 1 | 40 |
| | 20 | 9.5 | 10.1 | JONSWAP,3.3 | 1 | 50 |
| | 21 | 9.5 | 10.1 | JONSWAP,3.3 | 2 | 40 |
| | 22 | 9.5 | 10.1 | JONSWAP,3.3 | 2 | 50 |

## (5) 试验结果与分析

1) 沉井刚性模型试验

根据沉井刚性模型试验结果，可换算得到沉井原型 $A$、$B$、$C$、$D$ 四个面以及沉井整体在 $X$、$Y$ 方向所受波浪力的极值。其中，风浪流耦合作用工况下的相关结果见表 10.5-3。沉井整体结构在典型风浪流耦合作用工况下 $X$、$Y$ 方向所受波浪总力时程曲线见图 10.5-20。

**风浪流耦合试验沉井原型受力极值（单位：MN）** **表 10.5-3**

| 试验组次 | 极值 | $A$ | $B$ | $C$ | $D$ | $X$ | $Y$ |
|---|---|---|---|---|---|---|---|
| 22 | Max | 192.65 | 53.22 | 50.44 | 127.01 | 224.75 | 110.59 |
| | Min | −261.05 | −57.94 | −42.95 | −99.56 | −287.21 | −92.12 |
| 23 | Max | 505.69 | 130.91 | 151.03 | 337.32 | 528.78 | 182.10 |
| | Min | −508.36 | −154.99 | −136.80 | −217.09 | −509.61 | −149.74 |
| 24 | Max | 459.55 | 160.14 | 145.92 | 296.49 | 550.82 | 153.65 |
| | Min | −522.02 | −206.35 | −131.21 | −216.35 | −546.45 | −109.57 |
| 25 | Max | 127.78 | 81.14 | 43.66 | 80.68 | 136.40 | 110.32 |
| | Min | −149.15 | −102.95 | −38.24 | −47.68 | −150.39 | −122.55 |
| 26 | Max | 363.85 | 257.22 | 140.66 | 100.51 | 451.60 | 238.31 |
| | Min | −496.53 | −378.57 | −94.01 | −56.69 | −521.67 | −356.49 |
| 27 | Max | 453.50 | 276.95 | 136.05 | 144.41 | 536.07 | 321.50 |
| | Min | −547.37 | −361.73 | −106.23 | −126.42 | −585.00 | −362.55 |

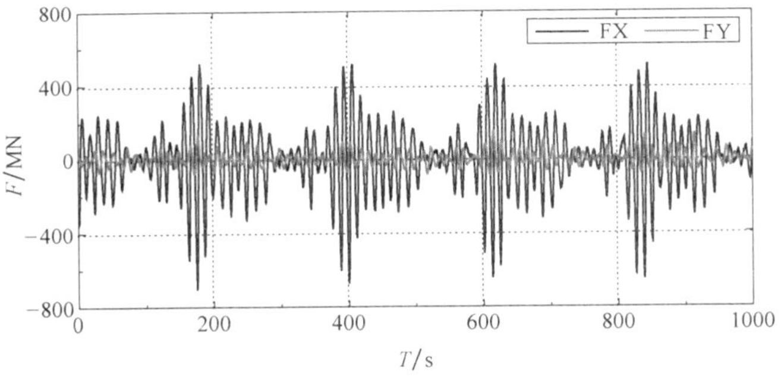


图 10.5-20 风与 0°入射波浪及流耦合作用下（工况 24）沉井所受水平总力时程曲线

由于沉井尺度较大，迎浪面对波浪的反射作用明显，波浪的绕射也较明显。沉井模型高度与试验水深相同，试验中不规则波列中波浪均越过沉井顶面跌落于沉井背浪面和两侧使沉井周围水体扰动。当增加风的作用时，风对浪的成长有所贡献，试验池中波高略有增大。进一步增加流的作用，流对波浪的传播有所影响，试验中由于很难做到波浪和水流的方向完全一致，波峰线在水流作用下发生弯曲变形，波高开始呈现不均匀分布，沉井所在位置波高略有增加。图 10.5-21 和图 10.5-22 为试验现场照片。

沉井在波浪的作用下，随着波高的增加和波浪周期的增大，所受水平力呈现出增大的规律，如图 10.5-23 所示。同时，随着入射角度的增加，$X$ 方向迎浪面积减小，$Y$ 方向迎浪面积增加，除个别组次外，基本上呈现出 $X$ 方向总力随着入射角度增加而减小，$Y$ 方向总力随着角度增加而增大的趋势，见图 10.5-24。

综合单浪、风浪耦合和风浪流耦合作用试验结果，风浪流耦合作用下结构所受水平力与单浪相比有较大的增加，如表 10.5-4 所示，说明风浪流耦合作用效应是比较明显的。

图 10.5-21 工况 6 的试验场景

图 10.5-22 工况 25 的试验场景

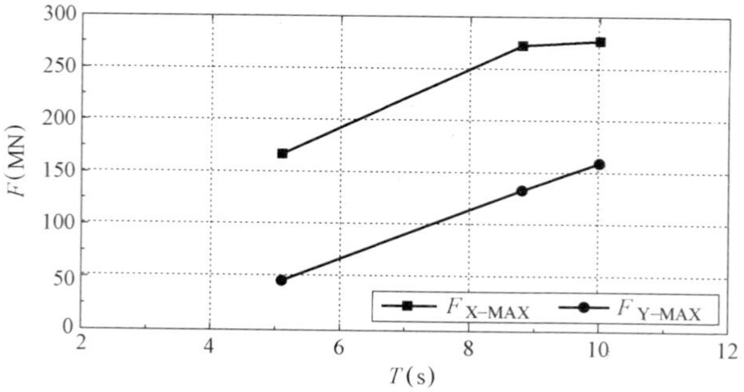


图 10.5-23 0°入射波浪作用下 X、Y 方向总力随着波高增长变化趋势曲线

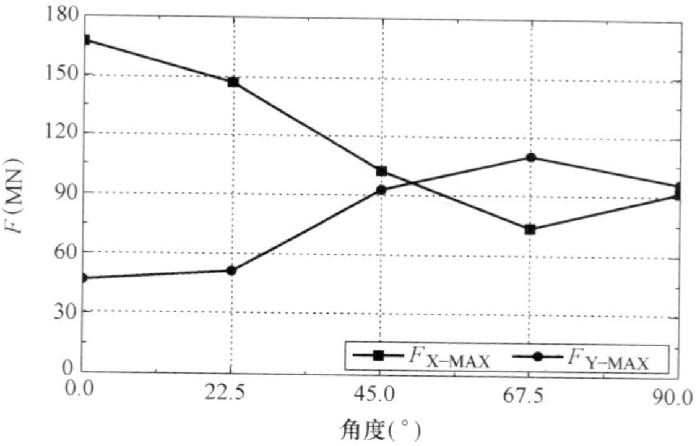


图 10.5-24 不同入射角波浪（$H_{1/100}=5.1\text{m}$）作用下沉井结构所受的 X、Y 方向总力

结合试验现象分析，主要是因为风的作用对波浪的成长有所贡献，同时风的作用加速了波浪表面的水质点的运动速度，从而对结构的冲击作用加强。当流与风浪耦合作用时，一方面流本身对结构的水阻力作用非常显著；另外，结合目前国内外研究成果，当波流同向时，水质点运动速度在沿水深垂向分布上大部分要比单浪作用大，而沉井结构基本处于水下淹没状态。与单浪相比，浪流作用下的沉井受力极值有明显的增加。

**入射角 45°时不同风浪流工况沉井受力极值比较** **表 10.5-4**

| 工况 | $F_{X\text{-}MAX}$(MN) | $F_{Y\text{-}MAX}$(MN) |
|---|---|---|
| 单浪 | 193 | 129 |
| 风浪耦合 | 270 | 177 |
| 风浪流耦合 | 452 | 238 |

注：风速 $U=41.09\text{m/s}$，$H_{1/100}=8.8\text{m}$，$T_s=10.4\text{s}$，流速 $v=2\text{m/s}$。

2）引桥墩刚性模型试验

引桥墩刚性模型不同试验组次基底最大水平总力结果见表 10.5-5。风浪流作用下引桥桥墩所受水平总力时程见图 10.5-25。

**引桥墩刚性模型基底水平总力极值结果** **表 10.5-5**

| 工况组次 | | $F_{X\text{-}MAX}$(MN) | $F_{Y\text{-}MAX}$(MN) |
|---|---|---|---|
| 单浪 | 1 | 0.87 | 4.12 |
| | 2 | 1.21 | 6.73 |
| 单流 | 3 | 0.48 | 0.33 |
| | 4 | 0.88 | 0.44 |
| 单风 | 5 | 0.56 | 0.42 |
| | 6 | 0.65 | 0.49 |
| 浪-流 | 7 | 1.37 | 3.78 |
| | 8 | 4.15 | 3.68 |
| | 9 | 2.64 | 7.18 |
| | 10 | 4.29 | 6.31 |
| 风-浪 | 11 | 1.11 | 4.06 |
| | 12 | 1.14 | 3.65 |
| | 13 | 1.02 | 5.84 |
| | 14 | 1.21 | 5.73 |
| 风-浪-流 | 15 | 1.36 | 3.89 |
| | 16 | 1.86 | 4.29 |
| | 17 | 3.67 | 4.23 |
| | 18 | 2.73 | 3.32 |
| | 19 | 2.13 | 6.06 |
| | 20 | 2.59 | 7.08 |
| | 21 | 3.74 | 5.82 |
| | 22 | 4.80 | 5.39 |

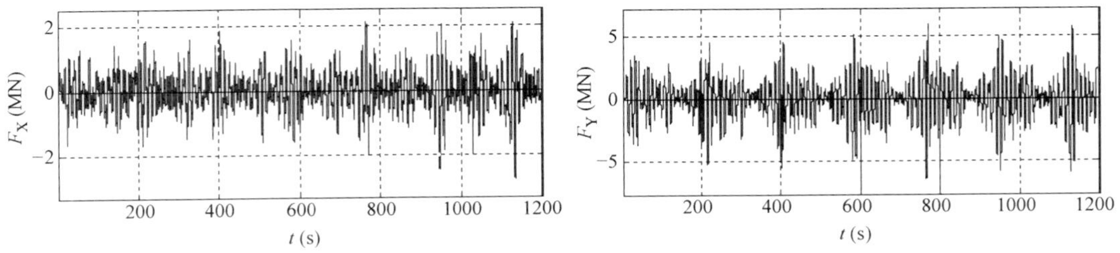


图 10.5-25 工况 19 风浪流作用下引桥墩所受 FX、FY 时程曲线

从试验结果可知，引桥墩所受基底水平力是随着波高和周期的增大而增大。单浪、单风和单流作用相比，波浪对结构所受水平力是起主导作用的。对于风浪、浪流和风浪流耦合作用而言，其作用于引桥墩结构产生的水平总力所体现出的耦合效应随机性较大，与单

浪相比有增大的情况，也有减小的情况。分析原因是在波浪和风或流同时作用于引桥墩时，可能存在作用相位差，导致波浪力与风或流作用力彼此消长，从而导致水平总力出现有大有小的情况。为了定量分析风浪流耦合效应，可定义如下风浪流耦合系数 $\gamma$：

$$\gamma=F_{风浪流耦合}/(F_{单风}+F_{单浪}+F_{单流})$$

当耦合系数大于 1 时，说明风浪流耦合作用要比单风、单浪、单流作用的线性叠加还要大。基于本次试验得到了典型风浪流作用条件下的耦合系数结果，见表 10.5-6。

**引桥桥墩刚性模型风浪流耦合系数** **表 10.5-6**

| 风浪流参数 | 工况 | $F_{X\text{-}MAX}$(MN) | $F_{Y\text{-}MAX}$(MN) |
|---|---|---|---|
| 波浪 $H_{1/100}=9.5$m，$T_s=10.1$s，流速 2m/s，风速 50m/s | 单浪 | 1.21 | 6.73 |
| | 单风 | 0.65 | 0.49 |
| | 单流 | 0.88 | 0.44 |
| | 风浪流耦合 | 4.80 | 5.39 |
| | 耦合系数 | 1.75 | 0.70 |

从耦合系数的计算结果可以发现，X 方向总力出现了耦合系数大于 1 的情况，说明风浪流耦合作用下引桥墩的总力最大值比单风、单浪、单流作用时的线性叠加值大，而且在水流速度大于 1 时更加明显。这是由于水流对波浪的传播有影响，与沉井模型试验相类似，由于水流方向很难做到与波浪传播方向一致，在水流影响下波浪波峰线发生弯曲，与单浪相比，浪流耦合作用时波峰线与 $X$ 方向存在一定的夹角。而且与风、流作用力相比，波浪力占主导作用，从而使 $X$ 方向受到的波浪力与单浪相比增大较多。

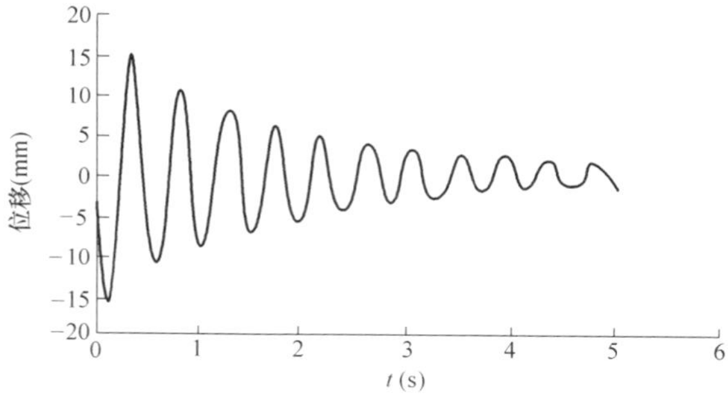


图 10.5-26 引桥墩弹性模型振动位移曲线

3）引桥桥墩弹性模型试验

引桥桥墩弹性模型在制作安装完成之后，要对结构模型振动频率进行动力测试，以保证结构模型制作符合设计要求（本次研究模型结构频率与设计值之间的误差在 5% 以内）。在进行模型结构频率测试时，可采用激光位移传感器或加速度计进行测定。将激光位移传感器安装在桥墩结构顶部区域，人为给定桥墩模型一个激励，测定桥墩结构模型的振动时程曲线，通过 FFT 方法进行频域分析，得到桥墩模型的振动主频率并与设计值进行对比，当模型振动频率满足误差要求即可。图 10.5-26 为桥墩结构在人为激励下的模型振动位移曲线。

对位移时程曲线进行频谱分析得到模型的振动主频率为 2.513Hz，原型设计主频率为 0.2436Hz，转换到模型为 2.436Hz，与实际模型的误差为 3%，满足相似要求。引桥墩弹性模型在风浪流耦合作用下所受水平总力时程曲线见图 10.5-27。

对比引桥墩弹性模型和刚性模型试验结果可以看出，在相同条件下，弹性模型试验所受水平力大多要比刚性模型大。从结构动力学角度分析，刚性模型在风浪流作用下的振动可以忽略，而弹性模型在风浪流作用下会产生明显振动，结构的振动存在放大效应，从而可能出现结构受力增大的现象。

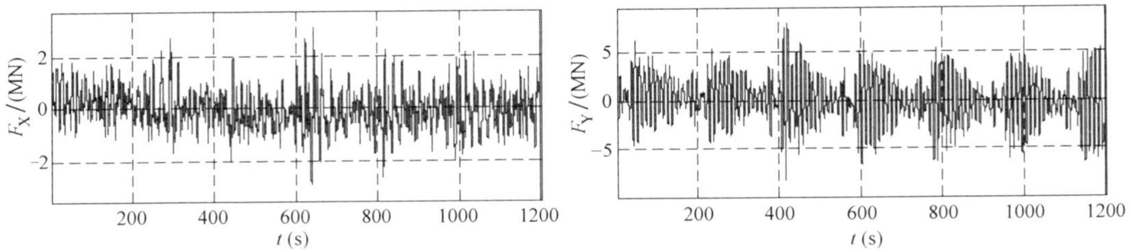


图 10.5-27　工况 22 风浪流作用下引桥墩所受 $F_X$、$F_Y$ 时程曲线

表 10.5-7 为风浪流作用下弹性模型水平总力耦合系数结果。结果表明，在有些工况下引桥墩在 X、Y 方向结构受力的风浪流耦合系数都大于 1。对于与波浪传播方向、水流方向和风向相同的 Y 向而言，出现耦合系数大于 1 的原因可能是由于波浪在水流和风影响下，水质点运动速度比单浪作用时要大，同时也与结构振动产生的放大效应有关。本次试验研究结果也表明，引桥墩的风浪流耦合效应比沉井基础更为明显。

引桥墩弹性模型风浪流耦合系数　　　　表 10.5-7

| 风浪流参数 | 工况 | $F_{X\text{-}MAX}$(MN) | $F_{Y\text{-}MAX}$(MN) |
|---|---|---|---|
| 波浪 $H_{1/100}=9.5$m，$T_s=10.1$s，流速 2m/s，风速 50m/s | 单浪 | 1.13 | 6.04 |
| | 单风 | 0.70 | 0.47 |
| | 单流 | 1.08 | 0.70 |
| | 风浪流耦合 | 3.14 | 8.07 |
| | 耦合系数 | 1.08 | 1.12 |

4）小结

本次风浪流试验研究主要针对桥梁下部结构中的沉井和引桥墩，通过模型试验，测定了桥梁下部结构模型在风、浪、流及其耦合作用下的结构效应和动力响应。再利用相似理论，推算得到了跨海桥梁下部结构原型的风浪流耦合效应，为跨海桥梁的设计和建造提供了依据。通过分析试验结果，得到了以下初步结论：

① 桥梁下部结构的风浪流作用耦合效应大于单风、单浪和单流作用的线性叠加，其耦合的程度与风、浪和流各自的作用方向和强度密切相关。

② 引桥桥墩的风浪流荷载耦合效应比大尺度刚性沉井基础更为明显。

## 10.5.3　跨海大桥风浪流耦合作用数值模拟

风、浪、流耦合作用下结构动力响应的精确分析依赖于输入动力荷载数据的可靠性。一般而言，环境作用荷载数据可来源于现场实测、物理试验模型或者数值模拟；现场实测可靠度高但周期长，对仪器设备要求高。物理模型试验是确定风、浪、流耦合作用下结构荷载效应的重要方法，该方法不仅能实现三种环境要素的同步模拟，还能考虑到结构自身对风场、波浪和水流的影响，但难以进行大规模、长时间的试验模拟，而且精度也受到相似系数难以严格满足的限制。数值模拟方法成本低，可以方便地模拟各种结构和环境作用条件，适应性强，但目前还缺少现有的数值模拟方法能直接考虑风、浪、流三者之间的耦合作用。本节给出了一种以海面风场特性、随机波浪特性和海流特性为基础的特大型桥梁结构风浪流耦合作用数值模拟方法，可以为跨海桥梁在风浪流耦合作用下的动力有限元分析提供动力荷载数据输入。

**（1）跨海大桥风浪流耦合作用数值模拟方法**

图 10.5-28 为跨海大桥风浪流耦合作用数值模拟程序的基本流程图，其输入部分包括风场特性、波浪特性和海流特性的设计参数，通过数值模拟能得到考虑风浪流耦合效应的各环境作用荷载的时程数据。风、浪、流三种环境作用的耦合效应及其与结构的相互作用，在数值模拟过程中予以考虑。

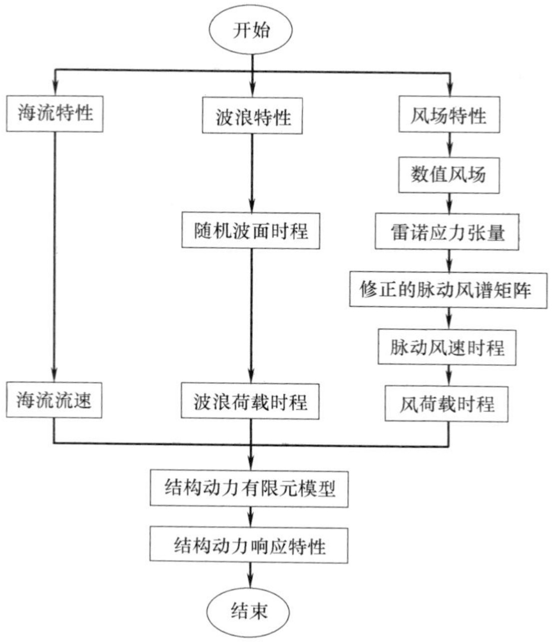


图 10.5-28 跨海大桥风浪流耦合作用数值模拟程序流程图

刚度较大的结构与风场的相互作用主要表现为结构对风场的干扰，如跨海大桥对周边海面风场的干扰。与空旷海面相比，干扰后风场的脉动风速频率分布特性发生变化，采用空旷海面的脉动风谱来描述时需要进行修正。脉动风速在各个频率点上的能量幅值分布可用雷诺应力张量来衡量[118]，因此计算结构周边风场的雷诺应力张量并以此修正空旷海面的脉动风谱，可得到干扰后风场的脉动风谱。由修正脉动风谱构建的风谱矩阵包括自功率谱和互功率谱两部分[119]：

自功率谱：

$$S_{u_{ii}}(f)=\frac{\tau_{ii}}{6f}S(f_*)i=1,\cdots,n \tag{10.5-8}$$

互功率谱：

$$S_{u_{ij}}(f)=\sqrt{S_{u_{ii}}(f)S_{u_{jj}}(f)}Coh(f)i\neq j \tag{10.5-9}$$

$$S(f_*)=\begin{cases}583f_* & 0\leqslant f_*\leqslant 0.003\\ 420X^{0.7}(1+f_*^{0.35})^{-11.5} & 0.003\leqslant f_*\leqslant 0.1\\ 838X(1+f_*^{0.35})^{-11.5} & f_*\geqslant 0.1\end{cases} \tag{10.5-10}$$

式中：$\tau_{ii}$ 为雷诺应力张量；$f_*=zf/U_z$，为莫宁坐标；$f$ 为频率；$Coh(f)$ 为 Davenport 空间相干函数；$n$ 为脉动风速模拟点数。

跨海大桥周边风场的雷诺应力张量可通过计算流体力学（CFD）方法数值求解。如借助 CFD 数值模拟软件 FLUENT 可建立结构周边的数值风场，入口输入条件为空旷海面的风场特性，数值计算的湍流模型为雷诺应力模型（RMS-Reynolds Stressmodel）。

在跨海大桥周边风场的修正脉动风谱矩阵的基础上，采用谐波叠加法计算各模拟点处的脉动风速时程。对大规模风场模拟而言，该方法的计算效率较低，可引入特征正交分解法（POD-Proper Orthogonal Decomposition）和插值法来提高计算效率。

随机波浪的波面时程 $\eta$ 同样也通过谐波叠加法计算，其频域分布特征采用 JONSWAP 谱来表示。

跨海大桥风浪流耦合作用数值模拟程序是在商用有限元和流体分析软件平台（如 ANSYS 和 FLUENT）的基础上，主要通过 MATLAB 联合编程来实现。首先通过 FLUENT 软件实现风-结构相互作用模拟，获得跨海大桥周边的干扰风场。将干扰风场、随机波浪特性、海流特性及结构几何特性参数作为数值模拟程序的输入数据，在 MATLAB 软件中编程实现考虑风-结构相互作用的风荷载时程计算、考虑波浪-结构相互作用的随机波浪荷载时程计算和海流荷载计算。在 ANSYS 软件中建立桥梁的动力有限元模型，完成结构在风浪流耦合作用下的动力有限元分析。跨海大桥风浪流耦合作用数值模拟程序的主要部分是在 MATLAB 中实现三种环境荷载的数值模拟。

**(2) 跨海大桥风浪流耦合作用下的响应极值**

利用上述数值模拟方法和程序可以计算得到风浪流耦合作用下的结构动力响应时程数据，其中动力响应或效应的极值则是结构设计需要的关键参数。根据我国《建筑结构荷载规范》GB 50009—2012，环境要素随机变量（如平均风速、有效波高等）和结构动力响应极值的统计时长为 10min，而相应的灾害作用强度则用重现期 $T$ 来表征。具有重现期 $T$ 的结构极限响应 $r_{\mathrm{T}}$，其超越概率 $P_{\mathrm{r}}(M_{\mathrm{year}}>r_{\mathrm{T}})$ 可以通过 10min 结构极值响应超越概率 $P_{\mathrm{r}}(M_{10\mathrm{min}}>r_{\mathrm{T}})$ 来推算，即：

$$P_{\mathrm{r}}(M_{\mathrm{year}}>r_{\mathrm{T}})=365\times24\times6\times P_{\mathrm{r}}(M_{10\mathrm{min}}>r_{\mathrm{T}})=1/T \tag{10.5-11}$$

而 10min 极限响应的超越概率分布曲线可计算如下：

$$P_{\mathrm{r}}(M_{10\mathrm{min}}>l_{10})=\int_{\mathrm{X}}P[M_{10\mathrm{min}}>l_{10}\mid \mathbf{X}=\mathbf{x}]f_{\mathrm{x}}(\mathbf{x})\mathrm{d}\mathbf{x} \tag{10.5-12}$$

$l_{10}$ 为 10min 结构动力响应极值；$M_{10\mathrm{min}}$ 为表征 10min 结构动力响应极值的随机变量；$f_{\mathrm{x}}(\mathbf{x})$ 为环境作用 X 的联合概率密度函数。当 10min 极值响应的年均超越概率 $P_{10}$ 由式（10.5-11）决定时，即

$$P_{10}=P_{\mathrm{r}}(M_{10\mathrm{min}}>l_{10}=r_{\mathrm{T}})=1/T/(365\times24\times6) \tag{10.5-13}$$

相应的 10min 结构动力响应极值，即为具有重现期为 $T$ 的结构极限响应。

风、浪、流三种环境要素中，海流的随机性较小，可当作均匀流处理，环境要素随机变量 $X$ 只需要考虑脉动风和随机波浪。以平均风速 $U_{10}$ 和有效波高 $H_{\mathrm{s}}$ 为风、浪环境要素随机变量的代表量，即 $X=(U_{10}, H_{\mathrm{s}})$，式（10.5-12）可改写为：

$$P_{\mathrm{r}}(M_{10\mathrm{min}}>l_{10})=\iint_{U_{10},H_{\mathrm{s}}}P_{10}^{0}f_{U_{10},H_{\mathrm{s}}}(u,h)\mathrm{d}u\mathrm{d}h \tag{10.5-14}$$

式中，$P_{10}^{0}=P[M_{10\min}>l_{10}\mid(U_{10},H_s)=(U_{10}^{0},H_s^{0})]$是平均风速和有效波高取值为（$U_{10}^{0}$，$H_s^{0}$）时的10min结构动力响应极值条件概率分布函数，可通过对风浪流耦合作用下结构动力响应数据的统计分析得到；$f_{U_{10},H_s}(u,\ h)$ 为平均风速$U_{10}$和有效波高$H_s$的联合概率密度函数。结构动力有限元的计算参数条件点（$U_{10}^{0}$，$H_s^{0}$）是$U_{10}$和$H_s$所有可能取值的组合。

在已知平均风速$U_{10}$和有效波高$H_s$同步观测数据的条件下，联合概率密度函数$f_{U_{10},H_s}(u,\ h)$ 可采用Gaussian copula 函数来构造[120]：

$$F(v_1,v_2)=\Phi[\Phi^{-1}(v_1),\Phi^{-1}(v_2);\theta] \tag{10.5-15}$$

$$f_{U_{10},H_s}(u,h)=\frac{\partial^2 F(v_1,v_2)}{\partial v_1 \partial v_2}f(u)f(h) \tag{10.5-16}$$

式中，$v_1=F(u)$、$v_2=F(h)$，$F(v_1,v_2)$ 为 $v_1$、$v_2$ 的联合分布函数，$F(u)$、$F(h)$ 为$U_{10}$和$H_s$的边缘概率分布函数，$f(u)$、$f(h)$ 为两者的概率密度函数；$\Phi$、$\Phi^{-1}$为标准正态分布及其逆函数；$\theta$为随机变量$U_{10}$和$H_s$的相关系数，可通过极大似然估计方法来得到。利用Gumbel极值分布函数对同步观测数据进行边缘分布拟合，可得到：

$$F(u)=\exp\left[-\exp\left(-\frac{u-\mu_u}{\sigma_u}\right)\right] \tag{10.5-17}$$

$$F(h)=\exp\left[-\exp\left(-\frac{h-\mu_h}{\sigma_h}\right)\right] \tag{10.5-18}$$

式中，$\mu_u$、$\mu_h$ 为相应分布的位置参数；$\sigma_u$、$\sigma_h$ 为尺度参数。

在10min极限响应超越概率分布函数的计算、统计和构造过程中，为增加统计样本的数目又不显著增加数值模拟计算量，在每个计算参数条件点（$U_{10}^{0}$，$H_s^{0}$）利用跨海大桥风浪流耦合作用数值模拟程序进行6次结构动力有限元计算，结构动力响应极值采用阈值法提取。设$U_{10}$和$H_s$所有可能取值的组合数目为$n_{uh}$，那么为得到超越概率分布函数，共需要进行$6\times n_{uh}$次结构动力有限元计算。

**（3）工程实例**

本节以某跨海桥梁设计方案（图10.5-29）的主塔-基础体系为例，来说明风浪流耦合作用下结构荷载的数值模拟和极限响应计算。主塔-基础体系由钻石型桥塔和大直径圆形沉井基础组成，如图10.5-30所示。桥塔高460m，在90m高度处设置了4道横梁连接各条塔腿。沉井的直径为90m，泥面以上高度为50m，内部设置壁厚为1.5m的纵向、横向隔墙，隔墙间距为13.5m。基础顶部设置厚度为5m的承台。表10.5-13为该结构所处海域的风场特性、波浪特性和海流特性的基本参数。

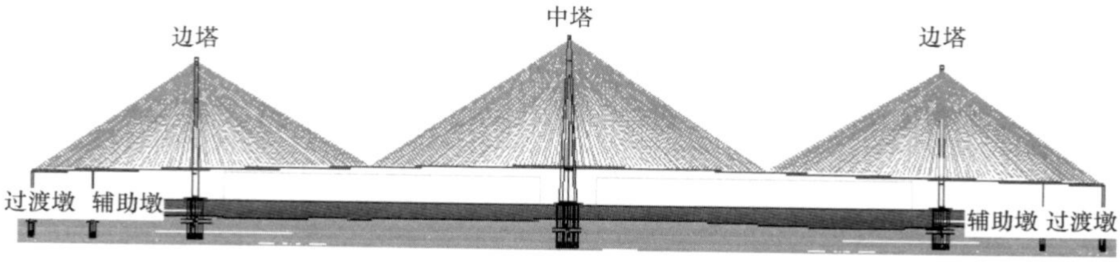


图10.5-29 某跨海桥梁设计方案

环境要素的基本参数　　**表 10.5-8**

| 风场特性 | 波浪特性 | 海流特性 |
|---|---|---|
| $U_{10}=47.88\text{m/s}$<br>（重现期 100 年） | $H_{1/100}=8\text{m}$，$T_s=7.2\text{s}$<br>（重现期 50 年） | $U_c=2\text{m/s}$<br>（重现期 20 年） |

本节采用前述方法对该桥塔-基础体系进行风浪流耦合作用下的动力响应时程计算和极限效应统计分析。假设海流是均匀的，不考虑其随机性，流速取 2m/s。以涠洲岛海洋站 1962 年 1 月～1989 年 12 月的同步观测数据作为该桥塔体系所处海域的风速和浪高原始资料。采用式（10.5-17）和式（10.5-18）统计两者的边缘分布函数，风速和浪高各自分布函数参数的估计值分别为位置参数 $\mu_u=18.5188$、$\mu_h=4.9398$，尺度参数 $\sigma_u=6.2933$、$\sigma_h=1.6898$。风速和浪高联合概率密度函数的相关系数 $\theta$ 的极大似然估计值为 0.6056。根据式（10.5-15）和式（10.5-16），平均风速 $U_{10}$ 和有效波高 $H_s$ 的联合概率密度函数如图 10.5-31 所示。

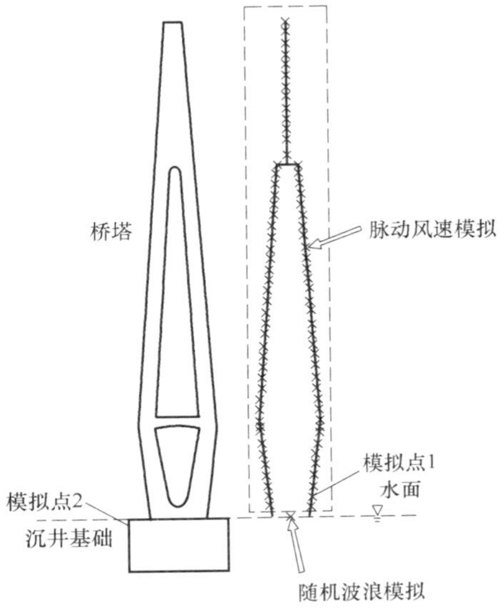

图 10.5-30　桥塔-基础体系脉动风速和随机波浪模拟点分布

结构风浪响应动力时程分析的参数条件（$U_{10}^0$，$H_s^0$）应在 $U_{10}$ 和 $H_s$ 的取值范围内均匀分布。在边缘分布函数 $F(u)$ 和 $F(h)$ 的基础上，设置计算参数条件点。设置原则为：$U_{10}$ 相邻两计算点的分布函数差值约为 0.16，$H_s$ 约为 0.15。计算参数条件点的具体选取见表 10.5-14。这样，$U_{10}$ 和 $H_s$ 所有可能计算条件值的组合数目为 $n_{uh}=9\times8=72$，风浪作用下桥塔-基础结构体系动力响应分析的计算次数为 $6\times n_{uh}=432$。

选取重现期 $T=100$ 年的塔顶位移响应极值作为桥塔-基础结构体系抗风浪设计的关键控制参数。图 10.5-32 为风浪计算参数条件（$U_{10}^0$，$H_s^0$）=（49m/s，8m）下桥塔-基础

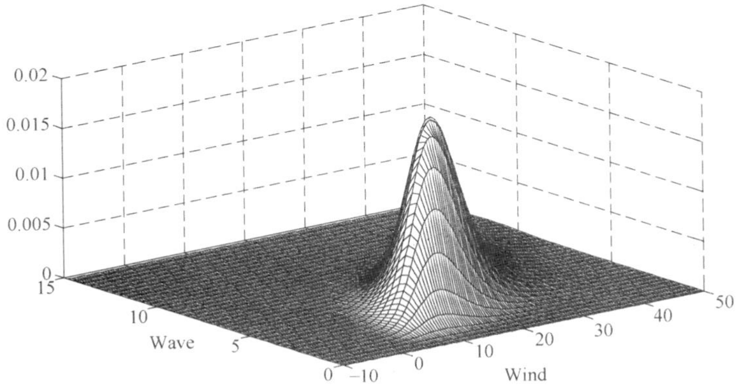

图 10.5-31　桥塔海域平均风速 $U_{10}$ 和有效波高 $H_s$ 的联合概率密度函数

体系 6 次动力有限元时程分析得到的位移响应时程数据，总计算时长 $t=6\times10\text{min}=3600\text{s}$。采用阈值法提取位移响应极值，阈值取均值与 1.4 倍标准差之和。红色散点为该计算点处的位移响应极值序列，对其进行统计分析可得到 10min 极限响应超越概率分布函数，如图 10.5-33 所示。考虑 100 年重现期的风浪耦合作用灾害，根据式（10.5-13）对应的 10min 极值响应的年均超越概率为 $P_{10}=1.9\times10^{-7}$。图 10.5-33 中也给出了具有 100 年重现期风浪耦合作用灾害条件下的 10min 塔顶位移响应极值 $l_{10}=1.55\text{m}$，对应的年均保证率为 99%。

**平均风速 $U_{10}$ 和有效波高 $H_s$ 计算条件值** **表 10.5-9**

| 编号 | $U_{10}$(m/s) | $F(u)$ | $H_s$(m) | $F(h)$ |
|---|---|---|---|---|
| 1 | 15 | 0.1739 | 4 | 0.1748 |
| 2 | 18 | 0.3376 | 5 | 0.3810 |
| 3 | 21 | 0.5096 | 6 | 0.5863 |
| 4 | 24 | 0.6580 | 7 | 0.7442 |
| 5 | 27 | 0.7712 | 8 | 0.8492 |
| 6 | 31 | 0.8714 | 9 | 0.9135 |
| 7 | 35 | 0.9297 | 10 | 0.9512 |
| 8 | 41 | 0.9676 | 11 | 0.9727 |
| 9 | 49 | 0.9922 | | |

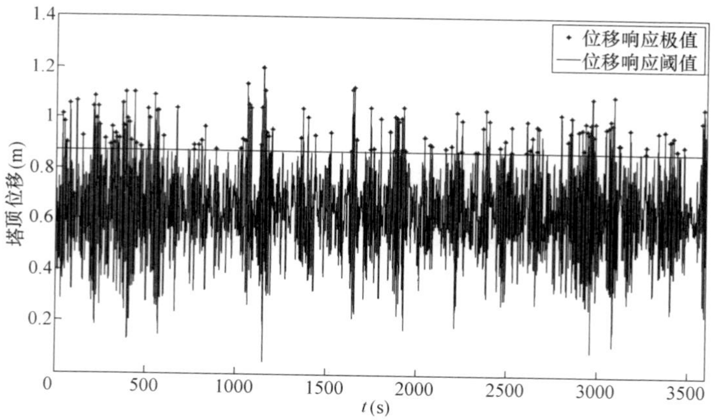


图 10.5-32 风浪计算参数条件 $(U_{10}^0, H_s^0)=(49\text{m/s}, 8\text{m})$ 下塔顶位移响应时程和极值响应点

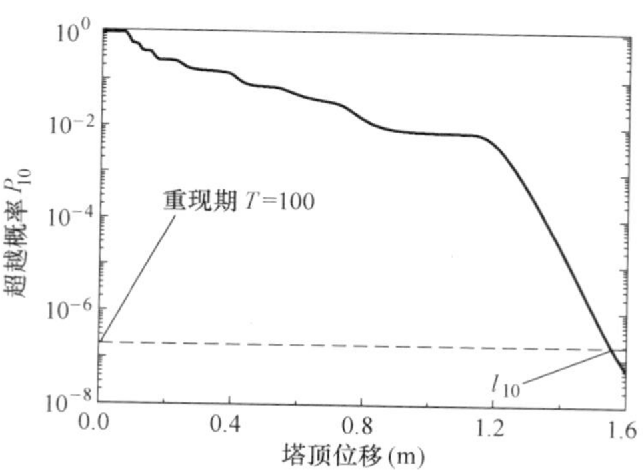


图 10.5-33 塔顶位移极值响应超越概率分布函数

# 参 考 文 献


[1] T. Amano, H. Fukushima, T. Ohkuma, A. Kawaguchi, ect. The observation of typhoon winds in Okinawa by Doppler sodar [J]. Journal of Wind Engineering and Industrial Aerodynamics, 83 (1999): 11-20.

[2] James L. Franclin, michael L. Black, Krystal Valde. Eyewall wind profiles in hurricanes determined by GPS Dropwindsondes [C]. Preprints, 24th Conf. on Hurricanes and TropicalMeteorology, Ft. Lauderdale, FL, Amer. meteor. Soc, 2000, 446-447.

[3] Mark D. Powell, Peter J. Vickery, Timothy A. Reinhold. Reduced drag coefficient for high wind speeds in tropical cyclones [J]. Nature 2003, 422: 279-283.

[4] Yanmeng, MasahiroMatsui, Kazuki Hibi. An analyticalmodel for simulation of the wind field in a typhoon boundary layer [J]. Journal of Wind Engineering and Industrial Aerodynamics , 1995, 56 (2-3): 291-310.

[5] Yanmeng, MasahiroMatsui, Kazuki Hibi. An numerical study of the wind field in a typhoon boundary layer [J]. Journal of Wind and Industrial Aerodynamics, 1997, April-June (67&68): 437-438.

[6] 宋丽莉，毛慧琴，黄浩辉等．登陆台风近地层湍流特征观测分析 [J]. 气象学报，2005，63 (6)：915-920.

[7] 李秋胜，戴益民等．强台风“黑格比”登陆过程中近地风场特性 [J]. 建筑结构学报，2010，31 (4)：7-14.

[8] E. C. C. CHOI. Wind Loading in Hong Kong-Commentary on the Code of Practice on Wind Effects Hong Kong-1983, Hong Kong Institution of Engineering, Hong Kong, 1983.

[9] R. N. Sharma, P. J. Richards. A re-examination of the characteristics of tropical cyclone winds [J]. Journal of Wind Engineering and Industrial Aerodynamics 83 (1999): 21-33.

[10] 赵林，葛耀君，项海帆．台风随机模拟与极值风速预测应用 [J]. 同济大学学报（自然科学版），2005，33，(7)：885-889.

[11] 周玉芬，赵林，朱乐东等．台风多发区复杂场地设计风荷载参数比较 [J]. 空气动力学学报，2009，27，(5)：554-560.

[12] 徐旭，刘玉．基于台风风谱的电视塔风场数值模拟 [J]. 特种结构，2008，25，(2)：39-43.

[13] 庞加斌，林志兴，葛耀君．浦东地区近地强风特性观测研究 [J]. 流体力学试验与测量，2002，16 (3)：32-39.

[14] 方平治，赵兵科等．“圣帕”台风登陆前后的近地风场特征．第十四届全国结构工程学术会议论文集：57-62.

[15] 李利孝．基于近地观测的台风脉动风速谱研究 [D]. 哈尔滨工业大学．2008

[16] 肖仪清，孙建超，李秋胜．台风湍流积分尺度与脉动风速谱——基于实测数据的分析 [J]. 自然灾害学报，2006，15 (5)：46-53.

[17] Engineering Sciences Data Unit. Characteristics of atmospheric turbulence near the ground. Part II: Single point data for strong winds (neutral atmosphere). ESDU 85020, ESDU, London, U K, 1985

[18] John L. Schroedera, Douglas A. Smitha, Richard E. Petersonb. Variation of turbulence intensities and integral scales during the passage of a hurricane [J]. Journal of Wind Engineering and Industrial Aerodynamics, 77-78 (1998): 65-72.

[19] J. Chen, Y. L. Xu. Onmodelling of typhoon-induced non-stationary wind speed for tall buildings [J]. The Structural Design of Tall and Special Buildings, 2004, 13 (2): 145-163.
[20] 中国气象局上海台风研究所．热带气旋年鉴 [M]. 气象出版社，2006.
[21] 王力雨，许移庆．台风对风电场破坏及台风特性初探 [J]. 风能．2012 (05): 74-79.
[22] Ishihara T, Yamaguchi A, Takahara K, et al. An analysis of damaged wind turbines by typhoonmaemi in 2003 [C]. Proceedings of the Sixth Asia-Pacific Conference on Wind Engineering, 2005: 1413-1428.
[23] Kikitsu H, Okuda Y, Okada H. High Wind Damage in Japan from TyphoonMaemi and Choi-wan on September 2003 [R], 2003.
[24] 罗超，曹文胜．台风对我国海上风电开发的影响 [J]. 能源与环境．2013 (03): 2-3.
[25] 闰俊岳．台风对中国近海风电开发影响研究 [R]. 2009
[26] 刘勇，孔祥威，白珂．大规模海上风电场建设的技术支撑体系研究 [J]. 资源科学，2009，31 (11): 1862-1869.
[27] 陈晓冬．大跨桥梁侧风行车安全分析 [D]. 同济大学，2007.
[28] B. W. Smith, C. P. Barker, Design of wind screen to bridges, experience and applications onmajor bridges, Bridge Aerodynamics, Larsen @Esdahl (eds), 1998, Balkema, Rotterdam
[29] 土木工程防灾国家重点实验室. 杭州湾大桥风对行车安全的影响和对策研究报告. 上海：同济大学，2004.
[30] 土木工程防灾国家重点实验室. 西堠门大桥悬索桥抗风性能精细化研究第三阶段研究报告. 上海：同济大学，2006.
[31] Kareem A. Wind-induced response analysis of tension leg platforms [J]. Journal of Structural Engineering, 1985, 111 (1): 37-55.
[32] 黄本才，汪丛军．结构抗风分析原理及应用（第二版）[M]. 上海：同济大学出版社，2008.
[33] 埃米尔·希缪，罗伯特·H·斯坎伦著，刘尚培，项海帆，谢霁明译．风对结构的作用——风工程导论 [M]. 上海：同济大学出版社，1992.
[34] Davenport, A. G. (1961). "The spectrum of horizontal gustiness near the ground in high winds." Quarterly Journal of the RoyalMeteorological Society, 88 (376), 194-211.
[35] KaiMal, J. C. et al. (1972). "Spectral characteristics of surface-layer turbulence." Journal of the RoyalMeteorological Society, 98, 563-589.
[36] 中华人民共和国国家标准．GB 50009—2012，建筑结构荷载规范（2012 年版）[S]. 北京：中国建筑工业出版社，2012.
[37] Tamura T. (2008). Towards practical use of LES in wind engineering. Journal of Wind Engineering and Industrial Aerodynamics, 96 (10-11): 1451-1471.
[38] GB 50009—2012. 建筑结构荷载规范 [S]. 北京：中国建筑工业出版社，2012.
[39] DNV Classfication Notes No. 30. 5. ENVIRONMENTAL CONDITIONS AND ENVIRONMENTAL LOADS
[40] 中华人民共和国石油天然气行业标准《环境条件和环境荷载规范》SY/T 10050 [S], 2004.
[41] English E C. Shielding factors from wind-tunnel studies of prismatic structures [J]. Journal of Wind Engineering and Industrial Aerodynamics, 1990, 36: 611-619.
[42] 谢壮宁，顾明，倪振华．高层建筑群静力干扰效应的试验研究 [J]. 土木工程学报，2004，37 (6): 16-22.
[43] 时军．海洋平台上的风荷载计算研究 [D]. ，2008.
[44] 谢壮宁，顾明．任意排列双柱体的风致干扰效应 [J]. 土木工程学报，2006，38 (10): 32-38.

[45] Sharag-Eldin A. A parametricmodel for predicting wind-induced pressures on low-rise vertical surfaces in shielded environments [J]. Solar energy, 2007, 81 (1): 52-61.

[46] Davenport A G. Gust loading factors [J]. Journal of Structural Division, 1967, 93 (3): 11-34

[47] 全涌等. 非高斯风压的极值计算方法. 力学学报, 2010, 42 (5): 560-566.

[48] Kwon, D., and Kareem, A. (2011). "Peak factors for non-Gaussian load effects revisited." J. Struct. Eng., ASCE, 137 (12), 1611-1619.

[49] Huang, m. F., Lou, W., Chan, C. M., Lin, N., & Pan X. Peak distributions and peak factors of wind-induced pressure processes on tall buildings. Journal of Engineeringmechanics, 2013, 139 (12), 1744-1756.

[50] 潘小涛 黄铭枫 楼文娟. 复杂体型屋盖表面风压的高阶统计量与非高斯峰值因子. 工程力学, 2014, 31 (10): 181-187.

[51] Winterstein, S. R. (1988). "Nonlinear vibrationmodels for extremes and fatigue." J. Eng. Mech., ASCE, 114 (10), 1772-1790.

[52] Grigorium. (1984). "Crossing of Non-Gaussian Translation Process." J. Eng. Mech., ASCE, 110 (4), 610-620.

[53] Sadek F andSimiu E. Peak non-Gaussian wind effects for database-assisted low-rise building design [J]. Journal of EngineeringMechanics, 2002, 128 (5): 530-539.

[54] HuangmF, Pan X, Lou W, ChanCM and Li QS. 2014. Hermite extreme value estimation of non-Gaussian wind load process on a long-span roof structure. Journal of Structural Engineering, ASCE, 140 (9), 04014061.

[55] Chen, X, and Kareem, A. (2005a). "Coupled dynamic analysis and equivalent static wind loads on buildings with three-dimensionalmodes." Journal of Structural Engineering, 131 (7), 1071-1082.

[56] DerKiureghian, A. (1981). "A response spectrummethod for random vibration analysis ofmDF system." Earthquake Engineering and Structural Dynamics, 9, 419-435.

[57] Allam S. M. and Datta T. K. (2004). "Analysis of cable-stayed bridges undermulti-component random groundmotion by response spectrummethod" Earthquake Engineering and Structural Dynamics, 33, 375-393.

[58] HuangMF, ChanCM, Kwok KCS, and Hitchcock PA. Cross correlation ofmodal responses of tall buildings in wind-induced lateral-torsionalmotion. Journal of EngineeringMechanics, ASCE, 2009, 135 (8): 802-812. (SCI)

[59] Chopra A. K. (2000). Dynamics of Structures: theory and applications to earthquake engineering. Prentice-Hall, New Jersey.

[60] 贺德馨. 风工程与工业空气动力学 [M]. 北京: 国防工业出版社, 2006.

[61] Fuglsang P, Bak C, Gaunaam, Antoniou I. Design and verification of the RisØ-B1 airfoil family for wind turbines [J]. Journal of Solar Energy Engineering, 2004, 126: 1002-1010.

[62] Benson, Tom. The Beginner's Guide to Aeronautics. NASA Glenn Research Center. [EB/OL] [2011-3-9] http: //www. grc. nasa. gov/WWW/k-12/airplane/ac. html

[63] Banks W, Gadd G E. Delaying effect of rotation on laminar separation [J]. AIAA journal. 1963, 1 (4): 941.

[64] Mccroskey W J, Yaggy P F. Laminar boundary layers on helicopter rotors in forward flight. [J]. AIAA journal. 1968, 6 (10): 1919-1926.

[65] Ronsten G O R. Static pressuremeasurements on a rotating and a non-rotating 2. 375m wind turbine blade. Comparison with 2D calculations [J]. Journal of Wind Engineering and Industrial Aerody-

namics. 1992，39（1）：105-118.
[66] Leishman J G，Beddoes T S. A generalisedmodel for airfoil unsteady aerodynamic behaviour and dynamic stall using the indicialmethod [C]. Proceedings of the 42th annual forum of American Helicopter society. Washington，DC：1986.
[67] Wernert P，Geissler W，RaffelM，et al. Experimental and numerical investigations of dynamic stall on a pitching airfoil [J]. AIAA journal. 1996，34（5）：982-989.
[68] Hansenm H，GaunaamM，AagaardMadsen H. A Beddoes-Leishman type dynamic stallmodel in state-space and indicial formulations [R]. Risoe-R-1354（EN），2004.
[69] O Ye S. Dynamic stall simulated as time lag of separation [C]. IEA Rome：1991.
[70] Carr L W，Mcalister K W，mccroskey W J. Analysis of the development of dynamic stall based on oscillating airfoil experiments [J]. 1977.
[71] Butterfield C P. Aerodynamic pressure and flow-visualizationmeasurement from a rotating wind turbine blade [R]. Solar Energy Research Inst.，Golden，CO（USA），1988.
[72] Hansenm H. Aeroelastic instability problems for wind turbines [J]. Wind Energy. 2007，10（6）：551-577.
[73] J K，A P. Low Speed Aerodynamics—From Wing Theory to Panelmethods [M]. NewYork：McGraw-Hill，Inc，1991.
[74] H Z. Principles of Structural Stability [M]. Basel：Birkhäuser Verlag，1977.
[75] HansenM O. Aerodynamics of wind turbines [M]. Routledge，2013.
[76] H H D，H D E. Nonlinear equations ofmotion for the elastic bending and torsion of twisted nonuniform rotor blades [R]. NASA TND-7818，1975.
[77] E G R. US army airmobility research and development laboratory，1973.
[78] 李春，叶舟，高伟，等．近代陆海海风力机计算与仿真 [M]. 上海：上海科技技术出版社，2012.
[79] Pierce K，Hansen A C. Prediction of wind turbine rotor loads using theBeddoes-Leishmanmodel for dynamic stall [J]. Journal of solar energy engineering. 1995，117（3）：200-204.
[80] 刘雄，张宪民，陈严，等．基于 BEDDOES-LEISHMAN 动态失速模型的水平轴风力机动态气动载荷计算方法 [J]. 太阳能学报．2009，29（12）：1449-1455.
[81] 王艳萍．水平轴风力机叶片气动性能数值模拟 [D]. 重庆大学，2008.
[82] Baldwin B，Lomax H. Thin-layer Approximation and AlgebraicModel for Separated Turbulent Flow [J]. AIAA Paper 78，1978.
[83] Spalart P. R.，Almaras S. R.. A one equation TurbulenceModel for Aerodynamic Flows. AIIA Paper92-0439，1992.
[84] Douglass SL，Chen Q，Olsen JM，et al. Wave forces on bridge decks [J]. Coastal Transportation Engineering Research and Education Center，Univ. of South Alabama，Mobile，Ala，2006.
[85] Graumann A，Houston T，Lawrimore J，et al. Hurricane Katrina-a climatological perpective. October 2005 [R]. updated August 2006. Technical Report 2005-01. 28 p. NOAA National Climate Data Center，available at：http：//www. ncdc. noaa. gov/oa/reports/tech-report-200501z. pdf，2005.
[86] Lin，N. and K. Emanuel，2015：Grey swan tropical cyclones. NatureClim. Change，doi：10. 1038/NCLIMATE2777.
[87] 项海帆．21 世纪世界桥梁工程的展望 [J]. 土木工程学报，2000，33（3）：1-6.
[88] 周念先，周世忠．21 世纪特大跨径桥梁的展望 [D]. ，2000.
[89] 项海帆．沿海高等级公路上的跨海大桥工程 [J]. 同济大学学报：自然科学版，1998，26（2）：109-113.

[90] Naudascher E, medlarz HJ. Hydrodynamic loading and backwater effect of partially submerged bridges [J]. Journal of Hydraulic Research, 1983, 21 (3): 213-232.

[91] Malavasi S, Guadagnini A. Hydrodynamic loading on river bridges [J]. Journal of Hydraulic Engineering, 2003, 129 (11): 854-861.

[92] 石雪飞，阮欣，陈虎成．漫水箱梁桥水力荷载及其影响 [J]. 同济大学学报：自然科学版，2004，32 (6)：727-730.

[93] Stavovy A B, Chuang S L. Analytical determination of slamming pressures for high-speed vehicles in waves [J]. Journal of Ship Research, 1976, 20 (4).

[94] 胡勇，雷丽萍，杨进先．跨海桥梁基础波浪（流）力计算问题探讨 [J]. 水道港口，2012，33 (2)：101-105.

[95] Mogridge G R, Jamieson W W. Wave forces on square caissons [J]. Coastal Engineering Proceedings, 1976, 1 (15).

[96] 王树青．海洋工程波浪力学 [M]. 中国海洋大学出版社，2013

[97] 钱荣．大直径圆柱壳结构动力响应及随机波浪力数值模拟研究. 天津：天津大学．2004，31-40.

[98] 陈子燊. 波高与风速联合概率分布研究．海洋通报，2011. 30 (2)：158-163.

[99] 丁赟，管长龙. 风浪状态对海面风应力影响的初步研究．海洋科学，2007. 31 (3)：54-57.

[100] Dattatri J, Shankar NJ and Raman H, Wind velocity distribution over wind-generated water waves. Coastal Engineering, 1977. 1: p. 243-260.

[101] Longo, S., Wind-generated water waves in a wind tunnel: Free surface statistics, wind friction andmean air flow properties. Coastal Engineering, 2012. 61: p. 27-41.

[102] Longo, S., et al., Study of the turbulence in the air-side and water-side boundary layers in experimental laboratory wind induced surface waves. Coastal Engineering, 2012. 69: p. 67-81.

[103] Longo, S., et al., Turbulent flow structure in experimental laboratory wind-generated gravity waves. Coastal Engineering, 2012. 64: p. 1-15.

[104] 过杰. 海面粗糙度及其提取与应用的研究. 青岛：中国海洋大学，2006：95.

[105] Ochi, M. K. and Y. S. Shin, Wind Turbulent Spectra for Design Consideration of Offshore Structures. Proceedings of the 20th offshore technology conference, 1988: p. 461-467.

[106] Andersen, O., Gale forcemaritime wind. TheFroya data base. Part 1: Sites and instrumentation. Review of the data base. Journal of Wind Engineering and Industrial Aerodynamics, 1995. 57 (1): p. 97 - 109.

[107] Andersen, O. J. and J. Løvseth, Stabilitymodifications of the Frøya wind spectrum. Journal of Wind Engineering and Industrial Aerodynamics, 2010. 98 (4-5): p. 236-242.

[108] Andersen, O. J. and J. Løvseth, The Frøya database andmaritime boundary layer wind description. Marine Structures, 2006. 19 (2-3): p. 173-192.

[109] Myrhaug, D., Wind gust spectrum over waves: Effect of wave age. Ocean Engineering, 2007. 34 (2): p. 353 - 358.

[110] 方国洪等. 海洋工程中极值水位估计的一种条件分布联合概率方法．海洋科学集刊，1993 (00)：1-30.

[111] 段忠东等. 极值风浪联合概率模型参数估计的简化方法．哈尔滨建筑大学学报，2002 (06)：1-5.

[112] 董胜，丛锦松，余海静. 涠洲岛海域年极值风浪联合设计参数估计．中国海洋大学学报：自然科学版，2006. 36 (3)：489-492.

[113] 李锋. 海洋工程双变量环境条件设计参数估计. 中国海洋大学，2005：69.

[114] Agarwal, P. and L. Manuel, Extreme loads for an offshore wind turbine using statistical extrapola-

tion from limited field data. Wind Energy，2008. 11 (6)：p. 673-684.

[115] Agarwal，P. and L. manuel，Simulation of offshore wind turbine response for long-term extreme load prediction. Engineering Structures，2009. 31 (10)：p. 2236-2246.

[116] Ding，J. and X. Chen，Assessing small failure probability by importance splittingmethod and its application to wind turbine extreme response prediction. Engineering Structures，2013. 54：p. 180-191.

[117] Ding，J.，K. Gong and X. Chen，Comparison of statistical extrapolationmethods for the evaluation of long-term extreme response of wind turbine. Engineering Structures，2013. 57：p. 100-115.

[118] 杨伦，黄铭枫，楼文娟. 高层建筑周边三维瞬态风场的混合数值模拟．浙江大学学报（工学版），2013 (05)：824-830.

[119] OchiM K，Shin V S. Wind turbulent spectra for design consideration of offshore structures [C]. 1988：//Offshore Technology Conference，Offshore Technology Conference.

[120] 涂志斌，黄铭枫，楼文娟. 风浪耦合作用下桥塔-基础体系的极限荷载效应研究．浙江大学学报（工学版），已录用．

# 11 典型工程案例

## 11.1 围海造陆工程

### 案例一 广州港南沙港区粮食及通用码头软基工程

场地为新近吹填海淤地基，原场地自上而下可分为为：①淤泥混砂为主的近期人工回填土；②淤泥或淤泥质黏土，流塑状，含水率 40.5%～60.2%，孔隙比 1.033～1.609，液性指数 1.45～1.75，层①＋层②平均厚度 6m，为第一个软土层，标准贯入击数 0～1 击；③混砂层，平均厚度 2m；④淤泥或淤泥质黏土，平均厚度 5m，流塑状，含水率 58.7%～60.6%，孔隙比 1.585～1.713，液性指数 1.73～1.92，为第二个软土层，标准贯入击数 2 击；⑤中粗或中细砂层，平均厚度 2m；⑥分布不均匀的粉质黏土、黏土、砂层及硬黏土混合层，标准贯入击数 4 击。

地基处理方案为深井降水联合强夯法，井点间距为 30.0m×30.0m。泥浆搅拌墙沿加固区边界设置，采用双排桩，桩直径为 0.7m，间距为 0.5m，搭接为 0.2m。塑料排水板间距 1.1m，按正方形布置，打设深度 20.5m。先进行井点降水，当地下水位降深不低于 5.0m，即形成约 5t 的预压应力后再联合强夯加固，并继续保持井点降水，直至施工完毕。

强夯夯点按正方形跳夯布置，夯锤直径为 2.0m，夯点间距为 5.0m，点夯 4 遍，每点夯 4～6 击，第一遍强夯能量为 1000.0kN·m，第二遍为 1500.0kN·m，第三、四遍为 2000.0kN·m，即随着遍数的增多能量逐渐增加；满夯 1 遍，每点夯 1 击，能量为 500.0～800.0kN·m，间距为 0.7 倍夯锤直径。

经加固后，地基 6.0m 以上浅部黏土层土性参数出现明显变化，含水率由 51%降低至 42%，液性指数从 1.68 降低至 0.65，土体从流塑状态转换为可塑状态；浅部淤泥层比贯入阻力 $P_s$ 由原 196kPa 提高至 400kPa 以上；淤泥层十字板抗剪强度由加固前的 10kPa 以下提高至加固后的 27kPa 以上；淤泥层标准贯入击数由加固前的 1～2 击增加至 2～4 击，承载力得到较大提高。

### 案例二 厦门港海沧港区试验工程

该工程位于厦门湾内厦门岛对岸、九龙江口的北岸。原场地为滩涂地基，水域开阔，水深 0～8m 不等，原泥面标高约＋2.170～－3.290m，由北向南微倾。陆域是在原泥面上吹填浮泥或细砂形成，陆域形成的软弱地基分为吹砂区和吹泥区，其中吹砂区约为 25 万 $m^2$，吹泥区约为 55 万 $m^2$，均须进行软基处理。吹泥区表层的浮泥～淤泥层主要物理力学指标见表 11.1-1。表层的浮泥～淤泥层厚达 0～11.3m，属于超软弱土，含水量达

70%～167%，压缩性大、强度及承载力极低。

吹泥区表层吹填浮泥～淤泥层主要物理力学指标　　表 11.1-1

| 土层 | 厚度(m) | 平均含水量 | | 平均孔隙比 e | 平均渗透系数 (cm/s) | 平均压缩系数 av1-2 (MPa-1) |
|---|---|---|---|---|---|---|
| | | 范围 | 平均值 | | | |
| 吹填浮泥层厚 | 1.2～2.2 | 1.6 | 161.3% | — | — | — |
| 吹填流泥层厚 | 2.1～4.0 | 3.3 | 118.8% | — | — | — |
| 吹填淤泥层厚 | 1.1～8.1 | 3.4 | 68.6% | 1.83 | $4.67\times10^{-7}$ | 1.62 |

根据工期要求，采用浅表层真空预压快速加固技术对吹泥区进行处理，以满足机械设备使用要求，为后续软基处理提供条件。塑料排水板按 1.0m×1.0m 正方形布置，插设深度为 4.5m，外露 0.7～1.0m。于 2007 年 5 月 21 日开始对吹泥区加固处理，三天膜下真空度达到了 70kPa 以上，以后的真空度稳定在 68～84kPa 之间。2007 年 6 月 15 日卸载，共抽真空 25 天。

加固前表层 0～6m 范围内含水率高达 77.3%～167%，加固后浅表层的含水率降低至 63.1%～96.7%。其中，0～3m 范围内的含水率降至 63.1～66.6%，液性指数降低至约为 1.49～1.94，加固后成为淤泥。静力触探和十字板试验表明，加固后软弱土层的比贯入阻力和十字板强度均有大幅提高，其中吹填浮泥层端阻力提高 605.7%，吹填流泥层端阻力提高 108.9%，加固后软弱土层的原状土抗剪强度为 0.2～26.3kPa，平均值为 7.9kPa，为加固前的 9.8 倍，形成了 1～3m 厚的硬壳层，为后续施工创造条件，以满足机械设备行走的需要，达到预定的加固目的。

## 案例三　温州丁山垦区吹填及软基处理工程

工程吹填面积约 470 万 $m^2$，工程区域在现有海堤内侧，区域内养殖塘周边土坝高程＋2.500～＋3.500m，塘内泥面标高＋1.500～＋2.500m。新吹填淤泥层厚约 3m，呈流动态，地表无承载力，表层淤泥含水率高达 130%，孔隙比大。

为缩短工期，降低工程建设成本，最终选择对新吹填的淤泥层采用浅表层快速加固技术。首先，在吹填面上铺设一层编织布，人工插设塑料排水板，排水板间距为 0.8m，呈正方形布置，打设深度为 3.2m，滤管间距为 0.8m，排水板板头与相邻滤管绑扎一起，加固区采用两层聚乙烯薄膜。

试验区于 2009 年 8 月 25 日开始抽真空，3d 后真空度达到 70kPa 以上，此时开泵率为 30%。两星期后，开泵率增加至 80%，膜下真空度提高到 80kPa 以上，此后维持在 80～90kPa 之间。抽真空两个月后，开始逐渐降低开泵率，膜下真空度也随之下降，在将近一个月时间内，膜下真空度仍维持在 40～50kPa 之间。

加固前，吹填淤泥层的表层含水率高达 130%；加固后，淤泥层的含水率降低至 49%～55%，液性指数由 2.32 降低至约为 1.22，孔隙比由加固前的 2.32 降低至 1.37，载荷板试验结果显示加固后地基承载力特征值不小于 55kPa。浅层加固使地表形成了一定厚度的硬壳层，满足了设计要求。

# 11.2　潮汐电站

## 案例一　韩国SIHWA潮汐电站

SIHWA潮汐电站位于朝鲜半岛西海岸，最大潮幅高达10m以上，居世界前列。SIHWA堤岸在1987～1994年之间建成，北部连接Ansan市，南部和Deabu岛相接，全长12.7km，已形成库容为3.238亿$m^3$的SIHWA湖，见图11.2-1。SIHWA地区开发工程起始于1987年，最初目标是43.93$km^2$的淡水湖以及132$km^2$的土地，堤岸填筑1994年完工。2002年，韩国水资源公司开始计划利用潮汐发电，潮汐电站于2005年动工，2009年完工。SIHWA潮汐电站建造于SIHWA的中部，包括8个泄水闸门和20个水轮机和发动机组以及连接建筑物。电站厂房和水闸位于基岩上，开山而成，堤坝地基为淤泥及淤泥质土。

图11.2-1　SIHWA潮汐电站

电站采用了灯泡型发电机组，单机装机容量为2.54万kW，总装机容量25.4kW，比法国郎斯潮汐电站的装机容量大。建筑物的顶拱敞开，采用自然照明和通风，每个发电室尺寸为19.3m（宽）×29.0m（高）×61.0m（长）。泄水闸为涵洞型，每个尺寸为19.3m（宽）×24.0m（高）×44.3m（长），最大泄水能力为1098$m^3/s$，见图11.2-2和图11.2-3。

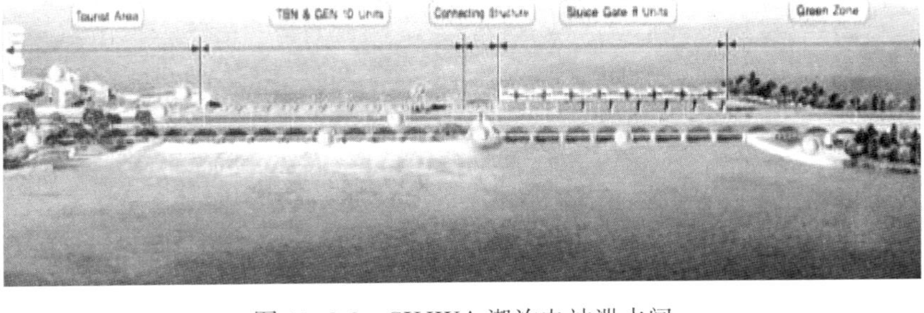


图11.2-2　SIHWA潮汐电站泄水闸

## 案例二　法国朗斯潮汐电站

法国朗斯潮汐电站是世界上已建规模最大的潮汐电站之一，电站平均潮差8.5m，共布置24台机组。1996年8月第一台灯泡机组并网发电，1997年12月最后一台机组运行。朗斯电站位于朗斯河口4km处，电站鸟瞰图见图11.2-4，电站布置见图11.2-5。

图 11.2-3 SIHWA 潮汐电站围堰施工

图 11.2-4 朗斯潮汐电站鸟瞰图

坝址位于拉布列比斯和拉布列阿太斯角之间，穿过河中的卡里贝尔特小岛，坝总长750m。坝址处水深12m，河床基岩为松散冲积层，由砂、砾石、贝壳灰岩覆盖，厚度从1～5m不等。自左岸至右岸，建筑物布置依次为船闸、机组段、堆石坝和泄水闸。225kW开关站布置在左岸（拉布列比斯角），船闸布置在岸上，闸室长65m，宽13m。

厂房坐落在河道最深处，总长约390m，总宽53m。厂房和卡里贝尔特岛间布置长163m、高25m、顶宽38.2m的混凝土心墙堆石坝。溢流坝布置在卡里贝尔特岛右侧至右岸之间，坝长115m，6个溢流孔，每孔净宽15m，高10m，闸墩宽5m，总宽115m。闸门可在水头5m，流量$1600m^3/s$时启闭。

机组设计参数：水轮机额定净水头$H_r=5.65m$，最大净水头$H_m=11.0m$，抽水最大净水头6m，额定流量$Q=275m^3/s$，额定功率$N_r=10MW$，额定转速$n_r=93.8r/min$，飞逸转速$n_p=260r/min$，转轮直径$D_1=5.35m$。发电机参数：额定功率$N_g=10MV\cdot A$，额定电压$V_r=3.5kV$，功率因数$\cos\varphi=1.0$，频率50Hz，灯泡体内绝对压力2 atm。安装的灯泡贯流式水轮发电机组，具有正向发电、反向发电、正向抽水、反向抽水和正向泄水、反向泄水共6种运行工况。

单向运行和双向运行（不泵水或泵水）工况过程分别如图11.2-6和图11.2-7所示。在涨潮时打开进水闸门，直到平潮时水库水位达到最高水位。停机阶段关闭闸门，在落潮时保持水库高水位，至水库内水位高于海面6m时启动水轮发电机组发电。水位差余1.2m，发电效率低时停机，以保持水库内水位不致过低。泵水时水库内外水位差（扬程）不大，潮差越大，需要泵水时间越短。泵水可以提高水库内水位，以提高水头。

## 案例三　江厦潮汐电站

江厦潮汐试验电站作为我国潮汐能开发利用的国家级试验项目，位于浙江省乐清湾顶

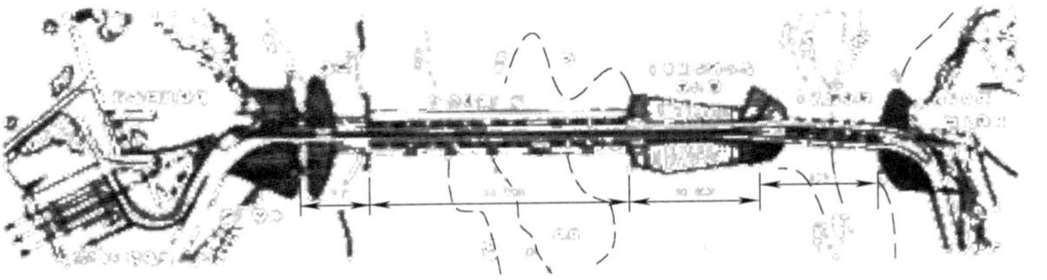

(a)

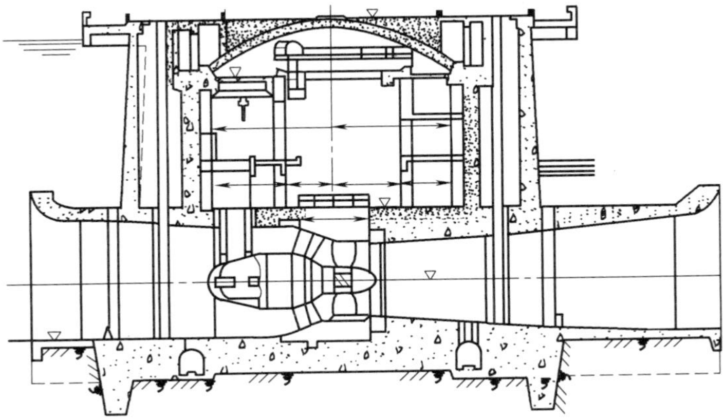

(b)

图 11.2-5 朗斯潮汐电站

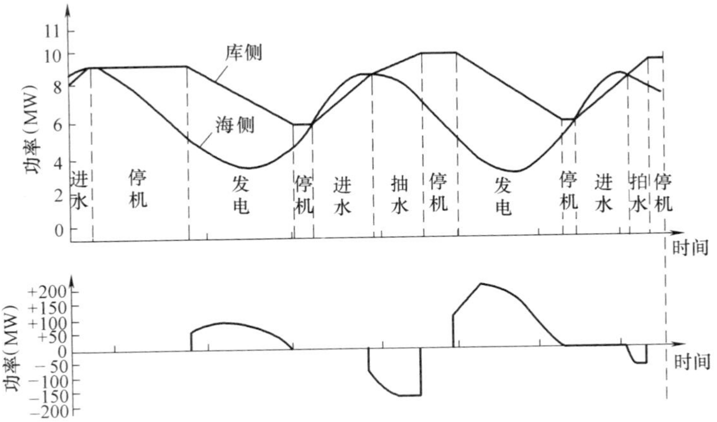


图 11.2-6 朗斯潮汐电站单向运行（不抽水或抽水）过程

端支汉江厦港，见图 11.2-8。该电站 1980 年第 1 台机组发电，1985 年底 5 台机全部投产。江厦潮汐试验电站原装机容量为 3200kW，仅次于韩国 SIHWA 潮汐电站、法国朗斯潮汐电站（24×10MW）和加拿大安纳波利斯潮汐电站（1×20MW），名列世界第四。

电站所在的江厦港纵深 9km，坝址处的口门宽度为 686m。系狭长半封闭浅海半日潮

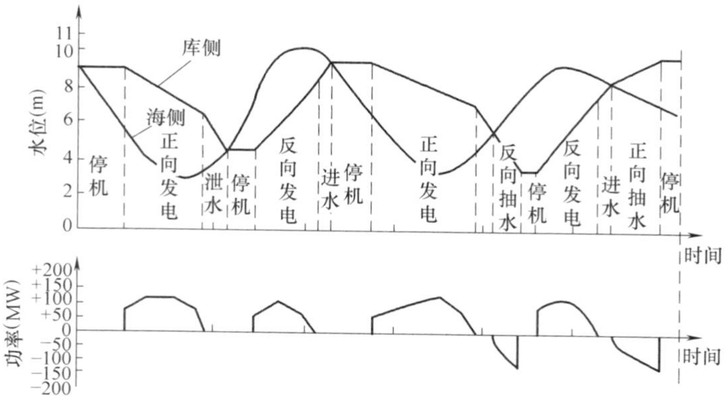


图 11.2-7 朗斯潮汐电站双向运行（不抽水或抽水）过程图

图 11.2-8 江厦潮汐试验电站

港，处在我国高潮差地带，其多年平均潮差 5.08m，最大潮差 8.39m，平均涨潮历时为 6h28min，落潮历时为 5h28min。

江厦潮汐试验电站主要建筑物有大坝、泄水闸、发电厂房、升压开关站等，见图 11.2-9。

大坝为黏土心墙堆石坝，全长 670m，建于海相沉积层上。地基表层为淤泥质黏土，厚度在左岸约 13m，在右岸约 27m，在深港部位达 46m。地基下部为含黏土或砂土的卵（砾）石层。大坝由主石坝、防浪墙、黏土心墙、副石坝组成，在海中抛石抛土而成，见图 11.2-10。

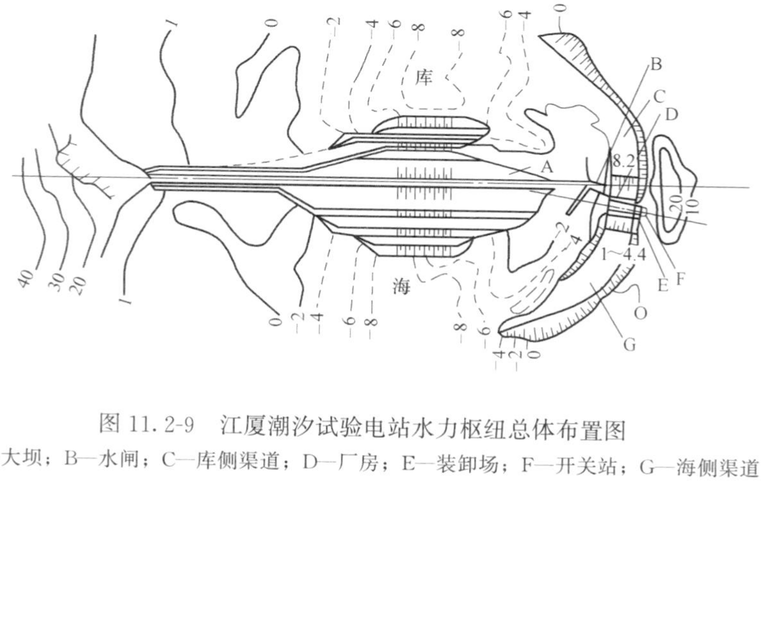


图 11.2-9 江厦潮汐试验电站水力枢纽总体布置图

A—大坝；B—水闸；C—库侧渠道；D—厂房；E—装卸场；F—开关站；G—海侧渠道

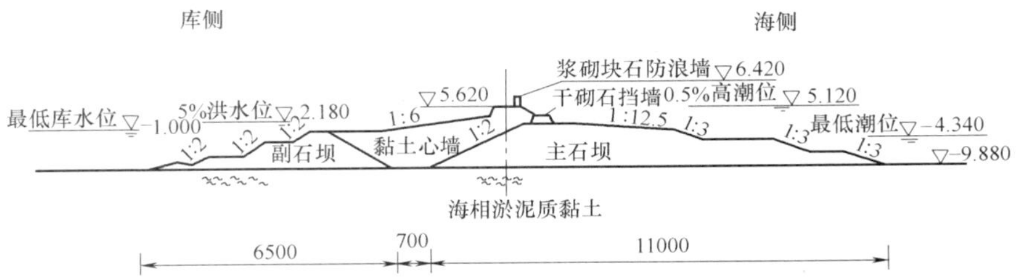


图 11.2-10 大坝断面

泄水闸设于大坝和厂房之间，为 5 孔平底水闸，建于凝灰岩上。发电厂房位于水闸左侧，建于凝灰岩上，厂房全长 56.9m，宽 25.5m，高 25.2m。可装六台机组，机组转轮直径为 2.5m，每个机组段宽为 7.4m，每两个机组段设有一伸缩缝，主厂房内设有起重量为 15.3t、净跨为 8m 的桥机。灯泡体布置在库侧，水轮机布置在海侧，装配场长 10m。主厂房下部为机坑和机组流道，流道最大净孔直径为 4.5m。主厂房顶部设有电缆层和电气副厂房，水机副厂房设于装配间下面共两层，分别为空压机房、防污防腐室和水泵房。

升压开关站紧靠厂房左侧，为防沿海盐雾，按户内式布置。根据电气主接线图，六台机组成二个扩大单元，每三台机接一台 35kV 主变压器，从 3150V 升压到 35kV，以一回 35kV 出线送温岭西变电站。为此，升压开关站设二层，下层放两台主变，上层为两台厂变和配电装置。

水轮发电机组具有正向发电、反向发电、正向泄水、反向泄水四种运行特性。当机组运行水头大于 0.8m 时，正、反向均可为发电工况。当潮差小于 0.8m 时，机组转为泄水厂况。当潮差为 0.08m 时，泄水中止，刹车停机。机组运行工况见图 11.2-11。江厦电站采用单库双向的开发方式，机组可以作正反两个方向的发电运行，水流从水库流向海洋是正向发电，从海洋流向水库是反向发电。机组的运行工况顺序为正向发电→正向泄水→停

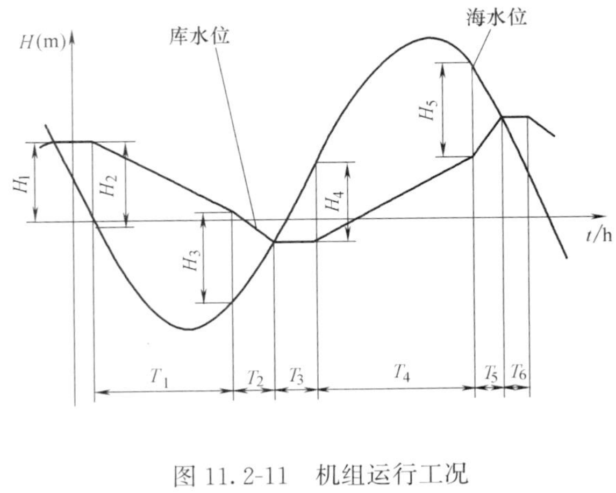


图 11.2-11 机组运行工况

$T_1$—正向发电；$T_2$—正向泄水；$T_3$—停机等待；$T_4$—反向发电；$T_5$—反向泄水；$T_6$—停机等待；$T_6$—停机等待；$H_1$—反向泄水结束时库水位；$H_2$—正向发电初始水头；$H_3$—正向泄水初始水头；$H_4$—反向发电初始水头；$H_5$—反向泄水初始水头

机→反向发电→反向泄水→停机循环往复。图 11.2-11 中，$H_1 \sim H_5$ 的正确选择对增加发电量有很大的意义。从图 11.2-11 中可见，机组的发电运行是间歇的，每次发电运行期间机组的功率一般是随时间变化的，因此潮汐电站不能在系统中替代工作容量，而只能起重复容量的作用。对潮汐电站，目标是使获得的发电量最大，而效率的降低可通过增加流量补偿。

## 11.3 海洋风力发电场

### 案例一 东海大桥海上风电场

东海大桥 100MW 海上风电示范项目是我国第一个海上风电项目，位于上海市东海大桥东侧海域，共安装 34 台单机容量 3MW 的离岸型风机，总装机容量 102MW。

海底地基为深厚软土地基，海底表面从浅到深有淤泥、淤泥质粉质黏土和淤泥质黏土，平均厚度分别为 0.43m、8.3m 和 10.67m，典型土层分布如图 11.3-1 所示。

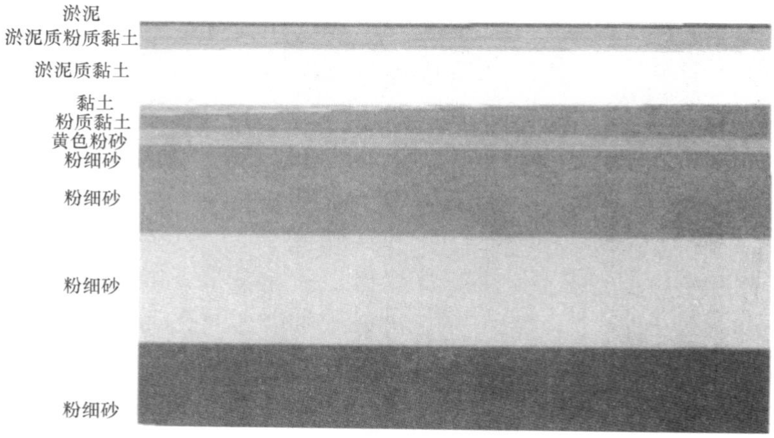


图 11.3-1 东海大桥风电场典型地层结构

水深在 10m 以上，施工条件恶劣。设计对单桩基础、多桩基础、无桩重力型基础等形式进行了比选，最终选择了多桩承台基础，每台风机打设 8 根桩。其优势在于，一方面解决了深厚软土地基问题，另一方面有效解决了船舶通航对基础的撞击问题，见图 11.3-2 和图 11.3-3。

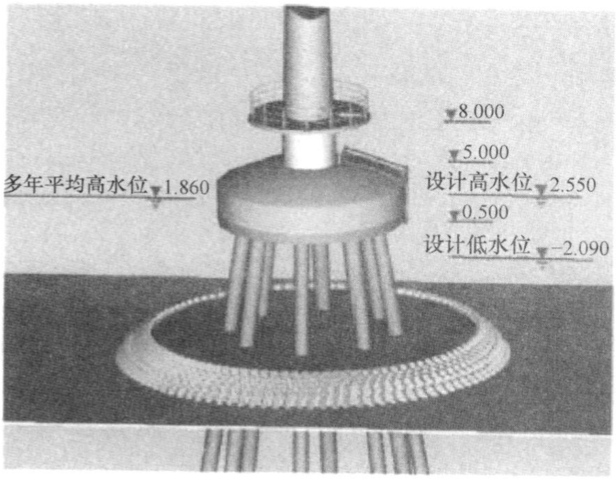


图 11.3-2 高桩承台基础

风电场海域原属通航水域，来往船只较多。其中，9 台风机位于东海大桥船舶通航孔两侧，最近的距离仅 30m。因此，采用了两方面的防撞方

图 11.3-3 承台下桩基础

案：一是通航孔两侧的风机，在周围设置 5 根直径 2.5m 防撞钢管桩，管桩周围设置橡胶护航，每根桩之间以两道锚相连的防撞措施；二是对通航孔以外的机组，防撞设计原则和方式与通航孔侧的防撞桩相同，不同的是按照 200t 级船舶防撞设计，每台机组周围的 5 根防撞钢管为直径 1.2m。在施工过程中，防撞方案改为钢筋混凝土承台降低到一个合适位置，并在机组外围设置适当防护，见图 11.3-4。

## 案例二 东海大桥海上风电场二期工程

东海大桥海上风电场二期（扩建）工程位于东海大桥西侧海域，海域平均水深约 11m，位于已建东海大桥海上风电场示范工程西侧。本二期（扩建）工程安装 27 台单机 3.6MW 的和 1 台单机容量 5MW 的风力发电机组，装机总容量 102.2MW。

图 11.3-4 高桩承台和防撞设施

设计高潮位 2.540m，设计低潮位－1.760m，极端高潮位 3.850m，极端低潮位－2.710m。年常浪海向为 NNE、NE 向，9 月到翌年 4 月的常浪向为 NNE、NE 向，5～8 月的常浪向为 SE、SSE、S 向，风电场海域的强浪向为 NNE 向。季冷空气和寒潮大风，海域 H1/10 波高一般在 3.5～4.4m。台风天气条件下，H1/10 波高可达 7m。潮流以半日潮流为主，故以 M2 分潮流椭圆率 $K$ 值来判别潮流的运动形式。$K$ 值越大，潮流运动的旋转形态越强；反之，往复流性质越显著。风电场水域 K 值很小，在 0.0～0.13 之间，实测 K 值在 0.07～0.15，潮流的运动总体属往复流形态。

场地属Ⅳ类，50 年超越概率 10%的地震加速度峰值为 0.10$g$（$g$ 为重力加速度），地震基本烈度为 7 度。地层按地质时代、成因类型、土性和物理力学性质差异，划分为 8 个大层，地层分布如表 11.3-1 所示。

东海大桥海上风电场扩建工程地层分布 **表 11.3-1**

| 地质时代 | 土层层号 | 土层名称 | 层厚 | 层底标高 | 成因类型 | 颜色 | 湿度 | 状态 | 密实度 | 压缩性 |
|---|---|---|---|---|---|---|---|---|---|---|
| $Q_4^3$ | ① | 淤泥质黏土 | 1.50～2.60 2.01 | −13.18～−14.13 −13.90 | 新近沉积 | 灰黄 | 饱和 | 流望 | | 高 |
| $Q_4^2$ | ④ | 淤泥 | 4.20～6.00 5.24 | −17.90～−19.67 −19.14 | 浅海～滨海 | 灰 | 饱和 | 流望 | | 高 |
| $Q_4^3$ | ⑤ | 黏土 | 0.80～5.50 2.26 | −20.04～−24.79 −21.40 | 滨海、沼泽 | 灰 | 饱和 | 流望～软塑 | | 高 |
| $Q_3^2$ | ⑥ | 粉质黏土 | 0.90～4.40 3.40 | −23.90～−25.69 −24.80 | 河口～沼泽 | 灰 | 饱和 | 可望～硬塑 | | 中 |
| | $⑦_{1\text{-}1}$ | 粉砂 | 0.60～2.20 1.49 | −25.36～−26.89 −26.28 | 河口～滨海 | 褐色 | 饱和 | | 中密 | 中偏低 |
| | $⑦_{1\text{-}2}$ | 粉细砂 | 16.10～19.60 18.06 | −42.99～−45.97 −44.34 | 河口～滨海 | 褐黄～黄灰 | 饱和 | | 中密～密实 | 中偏低 |
| | $⑦_{2\text{-}1}$ | 粉细砂 | 17.20～20.50 18.78 | −62.51～−63.97 −63.12 | 河口～滨海 | 灰～灰黄 | 饱和 | | 密实 | 中偏低 |
| | $⑦_{2\text{-}2}$ | 粉细砂 | 15.00～19.30 17.48 | −77.60～−82.18 −80.60 | 河口～滨海 | 灰 | 饱和 | | 密实 | 中偏低 |
| $Q_3^2$ | $⑨_1$ | 粉细砂夹粉质黏土 | 1.80～5.50 3.31 | −82.79～−85.16 −83.91 | 滨海～河口 | 灰 | 饱和 | 可塑 | 中密～密实 | 中偏低 |
| | $⑨_2$ | 细砂 | 4.20～12.40 8.73 | −87.74～−86.34 −92.64 | 滨海～河口 | 灰 | 饱和 | | 密实 | 中偏低 |
| $Q_2^2$ | ⑩ | 粉质黏土夹粉砂 | 1.90～7.80 5.53 | −96.51～−100.37 −98.73 | 河口～沼泽 | 灰 | 饱和 | 可塑～硬塑 | 中密～密实 | 中 |
| | ⑪ | 细砂 | 未钻穿 | 未钻穿 | 河口～滨海 | 灰 | 饱和 | | 中密～密实 | 中偏低 |

通过六桩导管架桩基础、单桩基础和高桩混凝土承台基础进行技术经济比选，选择了高桩混凝土承台基础方案，以$⑦_{2\text{-}2}$层作为桩基持力层。采用海上现浇混凝土施工。本风场位置不属于禁航区，靠近东海大桥的通航孔，高桩混凝土承台方案承台较低，结构整体防撞性能较好，能抵御1000t船舶的意外撞击。

## 案例三 江苏如东海上（潮间带）风电场示范项目

江苏如东海上（潮间带）风电场示范项目，位于江苏省如东县近海及潮间带海域，2012年11月投产发电。

江苏如东沿海潮间带及近海海域，场址区地势变化平缓，部分区域有辐射沙洲群。该项目分为环港场区，面积100km$^2$，规划装机规模350MW；东凌场区，面积40km$^2$，规划装机规模150MW；近海Ⅰ区，面积125km$^2$，装机规模400MW；近海Ⅱ区，面积

$75km^2$，规划装机规模100MW。

该海域地层分布自上而下为：

第四系全新统（$Q_4$）：①层粉砂：灰黄色，饱和，松散，层厚2.10～3.40m，属中等压缩性土。$②_1$层淤泥质粉质黏土：灰色，流塑，局部分布，层厚1.30～1.40m，属高压缩性土。$②_2$层 粉土：灰色，湿，中密，层厚2.80～6.60m，属中等压缩性土。$③_1$层 粉砂：灰色，饱和，中密，层厚2.10～7.10m，属中等压缩性土。$③_{1a}$层 粉砂：灰色，湿，稍密—中密，层厚2.10～5.70m。$③_{夹1}$层 层状淤泥质粉质黏土：灰色淤泥质粉质黏土与粉土呈互层状，流塑，层厚1.50～8.90m，属高压缩性土。$③_{夹2}$层 层状粉土，中密，层厚1.00～6.40m，属中等压缩性土。

第四系上更新统（$Q_3$）：$④_1$层粉质黏土：灰黄、褐黄色，硬塑，层厚1.80～4.60m，属中等压缩性土。$④_2$层粉质黏土：灰色，软塑，层厚2.20～11.90m。⑤层 粉土夹粉质黏土：灰色，稍密，局部分布，层厚1.40～5.80m，属中等偏高压缩性土。$⑥_1$层 粉砂：灰色，饱和，中密为主，最大层厚为15.10m，属中等压缩性土。$⑥_3$层 粉细砂：灰、青灰色，密实为主，局部中密，揭露最大层厚为19.55m。

采用了大直径钢管单桩基础和导管架五桩基础，见图11.3-5。

(a)

(b)

图11.3-5 江苏如东近海风机基础形式

(a) 六桩导管架基础；(b) 单桩基础

## 11.4 潮流能电站

### 案例一 英国SeaFlow和SeaGen潮流发电机

英国MCT公司分三个阶段发展潮流能发电技术。第一阶段SeaFlow项目，在Devon郡附近离Lynmouth岸3 km的Bristal水道研建一座300kW的MCT潮流能示范装置。该装置由单钢管桩和可上下运动的机架组成，以便于水轮机组提升到水面上维修，如图11.4-1所示。2003年5月30日，SeaFlow潮流电站首次运行。该装置没有并网，发出的电能由电热器消耗，叶片由Southampton大学设计。

第二阶段 SeaGen 项目投资 600 万英镑，2006 年获准在北爱尔兰（Northern Ireland）的 Strangford Lough 安装总容量 1MW 的单桩双转子潮流发电装置，并网发电，获得商业应用。SeaGen 装置将实现并网运行和验证机组适应双向潮流特性。第三阶段，计划建设由 12 个单元组成的 10 MW 潮流发电场（图 11.4-2）。

图 11.4-1　SeaFlow 机组潮流发电

图 11.4-2　SeaGen1MW 机组潮流发电

Seapower Scotland 及 Delta Marine 两家公司对 MCT 公司的技术进行改进，以实现批量生产，并拟对设得兰群岛（Shetland）的电网供电。

SeaFlow 潮流电站是世界上第一座 300kW 级的潮流能发电站，其主要参数如下：水深：30m；）桩柱直径：2.1m；叶轮直径：15m；流速为 2.7m/s 时，最大设计功率为 300kW。

## 案例二　中国“万向”潮流电站

哈尔滨工程大学从 1982 年开始研究潮流能利用理论与技术，在国家科技部、地方政府和万向集团的支持下研制了“万向Ⅰ”、“万向Ⅱ”潮流发电试验装置。

“万向Ⅰ”70kW 潮流实验电站（图 11.4-3）为漂浮结构形式，2002 年 1 月安装于浙江省岱山县龟山水道，水深 40～70m，离岸 100m，进行了海上试验。载体为双鸭首式船型，搭载水轮机、发电装置和控制系统；锚泊系统由 4 只重力锚块、锚链和浮筒组成；水轮机采用立轴可调角直叶片摆线式双转子机型，水轮机主轴输出端安装液压及控制系统进行调速，将机械能转换为稳定的压力能和稳定的输出转动，带动发电机工作，具有蓄电池充电控制、并网控制和相关的保护功能。“万向Ⅰ”和 Kobold 电站于同一时期建成，是世界上第一个漂浮式潮流能试验电站。其载体长度 18m，载体宽度 9m，载体型深 2.25m，载体吃水 0.75m，锚块重量 4×36t，转子直径 2.2m，叶片展长 2.5m，叶片弦长 0.65m，叶片数量 2×4 个，工作流速 1.6～4.0m/s，设计功率 70kW。

“万向Ⅱ”40kW 潮流实验电站为海底结构式，2005 年 12 月建于岱山县高亭镇与对港山之间的潮流水道中（图 11.4-4），采用了可变角直叶片立轴 H 形双转子水轮机。载体呈双手流箱形，由机舱、浮箱、导流罩、沉箱和支腿构成，机械增速系统与发电机组密封于机舱中。电站沉没于水下坐在海底上运行发电，避免潮流发动机组受强台风袭击的问题。

图 11.4-3 “万向Ⅰ”号漂浮式潮流电站

电力通过海底电缆输送到岸上，经电能变换与控制等系统稳频稳压和储能供岸上灯塔照明。电站具有下潜和上浮功能，便于安装维护。

“万向 II”是世界上第一个坐海底立轴水轮机式海上潮流试验电站，为水下潮流发电机组积累了经验，其主要参数：重量 61t，载体尺度 7.6m×7.6m×5.0m，转子直径 2.5m，叶片展长 2.5m，叶片弦长 0.33m，叶片数量 2×3，设计功率 40kW。

图 11.4-4 “万向Ⅱ”号 40kW 坐底式潮流发电站

## 11.5 人工岛建设

### 案例一 港珠澳大桥岛隧工程人工岛成岛技术

#### (1) 工程概况

港珠澳大桥是目前我国最大的基础设施建设项目，东连香港、西接珠海、澳门，是集桥、岛、隧为一体的超大型跨海通道，如图 11.5-1 所示。其规模宏大，施工区域水文、地质、航运等条件复杂，也是世界上综合难度最大的跨海通道。港珠澳大桥岛隧工程由西人工岛、沉管隧道和东人工岛三大部分组成，并通过人工岛实现桥隧过渡。东、西人工岛采用“蚝贝”主题设计，长约 625m，最大宽度分别为 215m 及 183m，面积约 10 万 $m^2$。西人工岛靠近珠海侧，东侧与隧道衔接，西侧与青州航道桥的引桥衔接；东人工岛靠近香港侧，西侧与隧道衔接，东侧与桥衔接。为保证能尽早开始首节沉管安装施工，人工岛岛内隧道应尽快具备沉管对接条件。同时，考虑到减小台风等极端天气可能带来的影响，以及筑岛施工对附近航道带来的影响，这些因素都对成岛速度提出极高的要求。

图 11.5-1　港珠澳大桥总平面图

**（2）建设条件**

1）外海环境

港珠澳大桥岛隧工程人工岛建设区域处于珠江口外海伶仃洋海域，北靠亚洲大陆，南邻热带海洋，属南亚热带海洋性季风气候区。受欧亚大陆和热带海洋的交替影响，该区域气候复杂多变，灾害性天气频繁，特别是热带气旋强度大、频率高、灾害重，热带气旋带来的狂风、暴雨和风暴潮对人工岛建设影响巨大。据统计，从 1949～2003 年共 55 年间在广东中部（阳江～惠东）一带沿海地区登陆的热带气旋有 101 个（其中 49 个达到台风量级），年均 1.84 个。期间会对人工岛建设区域产生严重影响的台风有 19 个，13 个年份的热带气旋数量达到 3 个以上，最多的 1999 年达到 6 个。外海筑岛施工对气象、海浪条件要求较高，热带气旋及台风的直接冲击可能会对尚在建设中的人工岛带来严重的负面影响，这就要求快速成岛，以抵抗自然灾害。

2）通航要求

岛隧工程所处的珠江口水域是我国沿海航线最密集、船舶密度最大的水域之一，东、西人工岛分别位于伶仃西航道和铜鼓航道的东西两侧，沉管工程则穿越这两条繁忙的航道。伶仃西航道通航 10 万吨级集装箱船和 15 万吨级散货船双向通航要求，铜鼓航道根据南沙开发区造船、石化、冶金产业的发展，规划通航 20～30 万吨级船舶。此外，施工区域还有各类渔船、游艇、打桩船、浮吊、疏浚船等各类社会和施工船舶。人工岛位置距离航道较近，建设工期的缩短可减少施工及封航等对大型船舶的影响，提高整个工程的安全性和社会经济效益。

3）环保要求

港珠澳大桥施工区域处于白海豚保护区，工程水域对环保要求较高，在成岛施工过程中，应尽量减少开挖量。先进行围堰施工，然后再填海，有效减少悬浮物对海洋环境的影响。为保护中华白海豚，在施工过程中应尤其注意施工污染对白海豚的影响。

4）工期要求

根据工程整体施工组织计划，港珠澳大桥主体工程的建设工期需控制在 72 个月以内，隧道施工大约也需要 72 个月。相对于桥梁和人工岛而言，隧道施工是整个工程的关键线路。考虑隧道的施工组织计划，要求人工岛工程必须配合隧道施工，在工程开工后第 27 个月内西人工岛岛上暗埋段隧道具备与沉管隧道对接的条件，这是沉管隧道施工的关键节点工期之一。东人工岛处在沉管隧道施工接近结束时才需要进行隧道对接，相对西人工岛而言对接的时间比较靠后，根据隧道施工的工期安排，在工程开工 4 年后东人工岛上暗埋段隧道具备与沉管隧道对接的条件。

### (3) 成岛设计方案

1）方案介绍

在初步设计中，共形成5种成岛方案。

方案1：岛壁结构：抛石斜坡式结构；地基处理："小岛"开挖换填、"大岛"部分开挖+挤密砂桩；暗埋段基坑围护采用水上格型钢板桩围堰。

根据工程整体施工组织计划，西人工岛必须分期填筑。为更好地保证沉管隧道对接的工期，"小岛"暗埋段隧道基坑围护结构采用格形钢板桩结构，利用格形钢板桩本体、下部的黏土作为基坑防渗止水结构，方案断面如图。"大岛"范围内的隧道施工由于工期要求相对宽松，而且考虑地基加固、减少工后沉降的需要，采用先填筑成岛，再施工基坑的围护结构，基坑围堰方案仍采用地连墙加支撑结构。

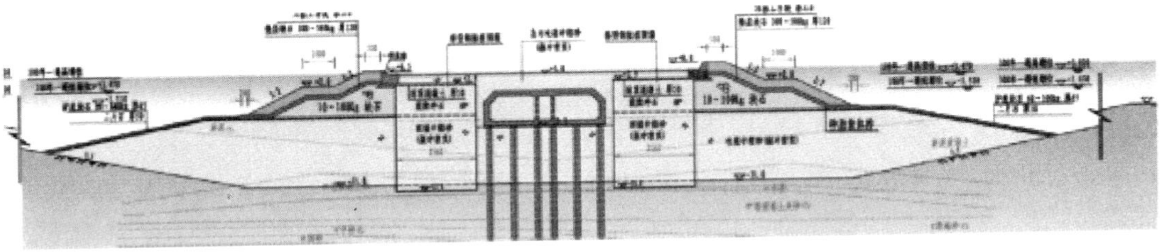

图 11.5-2　岛体结构方案1——小岛结构断面图

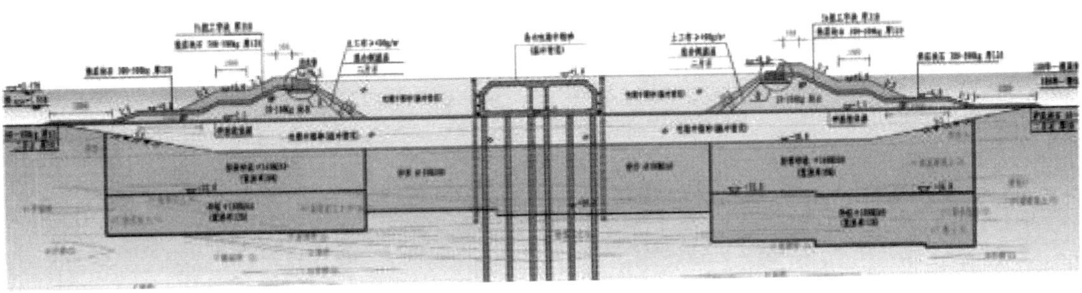

图 11.5-3　岛体结构方案1——大岛结构断面图

方案2：岛壁结构：抛石斜坡式结构；地基处理："小岛"开挖换填、"大岛"部分开挖+挤密砂桩；暗埋段基坑围护采用地连墙加支撑的结构形式。

方案二在岛壁结构、地基处理方面与方案一相同。不同的是"小岛"暗埋段基坑围护结构采用的是地连墙加支撑的结构形式，因此造成只能先筑岛，再施工基坑围护结构。

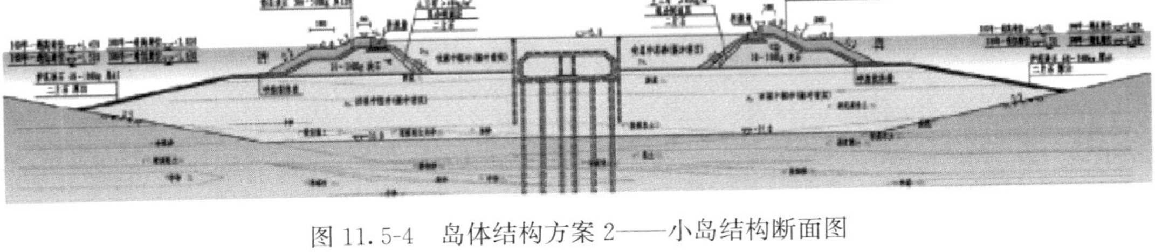

图 11.5-4　岛体结构方案2——小岛结构断面图

方案3：岛壁结构：抛石斜坡式结构；地基处理："小岛"、"大岛"开挖换填；暗埋段基坑围护采用地连墙加支撑的结构形式。

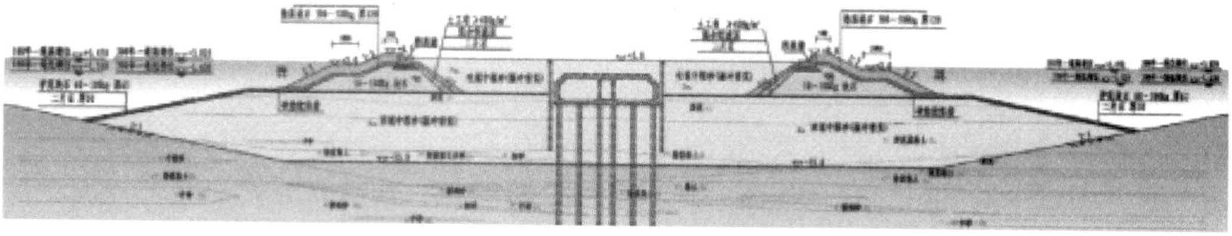

图 11.5-5 岛体结构方案 3——西岛结构断面图

西人工岛岛体结构方案三的岛壁结构采用抛石斜坡式结构方案。结构形式和构造要求与方案一基本相同。只是由于地基处理采用开挖换填的方式，经整体稳定验算，安全系数较高，坡脚不需要增加反压。因此，与方案一相比，方案三的“大岛”没有设置反压戗台。

方案 4：岛壁结构：重力式沉箱结构；地基处理：“小岛”开挖换填、“大岛”部分开挖＋挤密砂桩；暗埋段基坑围护采用地连墙加支撑的结构形式。

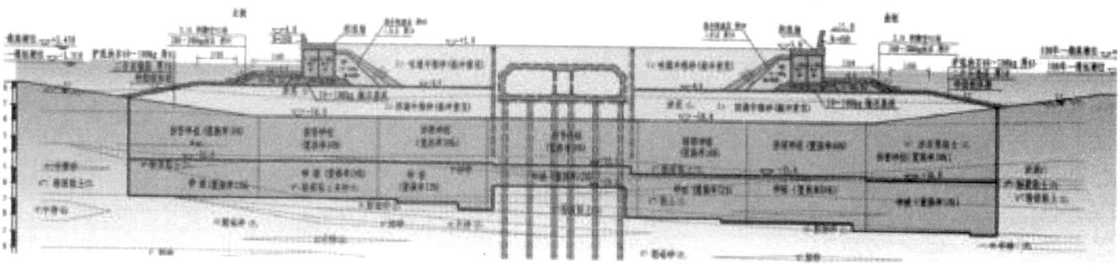

图 11.5-6 岛体结构方案 4——西岛结构断面图

本方案地基处理全部采用挖除表层淤泥，换填中粗砂并振冲密实；沉箱基础宽 38m 的范围内淤泥质黏土层采用置换率为 60％的挤密砂桩加固（SCP 工法），该范围内的粉质黏土层采用置换率为 24％的挤密砂桩加固（SCP 工法）；其余部位淤泥质黏土层采用置换率为 30％的挤密砂桩加固（SCP 工法），粉质黏土层采用置换率为 12％的挤密砂桩加固（SCP 工法）；岛壁采用圆形沉箱结构，岛隧结合部基坑开挖较深，采用直径 16m、高 17m、重 2500t 的大沉箱 6 个，其余部位采用直径 10m、高 9m、重 800t 的小沉箱；沉箱外侧设有护底块石及 2.5t 四角空心块，内侧设有块石棱体和混合倒滤层；岛体回（吹）填中粗砂；岛上段隧道基础为直径 1.5m 的灌注桩，岛上段隧道基坑围护采用地下连续墙，岛隧结合端采用岛内回填后，陆上施工锁口钢管桩加高压旋喷桩作临时围护；岛壁上部结构为钢筋混凝土挡浪胸墙和排水沟。

图 11.5-7 岛体结构方案 5——钢圆筒结构断面图

方案 5：岛壁结构：深插钢圆筒结构；地基处理：岛内部分开挖回填＋大超载比降水

预压；钢圆筒既做岛壁结构，又做围护结构。

东、西人工岛采用大直径深插钢圆筒和整体式副格做为岛壁结构，兼做基坑施工围堰；岛壁外侧采用抛石斜坡堤，岛壁结构基础采用不同置换率的挤密砂桩；岛外采用挤密砂桩进行软基处理、抛石斜坡堤形成岛壁，岛内部分开挖后回填中粗砂至标高后，进行陆上插排水板＋降水联合堆载预压方案对岛屿进行大超载比预压，快速固结并减少后期沉降。

2）成岛方案确定

表 11.5-1 对大直径深插钢圆筒方案、格形钢板桩方案、钢筋混凝土沉箱方案、斜坡抛石式方案进行了对比分析。港珠澳大桥桥隧转换人工岛工程选择方案中总体评价最好的大直径深插钢圆筒方案。

**港珠澳大桥桥隧转换人工岛工程岛壁主体结构方案比选　　　　表 11.5-1**

| 项目 | 采用的方案 | 对比方案 | | |
|---|---|---|---|---|
| | 大直径深插钢圆筒方案 | 格形钢板桩方案 | 钢筋混凝土沉箱方案 | 斜坡抛石式方案 |
| 方案概述 | 将整体式大直径钢圆筒深插进入海底软弱土层，到达埋深较大的持力层，筒内回填，形成岛壁主体 | 由钢板桩组成圆筒形主格，插入下部基础，格体内回填、设置持力桩，形成岛壁主体 | 在陆上预制沉箱，现场完成地基处理和抛石基床后，拖运箱至现场安装，沉箱内回填后形成岛壁 | 地基打开挖后抛石形成岛壁 |
| 作用 | 岛体围护结构兼作基坑止水围堰 | 岛体围护结构 | 岛体围护结构 | 岛体围护结构 |
| 结构形式 | 重力式、嵌固式 | 重力式、嵌固式 | 重力式 | 重力式 |
| 主要材料 | 国产钢板、散体填料 | 进口钢板桩、散体填料 | 钢筋混凝土、散体填料 | 石料 |
| 抗恶劣天气能力 | 好 | 一般 | 一般 | 一般 |
| 对地基的要求 | 低 | 较低 | 高 | 较高 |
| 止水防渗效果 | 好 | 较好 | 差 | 差 |
| 施工效率 | 高 | 较高 | 较高 | 低 |
| 工期及经济性 | 工期短，施工可靠性高，工程造价较高 | 工期较短，施工可靠性一般，工程造价高 | 工期较短，施工可靠性较高，工程造价一般 | 工期长，施工可靠性较好，工程造价低 |
| 总体评价 | 好 | 较好 | 一般 | 差 |

注：对各方案的评价分好、较好、一般、较差、差（或高、较高、一般、较低、低）5 个等级。

3）方案特点

该方案具有以下几个特点：

① 快速形成岛壁围护结构

东、西岛岛壁围堰采用大直径钢圆筒结构，其中西人工岛钢圆筒 61 个，东人工岛钢圆筒 59 个，单个钢圆筒直径 22.0m，钢圆筒振沉采用 8 台联动美国 APE600 液压振动锤，可以充分保证钢圆筒振沉施工效率。整体式副格用 350t 起重船吊液压锤振动下沉，与钢圆筒形成整体岛壁围护结构，同时兼做基坑围护结构。

② 岛内大超载比降水预压创造条件

岛内地基处理是制约工期的重要因素，如采用堆载预压工期耗时较长，对围护结构稳定性也有影响。钢圆筒深插入不透水层，与整体式副格共同形成止水帷幕，锁扣止水效果可靠且稳定性好，可以为岛内大超载比降水预压创造良好条件。

③ 为多个施工作业开展创造条件

钢圆筒和整体式副格形成岛壁结构后，可以同时形成岛内及岛外两个作业面同时展开施工。岛内软基处理与岛外地基处理及抛石斜坡堤施工互不影响，有利于岛内干法施工的隧道结构顺利进行，有效地保证了沉管安装施工工期。

④ 为海上施工提供依托

快速成岛形成陆地，将海上施工转变为陆地施工，为海上施工创造条件。岛壁结构采用钢圆筒结构，无需过多额外处理即可作为临时施工码头，码头沿线长，可以停靠多艘施工船舶。钢圆筒打设完成后可同时进行岛内回填和岛外侧抛石斜坡堤施工，成岛施工工期短，具有一定适应外海恶劣环境的能力。

**(4) 人工岛施工工艺**

1) 岛壁临时围护结构

① 临时围护结构的组成

人工岛岛壁临时围护结构由主格及副格组成，主格采用直径 22m 的钢圆筒，副格为两个钢圆筒之间的止水结构，采用弧形钢板。钢圆筒筒顶标高 3.500m，筒底标高 —37.000m～—43.000m，共 120 组，高 40.500～46.500m，筒壁采用 16mm 厚钢板，内设竖向加强肋，筒重 451.44～513.04t，副格共 242 片，弧长根据筒间距有 3 种规格，高度为 30m，半径 6m，采用壁厚 14mm 钢板，设纵向加强筋板，单重 33.86～54.09t。

② 钢圆筒及副格制作

单个钢圆筒总体分成两段制造，每段采用竖向分块法制作，最后合龙成整体。下段筒体（以下简称下段）采用固定长度，即 20.9m，上段筒体（以下简称上段）长度随钢圆筒总体长度的变化而变化。单段筒体竖向分成 6 块板单元，每块宽约 11.5m。制造时，上段除顶端 25mm 厚外板需卷制，其余外板不卷制，在平胎架上安装竖向 T 形肋后，依靠弧形胎架成型，横向肋板在成型后安装；下段所有外板均先卷压成型，放置于平胎架上安装竖向筋，再吊至弧形胎架上，成型后安装环形筋。上段宽榫槽结构在上段筒体成型后安装，下段宽榫槽结构在上、下段筒体合龙后进行安装。

副格制作前，需要对副格壁板排版、下料，然后根据其弧长和半径计算，预留拼板间隙，考虑焊缝收缩量，对于切割完成的展开料应校验其垂直度和实际尺寸，每带板中根据实际偏差进行调整。副格制作工艺流程：排版→下料→坡口加工→平板对接→$CO_2$ 保护焊打底→埋弧焊填充盖面→平板翻转→背面焊道清根→埋弧焊填充盖面→焊接 T 形纵肋→焊接丁字锁口板→水平运输→吊入弧形底胎→钢板成弧→焊接水平环肋→安装软连接。

③ 钢圆筒及副格运输

钢圆筒在上海振华重工长兴岛基地进行加工，副格在江门新会预制场制作，通过大型运输船运至施工现场。

运输船停靠于振华重工长兴基地小长兴码头，用 4000t 浮吊吊装钢圆筒，根据各钢圆筒与副格仓的定位关系，钢圆筒上榫槽位置具有唯一性，为保证钢圆筒振沉方向准确，各筒在运输船甲板上的摆放方向也必须是提前计算好的。现场采用3个定位座对准钢圆筒上的3个宽榫槽进行定位。为使增加钢圆筒在运输过程中的稳定性，采用36块钢板等间距的将钢圆筒与运输船焊接成整体。经过计算，在8级风影响下，钢圆筒变形量及运输船甲板强度满足要求。

大型远洋运输船“振华16”、“振华17”、“振华23”、“振华24”从上海市长兴岛运输钢圆筒至广东省珠海市港珠澳大桥岛隧工程施工现场，海上运距1600km。其中，首个钢圆筒与振动锤组由“振驳28”运抵施工现场，后留在现场作定位驳船用；“振华16”、“振华24”每航次可运输9个钢圆筒，“振华17”、“振华23”每航次可运输8个钢圆筒，5艘运输船共分17个航次完成120个钢圆筒的运输。

由于运输船较大（船长约240m），自身锚系抗风能力较弱，经过研究讨论，最终决定运输船在固定水域驻位。西人工岛选择在岛东偏南方向约300m处一块长280m×80m×（−8.5m）水域作为运输船驻船位置；东人工岛选择在岛西偏南方向约150m处一块280m×80m×（−8.5m）水域作为运输船驻船位置。系泊方式采用混凝土沉块-锚链-浮筒组合的方式。钢筋混凝土沉块埋入泥面以下5m。锚链采用$\phi$100mm二级有挡锚链，破断拉力4540kN。每个浮筒上系挂6根直径104mm的尼龙缆，每根标称破断负荷1050kN，可原地抵抗8级横风作用。

④ 钢圆筒及副格打设

钢圆筒振沉流程见图11.5-8。振沉系统由吊架、振动锤、同步装置、共振梁、液压夹具和液压设备等组成。其中，共振梁和吊架由供锤商提供技术设计图纸，国内负责工艺设计并加工制造，并在供锤商工程师的指导下，施工单位在上海振华重工码头进行振沉体系的组装和调试。振沉系统的主要设备如下：液压振动锤，APE600型8台；发动机功率882kW动力柜8套；液压夹具24个；液压油管8套；机械同步系统1套；共振梁1套；吊架1套。

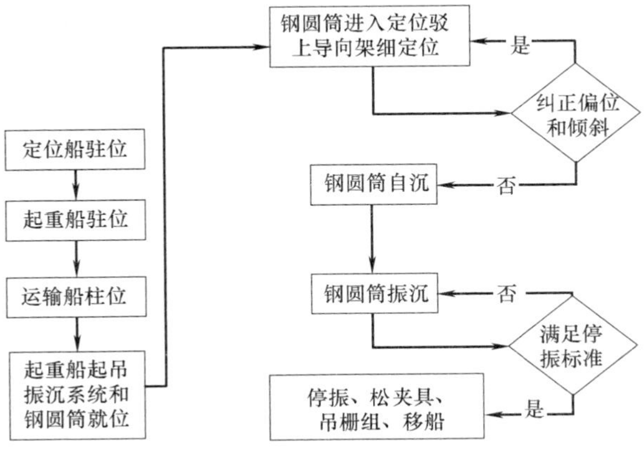


图11.5-8 钢圆筒振沉流程

副格插入前，先精确测量要插入副格的两个钢圆筒上端宽榫槽的距离和钢圆筒的垂直度偏差，并根据垂直度偏差计算副格下端锁口间的距离，通过副格上的软连接（手拉葫芦）调节副格弦长，使其满足钢圆筒间宽榫槽顶口距离。将副格直立后，插入顶部设有倒八字导向装置的宽榫槽内，如副格的弧度与钢圆筒上的锁口稍有偏差，可利用软连接稍作调整；然后，依次拆除副格上的软连接装置，使副格顺钢圆筒上的宽榫槽徐徐插入，直至完成自沉；副格自沉结束后，起重船起吊振动锤组将副格振沉至设计标高（图 11.5-9）。

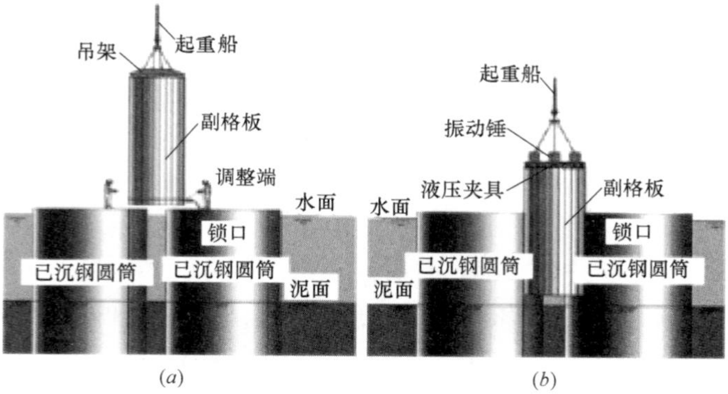


图 11.5-9　连接钢板桩插入就位和振沉示意图

（a）插入就位；（b）振动下沉

根据副格振沉试验的成功经验，本工程副格采用两台美国 APE200-6 型液压振动锤振沉的工艺：偏心力矩 750kN·m，激振力 2700kN，频率 0～1700 次/min，最大拔桩力 1335kN，总重 9977kg，最小宽度 355mm，长度 3530mm，高度 2260mm。

2）人工岛岛内软基处理

西人工岛靠近珠海侧，东侧与隧道衔接，西侧与青州航道桥的引桥衔接，人工岛平面基本呈椭圆形，岛长 625m，横向最宽处约 183m。西人工岛平面布置如图 11.5-10（a）所示。东人工岛靠近香港侧，西侧与隧道衔接，东侧与桥衔接，人工岛平面基本呈椭圆形，岛长 625m，横向最宽处约 229m。东人工岛平面布置如图 11.5-10（b）所示。东、西人工岛的软土层厚度大、含水量高、孔隙比大、重度小、抗剪强度低、压缩性高、灵敏度高和渗透性差，土体的稳定性极差，受荷后易于发生滑移和侧向挤出，沉降较大，需进行软基处理。

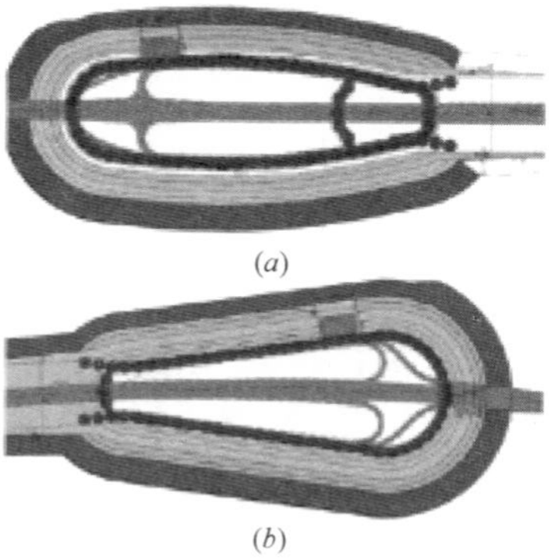


图 11.5-10　人工岛平面布置图

（a）西人工岛；（b）东人工岛

以西人工岛为例，说明岛内软基处理的过程。西人工岛内陆域回填料采用中粗砂，采用降水联合堆载预压处理。小岛分层回填中粗砂至标高－5.000m；降水至－6.000m，陆上施打塑料排水板；采用 D 型塑料排水板，正方形布置，小岛内间距 1.0m，钢圆筒内 1.2m，主要穿透淤泥和淤泥质黏土层并进入下卧的③层一定深度，底标高－33.000～－40.000m；小岛分级堆载中粗砂（即分层回填中粗砂）至静态标高＋5.000m；埋设降水井，并降水至－16.000m 达到堆载预压目的，预压处理后达到工后沉降要求，陆域形成和软基处理后交工标高为 5.000m，预压结束后即可进行结构施工。

3）岛壁形成

① 岛壁结构的组成

港珠澳大桥岛隧工程人工岛岛壁采用抛石斜坡堤结构，堤外安放扭工字块的形式，由于岛壁结构地基具有深厚的淤泥覆盖层，故采用挤密砂桩进行处理。

② 挤密砂桩施工

港珠澳大桥岛隧工程人工岛岛壁结构基础根据不同区域采用置换率为分别为25.6%和62.0%挤密砂桩加固处理。抛石斜坡堤海侧地基基础采用置换率为25.6%，救援码头为62%。

海上水下挤密砂桩（SCP）是一种地基加固新技术，它通过振动设备和管腔增压装置把砂强制压入软弱地基中形成扩径砂桩，从而增加地基承载力，加快地基固结，减少结构物沉降，提高地基的抗液化能力，具有施工周期短、加固效果明显、工序可控性好的特点。因此，其可广泛应用于对砂性土、黏性土、有机质土等几乎所有土质的地基加固处理。与一般砂桩相比，挤密砂桩桩体的密实性高，加固的置换率可达60%～70%。它作为地基处理的一种新技术，有独特的优势，非常适用于外海人工岛、防波堤、护岸、码头等工程的地基基础加固。海上挤密砂桩施工如图11.5-11所示。其施工工艺流程如下。

A. 定位砂桩船由GPS定位，调整桩管垂直度，检查桩位和垂直度，使其满足标准。

B. 灌入启动电机，使桩管下沉，严格控制标高，确保达到设计桩长。桩管下沉过程中，应沿导向架并始终同导杆平行。如发生桩管偏斜，需及时调整桩管。

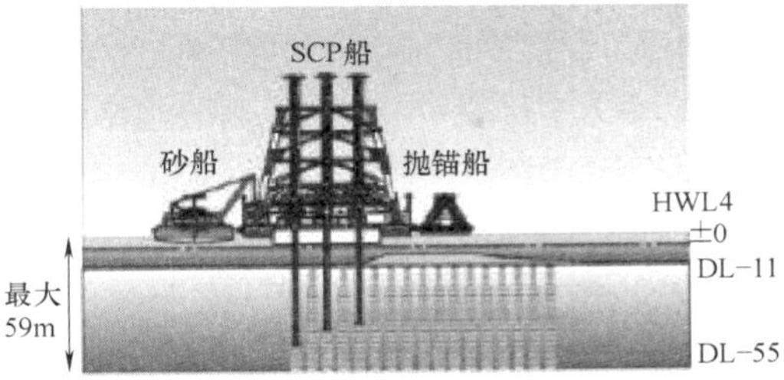

图11.5-11 海上挤密砂桩施工示意图

C. 灌砂桩管沉到设计标高时，开始填砂。填砂时控制灌砂量，按设计砂量的1.1～1.2倍进行灌入。若桩管中一次灌不下所要灌入的全部砂量，可在振动挤密过程中补充。在向管内填砂的同时，可向管内通压缩空气，以便砂排出桩外。若排砂不畅，可适当增加风压。但当桩管快到泥面时，适当减小风压。

D. 拔管开始拔管，桩管内砂料流入孔内，由套管内的砂面下降高度可以计算下砂量是否符合要求。如下砂量未达到要求，可以调节管内压力，使砂排出。

E. 振动挤密以每次成1.6m直径的砂桩计算，每次提升桩管2.7m，然后下压桩管1.7m，制成砂桩，如此反复，直至所灌砂将地基挤密。

F. 完成3根砂桩（3管砂桩船）后，砂桩船移位至下一桩位，重复步骤1)～5)。

③ 岛壁施工

人工岛壁海侧抛石斜坡堤，堤心由10～100kg块石填筑，外坡安放消浪性能良好的5t扭工字块（外坡1∶2），扭工字块体下设置300～500kg的垫层块石，厚为1.1m，在3.000m标高设置南侧宽12.0m、北侧宽8.0m的消浪戗台。斜坡堤内依次设置二片石、碎石和钢圆筒内倒滤层形成综合倒滤结构。护底采用100～200kg块石，厚1.1m，岛桥侧护底宽45.0m，其余区域宽15m。挡浪墙为现浇L形素混凝土结构，施工后期先切割钢圆筒至1.000m标高，墙下设碎石基床和素混凝土找平层。

**(5) 人工岛地基监测与检测**

1）人工岛监测的目的

建立完整、有效的监测系统，是人工岛安全施工的重要保障。人工岛监测与检测目的在于通过可靠的监测方案和监测技术，通过各种监测手段和施工监测系统的有效运作，追踪人工岛地基处理的动态变化，实行信息化施工；实时全面地掌握施工期各控制点的沉降变形情况，并在各个施工阶段对监测获得的数据信息进行适时的分析评估，及时调整设计、指导后续施工，确保工程质量。

根据人工岛的布置特点，监测方案的研究范围包括岛内地基处理过程中的监测和检测，钢圆筒和护岸结构的监测和基坑工程监测三部分。

对于岛内地基处理，通过监测可有效地了解：预压荷载情况、孔压变化和地基的固结情况、强度增长情况及地基的沉降变形情况。通过对监测数据进行综合分析，控制加载速率，防止因加载速度过快而造成地基的失稳破坏，分析地基的固结及沉降规律，确定残余沉降；通过钻孔取土试验、十字板剪切检验、静力触探试验等内容，获取加固后地基的物理、力学指标，对这些指标进行分析对比，从而对软基加固的施工质量、地基的加固效果作出正确评估。

通过结构位移点和测斜的监测对施工过程中的岛壁稳定和变形进行监控，及时汇报监测情况，必要时调整施工方案采取应急措施，从而保证岛壁的安全性和稳定性，达到信息化指导施工、发现问题和及时处理的目的。

通过设置桩顶位移控制点、深层水平位移、水位、螺旋沉降仪、应变计和分层沉降仪来掌握基坑开挖过程中围护桩的桩顶位移情况、基坑水位变化、坑底的隆起情况、桩身应力增长情况和不同深度处土层的位移情况，从而防止基坑围护结构失稳破坏和坑底发生突涌，保障基坑的安全稳定。

2）监测方案范围及内容

结合人工岛的施工工艺和结构特点，监测的项目和内容为：

① 地基处理过程监测及处理效果检测：监测项目包括沉降标、孔隙水压力、分层沉降和水位，检测项目包括取土、原位十字板剪切试验、静力触探试验和标准贯入试验（含挤密砂桩及振冲密实检测）；

② 钢圆筒和护岸结构位移监测：包括钢圆筒筒顶沉降位移监测和深层水平位移监测；

③ 基坑工程监测：包括钢圆筒筒顶沉降位移监测、深层水平位移监测、坑底隆起监测、分层沉降监测和水位监测。

根据设计要求，监测及检测项目及其工程量见表 11.5-2。

**监测及检测项目表** **表 11.5-2**

| 分区 | 表层沉降标 | 孔隙水压力 | 分层沉降 | 水位 | 承压水监测 | 结构位移点 | 测斜 | 螺旋、压差式沉降仪 | 支护桩应力监测 | 钻孔取土 | 十字板剪切试验 | 标贯试验 | 静力触探试验 |
|---|---|---|---|---|---|---|---|---|---|---|---|---|---|
| | 只 | 组 | 组 | 根 | 点 | 点 | 组 | 个 | 个 | 孔 | 孔 | 孔 | 孔 |
| 岛内地基 | 31 | 12 | 12 | 28 | | | | 3 | | 12 | 12 | 130 | 4 |
| 岛壁结构 | 24 | 7 | 7 | | | 93 | 4 | | | 7 | 7 | 41 | 4 |
| 基坑工程 | | | 2 | | 2 | 6 | 2 | 6 | 4 | | | | |
| 合计 | 55 | 19 | 21 | 28 | 2 | 99 | 6 | 9 | 4 | 19 | 19 | 171 | 8 |

3）监测仪器选型及布置

监测仪器的选型应能适合于人工岛现场的复杂的自然和施工环境，并能满足要求的精度，测量稳定性要好，具有较强的抗施工干扰能力。

根据人工岛以传统监测方案为主，在需要自动监测的部分采用自动监测方法的总体思路。监测仪器也以传统的仪器为主，部分使用自动监测仪器。选型的仪器包括：①沉降监测仪器；②孔隙水压力监测仪器；③侧向位移监测仪器；④自动采集及无线传输设备。

以西人工岛地基监测为例，根据场地的场区平面布置将整个场区分为岛内区和圆筒区。岛内区指圆筒围闭的区域，根据工期的要求，岛内区又分为小岛区和大岛区；圆筒区指圆筒自身及连接圆筒的格仓的区域。分区示意图见图 11.5-12，各区域内检测项目统计见表 11.5-3。

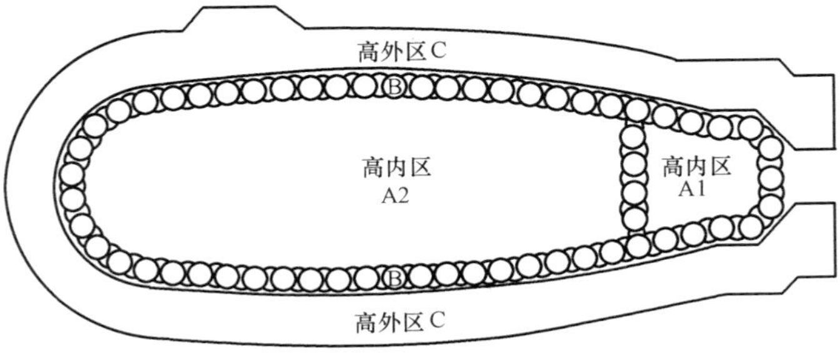


图 11.5-12 西人工岛分区示意图

**西人工岛地基监测（检测）项目表** **表 11.5-3**

| 范围 | 表层沉降盘 | 孔隙水压力计 | 深层分层沉降 | 地下水位 | 深层侧向位移 | 钢圆筒沉降位移 | 原位取土和标准贯入试验 | 原位十字板剪切试验 | 原位静力触探试验 |
|---|---|---|---|---|---|---|---|---|---|
| 单位 | 只 | 组 | 组 | 孔 | 孔 | 点 | 孔 | 孔 | 孔 |
| A1 小岛区 | 6 | 3 | 3 | 4 | 2 | — | 3 | 5 | 1 |
| A2 大岛区 | 25 | 9 | 9 | 24 | — | — | 16 | 9 | 3 |
| B 圆筒区 | 24 | 7 | 7 | — | 2 | 61 | 7 | 7 | 4 |

4）监测与检测特点

① 港珠澳大桥岛隧工程人工岛建设过程中，由于大直径深插钢圆筒和整体式副格技术的应用，临时岛壁围护结构的存在使得原本海上施工监测变成和陆地传统监测一样便利，故而在选择检测仪器时，大多数传统监测检测仪器就可以满足人工岛监测的需要。

② 由于港珠澳大桥岛隧工程人工岛毕竟属于外海工程，当施工环境遭遇台风或风浪过大等情况，人工岛特殊位置如人工岛基坑开挖以及岛隧过渡段，传统的监测和数据采集手段有时并不满足工程的实际需要。所以，在选择相关监测检测仪器的选型以及数据采集系统时，考虑了外海工程的独特性，选择自动监测以及自动化无线传输系统。

③ 根据港珠澳大桥岛隧工程人工岛施工需要，为检验地基是否达到设计要求，保证隧道沉管段地基在堆载过程的安全稳定，进行了水下堆载预压沉降监测；为预判沉管管节下沉及回填负载过程中沉降值，指导设计与施工，开展水下原位载荷试验的监测。

**(6) 成岛方案关键技术**

1) 大直径深插钢圆筒

钢圆筒直径 22.0m，壁厚 16mm，筒顶标高＋3.500m，筒底标高为－37.000m～－43.000m，筒重 445～507t。圆筒间标准净距 2.0m，圆筒间副格仓采用弧形钢板通过止水锁口连接，西岛副格仓底标高为－26.500m。钢圆筒作为空间薄壁结构，为满足圆筒下沉时的压屈稳定和防止下沉过程的整体变形，采取一定的加固措施，主要包括筒顶、筒底刃角处、横向、纵向和环向内加强肋等。钢圆筒振沉采用定位驳定位和导向，大型起重船吊 8 锤联动液压振动体系振动下沉。

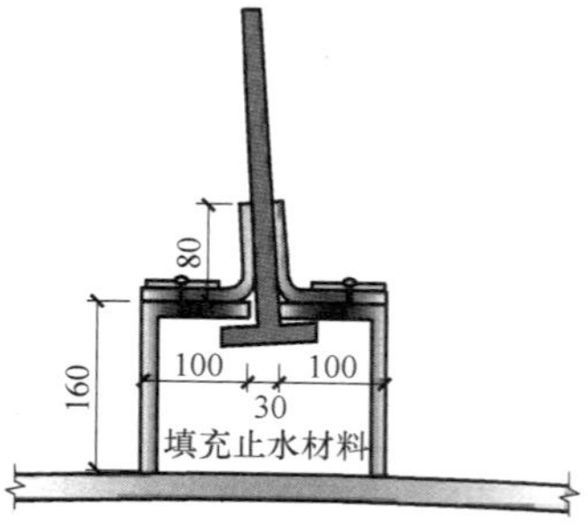


图 11.5-13 钢圆筒榫槽与整体式副格止水连接示意图

2) 整体式副格

钢圆筒之间标准净距为 2.0m，通过副格仓连接，副格仓两端焊接钢板形成 T 形锁口，与钢圆筒上宽榫槽连接。副格的容差性好。副格仓主体采用弧形钢板，设计弧长半径 6.0m。钢圆筒上宽榫槽与副格仓两端焊接钢板形成的 T 形锁口连接，在宽榫槽外侧安装防渗角型胶皮，宽榫槽内填充止水材料，形成止水结构（图 11.5-13），如仍不能满足止水要求时，岛内侧副格仓高压旋喷可作为备用的止水措施。整体式副格振沉采用大型起重船吊两台联动液压振动锤振动下沉。

3) 大超载比降水预压

钢圆筒及副格打设完成形成陆域围护结构后，岛内分层回填中粗砂至－5.0m，降水至－6.0m，并施打塑料排水板。排水板需要尽可能地插深，因此在大岛回填至－5.0m 时进行插板，插板前先将岛内围闭的水抽干并降水至－6.0m，以形成陆上插板的施工条件。塑料排水板采用原生料 D 型板，正方形布置，大岛区间距 1.1m，塑料排水板顶标高为－13.000m，排水板主要穿透淤泥和淤泥质黏土层并进入下卧的第三大层一定深度，底标高－34.000～－40.000m。超深排水板，使用大型挖掘机改装的静压式插板设备，圆筒区排水板最深插入 40 多米。随后，岛内回填至＋5.0m，埋设降水井降水预压。当根据实测地面沉降-时间曲线分别推算的地基固结度不低于 80%，而且工后沉降满足要求时卸载。

4) 快速施工

人工到岛壁结构所用钢圆筒制作速度快，在上海振华重工长兴岛基地进行加工，副格在江门新会预制场制作，通过大型运输船运至施工现场，使用大型起重船配套专用振沉设备进行振沉。2011 年 5 月 15 日，港珠澳大桥人工岛首个深插式大直径钢圆筒成功振沉，截至 12 月 21 日，港珠澳大桥岛隧工程人工岛主体岛壁结构钢圆筒振沉全部竣工，先后完成 120 个钢圆筒和 242 片副格振沉。岛壁结构的形成岛内外同时施工创造良好条件，岛内采用大超载比降水预压的方式进行软基处理，通过深插排水板，加固深度深、速度快。岛外侧合理优化岛壁基础挤密砂桩置换率及深度，采用大型专业化挤密砂桩施工船舶进行砂桩打设。

**(7) 结语**

港珠澳大桥人工岛成岛技术通过大直径钢圆筒和整体式副格的应用，将钢圆筒深插入不透水层，与整体式副格共同组成止水结构并兼做基坑围护结构，为岛内进行大超载比降水预压软基处理和基坑开挖创造止水条件。该方法有利于加快人工岛及围护结构的实施，安全、迅速地将水上施工转变为陆上施工，具有一定的抗自然灾害的能力，同时更具环保的优点。

## 案例二　澳门国际机场人工岛建设技术

**(1) 概述**

1）机场人工岛建设技术的发展

人工岛顾名思义是人工建造而非自然形成的岛屿。现代人工岛用途广泛，用于飞机的安全起飞着陆、不对城市产生噪声污染的机场人工岛，一般选在靠近海岸、水深不超过20m、掩蔽条件较好、附近有足够土石材料的海域。机场设计的主要内容包括岛身填筑、跑道区及安全区等地基处理、护岸设计、水文波浪分析、跑道设计和陆岛连接通道等。

回顾机场人工岛建设历史，首先是因为城市土地利用资源不足，以及高度集约利用土地（例如专门用于机场建设）的需求，决定了通过填海造陆的方式构筑机场用地的必要性；其次，从对海洋水动力及海洋生态影响最小的填海方式出发，采取建造机场人工岛方式，优于传统的片状填海方式，它既可以最大限度地延长新形成的人工岸线，又可以不占用和破坏自然岸线；此外，通过架构桥梁连接人工岛与陆地，一样可以获得与延伸式填海造地同样便利的交通条件。

从使用角度，机场人工岛也有很多优点：远离繁华的都会区，可以大幅降低噪声；对海上回填的跑道基础进行有效处理，技术上完全可以满足飞机起降的要求；海上机场能日夜开放运作，还可以根据运量需求随时进行填海扩建，不必如城市机场一般需重新征地、拆迁和改建交通线路。上述优点足以抵消填造一座人工岛所需要的庞大经费。

机场人工岛经过几十年的发展，在成套建造技术方面有了很大的提高。首先，如何在造岛填筑中解决沉降，一直是海上人工岛建设的核心技术问题之一。在关西机场建设时，人工岛（一、二期）长约4km，宽约2.6km，海水深约20m，而海床是由大约与水深等厚的软泥所构成，软土地基被形容为“比豆腐稍稍硬一点”。据估计，人工岛填筑层将使海床沉降约13m，填料来自于海砂和附近的开山土，层厚达33m左右，以驳船运至人工岛区域定点倾倒。由于人工岛地基建造在含水分较多的冲积层之上，采用砂桩法对地基进行预压排水改良加固。机场从建设之日起，就一直在不停地沉降之中，从机场营运起人工岛已经下陷了近2m，机场公司不得不花费上千亿日元用于维修，以及在地下室内建造水泥墙以防海水渗入，对候机大楼等建筑物采用千斤顶顶升系统进行后期标高修正。一期工程运营后，日本政府在一期工程基础上兴建了人工岛二期扩建工程，增加了运营力量。

2）工程概况

澳门国际机场人工岛是世界上建筑在海上的第二个机场人工岛，位于澳门氹仔岛一路环岛东侧的开敞海域，是澳门有史以来最大的建设项目。人工岛工程包括人工岛、跑道区及联络桥工程，投资总额为52.38亿澳元（约6.7亿美元），建设实际工期36个月，自1992年3月开工至1995年3月竣工。

人工岛呈一长条状，大致南北走向，人工岛总长3549m，北端宽269m，南端宽381.5m，总造陆面积115万$m^2$。岛面中部铺设一条长3381m、宽60m的混凝土跑道，可供波音747-400大型客机起降；在南段靠近西护岸为一条长1550m、宽44m的混凝土滑行道。除跑道和滑行道之外的岛面为安全区，表层铺设一层厚 0.3m、适合种草皮的耕植土。

人工岛采用海上清淤填海形成陆域，由砂石构筑而成。原海底泥面标高在−4.300m～−2.000m，护岸采用全清淤换砂基础和抛石斜坡结构形式，跑道及滑行道先行清淤至−16.000m～−24.000m；然后，全部填砂形成岛体，总清淤量为 2566 万 $m^3$，总填砂量为 3366 万 $m^3$；对深层软土插打塑料排水板，利用填砂和超载土方进行预压，最后对松散填砂层进行振冲法加密，振冲砂基约 570 万 $m^3$；浇筑混凝土跑道面层 31.5 万 $m^2$。

人工岛与航站区之间以南、北两条钢筋混凝土联络桥相接，联络桥总长 2534.28m。

2006 年，澳门政府正式启动人工岛扩建工程的规划，扩建内容包括人工岛北端整体向北延伸 150m，南端整体向南延伸 520m，西侧护岸向西扩展 40m，南端跑道道面向南延伸 300m，北端跑道道面向北延伸 60m，扩建后跑道长度达到 3600m，道面长度达到 3720m，原有跑道的道面采用加铺沥青混凝土道面结构，满足 A380 大型宽体客机起降；将现有南北联络桥拆除，改造成南北联络道，中间全部回填及加固形成陆地。扩建工程总投资为 35 亿澳元。澳门机场人工岛及扩建后总平面布置图如图 11.5-14 所示。

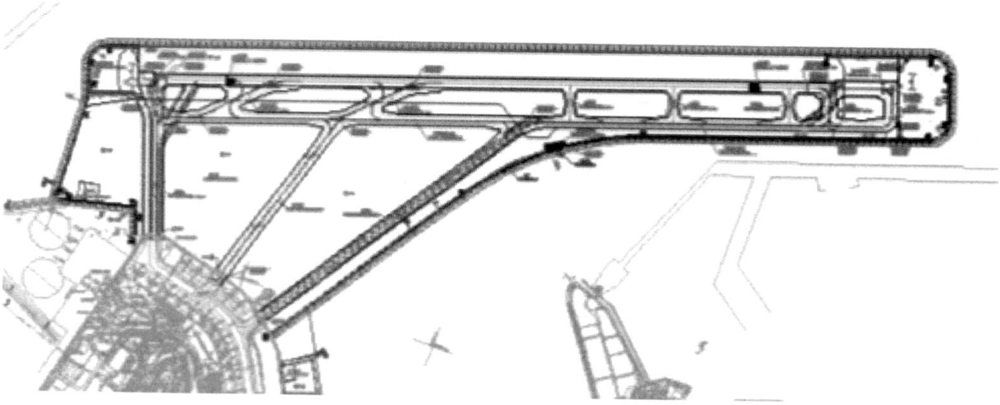

图 11.5-14　澳门机场人工岛及扩建后总平面图

**（2）机场人工岛设计**

1）人工岛设计基本方法及标准

人工岛为机场运营服务，因此，人工岛的平面布置规模、方位等，需按照机场的总平面设计要求执行。人工岛设计所需应用的设计规范包括：中国港口工程规范、疏浚工程技术规范、桥梁工程技术规范及水运工程质量评定标准；跑道和滑行道工程主要采用国际标准及建议措施“机场”（国际民航组织附件十四）、机场设计手册第三部分“道面”、中国民用航空运输机场飞行区技术标准等。

人工岛设计标准按照不同地区的建设条件、机场等级和建设要求等确定。人工岛越浪标准一般允许少量越浪≤0.02～0.05$m^3$/(m·s)，当越浪量超过标准时，护岸后一般需采取防止越浪冲刷的措施，并且规定台风期禁飞；设计水位和波浪重现期一般取 100～200 年一遇标准（澳门国际机场人工岛校核高水位重现期取 500 年一遇，设计高水位取 214 年一遇）；由差异沉降引起的跑道、滑行道变坡率一般为≤1.5‰。

2）护岸工程设计

护岸工程是机场人工岛建设的关键技术之一，人工岛护岸兼有在海上形成陆域和抵御风浪的作用，澳门机场人工岛护岸通过对软土特性、外海作业风浪影响等因素的综合考虑，最终选择了全清淤抛石斜坡堤形式。基槽挖除宽度由堤身稳定计算决定，堤顶高程由波浪爬高和越浪控制要求决定，并发挥了大型疏浚设备的优势，海上作业的工作面大，不受加荷速率控制，施工期抗浪能力强；护岸的水下抛石采用开底驳、出水面后用横鸡趸和/或反铲机组平板驳配合施工（图 11.5-15），并快速成堤和及时安装护面。这种方法的施工总工期较不清淤方案缩短 10～12 个月。

护岸按一级建筑物考虑，结构形式常采用斜坡式和直墙式。斜坡式护岸一般采用强度高、耐久性好的石料填筑形成，石料级配范围为 0～500kg，饱和单轴极限抗压强度不低于 50MPa，并用块石、混凝土人工异形块体护坡。直墙式护岸采用钢板桩或钢筋混凝土板桩墙，钢板桩格形结构或沉箱、沉井等。

图 11.5-15 护岸施工

在外海软土区，护岸设计的关键内容之一是堤基处理，为确保机场人工岛的安全性，堤基处理大多采用重力挤淤、清淤置换排水固结及复合地基等方法，形成牢固的基础，采用总应力法验算护岸的整体稳定，要求抗力分项系数 $\gamma_R \geqslant 1.3$（除地震期外）。见图 11.5-16。

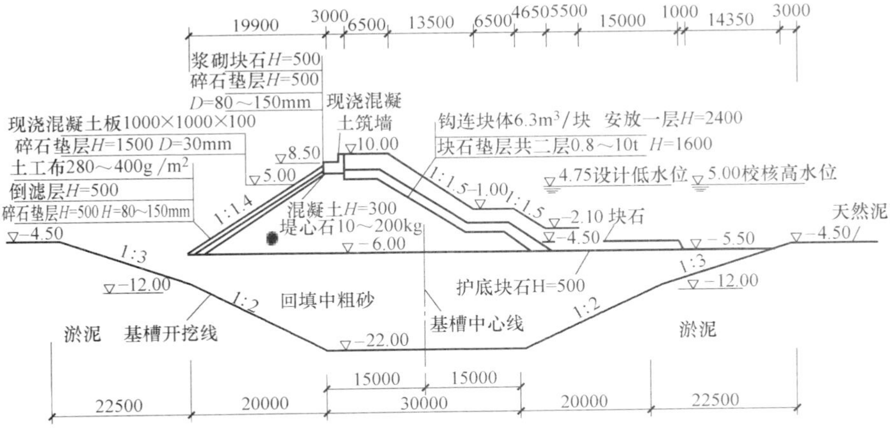


图 11.5-16 澳门国际机场人工岛护岸全清淤抛石结构断面图

3）岛身填筑

岛身填筑，一般有先抛填后护岸和先围海后填筑两种施工方法。先抛填后护岸适用于掩蔽较好的海域，用驳船运送土石料在海上直接抛填，最后修建护岸设施；先围海后填筑适用于风浪较大的海域。先将人工岛所需水域用堤坝圈围起来，留必要的缺口，以便驳船运送土石料进行抛填或用挖泥船进行水力吹填。

岛身填筑材料一般采用海砂和开山土石料，满足机场跑道等设施高标准使用要求。如果采用较差的疏浚泥土造岛，后期处理成本较高，而且很难控制地基差异沉降。

4）人工岛地基处理

在 20 世纪 90 年代澳门国际机场人工岛建设时，最初由葡萄牙 GRID 公司设计采用直径 1.8m 的钻孔灌注桩对跑道和滑行道基础实施加固，上部结构采用后张法预应力混凝土箱形梁，机场的主体结构事实上建造在一个大型的桥式桩梁结构上，投资巨大，问题也很多；经过反复研究，后改为天然地基处理后的天然地基基础跑道方案，针对地表 12～22m 厚的软弱淤泥层，以及其下厚达 20～30m 的软黏土、粉质黏土和砂层，跑道和滑行道区采用表层淤泥清除换填砂，插打塑料排水板处理下卧软黏土，利用换填砂和安全区吹填砂共同实施堆载预压，卸载后对回填砂振冲密实的综合处理工法。

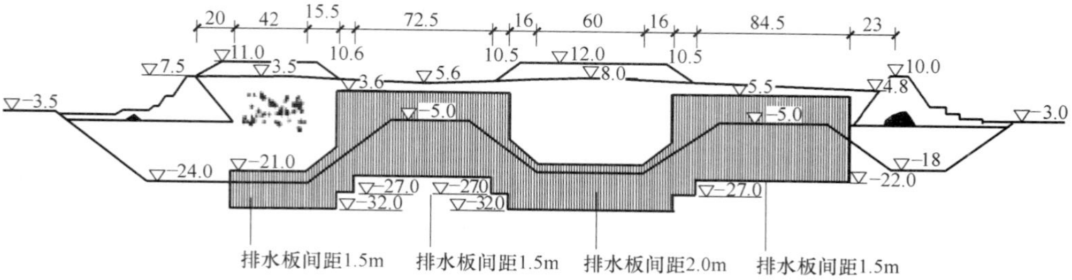


图 11.5-17　澳门国际机场人工岛跑道及安全区地基处理断面图

人工岛地基处理总体分为包括跑道、滑行道地基处理和安全区地基处理。对跑道和滑行道基础，如果采用桩基等刚性处理方法，与安全区的天然地基结构不协调，衔接部位沉降差明显，对飞机偶然滑出跑道的事故保护性差。因此，适宜的方法是直接处理人工岛回填层和天然软土层，目的是消除天然软土的沉降并密实加固回填层，提高地表承载力。前者一般采用预压排水固结法，后者根据填方材料采用振冲、强夯、振动碾压等加固方法。见图 11.5-17。

如采用预压排水固结法消除沉降，跑道和滑行道区需要超载预压，视软土情况、填方层厚度等，一般超载值为 60～80kPa 以上。此外，由于跑道对差异沉降要求高，如果天然软土厚度较厚（如超过 15～20m），还需预先采取半清除换填的方法，适当减少压缩层厚度，以减少总沉降量和控制差异沉降。设计过程中运用反分析法及有效沉降概念，对实测沉降数据作出拟合分析，在此基础上作出理论分析，较好地预测未来的沉降发展情况；一般对跑道、滑行道做 4 次评估，第一次以工前钻孔断面进行理论分析和计算，第二、三、四次分别为堆载中间期、卸载以及浇筑道面阶段。

一般情况下跑道纵坡按 50m 左右分段，计算由残余沉降引起的纵向坡度变坡率，满足国际民航组织对道面的要求。回填层的密实处理要求一般为：道面以下标准贯入击数 ≥15～20击，触探锥尖阻力≥7～10MPa。

5）道面工程

分为柔性沥青道面和现浇混凝土刚性道面两种，各有其优缺点，从土基类型、差异沉降、飞机胎压、使用频次、施工方法、工后维修等方面进行结构比选。差异沉降的影响主要体现在道面纵横坡变化、面层开裂和平整度变化上。当差异沉降已能控制在规范允许范围，就不作为面层结构选择的控制因素；沥青道面易修复是指荷载引起的局部损坏，不是沉降引起的大面积损坏，不能作出沥青道面在软基上有更多优点的结论；刚性道面强度高，有较好的热稳性和水稳性，经久耐用，适宜作为人工岛跑道的首选结构。

6）陆岛连接方式

人工岛与陆上的交通方式，一般采用海底隧道或海上栈桥连接，通过公路或铁路进行运输。

**(3) 机场人工岛施工**

在外海区域修筑人工岛，地基处理是一项关键的工艺，尤其软弱的地基上围海造地，建造机场跑道，软基处理更是技术难点。澳门国际机场飞行区设在离岸海域的人工岛上，其基础为含水量大、压缩性高、强度低的淤泥，施工过程要结合不同的功能对地基变形进行严格的控制。采用换填地基法、堆载排水固结法、基槽挖泥再回填砂石的换填法、直接置换的换砂法、施打塑料排水板堆载加固等多种地基处理技术，分别解决不同部位的土层沉降问题。并通过建立一套完整的地基监测系统，使施工的全过程得以监控，实现信息化施工。这种系列新技术、新工艺和新设备运用，缩短了工期，提高了工程质量和经济效益。

1）填筑工程

① 基本概况

澳门国际机场位于澳门氹仔岛东侧，由航站区、联络桥和跑道区人工岛三大部分组成。作为跑道区的人工岛完全在海上填筑而成，面积 1.15km²，包含有跑道、滑行道、联络道和安全区等，见图 11.5-18，其中，跑道长度为 3360m，可供波音 747-400 型飞机起降。

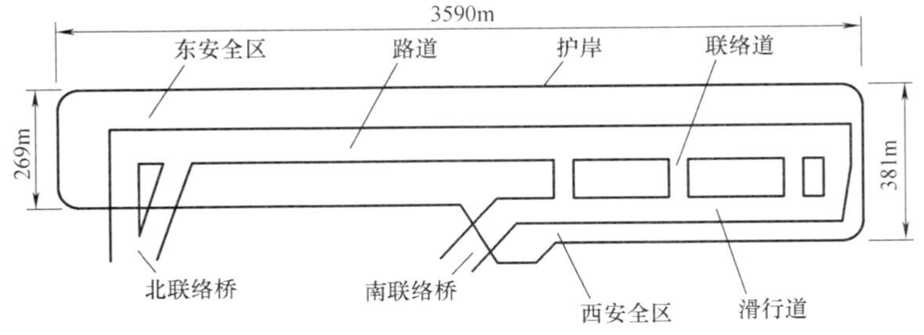


图 11.5-18 澳门国际机场跑道区人工岛平面示意图

人工岛主体由砂料填筑而成，外围以抛石堤作护岸结构。主要工程量：基础清淤 2515 万 m³、基础回填和岛体填筑用砂 3536 万 m³、护岸抛石 328 万 m³、护岸外层铺钩连块体 11 万件/25.4 万 m³、软基处理插打塑料排水板 870 万 m /37.1 万根、跑道及滑行道堆载预压土方 207 万 m³、回填砂振冲密实体积 570 万 m³、岛面振动碾压面积 185 万 m²、铺耕植土 26.5 万 m³、现浇混凝土胸墙 6.3 万 m³、跑道混凝土道面 31.5 万 m²/9.8 万 m³。合同工期 42 个月，实际工期仅用了 36 个月。

② 施工技术内容及特点

A. 外海填筑、深厚软基、超高建设标准

人工岛离岸数千米，处在开敞水域；主体以下的软土地基厚约30～50m，其中表层淤泥厚度13～25m，以下为黏土层。根据国际民航组织对跑道、滑行道纵、横坡的设计标准，由差异沉降引起的纵坡和横坡按≤1.5‰控制。经过科学、合理的组织，多重软基处理工艺的综合使用和严格的质量控制，施工结束时残余沉降为10～50 cm，由残余沉降引起的最大纵坡为1.2‰、最大横坡为1.4‰。

B. 施工区域狭窄、施工组织很关键

鉴于工程量大、工期紧、施工场面狭窄、工序搭接多等工程特点，项目部采取“南北并进、先东后西，分段流水”的施工组织原则，并开发了专用的时标网络计划软件，编制了“工程网络计划”，重要的分项、分段节点达1000多个，有效地控制了总体与各分项的施工进度。

所谓“南北并进”，是指同时从南北两端的U形区域开始施工，以两个工作面向岛体中间发展；“先东后西”是指优先东护岸的施工进度，利用东护岸形成一道屏障，减轻东南主风浪向对人工岛施工的侵扰；“分段流水”是指各工序间采取分段、分层有序地搭接，如护岸基槽清淤和填砂以及抛石以150m一段，岛体吹填以300m为一个吹填分区，以尽可能短地分段施工，便于后续工序尽快开展的流水作业方式。

C. 新技术、新设备、新工艺的运用，缩短了工期，提高了质量和效益

施工组织管理的新技术。针对工程特点，开发了专用的“双代号时标网络计划”管理软件，实行动态网络计划管理、施工进度评估、适时调整和滚动，为理顺各道工序的“分段流水”、抓好关键工序和各个时期的工作重点提供了很大的方便。对比通用的P3软件，更加直观和便捷。自行开发的“施工现场计算机指挥调度系统”，使施工管理人员能在基地的计算机屏幕上实时地看到海面上每艘工程船舶的作业动态，并可通过数据传送或直接对话的方式，指挥调度各艘船舶的施工。在人工岛约1.15 km$^2$的施工面，清淤、抛吹填砂、护岸抛石填筑以及区域内各种勘探、监测和测量等，都是同期进行，投入作业的各类大小船舶最多时达300多艘。“施工现场计算机指挥调度系统”的应用，为高效的指挥调度、提高施工效率、消除安全隐患发挥了重要的作用。

引进和开发新型定位和测量系统。20世纪90年代，港口工程建设队伍常用的导航定位、测量控制等仪器和工艺都不能满足离岸工程的需求。项目部及时引进、研发了相关技术和设备，如工程一开始就为每艘挖泥船配备了Trisponder-542微波定位系统，摆脱了传统的导标作业方式的束缚；紧接着就引进了更先进的DGPS差分式全球定位设备，在我国海上工程施工中率先应用，特别是自行研制“疏浚工程电子图形监控系统”，将平面定位信息、挖泥船的耙头（绞刀头、抓斗）位置、施工设计图形组合起来，实现了可视化的全天候准确定位导航和全自动施工监控，解决了在离岸工程中开挖19种不同深度、14个过渡段和4个圆弧段等多种复杂断面的基槽开挖难题，并且准确引导船舶定位抛砂。该“疏浚工程电子图形监控系统”获得了1995年交通部科技进步奖二等奖、1996年国家科技进步奖三等奖。此外，还自行开发了“水深及高程测量计算机成图系统”，将测量数据及时发送至基地或施工船舶上，利用计算机自动成图，迅速地为基地指挥和船舶作业提供依据。

革新传统工艺，提升施工效能。为尽量排除施工水面干扰、减少开敞水域风浪对排泥

管线的损害，绞吸挖泥船在基槽清淤及吹填作业时大量采用了长距离水下潜管。成熟的潜管工艺做到了现场拼装、准确下沉就位，并能按需起浮、移位；塑料排水板原设计为水上打设，后改为陆地打设并改良了打设机具和工艺，使得排水板成功穿过 20 多米厚砂层并打入下卧黏土层 10m，这一能力在国内及港澳、东南亚地区均为首例；用深层振冲取代了原设计的低层振冲加表层强夯，成功穿透 25m 砂层，质量达到并超过原设计要求，降低了工程成本；首次引进法国钩连块体技术，在人工岛护岸外层应用并对其棱角进行改良，成了目前国内得到广泛应用的扭王块体。

2）地基处理技术

为使地基处理效果更高效，应首先了解机场各部位对地基的要求。人工岛地基按照建造顺序，划分为护岸内地基和护岸地基两部分。其中，护岸内地基按照使用功能又可划分为安全区、跑道及滑行区两部分，下面对这些区域的地基处理技术作一简要介绍。

① 护岸地基处理

护岸工程有两方面作用：其一在人工岛施工中用作围堤形成陆域，在形成陆域过程中要承受较大的填土荷载，并保持围堤稳定；其二，在施工期及施工完成后，护岸会受到风浪袭击，将起着和防波堤相同的作用。

护岸海底地质条件差，一般上层土为层厚较大的淤泥层，物理力学指标差，在澳门国际机场中，护岸采用直立堤式结构，采用全清淤方式清除厚度为 12～22m 的淤泥，基槽内以中、粗砂回填，基槽上采用斜坡式抛石结构。实践证明，全清淤和回填中粗砂的地基处理方案确保了护岸的稳定，而且工期比不清淤方案缩短 10～12 个月。

② 护岸内地基处理

由于机场安全区和跑道及滑行区对差异沉降的要求不同，安全区主要考虑淤泥层加固效果，而跑道、滑行道对差异沉降要求很高（纵、横坡≤1.5‰），还要考虑淤泥层下洪积层的处理效果，因此，需要采用不同的地基处理方式。

跑道及滑行区：首先，清淤至－16.000m～－24.000m，因基槽下尚有一定压缩性土层，为加速该层土的沉降，基槽下采用塑料排水板堆载预压加固。当基槽内砂回填至＋3.500m时，开始采用定长方式打设塑料排水板，见图 11.5-19。由于回填砂比较深厚，塑料排水板采用静压法打设。塑料排水板间距 1.8～2.0m，正方形布置，底标高至－27.000～－32.000m，板顶标高比基槽底标高高 3m。然后，继续回填砂至＋8.0m。对基槽内的回填中粗砂进行振冲密实，见图 11.5-19。其中，跑道区振冲标高范围为＋8m～－12m，滑行道区为＋8～－8m，主要控制标高＋3.500m 以下的振密效果。为进一步减少残余沉降，利用安全区吹填砂作为跑道及滑行区的压载土方，进行超载预压，预压时间不少于 4 个月（不包括加载与卸载时间），然后卸载至设计要求标高＋3.5m。工程结束后，残余沉降为 10～50cm，由残余沉降引起的最大纵坡、横坡均小于 1.5‰。

安全区：安全区对地基承载力及差异沉降要求较低，但要考虑飞机滑进安全区的情况，因此，安全区的地基处理方式为：首先，清除表层浮泥，吹填砂至＋3.500m 标高，在陆上打设塑料排水板，排水板间距 1.3～1.5m，正方形布置，板底标高－22.000m，顶标高＋3.600m，再吹砂至设计标高，利用吹填的中粗砂自重对区内软土进行预压排水固结；最后，振动碾压并回填耕植土。加固后地基的残余沉降为 38～64cm，采用预留沉降方法解决。

图 11.5-19　打设塑料排水板

图 11.5-20　砂基振冲

**(4) 机场人工岛建设监测技术**

人工岛填筑工程浩大，施工环节多，尤其在软弱地基上修建机场跑道，地基处理是一大难题。因为复杂的地质条件，工程本身的困难程度以及设计常借助半经验的方式，难以准确预计地基处理的实际效果。为了保证工程的稳定、安全和质量，施工期间必须建立一套有效的工程监测系统，从设计到施工阶段来规划监测设备，确定检测内容和监测仪器的埋设、安装、观测要求，并且有效地处理监测所取得的数据资料等。机场人工岛的监测技术是筑岛建设中信息化施工的有效手段，也是工程本身的重要组成部分。

施工监测仪器，大体分为应力测试和变形测试两类。澳门机场工程选择的监测仪器，系根据不同区域的监测目的和要求来配置的。如在安全区和跑道（含滑行道）区用于监测淤泥层和下卧黏土层的固结、压缩变形规律，采用气压平衡式孔隙水压力计和磁环式分层沉降仪；地表沉降板则被用于监测地面沉降规律上，在护岸区为了确保护岸的稳定性，预测后期沉降规律，在抛石区内外坡肩设置了位移、沉降观测块。在安全区靠围堤内侧设置了深层土体测斜仪等。因人工岛在离岸海域施工，必须有一套精密测量系统。尤其是定位和护岸位移观测时，基准点设置在氹仔岛和路环岛山上与测点相距甚远，为了保证测量精度而选用了当时精度最高的全站仪。机场人工岛所选用的监测仪器设备表见表 11.5-4。

**机场人工岛所选用的监测仪器设备表**　　**表 11.5-4**

| 项　目 | 仪器名称 | 产地 | 型号 | 技术参数 |
|---|---|---|---|---|
| 孔隙水压力 | 气动式孔隙水压力仪 | 英国 | PP3 | 最大量程 1kPa |
| 分层沉降 | 磁性分层沉降仪 | 英国 | IT240 | 精度 1mm |
| 深层土体侧向位移 | 双轴式测斜仪 | 英国 | IT380 | 精度 0.1mm |
| 地表沉降 | 沉降盘 | 中国 | | |
| | 沉降位移块体 | | | |
| | 永久沉降点 | | | |
| 测量仪器 | 电子全站仪 | 瑞士 | TC2002 | 0.5″级 |
| | 水准仪 | 德国 | NT005A | 二等水准 |

通过各种监测手段和施工监测系统的有效运作，追踪人工岛地基处理的动态变化，实行信息化施工。并在各个施工阶段对监测获得的数据信息进行适时的分析评估，及时调整

设计、指导后续施工，确保工程质量。监测系统在机场人工岛建设的几个阶段中发挥的重要作用：

1）施工初期，通过地质勘探，为验证设计所进行的预评估分析，发现跑道与滑行道区排水板间距应作适当调整，建议被采纳后及时变更了设计。

2）进入施工阶段，由于施工进度加快和施工工艺有新的变动，进行二次评估分析，又发现原设计规定的堆载预压时间统一为 6 个月不尽合理。应视地质条件分区分段设计，故建议不同区段确定不同的超载预压时间，也被监理工程师和设计采用了。

3）通过抛石堤的稳定性验算，表明一次抛石至＋4m 是安全的，甚至一步到位至＋6.7m 也是稳定的。故而，加快了抛石施工进度，缩短了工期。

4）在回填砂层中进行 CPT 检验时，发现跑到南端头基槽有淤泥，及时反馈到总经理部和施工单位，提高了排水板顶标高，保证排水板畅通。

5）通过跑道、滑行道及安全区的监测资料分析，对因固结沉降引起的地面吹填方量的增加进行了详尽的计算，为人工岛吹填砂方量平衡作出准确预报。为施工单位缩短工期增加经济效益发挥了重要作用。

6）针对护岸沉降观测资料进行的分析评估表明，设计规定的统一预留标高不尽合理，也应分区段进行预测，故建议不同区段的预留标高，经监理工程师确认后予以实施。竣工后也表明，护岸堤顶高程满足设计要求。

7）根据跑道、滑行道区实测沉降过程线，用反分析法对各施工阶段进行了多次评估分析，每次分析均以跑道道面设计标准为依据，使分析结果一次比一次更符合实际和准确。预测道面浇筑时、竣工时以及试用期的残余沉降量和因残余沉降差引起的道面纵、横坡度、变坡曲率等符合国际民航组织确定的技术标准。所有评估报告都有总经理部送监理工程师确认，从而实现了追踪地基处理效果的动态管理，使各施工环节均处于严密的受控状态。

**(5) 机场人工岛新技术应用及科技创新**

在软基上建设机场人工岛有很多成功实例，日本羽田机场和关西机场都是海上填土筑成，澳门国际机场摒弃了桩基承台式跑道方案，通过恰当的软土地基处理、上部修建刚性道面是可行的，差异沉降引起的道面坡度及变坡曲率均满足国际民航组织的要求，最大差异沉降仅 7cm，远小于羽田机场的 15cm 和关西机场的 30cm。在施工中进行了有效的监测和评估，对地基沉降采用了反分析法跟踪拟合，对跑道区吹填砂振冲加固效果采用了美国 HOGENTOGTER 静探仪检测等，这些新技术、新工艺、新设备的运用和新思路的实施，不断丰富和提高了机场人工岛的建设水平。

在人工岛建设期间，设计和施工中采用了多项新技术。

1）在新吹填成陆并有较深厚可压缩下卧层的软土基础上，分层次综合采用了多种地基处理工艺和技术，其对残余沉降和差异沉降的监测及控制处于国际领先水平。

澳门国际机场人工岛航行区在世界上是继日本“关西”机场之后第 2 座，跑道、滑行道均建在 24～32m 厚吹填砂上，其下还有最大厚度达 31m 的可压缩土层。澳门机场人工岛在设计技术方面，综合应用了全清淤、吹填砂、塑料排水板、堆载预压、振冲加固以及振动碾压等技术，处理深达 50m 左右的软土地基，消除了 90％以上的总沉降量，严格控制了差异沉降，达到了跑道纵横向均小于 1.5‰的设计要求。而且，造价比国外方案降低了25%，并满足了澳门地区的环保要求，完全满足了国际民航组织和设计标准对机场跑道的要求，处于国际领先地位。设计采用基槽清淤和填砂，并插设深层塑料排水板直达下卧黏性土层，利用高回填砂自重预压，基本解决了下卧可压缩土层的沉降问题；通过振冲解决了基槽内深厚吹填砂层的压缩沉降问题；通过振碾解决了道面浅层承载力问题。

2）护岸工程是施工难点和关键，联合运用多种机械化抛石施工工艺。由于工程地区海况差又无掩护条件，工程量又大，采用有一定抗浪能力的船舶和机械施工，堤心石抛填按高程−1.0m以下采用开底驳抛填，−1.0～4.0m采用大平板驳加护栏配液压钩机或横鸡趸抛填，4.0m以上用横鸡趸抛填，大大提高了施工效率。此外，提出并通过模型试验确定了护岸堤心石施工抗台风的安全断面，并突破了有关规范关于堤心石规格的规定，适应了大规模机械化施工的需要。见图11.5-21。

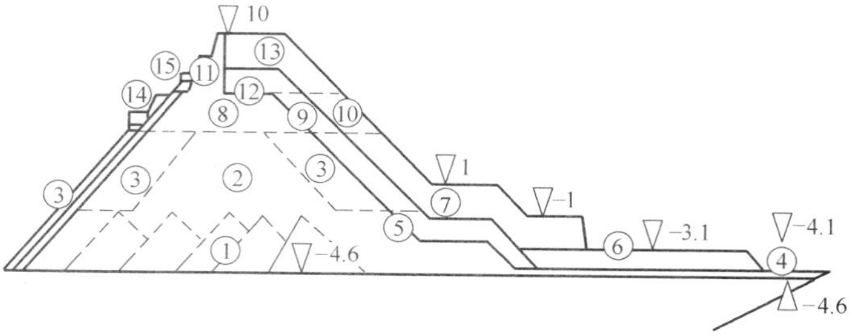


图11.5-21 护岸抛石断面施工程序

3）引进法国先进的钩连块体人工护面专利成套技术，采用极坐标定点安放及计算机模拟安装手段。安装以前根据坐在堤顶的大型吊机所能达到的回转半径，先确定吊机回转中心坐标，以此为依据由计算机计算块体极坐标值，并采用计算机模拟安装手段，打印成块体点位布置图，很直观地证明计算值的正确性。

4）联络桥采用AB型$\phi$800T110mmPHC大管桩基础梁板结构，并实现了整桩远距离海上安全拖运。

5）在深填土可压缩地基上采用刚性道面。其荷载应力分析考虑了自由边界条件和横向剪切力，采用了Winkler地基上Reissner厚板理论。

6）挖泥船采用了自行研制开发的“电子图形监控系统”、“水深及高程测量计算机成图系统”和“施工现场计算机指挥调度系统”，实现了全天候、高效优质施工，属国内首次。

7）建立起一整套地基处理监测，使施工得以全过程监控，实行信息化施工。工程的监测重点放在跑道、滑行道，先进行纯理论计算评估，待监测正式开始后，采用理论计算与实测资料进行拟合法（反分析法）计算，使沉降过程曲线逐渐逼近实际，从而使残余沉降控制在允许范围内。